JINSHA JIANG S.

JISHU YU SHIJIAN

# 金沙江水文监测

## 技术与实践

>>>>> 李俊　赵东　董先勇　彭畅　段恒轶　王进　等◎著

长江出版社
CHANGJIANG PRESS

**图书在版编目（CIP）数据**

金沙江水文监测技术与实践 / 李俊等著.

武汉：长江出版社，2024. 12. -- ISBN 978-7-5492-9973-7

Ⅰ．P332

中国国家版本馆 CIP 数据核字第 2024R0E257 号

金沙江水文监测技术与实践

JINSHAJIANGSHUIWENJIANCEJISHUYUSHIJIAN

李俊等　著

责任编辑：高婕妤

装帧设计：彭微

出版发行：长江出版社

地　　址：武汉市江岸区解放大道 1863 号

邮　　编：430010

网　　址：https://www.cjpress.cn

电　　话：027-82926557（总编室）

　　　　　027-82926806（市场营销部）

经　　销：各地新华书店

印　　刷：武汉邮科印务有限公司

规　　格：787mm×1092mm

开　　本：16

印　　张：32.5

彩　　页：2

字　　数：800 千字

版　　次：2024 年 12 月第 1 版

印　　次：2024 年 12 月第 1 次

书　　号：ISBN 978-7-5492-9973-7

定　　价：198.00 元

"水是生存之本、文明之源。"水是地球上一切生命的源泉,水从一开始就与人类生活乃至文明形成了一种紧密连接。尼罗河孕育了神奇的古埃及文明,幼发拉底河诞生了巴比伦王国,地中海造就了古希腊、古罗马,黄河与长江两条母亲河滋润了中华文明。

《山海经》中"精卫填海""大禹治水"的故事,反映了古代人民改造自然、利用自然的美好愿望。在人类发展的整个历史长河中,治水事业伴随着人类从蛮荒走向文明、中华民族自形成而走向壮大的整个过程。今天,治水已经上升到水安全的地位,关系到中华民族永续发展和国家长治久安,民生为上、治水为要,治水就是治国,治水之道就是治国之道。水资源的可持续利用,关系着整个生态环境和生存环境的可持续发展,关系着子孙后代的生存和发展。

水文科学就是以水为研究对象,研究水的运动变化和分布规律,水与地理环境、生态系统及人类社会之间相互影响、相互关联的科学。水文工作是治水工作的一部分,是治水工作的重要基础,水文事业是国民经济和社会发展的基础性公益事业。水文监测是服务经济社会发展和生态文明建设的重要基础性工作。

金沙江是长江的上游,它的存在有效调动了矿产、农产品和其他重要资源。在军事和物流方面,得益于水运的优势,运输效率与运载量远较陆运为高。古时的茶马古道、南丝绸之路,都是依托金沙江展开的贸易路线,展现了其不可替代的作用。金沙江水能资源蕴藏量达1.124亿 kW,约占全国的16.7%,位居全国12个水电基地之首,其水能资源的富集程度堪称世界之最。金沙江上段规划的"一库十三级",金沙江中段的"一库八级",金沙江下游的乌东德、白鹤滩、溪洛渡和向家坝四座大国重器,一座座电站在金沙江不断建成,奔腾的江水昼夜不息化为绿色电能，为"西电东送"提供有力支撑，为我国的能源安全，实现碳达峰、碳中和目标，促进经济社会发展全面绿色转型做出重要贡献。

随着金沙江水工程的不断增多，需要的水文信息也将越来越多，对其及时性和准确性的要求也越来越高。人类活动直接影响了水文要素的量、质和时空分布，改变了天然的水文过程，水文监测面临新形势、新挑战和新机遇。金沙江梯级电站多数库容大、水头高、调节能力强，在金沙江梯级电站高坝大库的影响下的测验与传统的水文测验存在一定的特殊性、差异性。传统的水文监测手段在信息化、现代化和时效性等方面具有一定的差距，难以满足防灾减灾救灾、保障国家水安全，以及新阶段水利事业高质量发展等新需求，亟待创新水文测验方式、方法和水文监测管理。本书的作者均是多年从事金沙江水文监测工作的技术人员，本书以金沙江水文测验为研究对象，针对当前金沙江水文监测面临的新挑战、新变化，系统梳理金沙江水文监测体系，结合大量的成功应用实例，从传统的测验方法到现阶段我国水文监测新技术、新方法进行全面系统总结，对全面提升水文监测能力具有较好的参考借鉴。

本书由李俊、赵东、董先勇、彭畅、段恒轶、王进等撰写。具体参加撰写的人员按章节顺序分别为：第1章，赵东、王进；第2章，李俊、平妍容；第3章，徐洁、董先勇；第4章，4.1彭畅、徐洪亮，4.2、4.3徐洪亮、师义成；4.4彭畅、赵东、凌旋；4.5彭畅、赵东；4.6、4.7徐洪亮、彭畅；4.8李俊、凌旋；4.9彭畅、董先勇、段恒轶、李俊、王进、师义成；4.10彭畅、赵东、段恒轶；第5章，5.1凌旋、赵东、师义成、王俊锋、包波、杜泽东、段恒轶；5.2冉啟香、秦蕾蕾、杨广洲；第6章，王进、史瑞华；第7章，董先勇、吴君朴；第8章，赵东、凌旋、徐洁；第9章，9.1李俊、平妍容；9.2平妍容、杜泽东；9.3平妍容、秦蕾蕾；9.4钟杨明、平妍容；第10章，段恒轶、杜思源。李俊、赵东、杜思源等对本书进行了汇总及校审，参加本书相关工作的还有邻安琪、董溢、万志鸿、蒲海汪洋、游家兴、赵晓云、李根、董宇、胡旭阳、伍松林、欧阳嘉艺、刘星、许佳文、霍家庆。在本书的编写过程中，参考和引用了许多专家的文献和成果，对这些专家表示衷心的感谢！

作　者

2024 年 11 月于重庆

# CONTENTS 目 录

# 第1章 绪 论

金沙江在长江上游,全长约 3500km,流域面积约 50 万 km²,因古代盛产金沙而得名。金沙江流域位于我国西南部,地属青藏高原、云贵高原和四川西部高山区。正源沱沱河发源于青藏高原唐古拉山脉主峰各拉丹冬雪山的西南侧,出唐古拉山区与切苏美曲汇合后称沱沱河。流至囊极巴陇与当曲汇合后称通天河,流至青海玉树直门达附近的巴塘河口后始称金沙江,至四川宜宾与岷江汇合后始称长江。金沙江落差大,支流较多,集水面积在 5000km² 以上的一级支流有 15 条。

## 1.1 金沙江水文测验的历史变迁

### 1.1.1 新中国成立以前

金沙江流域地处我国西南部,受客观地理与自然条件影响,整体人口稀少,交通闭塞,社会经济欠发达。金沙江流域水文监测的发展也受社会经济及交通条件影响,整体落后于我国经济发达地区。

1840 年鸦片战争后,帝国主义势力入侵,中国沦为半殖民地半封建国家。从 1860 年起,清海关陆续在上海、汉口、天津、广州、重庆和福州等港口、码头设立水尺以观测水位,为航运服务。1922 年在金沙江与宜宾汇合口设立的宜宾水位站,是金沙江上成立的第一个水文站,也是金沙江流域第一个百年水文站。抗日战争爆发后,南京、武汉先后沦陷,1938 年国民政府迁都重庆,大后方建设客观上促进了长江上游地区的水文监测发展。这一时期在金沙江干流及重要支流陆续建设了水文监测站,1939 年金沙江石鼓站、龙街站、华弹站、屏山站及支流螳螂川蔡家村站等重要水文站设立。横江横江站、海口河海口站、盘龙江松华坝站、盘龙江昆明站、雅砻江雅江站、鲜水河道孚站陆续建立,开始了金沙江全流域的水文监测工作,并逐步发展到一定规模。但连年的战争让金沙江水文工作举步维艰,大多难以连续开展,观测记录和工程水文资料档案大多未能系统保存下来,技术经验也未能很好地总结流传,水文工作建设发展非常缓慢,大多停顿,处于薄弱、动荡的状态之中。

### 1.1.2　新中国成立后

新中国成立后,我国水文监测进入迅速发展时期,1949年11月,水利部成立,并设置黄河、长江、淮河、华北等流域水利机构。随后各大行政区及各省、市相继设置水利机构,机构内都有主管水文监测工作的部门。1954年,各省(自治区、直辖市)水利机构成立水文总站,地区一级设水文分站或中心站。1955年进行第一次全国水文基本站网规划。随着全国水文监测进入迅速发展时期,金沙江流域也进入水文监测迅速发展时期。1951—1960年,金沙江干流沱沱河等站、雅砻江干流甘孜等站及重要支流大批水文站设立,基本形成较完备的水文站站网,这一时期设立的基本水文站在现有基本水文站中占比超过40%。

20世纪60—90年代中叶,金沙江流域水文监测与整个社会形势紧密联系,水文监测工作呈现出缓慢前进的状况,这一阶段,金沙江流域主要是加强站网建设,在金沙江的一些支流陆续建站,填补水文监测的空白。加强测站管理,探索金沙江站队结合,开展巡测。1985年成立的长江流域规划办公室金沙江水文勘测队,队部驻四川省渡口市(现攀枝花市),是金沙江流域正式开展巡测的机构。在巡测基础上进一步提高测报质量,陆续实现水位、降水量自动化观测。

20世纪90年代开始,金沙江流域进入水电开发的高潮期,大型电站的修建给水文监测带来很大的挑战,部分水文站受电站影响进行了迁站或改变测验方式。大型电站的修建给金沙江水文监测带来更大的发展机遇,由于电站修建的需要,更多的水文站设立,水文测报先进仪器设备逐步得到了推广和应用,在水文测验新技术、新理论、仪器研制、设备更新改造等方面取得了一些突破性的进展。

## 1.2　金沙江水文测验的差异性与特殊性

### 1.2.1　金沙江水文测验固有特点

在受梯级电站影响前,金沙江干流水文测验整体呈现出以下几个特点。

(1)站网稀少

金沙江流域地处我国西部地区,城市化程度低,人迹罕至,经济发展相对落后,受自然条件及经济发展影响,水文站网密度不足。

(2)水沙关系较好

原有的金沙江流域多数测站受人类活动影响较小,断面冲淤整体不大,水位—流量关系比较稳定,呈单一线关系;单断沙关系稳定,年际间变化小。

（3）水位涨落缓慢

金沙江整体暴雨强度不大,水位涨落变化缓慢,流量、含沙量整体变化较慢。

## 1.2.2 金沙江梯级电站对水沙测验影响

目前,随着金沙江水工程的不断增多,需要水文提供的水文信息也将越来越多,而且对其及时性和准确性的要求也越来越高。水工程使水资源得到了有效利用与开发,但同时也造成了高强度的人类活动,直接影响了水文要素的量、质和时空分布,改变了天然的水文过程,给水文测验工作带来极大的困难。

金沙江梯级电站多数库容大、水头高、调节能力强,在金沙江梯级电站高坝大库的影响下的测验与传统的水文测验存在一定的差异性、特殊性。金沙江乌东德、白鹤滩等水库运行与原有的水库的运行也存在较大的不同。以金沙江乌东德、白鹤滩水库为例,乌东德、白鹤滩水库最大坝高分别为 270m、289m,坝高比三峡最大坝高出约100m。每天乌东德、白鹤滩水文站水位、流量变化远比三峡坝下的黄陵庙水文站剧烈。例如,2023 年 1 月乌东德水文站流量在 927～6710m³/s,最大流量与最小流量比为 7.24;同期,白鹤滩水文站流量在 1640～4570m³/s,最大流量与最小流量比为2.79;同期,黄陵庙水文站流量在 5990～8070m³/s,最大流量与最小流量比仅为1.35。乌东德水文站每日水位变化一般在 4～7m;白鹤滩水文站枯季每日水位变化在 2m 以上,汛期水位变化在 6m 左右;黄陵庙水文站每日最大水位变化在 0.5m 左右。乌东德、白鹤滩水文站最大涨落率一般在 2m/h 以上,黄陵庙水文站最大涨落率一般在 0.5m/h 左右。乌东德、白鹤滩水位、流量的急剧变化与三峡水位、流量变化平缓形成显著差异,水位、流量的急剧变化给水沙测验带来很多困难。

水位受电站调节影响,在较短时间内频繁涨落。采用传统的水沙测验方案,水位快速涨落约束了总的测验历时,进而约束了测验方案的线点数量,流量测验方案如何满足水位涨落约束条件下的流量测验;水沙测验如何兼顾采用较少的测验线点以控制总历时与满足高坝大库条件下流速、含沙量的横向、纵向分布变化的矛盾;如何控制高坝大库条件下水流条件变化带来的断面水沙变化过程;在高坝大库情况下如何进行水沙在线监测仪器的选型与投产。需要研究高坝大库蓄放水引起的水文测验挑战,找出适合的技术方案、方法。

常规的水文测验方案均是在天然情况下典型站点流量、含沙量误差试验的基础上综合确定。在高坝大库条件下,监测方案运行环境或边界条件与常规情形存在一定差异,运行环境或边界条件会随着枢纽运行的改变发生一定变化。

目前,针对金沙江等高坝大库水沙测验方法研究很少,而随着各江段高坝的陆续建成,高坝大库的水沙测验将成为水文测验研究的热点和重点。

## 1.3 研究目的

金沙江上有越来越多的大型水工程修建,大型水工程的修建改变了原有的水文特性,在高坝大库条件下,监测运行环境或边界条件与常规情形存在一定差异,运行环境或边界条件也会随着枢纽运行的改变发生一定变化。

目前,针对类似金沙江这样的高坝大库水文测验方式方法研究很少,而随着各江段高坝的陆续建成,高坝大库的水文测验将是水文测验研究的热点和重点之一。

本书以金沙江水文测验为研究对象,针对当前金沙江水文监测面临的新挑战、新变化,系统梳理金沙江水文监测体系,并结合大量的成功应用实例,从传统的测验方法到现阶段我国水文监测新技术、新方法进行全面系统的总结。

## 1.4 研究内容

本书主要研究内容如下:

第1章——绪论。梳理了金沙江水文测验的历史变迁,论述了金沙江水文测验的差异性和特殊性,金沙江水文监测面临的机遇与挑战,在此基础上提出本书的研究目的。

第2章——金沙江河流概况。以金沙江流域为重点研究区域,详细介绍研究区域河道概况、主要水系分布及干流控制站、水文泥沙特性、水电开发情况等。

第3章——水位监测。先系统全面介绍水准测量,然后从水位监测仪器、方案、成果质量控制等方面系统介绍区域水位监测技术。

第4章——流量监测。从流量监测方法分类、流速监测设备、传统的流量监测方法、流量在线监测方法到两坝间流量测验、水位流量单值化方案等方面系统介绍研究区域流量监测技术。

第5章——泥沙监测。从悬移质泥沙测验、推移质泥沙测验、水库异重流泥沙监测等方面系统介绍研究区域泥沙监测技术。

第6章——电站截流期水文监测。从截流期水文监测的特点、截流期水文监测的目的、截流期水文监测的实施、截流期水文监测成果分析、截流期水文监测实践等方面系统介绍研究区域电站截流期水文监测技术。

第7章——电站蓄水期水文监测。从蓄水期水文监测的目的与内容、蓄水期水文监测技术方案、蓄水期水文监测成果分析、蓄水期水文监测实践等方面系统介绍研究区域电站蓄水期水文监测技术。

第8章——堰塞湖水文应急监测。从堰塞湖水文应急监测的目的、堰塞湖水文应急监测的内容及特点、堰塞湖水文应急监测的实施、堰塞湖水文应急监测实践等方面系统介绍研究区域堰塞湖水文应急监测技术。

第9章——典型河段水沙特性。从乌东德库区水沙特性、白鹤滩库区水沙特性、乌东德水文站水流受白鹤滩蓄水影响、白鹤滩坝区水流受溪洛渡蓄水影响等方面系统介绍了几个典型河段水沙特性。

第10章——展望。从基本目标、技术现状出发对技术动态、发展方向进行了展望。

# 第 2 章 金沙江河流概况

## 2.1 河道概况

金沙江为长江干流上游河段,自河道玉树巴塘河口至四川省宜宾市岷江口段。流经青海、西藏、四川、云南四省(自治区),全长约 2300km,区间集水面积 36.2 万 km²,落差 3300m。通常,金沙江在云南省玉龙纳西族自治县石鼓镇以上称上段,石鼓镇至四川省攀枝花市雅砻江口为中段,雅砻江口至岷江口为下段。亦有从水系上将金沙江水系分为两段的说法:雅砻江口以上(含江源及通天河)为金沙江上段,雅砻江口至岷江口为金沙江下段。

上段河长 984km,落差 1720 m。河流总的流向为南微偏东。左岸为雀儿山、沙鲁里山和中甸雪山,右岸为达马拉山,宁静山、芒康山和云岭诸山。山岭高程 4000～5000m。其中邓柯至奔子栏之间长 600km 河段,岭谷高差达 1500～2000m,谷底宽度 100～200m,窄处仅 50～100 m,谷坡一般 45°左右,有的达 60°～70°。石鼓以上 400 余千米的河道中有险滩 150 处,平均 2～7km 一处。石鼓一带河谷较为开阔,降水相对充沛,为少数民族聚居之地。

中段河长约 563km,落差 710m。干流过石鼓后,江面渐窄,流向由东南急转向东北形成的 U 形大弯道被称为"万里长江第一弯"。过硕多岗河河口不远处进入有名的虎跳峡,上、下峡口相距 16km,落差达 210 m,最窄处江面宽仅 30m,江中还有一巨石兀立。相传曾有猛虎由此跃过金沙江,因而得名虎跳峡。峡谷右岸为玉龙雪山,左岸为哈巴雪山,高程均达 5000m 以上,水面高程不到 1800m,岭谷高差达 3000 多米。出峡后北流至三江口,左纳水洛河后,陡然折向南流至金江街。从石鼓到金江街河道长 260 多千米,两地直线距离仅 32km,落差 550m。过金江街后折向东流至攀枝花市,这一河段除局部地方河谷稍宽外,大部分仍是 V 形河谷。两岸山高渐渐降低至高程 2000～3000m,岭谷高差 1000m 左右,谷底宽度 150～250 m,河面宽度 80～100m。有三处宽谷河段,总长约 165km,谷宽 500～1000m,两岸分布着阶地与河漫滩及河心滩,支流河口有冲积扇和洪积扇。

下段河长 786km,平均比降 0.93%。雅砻江汇入后,金沙江流量倍增。雅砻江口以下,金沙江折向南流,至云南元谋右纳龙川江后折向东偏北流。先后经过纳城河、普渡河,过小江口折北流,过西溪河转向东北流,纳牛栏江、美姑河,至新市镇折向东流至宜宾市。新市镇上下河道与河谷自然形态有明显的不同。新市镇以上仍以 V 形的峡谷河段为主,两岸山高逐渐降低至高程 1000～1500m,岭谷高差逐渐减少,河宽 150m 左右,两岸有狭长的阶地,谷坡在 45° 以上。只在龙街、蒙姑、巧家一带为开敞的 U 形河谷,谷底宽一般 200～500m,窄处 100～200m,河面宽 100～200m。两岸的河滩和阶地上村落稠密,庄稼繁茂,梯田层层。新市镇以下两岸呈低山丘陵地貌,山峰高程多在 500m 以下,谷底宽 300～500m,河面宽 150～200m。沿岸分布着较为宽阔的阶地,高出江面 30m 左右。河床中多砾石和险滩,从中江街至新市镇有大型险滩 80 多个。著名的老君滩,滩长 4200m,落差 41m,最大流速近 10m/s,滩尾在普渡河河口以上约 1.6km 处。从新市镇到宜宾的 106km 段可终年通航 80～300t 船舶。新市镇以上至云南永善县的 70km 段可季节性通航 80t 的船舶。

## 2.2　水电开发概况

### 2.2.1　金沙江上段

金沙江坡陡流急,水量丰沛且稳定,落差大且集中,拥有丰富的水能资源,蕴藏量达 1.124 亿 kW,约占全国的 16.7%,可开发水能资源达 9000 万 kW,其水能资源的富集程度堪称世界之最。

金沙江上段规划有"一库十三级"水电开发方案,自上而下依次为西绒、晒拉、果通、岗拖、岩比、波罗、叶巴滩、拉哇、巴塘、苏洼龙、昌波水电站。其中苏洼龙水电站于 2021 年成功下闸蓄水,巴塘水电站于 2023 年通过下闸蓄水验收,另有叶巴滩、拉哇、昌波、旭龙水电站正在建设中。

苏洼龙水电站位于西藏自治区芒康县与四川省巴塘县交界的金沙江上游的干流上,坝址位于巴塘县苏洼龙乡上游约 1km 处,距巴塘县城公路里程约 78km。苏洼龙水电站大坝坝顶高程 2480m,最大坝高 112m,水库正常蓄水位 2475m,总库容 6.38 亿 m³,多年平均流量 929m³/s,装机容量 120 万 kW。2021 年 1 月,苏洼龙水电站成功下闸蓄水,2022 年全部机组投产发电。

### 2.2.2　金沙江中段

金沙江中段按"一库八级"水电开发方案规划,自上而下依次为龙盘、两家人、梨园、阿海、金安桥、龙开口、鲁地拉、观音岩水电站。目前已建成梨园、阿海、金安桥、龙开口、鲁地拉及观音岩六级水电站,在 2010—2014 年陆续投入使用。

金沙江攀枝花河段按金沙、银江两级开发,其中金沙水电站于 2021 年全部投产发电,银江水电站正在建设中。

梨园水电站在云南省丽江市玉龙县与迪庆州香格里拉市交界的金沙江干流上,工程以发电为主,兼顾防洪、旅游等综合效益。最大坝高 155m,总库容 8.05 亿 $m^3$。水库正常蓄水位 1618m,相应库容为 7.27 亿 $m^3$,死水位 1602m,有效库容 2.09 亿 $m^3$,具有周调节能力,坝址控制流域面积约 22 万 $km^2$,多年平均流量 1430$m^3$/s。

阿海水电站位于云南省丽江市玉龙县与宁蒗县交界的金沙江中游河段,工程以发电为主,兼顾防洪、灌溉等综合利用功能。电站最大坝高 130m,水库总库容 8.82 亿 $m^3$,水库正常蓄水位 1504m,相应库容 8.06 亿 $m^3$,死水位 1492m,死库容 7.0 亿 $m^3$,可调节库容 1.06 亿 $m^3$,具有日调节能力。

金安桥水电站位于云南省丽江市境内,距丽江市 52km,坝址控制流域面积约 24 万 $km^2$。电站坝顶长 640m,最大坝高 160m,总库容 9.13 亿 $m^3$,水库正常蓄水位 1418m,校核水位 1421.07m,相应库容 8.47 亿 $m^3$,具有周调节能力。其在 2011 年正式投产发电,是金沙江干流上第一个并网发电的特大型水电站。

龙开口水电站位于云南省大理州鹤庆县龙开口镇,工程以发电为主,兼顾灌溉、供水及防洪。最大坝高 116m,坝顶高程 1303m,坝顶长 768m。水库正常蓄水位 1298m,总库容 5.07 亿 $m^3$,调节库容 1.13 亿 $m^3$,具有日调节性能。在 2012 年 11 月下闸蓄水,2014 年全部机组投产发电。

鲁地拉水电站在云南省大理州宾川县与丽江市永胜县交界的金沙江中游河段上,工程以发电为主,兼有水土保持、库区航运和旅游等综合利用功能。电站最大坝高 140m,正常蓄水位 1223m,总库容 17.18 亿 $m^3$,在 2013 年下闸蓄水,2015 年 10 月全部投产发电。

观音岩水电站位于云南省华坪县与四川省攀枝花市的交界处,下游距攀枝花市 27km,工程以发电为主,兼顾防洪、灌溉、旅游等综合利用功能。电站坝顶总长 1158m,最大坝高 159m,水库正常蓄水位 1134m,库容约 20.72 亿 $m^3$,于 2014 年 10 月下闸蓄水。

金沙水电站位于金沙江中游攀枝花西区河段,工程主要任务为发电,坝址控制流域面积 25.89 万 $km^2$。电站最大坝高 66m,水库正常蓄水位 1022m,总库容 1.08 亿 $m^3$,调节库容 1120 万 $m^3$,于 2020 年 10 月下闸蓄水,2021 年 10 月全部投产发电。

### 2.2.3 金沙江下段

金沙江下段乌东德、白鹤滩、溪洛渡和向家坝四座世界级巨型梯级水电站进行开

发,总装机容量相当于两座三峡电站。金沙江下游梯级水电站的设计总装机容量
4000 多万 kW,年发电量 1900 多亿 kW·h,水库总库容 410 多亿立方米,其中调节库
容 200 多亿 m³(表 2.2-1)。

向家坝水电站及溪洛渡水电站分别于 2012、2013 年下闸蓄水,乌东德水电站于
2020 年下闸蓄水,白鹤滩水电站于 2021 年下闸蓄水。

表 2.2-1　　　　　　　　　　　　　金沙江下段梯级情况

| 电站 | 装机容量/万 kW | 年发电量/(亿 kW·h) | 正常蓄水位/m | 正常蓄水位相应库容/亿 m³ | 调节库容/亿 m³ | 回水长度/km | 主要功能 | 距宜宾/km |
|---|---|---|---|---|---|---|---|---|
| 乌东德 | 1020 | 393 | 975 | 58.6 | 30.2 | 206.65 | 发电、防洪、拦沙 | 570 |
| 白鹤滩 | 1600 | 641 | 825 | 190.06 | 104.36 | 180 | 发电、防洪、拦沙 | 390 |
| 溪洛渡 | 1386 | 574 | 600 | 115.7 | 64.6 | 199 | 发电、防洪、拦沙 | 190 |
| 向家坝 | 640 | 309 | 380 | 49.77 | 9.03 | 157 | 发电、防洪、航运 | 33 |

### 2.2.3.1　乌东德水电站

乌东德水电站是金沙江下游河段规划建设的四个水电梯级——乌东德、白鹤滩、
溪洛渡、向家坝的最上游一级,位于乌东德峡谷,坝址所处河段的右岸隶属于云南省
昆明市禄劝县乌东德镇,左岸隶属于四川省会东县。电站上距金沙江中游最下游梯
级——观音岩水电站 203km,下距白鹤滩水电站约 180km,与昆明、成都的直线距离
分别为 125km 和 470km,控制流域面积 40.6 万 km²,占金沙江流域的 84%。坝址处
多年平均流量 3690m³/s,多年平均径流量 1164 亿 m³,占金沙江流域径流总量的
78%。径流以降雨为主,冰雪融水为辅,年际水量比较稳定。坝址多年平均悬移质输
沙量为 1.75 亿 t,多年平均含沙量 1.50kg/m³。

乌东德水电站的开发任务是以发电为主,兼顾防洪和拦沙。水库初选正常蓄水
位 975m,总库容 74.08 亿 m³(其中调节库容 30.2 亿 m³,防洪库容 24.4 亿 m³);电站
装机容量 1020 万 kW,多年平均年发电量约 393 亿 kW·h。水库可淹没四个特大碍
航滩险,形成 200km 长的深水航道,为发展库区航运创造良好条件,并和下游梯级一
起,配合三峡水库对长江中下游起到防洪作用。

乌东德水电站工程于 2011 年初启动筹建工作;2015 年 12 月 16 日项目核准,主
体工程全面开工建设;2020 年 1 月 15 日下闸蓄水,6 月 29 日首批机组投产发电。

### 2.2.3.2　白鹤滩水电站

白鹤滩水电站坝址位于金沙江下游四川省凉山彝族自治州宁南县和云南省巧家
县交界的金沙江峡谷,是金沙江下游 4 个梯级电站中的第二级,上接乌东德,距离乌

东德水电站约180km,下游为溪洛渡和向家坝,距离溪洛渡水电站约195km。工程以发电为主,兼有防洪、拦沙、航运等综合效益,是我国实施"西电东送"战略部署的重点骨干工程,电站建成后将仅次于三峡水电站成为中国第二大水电站。电站坝址处控制流域面积43.03万 km²,占金沙江流域面积的91%。坝址多年平均径流量1312亿 m³,多年平均流量4160m³/s。坝址多年平均悬移质输沙量为1.85亿 t,多年平均含沙量1.46kg/ m³。

白鹤滩水电站以发电为主,兼顾防洪,并有拦沙、发展库区航运和改善下游通航条件等综合利用效益。水库正常蓄水位825m,正常蓄水位相应库容190.06亿 m³;死水位765m,死库容85.7亿 m³;汛期限制水位785m,防洪库容75.0亿 m³;水库总库容206.27亿 m³,调节库容104.36亿 m³,具有年调节能力。电站总装机容量1600万 kW,年发电量640.95亿 kW·h,保证出力550万 kW。

2010年10月,国家发展和改革委员会办公厅同意开展白鹤滩水电站前期工作。2011年6月,三峡集团开始白鹤滩水电站筹备工作。2021年4月7日正式开始蓄水,2022年10月26日,首次达到825m的正常蓄水位。

### 2.2.3.3 溪洛渡水电站

溪洛渡水电站位于四川省雷波县和云南省永善县分界的金沙江溪洛渡峡谷,是金沙江下游河段四个梯级水电站的第三级。坝址距离宜宾市190km。电站坝址处控制流域面积45.44万 km²,占金沙江流域面积的96%。多年平均径流量1440亿 m³,多年平均流量4570m³/s。坝址多年平均悬移质输沙量为2.47亿 t,多年平均含沙量1.72kg/m³。

该电站以发电为主,兼有防洪、拦沙和改善库区及下游河段航运条件等综合利用效益。拦河坝为混凝土双曲拱坝,坝顶高程610m,最大坝高285.5m。其正常蓄水位600m,正常蓄水位下水库回水长199km,防洪限制水位560m,死水位540m。在正常蓄水位时,水库库容115.7亿 m³,调节库容64.6亿 m³,死库容51.1亿 m³,具有不完全年调节性能。电站总装机容量1386万 kW,保证出力338.5万 kW,年发电量574亿 kW·h。

溪洛渡工程在2003年开始筹建,2005年底主体工程开工,2007年11月工程截流,2013年5月开始初期蓄水,2014年9月顺利达到正常蓄水位600m。

### 2.2.3.4 向家坝水电站

向家坝水电站位于四川省宜宾县和云南省水富市交界的金沙江峡谷出口处,下距宜宾市33km,是金沙江下游河段四个梯级水电站的最后一级。坝址控制流域面积45.88万 km²,占金沙江流域面积的97%,控制了金沙江的主要暴雨区和产沙区。多年平均径流量 1440 亿 $m^3$，多年平均流量 $4570m^3/s$。坝址多年平均悬移质输沙量为 2.47 亿 t，多年平均含沙量 $1.72kg/m^3$。

该电站以发电为主，兼有航运、灌溉、拦沙、防洪等综合效益。水库正常蓄水位 380m，相应库容 49.77 亿 $m^3$，调节库容 9.03 亿 $m^3$，具有季调节性能。电站装机容量 640 万 kW，与溪洛渡联合运行时年发电量 309 亿 kW·h，保证出力 200 万 kW。

向家坝水电站于 2006 年开工建设，2008 年 12 月工程截流，2012 年 10 月正式下闸蓄水。

## 2.3 主要干流控制站

金沙江源头为沱沱河，在青海省格尔木市唐古拉山镇沱沱河大桥处设有沱沱河水文站，沱沱河水文站设立于 1958 年 9 月，集水面积 $15924km^2$，为汛期站，是万里长江第一个水文站。通天河在青海省称多县歇武镇直门达村处设有直门达水文站，直门达水文站设立于 1956 年 7 月，集水面积 $137704km^2$。

金沙江上段在四川省甘孜藏族自治州德格县龚垭乡康公村处设有岗拖水文站，岗拖水文站设立于 1956 年 6 月，控制集水面积 $149072km^2$。过岗拖站后，金沙江向南而行，至四川省巴塘县河段设有巴塘水文站，该站设立于 1952 年，位于四川省巴塘县竹巴笼乡水磨沟村，控制集水面积 $179612km^2$。继续向南行，至云南省德钦县奔子栏镇河段设有奔子栏水文站，该站设立于 1959 年 11 月，位于奔子栏镇下社村，控制集水面积 $203320km^2$。之后河流向东南而行，至云南省玉龙县石鼓河段设有石鼓水文站，该站设立于 1939 年，位于石鼓镇大同村，控制集水面积 $214184km^2$。

金沙江在石鼓处河流折向东北方向，至云南省丽江市宁蒗彝族自治县拉柏乡后转向南下，至阿海水电站下游 1.2km 处设立阿海水文站，该站设立于 2009 年，位于云南省宁蒗县翠玉乡库支村，控制集水面积 $235400km^2$。金安桥水电站下游 2.5km 处设有金安桥水文站，该站设立于 2004 年，位于云南省永胜县大安乡光美村，流域集水面积 $239853km^2$。龙开口水电站下游 4km 处设有中江水文站，该站是 2011 年由金江街水文站上迁而来，位于云南省大理州鹤庆县中江街，控制集水面积 $241452km^2$。

过中江站后，河流由南行转向东行，过鲁地拉水电站、观音岩水电站后到达四川省攀枝花市，进入金沙江下段，1965 年在该河段设有攀枝花水文站，该站位于四川省攀枝花市区东大渡口街道，控制集水面积 $259177km^2$。攀枝花站下游 15km 处雅砻江汇入，入汇口下游 3km 处设有三堆子水文站，该站设立于 1957 年，位于四川省攀枝花市盐边县桐子林镇三堆子村，控制集水面积 $388571km^2$。过三堆子站后河流转向南行，纳龙川江后折向东北，至云南省禄劝县乌东德镇设有乌东德水文站，该站位于乌东德水电站下游 5km 处，设立于 2003 年，控制集水面积 $406142km^2$。过乌东德后,河流继续向东北行,在纳普渡河、小江等支流后转向北行,至四川省凉山州宁南县华弹镇,设有华弹水文站,该站设立于1939年,控制集水面积450696km²,受白鹤滩水电站蓄水影响,于2015年7月改为水位站。为替代原华弹水文站功能,2014年2月在下游云南省巧家县大寨乡哆车村处新设白鹤滩水文站,该站是普渡河、小江、以礼河、黑水河等支流汇入后金沙江干流河段的一个重要控制站,位于白鹤滩水电站下游4.5km,控制集水面积430308km²。河流继续向东北行,至宜宾市屏山县设有屏山水文站,该站设立于1939年,控制集水面积458592km²,观测至2011年,2012年因向家坝水电站蓄水,改为水位站。2008年5月在向家坝水电站下游2km处的宜宾县安边镇莲花池村设立向家坝水文站,控制集水面积458800km²,该站向家坝电站建成后的金沙江控制站(表2.3-1)。

表 2.3-1　　　　　　　　　　　金沙江干流主要水文站

| 河段 | 站名 | 控制集水面积/km² | 设站时间 | 观测项目 |
|---|---|---|---|---|
| 沱沱河 | 沱沱河 | 15924 | 1958年9月 | 水位、流量、悬移质泥沙、降水、蒸发、水温、岸温、冰情 |
| 通天河 | 直门达 | 137704 | 1956年7月 | 水位、流量、悬移质泥沙、降水、蒸发、水温、岸温、冰情 |
| 金沙江上段 | 岗拖 | 149072 | 1956年6月 | 水位、流量、降水、蒸发、水温、岸温 |
| | 巴塘 | 179612 | 1952年12月 | 水位、流量、悬移质泥沙、降水、水温 |
| | 奔子栏 | 203320 | 1959年11月 | 水位、流量、降水 |
| | 石鼓 | 214184 | 1939年2月 | 水位、流量、悬移质泥沙、悬移质颗粒分析、降水、蒸发、水温、地下水 |
| 金沙江中段 | 阿海 | 235400 | 2009年9月 | 水位、流量、降水等 |
| | 金安桥 | 239853 | 2004年1月 | 水位、流量、悬移质泥沙、降水、蒸发、水温 |
| | 中江 | 241452 | 2011年7月 | 水位、流量、降水 |
| 金沙江下段 | 攀枝花 | 259177 | 1965年5月 | 水位、流量、悬移质泥沙、悬移质颗粒分析、降水、水温、水质 |
| | 三堆子 | 388571 | 1957年6月 | 水位、流量、悬移质泥沙、悬移质颗粒分析、降水、蒸发、水温、水质监测、气象、卵石推移质、沙质推移质 |
| | 乌东德 | 406142 | 2003年3月 | 水位、流量、悬移质泥沙、悬移质颗粒分析、降水、水质 |
| | 华弹 | 450696 | 1939年4月 | 水位、流量、悬移质泥沙、悬移质颗粒分析、降水、蒸发、水温、水质(于2015年改为水位站) |

续表

| 河段 | 站名 | 控制集水面积/km² | 设站时间 | 观测项目 |
|---|---|---|---|---|
| 金沙江下段 | 白鹤滩 | 430308 | 2014年2月 | 水位、流量、悬移质泥沙、悬移质颗粒分析、降水、蒸发、水温、水质 |
| | 屏山 | 458592 | 1939年8月 | 水位、流量、悬移质输沙率、悬移质颗粒分析、降水、蒸发、水温、水质(于2012年改为水位站) |
| | 向家坝 | 458800 | 2008年5月 | 水位、流量、悬移质输沙率、悬移质颗粒分析、降水、水温、水质 |

## 2.4　水沙概况

### 2.4.1　金沙江上段

石鼓以上为金沙江中段,石鼓镇设有石鼓水文站,该站多年平均流量 1360 m³/s,多年来年径流量无趋势性变化,年内径流有明显洪、枯季变化,汛期5—10月径流量占全年的79%左右。

金沙江上段巴塘以上河流泥沙主要是高山寒冻风化物和谷坡的崩塌、滑坡作用产物,巴塘至石鼓河段泥沙主要来自高山中的陡坡部分。石鼓站多年平均年输沙量2800万t,多年来无明显趋势变化,汛期输沙量约占全年的98%。

### 2.4.2　金沙江中段

金沙江中段为石鼓至攀枝花段,攀枝花市设有攀枝花水文站,据该站多年资料统计,多年平均流量 1800m³/s,多年来年径流量无趋势性变化,年内径流有明显洪、枯季变化,汛期5—10月径流量占全年的79%左右。

多年平均年输沙量4300万t,年内汛期输沙量则占全年的98.0%,近年来输沙量有较明显变化,其中,1966—2010年年输沙量为5130万t,随着上游水电站逐步投入使用,2011—2014年年输沙量逐渐减少,年输沙量为1130t,2015—2020年年输沙量已减少至314万t,1966—2010年减少93.9%(表2.4-1)。随着输沙量的逐步减少,汛期输沙量占全年的比例也略下降,1966—2010年汛期输沙量占全年的比例为98.2%,2015—2020年下降至96.7%。

表 2.4-1 攀枝花站输沙量多年变化对比

| 年份 | 年流量/(m³/s) | 年径流量/亿 m³ | 年输沙量/万 t | 输沙量变化率/% |
|---|---|---|---|---|
| 1966—2010 年 | 1800 | 566 | 5130 | — |
| 2011—2014 年 | 1720 | 543 | 1130 | −78.0 |
| 2015—2020 年 | 1860 | 586 | 314 | −93.9 |
| 多年平均 | 1800 | 567 | 4300 | — |

注:变化率为较 1966—2010 年均值的相对变化。

## 2.4.3 金沙江下段

雅砻江入汇后,金沙江流量倍增,雅砻江口以下设有三堆子水文站,据其近年来观测数据,年流量 3610m³/s,多年来年径流量无趋势性变化,年内径流有明显洪、枯季变化,汛期 5—10 月径流量约占全年的 75%。

多年平均年输沙量 2700 万 t,受上游梯级电站陆续投入使用影响,输沙量近年来逐渐减少,其中 2008—2010 年年输沙量 5720 万 t,2010—2014 年年输沙量 2710 万 t,2015—2020 年年输沙量 1190 万 t(表 2.4-2)。汛期输沙量约占全年的 92%,随着输沙量的逐步减少,汛期输沙量占全年的比例也略下降,2008—2010 年汛期输沙量占比为 95%,2014 年后下降至 89%。

表 2.4-2 三堆子站输沙量多年变化对比

| 年份 | 年流量/(m³/s) | 年径流量/亿 m³ | 年输沙量/万 t | 输沙量变化率/% |
|---|---|---|---|---|
| 2008—2010 年 | 3780 | 1194 | 5720 | — |
| 2011—2014 年 | 3340 | 1053 | 2710 | −52.6 |
| 2015—2020 年 | 3710 | 1171 | 1190 | −79.2 |
| 多年平均 | 3610 | 1140 | 2700 | — |

注:变化率为较 2008—2010 年均值的相对变化。

金沙江纳龙川江、勐果河、普隆河、鲹鱼河等支流后,于云南省禄劝县乌东德镇设有乌东德水文站,乌东德水文站位于乌东德水电站下游约 6km 处,据其近年观测资料统计,年流量 3780m³/s,多年来年径流量无趋势性变化,年内径流有明显洪、枯季变化,汛期 5—10 月径流量约占全年的 76%。

2015—2019 年年输沙量 3180 万 t,汛期输沙量约占全年的 93%,2020 年乌东德水电站蓄水后,该站年输沙量减少至 411 万 t,汛期输沙量占比下降至 86%(表 2.4-3)。

表 2.4-3                          乌东德站输沙量多年变化对比

| 年份 | 年流量/(m³/s) | 年径流量/亿 m³ | 年输沙量/万 t | 输沙量变化率/% |
|---|---|---|---|---|
| 2015—2019 年 | 3710 | 1172 | 3180 | — |
| 2020 年 | 4100 | 1297 | 411 | −87.1 |
| 多年平均 | 3780 | 1193 | 2720 | |

注：变化率为较 2015—2019 年均值的相对变化。

华弹站位于白鹤滩坝址上游附近，2014 年于白鹤滩坝址下游新建白鹤滩站。根据华弹站多年观测数据统计，该段多年平均流量 3970 m³/s，多年来年径流量无趋势性变化，年内径流有明显洪、枯季变化，汛期径流量约占全年的 75%。

多年平均年输沙量 16500 万 t，年内输沙以汛期为主，约占全年的 96%。其中1998 年前，年输沙量为 18000 万 t，1998 年雅砻江桐子林水电站投入使用后，汇入金沙江泥沙明显减少，1999—2010 年该段年输沙量减少至 14600 万 t，2011—2014 年受金沙江梯级水电站陆续投入使用影响，该段输沙量再次逐渐减少，年输沙量仅为 7100万 t。随着输沙量的逐步减少，汛期输沙量占全年的比例也略下降，1998 年前汛期输沙占比为 96.5%，2011—2014 年下降至 94.4%。

2014 年后据白鹤滩站实测资料统计，年流量 4100 m³/s，年径流量为 1292 亿 m³，汛期径流量约占全年的 69%；年输沙量为 7490 万 t，汛期输沙量占全年的 90%（表 2.4-4）。

表 2.4-4                   华弹站、白鹤滩站输沙量多年变化对比

| 年份 | 站点 | 年流量/(m³/s) | 年径流量/亿 m³ | 年输沙量/万 t | 输沙量变化率/% |
|---|---|---|---|---|---|
| 1998 年前 | 华弹站 | 3920 | 1236 | 18000 | |
| 1999—2010 年 | | 4300 | 1359 | 14600 | −18.9 |
| 2011—2014 年 | | 3570 | 1126 | 7100 | −60.6 |
| 多年平均 | | 3970 | 1254 | 16500 | |
| 2015—2020 年 | 白鹤滩站 | 4100 | 1292 | 7490 | |

注：变化率为较 1998 年前均值的相对变化。

金沙江过金阳、雷波、永善、绥江等地后，于宜宾市屏山镇设有屏山站，该站 2012年因向家坝电站蓄水，改为水位站，采用下游约 30km 处向家坝站观测水沙资料。

根据屏山站多年观测数据统计，该段多年平均流量 4550m³/s，多年来年径流量无趋势性变化，年内径流有明显洪、枯季变化，汛期径流量约占全年的 79%。多年平均年输沙量 25000 万 t，年内输沙以汛期为主，约占全年的 97.2%。其中 1998 年前，年输沙量为 25500 万 t，1999—2011 年该段年输沙量减少至 19300 万 t。随着输沙量

的逐步减少,汛期输沙量占全年的比例也略下降,1998 年前汛期输沙量占比为 97.6%,1999—2011 年下降至 95.7%。

2012 年以来据向家坝站实测资料统计,年平均流量 4450m³/s,年径流量为 1406 亿 m³,汛期径流量约占全年的 73%;2012 年向家坝水电站蓄水后,向家坝站输沙量 骤减,2013—2020 年年输沙量仅为 152 万 t,汛期输沙量占全年的 88%(表 2.4-5)。

表 2.4-5    屏山站、向家坝站输沙量多年变化对比

| 年份 | 站点 | 年流量 /(m³/s) | 年径流量 /亿 m³ | 年输沙量 /万 t | 输沙量 变化率/% |
|---|---|---|---|---|---|
| 1998 年前 | 屏山站 | 4520 | 1415 | 25500 | — |
| 1999—2011 年 | | 4680 | 1483 | 19300 | −24.3 |
| 多年平均 | | 4550 | 1428 | 25000 | — |
| 2012 年 | 向家坝站 | 4450 | 1406 | 15100 | — |
| 2013—2020 年 | | | | 152 | |

注:变化率为较 1998 年前均值的相对变化。

# 第 3 章 水位监测

## 3.1 水准测量

水准测量是利用水准仪提供一条水平线,借助水准尺测定地面两点之间高程,由已知点高程推求待测点高程,是测量地面点高程的一种常用方式,此外还有三角高程测量、GPS 高程测量、气压高程测量、电磁波测距高程导线测量或卫星定位高程测量。

水准测量是高程测量中精度最高和最常用的一种方法,在水文测验中应用也最为广泛,如测站地形测量、断面测量、水位观测等。特别是水位观测中,水准测量应用于水准点的引测、校测,以及水尺的校测。水位观测得准确与否与水尺的零点高程直接相关,而水尺零点高程的准确性又依赖于水准点高程的准确测量。因此水准测量工作对于水位观测来说至关重要。

在水文测验工作中,经常采用的是三、四、五等水准测量,水文水准测量有专门的规范《水文测量规范》(SL 58)。水文测量规范对水文测量的高程系统进行了相关描述——宜采用 1985 国家高程基准,既可沿用原高程系统,也可提供与 1985 国家高程基准的转换关系。

### 3.1.1 水文测站的水准测量系统

一个水文测站的水准测量系统由引据水准点、基本水准点、校核水准点等加上水尺零点组成。引据水准点一般采用国家水准网中距离测站最近的三等以上水准点。基本水准点和校核水准点是水文测站的高程控制系统重要组成部分,建站时应依据规范要求进行埋设。基本水准点是水文测站永久性的高程控制点,设置在测站附近历年最高水位以上且不易损坏、便于引测的地方。校核水准点用于引测和检查水文测站的断面、水尺和其他设备高程,是校核测量的控制点,根据需要一般设在便于引测上述高程的地方。水尺零点则是水尺的零刻度线相对于某一基面的高程,每新设水尺均应引测高程。

水准测量执行"分级管理,分级测量"的原则,即基本水准点从引据水准点进行引测;校核水准点从基本水准点引测;水尺零点高程从校核水准点引测。特殊情况下引据水准点可直接引测校核水准点,基本水准点可校测水尺零点。

### 3.1.2 水文测站统一高程测量方案

#### 3.1.2.1 测站考证

梳理水文测站现采用高程基准情况;统计引据水准点、基本水准点和校核水准点等高程控制点的型式、编号、高程、位置和测设机关等;基本水准点高程的测定和复测记录。说明测站使用的基面与绝对基面的关系和历年变动情况。

查勘测区范围内 1985 国家高程基准引测点布设情况,查找水文测站附近国家二等及以上等级水准点最新资料及历年沿革。建立测站基面与 1985 国家高程基准的转换关系。

#### 3.1.2.2 水准点引测

从国家二等水准点采用三等水准测量引测水文测站基本点高程,三等水准测量特别困难的测站可采用四等水准引测。校核水准点从基本水准点采用三等水准引测,特别困难的测站可采用四等水准引测。

每个水文测站高程起算点和基本点逐一绘制点之记;测量成果资料整理、校对和汇总;个别地形特别复杂,进行水准测量特别困难的测站,可采用光电测距三角高程、GNSS 静态测量的方式引测高程。

#### 3.1.2.3 数据整编

新老高程基准下水文测验数据转换、比对分析、数据修编,测站水准点沿革统计、高程测验成果整编、水尺零点高程校测成果整编。另外,还存在报汛系统、水雨情数据库高程基准修改,高程数据入库等工作。

### 3.1.3 水文测站水准系统校测方案

#### 3.1.3.1 水准点校测方案

规范要求水文站应在不同位置设置三个基本水准点。应用环形闭合水准线进行水准点联测,构成高程控制自校系统。

水位精度要求较高的测站,每 5 年校测一次基本水准点,其他测站 10 年校测一次。校核水准点每年校核一次。测站高程自校系统每 2～3 年校测一次,若发现某一水准点变动,应及时校测。

金沙江水文测站水准点的校测方案如下。

1)逢 0 逢 5 年份应对本站各水准点组成的自校系统进行校测。

2)本年使用过的基本水准点和校核水准点都应校测一次(只能用基本水准点为引据点校测其他水准点)。

3)汛中或较大洪水淹没后等可能造成水准点变动时需对该水准点进行校测。

4)每年年初应按规定对水准仪和水准尺进行检查,检查项目应包含水准仪外观、部件、性能、水准气泡检查、$i$ 角检验,水准尺外观、水准气泡、标尺划分等。

5)各水准点、水尺测量成果超限应及时补测,时间间隔不应超过 10 天;当年大水淹没过的水准点、水尺应及时施测,时间间隔不应超过 10 天。

### 3.1.3.2　水尺零点高程校测方案

为统一管理水文测站水尺校测,规范及各级技术补充规定均对水尺校测给出了不同情景下的技术要求。金沙江水文测站水准点的校测方案如下。

1)年初对水尺进行统一调整编号,年初或汛前应校测全部水尺,汛后校测本年度洪水到达过的水尺。

2)当水尺受外力影响,或因水尺损坏设立临时水尺时,应及时测量。

3)较大洪峰过后,过水水尺应校测 1 次。

4)在比测相邻两尺的水位,如发现比测不符值大于 0.02m 或发现高程可疑时,应及时校测。

5)当校测高程与测定高程差大于 0.010m(基本水尺)、0.005m(比降水尺)时,应及时复测,经分析确定高程变动后,启用新高程。

金沙江坝水文测站,尤其是位于坝上、坝下的测站,受上、下游电站蓄放水影响,水尺零点高程变动频次更高,变动更大,校测高程与原测高程超限(超过测量允许误差),经分析,水准点无变动,过水的水尺零点高程发生变动。

如春江站,该站为倾斜式水尺,上游约 65km 有白鹤滩水电站,下游约 130km 有溪洛渡水电站,两电站蓄放水可能会影响岸坡稳定性从而影响水尺。较大洪峰过后或汛后,过水水尺零点高程发生变动,近十年来发生多次,变动范围可达 0.010～0.050m。此外,由于该站断面地带为碎石夹沙,在库区水淹、特大暴雨和地震等影响下,可能发生山体滑坡,影响水尺、水准点高程。

## 3.1.4　金沙江测站高程测量

### 3.1.4.1　实施方案

为统一长江流域水文测量的高程基准为 1985 国家高程基准,实现水文基础资料的一致性和准确性,金沙江各测站进行高程测量工作的实施方案如下。

梳理水文测站现有水准点的水准基面及相应高程,收集测区高等级高程引据点、踏勘了解标石损毁情况,并设计各站点作业技术手段、详细水准路线,完成主要仪器的送检。根据收集的高等级水准点成果,对拟进行高程联测的站点附近的国家一、二等水准点进行外业踏勘和普查。明确每个站的高程引测方式与详细线路布设。

金沙江国家基本水文测站各站点高程引测方式包括三等水准测量、光电测距三角高程测量、基于大地水准面精化模型的 GNSS 高程测量。

1)三等水准测量:水准路线各站点均处在附合路线或闭合路线上,其中部分站点需跨河测量。

2)光电测距三角高程测量:未单独布设完整线路,可应用于水准线路中困难程度大的局部测段。

3)基于大地水准面精化模型的 GNSS 高程测量:对于水准或三角高程方法均不适用,高程联测极困难的站点可采用此方法。

### 3.1.4.2 技术要求

观测实施过程中,要求需联测水文测站不少于 2 个基本点;允许以符合规范要求的方式进行跨河水准联测,如直接读尺法、经纬仪倾角法、GNSS 跨河水准等;采用 GNSS 高程测量时,对于布设与房角等影响卫星信号接收的高等级点,应在开阔区域布设水准标石(间歇点),并采用水准等方法进行同等级联测。

金沙江各站高程引测方式多采用三等水准测量,设计附合路线或闭合路线,采用单程双转点观测或中丝读数法进行往返测。

其中阿海、中江和乌东德水文站较为特殊,海拔落差大,两岸地势高,地形复杂,引测点距测站高差超过 1000m,甚至局部地区无路可走,高程引测路线很复杂,采用三等水准测量和光电测距三角高程测量组合观测。

阿海站引测路线高程在 1400~3000m,高差超过 1600m,路线近 200km,起点位于丽江市古城区文化街道,自南向北,至鸣音镇转向东,跨桥后到达阿海站,是金沙江各站中路线距离最长的站。

中江站引测路线高程在 1200~2500m,高差超过 1300m,路线近 100km,起点位于鹤庆县,自西向东,至中江站。

乌东德站引测路线高程在 800~3000m,高差超过 2200m,路线近 130km,是金沙江各站中路线高差最大的站,起点位于撒营盘镇,自南向北,局部地区无路可走,翻山测验,部分区域无信号。

另一种测量方法,基于大地水准面精化模型的 GNSS 高程测量,具有明显的优势,可以替代传统的光学水准测量方法,用于上述金沙江高程联测极困难的站点。

### 3.1.4.3 GNSS 高程测量

GNSS 是全球导航卫星系统的缩写,是一种利用卫星定位技术进行测量的方法。

GNSS 定位技术具有速度快、精度高、费用少、自动化程度高等优点,已在大地测量、精密工程测量、地壳形变监测中得到了广泛应用。与传统光学水准测量手段对比,GNSS 不受天气影响、实时性强、自动化程度高,是理想的可替代水准测量技术方案之一。因此,开展 GNSS 拟合高程代替水准测量的可行性分析,具有重要的现实意义。在实际工作中,除了高程异常值,还以往返测高差不符值以及偶然中误差作为评价指标,评估 GNSS 替代水准网的可行性。通过近年来大量实践应用数据分析,GNSS 高程方向定位结果可以满足三等水准测量要求,受制于各项影响因素,目前更多的实践应用表明拟合高程可代替四等水准测量。

(1)技术原理

GNSS 测量可以得到基于地面点的 WGS-84 椭球大地高(参考点椭球沿其法线方向直到地表的距离),而水准测量得到的是基于大地水准面的正常高程基准(从地表沿铅垂线方向到大地水准面的距离),两者之间的差距被称为高程异常。因此,在比较两种方法,计算闭合差等指标时,需要基于高程异常进行高程转换。将 GNSS 测定的大地高结合高精度似大地水准面模型就可以快速获得精密的海拔高程,即地面点的正常高。依据《工程测量规范》,大地高与正常高的计算公式为:

$$H_{大地高} = H_{正常高} + 高程异常值$$

式中,高程异常值为该点似大地水准面到参考椭球面的距离。

(2)高程异常值获取

上述公式表明,只要准确测定测站所在区域局部的高程异常值,就可以精确得出该测站区域的各点水准高程。因此,关键问题在于,如何求得该测站区域各点的高程异常值。常规的 GNSS 高程(大地高)转换成正常高的方式有很多,如 GNSS 水准法、GNSS 三角高程法、GNSS 重力高程法、曲面拟合法、绘等值线图法、解析内插法等。

部分测站在实际工作中,采用 GNSS 水准测量法进行水准测量,即利用已知四等水准控制点和水准高差,用 GNSS 进行联测,然后通过求取该区域的高程异常的变化率,实现大地高到正常高的转换。

(3)高程测量误差因素分析

实验表明,高程异常是所有误差中对结果影响最大的部分,且不同地方的高程异常值不一致,但是在小范围内可通过数据拟合来减弱高程异常值。使足够多的拟合点位在测区内均匀分布,在边界处布置拟合点进行精度控制,拟合点越多,拟合后精度越高,误差相对越小。

其他误差因素,如电离层、对流层影响坐标位置信息,水面、山谷、高层建筑等反射物对接收机收取卫星发射信号的干涉影响,卫星星历给出的位置与实际位置的误差影响,卫星钟和接收机钟的钟差对距离测量带来的影响,相对论效应对测量结果的影响,地球自转以及地球潮汐运动对测量结果的影响等。在实际工作中,上述误差因素均可采用对应的改正方法,减弱误差影响。

### 3.1.4.4　静态测量简述

(1)GNSS 静态测量

GNSS 位置测量可以分为动态测量和静态测量。

动态测量时接收机可以随时随地移动,并且可以取得实时坐标。静态测量时接收机是固定不动的,并且所测量的坐标位置信息需要在电脑上进行分析处理才可以得到,因为静态测量具有多余观测量,所以精度相比动态测量高很多。

其中静态测量又可以分为静态绝对定位测量和静态相对定位测量。它们两者的区别在于静态绝对定位测量是通过 1 台接收机在考虑到接收机钟差的情况下同时观测 4 颗及以上的卫星,通过测算导航电文中所包含的卫星的位置信息以及信号传播的时间,通过距离交会法直接得出接收机所在测站点坐标位置信息。而静态相对定位测量是两台及以上的接收机同时接卫星发射的信号,当其中的 1 个或多个点的坐标已知时,就可以反推出当时当地电离层、对流层等带来的误差,进而对未知点的坐标进行修正。因为静态相对定位本身避免了一部分误差,所以比静态绝对定位测量精度高,是常用的方法。

但多台接收机在不同的测站上进行静止同步观测,工作时间一般大于作业要求的 40min,甚至几十个小时不等。

(2)数据采集

1)GNSS 静态观测需要获取外业数据。观测前需要做好仪器设备校验工作,要求送往质量技术监督测绘专用仪器计量站检定,并符合《全球定位系统测量型接收机检定规程》要求。

2)观测前工作。

观测前应编制详细的计划观测表,并按表调度人员与仪器进行作业。

观测前对 GNSS 接收机及其附件进行详细检查,三角底座的圆水准气泡应校准;接收机、天线、信号馈线、量高尺、电源线电池、充电机等都应检查合格,保证全部设备状态良好,接收机力求性能稳定。

在观测点上安置好 GNSS 接收机后,预热 5min 后再开始记录观测数据。观测员应统计各测站的仪器型号、编号、天线类型、天线高及量高参照位置、天线 L1 相位中心距量高参照位置的高度并由此计算观测墩至天线相位中心的高度。观测员应填写 GNSS 静态测量测站信息摘录表,并拍摄观测的天线安置照片。

3)观测技术要求。

金沙江测站要求采用GNSS静态观测模式,以不低于C级的要求进行观测,按照就近的原则,于附近高等级水准点和水文站基本点设站进行同步观测,组成观测环。技术要求执行如下。

利用多台接收机根据静态定位观测的方法进行实际观测数据采集。在作业的过程中,作业人员要严格地执行作业标准和规范,其中卫星截止高度角≥15°,同时观测有效卫星数≥4颗,有效观测卫星总数≥6颗,平均重复设站数≥2次/点,时段长度≥8h,采样间隔15s,GDOP≤6。

在数据观测时,作业人员不能使用对讲机,因为这样会干扰信号的接收。分两次用仪器获取信息,而且两次观测值之差不能大于3mm,否则需要重新设站。要获取可靠性更高的数据,就要按照技术要求和标准观测记录数据。

（3）数据处理

基线解算是获取外业数据之后需要进行的一项重要工作。使用数据处理软件对静态测量获得的数据进行处理,对部分基线进行剔除便可以得到处理后的结果。

在整个基线解算工作完成之后,在WGS-84坐标系中进行自由平差,可以对测得数据中的粗差进行验证。通过验证,确定控网的精度和基线之间是否存在误差。

对大地高进行GNSS高程拟合,可以获得最终的正常高。GNSS高程拟合方法较多,常用的方法分为数学模型拟合和基于地球重力场模型计算两种。不同拟合模型,其结果不同,根据使用环境,选择合适的拟合模型,能较大幅度地减少高程误差。对高程异常进行拟合,使其满足相应的精度要求,并用已知点进行校核。

### 3.1.4.5 跨河水准测量

测站大断面对岸施测可采用全站仪、GNSS、经纬仪交会法施测。若大断面对岸仍采用水准仪施测,库区站可采用水面高程传递法确定对岸起算高程,否则应布设基本点作为引测高程点或每年施测过河水准。

当对岸没有水准点时,水面横比降不明显的可采用水面高程传递法确定对岸起算高程,水面横比降明显的采用过河水准测量。

当水准线路跨越江河,视线长度在200m以内时,可用一般观测方法进行,在测站上变换一次仪器高度,观测两次,当视线长度超过200m时,采用直接读尺法、经纬仪倾角法、GNSS测量法等进行跨河水准测量。

当河宽大于800m且两岸高程异常变化率满足表3.1-1要求时,采用GNSS跨河水准测量。

表 3.1-1 高程异常变化率限差

| 限差类型 | 二等 |
|---|---|
| 同岸高程异常变化率较差/(m/km) | 0.0130 |
| 不同岸高程异常变化率较差/(m/km) | 0.0180 |

分析已有地形、重力、水准等与大地水准面相关的测量资料,选择河流两岸大地水准面具有相同变化趋势且变化相对平缓的方向上布设跨河路线。GNSS 跨河水准测量布置按图 3.1-1 执行。

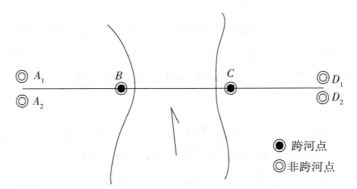

图 3.1-1 跨河水准 GNSS 测量布设

$A_1$、$A_2$、$D_1$、$D_2$ 应位于跨河点($B$、$C$)的沿长线两侧且大致对称,非跨河点至跨河点的距离应与跨河距离大致相等,非跨河点偏离跨河轴线的垂距应小于跨河距离的 1/4。

### 3.1.5 水文测站水准点高程问题分析

#### 3.1.5.1 基本水准点冻结的不变性

水文测站第一次使用的基面冻结下来,即为冻结基面。测站的冻结基面一旦确定下来后不能随意改变,这就是基面冻结的意义。实际工作中,就是将一个或多个基本水准点的高程数值冻结,除非基本水准点本身被破坏或变化,否则其使用的高程数值不变化。与其他行业的水准点相比,水文测站的基本水准点具有冻结的不变性,这是水文水准考证的特殊性,也是水文站进行水准考证时应该首先遵循的原则。

#### 3.1.5.2 国冻差

基面之间的高差绝对基面和冻结基面高程之间的高差,即国冻差。目前我国采用的标准基面(1985 国家高程基准)和测站冻结基面的高差,也可为其他国家绝对基面和测站冻结基面的高差。一般将测站水准点与国家水准网中的水准点进行接测,即可得到该高差。

当国家水准网进行不定期复测时,从水准原点到测站引据水准点的仪器设备、测量路线、方法、平差方案的不同,会产生一定的测量误差,给引据水准点的高程带来误差,使得引据水准点的绝对高程发生变化。而水文测站冻结基面不变,基本水准点的冻结高程不变,遵循冻结基面冻结不变性原则,此时需要改变测站的国冻差,来保持两个基面关系的正常延续。此时应注意,引据水准点和基本水准点的相对高差不应有变化,即基本水准点绝对高程的变动是引据水准点测量高程误差带来的,这种误差与基本水准点本身没有关系。另外当测站变更引据水准点时,国冻差也可能会发生改变。

### 3.1.5.3　水准点高程变动

当引据水准点或者基本水准点发生了沉降变化,又或者是两者高程均发生了变化,导致其相对高差改变时,水准点高程变动情况将变得复杂。测站的水准测量也往往在此时陷入困境,新旧高程的取舍难以决断。但可以确定的是一定有水准点高程发生了沉降(沉降值可正可负),需要从中分辨。水准测量数据分析的关键,是各点之间的高差历年变化,也即考证链的变化。只有先确定高差变化,才能判定高程发生了变动。

此种情况发生后应及时进行复测,充分结合测站的水准测量系统联测成果,综合分析各水准点之间高差的历年变化,纵横对比进行判断,通过彼此高差变化逐个排除,一般可发现高差变动的源头,这是因为系统中各水准点的埋设有一定距离,除非该处地质稳定性较差,一般发生系统联动的可能性较小。此后需要做的就是将变动水准点的绝对高程和冻结高程均进行新高程启用,而其他水准点的高程,以及国冻差均不改变。需要注意的是,若分析结果是引据水准点发生沉降,则需要具备相应资质的测量专业团队协助进行复核并研判。

### 3.1.5.4　测站基本点互校

另外,为了及时关注到测站水准点的高程变动,需确保做好每年的基本点互校联测工作,逐年监测其高程变动情况,不必等逢0逢5年引测基本点时才暴露高程变动的问题。加之测站的引据水准点来自站外,存在未知的变动风险。因此为确保考证链的连续,重要水文测站应尽量埋设3个以上的基本水准点,尤其是引据水准点距离基本水准点超过10km的测站。当引据水准点面临变更或距离较远时,3个以上的基本水准点组成的互校系统对维持测站高程系统统一具有很强的实际意义。这种情况在金沙江流域水文测站中不少见。

采用基本水准点校测校核水准点时,引据点的选取宜常年稳定不变,以保证高程考证链连续。被选定作为引据点的基本点即为自校系统中的主标。其他基本水准点为辅标,辅标的作用一是参与自校联测,监测主标的变动情况;二是主标意外损毁时可随时替补主标,保证校核水准点引测工作不破断。

如若测量后发现某些基本或校核水准点的高程在持续变动,就需要立即停用,待其高程沉降稳定之后再行启用;如若测站所处位置地质条件不稳定,发生整体沉降,且是不均匀的地面沉降,此时测站的冻结基面实际也在发生沉降,"冻结"的意义消失,即便是多次测站水准测量,也难以对沉降情况做定量判定。因此地质条件不稳定的测站,应尽量采用绝对基面作为水文站的高程基准。

由于引据水准点设置的原因,部分引据水准点距离基本水准点较远。新设基本水准点引测与设站时原水准测量存在不同的测量偶然误差,而这个测量误差只要在测量允许范围内(一般为 10mm),本次测量成果就可以被采用。

测站水准测量中,还有一种经常发生的情况:在进行基本水准点的新设后,同时期分别采用新旧基本水准点对校核水准点进行高程校测时,发现两者的测算高程的采用成果相差超过 1cm(将影响水位数值)。这是因为新旧基本水准点的高程测定时期、测量误差均不同,所以测量值与真值的差异不等,加上旧的基本水准点有可能高程变动,导致校核水准点的测算高程存在差异。此时起关键分辨作用的仍是水准测量系统中各点之间的高差变化。需要将引据水准点、新旧基本水准点、校核水准点进行多次联测。若确定新的基本水准点高程测算值无误,则依据最新高差将老基本水准点进行新高程启用;若确定老基本点无沉降变动,则依据老基本点原高程,对新基本点进行平差改正。如此,新旧基本水准点可归为同一系统。

### 3.1.5.5　水准变动案例

某站 2019 年水准测量成果见表 3.1-2,基 1、基 2 为旧基本水准点,从引据水准点进行校测,测得高程与原测高程之差小于测量允许误差,水准点仍然采用原测高程。

表 3.1-2　　　　　　　　　　　某站 2019 年水准测量成果

| 基本水准点 | 闭合差/mm | 允许误差/mm | 测得高程/m | 原测高程/m | 采用高程/m | 备注 |
|---|---|---|---|---|---|---|
| 基 1 | 2.5 | 25 | 603.353 | 603.338 | 603.338 | |
| 基 2 | 3.0 | 24 | 620.530 | 620.521 | 620.521 | |
| 基 6 | 2.0 | 24 | 605.182 | | 605.182 | 新设 |
| 校 1 | 1.5 | 12 | 579.581 | 579.573 | | 从基 1 校测 |
| 校 1 | 2.0 | 12 | 579.587 | 579.573 | | 从基 6 校测 |

基 6 为 2019 年新设基本点,其测量闭合差小于允许误差,测量成果合理,准用。采用高程为当年测得高程即 605.182m。用基 6 校测校 1 时,测得高程与原测高程相

差 14mm,超限,而用基 1 校测校 1,校 1 测得高程与原测高程相差 8mm,未超限。由此可以看出,新老基本点校测同一个校核点,测得结果并不相同。通过对校 1 与水尺的相互关系进行考证,并进行现场调查,二者均反映出校 1 点子高程稳定,未发生变动。

出现此类情况的原因在于引据水准点到基本水准点两次不同水准测量之间存在误差。在新基本点基 6 设立之时,应将引据水准点、新旧基本水准点进行多次联测,取均值以减少新设基本点测量中带来的误差。然而,解决旧基本点基 1 设立时的测验误差,办法之一是在新设基本水准点时进行高差平差。

首先遵循基本水准点冻结的不变性,测站的高程采用应保持稳定。在确定本站引据水准点和基 1 均没有变动的前提下,引据水准点与基 1 间的高差不能改变,基 1 点冻结高程、绝对高程不改变,国冻差也不改变。需要做的是,将本次基 1 点测量高程与原测高程进行比较,两者之差即为误差,见表 3.1-2,该误差为 15mm,将此误差进行沿程改正平差,误差改正后成果作为本次测量的采用成果。本年度测量中,基 1 和基 6 的水准距离分别为 4.50km、3.86km。基 6 按照距离进行误差改正,改正值为 $15/4.50 \times 3.86 \approx 13$mm,改正后基 6 采用高程为 605.169m,测得校 1 高程为 579.574m,结果与原测高程比较未超限,符合实际。

## 3.2 水位监测仪器

### 3.2.1 仪器构成与技术要求

金沙江水位的自动监测设备主要由水位传感器和遥测终端机(RTU)等组成。水位传感器主要有浮子、压力、雷达、超声波、激光、电子水尺、视频等。水位传感器采集接收水位信息,自动记录水位变化过程,接入遥测系统,遥测传输水位数据,部分设备带固态存储,可本地存储采集的水位数据。

测站应根据水位监测的任务和要求、水库调蓄方式、河流特性、河道地形、河床组成、断面形状、河岸地貌以及河流冰情、涨落率、泥沙等情况,选择合适的水位自动监测设备。

金沙江天然河道水位监测仪器安装需要测记到全变幅水位;库区安装水位自动监测设备需要测记到水库特征水位和安装位置处的历年最低、最高水位。当受条件限制,一套水位传感器不能测记全变幅水位时,可同时配置多套水位传感器或其他水位观测设备。两套设备之间的水位观测值应有不小于 0.1m 的重合,且处在同一断面线上。

自记水位计应根据测站观测任务的变化及时设置定时采集段次和加密采集测次的条件。

### 3.2.1.1 遥测终端机技术要求

1)具有现场存储 1 年以上水位数据的功能;存储的数据可进行现场下载,其格式满足水文资料的整编要求。

2)计时误差每月应小于 2min;具有低功耗和高可靠性。在正常维护条件下,数据采集终端平均无故障工作时间(MTBF)不应小于 25000h。

3)具有扩展传感器接口。

4)具有人工置数功能,通过人工置数装置可在现场读取数据,设置参数、校准时钟。也支持远程下载数据、远程参数设置、远程时钟校准。

5)现场存储的水位值可记至 1cm,有特殊要求的记至 1mm,带时标存储。

6)每一存储值宜是存储时刻前后多次采样的算术平均值,山溪性河流或金沙江坝下站,水位涨落急剧时采样次数可适当减少。

7)可设置定时自报、事件自报或随机查询应答等多种工作模式;当水位变化 1cm 或达到设定的时间间隔时,能自动采集、存储和发送水位数据;在定时间隔内,当水位变化超过设定值时,能加密测次、加密发报;可响应中心站召测指令发送数据。

金沙江干流水文站多安装气泡压力式水位计,设置时间间隔为每 5min 采集存储 1 次,每 7~15 天人工观测水位校核自记水位,自记水位用于年度资料整编和报汛。

8)水位信息传输方式可采用两种不同的传输信道,要互为备份,主、备信道应具备自动切换功能;通信方式根据测站当地的通信资源和通信条件,通过信道测试后合理选择。

### 3.2.1.2 水位传感器技术要求

1)安装应牢固,不易受水流冲击或风力冲击的影响。

2)波浪较大的测站,应采取波浪抑制措施。

3)对采用设备固定点高程进行初始值设置的测站,设备固定点高程的测量精度应不低于四等水准测量精度。

4)常用仪器因故障而中断记录,应及时排除故障并恢复设备。交通方便的站应在 24h 内;交通不便的偏远测站应在 48h 内,特殊情况可再延长 12h。受不可抗力等影响,自动测报设备不能运行的,应在确保安全的情况下尽早恢复。

5)浮子式水位计应安装在水平的平台上,浮子、平衡锤与井壁的距离应不小于 7.5cm。

6)压力式水位传感器的探头感应面应与流向平行。

7)雷达水位计、激光水位计等传感器发射方向应垂直于水面,测量范围内应无遮挡。

8)视频水位计应安装在历年最高洪水位以上,根据现场条件可选择立杆、壁装、顶装等安装方式;视频传感器宜正对水尺,与水尺的水平偏差宜小于 10°,俯角宜小于 20°,与水尺水面线距离宜为 5~50m,视路上应避免遮挡;在 8 级风条件下,视频传感器摆动幅度不宜超过 15mm。

9)电子水尺可根据现场情况选择直立、斜坡等安装方式,水尺的触点宜安装在背水面。

### 3.2.1.3 自记水位监测仪器应用条件

(1)视频水位计应用条件

监测河段水面漂浮物较少、水面不结冰;能设立观测水尺;水尺刻度和数字清晰,摄像机与水尺之间视野无遮挡;应尽量避免逆光观测;水尺在夜间红外补光时,数字和标志清晰可见;摄像机到水尺水位线的距离在 5~50m;具有有线网络或 4G 以上无线信号覆盖;应安装在历年最高洪水位以上,根据现场条件可选择立杆、壁装、顶装等安装方式。

(2)激光水位计应用条件

监测河段水面宜相对稳定,波浪较大的测站,应采取波浪抑制措施;设备安装的岸坡宜相对稳定,泥沙淤积少;尽量避免过往船只对设备的损坏;激光水位计传感器发射方向应垂直于水面,测量范围内应无遮挡。

(3)雷达水位计应用条件

水流相对稳定、水面不结冰;监测河段宜顺直,水流集中,风浪较小,河面开阔;雷达水位计宜与高压线、电站、电台、工业干扰源等保持安全距离,避免同频信号干扰影响;雷达水位计传感器发射方向应垂直于水面,测量范围内应无遮挡。仪器到水面垂直距离宜在 0.5~35m。

(4)压力式水位计应用条件

压力式水位传感器的探头感应面应与流向平行。

## 3.2.2 雷达水位计

### 3.2.2.1 仪器特性

雷达水位计以其独特的优势,应用于金沙江水电站库坝区水位实时监测中,尤其适应于两岸陡崖或围堰等地形，气泡压力式水位计气管不易固定，易冲毁等情况下；雷达水位计等非接触式易安装的设备，在金沙江水电站库坝区临时设施建设中，能够较好地布控站点空白，满足库坝区水位站站网全覆盖的要求。

雷达水位计采用一体化设计，不存在机械磨损。测量时，仪器发出的电磁波（微波）不受温湿度、风、雾等环境因素变化的影响；此类非接触式测量，不受水体密度、含沙量大小的变化影响，且测量时范围大，基本没有盲区。微波在空气中传播速度基本上是不变的，雷达水位计不需要修正温度，由于微波波长远短于超声波，电子电路形成的误差可以忽略，水位测量准确度较高，根据实际测量，量程在 10～20m 时，中误差一般为 1cm。但是雷达水位计测得水位仍是瞬时水位，自然水面波浪大小的影响仍然存在，且影响较大。在实际施测水位过程中，可通过参数设置，采用多次测量结果取均值作为当前水位，来减轻甚至消除波浪的影响。

### 3.2.2.2　安装与维护

雷达波水位计的安装需要将其换能器安装在水面上的支架即可。值得注意的是，需要安装在最高水位以上，且不受到仪器盲区的影响，选择水面位置时需要注意，最低水位时期仍有一定水深。

金沙江流域多安装于库坝区，两岸为陡岸或围堰，或有水工建筑物可以利用的情况下，通过建立支架，在伸出的横臂上安装换能器。少有河滩上安装，可通过建设支架或支架塔，在上部横梁上安装换能器的方式，这类情况应考虑洪水冲击损毁等因素。

不论何种方式，雷达水位计的安装都要求发射接收面稳定且水平，供电设施多为太阳能电池板，同时安装数据传输系统，且支架需要做好防雷措施，有条件的也需要做好防晒挡雨的措施。

雷达波换能器发射的声波束存在 2°～10° 的变化，这个角度由工作频率和换能器性能而定。仪器安装时，需要保证换能器发射方向上该波束角范围内的圆锥空间内没有人和阻挡反射体。

### 3.2.2.3　使用和维护

现场安装后检查安装是否牢固，所有连接是否正确，各项功能是否通过。

工作前，雷达波水位计需设置系统参数，如测量时间间隔、传感器基准高程、工作状态、站号等。

用仪器进行水位监测，确定水位计的基准高程，并且每隔一定时期进行人工水位校测；当收集到一定量的水位监测数据时，分析雷达波水位计的稳定性，以及比测其与实际水位之间的系统误差和随机不确定度。

仪器显示当前水位,若雷达波水位计配备了固态存储或遥感传输设备,可从本地存储器或分中心控制器中查询水位记录过程。

日常维护需要重视以下几个方面:

1)定时检查换能器和天线的安装牢固性和方向准确性,检查其他部件的安装是否牢靠,注意保证仪器的使用环境符合要求。

2)检查电缆的工作状态和保护状况,检查连接处是否可靠。

3)安装在高架上的仪器,可能受水草、鸟类、昆虫的遮盖、附着、筑巢等影响。冬季的冰霜附着也会影响水位计工作,日常维护中要特别注意。

### 3.2.2.4 金沙江测站建设选型案例 1

以白鹤滩水电站坝区下围堰水位站为例,介绍金沙江水文测站水位监测仪器建设选型。

下围堰水位站位于白鹤滩水电站大坝下游 0.9km。坝下站,两岸为陡岸。堰于 2021 年 1 月 18 日安装调试气泡式压力水位计,19 日正式运行。建设工程包括临时水准点的设立、自计水位探头、管线埋设、一体化机箱基座浇筑、仪器设备安装调试等工作。

按照规划和设备选型,该站自记设备为气泡式压力水位计,2020 年 12 月底安装调试设备进入试运行,1 月 19 日正式运行,共浇筑有 2 个一体化机箱基座,设备仪器安装在一体化机箱基座上,通过气管保护管导入水下。

运行期间白鹤滩水电站深孔(6 孔)过流,下游水位急速抬升、水流紊乱(图 3.2-1),导致该站维修平台淹没,维护便道冲毁,水位计气管多次冲断(气蓄放水影响,水流湍急,乱石陡壁,无法较好固定,气管被冲断 8 次,每次更换气管 150m,合计气管 1200m),水位数据采集中断。后续铺设中、低二级气管于基本水尺断面,保证水位计测量到附近 570～630m 范围。

(a)淹没平台前          (b)淹没平台后

**图 3.2-1 白鹤滩水电站深孔过流**

为保证水位站的正常运行,为电站运行调度提供准确、及时的数据,同时保障设备维护人员的安全,经过现场查勘,10 月初将下围堰水位站迁移至左岸下游约 250m 积鱼站平台处,见图 3.2-2,并将现有气泡式水位计更换为非接触式雷达水位计。

图 3.2-2　下迁后积鱼站平台处安装雷达波水位计

金沙江坝区水位站,两岸为陡岸或围堰,气泡式水位计优势不能发挥,在有水工建筑物可以利用的情况下,通过建立支架,在伸出的横臂上安装换能器,满足安装技术要求的前提下,可以保持雷达波水位计稳定采集水位。

### 3.2.2.5　金沙江测站建设选型案例 2

皎平渡水位站断面位于四川省会理市通安镇皎平渡大桥下,水流平缓,低水位以下为沙质河床,中高水部分为乱石。该测站建设包括水尺立设、水准点埋设、一体化机箱基座浇筑、管线埋设、水尺测量等工作。2021 年 6 月 14 日开工,历时 5 天到 6 月 18 日完成了水尺埋设、汽泡式水位仪管线埋设、一体化机箱基座浇筑和 3 个基本(校核)水准点埋设工作。6 月 25 日进行了水准水尺测量工作,同时将自记水位计搬迁安装到位,自记水位正式使用。

本站前期采用气泡压力式水位计,气管延格够护坡铺设到河底,分别布设了中高水和低水气管,总长度约 130m。受滑坡等影响,水位计设施损毁。后期根据现场实际情况确定搬迁位置,改用雷达水位计,经过 3 次搬迁,最终仪器机箱安装在皎平渡大桥靠山体一侧,雷达探头安装在大桥中部位置,管线顺桥体延伸长约 55m,用膨胀螺丝固定,外部穿有 PVC 管保护,水位计测量探头固定在支架顶端外挑出桥约 3m,保证在最低水期间波束能垂直打向水面(图 3.2-3)。

图 3.2-3　雷达波水位计仪器机箱和支架安装

为避免山区雷电击毁设备,在仪器箱和雷达探头均安装了接地天线,并从仪器箱内顺着混凝土基座向下敷设避雷地线到大桥的防雷接地点上,太阳能板固定在混凝土桥墩上。

### 3.2.3　压力式水位计

#### 3.2.3.1　仪器特性

气泡式压力水位计在工作过程中通过吹气管向水中吹放气泡,并通过吹气管将吹气管口的静水压强引到岸上,利用压力传感器测量到静水压强值。

由于气泡式压力水位计仪器都放置在岸上,不受水流影响,稳定性较好。仪器和水体之间没有"电气"联系,只有一根气管进入水中,因此防雷和抗干扰性较好。该仪器水下部分很简单,安装维护也很简单。野外测量可配置太阳能加蓄电池供电。因其自动化程度高、测验中精度高、可靠性高的特点,采用气泡式压力水位计进行水位自记在金沙江流域各水文、水位站中应用广泛。

#### 3.2.3.2　安装与维护

气泡式水位计的吹气管口要牢固地固定在水下某测点处,以确保工作过程中高程位置不变化。由于气管管口是感压口,最好采用杯式孔口(防浪罩)设计且牢固安装;管口发生泥沙淤积将严重影响测验,因此吹气管安装时需要垂直于流速,不受流速影响;根据安装的技术要求,气管在自上而下向水面铺设时沿途需保持不小于5°的斜坡,且不应有急转弯。

#### 3.2.3.3　金沙江测站建设选型案例

建设格勒、华弹、中坪子村等3个白鹤滩电站库区水位测站,对库区水位进行监测,满足白鹤滩电站调度运行需求。由于白鹤滩电站蓄水后,库区水位比新中国成立以来最高洪水位要高出很多,因此上述3个水位站的建设标准参照白鹤滩水电站蓄水水位825.00m执行,其岸上观测设施(含水位自记设施)应高出825.00m水位1.0m以上。

根据格勒、华弹、中坪子村等3个库区站自然地理条件、河流水文特性、交通路线等条件对测验方式进行拟定,通过站点查勘确定,新建3处水位站均采取巡测,根据巡测规范要求每年开展7~15次巡测工作。上述3个水位站水位变幅都超过60m,且断面处边坡较长,不宜使用非接触式水位计,因此,更推荐选用气泡压力式水位计的监测方式。

值得注意的是,气泡式传感器敷设管道不能出现负坡。水位测量气管水下端口处,应考虑防浪罩(静水装置)的设计与安装接口,同时做防泥沙淤堵的设计。

白鹤滩电站库区水位测站建设,以中坪子站为例,新建仪器房1处(3m×3m),双杆仪器平台1处,修建观测道路(含斜坡水尺)84m,气管敷设管道110m,见图3.2-4。格勒站水位变幅最大,修建观测道路(含斜坡水尺)123m,气管敷设管道140m;华弹站修建观测道路(含斜坡水尺)82m,气管敷设管道100m。

图3.2-4 中坪子站压力式水位计建设现场

### 3.2.4 自记水位监测仪器比测

新安装自记水位监测仪器或改变传感器类型时应进行比测。比测合格后,可投产正式使用。

金沙江水文测站的自记水位监测(固存)仪器投产比测可分水位级进行。在某水位级累计比测达30次以上,且精度符合规定,即水位比测结果满足置信水平95%的综合不确定度不应超过3cm,系统误差不应超过±1cm,该站所属上级勘测局可批准其水位自记(固存)仪器在该水位级内投产。比测资料可作为正式资料。

在进行自记水位监测仪器比测时,人工观测水位可按水位自记(固存)仪器的资料记录要求,用二段或四段制同步进行观测。

水位自记(固存)仪器投产后,校核水位频次由各勘测局自定。

金沙江偏远地区,无人值守站在不具备比测条件时可只进行校测。

### 3.2.5 水位监测仪器设备检查

水位监测仪器设备应符合齐全、准确、牢固、清晰、安全的要求,各项仪器、测具在测验前应做好检查、校正、比测和率定工作,使测验仪器处于良好状态,保证测验工作正常进行。

正常情况下,水位监测仪器设备的检查频次如下。

1)定期检查。宜在汛前、汛中、汛后对系统进行 3 次全面检查维护。到现场对系统的运行状态进行全面检查和测试,对仪器进行检查和维护。

2)不定期检查。可结合日常维护情况或根据远程监控信息进行不定期检查。主要是专项检查和检修,也可作全面检查,视具体情况而定。

3)日常维护。日常维护以保持机房和测验环境的整洁为主,使系统始终处于良好的工作环境和工作状态。

运行维护部门应储备必要的备品备件,一旦出现故障应及时排除。

现场维护时,应下载数据作为备份。若条件许可,也可远程下载数据。

金沙江地区测站不同的仪器检查频次不同。水位观测平台每年汛前检查,浮子式水位仪检查频次为每年一次,多在更新设备后和汛前。气泡压力式等水位自记仪检查一般是每年一次,多在更新设备后和汛前。出现异常情况时,应适当增加检查次数,并及时处置。检查时应填记检查登记表,并及时归档保存。具体检查内容主要为水位自记设施设备的维护、保养和人工比校情况。

### 3.2.6　水位监测仪器设备校测

水位监测仪器设备校测应定期或不定期进行,校测频次可根据仪器稳定程度、水位涨落率和巡测条件等确定。每次校测时,应记录校测时间、校测水位值、自记水位值、是否重新设置水位初始值等信息,作为水位资料整编的依据。

校测方法可根据水位监测站是否设有水尺进行选择。设有水尺的水位监测站,可采用水尺观测值进行校测;未设置水尺的水位监测站,可采用水准测量的方法进行校测,也可采用悬锤式水位计、测针式水位计进行校测。

根据水位观测规范要求,当自记水位与校核水位相差超过 2cm(风浪起伏度 2 级以上或受水利工程调度影响的可放宽至 5cm),应每隔 30～60min 连续观测两次,经分析后按照下列规定重新设置水位初始值:若属偶然误差,则仍采用自记水位;若属系统误差,则应经确认后重新设置水位初始值,并将上一次校核水位与本次校核水位按时间进行订正。金沙江地区水位监测测站多受水利工程影响,将自记水位与校核水位差值放宽至 5cm,坝下站风浪起伏度 2 级以上,将自记水位与校核水位差值放宽至 5cm。

## 3.3　水位监测方案

金沙江水文测站的年度水位监测方案一般包括水准点高程校测、水位观测方案以及附属项目观测方案。具体工作内容如下。

### 3.3.1 水准点高程校测

水准点高程校测部分介绍本站基面和基面换算关系,基本水准点、校核水准点以及水尺零点高程的校测工作任务,特殊情况下的测站地形测量。

#### 3.3.1.1 基本水准点

在历史最高洪水位以上设立 2~3 个基本点,基本水准点由国家三等及以上水准点引测,测量等级为三等水准。

1)每年检查 1 次,发现有异常情况时,应及时校测。

2)逢 0 逢 5 年份必须校测 1 次。

#### 3.3.1.2 校核水准点

设立 3~5 个校核点,校核点一般由基本水准点引测。

1)每年汛前至少检查校测 1 次,发现有变动迹象随时校测。

2)若校核水准点被洪水淹没,退出后当年使用前应进行校测。

#### 3.3.1.3 水尺零点高程

1)汛前全面进行一次校测调整,汛期被淹没过的水尺汛后再校测 1 次。

2)当水尺受外力影响可能发生变动或水尺损坏,设立临时水尺时,应及时校测。

#### 3.3.1.4 测站地形测量

逢 0 逢 5 年份,当地形、地物有明显变化时,可进行 1 次测站地形测量。

### 3.3.2 水位观测

本站水位观测要求测得完整的水位变化过程,满足日平均水位计算、各项特征值统计和水文资料整编以及水情报汛的要求。在起涨、峰顶、峰谷等转折处,应布置测次,年最低水位附近应增加测次。

#### 3.3.2.1 自动监测

采用有水位自记固态存储时,测次以固态存储器的段次为准。

方案里需明确自记水位计已投产使用范围,超过投产范围应进行比测,比测结果合格后才可使用。

#### 3.3.2.2 人工监测

每 7~15 天选任一时刻(该时刻为自记仪器固定采集时间,宜选择起伏度较小时进行)校核水位 1 次,记录校核水位,查读并记录仪器的有关指标(如气压、电压等)。

当自记水位与校核水位相差 3cm 以上,应每隔 15～60min 连续观测两次,经分析,若属偶然误差,则仍采用自记水位;若属系统误差,则调整自记仪器。

人工监测主要用于校核自记水位,有布置视频水位计的测站可采用在线视频监控进行校测,将画面截图作为原始保存;同时在自记水位计无法使用时需按照水位观测标准中人工观测水位的要求恢复人工观测。观测、校核水位恰逢两支水尺可同时观读的应进行水尺换读。人工观测段次需至少满足汛期 4 段次,枯水期 2 段次,最大洪峰附近 8 段次,年最低水位附近应增加测次。当段次不能满足报汛要求时,按水情任务书的规定要求增加测次。

### 3.3.2.3　地下水水位

金沙江部分测站设有地下水水位观测项目及附属项目地下水水温。同样以能测得完整的地下水位变化过程,满足日平均水位计算要求为原则。

1)有水位自记固态存储时,测次以固态存储器的段次为准。

2)使用自记水位计的站,应每 7～15 天选一整点校核水位 1 次,记录校核水位,查读并记录仪器的有关指标(如气压、电压等)。当自记水位与校核水位相差 3cm 以上,应每隔 30～60min 连续观测两次,经分析,若属偶然误差,则仍采用自记水位;若属系统误差,则调整自记仪器。

3)水位自记仪器出现故障时,每日 8 时进行人工观测。

4)地下水水温大多实现了自记监测,根据已投产范围使用。超过投产范围应进行比测,比测结果合格后才可使用。

5)在每次人工校核水位的同时,记录校核地下水水温。

6)水温自记仪器出现故障时或超过自记投产范围时,每日 8 时进行人工观测水温。

## 3.3.3　附属项目观测

1)在每次观测水位的同时,测记风及水面起伏度。

2)水位不确定度观测:逢 0 逢 5 年份在不同水位级进行 3 次水位不确定度观测。

# 3.4　水位成果质量控制

## 3.4.1　水文测验过程控制

### 3.4.1.1　测验控制

水位监测仪器设备要按照规定及时检查,在使用过程中,当发现设施、技术装备不正常或不符合要求时,应立即停止使用或维修;对可能受影响的测验资料进行有效性评价(追溯)和记录,并对该设施、技术装备和受影响的产品采取适当措施。

水位自动监测设备宜能测记到水库特征水位和安装位置处的历年最低、最高水位。当受条件限制,一套水位传感器不能测记全变幅水位时,可同时配置多套水位传感器或其他水位观测设备。两套设备之间的水位观测值应有不小于 0.1m 的重合,且处在同一断面线上。

金沙江干支流梯级水库建设使得很多水文或水位站位于水电站库(坝)区,设置水尺时,水尺观读范围,应结合水库特征水位和调度运行模式综合确定。一般应高于水库防洪高水位,低于水库死水位。当水位超出原有水尺观读范围时,应及时增设水尺。

水库库区站基本水尺水位的观测次数,应按河道站的要求布置,并在水库涵闸放水和洪水入库以及水库泄洪时,根据水位变化情况加密测次。水库坝下站基本水尺水位的测次,应按河道站的要求布置,并在水库泄洪开始和泄洪终止前、后加密测次。

直立式水尺长度宜为 1.20m,金沙江高坝大水深的库区,两岸河谷陡峭,可根据地势条件加长水尺。直立式和倾斜式水尺相邻水尺观测范围应有不小于 0.1m 的重合,也称为水尺接头。

同一组基本水尺,宜设置在同一断面线上。当因地形限制或其他原因不能设置在同一断面线时,其最上游与最下游水尺的水位落差不应超过 1cm。

水尺校测除了严格按照《测验任务书》要求执行,受蓄水淹没影响,库区站应合理安排低水水尺校测的时间。

采用直立式水尺人工观测水位,观测校核水位时恰遇换尺,应进行接头比测;发现变动时应及时进行水尺零点高程测量,其校测的时限规定:驻测站 2 日内,巡测站 7 日内,遇特殊情况应加佐证材料说明。

### 3.4.1.2 原始资料记载要求

水位监测需要按照任务书要求进行人工水位观测校核自记仪器水位,水位原始资料的记载必须坚持现场随测随记,不得事后追记,以保证数据的原始性。原始记录要求字迹工整、规范、清晰、真实、准确完整、齐全,并采用硬质铅笔记载。观测数字记载 1 次应就地复测 1 次,记载错误应将原记录数字划去,再在原记录值上方记入更正的数字,严禁擦改、套改、涂改或字上改字。

### 3.4.1.3 原始资料保存要求

原始资料应及时进行整理并妥善保存,作业单位要制定防止原始资料损坏、丢失的责任措施。

#### 3.4.1.4 过程自检

每次外业测验结束后,作业人员应立即完成原始测验资料整理的三道自检工序,即记录(计算)、一校和二校,并做好合理性检查和分析。一校、二校应为不同人,自检工序特别重视时效性,要求在测验结束后立即完成,若发现异常,应抓紧时间及时进行重测。

### 3.4.2 水位监测的误差控制

人工校核水位的观测误差,主要为观测水位视线不与水面平齐、波浪产生误差、观测时钟误差等,误差控制也主要从这几个方面进行。

水位自动监测的误差受不同的水位监测仪器自身的影响以及安装方式、环境因素的影响。

水位监测仪器自身影响误差控制主要为安装使用前的技术检查,运行期间应按有关规定进行人工校测。安装过程中,不同水位监测仪器对安装的位置、高度以及角度均有相应的技术要求。正式投产启用前需要与原测验方式进行水位比测,满足行业技术要求。投产后,水位监测仪器的水位初始值设置或将产生误差。对采用人工观测水位进行水位初始值设置的测站,采用多次观测的平均值;对采用设备固定点高程进行初始值设置的测站,需要定期校测设备固定点高程。

水位监测仪器运行期间,若该仪器受温度、含沙量、含盐度等环境因素变化影响,可在仪器内置的环境参数中进行相应调整。水位自动监测仪器也受时钟误差影响,需要定期进行校时。

金沙江库(坝)区大水深站点,受蓄放水影响较大且发生频繁,水位波动或将引起水位监测误差,应对水位过程进行适当平滑、滤波。

### 3.4.3 金沙江水位资料整编工作

当完成《测验任务书》规定的测验任务后,作业单位按规范要求,对水位测验资料进行整编,并对成果进行合理性检查与分析。对不合格的测点或测次按技术要求予以批判舍弃,并按相关技术规定初步评定测验成果等级。

金沙江水文测站多采用自记水位计水位作为整编成果,当风浪起伏度 2 级以上或受水利工程调度影响时,分析自记水位与人工校核水位相差 5cm 以上时,按照规范要求,每隔 15~60min 连续观测两次,分析属偶然误差的,则仍采用自记水位;属系统误差的,则用上一次校核水位与本次校核水位按时间进行订正。

自记水位计设置每 5min 采集一个数据,这样在每日、月进行整编时,数据量太大,可将固存水位数据绘制成过程线,当过程线呈锯齿交错状态时,可根据水位变化趋势按中心线拟合后摘录。但确保摘录过程应包含每日 8 时水位、月极值水位、峰顶峰谷水位、年开始及年结束水位、月极值流量对应的水位。

使用自记水位计的站,应消除其他项目(如流量、输沙、单沙、断面)记载的对应水位与自记水位的矛盾,以自记水位作对应水位的改正,若两者的差值≤5cm,可不改正。如流量、断面的计算水位与自记水位的差值>5cm,应分析确认,并予以备注说明。

部分站点仍采用人工观测水位进行资料整编,当月最高、最低出现在月初或月末时,应人工插补月初 0 时或月末 24 时的水位,与月中极值一起挑选作为当月的最高、最低水位;在年最高、最低水位附近,应在基本观测段次的基础上适当增加观测次数,以确定年最高、最低水位特征值。

### 3.4.4 水位资料整编与成果审查

#### 3.4.4.1 水位资料整编

水位资料整编成果的编制按照《水文资料整编规范》(SL/T 247—2020)要求,一般为测站和所属分局进行。主要内容为对原始资料的审查、特征值分析计算、数据整理及图表编制;编制整编成果中要求的表项;进行单站合理性检查,并对单站资料质量进行评定。

#### 3.4.4.2 过程互检

互检为作业单位(测站和其所属分局)内部开展的交互检查。互检由分局组织,在每个测站选定 1~2 名技术人员作为分局级检查人员,按测站与测站交叉检查的方式进行,一般每个月开展 1 次。互检要求对测站进行全覆盖,除对原始资料进行检查外,还要对每月整编成果的时效性、数据录入情况以及成果合理性进行检查,填写水文测验产品检查记录表,并将发现的问题反馈至资料整理整编人员。资料整理整编人员完成问题整改,并将有整改痕迹的错情记录表交给分局的技术管理部门验证签字后,将错情记录表交给上一级技术管理部门备案。

#### 3.4.4.3 水位成果审查

审查阶段主要是对原始水位资料进行抽审,对整编成果表格、数据、整编方法等进行全面检查,进行单站、上下游站的合理性对照分析。

复审阶段采用全面审查与表面检查结合或全部表面检查的方式对全流域成果进行审查,主要以交叉互审的方式进行。复审中发现不能返工的不合格产品时,按照相关规定要求,将其成果质量评定为不合格,纳入作业单位的绩效考核。

### 3.4.5　水位资料审查技术

#### 3.4.5.1　单站水位合理性检查

根据水位变化的一般特性以及受洪水顶托、冰塞及冰坝等影响时的特殊性,通常点绘瞬时或逐日水位过程线,检查水位变化是否连续,有无突变现象,峰型是否合理,还应检查水位变化趋势是否符合本站各个时期的特性。对于水库及堰闸站还应检查水位过程的变化与闸门启闭情况是否相应。

金沙江干支流,水位的变化大多受上游来水、下游水体顶托和人类活动影响,受冰情影响比较少见。以金沙江干流乌东德水文站为例,乌东德水文站位于云南省昆明市禄劝县乌东德镇,乌东德水电站下游约 5km 处,白鹤滩水电站上游约 175km,蓄水期对乌东德站水位有顶托影响。水位变化受上下游电站蓄放水共同影响。一般来说,乌东德站在 1—9 月上旬,未受到白鹤滩水电站蓄水影响,主要受乌东德水电站蓄放水影响,9—12 月受白鹤滩水电站坝前水位顶托影响。

首先分月逐时或逐日检查水位过程线,以乌东德站 7 月瞬时水位过程线为例,见图 3.4-1,7 月瞬时水位变化过程连续,无中断和水位突变的情况,受乌东德水电站蓄放水影响,乌东德站水位过程变化急剧且频繁,单次涨落过程的涨、落率明显增大,符合实际情况。

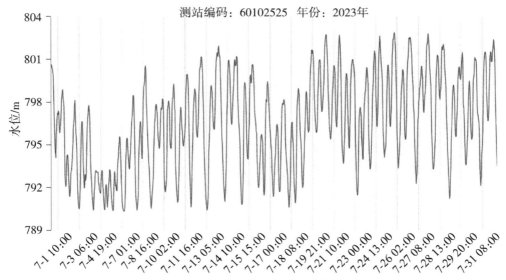

**图 3.4-1　乌东德站 7 月瞬时水位过程线**

检查乌东德水文站全年水位变化过程趋势,见图 3.4-2,1—2 月水位受白鹤滩水库放水影响,水位逐渐消落;3—9 月白鹤滩坝前水位已降至较低,乌东德站水位变化以上游来水为主要影响因素,水位过程呈洪水涨落的峰型,峰型合理。9—12月白鹤滩水库开始蓄水,乌东德站水位也逐渐抬升,水位壅高。至12月底水位抬至较高。全年水位变化过程受乌东德和白鹤滩水库蓄放水影响显著,符合乌东德站各时期的变化趋势,乌东德站水位过程变化合理(图3.4-3)。

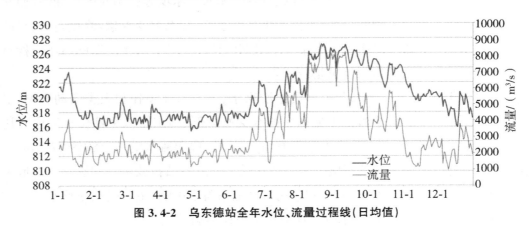

图3.4-2　乌东德站全年水位、流量过程线(日均值)

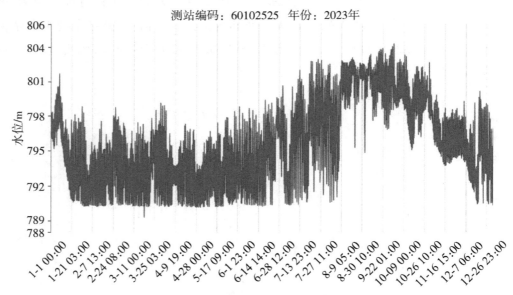

图3.4-3　乌东德站全年水位过程线(瞬时值)

### 3.4.5.2　水位综合合理性检查

上游山区河流水位综合合理性检查主要采用的方法为上下游水位过程线对照、上下游水位相关图检查。

(1)上下游水位过程线对照

上下游水位过程线法适用于上下游站之间无较大支流汇入,水位具有相似性的站,以奔子栏、夺通站为例,两站均位于金沙江干流,中间无较大支流汇入,点绘两站的水位过程线对照图,见图 3.4-4,各时段水位涨落趋势一致,涨落幅度相近,无明显突变,水位峰谷对应,水位变化过程相应,认为水位过程合理。

图 3.4-4　奔子栏、夺通站水位过程线对照

（2）上下游水位相关图检查

上下游水位相关图主要用于检查水流条件相似,河床无严重冲淤、水位关系密切的站合理性检查。以奔子栏和夺通站为例,两站距离 36km,区间无较大支流,水位主要受上游来水影响,两站的水流条件相似,点绘两站的水位相关图,可以看出,水位点据密集呈带状,无明显的突出点,相关关系较好,认为两站水位较合理（图 3.4-5）。

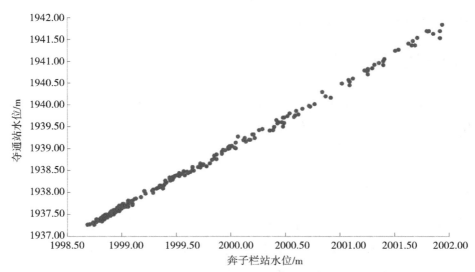

图 3.4-5　奔子栏、夺通站水位相关图

# 第4章 流量监测

　　河流流量监测,即江河流量的实地测量,是指通过特定的方法和仪器,在测量单位时间内流过江河某一横断面的水量,通常以 $m^3/s$ 为单位。

　　河流流量监测在水文学和水利工程中具有极其重要的地位。它是水资源管理的关键依据,通过准确测量河道流速流量,能够清晰了解水资源的动态变化,为水利部门开展水量配置、调度提供支持。此外,流量测验能为河流健康状况监测、水旱灾害预测、水利工程建设和水环境保护等方面提供重要基础数据。

　　通过流量测验,可以获取河流的水资源动态变化信息,为水资源的合理开发、利用和保护提供科学依据。这有助于实现水资源的可持续利用,保障经济社会的可持续发展。流量测验数据是预测洪水和干旱等水文灾害的重要依据。通过监测河流流量的变化,可以及时发现洪水或干旱的征兆,为防灾减灾提供预警信息。在水利工程建设中,流量测验数据是设计、施工和验收等环节的重要参考。它有助于确保水利工程的安全性和有效性,提高水利工程的综合效益。

## 4.1　流量监测方法分类

　　为了满足多样化的监测需求,依据技术原理和适用场景的不同,将流量监测方法划分为多个类别。这些分类不仅反映了流量监测技术的多样性和进步,也为选择合适的方法提供了依据。

### 4.1.1　按工作原理分类

　　按工作原理可分为流速面积法、水力学法、化学法和直接法等,其中流速面积法是一种最基本、最常用的方法,主要包括断面和流速测量,传统的流速面积法主要是指利用流速仪法搭配水文缆道测控系统运行进行流量测验。

#### 4.1.1.1　流速面积法

　　利用流速面积法进行流量监测分为测定流速和测量过水断面面积两个步骤,原理是通过断面测量推算流量,即 $Q=AV$。流速面积法包括以下几种。

（1）流速仪法

流速仪法是通过流速仪测定过水断面上某些点或垂线的流速,进而推求断面流量。广义上的流速仪包含所有测量点单、单线或单面流速的仪器,如转子式流速仪、雷达测速仪、超声波时差法测速仪、图像测速仪、声学多普勒测速仪等,它们都是通过测量水体流速推求断面流量。狭义上的流速仪,也就是行业内常说的流速仪一般专指转子式流速仪。

1）转子式流速仪。

转子式流速仪有两种形式,一种是旋浆式流速仪,另一种是旋杯式流速仪。通过在断面上布设测流垂线和测速点,采用积点法（积深法）测量流速,并结合测量得到的断面面积来计算流量。这种方法测量精度较高,适用于各种水流条件,需要专业的设备和操作技术。

转子式流速仪通过转子在水流中的旋转运动来测量流速。当水流通过流速仪时,水流对转子产生冲击力,这个冲击力使得转子开始旋转。转子的旋转速度与水流的流速成正比,即流速越大,转子的旋转越快;反之,流速越小,转子的旋转越慢。

2）雷达测速仪。

根据目前市面上流行的产品,雷达测速仪可分为电波流速仪和侧扫雷达流速仪等。电波流速仪可单点施测水体表面流速,侧扫雷达流速仪可施测水体表面某个区域的面流速。雷达测速法利用雷达技术来测量水流速度,具体是通过发射一束微波信号（雷达波）,并接收这些信号在遇到水面后反射回来的回波。当微波信号遇到运动的水面时,会发生频率偏移（即多普勒频移）,这种频率偏移与水流速度成正比。通过测量这种频率偏移量,可以计算出水流的速度。

3）超声波时差法测速仪。

超声波时差法测速仪是一种接触式的流速监测方法。它利用换能器探头之间相互发收超声波的传播时间差来测量流体的流速和流量。其工作原理基于多普勒效应和声速传播的特性。在流体中,超声波的传播速度会受到流体流动的影响,顺流传播时速度增加,逆流传播时速度减小,从而产生时间差。

4）图像测速仪。

图像测速法是一种基于机器视觉和图像处理技术的非接触式测速方法。其原理是通过捕捉河流表面的图像,并利用图像处理算法来分析图像中的水流特征,从而计算出水流的流速。

5)声学多普勒剖面测速仪。

声学多普勒剖面流速仪通过向水中发射声波脉冲信号,并接收由水体中的散射体(如悬浮固体、气泡、浮游生物等)反射回来的回波信号,利用多普勒效应来计算水流的速度。当声波与这些随水流运动的散射体相互作用时,声波的频率会发生变化,这种频率的变化(多普勒频移)与散射体的运动速度成正比。

(2)浮标法

选取顺直河段,测量水流横断面的面积,并在上游投入浮标,通过测量浮标流经确定河段所需的时间来计算流速,进而求得流量。这种方法适用于山溪性河流和漂浮物多、洪峰涨落急剧的洪水测验。

(3)其他方法

包括航空法(航测水面流速法、航空积深法、航空化学法)、积宽法(动车法、动船法与缆道积宽法)等,这些方法各有特点,适用于不同的监测场景。

#### 4.1.1.2 水力学法

(1)水工建筑物法

水工建筑物法的基本原理是水力学中的连续方程、能量方程和动量方程等。利用河、渠、湖、库上已有的堰闸、抽水站、水电站等水工泄水建筑物,通过实测水头(水头差)、闸门开启高度等水力因素,结合水力学公式计算得到流量。这种方法适用于河流、渠道上已建有堰闸、涵洞、抽水站、水电站等水工泄水建筑物;对流量测量的精度要求不是特别高,但要求测量简便、经济;水工建筑物的边界条件(如几何尺寸、闸门开启高度等)在测量期间保持稳定的流量测验。

水工建筑物法测流大概分为如下 3 个步骤。

1)实测参数。首先,需要实测水头(水头差)、闸门开启高度等水力因素。这些参数可以通过水位计、测流仪等设备直接测量得到。

2)确定流量系数。流量系数是水工建筑物法中的一个重要参数,它反映了水工建筑物的过流能力。流量系数可以通过实验测定或查阅相关资料得到。

3)计算流量。根据实测参数和流量系数,利用水力学公式(如堰流公式、孔流公式等)计算出流量。

(2)比降—面积法

基于河段的水面比降、河段糙率、湿周和各横断面过水面积等参数,利用水力学公式(如曼宁公式)来计算河段的瞬时流量。适用于河段基本顺直、糙率有规律的河段。当河段冲淤变化较大或发生大洪水时,需要准确界定出水面线和洪峰水位,以确保计算的准确性。比降—面积法主要有如下 3 种适用场景。

1)高洪期断面稳定、水面比降较大的测验河段。在规划部署高洪测验方案中,当常规测验设备被洪水损毁或无法使用时,可采用比降—面积法测流。

2)开展巡测、间测的测站。当洪水超出允许水位变幅或超出测洪能力时,比降—面积法可作为替代方案进行流量测量。

3)洪水调查。在洪水调查中,可利用比降—面积法推算调查断面的洪峰流量,为洪水分析和管理提供依据。

（3）量水建筑物法

量水建筑物法测流是一种通过专门设计的建筑物来量测渠道或河道水流流量的方法。这种方法依赖于精确设计和施工的量水建筑物,如量水堰和量水槽,它们通过改变水流的流态和流速,在建筑物的控制断面处形成稳定的水位与流量关系。

具体来说,量水建筑物通常包括行进渠槽、量水建筑物主体和下游段 3 个部分。水流在行进渠槽中逐渐调整其流态,进入量水建筑物主体段后,由于过水断面收缩,上、下游之间会形成一定的落差水头。这个落差水头与流量之间存在着稳定的函数关系,因此可以通过测量水位(或上下游水头差)来推算出流量。

量水堰作为量水建筑物的一种常见形式,通过不同形状的溢流堰面来量测水流流量。而量水槽则是在明槽中设置缩窄段(喉道),通过改变水流的流态和流速来测量流量。无论是量水堰还是量水槽,都需要根据具体的水流条件和测量需求进行选择和设计。

在实际应用中,量水建筑物法测流具有简便易行的优点,但也需要进行一定的土建施工,因此有一定的成本。此外,为了确保测量精度,还需要根据具体情况选择合适的测量方法和仪器。例如,可以采用雷达水位计等现代测量技术来辅助测量水位,但需要注意其对测量精度可能产生的影响。

总体而言,量水建筑物法测流是一种可靠且有效的水流流量测量方法,被广泛应用于小河道的水文测验、水力模型试验以及灌区渠道测流等领域。

### 4.1.1.3　化学法

化学法又称溶液法、稀释法、混合法,通过向水体中注入示踪剂并测量其扩散情况来推算流量,但这种方法在河流流量监测中应用较少。它的基本原理是在测验河段的上游断面注入一定浓度的示踪剂,该示踪剂应能与水流充分混合且不会损失,同时便于检测。示踪剂随水流向下游移动,并在下游取样断面测定稀释后的示踪剂浓度或稀释比,进而推求出河段的流量。

化学法的应用条件应满足如下要求。

1)稳定流条件。测验河段应在稳定流的条件下进行,且要求有较高的紊流程度,以满足混匀的条件。

2)无额外水流变化。在河段内不应有支流汇入或主流分流,以避免水流量的变化。

3)避开特殊区域。应避开死水区及水流分成几股的区域。

#### 4.1.1.4　直接法

直接法是指直接测量流过某断面水体的容积(体积)或重量的方法,可分为容积法(体积法)和重量法。其中直接法原理简单,精度较高,但不适用于较大的流量测验,只适用于流量极小的山涧小沟和试验室测流。

### 4.1.2　按应用场景分类

#### 4.1.2.1　常规监测

适用于日常河流流量监测,包括流速仪法、水工建筑物法、在线监测方法等。

#### 4.1.2.2　应急监测

在洪水、暴雨等极端天气条件下,需要快速获取河流流量信息,此时可采用浮标法、在线监测法等有快速响应的监测方法。

#### 4.1.2.3　生态监测

对于需要保护的水生态环境,可采用量水建筑物法等对生态流量进行精确监测。

### 4.1.3　按工作方式分类

流量按工作方式分类,主要可以分为在线测流和非在线测流两大类。

#### 4.1.3.1　在线测流

在线测流主要是通过自动化的监测设备和系统,实时、连续地监测和记录流量数据。这种方式具有高效、准确、及时的特点,能够大大减少人工干预,提高监测的精度和效率。在线测流广泛应用于各种需要实时流量数据的场景,如水文监测、水资源管理、环境保护等领域。

在线测流的设备种类繁多,包括但不限于如下几种。

1)超声波流量计。利用超声波传感器测量液体中超声波的传播速度,从而计算流量。适用于市政管网、排污口、渠道等水处理领域。

2)雷达流量计。采用多普勒雷达测速原理,对水流的表面流速进行探测,并可同时测量水位、流速、流量等参数。适用于各种河流环境。

3)电磁流量计。基于法拉第电磁感应原理,通过测量液体中的电导率和磁场强度来计算流量。具有精度高、可靠性强、适用范围广等优点。

#### 4.1.3.2　非在线测流

非在线测流则是通过人工操作的方式,定期或不定期地对流量进行监测和记录。这种方式虽然相对耗时耗力,但在某些特定场景下仍具有不可替代的作用。例如,在设备故障或维护期间,非在线测流可以作为备用方案;在偏远或交通不便的地区,自动化监测设备可能难以部署,此时非在线测流就成为主要手段。

非在线测流方法包括但不限于如下几种。

1)流速仪法。使用流速仪(如转子流速仪、旋桨流速仪等)在河流中直接测量水流速度,并结合断面形状和水深等参数计算流量。

2)浮标法。在河流中投放浮标,通过观测浮标的移动速度和距离来推算水流速度,进而计算流量。

3)走航式 ADCP 法。使用渡河设备(如船)搭载声学多普勒流速仪在测验断面上进行流量测验。

## 4.2　断面测量

流速仪法流量测验的基本原理是用垂线平均流速与垂线所包围的面积加权计算得到流量。因此除了对测点或垂线的流速进行测验外,还需要对过水断面的面积进行测验,过水断面的面积测验又需要通过测宽和测深来实现。

### 4.2.1　水道断面测验

#### 4.2.1.1　起点距

起点距在缆道流速仪法中指的是测深垂线至基线起点桩之间的水平距离,它确定了测速垂线在河流断面上的具体位置。根据各垂线的起点距之差即可计算出垂线间宽度。

（1）仪器交会法

仪器交会法,顾名思义,是利用测量仪器进行交会测量的方法。其原理主要基于几何学和三角学,通过测量已知点与待测点之间的角度和距离,利用三角函数关系计算出待测点的坐标,从而确定起点距。

仪器交会法用到的仪器主要有经纬仪、平板仪、六分仪和全站仪等。

1)使用经纬仪和平板仪测定垂线和点的起点距时,应在观测最后一条垂线或一个桩点后,将仪器照准原后视点校核一次。当判定仪器确未发生变动时,方可结束测量工作。在测量过程中,应保持仪器的精确定位和稳定,避免受外界干扰如震动、风力等。操作经纬仪和平板仪时要轻拿轻放,避免碰撞和损坏仪器。定期校准仪器,以保持其高准确度。

2)使用六分仪测定垂线的起点距时,应先对准测流断面线上一岸的两个标志,使测船上的定位点位于断面线上。

3)使用全站仪的望远镜对准目标点,即需要测量起点距的测速垂线或桩点。确保望远镜的视线畅通,避免遮挡或阻挡望远镜的视野。当全站仪对准目标点后,按下测距键开始测量。测量完成后,全站仪会显示斜距、平距、高差等数据。记录并保存测量数据,确保数据的完整性和准确性。

4)每年应对测量标志进行一次检查。标志受到损坏时,应及时进行校正或重设。

（2）GNSS 法

随着科技的发展,GNSS 在水文测验中得到了广泛应用。通过 GNSS,可以直接测量出测速垂线的地理坐标,从而计算出起点距。这种方法具有操作简便、测量精度高的优点,并且不受天气和河流条件的影响。

（3）计数器法(结合缆道系统)

在缆道流速仪法中,计数器法是一种常用的起点距测量方法。通过缆道系统上的计数器,可以准确地记录缆车行驶的距离,从而确定测速垂线的起点距。这种方法需要与缆道系统紧密结合,确保计数器的准确性和可靠性。

1)应对计数器进行率定,并应与经纬仪测角交会法测得的起点距比测检验。比测点不应少于 30 个(河宽≥60m),并均匀分布于全断面;比测点按 2m 一个布设(河宽<60m)。垂线的定位误差不得超过河宽的 0.5%,绝对误差不得超过 1m。超过上述误差范围时,应重新率定。

2)每次测量完毕后,应将行车开回至断面起点距零点处,检查计数器是否回零。当回零误差超过河宽的 1%时,应查明原因,并对测距结果进行改正。

3)每年应对计数器进行一次比测检验。当主索垂度调整,更换铅鱼循环索、起重索、传感轮及信号装置时,应及时进行比测率定。

（4）直接法

直接法分为直接量距法和直接测距法。利用直接量距法测距时应使量尺在两垂线或桩点间保持水平。利用直接测距法时则用全站仪、激光测距仪等直接测得各垂线起点距。

（5）建筑物标志法

在渡河建筑物等设施上设立标志,并应遵守如下规定。

1)宜采用等间距的尺度标志。河宽大于 50m 时,最小间距可取 1m;河宽小于50m 时,最小间距可取 0.5m。每 5m 整倍数处,采用不同颜色的标志加以区别。

2)测深、测速垂线固定的测站,可只在固定垂线处设置标志。标志的编号必须与垂线的编号一致,并采用不同颜色或数码表示。

3)第一个标志正对断面起点桩,其读数为零;不能正对断面起点桩时,可调整至距断面起点桩整米数距离处,其读数为该处的起点距。

4)每年在符合现场使用的条件下,采用交会法或卫星定位法检验 1~2 次。当缆索伸缩或垂度改变导致标志定位相对误差超过河宽的 0.5%,或绝对误差超过 1m 时,原有标志重新设置,或校正其起点距。

5)跨度和垂度不固定(升降式)的过河缆索,不宜在缆索上设置标志。

（6）地面标志法

地面标志法可采用辐射线法、方向线法、相似三角形交会法、河中浮筒式标志法、河滩上固定标志法等。各种方法应符合如下规定。

1)河滩上固定标志的顶端,高出历年最高洪水位。

2)确定测深、测速垂线的起点距时,使测船上的定位点位于测流断面线上。

3)每年对标志进行 1 次检测。标志受到损坏时,及时进行校正或补设。

### 4.2.1.2　垂线水深

起点距测量是用来确定每条垂线的位置,垂线水深测量则是测定每条垂线水面到河底的距离,垂线水深测量工具主要有测深杆、测深锤、铅鱼、超声波测深仪等。

（1）铅鱼测深

1)在缆道上使用铅鱼时,需安装水面和河底信号器;在船上使用时,可仅安装河底信号器。

2)水深的测读方法可采用直接读数法、游尺读数法、计数器计数法等。当采用计数器测读水深时,应进行测深计数器的率定、测深改正数的率定、水深比测等工作。水深比测的允许误差:当河底比较平整或水深大于 3m 时相对随机不确定度不应超过 2%;当河底不平整或水深小于 3m 时相对随机不确定度不应超过 4%;当相对系统误差应控制在 +1% 的范围内,水深小于 1m 时,绝对误差不应超过 0.05 m。不同水深的比测垂线数不应少于同水位级的测深垂线数,并均匀分布。当比测结果超过上述限差范围时,应查明原因,予以校正。当采用多种铅鱼测深时,应分别进行率定。

3)每次测深之前,应仔细检查悬索(起重索)、铅鱼悬吊、导线、信号器等是否正常。当发现问题时,应及时排除。测深时应读记悬索偏角,当悬索偏角大于 10° 时,一般进行湿绳改正。干绳长度改正,需要根据缆索高度等情况计算后确定。

4)每条垂线水深的测量次数及允许误差范围,与测深锤测深的要求相同。

（2）超声波测深

1)超声波测深仪每年应进行比测验证,比测点数不宜少于 30 个,并宜均匀分布于各级水位不同水深的垂线处,比测水位的相对随机不确定度不超过 2%,相对系统误差控制在 ±1% 的范围内。

在实际测量前,进行现场校准,确保校准点不少于 3 个,并且分布在不同的水深处。使用过程中,应进行定期比测,每年不少于 2 次。

2)当测深换能器与水面有一定距离时,需要对测量的水深进行换能器入水深度修正。若发射与接收换能器间的水平距离导致超声波传播路径与垂直距离的差异超过 2%,则进行斜距改正。

3)在测量前,于水深不小于 1m 的流动水域观测水温,并根据水温调整声速设置。

4)若使用无数据处理功能的数字显示测深仪,每次测量应至少连续读取 5 次,并取平均值作为最终结果。

(3)测深杆测深

1)测深杆上的尺寸标志应能准确至水深的 1%。

2)在河底平整的断面,每条垂线的水深应联测 2 次。若 2 次测量的水深差值不超过最小水深值的 2%,则取平均值;若超过,则增加测量次数,取符合限差的 2 次测量结果的平均值;若多次测量均无法达到限差要求,则可取多次测量的平均值。

3)对于河底不平整或波浪较大的断面,以及水深小于 1m 的垂线,限差按 3% 控制。在特定条件下,还需在测深垂线处及四周共测 5 点,并取平均值作为测点水深。

4)每年汛前和汛后,需对测深杆的尺寸标志进行校对检查,并及时更换或补设不符合要求的标志。

(4)测深锤测深

1)在设置测绳上的尺寸标志时,需将测绳浸水并将测深锤置于水中,在受测深锤重量自然拉直的状态下进行设置。

2)每条垂线的水深应联测 2 次。若 2 次测量的水深差值在规定的限差范围内,则取平均值;若超过,则增加测量次数,取符合限差的两次测量结果的平均值;若多次测量均无法达到限差要求,则可取多次测量的平均值。

3)测站应备用系有测绳的测深锤,数量根据实际情况确定。在特定条件下,备用测深锤的数量应不少于 2 个。

4)每年汛前和汛后,需对测绳的尺寸标志进行校对检查。当测绳的尺寸标志与校对尺的长度不符时,需对测得的水深进行改正。同时,当测绳磨损或标志不清时,应及时更换或补设。

(5)借用水深

借用水深是指在当次流量测验过程中,不再按照上面的水深测验方法逐条垂线现场测验水深,而是借用最近一次断面测验的成果作为当下断面成果,用测验时刻的瞬时水位减去所测垂线的河底高程得到该条垂线对应的水深。

金沙江河段形态以窄深断面为主,水位、流量起伏较大,为了抢抓洪峰过程,需要尽可能地缩短测流时间,可以在测流过程中采用借用水深的方式获取水深。

采用借用断面获取水深时,借用的断面应能够代表当前流量测验时刻的断面形态。

### 4.2.2　大断面测验

大断面测验包括水下断面测量和岸上断面测量。其测量范围,岸上断面应测至历年最高洪水位的 0.5~1.0m;漫滩较远的河流,可测至最高洪水边界;有堤防的河流应测至堤防背面河侧的地面上。

两坝间河段地形大断面测验,岸上部分测量可使用全站仪、GNSS、经纬仪极坐标交会法,应满足《水文测量规范》的相关要求,并符合如下规定。

1)对于金沙江峡谷河段,使用全站仪进行高程测量时,其垂直角应控制在 5°内;特殊情况下应控制在 10°内。

2)当岸上部分受地形限制,处于悬岩、陡坎时,可采用经纬仪极坐标交会法(必须观测正倒镜、计算平均高差)施测。

3)大断面位于倾斜式水尺断面上,可借用水尺测量高程,但起点距应实测;当水尺的高程未发生变动时,起点距也可借用上一次测量成果。

4)当对岸没有水准点时,水面横比降不明显的可采用水面高程传递法确定对岸起算高程,水面横比降明显的采用过河水准测量。

河床稳定的测站,且实测点偏离水位面积关系线在 ±3% 的范围内,应在每年汛前或汛后施测 1 次大断面;河床不稳定的测站,应在每年汛前和汛后各施测 1 次大断面,并在当次大洪水后及时施测其过水断面部分。

对于两坝间河段的断面测量,每年汛前、汛后各测 1 次(断面稳定的,每年测 1次)。测深垂线应为常规测验方法垂线的 2 倍左右,应均匀分布并能控制河床变化的转折点。遇特大洪水河床发生明显变化应及时加测 1 次。

## 4.3　水文缆道测控系统

流速和过水面积是河流流量测验中的重要参数。水文缆道测控系统能够利用流速仪准确测量河流的流速,也能够搭配计数器测量河道断面。水文缆道测控系统通常具备远程操控的功能,这使得工作人员可以在安全的位置操控流速仪和其他测量设备,大大降低了操作风险和人力成本。

### 4.3.1 水文缆道

水文缆道的结构形式多样,按照悬吊部件方式的不同,可分为悬索式缆道、吊箱式缆道、吊船式缆道和多跨式缆道。其中,悬索式缆道是最常见的一种,它由承载索(主索)、牵引索(循环索、起重索)、支柱(架)、拉线、地锚、转(导)向滑轮、运载行车、驱动绞车、运行控制设备、信号传输系统等组成。水文缆道的组成、测流步骤等可参见《水文缆道测验规范》。

### 4.3.2 水文缆道自动测控系统

水文缆道远程自动测控平台适用于"无人值守、有人看管"模式的水文缆道站,在本系统的支持下,工作人员在后方的分局或中心就能远距离控制水文站点进行自动流量测量任务,远程测量示意图见图 4.3-1。图 4.3-2 为现场布设实景图。

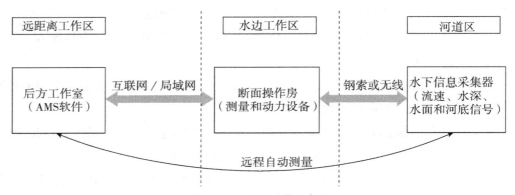

**图 4.3-1　远程测量示意图**

**图 4.3-2　现场实景**

　　工作人员事先根据水文站基本参数和断面数据设定测量方案,选择现场或远程自动运行,系统自动操控测量和动力设备完成断面内的垂线水深、测点流速等常规流速仪法测量,并进行成果计算、保存和输出。

　　水文缆道远程自动测控系统由现场计算机、远程计算机、串口服务器、缆道变频控制台、岸上综合测控仪、水下综合控制器、交换机等设备组成(图 4.3-3),实现基于互联网的水文缆道远程测控功能。

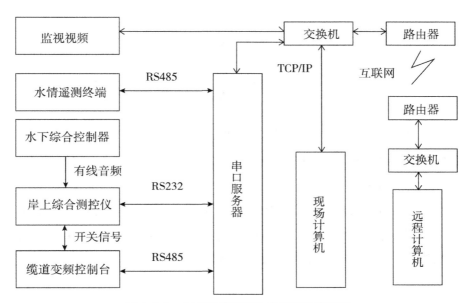

**图 4.3-3　水文缆道远程自动测控系统组成**

　　按照结构精简、使用方便、运行可靠的设计原则,将水文缆道远程自动测控系统划分为 4 个子系统:动力子系统、测量子系统、主控子系统、视频子系统。

#### 4.3.2.1　动力子系统

　　动力子系统的作用是完成铅鱼的测点定位,采用变频控制台来完成动力运行的驱动。

　　动力子系统由如下 4 个部分组成(图 4.3-4)。

　　1)水文绞车。由含带抱刹的交流电动机、减速机、机绞、线筒等部分组成。

　　2)操作台。现场操作的工作台,可以根据现场条件定制或使用典型工作台。

　　3)铅鱼位置计数器。分别计量铅鱼起点距和入水深位置的传感装置。

　　4)变频设备柜。由线控式指令器、变频器、PLC、EMI 滤波、刹车电阻、电机切换装置、显示仪表和保护报警等模块组成。

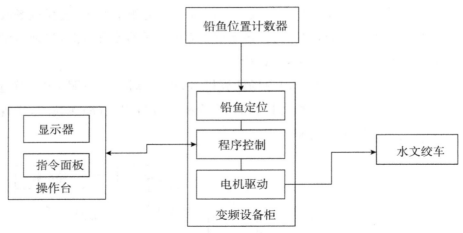

图 4.3-4 动力子系统组成

动力子系统分时驱动两台交流电机实现铅鱼出车、回车、上提和下放的拖动运行,速度无极调节,停车时电磁制动刹车。

#### 4.3.2.2 测量子系统

主要完成流量测验,包括水深和流速的测量任务,并具有铅鱼入水、触底指示等功能。测速功能支持水文测站目前最常用的流速仪法测量方式;测深功能支持借用水深、铅鱼测深或超声波测深等常用的几种测深方式。

(1)组成

测量子系统主要包括水文铅鱼、综合测控仪、水下信号源、自动夜测照明设备(选配)。

(2)设备间的组网

1)水下信号源与测控仪通信。

将缆道主索、工作索全部接地作为流速和测深信号的地线,将副索两端绝缘作为流速和测深信号的信号线,从而实现流速有线信号单向传输和测深有线信号双向传输,见图 4.3-5。

要求传输电压符合人身安全的要求,传输方式具有抗交流变频器引起的电源及辐射干扰,抗水文缆道杂波的干扰,并对通信线路做相应的防雷措施。

2)测控仪与软件通信。

岸上的综合测控仪与测控软件之间采用 RS232 有线通信方式,为了避免缆道上的强信号通过测控仪的 RS232 口损坏计算机,在测控仪和计算机串口之间用光电隔离器进行隔离,使用综合测控仪的通信协议。

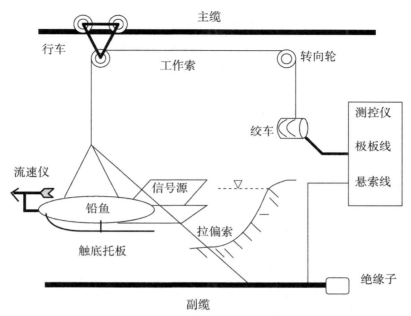

**图 4.3-5　流速测深信号传输方式示意图**

3）水情遥测终端与软件通信。

测控软件运行时，需要实时水位数据，根据水文整编规范的要求，流量测量时的起始水位、中间水位和结束水位应保存在水位资料中，实现了数字化和网络化的水文站点，应提供 RTU、网络或数据库接口，方便测控软件进行连接，在测量时能实时读取水情遥测终端的水位值。

测控软件直接连接水情遥测终端读取水位值时，采用 RS232 或 RS485 有线通信方式，使用遥测终端的通信协议。

4）测控仪与动力子系统的通信。

综合测控仪将铅鱼入水和河底触底信号等信息采用开关量的形式以有线方式传输给动力子系统。入水信号用于实现水深归零，触底信号用于保护停车。

### 4.3.2.3　主控子系统

远程或现场完成对其他子系统的有效控制，进行数据处理、计算及测流成果输出等工作。

（1）组成

主控子系统包括远程/现场计算机，网络设备（串口服务器、交换机、路由器），智能水文测控软件。

（2）主控软件

根据水文软件设计要求，主控软件 AMS 按功能分解为几大模块，几大模块内又可以细分成若干个功能小模块,功能组成见图 4.3-6。

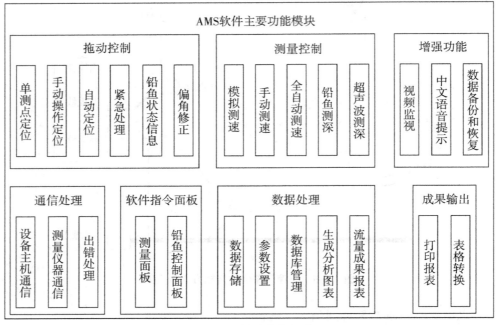

**图 4.3-6 软件功能组成**

(3)数据的存储与格式

程序所有测量数据采用多层本地数据库存放,有利于数据共享和数据保护。测量中的各种数据都转成数据库格式进行保存,每个数据库建立了牵引,便于检索查找,库相互之间利用外关键字连接。软件通过数据库引擎与各数据库之间连接,完成各项数据修改、存贮、调用等工作(图 4.3-7)。

**图 4.3-7 数据库设计**

在软件中,数据的处理、计算、涉及成果报表的,其数据格式严格遵守水文相关规范要求。数据成果报表基本符合《河流流量测验规范》的要求。软件提供四舍五入和四舍六入两种数据取舍方式供测站人员选择。

(4)工作模式设计

系统提供 3 种可选控制方式选择:手动操作、现场自动操作、远程自动操作。

1)手动模式。

软件提供铅鱼拖动和测流仪器的虚拟指令面板,见图 4.3-8、图 4.3-9。在手动测量模式下,软件提供完全的人工操作支持。

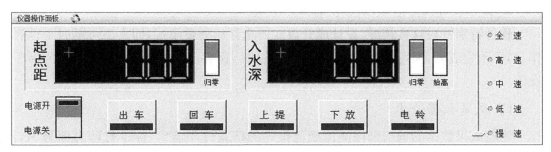

图 4.3-8　动力设备指令面板

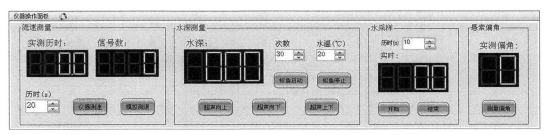

图 4.3-9　测量仪器指令面板

测站工作人员只需通过鼠标和键盘,就能利用软件操作铅鱼和测量仪器完成测点定位、数据采集、成果计算等工作,得到测验成果。

如果系统中某部件出现问题,不能实现全自动测流时,采用软件提供的手动测量模式来帮助测站工作人员继续完成测流任务。

2)现场自动模式。

由工作人员在测站现场全自动完成流量测量等任务,完成后自动打印数据成果报表。

在全自动运行模式下,软件模拟人工测流流程和逻辑,控制缆道动力设备和测量仪器共同高效工作,自动完成铅鱼定位、流量和断面测量、成果计算打印等任务,并具有安全监测报警,实时水文数据图表生成,起点距自动垂度修正,设备运行监视,数据库自动备份等功能。

3)远程自动模式。

后方电脑通过通信网络远程控制前方设备实现自动操作,过程与现场自动模式相似。

4)应急处理。

在自动测量中有如下几种常见的中断情况会改变正在进行的自动测量过程。

a. 测流和测深有时需重测数据。

b. 通航河道有船过，需中断测量，避免相撞。

c. 水位变化，需要临时增减垂线等。

d. 流速仪等仪器损坏，需更换后继续测量。

软件特别针对这些情况，设计成开放式的全自动测量模式，即人工可随时干预操作，当干预完成后，又可恢复成全自动测量方式。这要求软件的交互性非常好，易于操作。

(5)成果数据输出

测验成果数据的输出采用测流规范报表的格式打印输出，标准打印页面为 A4，见图 4.3-10。

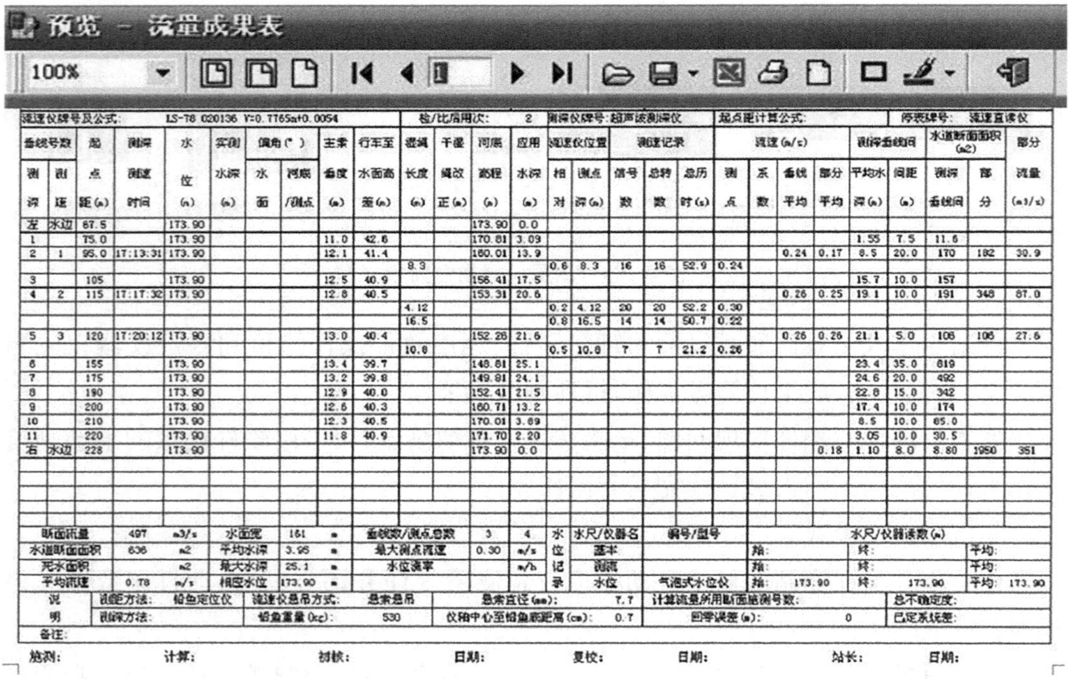


流速仪牌号及公式: LS-78 020136 V=0.7765n+0.0054　检/比后用次: 2　测深仪牌号:超声波测深仪　起点距计算公式:　停表牌号: 流速直读仪

| 垂线号数 测深 | 垂线号数 测速 | 起点距(m) | 测深测速时间 | 水位(m) | 实测水深(m) | 偏角(°) 水面 | 偏角(°) 河底/测点 | 主索垂度(m) | 行车至水面高差(m) | 湿绳长度(m) | 干绳绳改正(m) | 河底高程(m) | 应用水深(m) | 测速仪位置 相对 | 测速仪位置 测点深(m) | 测速记录 信号数 | 测速记录 总转数 | 测速记录 总历时(s) | 流速(m/s) 测点 | 流速(m/s) 系数 | 流速(m/s) 垂线平均 | 流速(m/s) 部分平均 | 测深垂线间 平均水深(m) | 测深垂线间 间距(m) | 水道断面面积(m2) 测深垂线间 | 水道断面面积(m2) 部分 | 部分流量(m3/s) |
|---|---|---|---|---|---|---|---|---|---|---|---|---|---|---|---|---|---|---|---|---|---|---|---|---|---|---|---|
| 左 | 水边 | 67.5 | | 173.90 | | | | | | | | 173.90 | 0.0 | | | | | | | | | | | | | | |
| 1 | | 75.0 | | 173.90 | | | | 11.0 | 42.6 | | | 170.81 | 3.09 | | | | | | | | | | 1.55 | 7.5 | 11.6 | | |
| 2 | 1 | 95.0 | 17:13:31 | 173.90 | | | | 12.1 | 41.4 | | | 160.01 | 13.9 | | | | | | | | 0.24 | 0.17 | 8.5 | 20.0 | 170 | 182 | 30.9 |
| | | | | | | | | | | 8.3 | | | | 0.6 | 8.3 | 16 | 16 | 52.9 | 0.24 | | | | | | | | |
| 3 | | 105 | | 173.90 | | | | 12.5 | 40.9 | | | 156.41 | 17.5 | | | | | | | | | | 15.7 | 10.0 | 157 | | |
| 4 | 2 | 115 | 17:17:32 | 173.90 | | | | 12.8 | 40.5 | | | 153.31 | 20.6 | | | | | | | | 0.26 | 0.25 | 19.1 | 10.0 | 191 | 348 | 87.0 |
| | | | | | | | | | | 4.12 | | | | 0.2 | 4.12 | 20 | 20 | 52.2 | 0.30 | | | | | | | | |
| | | | | | | | | | | 16.5 | | | | 0.8 | 16.5 | 14 | 14 | 50.7 | 0.22 | | | | | | | | |
| 5 | 3 | 120 | 17:20:12 | 173.90 | | | | 13.0 | 40.4 | | | 152.26 | 21.6 | | | | | | | | 0.26 | 0.26 | 21.1 | 5.0 | 106 | 106 | 27.6 |
| | | | | | | | | | | 10.8 | | | | 0.5 | 10.8 | 7 | 7 | 21.2 | 0.26 | | | | | | | | |
| 6 | | 155 | | 173.90 | | | | 13.4 | 39.7 | | | 148.81 | 25.1 | | | | | | | | | | 23.4 | 35.0 | 819 | | |
| 7 | | 175 | | 173.90 | | | | 13.2 | 39.8 | | | 149.81 | 24.1 | | | | | | | | | | 24.6 | 20.0 | 492 | | |
| 8 | | 190 | | 173.90 | | | | 12.9 | 40.0 | | | 152.41 | 21.5 | | | | | | | | | | 22.8 | 15.0 | 342 | | |
| 9 | | 200 | | 173.90 | | | | 12.6 | 40.3 | | | 160.71 | 13.2 | | | | | | | | | | 17.4 | 10.0 | 174 | | |
| 10 | | 210 | | 173.90 | | | | 12.3 | 40.5 | | | 170.01 | 3.69 | | | | | | | | | | 8.5 | 10.0 | 85.0 | | |
| 11 | | 220 | | 173.90 | | | | 11.8 | 40.9 | | | 171.70 | 2.20 | | | | | | | | | | 3.05 | 10.0 | 30.5 | | |
| 右 | 水边 | 228 | | 173.90 | | | | | | | | 173.90 | 0.0 | | | | | | | | | 0.18 | 1.10 | 8.0 | 8.80 | 1950 | 351 |

| | | | | | | | | | | | | | |
|---|---|---|---|---|---|---|---|---|---|---|---|---|---|
| 断面流量 | 497 | m3/s | 水面宽 | 161 | m | 垂线数/测点总数 | 3 | 4 | 水位记录 | 水尺/仪器名 | 编号/型号 | 水尺/仪器读数(m) | |
| 水道断面面积 | 636 | m2 | 平均水深 | 3.95 | m | 最大测点流速 | 0.30 | m/s | | 基本 | | 始: 终: | 平均: |
| 死水面积 | | m2 | 最大水深 | 25.1 | m | 水位涨率 | | m/h | | 测流 | | 始: 终: | 平均: |
| 平均流速 | 0.78 | m/s | 相应水位 | 173.90 | m | | | | | 水位 | 气泡式水位仪 | 始: 173.90 终: 173.90 | 平均: 173.90 |

| | | | | | |
|---|---|---|---|---|---|
| 说明 | 测距方法: 铅鱼定位仪 | 流速仪悬吊方式: 悬索悬吊 | 悬索直径(mm): 7.7 | 计算流量所用断面施测号数: | 总不确定度: |
| | 测深方法: | 铅鱼重量(kg): 530 | 仪轴中心至铅鱼底距离(cm): 0.7 | 回零误差(m): 0 | 已定系统差: |
| 备注: | | | | | |

施测:　计算:　初核:　日期:　复校:　日期:　站长:　日期:

图 4.3-10　成果表格

报表与国家标准《河流流量测验规范》中的缆道畅流期流速仪法的流量计算表格式一致。

软件在全自动测量模式下，完成每次测量后，自动打印成果数据报表。软件支持从数据库中选择历史数据打印。

软件支持将数据库中的成果数据按照打印报表的格式转换成微软 Excel 电子表格文件，既能以直观的数据格式存储数据，又能将成果数据在 Excel 电子表格软件中打印输出。

（6）网络通信

1）作用。

开展远程测量时,需要通过互联网进行数据和指令的传输工作。

互联网服务可利用当地水文局自建的专线网络,也可利用电信服务商提供的普通民用宽带(建议带宽 200M 以上)。

当使用民用宽带时,远程计算机与现场设备之间利用云服务实现穿透内网的功能,实现数据和指令的透明传输。

2）组成。

网络通信由路由器、交换器、串口服务器、局域网络实现。

#### 4.3.2.4　视频子系统

视频系统主要是将红外高速球一体化摄像机(选配)、枪机摄像机、交换机、视频监视终端机集成为水位视频识别子系统(选配)和缆道运行环境监视子系统。视频系统网络拓扑图见图 4.3-11。

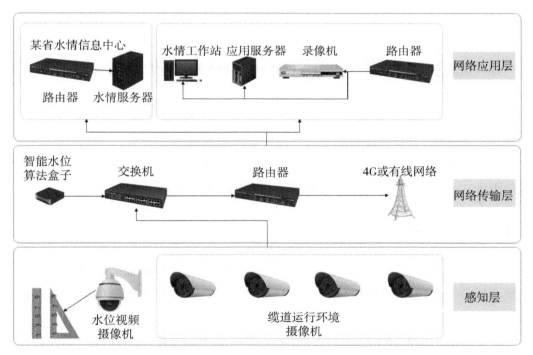

**图 4.3-11　视频系统网络拓扑图**

（1）水位视频识别子系统

水位视频识别子系统由红外高速球一体化摄像机和智能水位算法盒子组成,通过对直立式水尺的图像识别实现水位数据采集。红外高速球一体化摄像机完成视频采集,智能水位算法盒子内嵌水位自动识别算法软件,定时并按一定水位变幅将视频识别水位及相应图片发送到省中心(4G 或有线网络直发省中心),相应图片上标记识别的水位数字;同时,将录制的视频通过 4G 或有线网络发送到雅安分中心。本地可实现视频滚动存储(14d 以上)。其通信协议满足所在省水文数据传输指南,由用户服务器直接接收、控制视频图像采集与传输,不经过第三方平台接收与控制站点视频图像。水位识别算法采用深度学习+人工智能算法,具有多层神经元网络,可准确识别水尺,并判断当前水位下的水尺读数,具备完善的深度学习功能,通过深度学习功能,不断提高水尺读数的准确性。

(2)缆道运行环境监视子系统

1)作用。

缆道运行环境监视子系统实现缆道运行环境的监视,包括水文绞车、铅鱼台、缆道断面和河道上游,主要用于远程测量时监视现场运行情况。

2)组成。

该子系统由枪式或筒式摄像机、交换机(支持 POE 供电)、显示器、网络硬盘录像机组成。

3)观察位设计。

在河道断面(最好能看到上游)布设筒机,在铅鱼台布设筒机,在缆道机绞布设筒机,在操作室内(最好能看到机柜)布设筒机。

在远程工作地点中心站,设置视频监视显示器 1 台,设置为一屏四机位,与主控软件显示器并列,方便一边自动工作一边察看现场状况。

当站点使用的互联网带宽速度较低时,视频的格式设备为 H.265,数据流设置为低码率的压缩格式,避免占用过多的网络带宽影响远程测量工作。

# 4.4 流速仪法

流速仪法作为一种广泛应用的测流方法,主要涉及水道断面测验和流速测验两个核心环节。这种方法通过直接测量水流中的流速,并结合水流断面的几何形状和面积,来计算整个断面的流量。

为了计算出河流过水面积和流速,必须掌握垂线间宽度、垂线水深、垂线数量和测点流速值,从而计算河流流量。在施测上述参数之前,只有掌握天然河道水流流态的基本知识,才能更好地布置测验方案。

## 4.4.1　转子式流速仪

### 4.4.1.1　工作原理

当水流作用到仪器的感应元件——桨叶时,桨叶即产生旋转运动,水流越快,桨叶转动越快,转速与流速之间存在着一定的函数关系:

$$V = f(n) \tag{4.4-1}$$

所以说,要确定水的流速,实际上只需要准确地测出仪器桨叶的转数及相应的时间。

假定仪器的临界速度为 $V_k$,实验表明,在起转速 $V_0$ 至 $V_k$ 以下,函数是曲线形式,$V_k$ 以上则是线性关系。

每架仪器检定结果均附有曲线图和如下的检定公式:

$$V = bn + a \tag{4.4-2}$$

式中,$V$——流速,m/s;

$n$——桨叶回转率(转速),等于桨叶总转数 $N$ 与相应的测速历时 $T$ 之比,即 $n = N/T$;

$b$——水力螺距,m;

$a$——仪器常数,m/s;

$b$ 值和 $a$ 值与桨叶的螺距和支承系统的摩擦阻力等因素有关,因此对该部分的零件务必小心地使用和仔细地养护,否则将会影响到流速测验的准确度。

水流速度的测定,实际上是测量在预定时间内流速仪的桨叶被水流冲动时所产生的转数。

桨叶的转数是利用仪器的接触机构转换为电脉冲信号,经由导线传递到水面部分的计数仪器来计算的。

桨叶每转 $k$ 转,接触机构接触 1 次,计数仪器就发 1 次信号,测量者统计此信号数,并乘上 $k$ 倍数,即得流速仪桨叶的实际转数。

用停表记录该转数相应的测速历时 $T$,并以历时 $T$ 除转数 $N$,即得旋桨的回转率 $n$。把此回转率 $n$ 乘以水力螺距 $b$,并加上仪器常数 $a$,即得实测流速。

若流速小于临界流速 $V_k$,则可在放大的曲线图上直接根据旋桨转速 $n$ 查得流速(图 4.4-1)。

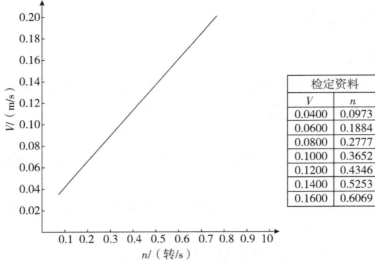

| 检定资料 | |
| --- | --- |
| $V$ | $n$ |
| 0.0400 | 0.0973 |
| 0.0600 | 0.1884 |
| 0.0800 | 0.2777 |
| 0.1000 | 0.3652 |
| 0.1200 | 0.4346 |
| 0.1400 | 0.5253 |
| 0.1600 | 0.6069 |

图 4.4-1 某旋桨式流速仪低流速 $V$—$n$ 曲线

### 4.4.1.2 组成及分类

转子式流速仪主要由旋桨、身架和尾翼三部分组成。旋桨内装有讯号触点和轴承转轴等。旋桨式流速仪和旋杯式流速仪均属转子式流速仪,工作原理基本相同,都是利用水流动力推动转子旋转,再根据转动速度推求流速。旋桨式流速仪主要型号有 LS25-1 型、LS25-3A 型等,见图 4.4-2,旋杯式流速仪主要型号有 LS78 型、LS67 型等,见图 4.4-3。通常根据水流流速的不同来选择不同的型号进行流量测验。

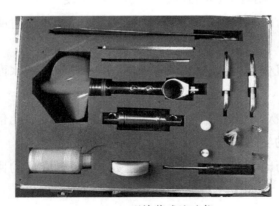
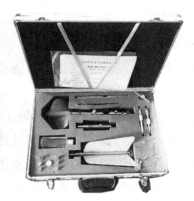

(a)LS25-1 型旋浆式流速仪　　　　(b)LS25-3A 型旋浆式流速仪

图 4.4-2 旋浆式流速仪

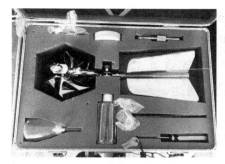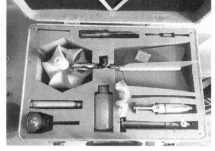

（a）LS78 型旋杯式流速仪　　　　　　　（b）LS67 型旋杯式流速仪

**图 4.4-3　旋杯式流速仪**

### 4.4.1.3　特点

转子式流速仪的设计使其能够适应多种水流条件，包括小河流、大河枯水期浅滩、灌排渠道等。它的体积小、造型轻巧、结构紧凑且精密，便于携带和使用。该仪器的主要特点如下。

1）体积小，造型轻巧，便于在各种现场使用。

2）结构紧凑且精密，确保测量的准确性。

3）适用于多种环境，包括小河流、大河枯水期浅滩、灌排渠道等。

旋杯式流速仪采用了杯形容器旋转的原理，通过旋转杯的角速度，测量出流体在容器内的流速。而旋桨式流速仪则是通过旋转的桨叶在流体中的受力变化，来测量流速大小。

旋桨式流速仪优缺点如下。

优点：适用于测量高速流体的速度。

缺点：使用时需要考虑流体的黏度等因素对测量结果的影响，对测量环境的要求比较高。

旋杯式流速仪优缺点如下。

优点：适用于测量低速流体的速度，在低速情况下的测量精度较高。

缺点：测量范围较窄，不适用于高速流体；且在测量时需要考虑容器形状和尺寸的影响。

## 4.4.2　流速测验

### 4.4.2.1　流速分布

（1）垂线流速分布

天然河道内的流速分布并非恒定，而是受到多种因素，包括风力、结冰、水内环流等的影响。在天然河道中,最大流速 $v_{max}$ 通常不出现在水面,而是分布在水面以下 0.1~0.3m 水深处,这是因为天然河道中的水流受到多种力,如重力、摩擦力等的作用,这些力在河道的不同位置产生不同的作用,导致流速分布不均匀。在河底附近,流速接近于零,随着深度增加,流速开始增加,到达一定高度后,流速分布较为均匀,达到最大值后再向下流速又减小。

天然河道的垂线流速分布类型多样,包括"上大下小"型的常规分布和其他非常规分布类型,如"3"型、"C"型、"1"型、"S"型、"7"型、"反 S"型和"反 C"型等。这些分布类型受到多种因素,包括河床坡降、水流条件等的影响。例如,"7"型垂线流速多出现在地形陡升处,而"1"型垂线流速多出现在河床洼地的中心处,"C"型垂线流速常出现于河道沿水流方向缩窄、洪峰陡涨以及结冰河段等处,"反 C"型垂线流速常出现在壅水水库的回水末端、河道沿水流方向展宽、河道洪水陡落、挖槽和港池进口等处,"S"型与"反 S"型垂线流速多出现于河道近岸的有植被地带。

天然河道垂线流速分布示意图见图 4.4-4。

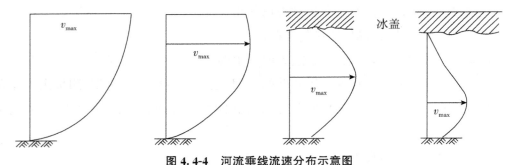

**图 4.4-4　河流垂线流速分布示意图**

鉴于流速曲线的形态深受多重因素的复杂影响,垂线上的流速分布展现出丰富多变的形态。经过深入探究,发现这些多变的分布形态能够借助特定的曲线函数进行近似模拟与描述。当前,在学术与实践领域,广泛采纳了 4 种主流的函数曲线模型来精确刻画垂线流速的分布特征。

1)抛物线型。

$$v = v_{max} - \frac{1}{2P}(h_x - h_m)^2 \tag{4.4-3}$$

2)对数型。

$$v = v_{max} + \frac{v_*}{K}\ln\eta \tag{4.4-4}$$

3)椭圆型。

$$v = v_0\sqrt{1 - P\eta^2} \tag{4.4-5}$$

4)指数型。

$$v = v_0 \eta^{\frac{1}{m}} \tag{4.4-6}$$

式中，$v$——分布曲线上任意一点的流速；

　　　$v_{\max}$——垂线上的最大测点流速；

　　　$P$——抛物线焦点的坐标，常数；

　　　$h_x$——垂线上的任意点水深；

　　　$h_m$——垂线上最大测点流速处的水深；

　　　$v_*$——动力流速；

　　　$K$——卡尔曼常数；

　　　$\eta$——由河底向水面起算的相对水深；

　　　$v_0$——垂线上的水面流速；

　　　$m$——幂指数。

（2）横向流速分布

河流流速的横向分布表现为两岸流速最小，河心流速最大，见图 4.4-5。河流的流速在横向上是不均匀分布的，这种分布受到多种因素的影响。由于河床摩擦力的作用，底层水流流速较小，而随着深度增加，流速逐渐增大。水流在河道横截面上的运动受到地球自转偏向力等因素的影响，导致水流在河道横截面上产生横向环流，进而也会影响流速的横向分布。具体来说，河道两侧和底部的水流速度差异造成了横向环流，这种环流在空间上表现为螺旋环流，进一步影响了河流的流速分布。

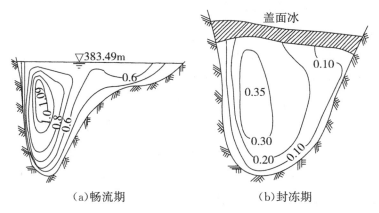

(a)畅流期　　　　(b)封冻期

图 4.4-5　横断面等流速分布

此外，河流流速的横向分布还受到其他因素的影响，如在堆积体作用下，河流流速的分布会发生改变。堆积体对主河道水流运动产生影响，改变了流速的沿程及横向分布规律。堆积体的存在会缩窄主河道的过流宽度，影响水流流态，使得流速分布发生变化。具体表现为上游低速区、主流区、下游回流区及堆积体下游段折冲水流与隐蔽区缓流相遇而形成的斜向水跃。堆积体的壅水作用对主流区流速沿程分布影响较大,随堆积体尺度的增加,对主流流速的影响增大,影响范围也加大。

（3）流速分布影响因素

1）地形因素。

a. 河道比降。地形陡缓直接影响水流的势能转化为动能的过程,从而影响流速的大小和分布。河道比降越大,水流速度越快,垂线流速分布可能更加陡峭。

b. 河道形态。河道的宽度、深度以及河床的粗糙度等都会影响流速的垂向分布。宽阔的河道可能使水流速度分散,动力减弱;而狭窄的河道则可能使水流加速,形成较大的流速梯度。

2）水流条件。

a. 河流水量。河流水量的大小直接影响流速的大小。水量增加时,整体流速提高,垂线流速分布也会相应变化。

b. 含沙量。河流中的含沙量会影响水流的阻力。含沙量增加时,水流阻力增大,流速降低;反之,则流速增加。

c. 水深。水深是影响流速垂向分布的重要因素。一般来说,水深越大,流速分布越趋于均匀;水深较小时,流速分布可能更加陡峭。

3）植被覆盖。

河道两岸及近岸地带的植被覆盖程度会影响流速的分布。植被通过增加水流阻力、改变水流方向等方式影响流速的大小和分布。植被茂密的区域可能形成较低的流速区域,而植被稀疏或裸露的区域则可能形成较高的流速区域。

4）其他因素。

a. 风速。风速通过作用于水面产生剪切应力,影响水体的整体流动状态。虽然风速对河流垂线流速分布的直接影响相对较小,但在某些情况下也可能产生显著影响,如水流流速很小的金沙江各个梯级水库库区。

b. 结冰现象。在寒冷地区,河流结冰会改变水体的热力结构和流动条件,从而影响流速的分布。结冰期间,冰层下的水流速度可能减缓,垂线流速分布也会发生相应变化。

c. 水内环流。水内环流包括垂向环流和横向环流等,它们通过促进水体内部的物质交换和能量传递来影响流速的垂向分布。水内环流的强度和方向会影响流速的大小和分布模式。

### 4.4.2.2 测深、测速垂线布置

1）新设大断面时,应在水位平稳时期沿河宽进行水深连续探测。当水面宽>25m时,垂线数目不得小于50条;当水面宽≤25m时,可按最小间距为0.5m布设测深垂线。水道断面测深垂线与测速垂线一致,对河床不稳定的测站,可在测速垂线以

外适当增加测深垂线。断面测深垂线位置应经分析后予以固定,但当冲淤较大、河床断面显著变形时,及时调整、补充测深垂线,以减小断面测量误差。

2)常规测流的测深、测速垂线数量是有限的,而我们总希望用较少的测深、测速垂线获得较高的精度,要实现这一目的,必须遵守测深、测速垂线的布设大致均匀,并能基本控制断面地形和流速沿河宽分布的主要转折点,无大补大割这一原则。理论和实验证明,在测速垂线数目一定的条件下,控制断面地形和流速沿河宽分布的主要转折点的测流成果精度优于绝对均匀布线的测流成果。

3)主槽测速垂线数量较河滩更密,大于断面流量1%的独股分流、串沟应单独布设测速垂线。

4)随着水位级的不同,断面形状变化明显或流速横向分布变化较为明显的测站,应随水位级的不同而分别布设高、中、低水位级的测速垂线。

5)测速垂线位置宜固定,便于测流成果的比较,了解断面冲淤与流速变化情况,研究测速垂线与测速点数目的精简分析等(图 4.4-6)。但当河底地形、测点流速沿河宽分布发生明显变化,或是水位涨落、河岸冲刷,靠岸边的垂线距岸边太远或太近时,需要确定死水、回流边界等情况时,应根据现场情况随时调整测速垂线的数量或位置。

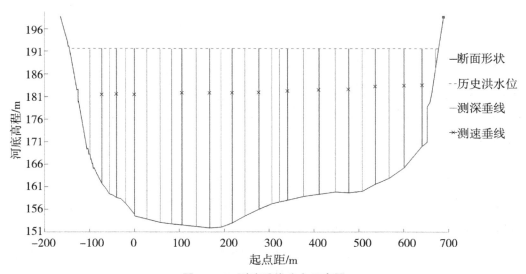

图 4.4-6　测速垂线分布示意图

### 4.4.2.3　测速垂线数目确定

测速垂线的数目是保证流量精度的主要条件。通常流速仪法流量测验分为精测法和常测法。精测法是在断面上用较多的垂线,并在垂线上用较多的测点,较长的测速历时测验流量的方法。精测法又称多线多点法,其测验成果一般被当作真值,并为其他测流方法提供参考依据。常测法是以精测资料为依据,按一定规则,在精密资料中抽取若干测量值,形成精简方案,在精简误差较小的前提下,用相对较少的垂线、测点和较短的测速历时进行流量测验的一种方法。

有条件进行精简分析的站点,应通过收集多线多点法的实测资料,进行精简分析后确定常测法的垂线数目,利用常测法垂线进行流量测验。常测法垂线数目的确定是保证测验成果精度的重要环节。开展流量Ⅲ型误差试验是确定常测法测速垂线数目的重要手段。具体开展流量Ⅲ型误差试验方法将在第 4.9.4 节中进行详细介绍。

### 4.4.2.4 垂线测点布置

垂线测点数的确定主要依据水深以及流速测量的需要。在实际测量中,还可根据河流的具体情况(如河床形态、水流条件等)和测量目的(如流量计算、流速分布研究等)对测点数进行适当调整。测点流速位置分布见表 4.4-1。相对水深指的是仪器入水深度与垂线水深的比值。

表 4.4-1　　　　　　　　　　　　　垂线上测点流速位置分布

| 测点数 | 相对水深位置 | |
|---|---|---|
| | 畅流期 | 冰期 |
| 一点 | 0.0、0.2、0.5、0.6 | 0.5 |
| 二点 | 0.2、0.8 | 0.2、0.8 |
| 三点 | 0.2、0.6、0.8 | 0.15、0.5、0.85 |
| 五点 | 0.0、0.2、0.6、0.8、1.0 | — |
| 六点 | 0.0、0.2、0.4、0.6、0.8、1.0 | — |
| 十一点 | 0.0、0.1、0.2、0.3、0.4、0.5、0.6、0.7、0.8、0.9、1.0 | — |

### 4.4.2.5 测速历时

(1)流速脉动

流体的运动处于紊流状态时,即使是恒定流,某一点的某个方向的流速也是随时间波动的,这种紊流中水质点的流速随时间不断变化的现象称为流速脉动。天然河道中的水流几乎都呈紊流状态,存在流速脉动现象。流速脉动总是在某一个值附近不断波动,在一个足够长的时间段内流体的流速平均值为一常数,称时均流速,某一时间的流速(称瞬时流速)减去时均流速后称脉动流速,脉动流速大小是随机的,有正有负。

受流速脉动的影响,流速仪在某测点上测速历时越长,实测时均流速越接近真值。但如果历时太长,不仅不经济,还会使实测量与相应水位之间产生较大误差,特别是金沙江段的山区河流,水位涨落较快,单次测流历时太长会使所测流量失去代表性。我国曾进行了大量的试验,综合分析其结果,得出如下结论。

1)流速脉动的强弱与测速的相对误差成正比。流速脉动影响的测速误差是偶然误差,如测点较多,它们之间能相互抵消一部分。

2)流速脉动产生的误差,随着测速历时的减少而逐渐加大,历时越短,其误差的递增率也越大。如以测速历时300s为准,累积频率75%的相对误差,在水面时,测速历时100s误差为±1.9%,50s误差为±2.5%,30s误差为±3.6%。若测速历时为20s,测点流速的累积频率75%的相对误差已达±7%,加上测流条件恶劣等,偶然误差还可能增大。

3)我国旧的流量测验规范规定测站通常用常测法测流,要求每一测速点的测速历时一般不短于100s,出现特殊水情时,采用简测法测流,测速历时可缩短至50s,但无论如何不应短于20s。

因此,通过试验选取满足一定精度的测速历时以减少流速脉动的误差是十分重要的。

（2）测速历时确定

有条件进行精简分析的站点,宜通过精简分析确定垂线上测点测速历时。开展流量Ⅰ型误差试验是确定测点测速历时的重要手段。流量Ⅰ型误差试验的要求和方法将在第4.9.4节中进行介绍。

《河流流量测验规范》(GB 50179—2015)中,对测点有限测速历时不足导致的Ⅰ型误差(流速脉动误差)允许值有具体的规定。并且,测点测速历时的确定还要符合如下规定。

1)有条件进行精简分析的水文站,测点测速历时宜通过精简分析确定;没有条件的站和新布设的测流断面,不应短于100s。

2)采用较少垂线、测点,较短测速历时能达到精度要求,可缩短为60s。

3)河流暴涨暴落或水草、漂浮物、流冰严重,采用60s的测速历时有困难时,可缩短为30s。

在金沙江实际应用中对于测速历时的要求多根据精简分析确定,或按照上述规定,包括但不仅限于:

1)抢测洪峰或流冰严重时,测速历时最短可缩至30s。

2)在不同的流量级施测3次多线五点法,测速历时不低于60s。

3)每年在不同的流量级施测2次多线五点法,测速历时不低于60s。

4)每年在590.00m以上与常规测验间隔施测3次多线三点法,测速历时不低于60s。

5)每年与ADCP同步施测2～3次流速仪法,流速仪测法测速历时应不少于60s。

### 4.4.3　流量计算

流量计算方法有分析法、图解法和流速等值线法等。图解法和流速等值线法主要适用于多线多点的测流资料。这两种方法通常依赖于详细的流速分布图或等值线图，通过图形分析来估算流量。由于它们需要较多的数据点来准确描绘流速分布，因此更适用于那些能够提供详细测流资料的场景。

相比之下，分析法则具有更广泛的适用性。它不受测流资料形式的限制，无论是单点法、多线法还是其他任何形式的测流资料，都可以通过分析法来进行流量计算。分析法的核心在于利用相关公式，通过一系列的计算步骤来求取流量。这些步骤包括垂线平均流速的计算、部分面积（及其平均流速、流量）的计算、断面面积的计算、断面流量的计算以及断面平均流速的计算等。最终，还可以根据流量计算结果推算出相应的水位。理论上计算公式为：

$$Q = \int_0^A v\,\mathrm{d}A = \int_0^B \int_0^h v(h,b)\,\mathrm{d}h\,\mathrm{d}b \tag{4.4-7}$$

式中，$Q$——流量；

$\quad A$——面积；

$\quad v$——流速；

$\quad B$——水面宽；

$\quad h$——水深；

$\quad b$——宽度。

实际上，分块数 $n$ 不可能无限大，所以工程上将流量分块计算后求和（图 4.4-7），即

$$Q = \sum_{i=1}^{n+1} q_i \tag{4.4-8}$$

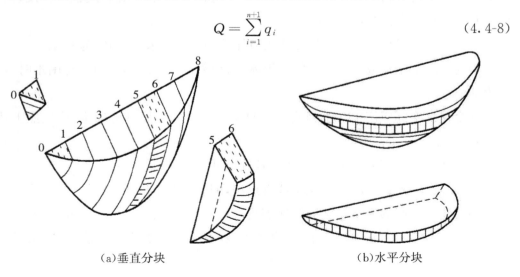

（a）垂直分块　　　　　　　　　　　　　　（b）水平分块

图 4.4-7　流量模型示意图

值得注意的是,该法所求流量是实际流量的逼近值,而非真值;因为测流需要一定时间,所以实测流量是一个时段平均值,而非瞬时值。

### 4.4.3.1　垂线平均流速计算

采用积深法测速的成果即为垂线平均流速,采用积点法测速的需根据垂线流速分布情况采用下列公式计算垂线平均流速 $v_m$。

（1）一点法

$$v_m = v_{0.6} \tag{4.4-9}$$

适用于垂线水深较小,流速分布相对均匀的情况。当流速沿垂线方向变化不大时,可以选择一点法,通常测速点设在垂线水深的 $0.6H$($H$ 为垂线水深)处。

（2）两点法

$$v_m = \frac{1}{2}(v_{0.0} + v_{0.8}) \tag{4.4-10}$$

适用于垂线水深适中,流速分布有一定变化但不复杂的情况。测速点通常设在垂线水深的 $0.2H$ 及 $0.8H$ 处,通过这两点的流速来计算垂线平均流速。

（3）三点法

$$v_m = \frac{1}{3}(v_{0.2} + v_{0.6} + v_{0.8}) \ \text{或} \ v_m = \frac{1}{4}(v_{0.2} + 2v_{0.6} + v_{0.8}) \tag{4.4-11}$$

适用于垂线水深较大,流速分布变化较大,需要更高精度测量的情况。测速点设在垂线水深的 $0.2H$、$0.6H$、$0.8H$ 处,通过这 3 个点的流速来计算垂线平均流速。

（4）五点法

$$v_m = \frac{1}{10}(v_{0.0} + 3v_{0.2} + 3v_{0.6} + 2v_{0.8} + v_{1.0}) \tag{4.4-12}$$

适用于垂线水深较大,流速分布复杂,需要更高精度测量的情况。测速点设在水面(水面以下 5cm 左右)、垂直水深的 $0.2H$、$0.6H$、$0.8H$ 处以及河底(离开河底 2～5cm,且在水深 $0.9H$ 以下),通过这 5 个点的流速的加权平均值来计算垂线平均流速。这种方法能够更全面地反映垂线方向的流速分布情况。

（5）六点法

$$v_m = \frac{1}{10}(v_{0.0} + 2v_{0.2} + 2v_{0.4} + 2v_{0.6} + 2v_{0.8} + v_{1.0}) \tag{4.4-13}$$

（6）十一点法

$$v_m = \frac{1}{10}(0.5v_{0.0} + v_{0.1} + v_{0.2} + v_{0.3} + v_{0.4} + v_{0.5} + v_{0.6} + v_{0.7} + v_{0.8} + v_{0.9} + 0.5v_{1.0}) \tag{4.4-14}$$

式中,$v_m$——垂线平均流速;

$v_{0.0}$、$v_{0.1}$、$v_{0.2}$、$v_{0.3}$、$v_{0.4}$、$v_{0.5}$、$v_{0.6}$、$v_{0.7}$、$v_{0.8}$、$v_{0.9}$、$v_{1.0}$——水面、不同相对水深和河底处测点流速。

在垂线平均流速的计算中,六点法和十一点法并不是常见的计算方法。因为在实际应用中,随着测速点数量的增加,虽然可以提高测量的精确度,但是会增加测量的复杂性和成本。

通常情况下,测速点的选择会根据垂线水深、流速分布特性和测量要求来确定。在大多数情况下,一点法、两点法、三点法和五点法已经能够满足测量需求。

### 4.4.3.2  部分面积计算

部分面积计算方法分为平均分割法和中间分割法两种。平均分割法以相邻两条测速垂线划分部分面积,岸边部分由河岸和离岸最近的测速垂线构成部分面积。而中间分割法则是以测速垂线为中心,向左向右各取相邻垂线间 1/2 的宽度,作为部分面积。

（1）平均分割法

以测速垂线分界将过水断面划分为若干个部分,相邻垂线之间的间距为部分宽 $b_i$,其乘以相邻垂线水深 $d_i$ 的平均值得到部分面积 $A_i$（图 4.4-8）。

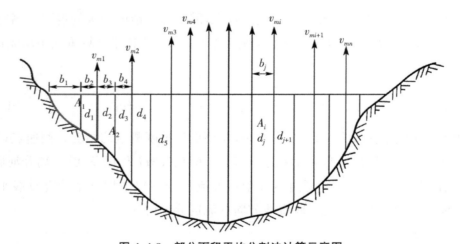

图 4.4-8  部分面积平均分割法计算示意图

部分面积划分以测速垂线为准。靠近岸边的测深垂线间面积用三角形公式和梯形公式计算。

$$A_1 = \frac{1}{2}b_1 d_1 + \frac{1}{2}b_2(d_1 + d_2) \tag{4.4-15}$$

若相邻的两测速垂线间无测深垂线,则部分面积为两测速垂线的水深和两测速垂线间距(部分宽)的乘积,用梯形公式计算。

$$A_i = \frac{1}{2}(d_j + d_{j+1}) \times b_j \qquad (4.4\text{-}16)$$

若测速垂线间有另外的测深垂线,其部分面积应把测速垂线间的各测深垂线间面积累加起来。

$$A_2 = \frac{1}{2}b_3(d_2 + d_3) + \frac{1}{2}b_4(d_3 + d_4) \qquad (4.4\text{-}17)$$

(2)中间分割法

中间分割法以测速垂线为中心,向两侧各取部分宽度为部分面积,见图 4.4-9,部分面积均为矩形面积。计算公式如下:

$$A_1 = (\frac{1}{2}(b_1 + b_2) + \frac{1}{2}(b_3 + b_4))d_1 \qquad (4.4\text{-}18)$$

$$A_i = \frac{1}{2}(b_j + b_{j+1}) \times d_{j+1} \qquad (4.4\text{-}19)$$

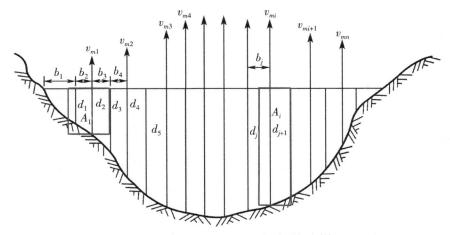

图 4.4-9　部分面积中间分割法计算示意图

金沙江上一般采用平均分割法进行部分面积的计算。下面主要介绍平均分割法流量计算。

(3)部分流速计算

1)岸边部分。部分流速为自岸边第一条垂线平均流速乘以岸边流速系数 $\alpha$。

$$\overline{V}_1 = \alpha V_{m1} \qquad (4.4\text{-}20)$$

$$\overline{V}_{n+1} = \alpha V_{mn} \qquad (4.4\text{-}21)$$

《河流流量测验规范》(GB 50179—2015)对岸边流速系数 $\alpha$ 取值有相应的规定,可根据岸边情况选用(经验值),也可根据试验资料确定。斜坡的 $\alpha$ 取 0.65~0.75,一般取 0.70;陡岸 $\alpha$ 取 0.80,陡峭且光滑岸坡 $\alpha$ 取 0.90,死水边 $\alpha$ 取 0.60。

2)中间部分。相邻的两测速垂线间平均流速 $\overline{V}_{i+1}$ 计算,取两垂线平均流速 $V_m$ 的平均值。

$$\overline{V}_{i+1} = \frac{1}{2}(V_{mi} + V_{mi+1}) \qquad (4.4\text{-}22)$$

(4)部分流量、断面流量计算

第 $i$ 部分流量 $q_i(\mathrm{m^3/s})$ 计算:

$$q_i = \overline{V}_i A_i \qquad (4.4\text{-}23)$$

断面流量 $Q(\mathrm{m^3/s})$ 为断面上各部分流量 $q_i$ 的代数和,计算:

$$Q = \sum_{i=1}^{n} q_i \qquad (4.4\text{-}24)$$

(5)断面面积和其他水力要素计算

断面面积 $A(\mathrm{m^2})$ 为各部分面积 $A_i$ 之和,计算:

$$A = \sum_{i=1}^{n} A_i \qquad (4.4\text{-}25)$$

断面平均流速 $\overline{V}(\mathrm{m/s})$,计算:

$$\overline{V} = Q/A \qquad (4.4\text{-}26)$$

断面平均水深 $\overline{H}(\mathrm{m})$,计算:

$$\overline{h} = A/B \qquad (4.4\text{-}27)$$

(6)相应水位计算

相应水位指在一次实测流量过程中,与该次实测流量值相等的某一瞬时流量所对应的水位。按不同的水位涨落情况和单宽流量的变化情况选取不同的计算方法。

1)算术平均法。

测流过程中水位变化引起水道断面面积的变化不超过 5%(平均水深大于 1m)或不超过 10%(平均水深小于 1m)时,可取测流开始和结束两次水位的算术平均值作为相应水位;当测流过程跨越水位峰顶或谷底时,采取多次实测或摘录水位的算术平均值作为相应水位 $Z_m$。

这种方法通过计算特定时间点的水位平均值来近似代表整个测流过程中的水位情况,从而简化计算并保证一定的精度。

2)$b'_m v_m$ 加权法。

$$Z_m = \frac{\sum\limits_{i=1}^{n} b'_m v_{mi} Z_i}{\sum\limits_{i=1}^{n} b'_m v_{mi}} \qquad (4.4\text{-}28)$$

式中，$b'_m$——测速垂线所代表的水面宽度，m；

    $v_{mi}$——第 $i$ 条垂线的平均流速，m/s。

3)部分流量 $q_i$（$m^3/s$）加权法。

$$Z_m = \frac{\sum q_i \overline{Z_i}}{\sum q_i} = \frac{\sum q_i \overline{Z_i}}{Q} \tag{4.4-29}$$

式中，$\overline{Z_i}$——该部分流量的两条测速垂线在测速时的水位平均值，m。

## 4.5 浮标法

### 4.5.1 浮标分类及制作

浮标法根据浮标形式可分为传统浮标法和 GNSS 电子浮标法。传统浮标法包括水面浮标法、深水浮标法、浮杆法和小浮标法等，适用于流速仪测速困难或超出流速仪测速范围的高流速、低流速、小水深等情况的流量测验。相较于传统浮标，电子浮标操作更加简单、数据更加准确，且智能化信息存储，便于研究和记录。

1)水面浮标。浮标入水部分，表面应较粗糙，不应成流线型。浮标下面要加系重物，保持浮标在水中漂流稳定。浮标的入水深度，不得大于水深的 1/10。浮标露出水面部分，有易于识别的明显标志。

2)深水浮标。分为上下两部分，上浮标直径为下浮标的 1/4～1/5。下浮标比重大于水，确保上浮标能稳定漂浮水面。

3)浮杆。由两段可滑动套接组成，长度可调以适应不同水深，确保露出水面1cm～2cm，且能在水中稳定直立。

4)小浮标。宜采用厚度为 1～1.5cm 的较粗糙的木板，做成直径为 3～5cm 的小圆浮标。

5)电子浮标。利用 GNSS 卫星定位技术获取浮标实时位置、时间、流速、流向等信息，通过 4G/5G 移动通信网络技术上传至指定管理平台。可获取总漂浮距离、总漂浮历时、平均漂浮历时、瞬时最大最小流速、可切割任意断面流速，结合断面面积，估算断面流量、对于多个电子浮标，还可切割生成任意断面的横向流速分布、结合高程信息，估算任意长度河段的平均比降等（表 4.5-1、图 4.5-1）。

表 4.5-1 　　　　　　　　　　　　　某型号 GNSS 电子浮标主要参数指标

| GNSS 参数 | |
|---|---|
| 最快上报频率 | 100ms |
| 速度精度 | 0.05m/s |
| 方向精度 | 0.03° |
| 定位精度 | 亚米级 |
| 定位方式 | BDS、GPS、GLONASS、GALILEO |
| 传输参数 | |
| 运营商 | 移动、联通、电信 |
| SIM 卡 | Micro Sim |
| 功能参数 | |
| 上报参数 | 经度、纬度、速度、海拔、时间、方向、估计精度 |
| 存储数据条数 | ≥1000 条 |
| 上传特性 | 支持信号中断时暂存 Flash，信号恢复续传 |
| 上报频率 | 可远程配置 |
| 外部接口 | |
| 充电接口 | 5pin Micro USB |
| 开关 | Push-Push 开关 |
| 供电参数 | |
| 工作电压 | 3.6～4.3V |
| 电池 | 5000mAH |
| 充电电源 | 5VDC/1A |
| 工作时间 | ≥48h(每秒上报一次) |
| 指示灯 | 电源指示灯、GPS 指示灯、4G 传输指示灯 |
| 工作环境 | |
| 温度 | −40 ～ 80℃ |
| 湿度 | 10% ～ 90% |

图 4.5-1　电子浮标测流

## 4.5.2　浮标测流基本原理

通过全断面的流量可表示为：

$$Q = \iint v \, \mathrm{d}h \, \mathrm{d}b \qquad (4.5\text{-}1)$$

垂线平均流速可表示为：

$$v_m = \frac{1}{h} \int_0^H v \, \mathrm{d}h \qquad (4.5\text{-}2)$$

如用指数分布曲线关系式 $v = v_0 \eta^{1/m}$ 代入流量计算公式可得：

$$Q = \int_0^B \int_0^1 v_0 \eta^{1/m} h \, \mathrm{d}\eta \, \mathrm{d}b \qquad (4.5\text{-}3)$$

经进一步积分简化为：

$$Q = \frac{m}{m+1} v_0 \bar{h} B = K_f Q_f \qquad (4.5\text{-}4)$$

式中，$Q$——实测流量；

$\quad v$——流速；

$\quad h$——水深；

$\quad b$——宽度；

$\quad \eta$——相对水深；

$\quad K_f$——浮标系数；

$\quad Q_f$——浮标虚流量。

由此可见，浮标法测流的主要内容是测定浮标虚流量和浮标系数。

## 4.5.3　浮标虚流量的确定

1）根据浮标漂浮路径 $L$ 和时间 $T$，计算每个有效浮标的流速 $V_{fi}$（虚流速）。

$$V_{fi} = L / T_i \qquad (4.5\text{-}5)$$

2）计算浮标点位的起点距。

3）根据实测断面资料或借用断面资料绘断面图。在水面线的下方，以纵坐标为水深，横坐标为起点距，绘制横断面图。

4）绘制浮标流速横向分布曲线。

在水面线的上方，以纵坐标为浮标流速 $V_{fi}$，横坐标为起点距，将每个浮标的流速和对应的起点距在图上标出。对于个别突出点，应查明原因。若属于测验错误，则予以舍弃，并在图上注明（图 4.5-2、图 4.5-3）。

当测流期间风向、风力变化不大时，可通过点群中心勾绘 1 条浮标流速横向分布曲线。当风向、风力变化较大时,应适当照顾到各个浮标的点位勾绘分布曲线。勾绘时,应以水边或死水边界作起点和终点。

5)在各测深垂线位置,浮标流速横向分布曲线上,查得各测深垂线相应的浮标虚流速。

6)以各测深垂线的水深、起点距和相应的虚流速来计算部分面积、部分平均流速和部分流量。算法同流速仪法测流。

$$q_{fi} = v_{fi}A_i \qquad (4.5-6)$$

$$Q_f = \sum_{i=1}^{n+1} q_{fi} \qquad (4.5-7)$$

7)各部分流量之和为全断面虚流量 $Q_f$ 乘以选定的浮标系数 $K_f$ 为断面流量 $Q$,即:

$$Q = K_f Q_f \qquad (4.5-8)$$

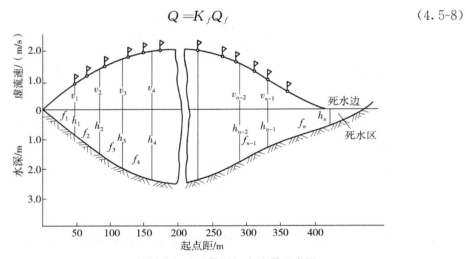

图 4.5-2 图解分析法计算浮标虚流量示意图

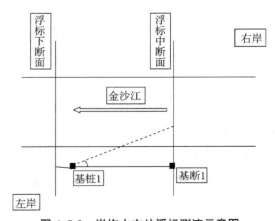

图 4.5-3 岗拖水文站浮标测流示意图

## 4.5.4　浮标系数的确定

### 4.5.4.1　比测分析法

对于有条件进行比测试验的测站,应采用流速仪法测流和浮标法测流进行比测试验。这种方法通过对比两种方法的测量结果,可以得出浮标系数。具体步骤如下。

(1)流速仪法测流

使用流速仪在断面不同位置测量流速,结合断面面积计算断面流量。

(2)浮标法测流

在断面上投放浮标,记录浮标的运行时间和距离,计算浮标流速,并结合断面面积计算浮标法测得的断面流量。

(3)计算浮标系数

利用比较流速仪法测得的断面流量和浮标法测得的断面流量计算出浮标系数。浮标系数通常由断面流量除以断面虚流量,或由断面平均流速除以断面平均虚流速,或断面平均流速除以中泓(最大水面虚流速)、漂浮物浮标流速等方法得到。

### 4.5.4.2　经验法

经验法确定浮标系数主要依赖于对测站所在河流特性,包括河床组成、断面形状、水流特性、风速风向等因素对浮标运动影响的深入了解。通过长期观测和记录浮标在不同条件下的运动情况,结合实践经验,可以初步估算出浮标系数的大致范围。

### 4.5.4.3　水位—流量关系线法

通过分析历史数据,建立水位与流量的关系线。在已知水位的情况下,可以通过关系线查得对应的流量,进而推算出浮标系数。

### 4.5.4.4　水面流速系数法

通过测量水面的流速,结合其他参数(如断面形状、河床糙率等)计算浮标系数。这种方法需要较为复杂的计算模型和较多的参数输入。

## 4.5.5　传统浮标法测验流程

### 4.5.5.1　准备阶段

准备测量杆、经纬仪、全站仪、平板仪、计时器等测量设备,用于测量水深、定位浮标起点距以及记录时间。

#### 4.5.5.2 投放浮标与观测

（1）投放浮标

在上断面的上游将浮标投入水中，可以使用浮标投掷器、桥或船等辅助工具。

（2）观测浮标运动

观测并记录浮标通过上、下断面的时间；在中断面上，使用经纬仪、平板仪等设备观测并记录浮标的起点距，即浮标通过中断面时与某一固定标志物的距离。

（3）观测其他项目

记录风向、风力等可能影响浮标运动的因素；注意观察是否有其他异常现象，如漂浮物阻挡浮标等。

#### 4.5.5.3 数据处理与分析

（1）计算浮标历时和流速

根据浮标通过上、下断面的时间差，计算浮标历时；利用上下断面间的距离除以浮标历时，得到浮标流速。

（2）换算垂线平均流速

根据浮标类型、风力风向及河流状况等因素，选择合适的浮标系数进行换算；浮标系数一般为 0.6～1.0，具体值需根据实际情况确定；将浮标流速乘以浮标系数，得到垂线平均流速。

（3）计算测流断面面积

使用测量杆等工具测量选定断面上各点的水深；根据水深和断面宽度计算测流断面的面积。

（4）计算实测流量

将垂线平均流速和测流断面面积相乘，得到实测流量。

### 4.5.6 GNSS 电子浮标测验流程

#### 4.5.6.1 抛投准备

根据测流任务需求，确定抛投的电子浮标数量。

选择合适的抛投方式，如人工手动抛投或无人机挂载抛投。人工手动抛投建议借助桥梁和动力船等，无人机挂载抛投需配备专用抛投器和无人飞机。

#### 4.5.6.2 抛投阶段

在抛投前，打开 GNSS 电子浮标的电源，确保设备能够正常接收卫星信号，使

GNSS 接收卫星信号 1min 以上,以确保定位精度。

将电子浮标抛投至断面指定测流位置。确保浮标能够随水体移动,并实时报送卫星定位数据至指定管理平台。

### 4.5.6.3　监测阶段

管理平台实时接收 GNSS 电子浮标上传的数据,包括经度、纬度、速度、海拔、时间、方向等。数据更新率不小于 1Hz,以确保数据的实时性和准确性。

管理平台对接收到的数据进行处理和分析。结合过水断面信息,利用浮标漂流的速度和时间数据,计算河流的流量。

### 4.5.6.4　回收阶段

(1)定位浮标

根据管理平台上的实时定位信息,确定浮标的位置。在安全的情况下,通过划船或采用其他方式前往浮标所在位置进行回收。

(2)回收浮标

将浮标从水中捞出,检查设备是否完好。对设备进行充电和维护,以备下次使用。

## 4.6　走航式 ADCP 法

### 4.6.1　声学多普勒剖面流速仪

#### 4.6.1.1　测速原理

声学多普勒剖面流速仪(Acoustic Doppler Current Profiler,ADCP)测量水层流速的基本原理为多普勒效应。仪器发出的声波波束射向待测水层,并被水层中存在的一些运动微粒反射,多普勒效应使得回波发生频率偏移。水层中微粒频偏效应的叠加可以认为与该水层的流速有关。

多普勒效应指的是波源和接收端有相对运动时,接收端接收到波的频率与波源发出的频率并不相同的现象。假设波在介质中传播速度为 $v$,波的频率为 $f$,波源的运动速度为 $v_s$,接收端的运动速度为 $v_r$,则接收端接收到波的频率可以用下式表示:

$$f' = (\frac{v \pm v_r}{v \mp v_s})f \tag{4.6-1}$$

当 $v_r$ 相对于介质的方向为接近波源的方向时,式前符号为正,反之则为负;$v_s$ 相对于介质的方向为接近接收端的方向时,式前符号为负,反之为正。

在 ADCP 的测速装置中,收发一体的换能器在发射声波时作为波源,在接收声波信号时作为接收端。由上式可得在发射过程中水中微粒接收到的声波频率：

$$f = (\frac{c + v_r}{c})f_T \tag{4.6-2}$$

式中，$f$——水中微粒反射的声波频率；

$\quad c$——水中声速；

$\quad v_r$——水中微粒运动速度在换能器发射声波径向上的速度分量；

$\quad f_T$——发射声波频率。

同样地，在接收过程中，水中微粒作为波源反射声波，换能器作为接收端，可以计算出接收到的声波频率：

$$f_R = (\frac{c}{c - v_r})f \tag{4.6-3}$$

式中，$f_R$——换能器接收到的声波频率。将式(4.6-2)代入式(4.6-3)，可以得到换能器接收到的声波频率为

$$f_R = (\frac{c + v_r}{c - v_r})f_T \tag{4.6-4}$$

整理可得多普勒测流原理的基本表达式：

$$f_d = \frac{2v_r f_T}{c - v_r} \tag{4.6-5}$$

式中，$f_d$——换能器接收到的声波频率与发射声波频率之差。由于径向速度 $v_r$ 远小于声速，因此式(4.6-5)可以简化为：

$$v_r = \frac{cf_d}{2f_T} \tag{4.6-6}$$

此时计算出的速度为水流速度在换能器发射径向上的速度分量(图 4.6-1)，假设发射方向与水流速度方向的角度为 $\theta$，则实际水流速度满足：

$$v = \frac{v_r}{\cos\theta} = \frac{cf_d}{2\cos\theta f_T} \tag{4.6-7}$$

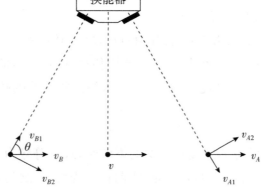

**图 4.6-1　ADCP 流速测验示意图**

### 4. 6. 1. 2　仪器分类

（1）按安装方式分类

ADCP 按安装方式可分为走航式和固定式,走航式一般以船作为载体,固定式 ADCP 一般安装在河床、陡岸和浮体上。走航式 ADCP 主要用于单次流量测验,固定式 ADCP 经比测分析后可实现流量在线监测。本章节主要介绍 ADCP 的基本知识和走航式 ADCP,固定式 ADCP 将在流量在线监测有关章节中详述。

（2）按测量模式分类

可分为自容式 ADCP 和直读式 ADCP（图 4.6-2）。

自容式 ADCP 能够自主存储测量数据,不需要实时传输,可以在无法实时传输数据的环境中使用,如深海或偏远地区。

直读式 ADCP 能够实时显示测量结果,便于现场监测和数据分析,适用于需要即时反馈的流速测量场景。

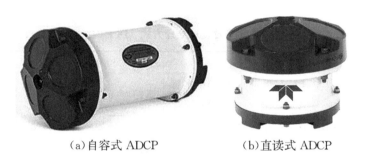

（a）自容式 ADCP　　　　　　（b）直读式 ADCP

**图 4.6-2　自容式 ADCP 和直读式 ADCP**

（3）按声学信号收发和处理方式分类

声学多普勒流速测量技术是利用多普勒效应原理来测量流体流速的一种重要方法。主要分为相干、非相干和宽带三种测流方式,每种方式在原理和应用上存在一定的差异（表 4.6-1）。

1）相干测流方法。

相干测流方法基于相干信号处理原理,利用超声波束在流体中传播时与散射体（如流体中的微小颗粒或气泡）相互作用产生的多普勒频移来测量流速。该方法通过发射相干脉冲串或编码相干脉冲串,并接收回波信号,然后利用复自相关算法等信号处理技术提取多普勒频移信息,进而计算流速。

相干测流方法具有较高的测量精度和分辨率,特别适用于浅水区和高分辨测流应用场合。

2)非相干测流方法。

非相干测流方法不依赖于信号的相干性,而是利用超声波束在流体中传播时反射或散射的回波信号强度或频率变化来测量流速。该方法通常发射单载频矩形脉冲或简单的脉冲串,并通过对回波信号进行统计分析或频谱分析来提取流速信息。

非相干测流方法实现简单,对信号处理的要求相对较低,适用于层厚要求不高以及大作用距离的测流应用场合。然而,其测量精度和分辨率可能低于相干测流方法。

3)宽带测流方法。

宽带测流方法结合了相干和非相干测流方法的优点,采用宽带信号进行流速测量。宽带信号具有较宽的频谱范围,能够提供更丰富的多普勒频移信息。该方法通过发射宽带信号并接收回波信号,然后利用先进的信号处理技术(如宽带复自相关算法)提取多普勒频移信息,从而计算流速。

宽带测流方法具有测量范围广、精度高和响应速度快等优点。它能够适应不同的测流环境和应用需求,特别是在复杂流体环境下表现出色。

表 4.6-1 不同声学信号收发和处理方式 ADCP 的差异

| 测流方法 | 原理特点 | 精度与分辨率 | 适用场合 |
|---|---|---|---|
| 相干测流 | 基于相干信号处理原理,利用多普勒频移测量流速 | 高精度、高分辨率 | 浅水区、高分辨测流 |
| 非相干测流 | 利用回波信号强度或频率变化测量流速 | 精度和分辨率相对较低 | 层厚要求不高、大作用距离测流 |
| 宽带测流 | 结合相干和非相干优点,采用宽带信号测量流速 | 高精度、宽测量范围 | 复杂流体环境、多场合应用 |

## 4.6.2 走航式 ADCP 法测验流程

### 4.6.2.1 前期准备

(1)仪器设备检查

检查 ADCP 换能器、GNSS、罗经等仪器设备是否在检测有效期内,相关鉴定资料及配件是否齐全;检查仪器设备有无污损变形、仪器探头表面有无划痕、附着物等;测量电瓶(电池)电压并连接,检查各连接线情况。

(2)安全准备

做好安全准备工作,备好救生衣、救生圈等安全设备;测验人员必须穿着救生衣,确保自身安全。

（3）软件配置

打开 ADCP 测流软件,根据现场配置要求录入有关测验参数信息,如测站名称、文件名前缀等;检查仪器时钟并与电脑同步,查看 ADCP 名称及序列号是否正确。

### 4.6.2.2 现场安装与调试

（1）设备安装

正确牢固安装 ADCP 换能器、GNSS、罗经等设备;将电缆与测杆或测船固定。

（2）仪器自检与校正

进行仪器自检,确保设备各项功能正常;对仪器进行罗经校正,确保测量数据的准确性。

（3）观测水位

观测测前水位,为后续数据处理提供参考。

### 4.6.2.3 数据采集

（1）参数设置

在测流软件中设置合适的测流模式、入水深等参数。

（2）走航测量

选择岸别,输入离岸距离。

控制船速小于等于流速,开始走航测量。在采集到 5～10 个有效数据后开始正式走航。

测船临近岸边时,测船停止后采集 5～10 个有效数据,结束记录后输入离岸距离,完成上半测回。

重复上述步骤,完成下半个测回测流。

（3）数据记录

使用测流软件记录测量数据,确保数据的完整性和准确性。

### 4.6.2.4 数据处理与校核

（1）数据回放与检查

使用测流软件回放功能依次回放测量数据,检查数据的完整性和正确性;确认参数设置的合理性,如有必要进行调整。

（2）成果计算与校核

对当次流量测验成果进行整理计算并校核。

（3）误差分析与补测

当任一半测回测量值与平均值的相对误差超限时，应补测同向的一个半测回流量。

#### 4.6.2.5 后续工作

（1）资料上传与整理

将测验成果上传至水文监测 App 或其他指定平台；完成资料校审流程，确保数据的有效性和可靠性（图 4.6-3）。

（2）现场清理与设备保养

测验完成后进行现场清理，断开电源，拆卸仪器设备和连线；及时清洗换能器，对设备和工具整理装箱；对电瓶进行充电保养，确保下次使用时设备处于良好状态。

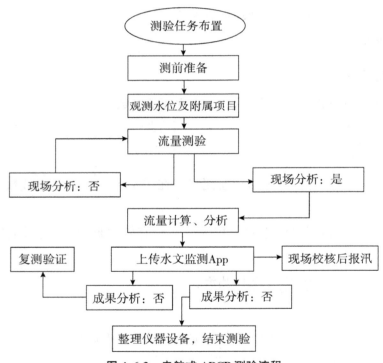

**图 4.6-3　走航式 ADCP 测验流程**

### 4.6.3　外接设备

#### 4.6.3.1　罗经

外接罗经可消除磁场干扰。走航式 ADCP 在测量过程中容易受到外部磁场的干扰，尤其是当测船为铁质时，船体本身可能产生较大的磁场，影响 ADCP 内部罗经的准确性。外接罗经通过其独立的磁场感应系统,能够更准确地测量船体的航向,减少磁场干扰对测量结果的影响,从而提高测量精度。

罗经与 ADCP 的相对方向确定。外接罗经的安装与标定过程中,需要确定罗经正向与 ADCP 正向之间的差角。这个差角对于将罗经测量的航向转换为 ADCP 坐标系下的水流方向至关重要。通过外接罗经,可以更方便地进行这种相对方向的确定和校正,确保测量结果的准确性。

### 4.6.3.2 GNSS

GNSS 解决底跟踪失效问题。在高洪期间或含沙量较大时,由于水流速度大、底沙运动严重,走航式 ADCP 的底跟踪功能可能会失效。此时,外接 GNSS 可以替代底跟踪功能,通过测量测船的位置变化来推算水流速度,从而确保测量工作的连续性和准确性。

GNSS 能够实时提供测船在全球范围内的精确位置信息,包括经度、纬度和高程等。这对于确定测量断面的具体位置、计算流速分布以及后续的数据处理和分析至关重要。GNSS 的高精度定位能力使得走航式 ADCP 能够在复杂的水文环境中进行准确测量。

### 4.6.3.3 测深仪

在较大含沙量的水域条件下,ADCP 内置的高测深频率(如 600kHz)可能无法有效测得水深,这是影响仪器测验成果精度的主要因素。高含沙量的水体对声波能量的吸收会增强会导致 ADCP 的测深能力受到限制。为了克服这一难题,外接低频测深仪成为一种有效的解决方案。低频测深仪能够穿透含沙量较高的水体,提供更为准确的水深数据,从而解决 ADCP 在特定条件下的测深问题。

提高测量精度和可靠性。外接测深仪与 ADCP 相结合,可以形成更为完善的测量系统。测深仪提供精确的水深数据,而 ADCP 则提供流速矢量分布信息。两者相结合,可以更加准确地描绘出水体的三维流动特性,提高测量精度和可靠性。此外,测深仪还可以作为 ADCP 测深数据的验证和补充,确保测量结果的准确性和可靠性。

不同的河流、湖泊或水库等水域具有不同的水深、流速和含沙量等特性。走航式 ADCP 外接测深仪可以根据具体的测量需求和环境条件进行灵活调整和配置。例如,在含沙量较高的水域中,可以选择低频测深仪进行水深测量;在流速较快的水域中,可以选择具有较高采样速率的 ADCP 进行流速测量。这种灵活性使得走航式 ADCP 外接测深仪能够适应多种不同的测量需求和环境条件。

## 4.7 电波流速仪法

### 4.7.1 工作原理

电波流速仪在工作时,会首先向水体发射一定频率的电磁波。这些电磁波在遇到水面波浪时,会发生反射现象。由于水体的流动,反射回来的电磁波频率会发生变化,这个变化量与水体的流速有着直接的关系。电波流速仪通过接收并处理这些反射回来的电磁波信号,就能够准确地测量出水体的流速。如前所述,按照多普勒原理:

$$f_D = 2f_0 \frac{V}{C} \cos\theta \qquad (4.7\text{-}1)$$

式中,$V$——水面流速(垂直于测流断面),m/s;

  $C$——电波在空气中传播速度,m/s;

  $\theta$——发射波与水流方向的夹角,rad。$\theta$ 与俯角 $\theta_1$ 和方位角 $\theta_2$ 的关系:$\cos\theta = \cos\theta_1 \cos\theta_2$。

由上式可得流速:

$$V = \frac{C}{2f_0 \cos\theta} f_D = K f_D \qquad (4.7\text{-}2)$$

式中,$K$——系数,$K = \frac{C}{2f_0 \cos\theta}$。

电波流速仪测流示意图见图 4.7-1。

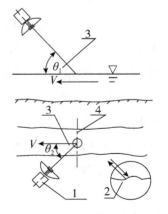

1.电波流速仪

2.水面波浪放大

3.$\theta_1$、$\theta_2$ 分别为俯角、方位角

4.测流断面

**图 4.7-1　电波流速仪测速示意图**

## 4.7.2　技术指标

某典型手持式电波流速仪主要技术指标见表 4.7-1。

表 4.7-1　　　　　　　　某典型手持式电波流速仪主要技术指标

| | |
|---|---|
| 精度指标 | |
| 速度范围 | 0.1～33m/s |
| 测量精度 | 读数的 1% |
| 电波特征 | |
| 电波频率 | 35.5 GHz 标称(Ka 波段) |
| 发射角 | 12° |
| 偏振 | 圆形 |
| 功率输出 | 10 dBm(典型值) |
| 显示 | |
| 屏幕 | 大字符 2.8 英寸彩色 LCD 显示屏 |
| 参数 | 瞬时速度、平均速度 |
| 信号处理及传输 | |
| 处理器 | 高速 32 位浮点双核 DSP |
| 角度补偿 | 垂直(自动)和水平(手动) |
| 测程范围 | 100m |
| 采集时间 | 瞬时速度读数。平均测量时间快至 5s,取决于水情 |
| 数据传输 | USB 数据传输 |
| 温湿度 | |
| 工作温度 | −20～70℃ |
| 最大湿度 | 90%相对湿度 |
| 电池 | |
| 规格 | 4600mAh 锂离子电池 |
| 电池寿命 | 正常使用时,长达 26h |
| 充电口 | USB 端口(兼容 BC1.2) |
| 外观 | |
| 材质 | ABS 聚碳酸酯混合材料 |
| 尺寸 | 21.6cm×8.9cm×13.2cm(高×宽×长) |
| 质量 | 0.8kg |

## 4.7.3　应用形式

雷达流速仪的应用形式包括手持式电波流速仪、定点式雷达流速仪、缆道雷达流速仪和机载雷达流速仪等。定点式雷达流速仪和缆道雷达流速仪多应用于流量在线监测,将在后文相关章节详细介绍。

### 4.7.3.1 手持电波流速仪

(1)优点

手持式电波流速仪(SVR 手持式电波流速仪),又称便携手持雷达电波流速仪,是一种采用非接触式雷达技术测量水流速度的先进设备(图 4.7-2、图 4.7-3)。其优点如下。

1)非接触式测量。不需要无需接触水体即可完成测量,减少了对水流流态的干扰,同时保障了人员安全。

2)便携性。体积小、体重轻,便于携带至现场使用,适用于各种复杂环境。

3)操作简便。通常具有直观的用户界面,便于设置和读取数据。

4)精度高。能够在较宽的速度范围内提供准确的测量结果。

5)适应性强。可以在不同的天气条件下和水质环境中工作,不受污水腐蚀和泥沙影响。

6)应用广泛。广泛应用于水利、环保、农业灌溉、城市排水等多个领域,如渠道流速监测、河流流速监测、污水流速监测等。

**图 4.7-2　手持式电波流速仪图片**

**图 4.7-3　手持式电波流速仪现场测量**

（2）主要工作模式

手持式电波流速仪具有多种工作模式，以满足不同场景下的测量需求。以下是手持式电波流速仪主要工作模式的详细介绍。

1）单次测量模式。

在此模式下，手持式电波流速仪会进行一次独立的流速测量。用户可以通过按下特定的按键来启动测量，并在测量完成后获取流速值。这种模式适用于需要快速获取某一时刻流速的场景。

2）连续测量模式。

连续测量模式允许手持式电波流速仪持续不断地进行流速测量，并实时更新测量结果。用户无需每次测量都进行按键操作，仪器会自动保持测量状态。这种模式特别适用于需要长时间监测流速变化的场景，如河流、湖泊等水域的流速监测。

3）流量测量模式。

除了测量流速外，手持式电波流速仪还可以进入流量测量模式。在此模式下，仪器会结合流速、水深和河宽等参数，计算出通过特定断面的流量。这种模式对于水资源管理、防洪预警等领域具有重要意义，能够提供准确的流量数据支持。

4）平均测量模式。

手持式电波流速仪还具备平均测量功能。在平均测量模式下，仪器会在一段时间内（如20s）进行不间断地连续测量，并从测量期间获得的流速值序列中取出呈正态分布的数值做平均，得到最终显示的流速值。这种模式有助于消除偶然误差，提高测量的准确性。

5）其他特殊模式。

a.回看模式。手持式电波流速仪的部分型号（如手持式3D）还具备回看功能。在该模式下，用户可以查看之前测量的速度列表，方便对数据进行复核和分析。

b.菜单设置模式。通过进入菜单界面，用户可以更改手持式电波流速仪的某些操作设置，以满足特定的测量需求。

### 4.7.3.2 机载式雷达流速仪

机载式雷达流速仪，通常搭载在无人机等飞行平台上，利用雷达技术测量水流速度（图4.7-4）。

这种应用形式结合了无人机的高机动性和雷达流速仪的高精度测量能力，具有如下优点。

1）高机动性。无人机能够快速、灵活地飞行到指定位置，对难以接近或危险的水域进行流速测量，如陡峭的山谷、湍急的河流或洪水泛滥区域。

2）大范围覆盖。无人机可以在较短时间内覆盖大面积的水域,提供全面的流速数据,有助于更准确地评估水资源量和水文循环过程。

3）实时数据传输。机载式雷达流速仪通常配备有实时数据传输系统,能够将测量数据实时传输到地面控制中心,为决策者提供及时、准确的信息支持。

4）高精度测量。采用先进的雷达技术,机载式雷达流速仪能够在各种复杂的水文条件下保持较高的测量精度和稳定性,为水资源管理和环境保护提供可靠的数据支持。

5）集成化应用。机载式雷达流速仪可以与其他水文监测设备无缝对接,形成完整的水文监测网络,实现数据的自动采集、处理、分析和预警,提高监测效率和准确性。

**图 4.7-4 无人机搭载雷达测流**

## 4.8 流量在线监测方法

流量在线监测即通过一定的方法或设施设备等实时获取水体流量(流速)的方式,可通过单一线、单值化、比降—面积法、水工建筑物测流等方法实现,也可通过声学、雷达、图像等传感设备等实现。

在大江大河的流量测验过程中,主要通过声学多普勒剖面流速仪法、超声波时差法、雷达测流法和图像测流法实现流量在线监测。随着人工智能的兴起,部分河流流量反演方法也用于实际生产过程中,如卫星遥感测流和 AI 推流等。

## 4.8.1　声学多普勒剖面流速仪法

### 4.8.1.1　测速原理

声学多普勒流速仪利用多普勒效应测量水流速度。其测速原理为:仪器发射声波脉冲,这些声波遇到水体中随水流运动的固体颗粒物时会发生反射。由于颗粒物的运动,反射的声波频率会发生变化,即产生多普勒频移。频移的大小取决于颗粒物移动的速度和方向。通过监测这个多普勒频移,声学多普勒流速仪能够测定出水体的流速。这种测速方法具有高精度、实时监测和适应大范围测量等特点,广泛应用于河流、湖泊、海洋等水域的流速和流量测量。

### 4.8.1.2　方法分类

声学多普勒剖面流速仪根据安装方式可分为水平式 ADCP、垂向式 ADCP 和倾斜式 ADCP(图 4.8-1 至图 4.8-5)。

(1)水平式 ADCP

水平式 ADCP 通常安装在测量断面的水体中,探头部分水平放置,与水流方向垂直。

水平式 ADCP 根据安装形式又可分为固定式 ADCP 和滑动式 ADCP(倾斜滑轨式和垂直滑轨式)。

图 4.8-1　水平式 ADCP 安装示意图

图 4.8-2　固定式 ADCP

（a）倾斜滑轨式　　　　　　　　　　（b）垂直滑轨式

图 4.8-3　滑动式 ADCP

（2）垂向式 ADCP

垂向式 ADCP 通常安装在测量断面的水体中,探头部分垂直放置,指向水底或水面,通常称作底座式 ADCP 和漂浮式 ADCP。

（3）倾斜式 ADCP

倾斜式 ADCP 的安装方式相对灵活,探头部分可以以一定的倾斜角度安置在水体中。

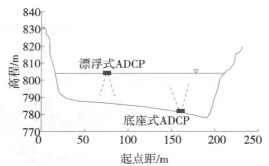 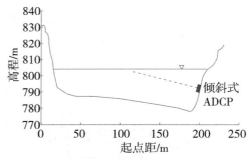

图 4.8-4　垂向式 ADCP 安装示意图　　　　图 4.8-5　倾斜式 ADCP 安装示意图

### 4.8.1.3　流量计算

当采用 H-ADCP 进行在线流量监测时,H-ADCP 实时采集水平线上的流速分布数据和水位数据。需要选择适当的流量算法,利用这些数据以及过水断面数据计算出流量。有两种流量计算方法可以应用:代表流速法和数值法。这两种方法是独立的、完全不同的流量算法,常用的是代表流速法。

（1）代表流速法

代表流速法是通过测量某一特定位置、垂线或断面的流速,并假设该流速能够代表整个流动区域（断面）的平均流速或能够与断面平均流速建立稳定的关系,从而进行流量计算的一种方法。在实际应用中,通常选择具有代表性的位置进行流速测量,如河流的中心位置、水流平稳的区域等。

代表流速法推求河流流量流程见图 4.8-6。首先,收集在线监测设备的数据,对数据稳定性进行评价,筛选出稳定的监测数据形成代表流速数据库,将数据库中的代表流速与实测的断面平均流速进行模型率定,寻找最优的能满足规范要求的稳定关系模型,确定模型后即可由选取的代表流速经关系模型推求平均流速,结合查水位和断面资料得出的过水断面面积即可推求断面流量。

H-ADCP 在测量时,会将测量区域划分为多个单元格。每个单元格都是一个小的测量区域,H-ADCP 会对每个单元格内的流速进行测量。对于每个单元格,H-ADCP 会根据接收到的回波信号,计算出该单元格内的平均流速。这个平均流速即为该单元格的流速值。H-ADCP 测验仪器所在水层水平线上各个单元的流速示意图见图 4.8-7。

对于 H-ADCP,首先应进行数据回放后选取数据相对稳定的单元格;再输出不同单元格段的平均值;然后与实测断面平均流速进行关系拟合。可以将单个单元格与断面平均流速建立模型,也可以将多个单元格与断面平均流速建立模型,通常来讲,选取的单元格数量越少,代表性越差,但考虑到关系模型的泛化性能,宜选择更少的单元格数量。回放多次测量的回波强度和流速图像,选择图像规律稳定的某段(曲线趋势好、回波强度衰减最小,曲线不跳动)范围,作为指标流速计算范围。

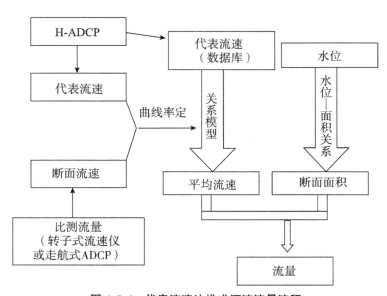

图 4.8-6　代表流速法推求河流流量流程

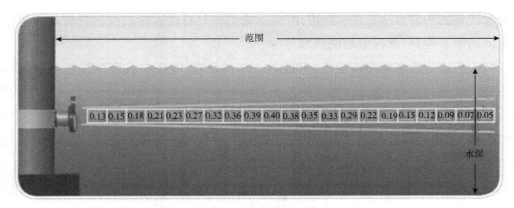

**图 4.8-7　水平式 ADCP 流速单元格划分示意图**

（2）数值法

数值法是一种在河道流量测量中广泛应用的方法,其基本原理是基于明渠流速分布规律和实测流速数据,用于推算河道过水断面上各点的流速分布。数值法的核心在于通过对整个过水断面的流速分布进行积分,从而准确计算出断面流量。这一方法原则上不需要现场率定,具备高效与便捷的特点。

在数值法的应用过程中,通常要求测速测量范围能够全面覆盖整个过水断面,以确保数据的完整性和准确性。然而,对于河床糙率相对均匀且流态稳定的河道,这一条件可以适当放宽,以适应实际的测量需求和环境条件。

以 H-ADCP 为例,当采用数值法进行测量时,H-ADCP 的安装位置至关重要。H-ADCP 应安装在河岸边,并确保其高程 Z(以 H-ADCP 垂向换能器的顶表面为基准)得到精确确定。此外,H-ADCP 的轴线设置也需严格遵循要求,应尽可能地与水流主流方向保持垂直。具体来说,H-ADCP 仪器坐标的 $x$ 方向应与水流主流方向基本平行,而 $y$ 方向则应与过水断面基本平行。

设 $V(y,z)$ 为垂直于河道过水断面的流速分量,则流量可由下式计算:

$$Q=\iint_s V(y,z)\mathrm{d}x\mathrm{d}y \tag{4.8-1}$$

假定 $V(y,z)$ 符合如下幂函数分布,即:

$$V(y,z)=\alpha(y)\cdot(z-z_b)^\beta \tag{4.8-2}$$

式中,$z_b$——河底高程;

$\alpha(y)$——流速分布系数;

$\beta$——经验常数。

$\beta$ 与河床糙率、河流流态有关。$\alpha(y)$ 可由 H-ADCP 测得的单元流速求得:

$$\alpha(y)=\frac{V(y,z)}{(z-z_b)^\beta} \tag{4.8-3}$$

式中,$V(y,z)$——H-ADCP 测得的 $(y,z)$ 点的单元流速。

在实际计算中,首先将河道过水断面划分成许多方形单元。单元的宽度一般为最大水深的 1/10。然后计算出各个矩形单元的流速。最后采用高斯数值积分计算流量。

### 4.8.1.4　技术指标及适用条件

(1)技术参数

1)频率。

ADCP 的频率决定了声波在水中的穿透能力和分辨率。高频声波具有较短的波长,能够提供较高的分辨率,但穿透能力较弱;低频声波则具有较长的波长,穿透能力较强,但分辨率较低。

一般范围:水平式 ADCP 的频率范围通常根据测量需求和水域特性来选择,常见频率有 300kHz、600kHz、1200kHz 等。

2)单元数。

单元数指的是 ADCP 能够测量的流速剖面的层数。单元数越多,能够获取的流速信息就越详细。

一般范围:单元数通常根据测量需求和水深来确定,在 1～128 层。

3)最小单元和最大单元。

最小单元和最大单元分别决定了 ADCP 能够测量的最小和最大水层厚度。这两个参数对于确保测量的精度和范围具有重要意义。

一般范围:最小单元通常小于 1m,而最大单元则可能达到数米甚至数十米,具体取决于频率和测量需求。

4)剖面量程。

剖面量程是指 ADCP 能够测量的最大水深。这个参数对于确保在不同水深条件下都能获取准确的流速信息至关重要。

一般范围:剖面量程通常根据测量需求和水域特性来选择,可能从几米到几百米不等。

5)流速准确度。

流速准确度是衡量 ADCP 测量流速的准确性的重要指标。它决定了测量结果的可靠性。

一般范围:流速准确度通常表示为水流速度的百分比加上一个固定值(如 ±0.5%±2mm/s),具体范围可能因设备型号和制造商而异。

6）流速分辨率。

流速分辨率是指 ADCP 能够测量的最小流速变化量。它决定了测量结果的精细程度。

一般范围：流速分辨率通常为 1mm/s 或更小，具体取决于设备型号和测量需求。

7）流速范围。

流速范围是指 ADCP 能够测量的最大和最小流速。这个参数对于确保在不同流速条件下都能获取准确的测量结果具有重要意义。

一般范围：流速范围通常根据测量需求和水域特性来选择，可能从几厘米每秒到几米每秒甚至更高。某型号水平式 ADCP 主要技术参数见表 4.8-1。

表 4.8-1　　　　　　　　某型号水平式 ADCP 主要技术参数

| 工作频率 | 600kHz |
| --- | --- |
| 最小单元长度 | 0.5m |
| 最大单元长度 | 4m |
| 最大剖面范围 | 90m |
| 第 1 单元起点 | 1～20m |
| 流速量程 | ±5m/s（默认），±20m/s（最大） |
| 精度 | ±0.5%（±0.2cm/s） |
| 分辨率 | 不大于 1mm/s |
| 波束 | 2 波束，±20°夹角 |
| 波束角 | 1.5° |
| 接口 | RS-232 和 SDI-12，或 RS-422 |
| 波特率 | 300～115200bps |
| 电压 | 10～18VDC |
| 内存 | 2M 或 4M |

（2）适用条件

1）顺直均匀自然河段，且有足够的长度的，测验河段具备良好稳定条件。

顺直均匀的自然河段有利于减少水流紊乱，使得流速分布更加稳定，从而提高测量的准确性。足够的长度可以确保测量的代表性，减少因河段过短而导致的测量误差。

2）所测代表流速的垂线或流层，位于主流范围内。

主流范围内的流速通常较为稳定，且能够代表整个断面的流速情况。确保所测的垂线或流层位于主流范围内，可以提高测量的准确性和可靠性。

3）代表流速与断面平均流速具有单一关系。

当代表流速与断面平均流速之间存在单一关系时,可以通过测量代表流速来推算整个断面的平均流速,从而简化测量过程并提高测量效率。

4)代表流速与断面平均流速非单一关系,但不同水位级各自具有单一关系。

在某些情况下,代表流速与断面平均流速之间可能不存在单一的线性关系。然而,如果高中低水各自具有单一关系,那么在不同水位条件下,仍然可以通过测量代表流速来推算断面平均流速。

5)采用 H-ADCP 进行流量测验,在预期的代表流速法测流方案下,水位变幅不超过主泓水道平均水深的 25%。

水位变幅对流速测量有一定影响。当水位变幅过大时,流速分布可能发生变化,从而影响测量的准确性。限制水位变幅不超过主泓水道平均水深的 25%,可以确保在测量过程中流速分布的稳定性,从而提高测量的准确性和可靠性。

## 4.8.2　超声波时差法

### 4.8.2.1　测速原理

超声波时差法利用超声波在流体中传播时,流体产生的传播时间差来测量流体的流速和流量。当超声波信号在流体中传播时,由于流体本身的流动,超声波在顺流方向和逆流方向的传播速度会发生变化,从而产生时间差。通过测量这个时间差,可以计算出流体的流速,进而结合断面面积计算出流量。

超声波时差法的概念早在 1955 年就被提出,并在 1964 年由日本成功研制出超声波测速装置。随着科技的进步,这项技术已经得到了广泛的应用和发展。时差法测流系统采用超声波进行流量测验,利用在河渠两岸上下游之间的声脉冲在水介质中沿声道传播的时间差来达到测流目的。

超声波时差法测量流量的方法简单且高效。它通常采用两个超声波传感器,一个作为发射器,另一个作为接收器。发射器和接收器之间的距离固定,通常安装在河道两侧,与水流方向呈一定夹角。发射器向流体发射超声波脉冲,这些脉冲在流体中传播并被接收器接收。通过测量超声波在顺流和逆流方向上的传播时间差,可以计算出流体的流速。

在时差法流量测量中,分单声道与多声道。以单声道时差测量方法为例。在该方法中,需要两个超声波传感器分别置于水体两侧,其相对位置偏移一定角度 $\theta$,以河道内水体静止时超声波信号从传感器 A 传播到传感器 B 的时间为基准。当管道内流体以一定速度一定方向流动时,超声波原始传播速度 $c$ 将与流体流动速度 $v$ 叠加。两个传感器同时作为发射、接收传感器。传感器 A 发射,传感器 B 接收;传感器 B 发射,传感器 A 接收。假定传播路径 A 到 B 为顺流路径,则超声波信号传播速度就为

原始速度 $c$ 正向叠加上流体流速 $v$,其传播时间 $t_1$ 将会小于静止传播时间 $t_0$;同理可知传播路径 B 到 A 为逆流路径,则超声波信号的传播速度就为原始声速 $c$ 反向叠加上流体流速 $v$,其传播时间 $t_2$ 将会大于静止传播时间 $t_0$。通过对 $t_1$、$t_2$ 的演算,就可以很轻易地得到流体流速 $v$,其工作原理见图 4.8-8,其中根据上述描述可以定义静止水体超声波传播时间为 $t_0$,介质流动时顺流传播时间为 $t_1$,逆流传播时间为 $t_2$,超声波声道传播方向与河段水流流向夹角为 $\theta$,两个传感器中心距离间隔为 $L$。

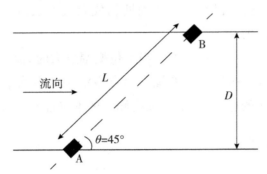

**图 4.8-8 超声波时差法流量计工作原理**

超声波信号在管道内介质中的顺流传播时间与逆流传播时间分别如下式所示:

$$t_1 = L/(c + v \cdot \cos\theta) \qquad (4.8\text{-}4)$$

$$t_2 = L/(c - v \cdot \cos\theta) \qquad (4.8\text{-}5)$$

经化简,上式可表示为:

$$c + v \cdot \cos\theta = L/t_1 \qquad (4.8\text{-}6)$$

$$c - v \cdot \cos\theta = L/t_2 \qquad (4.8\text{-}7)$$

上述两式相减即可得出传感器对应水层平均流速为:

$$v = \frac{L}{2\cos\theta}\left(\frac{t_2 - t_1}{t_1 t_2}\right) \qquad (4.8\text{-}8)$$

式中,$v$——河流某水层平均流速,m/s;

$\quad L$——传感器 A 和 B 之间的距离,m;

$\quad c$——特定水温下,超声波在该水环境下的传播速度;

$\quad \theta$——声波传输路径与水流方向的夹角,一般为 $30°\sim60°$。

### 4.8.2.2 方法分类

(1)超声波时差法

随着技术的不断进步和成本的降低,超声波时差法在河流流量测验中的应用前景越来越广阔(图 4.8-9)。超声波时差法河流流量测验系统通常包括如下几个关键部分。

1）声基站。这是系统的核心组件，负责发射和接收超声波信号。声基站通常配备有高精度的时钟和 GPS 授时功能，以确保时间测量的准确性。

2）操控软件平台。用于控制声基站的工作参数，接收并处理从声基站传输回来的数据，以及进行后续的流量计算和分析。

3）数据传输网络。负责将声基站采集的数据实时传输至操控软件平台，通常采用移动无线网络或有线网络。

**图 4.8-9　超声波时差法安装现场**

**（2）声层析法**

声层析法的换能器是全向性的水声换能器，能同时向所有方向发送测流声波，然后接收其他声基站换能器发出的信号，超声波时差法则是以一定的波束角朝着某一个方向发射和接收声波信号。这是两种方法重要的区别之一。

河流声层析技术，其起源可追溯至海洋声层析技术的发展，此技术通过在目标水域战略性地部署多个声基站，利用这些基站间相互传递的声波信号，并精确测量其传播时间，来捕获沿声测线上各点的流速积分信息。随后，通过先进的数理分析手段，对这些信息进行反演计算，从而得出沿测线的平均流速，实现对河流断面流量的精确测量。这种基于多声测线的层析测量方法，极大地突破了地理环境和工况条件对传统水位—流量关系法及代表流速法的限制，即便在复杂多变的断面流态下，也能确保流量测量的稳定性和可靠性，因此，它被视为全尺度断面流量测量的高端观测技术。

河流声层析系统（简称 RATS）的观测配置，通常包括 2～6 个 RARS 声基站，以及 1 个 RATS 操控软件平台。这些声基站通过 GPS 授时信号实现时间同步，并发送编码声波信号（图 4.8-10）。每个基站都能接收其他基站发送的信号，通过测量两两站点之间声波的双向传播时间，再结合数理方法进行解析反演，从而计算出观测河段的流量。采集到的声波数据会即时通过移动无线网络传输至 RATS 软件平台,进行数据分析和处理。处理后的结果会在平台上进行整理、存储和展示。同时,系统平台还负责监控各声基站的工作参数和运行状态。

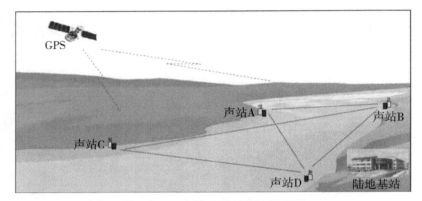

**图 4.8-10　河流声层析测流示意图**

在河流环境中,声波的实际传播路径是多样的,见图 4.8-11。RATS 系统采用全向超声波换能器,使得声波在测量断面水体内形成多条传播路径,这些路径包括水面和河床的多次反射,从而实现了对全断面流速的高密度采样。通过获取覆盖断面的多组双向传播时间及断面平

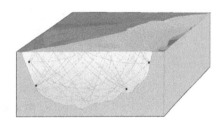

**图 4.8-11　声层析法断面声线示意图**

均流速,使得测量结果更加贴近真实的断面平均流速,即实现了直接断面平均流速的测量。这一技术突破了代表流速法仅依赖单测线检测的限制,显著提高了平均流速测量的稳定性和可靠性,为高精度流量测量奠定了坚实的基础。

### 4.8.2.3　流量计算

（1）单声道测流法

在河流监测中,通过在河段两岸安装一对换能器,利用声波传输穿越整个断面的原理,可以实现对水流速度的测量。由于声波在实际传输过程中,其速度会受到声程所在水层水流速度的影响,因此设备所获取的声波传播时间差,实质上是该水层平均流速作用的结果。这意味着,通过换能器得到的平均流速仅代表了换能器所在水层的状态。为了更准确地反映整个断面的流速情况,需要建立数学模型,将换能器所在水层的平均流速与实测断面平均流速进行关联（图 4.8-12）。在较为简单的情况下,可以依据流体力学原理,采用换能器所在水层的平均流速 $v$ 乘以过水断面面积 $A$,并考虑断面流量系数 $K$ 的影响,从而得到断面流量 $Q$ 的估算值。这种方法结合了实际测量与数学模型,提高了流量监测的准确性和可靠性。值得注意的是,流量系数可能

会随着水位的变化或水面比降的变化而改变。

$$Q = KvA \qquad (4.8\text{-}9)$$

式中,$Q$——时差法计算流量,$\mathrm{m^3/s}$;

$K$——断面流量系数;

$v$——时差法传感器实测水层平均流速,$\mathrm{m/s}$;

$A$——过水断面面积,$\mathrm{m^2}$。

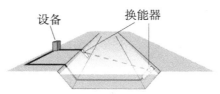

**图 4.8-12 单声道测流法示意图**

（2）多声道测流法

在面对测验断面水位变幅较大、受回水影响、断面形状不规则、垂线流速分布与理论分布存在显著差异或流量测验精度要求较高的复杂情况时,为了提升流量测验的准确性和可靠性,可以采用分层测量的方法。具体做法是,将整个水深划分为若干个不同的水层,并在每个水层深处安装一对声道。这样,通过声道可以测得各水层的平均流速,从而更精细地反映流速在水深方向上的变化。

以某具体情境为例（图 4.8-13 展示了 4 对声道的安装情况）,在测得断面上各水层的平均流速后,需进一步计算各水层的单深流量。这是通过将各水层的平均流速乘以对应的河宽来实现的。随后,以水深为纵坐标,单深流量为横坐标,绘制出垂直流量分布图。这张图能够直观地展示流量在水深方向上的分布情况。最后,利用求积仪等工具量出垂直流量分布曲线图的面积,即可得到全断面的流量。

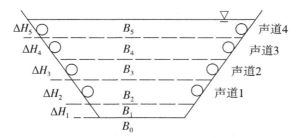

**图 4.8-13 多声道测流示意图**

此外,还可以采用部分面积加权法计算流量,计算公式如下:

$$Q = \frac{1}{2}\alpha V_1 B_0 \Delta H_1 + \sum_{i=1}^{n} \frac{V_i B_i}{2}(\Delta H_i + \Delta H_{i+1}) + \frac{1}{2}V_n B_n \Delta H_{n+1} \qquad (4.8\text{-}10)$$

式中，$\alpha$——河底流速系数，可由试验确定，无试验资料时可取 0.8；

$B_0$、$B_i$——河底和第 $i$ 个声道对应的宽度，m；

$V_i$——第 $i$ 个声道测得的平均流速，m/s；

$\Delta H_i$——第 $i$ 个声道至第 $i-1$ 个声道（或河底）的水层深度，m；

$\Delta H_{n+1}$——第 $n$ 个声道（最上一个）至水面的水层深度，m；

$n$——声道个数。

### 4.8.2.4  技术指标及适用条件

（1）技术指标

1）测量准确度。

根据相关技术标准和实际应用需求，超声波时差法测流的测量准确度通常可达到 $\pm 1\%$FS（满量程的百分比）或更高。

2）测量范围。

超声波时差法测流的测量范围通常较广，可以覆盖从低速到高速的流速范围。例如，某些系统的流速测量范围可达 $-20 \sim 20$m/s。

3）分辨率。

分辨率通常根据测量需求和技术水平来确定，一般可达 1cm/s 或更小。

4）声道数量。

声道数量决定了超声波时差法测流系统能够同时测量的流速剖面数量。多声道系统可以提供更全面的流速信息。

声道数量通常根据测量需求和水域特性来选择，一般在 $1 \sim 6$ 声道，也有更多声道的系统可供选择。

5）工作功耗与静态值守功耗。

工作功耗和静态值守功耗分别反映了超声波时差法测流系统在工作状态和待机状态下的能耗情况。低功耗设计有助于延长系统的使用寿命和降低运行成本。

工作功耗和静态值守功耗的具体数值因系统型号和制造商而异，但通常都较低，以满足长期运行的需求。

6）输出信号。

输出信号是超声波时差法测流系统与外部设备（如数据采集器、计算机等）进行通信的接口。常见的输出信号格式包括 RS485、Modbus 等，具体选择取决于系统的应用场景和外部设备的兼容性。

7）换能器防护等级与工作水深。

换能器防护等级和工作水深决定了超声波时差法测流系统在水下的适应能力和

耐久性。高防护等级和深工作水深可以确保系统在各种恶劣环境下都能正常工作。

换能器防护等级通常达到 IP68 标准,工作水深则根据具体应用场景来选择,一般可达 50m 或更深。

某典型超声波时差法流量计主要技术参数如下。

适应河宽:0.5～600m;

流速测验范围:0.01～10m/s(层平均流速);

流速测验精度:1%±0.005m/s;

声道数量:支持多层安装,以测量不同水深的流速;

超声波频率:28kHz、40kHz、88kHz、200Khz、500kHz、1000kHz 等;

超声波发射功率:300～2000W;

两岸控制器通信模式:有线或无线;

两岸控制器时钟同步精度:纳米级;

两岸控制器时钟同步校时方式:主从机校时、北斗方式,二种可切换;

数据存储方式可选择:本机存储或云端存储;

供电:外接 220VAC±33VAC 或 12VDC±1.8VDC,平均运行功耗 5W,待机功耗 1W。

(2)适用条件

1)河段类型。

a.人工渠道和管道。由于这些河段通常具有规则的断面形状和相对稳定的水流条件,超声波时差法能够发挥较高的测量精度。在这些环境中,换能器容易安装,并且声波传输相对稳定,从而可以提供准确的流速和流量数据。

b.天然河流。超声波时差法对天然河流中的复杂水流条件具有较强的适应性。无论是流态紊乱的河段,还是有顺逆流的感潮河段,超声波时差法都能通过分层测量和精细计算,准确反映流量情况。然而,对于断面变化很大和过于宽浅的河道,由于流速分布可能极不均匀,超声波时差法的应用可能会受到一定限制。

2)水流条件。

a.流速范围。超声波时差法适用于中低流速的测量。在高流速条件下,声波传输可能会受到干扰,导致测量误差增大。因此,在选择测量河段时,需要考虑其流速范围是否适合超声波时差法的应用。

b.含沙量和颗粒物。超声波时差法采用的低频声波具有较强的穿透能力,可以有效穿透水体中的颗粒物、气泡、水草等物质对声波的阻碍。因此,低频超声波设备更适用于含沙量和颗粒物较大的河流测量。

3）物理因素。

a.悬浮粒子。虽然悬浮粒子会导致声信号在传播过程中丧失一些能量，但超声波时差法通过采用较低频率的声波和合理的测量策略，可以在一定程度上减小这种影响。

b.气泡。气泡对测量的影响需要特别注意。在气泡较多的测量场地，如水库闸门降至河道中时形成的气泡或源自河道底层产氧植物的气泡，测量可能会受到干扰。因此，在选择测量时机和策略时，需要避开气泡较多的时段。

c.温度和含盐量。温度和含盐量的变化会影响超声波信号在水中的速度。在测量时，需要考虑这些因素的变化，并选择合适的测量时机和策略以减小其对测量的影响。例如，在日落后生物过程减少、声学条件有所改善时进行测量，可以减小温度梯度对测量的影响。

### 4.8.3　雷达测流法

#### 4.8.3.1　测速原理

（1）点雷达测流原理

雷达波测流的原理是利用多普勒效应（图 4.8-14）。1842 年物理学家 Christian Johann 在研究声学时首次发现了多普勒效应，1930 年左右，多普勒效应应用于电磁学方面。多普勒效应主要的原理是当波的发射源与接收者是相对运动时，接收者接收到的波的频率会根据相对运动的速度而改变。雷达在发射连续的电磁波信号情况下，通过发射的电磁波波长和

图 4.8-14　雷达波测流示意图

相对速度可通过公式计算受多普勒效应影响的频率，进而计算出河流流速。

（2）侧扫雷达测流原理

主要利用多普勒效应通过接收回波与发射波的时间差来测定距离，利用多普勒频率的变化测量计算目标的运动速度。此外，侧扫雷达测流还运用了布拉格散射理论，当雷达电磁波与其波长一半的水波作用时，同一波列不同位置的后向回波在相位上差异值为 $2\pi$ 或 $2\pi$ 的整数倍，因而产生增强性布拉格后向散射。通过判断一阶布拉格峰位置偏离标准布拉格峰的程度，计算波浪的径向流速（图 4.8-15）。

朝向和背离雷达波动的波浪会分别产生一个正的和负的多普勒频移。多普勒频移的大小由波动相速度决定，而在重力的作用下一定波长的波浪的相速度是一定的。

在水深大于波浪波长的一半时,波浪相速度为:

$$V_p = \sqrt{gl/2\pi} \qquad (4.8\text{-}11)$$

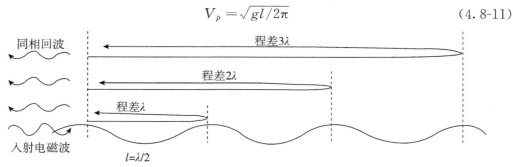

**图 4.8-15　布拉格散射理论后向散射基本原理示意图**

由一阶布拉格峰的多普勒频移公式,可得由波浪相速度产生的频移为:

$$f_B = \frac{2V_p}{\lambda} = \sqrt{\frac{g}{\lambda\pi}} \approx 0.102\sqrt{f_r} \qquad (4.8\text{-}12)$$

当水体表面存在表面流时,波浪行进速度为河流径向速度和无河流时波浪相速度之和,则雷达回波的频移为:

$$\Delta f = \frac{2V_s}{\lambda} = \frac{2(V_{cr} + V_p)}{\lambda} = \frac{2V_{cr}}{\lambda} + f_B \qquad (4.8\text{-}13)$$

式中,$V_p$——波浪相速度;

　　$g$——重力加速度;

　　$l$——波浪长度;

　　$f_B$——布拉格散射频率,Hz;

　　$\lambda$——电磁波发射信号的波长;

　　$f_r$——电磁波载波频率;

　　$\Delta f$——雷达波回波频移;

　　$V_s$——波浪行进速度;

　　$V_{cr}$——无河流时的波浪相速度。

通过判断一阶布拉格峰位置偏离标准布拉格峰的程度,就能计算出波浪的径向流速。

### 4.8.3.2　方法分类

（1）固定式点雷达测流法

固定式点雷达测流法通常是在特定点位上进行测量。在测量时,雷达设备会向水体中发射微波脉冲,并接收反射回来的信号。通过测量反射波与发射波之间的频率差,即多普勒频移,可以计算出水流速度。在实际应用时,可根据测站水流、断面情况等布置 1 个或多个点雷达。由于单点式测量只针对 1 个位置进行测量,因此其测量结果可能受到该位置水流特性的影响。多点式测量可较准确控制断面流速转折变化，结合断面形态能更精准获取河流流量。

单点固定式点雷达一般安装在断面岸边支架上（图 4.8-16）。为保证测流效果，雷达波流速仪距离水面的高度应控制在 0.5~30m，兼顾最低水位和最高水位情况。

多点固定式点雷达可安装在桥梁、缆道上，在有代表性的垂线位置安装雷达波流速仪（图 4.8-17）。

图 4.8-16　单点固定式点雷达测流　　　　图 4.8-17　多点固定式点雷达测流

**（2）移动式（缆道）雷达测流法**

缆道雷达流速仪是一种结合缆道系统和雷达测速技术的在线测流设备。通过缆道系统和雷达测速控制器的配合，实现全自动的流速测量。

雷达波自动测流系统利用两根间距为 300mm、直径 5mm 的 304 不锈钢钢丝绳做导轨，将雷达波流速仪、双自流电机、雷达测速控制器、锂电池、无线电台等设备安装在雷达运行车内，雷达运行车通过驱动轮和转向轮悬挂在导轨绳上。通过雷达测速控制系统和无线电台运行指令，控制雷达波流速仪到指定垂线测流，并将实测流速数据发送给系统控制器，系统控制器同时采集水位数据，再将水位、流速等数据发送给流量计算终端，实时计算断面流量，从而实现断面无人值守自动测验。其安装实例和示意图分别见 4.8-18 和图 4.8-19。

图 4.8-18　缆道雷达设备安装实例

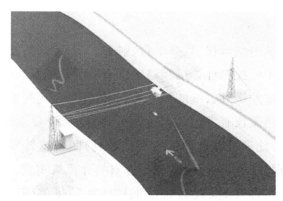

**图 4.8-19　缆道雷达设备测流示意图**

双轨移动式雷达波自动测流系统是非接触测流系统,主要由雷达波流速仪、自动运行车、系统控制及流量计算系统、数据遥测系统(含 RTU)、恒流恒压充电控制系统、超短波电台、水位计、太阳能板、配套支架和中心站管理软件等组成(图 4.8-20)。

雷达运行车采用最新的四驱动力结构,将雷达波测速探头、双直流电机、雷达测速控制器、无线电台等设备安装在雷达运行小车内通过驱动轮悬挂在导轨绳上。当雷达测速控制器通过无线电台接收到运行指令,控制雷达运行车内的电机控制指令将雷达运行车运行到测流断面指定位置,然后将位置信息通过无线电台发送给系统控制器。

雷达运行车自动完成指定位置水面流速测量,测量完成后通过无线电台将数据发送给 RTU 系统控制器。RTU 系统控制器同时采集水位数据,根据采集到的水位数据、流速数据以及配置的断面数据,计算出断面流量,并将相关数据通过 GPRS 无线数据传输模块或者北斗数据传输终端发送到远程服务器上,从而实现断面无人值守自动测验。当完成测流后,将雷达运行车自行开回控制箱内自动充电。用户通过网页形式访问服务器,查看最终数据,根据时间导出流量计算结果表等报表。

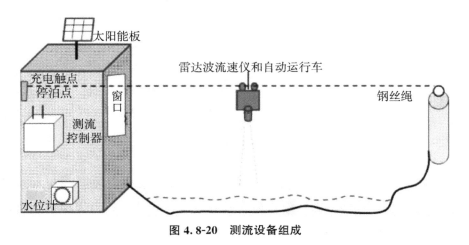

**图 4.8-20　测流设备组成**

（3）侧扫雷达测流法

侧扫雷达测流系统由测流仪、数据平台、射频线缆、综合机箱（包含电磁波收发组件、中频信号处理机、工业控制计算机和稳压直流电源）、通信设备组成。测流仪测量断面流速并将流速数据发送到云端的数据平台，数据平台通过断面资料、水位和流速数据合成流量数据。测流仪有发射和接收天线，由电磁波收发组件实现发射机和接收机的功能，中频信号处理机和计算机实现信号处理、数据转发等功能，数据存储在云数据服务器上，数据显示由访问云数据服务器的计算机实现。

侧扫雷达的设备配置中，天线数目依据精度和测量范围有所差异，通常配置为1个发射天线与3个接收天线。这些天线组成了1个收发天线阵，其中3个接收天线位于上方，呈左、中、右排列，而1个发射天线则位于下方。值得注意的是，左右两个接收天线与中间天线的夹角被精确设定为30°，以确保测量的准确性。每根天线都通过馈线电缆与综合机箱紧密相连，以实现数据的稳定传输（图4.8-21）。

图 4.8-21　侧扫雷达设备

在侧扫雷达的安装过程中，需特别关注其适应性。为确保雷达的正常运行，安装地点距离水面的水平距离应保持在5m以上。此外，侧扫雷达在测量时存在一定的盲区，这要求在安装时必须考虑雷达测流仪波束与探测点的夹角。具体来说，探测最远点与波束的夹角 $\beta$ 应不小于 1.5°，而探测最近点与波束的夹角 $\alpha$ 则不能大于 45°（图 4.8-22）。

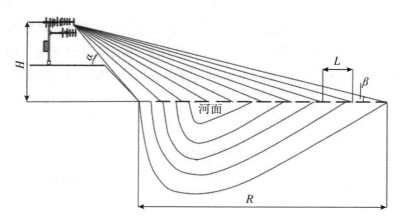

图 4.8-22　侧扫雷达工作简易图

为了获得最佳的测量效果，侧扫雷达的安装位置应根据安装高度和水面宽度等因素进行精心选择。这样可以有效避免河流的最近处或最远处出现在雷达测量仪波束的照射盲区内，从而确保测量的准确性和可靠性。

### 4.8.3.3 流量计算

固定式点雷达可根据雷达数量选择代表流速法或数值法,单点固定式点雷达测量某点表面流速,一般采用代表流速法进行流量计算,多点固定式点雷达法可采用数值法计算流量,也可挑选部分测点流速与断面流速建立模型,采用代表流速法计算流量。移动式(缆道)雷达测流法流量计算基本同多点固定式点雷达法。

侧扫雷达除可采用代表流速法和数值法外,还可以采用水动力学模型法。采用数值模拟方法对河流进行流体动力学模拟的方法,取得不同边界和初始条件下的河流研究范围内任一断面或者不同点的流速。再将侧扫雷达技术平台获得的表面流场流速数据同化到三维水动力学模型中。结合水位和大断面地形即可实时计算断面流量,从而提高断面流量监测能力和计算精度。

### 4.8.3.4 技术指标及适用条件

(1)技术指标

1)测速范围。

根据设备型号和制造商的不同,测速范围可能有所差异。通常,雷达测流设备的测速范围可以覆盖从低速到高速的广泛范围,如 0.2~18m/s 或更广(表 4.8-2)。

2)测速精度。

测速精度通常表示为流速的百分比加上一个固定值,如±0.03m/s 或更小。具体精度范围因设备型号和制造商而异。

3)分辨率。

分辨率通常根据测量需求和技术水平来确定。对于流速分辨率,一般可达 0.02m/s 或更小。

4)工作频率。

雷达测流设备的工作频率通常根据设备型号和测量需求来选择。常见的工作频率范围可能包括 UHF 等。

5)通信距离与方式。

常见的通信方式包括有线通信和无线通信,其中无线通信可能包括 4G、5G 等网络接入方式。

表 4.8-2 　　　　　　　某典型移动式缆道雷达技术指标

| | |
|---|---|
| 测速范围 | 0.20~18.00m/s |
| 测速精度 | ±0.03m/s |
| 数据接口 | RS232 |

| 采集周期 | 213.3ms |
|---|---|
| 输出信息 | 回波强度、瞬时流速、平均流速、测速历时 |
| 供电电压 | 9～30VDC(过压保护、反接保护) |
| 工作电流 | 300mA(12VDC) |
| 波束宽度 | 12° |
| 微波功率 | 50MW |
| 微波频率 | 34.7GHz(Ka波段) |
| 最大测程 | ＞100m |
| 工作温度 | −30～70℃ |
| 防护等级 | IP67 |
| 物理规格 | 直径6.7cm×长11.8cm,铸铝外壳,重600g |

(2)适用条件

点雷达测速系统特别适用于那些表面流速与断面平均流速之间存在明确相关性的测站,它尤其擅长于山区性河流中高水流量的测验与应急监测。测验条件宜满足以下条件:测验河段应相对顺直,其顺直长度通常为河宽的3～5倍;断面流态需保持相对稳定,避免出现回流或旋涡;表面流速应不低于0.2m/s,并且水面需有一定的波纹以确保测量的准确性;同时,仪器安装位置距离水面的高度不宜超过35m;此外,波束与水面的夹角建议保持在45°～60°以获得最佳测量效果;最后,在测验过程中还需特别注意风、雨等自然因素对测验精度的影响。

侧扫雷达测速系统(表4.8-3)特别适用于能够根据河流断面及水流特性建立流量计算模型的测站,它在高洪流量测验、浅滩过水流量测验与应急监测等方面表现出色。为了确保其准确性和有效性,侧扫雷达的应用需满足以下条件:

测验河段应相对顺直,顺直河段长度通常是河宽的3～5倍;断面流态需保持稳定,避免回流或旋涡的产生;河宽应控制在30～1000m;表面流速不小于0.2m/s,并且水面需保持一定的波纹。

此外,在安装及应用过程中,还需注意雷达安装点到河面区间应开阔无遮挡,考虑电磁环境干扰防护,选择与高压线、电站、电台、工业干扰源保持安全距离的位置;安装点应位于平直河道上,尽量远离水坝、水库或降低其影响;同时,应尽量避免受到紊流、过往和停泊船只的影响,以及在使用期间避免同频信号干扰,确保测量数据的准确性。

**表 4.8-3　　　　　　　　　某典型侧扫雷达测速系统技术指标**

| 雷达性能指标 | |
| --- | --- |
| 断面垂线分辨率 | 3m(每条垂线) |
| 流速测量范围 | 0.1～10m/s |
| 流速分辨率 | 0.01m/s |
| 设备预热时间 | ≤60s |
| 测量河宽 | 10～600m |
| 工作温度 | −35～65℃ |
| 测量间隔 | 5min 倍数,根据水面宽设定 |
| 射频性能 | |
| 频率 | 403MHz |
| 系统带宽 | 5MHz 或 50MHZ |
| 系统工作模式 | 中断连续(脉冲) |
| 天线主波束发射角 | ≤60°(射频覆盖范围正前方 60°角) |
| 方位角分辨率 | 1° |
| 电气性能 | |
| 工作电压 | 22～36VDC |
| 最大功耗 | ≤100W |
| 平均功耗 | ≤40W |

## 4.8.4　图像测流法

### 4.8.4.1　测速原理

图像测流法利用高速摄像机或视频监控设备捕捉河流表面的实时图像,通过图像处理技术提取图像中的水流特征(如水面波纹、漂浮物等)的运动信息。然后,利用图像处理算法(如光流法、粒子图像测速法等)计算这些特征在图像中的位移和时间,进而求得水流的实际流速(图 4.8-23)。

(1)采集河流图像

在河流表面流场测速中,首要步骤是采集河流图像。这一步骤通常通过使用相机来完成,相机被设置在河流的岸边或桥上,以捕捉河流表面的动态图像。为了提高图像质量和测速准确性,相机的选择至关重要。虽然工业相机在图像质量和稳定性方面表现出色,但其高昂的成本限制了其广泛应用。因此,近年来,越来越多的研究开始尝试使用低成本相机(如普通相机)来替代工业相机,以降低测速系统的整体成本。

（2）图像去噪与正射校正

在采集到河流图像后，接下来需要对图像进行去噪和正射校正。图像去噪的目的是减少图像中的噪声干扰，提高图像的清晰度和对比度。这一步骤通常通过使用图像处理算法来实现，如中值滤波、均值滤波等。正射校正则是为了消除图像中的透视变形和扭曲，使图像更加真实地反映河流表面的实际情况。这一步骤需要借助图像处理软件和专业的校正算法来完成。

（3）流场矢量计算

这一步骤是河流表面流场测速的核心，它通过对图像中的天然水面特征（如泡沫、波纹）进行追踪和分析，来计算出河流表面的流速和流向。具体来说，可以通过互相关算法等图像处理技术来实现这一目标。互相关算法能够计算出图像中不同区域之间的相似度，从而追踪出天然水面特征的移动轨迹，进而计算出流速和流向。

（4）技术特点与优势

天然示踪物：利用天然水面特征作为待测示踪物，无需额外投放人工示踪粒子，既节省了成本，又避免了对河流环境的干扰。

低成本相机：使用低成本相机替代昂贵的工业相机，降低了测速系统的整体成本，提高了测速技术的普及率。

实时流场获取：通过图像处理和互相关算法，能够实时获取河流表面的流场信息，为河流流速的监管提供了有力支持。

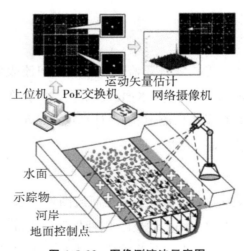

图 4.8-23　图像测流法示意图

### 4.8.4.2　方法分类

对水面特征物速度的识别算法包括大尺度粒子图像测速（Large-Scale Particle

Image Velocimetry，LSPIV)、大尺度粒子跟踪测速(Large-Scale Particle Tracking Velocimetry，LSPTV)、表面结构图像测速(Surface Structure Image Velocimetry，SSIV)、光学跟踪测速(Optical Tracking Velocimetry，OTV)、时空图像测速(Space-Time Image Velocimetry，STIV)、基于概率的测速、基于机器学习的测速等。目前市面上主流视频测流产品多采用 STIV、PIV 和 PTV 等技术，也有的将多种算法进行深度融合。

LSPIV 的优势在于能够测量大尺度流场，且不受流体介质限制。然而，其互相关计算量较大，得到的是查询区域的平均速度，速度场分辨率有限。同时，炫光或阴影等光学干扰会影响其测量精度。

LSPTV 则更加依赖流场中的粒子跟踪，通过大量播撒粒子并确保其良好的空间分布，来获得高分辨率和精度的流场结果。这种技术在粒子跟踪方面具有高精度，特别适用于需要详细了解流场结构的场景。但在河流等自然环境中，天然示踪粒子的稀疏性和不可控性限制了其广泛应用。

SSIV 利用流体表面的结构变化来测速，无需添加示踪粒子。它适用于具有明显表面结构的流体，能够直接利用流体表面的自然结构进行测速。然而，其对流体表面的结构变化敏感，在表面结构不明显或变化缓慢时，测速准确性可能降低。

OTV 利用光学原理对流体中的粒子进行跟踪测速，适用于微观流体系统和大尺度环境流动。其优势在于非接触式测量，不干扰流场，且能够提供高精度的粒子运动轨迹。但光学设备和粒子跟踪算法的要求较高，且在粒子浓度较高或流场复杂时，跟踪难度和误差可能增加。

STIV 结合时间序列图像和空间信息来测速，具有测量范围大、计算速度快等优势。其测量范围可覆盖超过百米的河流，同时保证一定的测量精度。流场计算速度快于 LSPIV，非常适合河流单向流动的流场测量，实时性显著。然而，STIV 不适合测量随时间变化的循环流动，这在一定程度上限制了其应用范围。

### 4.8.4.3　流量计算

图像测速法的流量计算方法基本等同侧扫雷达流量计算方法，可采用代表流速法、数值法和水动力学模型法。

### 4.8.4.4　技术指标及适用条件

表 4.8-4 列出了某典型图像测流设备技术参数。

测量准确度是评估图像(视频)测流设备性能的关键指标，它决定了测量结果的可靠性。高准确度意味着测量值与真实值之间的偏差较小，从而提高了数据的可信度。

表 4.8-4　　　　　　　　　　　　某典型图像测流设备技术指标

| | | |
|---|---|---|
| 使用环境 | 安装方式 | 依托河流一侧立杆集中式安装 |
| | 安装位置 | 左岸高线断面上游 3m |
| | 安装支架 | 立杆 |
| | 相机数量 | 1 台 |
| | 流速量程 | 0.2~30m/s |
| | 流速精度 | 3% |
| | 流量精度 | 8% |
| 测流相机 | 相机分辨率 | 4MP(2560×1440) |
| | 帧率 | 30fps |
| | 夜视距离 | 100m |
| | 供电方式 | 12V |
| | 功率 | 18W |
| | 光学变焦 | 23 倍 |
| | 网口 | RJ45 |
| 控制箱 | 算法盒子 | 基础版 |
| | 运行内存 | 8G |
| | 储存空间 | 1T |
| | 硬件接口 | RS232/RS485/USB/以太网 |
| | 数据输出 | RS485 以太网 |
| | 通信方式 | 4G(可选 5G/宽带/网桥/微波) |
| | 电源控制 | 4 通道 |
| | 工作温度 | −20~50℃ |
| 控制箱 | 供电方式 | 220VAC/12VDC |
| | 太阳能系统 | 支持 |
| | 设备箱尺寸 | 400mm×600mm×200mm |
| | 安装方式 | 抱杆 |
| | 材质 | SUS 不锈钢 |

　　测量范围决定了图像(视频)测流设备能够测量的最大和最小流速或流量。合理的测量范围可以确保设备在不同水文条件下都能准确测量,提供全面的水文信息。

　　分辨率是指图像(视频)测流设备能够捕捉到的最小流速或流量变化量。高分辨率意味着设备能够捕捉到更细微的水文变化,提供更精细的测量结果。这对于分析河流的动态变化和趋势至关重要。

　　帧率是指图像(视频)测流设备每秒捕捉的图像数量。高帧率可以确保设备在短时间内捕捉到更多的图像信息,从而提高测量的精度和可靠性。同时,高帧率也有助于捕捉河流中的快速变化,如洪水、湍流等。

图像处理算法是图像(视频)测流设备的核心部分,它负责处理和分析捕捉到的图像信息,提取出流速和流量等关键参数。先进的图像处理算法可以提高测量的准确性和效率,减少人为干预和误差。

## 4.9 两坝间流量测验

### 4.9.1 金沙江梯级电站蓄水情况

至 2021 年,金沙江上段现已建成苏洼龙水电站,于 2021 年 1 月末开始蓄水;金沙江中段自上而下依次建成梨园水电站、阿海水电站、金安桥水电站、龙开口水电站、鲁地拉水电站及观音岩水电站六级水电站,于 2010—2014 年陆续投入使用;金沙江下段从上至下依次为乌东德、白鹤滩、溪洛渡、向家坝四座水电站,其中向家坝水电站及溪洛渡水电站分别于 2012、2013 年下闸蓄水,乌东德水电站于 2020 年下闸蓄水,白鹤滩水电站于 2021 年下闸蓄水(图 4.9-1)。

### 4.9.2 两坝间水流特性

水库蓄水后,改变了河道天然水流属性,河段水文测验条件也随之发生变化,尤其是水利工程位于水文站测验断面的下游时,测验断面处于水库回水区内,原有稳定的河流流态受到破坏,不稳定的流态使得水位与流量丧失原有稳定关系[1]。不仅如此,金沙江上、中、下段已建成了多个梯级电站,梯级电站使得金沙江干流河段多处于两坝之间,两坝间的水流不仅受下游水利工程的蓄水顶托影响,同时还会受到上游水利工程的开关闸调蓄影响,水流情况变得较为复杂。梯级电站间的水流特性受上、下梯级调蓄影响,与天然河道的水流特性相比,发生了较大变化,分析两坝间水流特性变化,是合理制定流量测验方案的基础。

下面以溪洛渡电站坝区为例,介绍白鹤滩电站至溪洛渡电站两坝间河流断面的水流特性变化。

#### 4.9.2.1 溪洛渡坝区河流水系情况

溪洛渡水电站干流库区从白鹤滩坝址至溪洛渡坝址,该区域水系发达,支流较多。右岸有牛栏江等支流汇入,左岸有西苏角河、美姑河、金阳河、西溪河、尼姑河等支流汇入。水库平面呈分支状河道型水库。主要库区可分为:金沙江干流库区及支流西溪河、牛栏江、美姑河库区。其支流库区相应汇入口距坝址的里程分别为171.1km、146.2km、37.6km。绘制白鹤滩坝址至溪洛渡坝址区间水系图，见图 4.9-2。

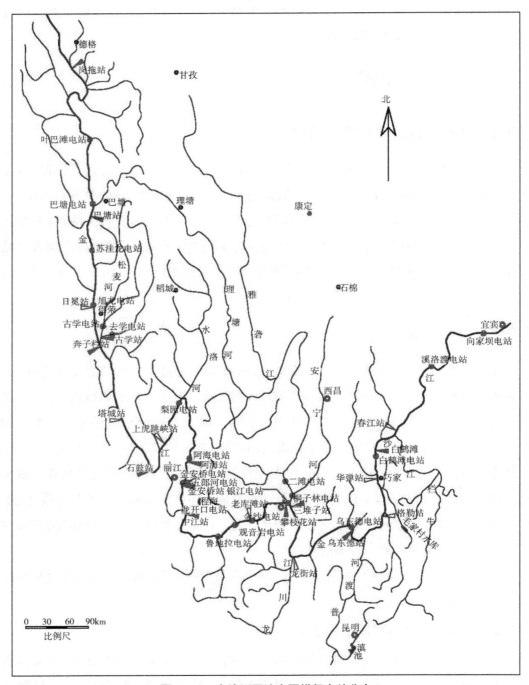

**图 4.9-1 金沙江干流主要梯级电站分布**

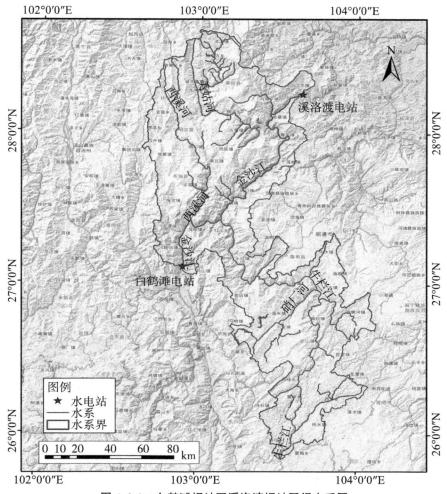

图 4.9-2 白鹤滩坝址至溪洛渡坝址区间水系图

### 4.9.2.2 溪洛渡坝区站点基本情况

（1）站点位置

白鹤滩水电站坝址下游至溪洛渡水电站坝址有白鹤滩水文站,白鹤滩水文站位于云南省巧家县大寨镇哆车村,测验断面距下游溪洛渡水电站坝址约 195.3km,距上游白鹤滩水电站坝址约 4.7km。

（2）白鹤滩水文站基本情况

白鹤滩水文站隶属长江水利委员会水文局长江上游水文水资源勘测局,建于 2014 年 2 月,4 月正式运行,为华弹水文站迁建站,为中央报汛站,一类精度流量站,金沙江干流控制站。观测项目有水位、水温、流量、悬移质泥沙、降水、蒸发。集水面积为 430308km$^2$,距离河口约 3250km,站点具体信息见表 4.9-1。

　　白鹤滩水文站(图 4.9-3)测验河道顺直长约 700m,断面上游 300m 有急滩,下游 400m 有向右弯道,最大水面宽 230m。断面左岸上游 100m 处有岩层阻挡,断面水位变化较大,起点距在 210~250m 有回流现象,左右岸边均有冲沙淤积沉淀形成沙坝,影响左右岸断面变化,断面呈"V"字形,断面变化较大。河床由乱石夹沙组成。主泓在起点距 160~180m,流速分布高水呈抛物线形。受上下游电站蓄放水影响,水位—流量关系紊乱。白鹤滩水文站测验断面见图 4.9-4。

表 4.9-1　　　　　　　　　　　白鹤滩站基本情况一览表

| 站名 | 站别 | 与白鹤滩水电站坝址距离/km | 与溪洛渡水电站距离/km | 设站时间 | 控制流域面积/km² | 观测项目 | 资料使用年限 |
|------|------|------|------|------|------|------|------|
| 白鹤滩 | 水文站 | 4.70 | 195.3 | 2014 年 | 430308 | 水位、流量、悬沙、降水、水温、蒸发 | 2014—2024 年 |

图 4.9-3　两坝间站点分布图

图 4.9-4　白鹤滩水文站测验断面

## 4.9.2.3　水位—流量关系

（1）白鹤滩水电站蓄水前白鹤滩水文站水位—流量关系

白鹤滩水文站于 2014 年设立，设立时溪洛渡水电站已开始蓄水，2014—2020 年，白鹤滩水文站水位—流量关系年际间基本相似，以 2014 年和 2020 年白鹤滩水文站水位—流量关系线为例，见图 4.9-5 和图 4.9-6。溪洛渡水电站未蓄水到高位时，白鹤滩站水位—流量关系较好，呈稳定的单一线型，随着溪洛渡水电站蓄水位的抬高，白鹤滩站水位—流量关系受下游水位的顶托影响，水位—流量关系不稳定，当上游来水稳定时，白鹤滩站水位随坝前水位升高，水位—流量关系以连时序型的线型为主。

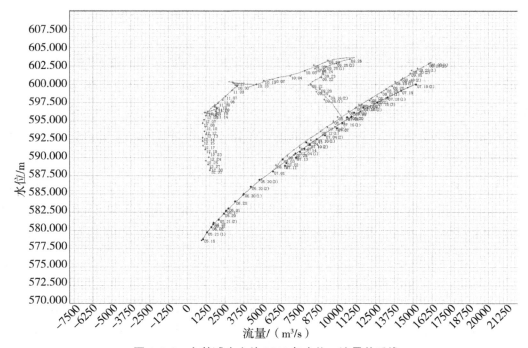

图 4.9-5　白鹤滩水文站 2014 年水位—流量关系线

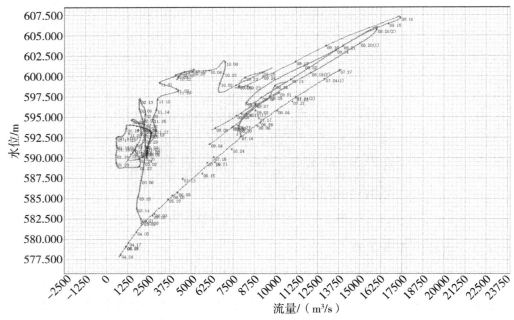

图 4.9-6　白鹤滩水文站 2020 年水位—流量关系线

（2）溪洛渡水电站年度蓄水情况

溪洛渡水电站年度蓄水受上游来水和下游电站联合调度运行，以 2023 年度溪洛渡水电站蓄水情况为例介绍溪洛渡水电站年度蓄水情况。

2023 年溪洛渡水电站水位从 1 月 1 日至 6 月 7 日为消落期，6 月 7 日以后为蓄水期。

1 月 1 日水位从 574.43m 消落至 1 月 13 日的 568.72m，之后逐渐回升至 1 月 25 日的 575m。经过一段小幅涨落后开始大幅回落，至 2 月 24 日水位回落至 556.29m，水位回落 18.71m，回落历时 31 天。之后在 556～559m 区间稳定 50 天，从 4 月 15 日 559.42m 开始继续消落，6 月 7 日 20 时水位消落至全年最低 543.59m，历时 54 天，水位消落 15.83m。

6 月 7 日起，溪洛渡水电站开始年度蓄水，起蓄水位 543.59m，于 9 月 3 日水位到达 589.46m，第一阶段蓄水基本完成，蓄水历时 89 天，水位累计涨幅 45.87m，涨率为 0.52m/d。之后 44 天，水位继续缓慢上涨，10 月 16 日库水位达到全年最高 599.26m，完成年度蓄水任务，累计水位升幅 9.80m，涨率为 0.22m/d。

10 月 16 日后溪洛渡坝前水位逐步下降，至 10 月 29 日水位降至 596.52m 后又小幅回升，至 11 月 5 日水位回升至 598.27m，11 月 5 日之后水位开始大幅回落，至 12 月 15 日水位回落至 585.20m，10 月 16 日至 12 月 15 日水位累计降幅达 14.06m。12 月 15 日水位开始抬升，至 12 月 31 日抬升至 595.78m。

2023 年度溪洛渡水电站坝前水位变化情况见图 4.9-7。

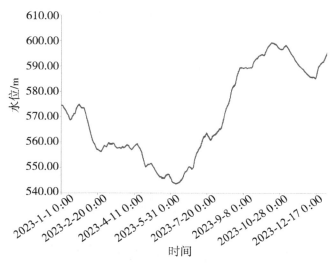

图 4.9-7　2023 年度溪洛渡水电站坝前水位变化情况

（3）白鹤滩水电站蓄水后白鹤滩水文站水位—流量关系

白鹤滩水电站于 2021 年 4 月初开始蓄水,白鹤滩水文站水位—流量关系在受溪洛渡水电站蓄水影响的同时又受到白鹤滩水电站频繁开关闸带来的不规律洪水涨落影响,较为复杂。

溪洛渡水电站不同坝前水位时白鹤滩水文站有不同的水位—流量关系。当坝前水位越高,水位—流量关系较前一时段整体偏左,同水位级流量偏小;当坝前水位越低,水位—流量关系较前一时段整体偏右,同水位级流量偏大。与此同时,白鹤滩站流量变化受白鹤滩水电站出库流量影响较大,由于白鹤滩水电站开关闸频繁,出库流量变化急剧,白鹤滩站流量变化也频繁而急剧。白鹤滩站水位的变化,既跟随溪洛渡水电站的坝前水位的抬高或降低而呈整体抬升或下降,又同时随白鹤滩水电站出库流量变化而产生水位变化。因此不同坝前水位的水位—流量关系因白鹤滩水电站出库流量的急剧涨落影响,同时呈现不规则涨落绳套或者时段综合关系,较为复杂。

以 2023 年白鹤滩水文站水位—流量关系为例,结合 2023 年度溪洛渡水电站蓄水情况、白鹤滩水文站水位过程,对照分析 2023 年度白鹤滩水文站水位—流量关系。

1 月 1 日—8 月 18 日白鹤滩水文站受白鹤滩水电站开关闸影响,水位涨落急剧,白鹤滩水文站水位过程线见图 4.9-8。实测流量点呈带状集中分布,水位—流量关系稳定,与 2022 年同时期水位—流量关系较一致,年际间无明显偏离,见图 4.9-9。白鹤滩水文站测验断面有冲有淤,断面变化频繁,可见冲淤变化并未较多改变天然状态下稳定的水位—流量关系。此时段溪洛渡水电站坝前水位主要集中在 575m 水位级以下,未对水位—流量关系产生明显顶托影响。

测站编码:60102900  年份:2023年

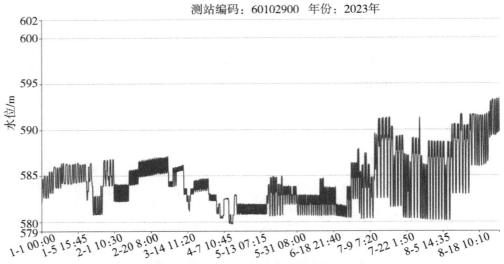

图 4.9-8　白鹤滩 1 月 1 日至 8 月 18 日白鹤滩水文站水位过程线

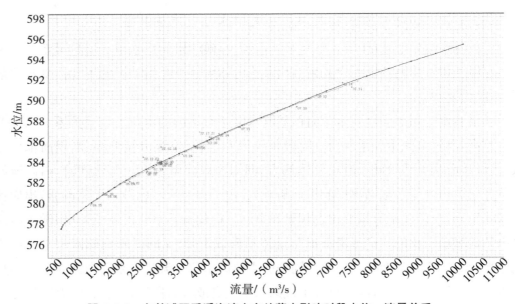

图 4.9-9　白鹤滩不受溪洛渡水电站蓄水影响时段水位—流量关系

　　2023 年 6 月 7 日溪洛渡水电站开始年度蓄水,坝前水位从 543.59m 逐渐抬高,8 月 18 日水位抬升至 575m,8 月 18—21 日水位从 575m 抬升至 578m 左右。8 月 18—21 日水位—流量关系与上一时段稳定水位—流量关系相比,整体向左偏移,同水位级下流量偏小,见图 4.9-10 中曲线 2,白鹤滩水文站水位—流量关系开始受到溪洛渡水电站蓄水顶托影响。同时,受白鹤滩水电站开关闸影响,白鹤滩水文站水位涨落变化频繁且急剧,8 月 18—21 日水位过程线见图 4.9-11,水位—流量关系主要受涨落影响明显,流量变幅约 $3000\mathrm{m}^3/\mathrm{s}$ 量级,变幅较大。

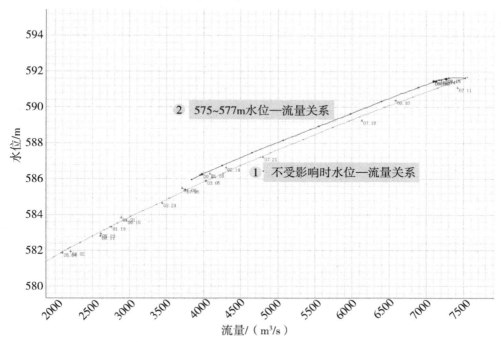

图 4.9-10　溪洛渡水电站坝前水位 575～578m 时白鹤滩水文站水位—流量关系

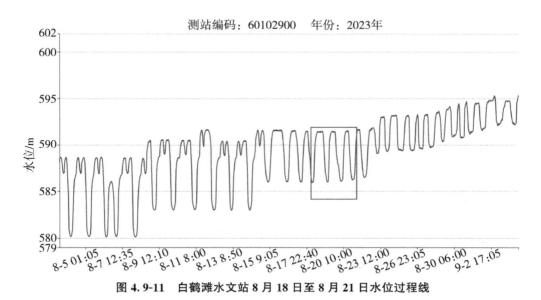

图 4.9-11　白鹤滩水文站 8 月 18 日至 8 月 21 日水位过程线

8 月 21 日—9 月 2 日,溪洛渡水电站继续蓄水,坝前水位从 578m 继续升高至 589m。各水位—流量关系对应信息见表 4.9-2。水位—流量关系按不同坝前水位绘制,见图 4.9-12 中曲线 3～曲线 9。

表 4.9-2    溪洛渡水电站坝前水位 580～589m 时白鹤滩水文站水位—流量关系信息

| 曲线编号 | 对应时段 | 对应坝前水位 |
|---|---|---|
| 曲线 2 | 8 月 21—22 日 | 578.53～580.59m |
| 曲线 3 | 8 月 22—23 日 | 580.59～581.10m |
| 曲线 4 | 8 月 23—26 日 | 581.10～582.34m |
| 曲线 5 | 8 月 26—29 日 | 582.34～586.06m |
| 曲线 6 | 8 月 29—30 日 | 586.06～586.35m |
| 曲线 7 | 8 月 30—31 日 | 586.35～587.04m |
| 曲线 8 | 8 月 31 日—9 月 1 日 | 587.04～588.49m |
| 曲线 9 | 9 月 1—2 日 | 588.19～589.31m |

可以看出，随着坝前水位的抬升，水位—流量关系受顶托影响逐渐显著，各对应时段的水位—流量关系与前一时段坝前水位下水位—流量关系相比，逐段向左偏移，同水位级下流量逐渐偏小。各时段水位、流量受白鹤滩水电站开关闸影响，涨落变化急剧，水位过程线见图 4.9-13，水位—流量关系受涨落影响较明显。

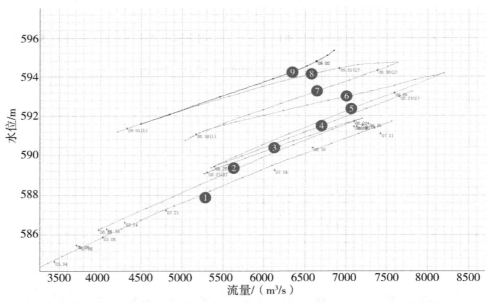

图 4.9-12  溪洛渡水电站坝前水位 578～589m 时白鹤滩水文站水位—流量关系

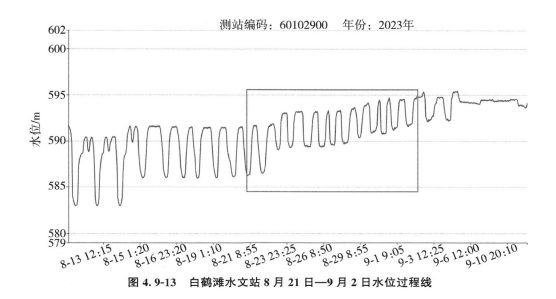

测站编码：60102900　年份：2023年

**图 4.9-13　白鹤滩水文站 8 月 21 日—9 月 2 日水位过程线**

9月2—20日，溪洛渡水电站蓄水出现一段稳定时期，坝前水位基本稳定在589～590m区间，白鹤滩水电站开关闸也相对稳定，白鹤滩水文站平均水位变幅1.01m。其间实测流量7次，7次流量分布整体相对集中，水位—流量关系综合拟定为同一关系线，见图4.9-14。水位过程线见图4.9-15。

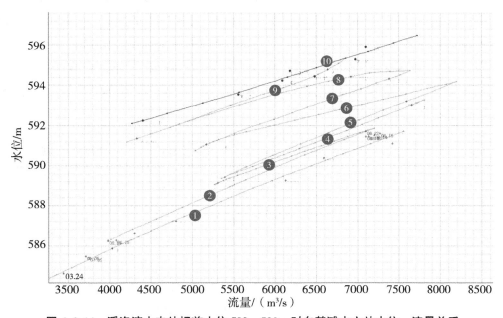

**图 4.9-14　溪洛渡水电站坝前水位 589～590m 时白鹤滩水文站水位—流量关系**

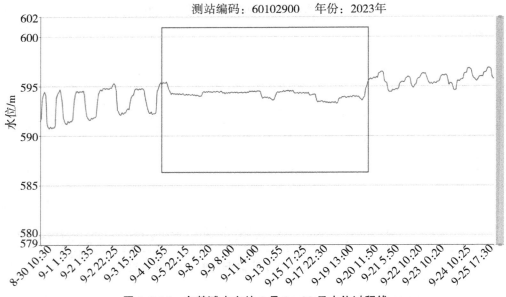

图 4.9-15　白鹤滩水文站 9 月 2—20 日水位过程线

9 月 20 日—10 月 16 日，溪洛渡水电站坝前水位从 590m 蓄至全年最高水位 599.26m，整体蓄水位达到高位，白鹤滩水文站水位—流量关系持续左移，同水位级流量持续偏小。各水位—流量关系对应信息见表 4.9-3。随着坝前水位不断攀升，水位—流量关系也逐渐呈现出水位变幅较小，但流量变幅较大的状态，坝前水位较高时段的水位—流量关系线型为几乎平行于横坐标轴的关系线型，见图 4.9-16 中曲线 10～曲线 17。白鹤滩水文站受白鹤滩水电站开关闸影响水位、流量涨落频繁，水位过程线见图 4.9-17，流量受洪水涨落影响变幅在 3000～5000m³/s 量级，水位—流量关系受涨落影响明显。

表 4.9-3　溪洛渡水电站坝前水位 590.00～599.26m 时白鹤滩水文站水位—流量关系信息

| 曲线编号 | 对应时段 | 对应坝前水位 |
|---|---|---|
| 曲线 10 | 9 月 20—23 日 | 590.00～592.07m |
| 曲线 11 | 9 月 23—27 日 | 592.07～593.11m |
| 曲线 12 | 9 月 27 日—10 月 5 日 | 593.11～594.28m |
| 曲线 13 | 10 月 5—8 日 | 594.28～595.43m |
| 曲线 14 | 10 月 8—10 日 | 595.43～597.19m |
| 曲线 15 | 10 月 10—12 日 | 597.19～598m |
| 曲线 16 | 10 月 12—14 日 | 598.00～598.67m |
| 曲线 17 | 10 月 14—16 日 | 598.67～599.26m |

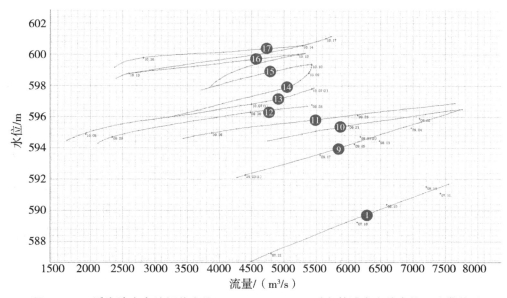

**图 4.9-16 溪洛渡水电站坝前水位 590.00~599.26m 时白鹤滩水文站水位—流量关系**

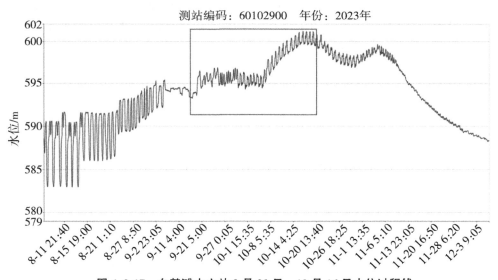

**图 4.9-17 白鹤滩水文站 9 月 20 日—10 月 16 日水位过程线**

10 月 16 日后溪洛渡坝前水位逐步下降,至 10 月 29 日水位降至 596.52m 后又小幅回升,至 11 月 5 日水位回升至 598.27m。11 月 5 日之后水位开始大幅回落,至 12 月 15 日水位回落至 585.20m。

10 月 16—29 日坝前水位从 599.26m 降低至 596.52m,随着坝前水位的降低,白鹤滩水文站水位—流量关系开始向右偏移,同水位级流量开始增大,见图 4.9-18 中曲线 18 和曲线 19。10 月 29 日—11 月 5 日水位小幅回升至 598.27m,水位—流量关系线较前一时段左偏,同水位级流量偏小,见图 4.9-18 中曲线 20。10 月 16 日—11

月 5 日,受白鹤滩水电站开关闸影响,白鹤滩站水位涨落明显,水位过程线见图 4.9-17,水位—流量关系受洪水涨落影响明显,流量变幅在 $2500 \sim 3500 \mathrm{m}^3/\mathrm{s}$ 量级。

11 月 5 日之后溪洛渡水电站坝前水位开始大幅回落,水位从 598.27m 回落至 12 月 15 日的 585.20m,回落 13.07m。11 月 5—9 日白鹤滩水电站出库流量变化较急剧,白鹤滩站水位涨落较明显,11 月 9 日后白鹤滩水电站出库流量均匀,白鹤滩站水位涨落趋于平缓,水位过程线见图 4.9-19。水位—流量关系与上述情况基本吻合,11 月 5—9 日,水位—流量关系因坝前水位的降低而整体右偏,同水位级流量增大,白鹤滩水电站出库流量变化急剧,白鹤滩站水位—流量关系表现为受洪水涨落影响流量变化较大的特征;11 月 9 日—12 月 11 日,坝前水位继续回落,白鹤滩水电站均匀出库,流量变化较小,白鹤滩站水位—流量关系在坝前水位和白鹤滩水电站出库流量共同作用下,表现为水位跟随坝前水位逐渐回落,流量趋于稳定的连时序线型,水位—流量关系见图 4.9-18 中曲线 21。

12 月 11—15 日,坝前水位未继续回落,基本稳定在 585m 水位级,水位—流量关系线整体偏右。同时因白鹤滩水电站开关闸,白鹤滩水电站出库流量变化急剧,白鹤滩站水位过程涨落较快,见图 4.9-19,水位—流量关系受洪水涨落影响明显,水位—流量关系见图 4.9-18 中曲线 22。

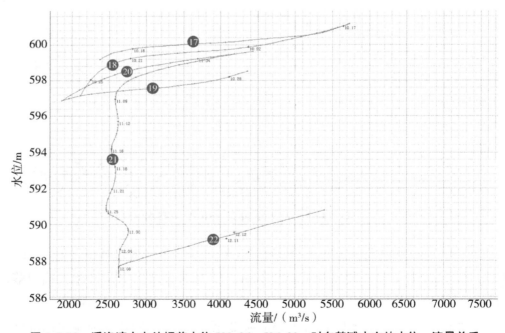

图 4.9-18　溪洛渡水电站坝前水位 599.26~596.00m 时白鹤滩水文站水位—流量关系

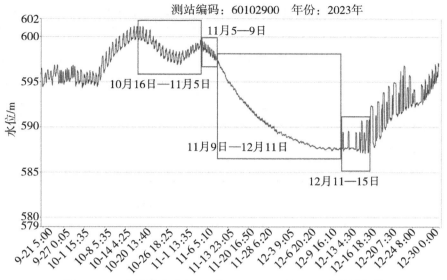

**图 4.9-19　白鹤滩水文站 10 月 16 日—12 月 15 日水位过程线**

12月15日溪洛渡水电站坝前水位开始抬升,水位从 585.20m 抬升至 12 月 31 日 595.43m,抬升 10.23m。水位—流量关系随坝前水位的抬升逐渐偏左,同水位流量偏小,水位—流量关系见图 4.9-20 中曲线 22～曲线 29,各水位—流量关系对应信息见表 4.9-4。白鹤滩水文站受白鹤滩水电站开关闸影响水位涨落明显,水位过程见图 4.9-21,流量受白鹤滩出库流量影响变化较大,流量变幅在 2000～5000m³/s 量级,水位—流量关系受洪水涨落影响明显。

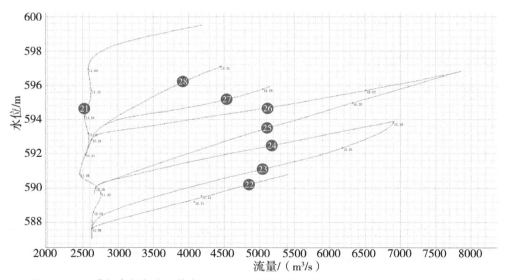

**图 4.9-20　溪洛渡水电站坝前水位 599.26～596.00m 时白鹤滩水文站水位—流量关系**

表 4.9-4　溪洛渡水电站坝前水位 585.00～595.00m 时白鹤滩水文站水位—流量关系信息

| 水位—流量关系线线号 | 对应时段 | 对应坝前水位 |
| --- | --- | --- |
| 曲线 23 | 12 月 15—18 日 | 585.20～588.21m |
| 曲线 24 | 12 月 18—19 日 | 588.21～588.75m |
| 曲线 25 | 12 月 19—22 日 | 588.75～590.81m |
| 曲线 26 | 12 月 22—27 日 | 590.81～592.07m |
| 曲线 27 | 12 月 27—29 日 | 592.07～593.40m |
| 曲线 28 | 12 月 29—31 日 | 593.40～595.43m |

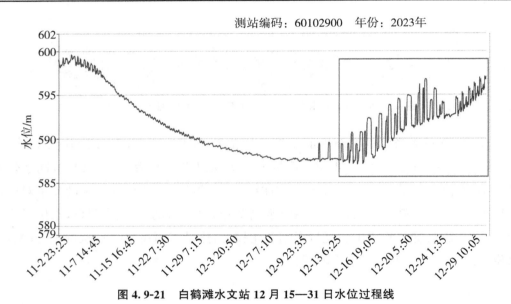

图 4.9-21　白鹤滩水文站 12 月 15—31 日水位过程线

### 4.9.2.4　涨落率特性

白鹤滩水电站蓄水前,白鹤滩水文站只受溪洛渡水电站蓄水影响,水位变化过程相对平缓,偶尔受上游来水影响有明显涨落过程,但陡涨陡落现象并不频繁,2018、2019、2020 年水位最大涨率分别为 0.43m/h、0.24m/h、1.28m/h,最大落率分别为0.33m/h、0.26m/h、0.66m/h,水位过程变化情况见图 4.9-22 至图 4.9-24。

白鹤滩水电站蓄水后,受白鹤滩电站的开关闸影响,白鹤滩水文站水位过程变化急剧且频繁,单次涨落过程的涨、落率较往年明显增大。

2022 年白鹤滩水文站单次涨落过程中,平均涨、落率达 2.50m/h 约 45 次,平均涨、落率达 3.00m/h 约 20 次,年最大涨率 3.42m/h,年最大落率 3.28m/h,见图 4.3-25。

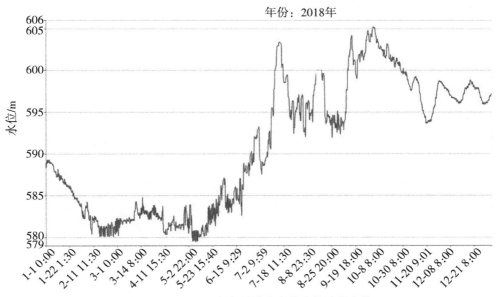

**图 4. 9-22 2018 年白鹤滩水文站水位过程变化**

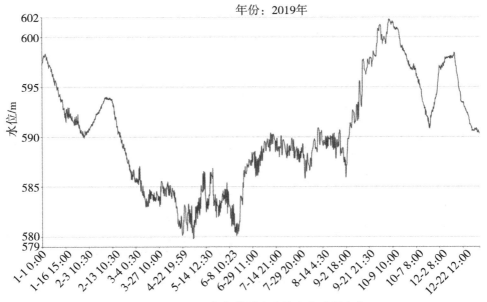

**图 4. 9-23 2019 年白鹤滩水文站水位过程变化**

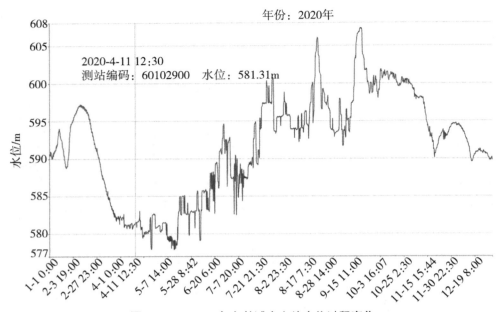

**图 4.9-24　2020 年白鹤滩水文站水位过程变化**

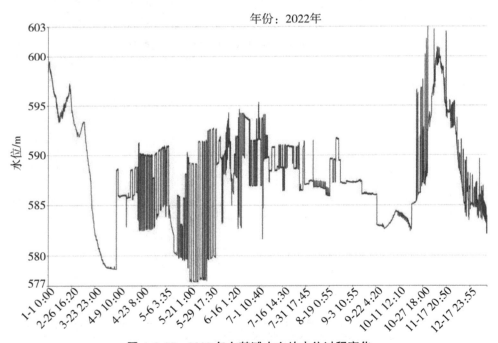

**图 4.9-25　2022 年白鹤滩水文站水位过程变化**

2023 年受白鹤滩水电站不同开关闸工况组合影响,白鹤滩水文站出现约 200 次明显洪水涨落过程,单次涨落过程中平均涨、落率达 1.50m/h 约 30 次,平均涨、落率达 2.00m/h 约 20 次,平均涨、落率达 2.50m/h 约 20 次,平均涨、落率达 3.00m/h 约 8 次,年最大涨率 3.45m/h。水位过程变化情况见图 4.9-26。

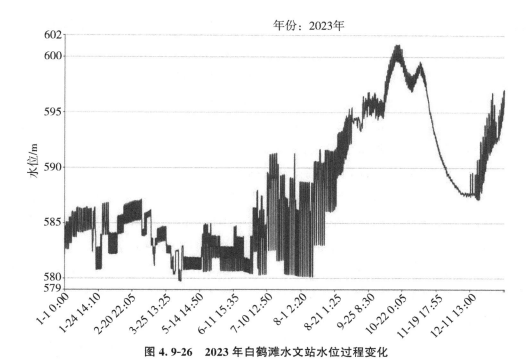

图 4.9-26　2023 年白鹤滩水文站水位过程变化

### 4.9.3　两坝间流量监测重难点

第 4.3.2 节通过对白鹤滩水电站—溪洛渡水电站两坝间河段水流特性情况进行分析,受上、下游电站蓄、放水影响,河段的水流特性发生了变化,水文测站的测验不可避免地受到了电站调蓄的影响。测验河段径流过程受到上游电站调节影响时,水流过程改变了天然形态,主要反映为水位、流量变化急剧,增加大量测次都不能完全控制流量变化过程;受下游电站调蓄影响时,测验河段变动回水严重,径流过程受到较大影响,主要反映为水位—流量关系的极大变化或水位—流量关系散乱,增加大量测次都不能控制水流变化过程。部分测站,会同时受上、下游水电站的共同影响,水流变化过程更加难以控制,例如白鹤滩水文站。

要应对上、下游电站对流量测验的影响,重点与难点就是监测水流变化过程。

要监测水流变化过程,重点开展 3 个方面工作:快速抢抓过程、密切布置测点、准确获取流量。前面章节已对现今常用的流速、流量监测方法进行了介绍,下面结合两坝间水流特性及适应性,介绍适用于两坝间河段流量监测的可行性方案。

### 4.9.4　流速仪法测验方案

#### 4.9.4.1　适用性

流速仪法作为测站的常规测验方法,已运行多年,也是多数水文测站的基本和主要测验手段。《河流流量测验规范》(GB 50179—2015)专门对流速仪法流量测验进行了详细的要求和指导,并对流速仪法的适用条件进行了如下规定。

1)断面内大多数测点的流速不超过流速仪的测速范围;

2)垂线水深不应小于用一点法测速的必要水深;

3)在一次测流的起讫时间内,水位涨落差不应大于平均水深的10%,水深较小和涨落急剧时不应大于平均水深的20%;

4)流经测流断面的漂浮物不应影响流速仪的正常运转。

金沙江两坝间河段,虽然河段的水流特性因上、下游电站调蓄影响与天然河道的水流特性发生了较多变化,但结合上下游电站的调蓄方案、测站现有技术水平来看,在满足规范要求的流速仪法适用条件的基础上,按需、适时采用流速仪法进行流量测验仍是目前两坝间获取流量的主要手段。与天然河道不同的是,两坝间河段由于电站调蓄影响,采用流速仪法进行流量测验时,需要从控制单次流量测验精度、调整测次布设频次和协调人力投入等方面进行优化。

第4.4.2节流速测验中对流速仪测验方法进行了介绍。一个相对完整的流速仪法测流方案,首先应确定测深垂线、测速垂线、测速历时、垂线测点数量;然后通过确定的测深、测速垂线进行断面宽、深测量以计算面积,同时求测点流速(积点法)或垂线平均流速(积深法),通过点流速或垂线平均流速按照面积加权计算断面流量。

在设施设备一定的情况下,单次流量测验精度的控制可以从优化分析测速垂线、测速测点和测验历时等方面进行,按照洪水涨落情况、水流特性以及流量精度要求,通过开展流量Ⅲ型误差试验分析测速垂线数量,开展流量Ⅱ型误差试验分析确定垂线测点数目,开展Ⅰ型误差试验分析确定测验历时。下面对流量Ⅲ型、Ⅱ型、Ⅰ型误差试验进行详细介绍。

### 4.9.4.2　流量Ⅲ型误差试验

(1)流量Ⅲ型误差试验要求

流量Ⅲ型误差是断面中采用有限的抽样测速垂线数所产生,是指断面测速垂线数目不足导致的误差,Ⅲ型误差以多垂线计算得到的流量作为真值,与抽样精简垂线计算的流量计算偏差,Ⅲ型误差由随机误差与已定系统误差组成。流量误差中Ⅲ型误差是最主要的,Ⅲ型误差中系统误差又是最主要的,减少这种误差的主要途径是增加测速垂线数。

Ⅲ型误差试验根据不同的水面宽按表4.9-5的要求,并结合测速垂线布设原则布设试验垂线进行试验。Ⅲ型误差试验一般选择在高、中、低水位级均匀布置测次,试验次数不少于20次,选择在流量平稳时期进行。

表 4.9-5　　　　　　　　　　　　　Ⅲ型误差试验要求

| 试验要求 | | 垂线平均流速施测方法 | | 单个测点流速历时/s | |
|---|---|---|---|---|---|
| 水面宽 | 布设最小测速垂线数目 | 二点法 | 三点法 | 一类精度站 | 二、三类精度站 |
| 50m＜B≤1200m | 50～60 | 0.2、0.8 | 0.2、0.6、0.8 | 100～60 | 60～30 |
| 25m≤B≤50m | 30～50 | | | | |
| B＜25m | ＞25 | | | | |

但由于每次试验历时较长,对于金沙江干流山区河流均为窄深河流,宽深比很小,很难找到长时间的流量平稳时期,因此在开展Ⅲ型误差试验时,可根据实际情况适当减少布设的垂线数目,测点可采用一点法(0.6)进行。

(2)常测法垂线数量确定

根据Ⅲ型误差试验选取的多条测速垂线按平均分割法计算断面流量作为真值,对多线断面流量做抽线精简计算。抽线时按照测速垂线的布设原则,保留控制断面形状和横向流速分布转折处的测速垂线,再按均匀抽取垂线的原则,计算出少线断面流量。

流速仪法的Ⅲ型误差应按下列公式估算:

$$\mu_m = \frac{1}{N}\sum_{i=1}^{N}\left(\frac{Q_{mi}}{Q_i}-1\right) \tag{4.9-1}$$

$$S_m = \sqrt{\frac{1}{N-1}\sum_{i=1}^{N}\left[\left(\frac{Q_{mi}}{Q_i}-1\right)-\mu_m\right]^2} \tag{4.9-2}$$

式中,$\mu_m$——测速垂线减少为 $m$ 条时引起的相对系统误差,%;

$S_m$——测速垂线减少为 $m$ 条时引起的相对标准差,%;

$Q_{mi}$——第 $i$ 次试验测速垂线减少为 $m$ 条计算的断面流量值,m³/s;

$Q_i$——第 $i$ 次试验测速垂线为多条计算的断面流量值,近似真值,m³/s;

$N$——Ⅲ型误差试验的总测次数,次。

精简垂线后的流量误差控制指标应满足测速垂线数目不足导致的流量允许误差规定(表 4.9-6)。经过大量实证分析,流量Ⅲ型误差随着垂线数目的增多而减小,至15 线以后误差变化趋势逐渐平缓。

总体来讲,测速垂线的数目应在满足流量允许误差的情况下,根据测站精度类别、不同水位级和资料用途等综合确定。两坝间河段水流情况受上下游电站影响,发生主流摆动剧烈或冲淤变化较大而引起河床不稳定,甚至形成严重漫滩等情况时,布设测速垂线宜选取测速垂线较多的方案。同时,为了避免测速垂线数目引起的随机误差和系统误差对流量影响过大,断面内任意两条相邻测速垂线的间距不宜过大,垂线间距与高、中、低水位时总水面宽的比例,一类站应在 7%～10%,二类站应在

8％～11％，三类站应在 9％～12％。

表 4.9-6 　　　　　　　　　　　　　流量Ⅲ型误差试验允许误差

| 站类 | 垂线数 | 高水 | | 中水 | | 低水 | |
|---|---|---|---|---|---|---|---|
| | | 随机不确定度/％ | 系统误差/％ | 随机不确定度/％ | 系统误差/％ | 随机不确定度/％ | 系统误差/％ |
| 一类精度水文站 | 5 | 5.2 | −2.1 | 6.1 | −2.4 | 8.8 | −3.5 |
| | 10 | 3.3 | −1.3 | 4.3 | −1.7 | 5.6 | −2.2 |
| | 15 | 2.5 | −1.0 | 3.5 | −1.4 | 4.3 | −1.7 |
| | 20 | 2.1 | −0.8 | 3.0 | −1.2 | 3.6 | −1.4 |
| 二类精度水文站 | 5 | 6.0 | −2.4 | 7.0 | −2.8 | 9.0 | −3.6 |
| | 10 | 3.8 | −1.5 | 4.9 | −2.0 | 5.7 | −2.3 |
| | 15 | 2.9 | −1.2 | 4.0 | −1.6 | 4.4 | −1.8 |
| | 20 | 2.4 | −1.0 | 3.5 | −1.4 | 3.7 | −1.5 |
| 三类精度水文站 | 5 | 7.0 | −2.8 | 8.5 | −3.4 | 10.3 | −4.1 |
| | 10 | 4.4 | −1.8 | 5.6 | −2.2 | 6.5 | −2.6 |
| | 15 | 3.4 | −1.4 | 4.4 | −1.8 | 5.0 | −2.0 |
| | 20 | 2.8 | −1.1 | 3.7 | −1.5 | 4.1 | −1.6 |

（3）流量Ⅲ型误差试验实例

以向家坝站为例，通过流量Ⅲ型误差试验，介绍向家坝站垂线数量确定的方法。

1）向家坝水文站情况介绍。

向家坝水文站位于四川省宜宾市叙州区安边镇莲花池村，为国家重点基本水文站，一类精度流量站，一类泥沙站，是金沙江流域控制站，控制集水面积 458800km$^2$，占金沙江流域面积的 97％。向家坝水文站位于向家坝水电站坝下游约 1.7km，为 2012 年向家坝水电站运行后原金沙江出口控制站屏山下迁站，向家坝站下游 1.9km 处有横江汇入，28km 处有岷江汇入，横江中高水和岷江高水时对向家坝水文站有顶托作用，使得向家坝站水位—流量关系十分复杂。

向家坝水文站所在测验河段顺直长约 1.5km，河槽横断面呈 U 形，中高水主河槽宽 150～ 200m，断面处无岔流、串沟、逆流、回水、死水等情况。右岸为混凝土堤防，左岸为混凝土护坡，河床由乱石夹沙和岩石组成，断面基本稳定。全年受电站蓄放水影响，测验河段附近无水生植物、种植植物。岷江、横江中高水对该站水位—流量关系有顶托影响。

为进一步优化流量测验方案，开展向家坝水文站测验能力提升研究，提高向家坝水文站单次流量测验的精度，在向家坝水文站开展流量Ⅲ型误差试验。

2)流量Ⅲ型误差试验方案。

在向家坝水文站高、中、低流量级均匀布置测次,试验 11 次(兼顾横江不同来水情况)。每次在约 30 条垂线相对位置 0.6 水深处开展测验,单个测点测速历时不小于 30s。向家坝站Ⅲ型误差试验线点情况见表 4.9-7。

表 4.9-7　　　　　　　　　　　向家坝站Ⅲ型误差试验线点情况

| 序号 | 施测时间 | | | | 水位/m | 垂线数 | 垂线施测点数 | 测点测速历时/s |
|---|---|---|---|---|---|---|---|---|
| | 年 | 月 | 日 | 时段 | | | | |
| 1 | 2023 | 11 | 27 | 9:00—10:24 | 268.46 | 31 | 一点法(0.6) | >30 |
| 2 | 2024 | 03 | 28 | 8:46—10:40 | 266.20 | 30 | 一点法(0.6) | >30 |
| 3 | 2024 | 04 | 08 | 14:30—15:40 | 269.66 | 32 | 一点法(0.6) | >30 |
| 4 | 2024 | 04 | 12 | 15:45—16:54 | 268.82 | 31 | 一点法(0.6) | >30 |
| 5 | 2024 | 04 | 14 | 17:55—19:21 | 268.07 | 31 | 一点法(0.6) | >30 |
| 6 | 2024 | 04 | 28 | 20:45—22:52 | 268.31 | 31 | 一点法(0.6) | >30 |
| 7 | 2024 | 04 | 29 | 10:46—11:55 | 267.20 | 30 | 一点法(0.6) | >30 |
| 8 | 2024 | 05 | 09 | 13:40—14:48 | 267.84 | 31 | 一点法(0.6) | >30 |
| 9 | 2024 | 05 | 21 | 20:45—21:49 | 269.51 | 32 | 一点法(0.6) | >30 |
| 10 | 2024 | 05 | 22 | 20:30—21:33 | 269.56 | 32 | 一点法(0.6) | >30 |
| 11 | 2024 | 06 | 03 | 11:17—12:21 | 269.15 | 31 | 一点法(0.6) | >30 |

对向家坝测验垂线进行精简后,以多线法施测流量为真值,按照向家坝站 8 线法、5 线法分别将 11 次测验中的对应垂线进行流量计算,分析其与多线法相比误差见表 4.9-8。

表 4.9-8　　　　　　　　　　　向家坝站精简垂线流量测验误差

| 序号 | 水位/m | 流量/(m³/s) | | | 相对误差/% | |
|---|---|---|---|---|---|---|
| | | 多线 | 8 线 | 5 线 | 8 线 | 5 线 |
| 1 | 268.46 | 4420 | 4410 | 4640 | −0.2 | 5.0 |
| 2 | 266.20 | 2180 | 2150 | 2430 | −1.4 | 11.5 |
| 3 | 269.66 | 6090 | 6070 | 6410 | −0.3 | 5.3 |
| 4 | 268.82 | 4830 | 4680 | 5020 | −3.1 | 3.9 |
| 5 | 268.07 | 4050 | 4190 | 4090 | 3.5 | 1.0 |
| 6 | 268.31 | 4160 | 4000 | 4530 | −3.8 | 8.9 |
| 7 | 267.20 | 2850 | 2830 | 3090 | −0.7 | 8.4 |
| 8 | 267.84 | 3530 | 3730 | 4140 | 5.7 | 17.3 |
| 9 | 269.51 | 5760 | 5890 | 6570 | 2.3 | 14.1 |

| 序号 | 水位/m | 流量/(m³/s) | | | 相对误差/% | |
|---|---|---|---|---|---|---|
| | | 多线 | 8线 | 5线 | 8线 | 5线 |
| 10 | 269.56 | 6160 | 6220 | 6600 | 1.0 | 7.1 |
| 11 | 269.15 | 4960 | 4960 | 5100 | 0.0 | 2.8 |
| 随机误差 | | | | | 2.8 | 5.0 |
| 系统误差 | | | | | 0.3 | 7.7 |

从表中可以看出,向家坝站采用8线误差相对较小,符合规范要求,而5线法测验误差较大。

### 4.9.4.3 流量Ⅱ型误差试验

(1)流量Ⅱ型误差试验要求

流量Ⅱ型误差是流速仪测流测速垂线测点数目不足导致的垂线平均流速计算规则误差,是由随机误差与已定系统误差组成。Ⅱ型误差是垂线平均流速的计算规则造成的误差,是垂线平均流速分布的抽样造成的误差,也称为纵向抽样误差。

流量Ⅱ型误差通常要求在测流断面选取中泓处和水深不同的垂线5条以上试验垂线,并在高、中、低水位级分别进行试验,单条垂线试验要求按表4.9-9进行。

表4.9-9　　　　　　　　　　流量Ⅱ型误差试验要求

| 站类 | 每水位级试验次数/次 | 一次试验水位变幅/m | 单条垂线上测点数/点 | 重复施测流速次数/次 | 测点流速历时/s |
|---|---|---|---|---|---|
| 一类精度站 | >2 | ≤0.1 | 11 | 10 | 100~60 |
| 二、三类精度站 | >2 | ≤0.3 | 11 | 10 | 100~60 |
| | >2 | ≤0.3 | 5 | 6 | 50~30 |

表4.9-10中,单条垂线上测点数分别为每条垂线相对水深位置0.0(水面以下附近)、相对水深位置0.1、相对水深位置0.2、相对水深位置0.3、相对水深位置0.4、相对水深位置0.5、相对水深位置0.6、相对水深位置0.7、相对水深位置0.8、相对水深位置0.9以及河底以上附近(相对水深位置1.0)。二、三类精度水文站不能满足要求时,单条垂线上测点数、重复施测流速次数和测点流速历时可分别减少为5点、6点和30~50s。

(2)常测法垂线测点数量确定

首先按照流量Ⅱ型误差的垂线、测点要求,根据垂线流速的计算公式计算得到多点($n=11$ 或 5)垂线平均流速作为近似真值;再选取少点($p=1、2、3$ 或 5)根据垂线流速的计算公式计算得到少点垂线平均流速;计算少点垂线平均流速与多点垂线平均流速的误差,误差满足表4.9-10的要求,从而确定测点数目。

常用垂线平均流速计算公式如下。

1)一点法:

$$V_m = V_{0.6} \tag{4.9-3}$$

$$V_m = KV_{0.5} \tag{4.9-4}$$

$$V_m = K_1 V_{0.0} \tag{4.9-5}$$

$$V_m = K_2 V_{0.2} \tag{4.9-6}$$

2)二点法:

$$V_m = \frac{1}{2}(V_{0.2} + V_{0.8}) \tag{4.9-7}$$

3)三点法:

$$V_m = \frac{1}{3}(V_{0.2} + V_{0.6} + V_{0.8}) \quad 或 \overline{V_m} = \frac{1}{4}(V_{0.2} + 2V_{0.6} + V_{0.8}) \tag{4.9-8}$$

4)五点法:

$$V_m = \frac{1}{10}(V_{0.0} + 3V_{0.2} + 3V_{0.6} + 2V_{0.8} + V_{1.0}) \tag{4.9-10}$$

5)十一点法:

$$V_m = \frac{1}{10}(0.5V_{0.0} + V_{0.1} + V_{0.2} + V_{0.3} + V_{0.4} + V_{0.5} + V_{0.6} + V_{0.7} + V_{0.8} + V_{0.9} + 0.5V_{1.0}) \tag{4.9-11}$$

式中,$V_m$——垂线平均流速,m/s;

$V_{0.0}, V_{0.1}, \cdots, V_{1.0}$——相对水深位置 $0.0, 0.1, \cdots, 1.0$ 的测点流速,m/s;

$K, K_1, K_2$——半深,水面,相对水深位置 0.2 的流速系数。

**表 4.9-10** 　　　　　　　　　　　　流量Ⅱ型误差试验允许误差

| 站类 | 方法 | 高水 | | 中水 | | 低水 | |
|---|---|---|---|---|---|---|---|
| | | 随机不确定度/% | 系统误差/% | 随机不确定度/% | 系统误差/% | 随机不确定度/% | 系统误差/% |
| 一类精度水文站 | 一点法 | 4.2 | −1.0~0.9 | 4.5 | −1.0~1.0 | 4.8 | −1.0~1.0 |
| | 二点法 | 3.2 | −1.0~0.7 | 3.5 | −1.0~0.9 | 3.6 | −1.0~1.0 |
| | 三点法 | 2.4 | −0.5~0.5 | 2.8 | −0.7~0.7 | 3.0 | −1.0~0.8 |
| 二、三类精度水文站 | 一点法 | 5.9 | −1.0~0.9 | 6.1 | −1.0~1.0 | 6.2 | −1.0~1.0 |
| | 二点法 | 4.7 | −1.0~0.7 | 4.8 | −1.0~1.0 | 4.9 | −1.0~1.0 |
| | 三点法 | 4.0 | −0.5~0.5 | 4.3 | −0.8~0.9 | 4.4 | −1.0~1.0 |

（3）流量Ⅱ型误差试验实例

仍以向家坝站为例，通过流量Ⅱ型误差试验，介绍向家坝站垂线测点数量确定的方法。

向家坝水文站位于向家坝站坝下游，受电站出库影响涨落急剧，稳定测速时期较少，在进行Ⅱ型误差试验时，适当减少了测速历时和试验次数。向家坝水文站流量Ⅱ型误差试验在低流量级，开展 3 次试验，在起点距 80m、100m、120m、140m、160m 开展十一点法垂线流速测验，每点重复施测 5 次，测点流速历时大于 30s（表 4.9-11）。

表 4.9-11　　　　　　　　　向家坝水文站Ⅱ型误差试验基本情况

| 序号 | 施测时间 | | | | 水位 /m | 对应水位级 | 测点流速历时/s | 垂线测点数 | 重复次数 |
|---|---|---|---|---|---|---|---|---|---|
| | 年 | 月 | 日 | 时段 | | | | | |
| 1 | 2023 | 11 | 27 | 15:15—19:30 | 268.37～268.52 | 低 | >30 | 11 | 5 |
| 2 | 2024 | 03 | 28 | 10:46—17:39 | 266.21～266.25 | 低 | >30 | 11 | 5 |
| 3 | 2024 | 04 | 08 | 16:30—22:58 | 269.64～269.72 | 低 | >30 | 11 | 5 |

对三次测验成果不同位置少点法计算成果与十一点法成果比较，其误差见表 4.9-12。

表 4.9-12　　　　　　　向家坝站少点法流量测验误差（垂线 80～160m）

| 序号 | 起点距/m | 抽样相对误差/% | | | |
|---|---|---|---|---|---|
| | | 一点法 | 二点法 | 三点法 | 五点法 |
| 1 | 80 | 14.4 | −5.2 | 1.3 | 1.5 |
| | 100 | 3.8 | −1.2 | 0.5 | −0.1 |
| | 120 | 0.2 | −1.1 | −0.7 | −0.7 |
| | 140 | −0.5 | 1.3 | 0.7 | −1.6 |
| | 160 | −62.5 | 26.7 | −3.0 | −4.4 |
| 2 | 80 | −2.8 | −3.6 | −3.3 | −2.0 |
| | 100 | 6.9 | −4.9 | −1.0 | −0.4 |
| | 120 | 0.1 | −4.0 | −2.8 | −4.3 |
| | 140 | 4.6 | −7.6 | −3.5 | −4.4 |
| | 160 | 1.7 | −36.9 | −24.0 | −24.7 |
| 3 | 80 | 4.8 | 3.4 | 3.9 | 0.8 |
| | 100 | 4.8 | 1.4 | 2.5 | 2.1 |
| | 120 | 7.1 | 3.3 | 4.6 | 2.7 |
| | 140 | 6.9 | 1.2 | 3.1 | 0.4 |
| | 160 | 9.9 | 3.6 | 5.7 | 5.4 |
| 系统误差 | | 0 | −1.6 | −1.1 | −2.0 |
| 标准差 | | 17.8 | 12.6 | 7.0 | 6.9 |

从表 4.9-12 看出,向家坝站流量 Ⅱ 型误差较大,且各垂线波动非常大,主要表现在中泓垂线起点距 100m、120m、140m 误差较小;起点距 160m 误差非常大,分析其流速分布,基本不满足常规的抛物性垂线流速分布形态,而呈双峰型,需要进一步分析其形成的合理性。若删除垂线起点距 160m 数据,仅计算 80～140m 四条垂线,误差分析结果见表 4.9-13。

**表 4.9-13**               **向家坝站少点法流量测验误差(垂线 80～140m)**

| 项目 | 抽样相对误差/% | | | |
| --- | --- | --- | --- | --- |
| | 一点法 | 二点法 | 三点法 | 五点法 |
| 系统误差 | 4.5 | −1.1 | 0.8 | −0.1 |
| 允许系统误差 | −1.0～1.0 | −1.0～1.0 | −1.0～0.8 | |
| 标准差 | 4.5 | 3.6 | 2.9 | 2.6 |
| 允许标准差 | 2.4 | 1.8 | 1.5 | |

从上表可知,将垂线起点距 160m 数据删除后,向家坝站 Ⅱ 型误差明显变小,见表 4.9-14,但亦不能完全满足规范要求。

**表 4.9-14**               **向家坝站少点法流量测验误差(垂线 100～140m)**

| 项目 | 抽样相对误差/% | | | |
| --- | --- | --- | --- | --- |
| | 一点法 | 二点法 | 三点法 | 五点法 |
| 系统误差 | 3 | −1.1 | 0.8 | −0.1 |
| 允许系统误差 | −1.0～1.0 | −1.0～1.0 | −1.0～0.8 | |
| 标准差 | 4.5 | 3.6 | 2.9 | 2.6 |
| 允许标准差 | 2.4 | 1.8 | 1.5 | |

天然河道上的流速分布是多样化的,一般可近似看作指数分布和对数分布。以各站代表性试验垂线概化出来的断面垂线流速分布。流速分布形式参数值决定了流速分布的形式,而流速分布的形式是形成 Ⅱ 型误差的主要原因。当流速分布形式参数值变小时,流速分布变得陡峭,即流速梯度变小,切应力小,流速紊动强度弱,水流脉动小,测点流速较稳定,测点流速的抽样随机误差也就减小;另外,流速分布陡峭,仪器定位误差造成测点流速误差小,总的趋势是流速分布形式参数值小,Ⅱ 型随机误差(随机不确定度)也小。反之,当流速分布形式参数值变大时,流速分布趋于平缓,即流速梯度变大,脉动影响大,测点抽样误差大,仪器定位误差造成的抽样误差大,Ⅱ 型随机误差也大。

从目前的情况看来,向家坝水文站受电站出库水流影响严重,流速测点的脉动较大,采用三点法进行流量测验不能满足要求,需要选取五点法以上的测点进行。对于向家坝水文站测点的确定,需要在中、高水位级,选取多垂线进一步分析。

#### 4.9.4.4 流量Ⅰ型误差试验

(1)流量Ⅰ型误差试验要求

流量Ⅰ型误差是流速仪法测流有限测速历时导致的流速脉动误差,是随机误差。流速脉动误差的规律除了随历时的增长而减小以外,还与测点位置及河岸形状有很大关系。距河底越近,脉动误差越大。对于同一条垂线,靠近河底处脉动误差最大,半深处次之,水面处较小。靠近岸边处,脉动误差大,反之则小。而且流速绝对值较大,脉动流速较大,流速脉动误差也较大,但流速脉动相对误差随流速的增大而减小。

综上所述,流量Ⅰ型误差试验一般在测流断面中选取包括最深点在内的具有水深代表性(如最大水深 60% 和 30%)的 3 条不同垂线进行。在高、中、低不同水位级分别作长历时连续测速,每隔 10~20s 或较短时段观测 1 个等时段流速,测得的时均流速个数不小于 100 个。流量Ⅰ型误差试验要求应符合表 4.9-15 的规定。

**表 4.9-15**                 **流量Ⅰ型误差试验要求**

| 站类 | 每水位级试验测次/次 | 垂线平均流速施测方法 | | 测点测速历时/s |
|------|------|------|------|------|
| | | 二点法 | 三点法 | |
| 一类精度站 | >1 | 0.2 | 0.2 | ≥2000 |
| 二类精度站 | | | 0.6 | ≥1000 |
| 三类精度站 | | 0.8 | 0.8 | ≥1000 |

(2)测速历时确定

流量Ⅰ型误差试验分析的基本方法是,首先剔除原始测量系列中存在粗大误差或伪误差的等时段流速点,然后计算测点长历时时均流速和短历时时均流速,将长历时时均流速为近似真值;最后计算短历时时均流速相对于真值的误差,从而求出流速脉动误差标准差。这种分析方法属于精简分析范畴。流量Ⅰ型误差是短历时时均流速对长历时时均流速的抽样误差(表 4.9-16)。

1)单次流量(测点)的平均流速计算公式:

$$\overline{V} = \frac{1}{N}\sum_{i=1}^{N}V_i \tag{4.9-12}$$

式中,$\overline{V}$——原始测量系列($N$ 个)的平均流速,可由总历时和总转数直接求得;

$V_i$——原始测量系列中第 $i$ 个 $t_0$ 时段观测的平均流速;

$N$——原始测量系列观测时段总数,即样本容量;

$i$——原始测量系列中 $t_0$ 时段观测的平均时段数，即 $t_0$ 的序号，$i = 1$，$2, \cdots, N$。

2）原始测量时段的标准差应按下式计算：

$$S(t_0) = \sqrt{\frac{1}{N-1} \sum_{i=1}^{N} \left( \frac{V_i - \overline{V}}{\overline{V}} \right)^2} \qquad (4.9\text{-}13)$$

式中，$t_0$——原始测量时段，一般情况下，可取 10s；

$S(t_0)$——原始测量时段平均流速的（相对）标准差，%，即流速脉动（I 型误差）的相对标准差。

3）长时段 $nt_0$ 平均流速的（相对）标准差计算，首先计算 $nt_0$ 时段的平均流速，然后再与总时段（$Nt_0$ 时段）的平均流速直接计算标准差，应按下列公式计算：

$$\overline{V}_{nt_0, j} = \frac{1}{n} \sum_{i=1}^{n} V_{(j-1)n+1} \qquad (4.9\text{-}14)$$

$$S(nt_0) = \sqrt{\frac{1}{M-1} \sum_{j=1}^{M} \left( \frac{\overline{V}_{nt_0, j} - \overline{V}}{\overline{V}} \right)^2} \qquad (4.9\text{-}15)$$

式中，$\overline{V}_{nt_0, j}$——$nt_0$ 时段长，第 $j$ 个平均流速；

$j$——时段长 $nt_0$ 的平均流速系列中，时段数的序号，$j = 1, 2, \cdots, M$；

$nt_0$——新合成的平均流速时段长，如 60s、100s 等；

$i$——计算 $nt_0$ 时段平均流速时的序号，$i = 1, 2, 3, \cdots, n$；

$S(nt_0)$——$nt_0$ 时段长平均流速的（相对）标准差，%，即 $nt_0$ 时段长平均流速脉动（I 型误差）的相对标准差；

$M$——时段长 $nt_0$ 平均流速系列总时段数，即该平均流的样本容量，应按下式计算：

$$M = \text{int}\left( \frac{N}{n} \right) \qquad (4.9\text{-}16)$$

4）垂线的 I 型相对标准差应按下式估算：

$$S_{ei}^2(nt_0) = \sum_{k=1}^{P} d_k^2 S_k^2(nt_0) \qquad (4.9\text{-}17)$$

式中，$S_{ei}(nt_0)$——测点测速历时为 $nt_0$ 的第 $i$ 条垂线的 I 型误差的相对标准差，%；

$P$——用以确定垂线平均流速的垂线测点数；

$d_k$——确定垂线平均流速时测点流速的权系数；

$S_k(nt_0)$——测点 $k$ 处的测速历时为 $nt_0$ 的 I 型误差的相对标准差，%。

表 4.9-16    流量Ⅰ型误差试验允许误差

| 方法 | 随机不确定度/% | | | | | | | | |
|---|---|---|---|---|---|---|---|---|---|
| | 高水 | | | 中水 | | | 低水 | | |
| | 100s | 60s | 30s | 100s | 60s | 30s | 100s | 60s | 30s |
| 一点法 | 7 | 8 | 9 | 8 | 9 | 12 | 10 | 12 | 16 |
| 二点法 | 5 | 6 | 7 | 6 | 7 | 9 | 7.5 | 9 | 11 |
| 三点法 | 4 | 5 | 6 | 4.5 | 5.5 | 8 | 6 | 7 | 10 |

（3）流量Ⅰ型误差试验实例

仍以向家坝站为例，通过流量Ⅰ型误差试验，介绍向家坝站垂线测点数量确定的方法。

1）试验方案。

向家坝水文站在低流量级选择水流平稳时在起点距 80.0m、100m、140m 相对位置 0.2、0.8 处开展长历时连续测流（表 4.9-17），每隔 10s 左右观测 1 个等时段流速，连续测得的时均流速个数不少于 100 个。

表 4.9-17    向家坝站Ⅰ型误差试验基本情况

| 施测时间 | | | | 水位/m | 垂线测点相对水深 | 测点测速历时/s |
|---|---|---|---|---|---|---|
| 年 | 月 | 日 | 时段 | | | |
| 2023 | 11 | 27 | 12:45—15:11 | 268.21～268.17 | 二点法（0.2、0.8） | >1000 |

2）试验成果。

a.原始成果。

选择 2023 年 11 月 27 日 80.0m 垂线相对位置 0.2 和相对位置 0.8 的试验资料为例，展示原始记载情况见表 4.9-18 和表 4.9-19。

表 4.9-18    向家坝水文站Ⅰ型误差测验记载

施测时间：2023 年 11 月 27 日 13:52—14:08

| 天气：晴    铅鱼重：500 kg | 停表牌号：HLX-3T | 水位：268.17m |
|---|---|---|
| 流速仪牌号：LS25-3A    190323 | | $V=0.2424n+0.0122$ |

起点距：100m    垂线水深：21.2 m    相对位置：0.2    比测后使用次数：8

| 序号 | 总信号数 | 总历时/s | 流速/(m³/s) | 序号 | 总信号数 | 总历时/s | 流速/(m³/s) |
|---|---|---|---|---|---|---|---|
| 1 | 4 | 11.5 | 1.70 | 3 | 199 | 511 | 1.95 |
| 2 | 8 | 22.5 | 1.78 | 4 | 202 | 520 | 1.63 |

| | | | | | | | |
|---|---|---|---|---|---|---|---|
| 5 | 11 | 30.5 | 1.83 | 39 | 206 | 531 | 1.78 |
| 6 | 15 | 41.5 | 1.78 | 40 | 210 | 541 | 1.95 |
| 7 | 19 | 51.5 | 1.95 | 41 | 214 | 550 | 2.17 |
| 8 | 23 | 61.5 | 1.95 | 42 | 219 | 562 | 2.03 |
| 9 | 27 | 71.5 | 1.95 | 43 | 223 | 571 | 2.17 |
| 10 | 31 | 81.5 | 1.95 | 44 | 227 | 580 | 2.17 |
| 11 | 35 | 91.5 | 1.95 | 45 | 231 | 590 | 1.95 |
| 12 | 38 | 100 | 1.72 | 46 | 236 | 602 | 2.03 |
| 13 | 42 | 111 | 1.78 | 47 | 239 | 610 | 1.83 |
| 14 | 45 | 120 | 1.63 | 48 | 243 | 620 | 1.95 |
| 15 | 49 | 130 | 1.95 | 49 | 247 | 630 | 1.95 |
| 16 | 53 | 140 | 1.95 | 50 | 251 | 640 | 1.95 |
| 17 | 57 | 150 | 1.95 | 51 | 255 | 650 | 1.95 |
| 18 | 61 | 160 | 1.95 | 52 | 259 | 660 | 1.95 |
| 19 | 65 | 171 | 1.78 | 53 | 263 | 671 | 1.78 |
| 20 | 68 | 180 | 1.63 | 54 | 266 | 680 | 1.63 |
| 21 | 72 | 191 | 1.78 | 55 | 270 | 691 | 1.78 |
| 22 | 76 | 202 | 1.78 | 56 | 274 | 702 | 1.78 |
| 23 | 79 | 210 | 1.83 | 57 | 277 | 710 | 1.83 |
| 24 | 83 | 220 | 1.95 | 58 | 281 | 722 | 1.63 |
| 25 | 87 | 231 | 1.78 | 59 | 284 | 730 | 1.83 |
| 26 | 91 | 242 | 1.78 | 60 | 288 | 741 | 1.78 |
| 27 | 94 | 250 | 1.83 | 61 | 292 | 752 | 1.78 |
| 28 | 98 | 260 | 1.95 | 62 | 295 | 760 | 1.83 |
| 29 | 102 | 270 | 1.95 | 63 | 299 | 771 | 1.78 |
| 30 | 107 | 282 | 2.03 | 64 | 303 | 781 | 1.95 |
| 31 | 110 | 290 | 1.83 | 65 | 307 | 791 | 1.95 |
| 32 | 114 | 300 | 1.95 | 66 | 311 | 802 | 1.78 |
| 33 | 118 | 310 | 1.95 | 67 | 314 | 810 | 1.83 |
| 34 | 122 | 320 | 1.95 | 68 | 318 | 821 | 1.78 |
| 35 | 126 | 331 | 1.78 | 69 | 322 | 832 | 1.78 |
| 36 | 130 | 341 | 1.95 | 70 | 325 | 840 | 1.83 |
| 37 | 134 | 350 | 2.17 | 71 | 329 | 851 | 1.78 |
| 38 | 138 | 360 | 1.95 | 72 | 333 | 861 | 1.95 |

| | | | | | | | |
|---|---|---|---|---|---|---|---|
| 73 | 142 | 370 | 1.95 | 87 | 337 | 871 | 1.95 |
| 74 | 146 | 380 | 1.95 | 88 | 341 | 881 | 1.95 |
| 75 | 150 | 390 | 1.95 | 89 | 345 | 891 | 1.95 |
| 76 | 154 | 400 | 1.95 | 90 | 349 | 900 | 2.17 |
| 77 | 158 | 410 | 1.95 | 91 | 353 | 910 | 1.95 |
| 78 | 162 | 420 | 1.95 | 92 | 357 | 920 | 1.95 |
| 79 | 166 | 430 | 1.95 | 93 | 361 | 930 | 1.95 |
| 80 | 170 | 440 | 1.95 | 94 | 365 | 941 | 1.78 |
| 81 | 175 | 452 | 2.03 | 95 | 369 | 952 | 1.78 |
| 82 | 179 | 461 | 2.17 | 96 | 372 | 960 | 1.83 |
| 83 | 183 | 471 | 1.95 | 97 | 377 | 972 | 2.03 |
| 84 | 187 | 481 | 1.95 | 98 | 381 | 981 | 2.17 |
| 85 | 191 | 490 | 2.17 | 99 | 385 | 991 | 1.95 |
| 86 | 195 | 501 | 1.78 | 100 | 390 | 1003 | 2.03 |

表 4.9-19　　　　　　　　向家坝水文站 I 型误差测验记载

施测时间:2023 年 11 月 27 日 14:10—14:27

| 天气:晴 | 铅鱼重:500 kg | | 停表牌号:HLX-3T | 水位:268.18m |
|---|---|---|---|---|
| 流速仪牌号:LS25-3A　190323 | | | $V=0.2424n+0.0122$ | |
| 起点距:100m | 垂线水深:21.2m | | 相对位置:0.8 | 比测后使用次数:8 |

| 序号 | 总信号数 | 总历时/s | 流速/(m³/s) | 序号 | 总信号数 | 总历时/s | 流速/(m³/s) |
|---|---|---|---|---|---|---|---|
| 1 | 3 | 10.3 | 1.42 | 14 | 161 | 510 | 1.63 |
| 2 | 6 | 20.2 | 1.48 | 15 | 165 | 521 | 1.78 |
| 3 | 9 | 31.5 | 1.30 | 16 | 168 | 530 | 1.63 |
| 4 | 11 | 40.7 | 1.07 | 17 | 172 | 542 | 1.63 |
| 5 | 15 | 52.8 | 1.61 | 18 | 175 | 551 | 1.63 |
| 6 | 18 | 63.0 | 1.44 | 19 | 178 | 560 | 1.63 |
| 7 | 20 | 70.5 | 1.31 | 20 | 182 | 572 | 1.63 |
| 8 | 23 | 80.3 | 1.50 | 21 | 185 | 582 | 1.47 |
| 9 | 26 | 90.8 | 1.40 | 22 | 188 | 592 | 1.47 |
| 10 | 29 | 101 | 1.44 | 23 | 191 | 600 | 1.83 |
| 11 | 32 | 110 | 1.63 | 24 | 195 | 610 | 1.95 |
| 12 | 35 | 120 | 1.47 | 25 | 199 | 620 | 1.95 |
| 13 | 39 | 132 | 1.63 | 26 | 203 | 631 | 1.78 |

| 27 | 42 | 140 | 1.83 | 64 | 207 | 641 | 1.95 |
|---|---|---|---|---|---|---|---|
| 28 | 46 | 151 | 1.78 | 65 | 211 | 650 | 2.17 |
| 29 | 50 | 162 | 1.78 | 66 | 215 | 661 | 1.78 |
| 30 | 53 | 170 | 1.83 | 67 | 218 | 671 | 1.47 |
| 31 | 57 | 182 | 1.63 | 68 | 221 | 682 | 1.33 |
| 32 | 60 | 192 | 1.47 | 69 | 224 | 692 | 1.47 |
| 33 | 63 | 202 | 1.47 | 70 | 226 | 700 | 1.22 |
| 34 | 66 | 212 | 1.47 | 71 | 229 | 710 | 1.47 |
| 35 | 69 | 222 | 1.47 | 72 | 232 | 720 | 1.47 |
| 36 | 72 | 230 | 1.83 | 73 | 236 | 731 | 1.78 |
| 37 | 76 | 242 | 1.63 | 74 | 240 | 741 | 1.95 |
| 38 | 79 | 250 | 1.83 | 75 | 244 | 752 | 1.78 |
| 39 | 82 | 260 | 1.47 | 76 | 247 | 760 | 1.83 |
| 40 | 86 | 272 | 1.63 | 77 | 251 | 772 | 1.63 |
| 41 | 89 | 282 | 1.47 | 78 | 254 | 781 | 1.63 |
| 42 | 91 | 290 | 1.22 | 79 | 257 | 790 | 1.63 |
| 43 | 95 | 301 | 1.78 | 80 | 261 | 802 | 1.63 |
| 44 | 98 | 312 | 1.33 | 81 | 264 | 811 | 1.63 |
| 45 | 101 | 323 | 1.33 | 82 | 267 | 820 | 1.63 |
| 46 | 103 | 332 | 1.09 | 83 | 271 | 831 | 1.78 |
| 47 | 106 | 343 | 1.33 | 84 | 275 | 842 | 1.78 |
| 48 | 109 | 352 | 1.63 | 85 | 278 | 851 | 1.63 |
| 49 | 112 | 362 | 1.47 | 86 | 281 | 860 | 1.63 |
| 50 | 115 | 372 | 1.47 | 87 | 284 | 871 | 1.33 |
| 51 | 118 | 382 | 1.47 | 88 | 287 | 882 | 1.33 |
| 52 | 121 | 391 | 1.63 | 89 | 290 | 892 | 1.47 |
| 53 | 125 | 402 | 1.78 | 90 | 292 | 901 | 1.09 |
| 54 | 128 | 412 | 1.47 | 91 | 295 | 911 | 1.47 |
| 55 | 131 | 422 | 1.47 | 92 | 299 | 922 | 1.78 |
| 56 | 134 | 431 | 1.63 | 93 | 302 | 931 | 1.63 |
| 57 | 137 | 441 | 1.47 | 94 | 306 | 942 | 1.78 |
| 58 | 141 | 452 | 1.78 | 95 | 309 | 950 | 1.83 |
| 59 | 144 | 461 | 1.63 | 96 | 312 | 960 | 1.47 |
| 60 | 148 | 472 | 1.78 | 97 | 315 | 971 | 1.33 |
| 61 | 151 | 480 | 1.83 | 98 | 318 | 980 | 1.63 |
| 62 | 155 | 492 | 1.63 | 99 | 322 | 990 | 1.95 |
| 63 | 158 | 501 | 1.63 | 100 | 326 | 1002 | 1.63 |

b. 误差分析。

通过分析计算,剔除原始测量系列中存在粗大误差或伪误差的等时段流速点,将不同历时的测点流速与近似真值的长历时(1000s)时间流速比较,其误差见表4.9-20。

表 4.9-20　　　　　　向家坝站各历时流速测验误差　　（起点距:m;流速:m/s;误差、标准差:%）

| 起点距 | 相对位置 | 平均流速 | 相对标准差 | | | |
|---|---|---|---|---|---|---|
| | | | 10s | 30s | 60s | 100s |
| 80.0 | 0.2 | 1.88 | 14.1 | 8.3 | 4.7 | 2.6 |
| | 0.8 | 1.35 | 15.7 | 11.7 | 6.1 | 4.5 |
| | 垂线 | | 10.6 | 7.2 | 3.9 | 2.6 |
| 100 | 0.2 | 1.90 | 10.8 | 8.3 | 5.5 | 4.2 |
| | 0.8 | 1.59 | 19.1 | 11.8 | 10.9 | 4.8 |
| | 垂线 | | 11.0 | 7.2 | 6.1 | 3.2 |
| 140 | 0.2 | 1.75 | 14.7 | 7.6 | 5.5 | 3.8 |
| | 0.8 | 1.22 | 20.5 | 14.3 | 11.7 | 6.5 |
| | 垂线 | | 12.6 | 8.1 | 6.5 | 3.7 |
| 规范允许误差 | | | | 5.5 | 4.5 | 3.75 |

从表4.9-18可以看出,流速脉动误差随测速历时的增大而减小,相对水深0.2的误差小于相对水深0.8的流速,这符合Ⅰ型误差一般规律。但向家坝站30s测速历时垂线Ⅰ型误差相对标准差为7.2%~8.1%,均不满足规范要求;60s测速历时垂线Ⅰ型误差相对标准差为3.9%~6.5%,部分垂线不满足规范要求;100s测速历时垂线Ⅰ型误差相对标准差为2.6%~3.7%,均满足规范要求。整体上向家坝站处于水库坝下,距离水库距离过近,水流脉动非常大。向家坝测流应尽量采用100s以上的测速历时,以减少流速脉动带来的测验误差。

第4.3.4.2~4.3.4.4节对有条件进行精简分析的水文站点选择流速仪法测流方案进行了说明,对于无条件进行Ⅰ型、Ⅱ型、Ⅲ型误差试验的站点,两坝间河段采用流速仪法测流方案时可根据两坝间的水流特性以及精度要求,按表4.9-21的要求选择确定,当需要的精度较高时,可选择多线、多点、长历时的测验方案(表4.9-22、表4.9-23)。

表 4.9-21　　　　　　　　　　　　一类精度水文站测流方案与精度选择

| 测流方案 | | | 测验误差/% | | | | | |
|---|---|---|---|---|---|---|---|---|
| 垂线数目 $m$ | 测速测点数 $p$ | 测点测流历时 $t$ | 高水 | | 中水 | | 低水 | |
| | | | $X'_\alpha$ | $\hat{\mu}_\alpha$ | $X'_\alpha$ | $\hat{\mu}_\alpha$ | $X'_\alpha$ | $\hat{\mu}_\alpha$ |
| 20 | 3 | 100 | 2.4 | −1.0 | 3.3 | −1.3 | 3.9 | −1.5 |
| 20 | 3 | 60 | 2.5 | −1.0 | 3.3 | −1.3 | 4.0 | −1.6 |
| 20 | 3 | 30 | 2.6 | −1.0 | 3.6 | −1.4 | 4.2 | −1.6 |
| 20 | 2 | 100 | 2.5 | −1.0 | 3.4 | −1.4 | 4.1 | −1.6 |
| 20 | 2 | 60 | 2.6 | −1.0 | 3.5 | −1.4 | 4.2 | −1.7 |
| 20 | 2 | 30 | 2.8 | −1.1 | 3.7 | −1.5 | 4.4 | −1.8 |
| 20 | 1 | 100 | 2.8 | −1.1 | 3.7 | −1.5 | 4.4 | −1.8 |
| 20 | 1 | 60 | 2.9 | −1.2 | 3.8 | −1.5 | 4.6 | −1.8 |
| 20 | 1 | 30 | 3.1 | −1.2 | 4.1 | −1.6 | 5.2 | −2.0 |
| 15 | 3 | 100 | 2.8 | −1.1 | 3.8 | −1.5 | 4.7 | −1.9 |
| 15 | 3 | 60 | 2.9 | −1.2 | 3.9 | −1.6 | 4.8 | −1.9 |
| 15 | 3 | 30 | 3.1 | −1.2 | 4.1 | −1.6 | 5.1 | −2.0 |
| 15 | 2 | 100 | 3.0 | −1.2 | 4.0 | −1.6 | 4.8 | −1.9 |
| 15 | 2 | 60 | 3.1 | −1.2 | 4.1 | −1.6 | 5.0 | −2.0 |
| 15 | 2 | 30 | 3.2 | −1.3 | 4.3 | −1.7 | 5.0 | −2.0 |
| 15 | 1 | 100 | 3.3 | −1.3 | 4.2 | −1.7 | 5.2 | −2.1 |
| 15 | 1 | 60 | 3.4 | −1.4 | 4.4 | −1.8 | 5.4 | −2.2 |
| 15 | 1 | 30 | 3.6 | −1.4 | 4.8 | −1.9 | 6.0 | −2.4 |
| 10 | 3 | 100 | 3.7 | −1.5 | 4.7 | −1.9 | 6.0 | −2.4 |
| 10 | 3 | 60 | 3.8 | −1.5 | 4.8 | −1.9 | 6.1 | −2.4 |
| 10 | 3 | 30 | 3.9 | −1.5 | 5.1 | −2.0 | 6.5 | −2.5 |
| 10 | 2 | 100 | 3.8 | −1.5 | 4.9 | −2.0 | 6.2 | −2.5 |
| 10 | 2 | 60 | 4.0 | −1.6 | 5.0 | −2.0 | 6.4 | −2.5 |
| 10 | 2 | 30 | 4.1 | −1.6 | 5.3 | −2.1 | 6.6 | −2.5 |
| 10 | 1 | 100 | 4.2 | −1.7 | 5.2 | −2.1 | 6.6 | −2.6 |
| 10 | 1 | 60 | 4.4 | −1.8 | 5.3 | −2.1 | 6.9 | −2.8 |
| 10 | 1 | 30 | 4.5 | −1.8 | 5.8 | −2.3 | 7.6 | −3.0 |

表 4.9-22 二类精度水文站测流方案与精度选择

| 测流方案 | | | 测验误差/% | | | | | |
|---|---|---|---|---|---|---|---|---|
| 垂线数目 $m$ | 测速测点数 $p$ | 测点测流历时 $t$ | 高水 | | 中水 | | 低水 | |
| | | | $X'_a$ | $\hat{\mu}_a$ | $X'_a$ | $\hat{\mu}_a$ | $X'_a$ | $\hat{\mu}_a$ |
| 20 | 3 | 100 | 2.8 | −1.1 | 3.8 | −1.5 | 4.0 | −1.6 |
| 20 | 3 | 60 | 2.8 | −1.1 | 3.9 | −1.6 | 4.1 | −1.6 |
| 20 | 3 | 30 | 2.9 | −1.2 | 4.1 | −1.6 | 4.2 | −1.7 |
| 20 | 2 | 100 | 2.9 | −1.2 | 3.9 | −1.6 | 4.2 | −1.7 |
| 20 | 2 | 60 | 3.0 | −1.2 | 4.0 | −1.6 | 4.4 | −1.8 |
| 20 | 2 | 30 | 3.1 | −1.2 | 4.2 | −1.7 | 4.6 | −1.8 |
| 20 | 1 | 100 | 3.2 | −1.3 | 4.2 | −1.7 | 4.5 | −1.8 |
| 20 | 1 | 60 | 3.3 | −1.3 | 4.3 | −1.7 | 4.8 | −1.9 |
| 20 | 1 | 30 | 3.4 | −1.4 | 4.6 | −1.8 | 5.3 | −2.0 |
| 15 | 3 | 100 | 3.3 | −1.3 | 4.3 | −1.7 | 4.8 | −1.9 |
| 15 | 3 | 60 | 3.4 | −1.4 | 4.4 | −1.8 | 4.9 | −2.0 |
| 15 | 3 | 30 | 3.5 | −1.4 | 4.6 | −1.8 | 5.2 | −2.1 |
| 15 | 2 | 100 | 3.4 | −1.4 | 4.5 | −1.8 | 5.0 | 2.0 |
| 15 | 2 | 60 | 3.5 | −1.4 | 4.6 | −1.8 | 5.1 | −2.0 |
| 15 | 2 | 30 | 3.6 | −1.4 | 4.8 | −1.9 | 5.4 | −2.2 |
| 15 | 1 | 100 | 3.8 | −1.5 | 4.8 | −1.9 | 5.3 | −2.1 |
| 15 | 1 | 60 | 3.9 | −1.6 | 4.9 | −2.0 | 5.6 | −2.2 |
| 15 | 1 | 30 | 4.0 | −1.6 | 5.3 | −2.1 | 6.2 | −2.5 |
| 10 | 3 | 100 | 4.2 | −1.7 | 5.3 | −2.1 | 6.2 | −2.5 |
| 10 | 3 | 60 | 4.3 | −1.7 | 5.4 | −2.2 | 6.3 | −2.5 |
| 10 | 3 | 30 | 4.5 | −1.8 | 5.7 | −2.3 | 6.6 | −2.6 |
| 10 | 2 | 100 | 4.4 | −1.8 | 5.5 | −2.2 | 6.4 | −2.6 |
| 10 | 2 | 60 | 4.5 | −1.8 | 5.6 | −2.2 | 6.5 | −2.6 |
| 10 | 2 | 30 | 4.6 | −1.8 | 5.8 | −2.3 | 6.8 | −2.7 |
| 10 | 1 | 100 | 4.8 | −1.9 | 5.8 | −2.3 | 6.8 | −2.7 |
| 10 | 1 | 60 | 4.9 | −2.0 | 6.0 | −2.4 | 7.1 | −2.8 |
| 10 | 1 | 30 | 5.1 | −2.0 | 6.4 | −2.5 | 7.7 | −3.0 |

表 4.9-23　　　　　　　　　　　三类精度水文站测流方案与精度选择表

| 测流方案 | | | 测验误差/% | | | | | |
|---|---|---|---|---|---|---|---|---|
| 垂线数目 $m$ | 测速测点数 $p$ | 测点测流历时 $t$ | 高水 | | 中水 | | 低水 | |
| | | | $X'_\alpha$ | $\hat{\mu}_\alpha$ | $X'_\alpha$ | $\hat{\mu}_\alpha$ | $X'_\alpha$ | $\hat{\mu}_\alpha$ |
| 20 | 3 | 100 | 3.1 | −1.2 | 4.0 | −1.6 | 4.4 | 1.8 |
| 20 | 3 | 60 | 3.2 | −1.3 | 4.0 | −1.6 | 4.5 | −1.8 |
| 20 | 3 | 30 | 3.3 | −1.3 | 4.2 | −1.7 | 4.8 | −1.9 |
| 20 | 2 | 100 | 3.2 | −1.3 | 4.1 | −1.6 | 4.6 | −1.8 |
| 20 | 2 | 60 | 3.3 | −1.3 | 4.2 | −1.7 | 4.7 | −1.9 |
| 20 | 2 | 30 | 3.4 | −1.4 | 4.4 | −1.8 | 4.9 | −2.0 |
| 20 | 1 | 100 | 3.5 | −1.4 | 4.3 | −1.7 | 4.9 | −2.0 |
| 20 | 1 | 60 | 3.6 | −1.4 | 4.4 | −1.8 | 5.1 | −2.0 |
| 20 | 1 | 30 | 3.7 | −1.5 | 4.8 | −1.9 | 5.6 | −2.2 |
| 15 | 3 | 100 | 3.7 | −1.5 | 4.7 | −1.9 | 5.4 | −2.2 |
| 15 | 3 | 60 | 3.8 | −1.5 | 4.8 | −1.9 | 5.4 | −2.2 |
| 15 | 3 | 30 | 3.9 | −1.6 | 5.0 | −2.0 | 5.7 | −2.3 |
| 15 | 2 | 100 | 3.9 | −1.6 | 4.8 | −1.9 | 5.5 | −2.2 |
| 15 | 2 | 60 | 4.0 | −1.6 | 4.9 | −2.0 | 5.7 | −2.3 |
| 15 | 2 | 30 | 4.1 | −1.6 | 5.1 | −2.0 | 5.9 | −2.4 |
| 15 | 1 | 100 | 4.2 | −1.7 | 5.1 | −2.0 | 5.8 | −2.3 |
| 15 | 1 | 60 | 4.3 | −1.7 | 5.2 | −2.1 | 6.1 | −2.4 |
| 15 | 1 | 30 | 4.4 | −1.8 | 5.6 | −2.2 | 6.6 | −2.6 |
| 10 | 3 | 100 | 4.8 | −1.9 | 6.0 | −2.4 | 6.9 | −2.8 |
| 10 | 3 | 60 | 4.9 | −2.0 | 6.0 | −2.4 | 7.0 | −2.8 |
| 10 | 3 | 30 | 5.0 | −2.0 | 6.3 | −2.5 | 7.3 | −2.9 |
| 10 | 2 | 100 | 4.9 | −2.0 | 6.1 | −2.4 | 7.1 | −2.8 |
| 10 | 2 | 60 | 5.0 | −2.0 | 6.2 | −2.5 | 7.2 | −2.9 |
| 10 | 2 | 30 | 5.1 | −2.0 | 6.4 | −2.6 | 7.5 | −3.0 |
| 10 | 1 | 100 | 5.3 | −2.1 | 6.4 | −2.6 | 7.4 | −3.0 |
| 10 | 1 | 60 | 5.4 | −2.2 | 6.5 | −2.6 | 7.7 | −3.1 |
| 10 | 1 | 30 | 5.5 | −2.2 | 7.0 | −2.8 | 8.3 | −3.3 |

### 4.9.4.5　流速仪简测法

前面章节通过Ⅰ、Ⅱ、Ⅲ型误差试验,从密集的垂线、测点和长历时测验中,以Ⅰ、Ⅱ、Ⅲ型允许误差为最大控制指标,分项进行精度评定,选择出满足精度要求且可以用于日常流量测验的优化方案,优化方案适当减少了垂线、测点和历时,在保证流量测验成果精度的前提下,减轻了测验工作量。这种优化方案被叫做流速仪法的常测法方案。

常测法方案为避免测速垂线数目引起的随机误差和系统误差对流量影响过大,确定的垂线、测点、测速历时都不会太少。通常,有条件进行精简分析的测站,其常测法测速垂线的数目及布设位置要求断面内任意两条相邻测速垂线的间距不宜过大,垂线间距与高、中、低水位时总水面宽的比例,一类站应为 7%～10%,二类站应为 8%～11%,三类站应为 9%～12%。未进行精简分析的测站,其常测法测速垂线布设,测速垂线数目可参照表 4.9-24 所列。

表 4.9-24　　　　　　　　未精简分析时常测法测速垂线布设要求

| 水面宽/m | | <5.0 | 5.0 | 50 | 100 | 300 | 1000 | >1000 |
|---|---|---|---|---|---|---|---|---|
| 最少测速垂线数 | 窄深河道 | 3～5 | 5 | 6 | 7 | 8 | 8 | 8 |
| | 宽浅河道 | | | 8 | 9 | 11 | 13 | >13 |

注:当水面宽与平均水深之比值($B/H$)小于 100 时为窄深河道,大于 100 时为宽浅河道。

前面章节以白鹤滩水电站—溪洛渡水电站河段为典型案例,对两坝间水流特性进行介绍,这里不再赘述。可以看出,两坝间的水流特性受下游电站蓄水顶托影响的同时,会受上游电站调度运行影响。上游电站发电蓄能、闸门调试、调水调沙、底孔冲沙、表孔泄洪等工作,频繁开启或者关闭闸门,导致断面流量涨落变化频繁且急剧。水位的涨落率与天然河道相比,也是成十倍地增加。这种情况下,两坝间河段采用流速仪常测法进行流量测验,一定程度上会引起测验时间较长,无法控制流量变化过程或流量的时段代表性不够。

(1)适用条件

对于受上游电站开关闸影响剧烈的两坝间河段流量测验,重点工作需要快速抢抓过程、准确获取流量,开展流速仪少线少点法是快速且有效保证精度的手段。流速仪少线少点法,又称为简测法,适用于发生特殊水情时,需要最大限度地缩短测流历时或需要在一定时间内大量增加测流次数时,如在高洪测验、电站调蓄频繁、极端异常情况等需要快速抢测过程时采用。

(2)简测法测验方案确定

简测法是在保证一定精度前提下,优化流速仪法测验方案,通过精简分析用尽可能少的垂线、测点和测速历时进行流量测验。代表性法也是属于简测法的一种特殊形式。

1)直接通过Ⅰ、Ⅱ、Ⅲ型误差试验,选取尽可能少的垂线、测点、测验历时做最大限度的抽样精简,以Ⅰ、Ⅱ、Ⅲ型允许误差为最大控制指标,分项进行精度评定,选择满足Ⅰ、Ⅱ、Ⅲ型误差精度要求且最少的垂线、测点、测验历时,直接作为简测法测验方案。

2)最少垂线、测点、测验历时的精简方案,会使误差不满足规范要求,或虽满足规范要求,但因少线少点少历时,在一定程度上会降低测验的精度。在一次流量测验中,水情较平稳时,测速垂线越多,流量越精确,但是所花费的时间就越多,本次测验测得的流量瞬时性就越差,这是一个矛盾所在。为了既能缩短历时又能保证测验精度,可将简测法与多线多点法测验成果建立相关关系,再通过简测法测验,利用简测法成果采用相关关系推算的方式进行。

a.有多线多点法(精测法)资料的时期或测站,对多线多点法垂线、测点做最大限度的抽样精简分析,建立简测法与精测法的转换关系,采用简测法方案的测量成果利用转换关系反推精测法成果,当满足误差规定时,可采用简测法测验方案。

一般在高、中、低各水位级均匀选择不少于 30 次的精测法样本数据,从中抽取尽可能少的垂线、测点计算出断面平均流速或流量,与多线多点法计算的断面平均流速或流量建立相关关系,率定出两者间的流速系数、流量系数等转化关系,然后采用简测法成果利用流速系数或流量系数等转换关系推算断面平均流速或流量。推算的成果与实际精测法成果的误差满足单次流量测验允许误差规定时,抽样确定的简测法方案可行。

b.没有多线多点法(精测法)资料的时期或测站,可用常测法测验资料分析,一般在高、中、低各水位级均匀选择不少于 30 次的常测法样本数据进行抽样精简分析,建立转换关系后利用简测法方案推算常测法方案成果。

3)没有条件使用精测法的时期或测站,还可采用垂线、测点分开进行的精简方法,即用若干多线少点资料进行精简垂线分析,用若干单线多点资料进行精简测点分析,只要线、点分别精简后的综合误差符合规定,就可将精简后的垂线、测点测速作为简测法方案使用。

4)如按上述规定测验仍有困难,允许不经过精简分析,直接用较少的垂线、测点,尽可能用各种途径检验这种测流方法的精度后再测验。

单次流量测验允许误差见表 4.9-25。

(3)精简分析案例

巴塘(五)水文站由巴塘(四)站上迁 15km,于 2019 年 1 月 1 日开始运行,位于四川省甘孜藏族自治州巴塘县竹巴笼乡水磨沟村。该站为金沙江上段的国家重要基本水文站,为国家收集基本水文资料,为防汛抗旱服务,为流域规划、水资源监督管理、河流健康保护、水文分析、水情预报提供重要数据支撑,是省界及水量分配监测站。巴塘(五)站按照常测法线点 10~14 线三点法进行流量测验,低水期测流约 1h,中高水期测流 2~3h。为提高测站测验效率,在水位暴涨暴落时更完整地收集流量过程资料,需对巴塘(五)站流量测验垂线及测点进行精简分析。

表 4.9-25 流速仪法单次流量测验允许误差

| 站类 | 水位级 | 允许误差/% | | | | 系统误差 |
| | | 置信水平为95%总随机不确定度 | | | | |
| | | 基本资料收集 | 水文分析计算 | 防汛 | 水资源管理 | |
| --- | --- | --- | --- | --- | --- | --- |
| 一类精度水文站 | 高 | 5 | 6 | 5 | 5 | −1.5~1 |
| | 中 | 6 | 7 | 6 | 6 | −2.0~1 |
| | 低 | 9 | 9 | 8 | 7 | −2.5~1 |
| 二类精度水文站 | 高 | 6 | 7 | 6 | 8 | −2.0~1 |
| | 中 | 7 | 8 | 7 | 7 | −2.5~1 |
| | 低 | 10 | 10 | 9 | 8 | −3.0~1 |
| 三类精度水文站 | 高 | 8 | 9 | 8 | 7 | −2.5~1 |
| | 中 | 9 | 10 | 9 | 8 | −3.0~1 |
| | 低 | 12 | 12 | 11 | 10 | −3.5~1 |

1)巴塘(五)站情况。

测验河段位于弯道顺直段,顺直长度约 800m,断面位于 800m 顺直河段的尾部处,呈 U 形,左深右浅,最大水面宽 250m。无串沟、回流、死水情况。左岸为混凝土河堤,右岸为沙石,河床由卵石夹沙组成,断面右岸至中泓冲淤变化较大,两岸无植被生长。断面右岸有长约 700m,宽约 100m 沙洲,沙洲末端延伸至断面,中水时淹没,对断面流向有影响。断面左岸下游约 200m 处有小溪沟汇入,遇暴雨泥石流时形成乱石滩对断面有影响,下游约 300m 河道左弯并有一卡口起高水控制作用。

2019 年 1 月 1 日开展流量测验,流量测验断面与基本水尺断面重合,采用悬索悬吊方式渡河。测验方法为流速仪法,主要测流仪器为流速仪,流速仪型式为 LS25-3A型,流量测验精度为二类精度流量站。根据水位与流量变化情况布置测次,以能满足顾客需求和水位—流量关系整编定线、准确推算逐日流量和各种径流特征值。

2)流量测验基本情况。

水位—流量关系基本稳定,受流向偏角影响,需进行流向偏角改正、流量改算。$Z—Q$ 关系定线方法采用临时曲线法,流量测次按照水位级布控,能完整地控制水流变化过程,确保洪峰过程形态不变。流量测验主要采用水文缆道流速仪 10~14 线(55.0m、75.0m、100m、125m、140m、155m、165m、175m、185m、195m、210m、225m、240m、260m)三点法 100s 常规测验。

3）垂线流速分布。

随机挑选 10 次高中低水测流过程，绘制垂线平均流速分布图，见图 4.9-27。根据垂线流速分布图可以看出，测站主泓在起点距 100～200m，断面流速呈弧形分布。精简起点距 50m、165m、185m、225m 的 4 条垂线对断面流速分布影响不大。

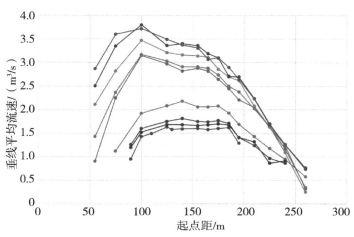

图 4.9-27　垂线平均流速分布

4）精简分析。

a. 常测法精简分析。

收集 2020 年 1 月—2023 年 9 月实测流量资料，分析其中 48 次流量资料（高水期 11 次，中水期 33 次，低枯水期 4 次），流量变幅为 769m³/s（相应水位 2487.58m）～4580m³/s（相应水位 2493.11m）。从常测法 10～14 线三点法中抽取 10 线（75m、100m、125m、140m、155m、175m、195m、210m、240m、260m）按照一点法（0.6）进行精简计算，根据表 4.9-26，可以知精简测速垂线和测点后，高、中、低水流量测验系统误差分别为−1.7%、−0.5%、−0.73%，随机不确定度分别为 1.6%、1.0%、1.4%，误差较小，符合《河流流量测验规范》（GB 50179—2015）表 B.12.12-2 精度要求。

常测法方案可精简为 10 线（75m、100m、125m、140m、155m、175m、195m、210m、240m、260m）一点法（0.6）测验。

表 4.9-26　　　　　　　巴塘（五）站 2020—2023 年精简分析误差统计

| 序号 | 年份 | 测次 | 相应水位<br>/m | 常测法流量<br>/(m³/s) | 10 线一点法（0.6）<br>流量/(m³/s) | 误差<br>/% | 备注 |
| --- | --- | --- | --- | --- | --- | --- | --- |
| 1 | 2020 | 25 | 2492.14 | 3530 | 3480 | −1.42 | 高水期 |
| 2 | 2020 | 26 | 2492.88 | 4070 | 3970 | −2.46 | |

| 序号 | 年份 | 测次 | 相应水位 /m | 常测法流量 /(m³/s) | 10线一点法(0.6) 流量/(m³/s) | 误差 /% | 备注 |
|------|------|------|-------------|--------------------|------------------------------|---------|------|
| 3 | 2020 | 27 | 2493.04 | 4110 | 4010 | −2.43 | |
| 4 | 2020 | 28 | 2492.64 | 3790 | 3720 | −1.85 | |
| 5 | 2020 | 29 | 2492.6 | 3790 | 3660 | −3.43 | |
| 6 | 2020 | 30 | 2492.41 | 3540 | 3500 | −1.13 | |
| 7 | 2023 | 25 | 2492.08 | 3770 | 3740 | −0.80 | 高水期 |
| 8 | 2023 | 26 | 2492.41 | 3970 | 3930 | −1.01 | |
| 9 | 2023 | 27 | 2492.93 | 4410 | 4360 | −1.13 | |
| 10 | 2023 | 28 | 2493.11 | 4580 | 4500 | −1.75 | |
| 11 | 2023 | 29 | 2492.57 | 4130 | 4090 | −0.97 | |
| 12 | 2022 | 10 | 2488.17 | 933 | 929 | −0.43 | |
| 13 | 2022 | 13 | 2488.41 | 1110 | 1110 | 0.00 | |
| 14 | 2022 | 14 | 2488.82 | 1400 | 1380 | −1.43 | |
| 15 | 2022 | 15 | 2488.61 | 1220 | 1220 | 0.00 | |
| 16 | 2022 | 16 | 2489.25 | 1700 | 1680 | −1.18 | |
| 17 | 2022 | 17 | 2489.84 | 2060 | 2070 | 0.49 | |
| 18 | 2022 | 18 | 2490.03 | 2200 | 2180 | −0.91 | |
| 19 | 2022 | 19 | 2490.38 | 2460 | 2440 | −0.81 | |
| 20 | 2022 | 20 | 2489.47 | 1810 | 1800 | −0.55 | |
| 21 | 2022 | 21 | 2489.04 | 1590 | 1580 | −0.63 | |
| 22 | 2022 | 22 | 2489.68 | 2000 | 1980 | −1.00 | |
| 23 | 2022 | 23 | 2488.87 | 1460 | 1460 | 0.00 | 中水期 |
| 24 | 2022 | 24 | 2489.72 | 2070 | 2070 | 0.00 | |
| 25 | 2022 | 25 | 2490.53 | 2560 | 2540 | −0.78 | |
| 26 | 2022 | 26 | 2490.22 | 2290 | 2290 | 0.00 | |
| 27 | 2022 | 27 | 2489.10 | 1640 | 1630 | −0.61 | |
| 28 | 2023 | 10 | 2488.13 | 1090 | 1080 | −0.92 | |
| 29 | 2023 | 11 | 2488.46 | 1260 | 1260 | 0.00 | |
| 30 | 2023 | 12 | 2488.96 | 1580 | 1580 | 0.00 | |
| 31 | 2023 | 13 | 2489.27 | 1800 | 1790 | −0.56 | |
| 32 | 2023 | 14 | 2488.71 | 1420 | 1420 | 0.00 | |
| 33 | 2023 | 15 | 2489.91 | 2190 | 2160 | −1.37 | |
| 34 | 2023 | 16 | 2490.18 | 2350 | 2340 | −0.43 | |

续表

| 序号 | 年份 | 测次 | 相应水位 /m | 常测法流量 /(m³/s) | 10 线一点法(0.6) 流量/(m³/s) | 误差 /% | 备注 |
|---|---|---|---|---|---|---|---|
| 35 | 2023 | 17 | 2490.37 | 2500 | 2480 | −0.80 | 中水期 |
| 36 | 2023 | 18 | 2490.97 | 2860 | 2830 | −1.05 | |
| 37 | 2023 | 19 | 2491.45 | 3310 | 3300 | −0.30 | |
| 38 | 2023 | 20 | 2491.68 | 3430 | 3390 | −1.17 | |
| 39 | 2023 | 21 | 2491.22 | 3120 | 3090 | −0.96 | |
| 40 | 2023 | 22 | 2490.66 | 2740 | 2730 | −0.36 | |
| 41 | 2023 | 23 | 2489.58 | 1960 | 1960 | 0.00 | |
| 42 | 2023 | 24 | 2491.33 | 3190 | 3170 | −0.63 | |
| 43 | 2023 | 30 | 2489.73 | 2130 | 2130 | 0.00 | |
| 44 | 2023 | 31 | 2489.2 | 1750 | 1760 | 0.57 | |
| 45 | 2022 | 11 | 2487.76 | 828 | 813 | −1.81 | 低枯水期 |
| 46 | 2022 | 28 | 2487.58 | 769 | 767 | −0.26 | |
| 47 | 2023 | 7 | 2487.85 | 923 | 921 | −0.22 | |
| 48 | 2023 | 9 | 2487.62 | 806 | 801 | −0.62 | |
| 系统误差 | | | | | | −0.77 | |
| 标准差 | | | | | | 1.56 | |

b.简测法方案分析。

收集 2020—2023 年 9 次高水期常测法流量资料,流量变幅为 3530m³/s(相应水位 2492.14m)～4580m³/s(相应水位 2493.11m)。抽取 5 线(75m、100m、140m、155m、195m)一点法(0.2)和常测法建立相关关系,由图 4.4-28 可知,5 线一点法(0.2)流量和常测法流量相关关系较好,建立相关关系为:$Q_常 = 0.87 \times Q_简$。

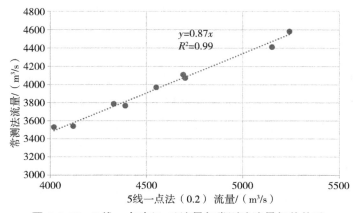

图 4.9-28 5 线一点法(0.2)流量与常测法流量相关关系

利用简测法乘以流量系数 0.87 的推算流量,与常测法实测成果相比,系统误差为 0.19%,随机不确定度为 3.80%,见表 4.9-27。简测法推算成果误差较小,满足流速仪法单次流量测验允许误差要求。简测法方案确定为:75m、100m、140m、155m、195m5 线一点法(0.2)。

表 4.9-27　巴塘(五)站 2020—2023 年简测法系数分析　(水位:m;流量:m³/s;误差、标准差:%)

| 年份 | 测次 | 相应水位 | 常测法流量 | 简测法流量 | 推算流量 | 误差 |
|---|---|---|---|---|---|---|
| 2020 | 25 | 2492.14 | 3530 | 4020 | 3500 | −0.85 |
| 2020 | 26 | 2492.88 | 4070 | 4700 | 4090 | 0.49 |
| 2020 | 27 | 2493.04 | 4110 | 4690 | 4080 | −0.73 |
| 2020 | 29 | 2492.60 | 3790 | 4330 | 3770 | −0.53 |
| 2020 | 30 | 2492.41 | 3540 | 4120 | 3580 | 1.13 |
| 2023 | 25 | 2492.08 | 3770 | 4390 | 3820 | 1.33 |
| 2023 | 26 | 2492.41 | 3970 | 4550 | 3960 | −0.25 |
| 2023 | 27 | 2492.93 | 4410 | 5150 | 4480 | 1.59 |
| 2023 | 28 | 2493.11 | 4580 | 5240 | 4560 | −0.44 |
| 系统误差 | | | | | | 0.19 |
| 标准差 | | | | | | 1.90 |

(4)简测法测验方案要求

1)简测法测速垂线布设要求。

简测法的测速垂线数目及其布设位置,应通过精简分析确定。为了提高简测法测流成果的精度,布设垂线时通常需要注意如下几个问题。

a. 宜根据各种水情变化情况分析几套简测法方案(如较多垂线的和较少垂线的,不同垂线组合),以便视测验条件而选用。

b. 主流摆动剧烈或河床不稳定的时期或测站,垂线不宜过少。

c. 垂线较少时,应尽量避免布设在流速脉动特别大的位置。

d. 无论河床稳定性和水流条件如何,垂线优先设在主流部分。

2)简测法测验要求。

简测法的目的是缩短测验历时,以抢抓洪水过程或提高流量的时段代表性,但单次流量的测验精度通常低于常测法或者精测法的测验精度。为了更好地提升流速仪法流量测验精度的控制,简测法测验宜满足如下要求。

a. 只有在暴涨暴落、水位变化急剧或漂浮物严重等特殊水情需抢抓洪水过程时,可采用简测法简化测流。

b. 简测法方案可以有多种组合方式,不同组合方式的精度不同。宜优先选择垂线多或精度较高的简测方案。

c.对单次测验精度不能达到规范规定的方案应限制使用,如出现溃坝、分洪、泥石流、堰塞湖等异常特殊水情,需应急流量测验时可使用。

d.简测法施行时,可为满足不同的精度要求,选择不同的特殊水情分别采用。以金沙江河段水文站为例,按测站精度分类,结合测验线点数量,能达到的精度标准分别限制使用(表4.9-28)。

表 4.9-28　　　　　各站简测法方案及使用条件与限制

| 测站类别 | 站名 | 方法优先顺序 | 测验方案 | 流量公式 | 随机不确定度/% | 使用条件与限制 | |
|---|---|---|---|---|---|---|---|
| 一类精度水文站 | 攀枝花 | 1 | 55、90、165 | $Q_{实}=Q_{0.2}\times0.91+325$ | 3.6 | <5% | 正常采用 |
| | | 2 | 65、90、120、135、165 | $Q_{实}=Q_{0.2}\times0.90+216$ | 3.9 | | |
| | | 3 | 65、90、120、135、175 | $Q_{实}=Q_{0.2}\times0.91+395$ | 4.1 | 5%~6% | 特殊情况时,报分局同意后使用 |
| | | 4 | 65、120、175 | $Q_{实}=Q_{0.2}\times0.93+501$ | 4.2 | | |
| | | 5 | 55、90、120、135、155 | $Q_{实}=Q_{0.2}\times0.94-188$ | 4.6 | >6% | 异常特殊情况时,报上游局同意后使用 |
| | | 6 | 45、90、155 | $Q_{实}=Q_{0.2}\times0.95-148$ | 4.9 | | |
| 二类精度水文站 | 岗拖 | 1 | 20、40、60、80、100 | $Q_{实}=Q_{0.2}\times0.92-22.3$ | 6.1 | <6% | 正常采用 |
| | | 2 | 20、30、60、90、100 | $Q_{实}=Q_{0.2}\times0.93+15.1$ | 6.9 | | |
| | | 3 | 30、60、100 | $Q_{实}=Q_{0.2}\times0.92+98.5$ | 6.7 | | |
| | | 4 | 20、30、70、90、100 | $Q_{实}=Q_{0.2}\times0.92+118$ | 7.1 | 6%~7% | 特殊情况时,报分局同意后使用 |
| | | 5 | 30、70、100 | $Q_{实}=Q_{0.2}\times0.90+173$ | 7.1 | | |
| | | 6 | 20、60、100 | $Q_{实}=Q_{0.2}\times1.04-6.77$ | 7.0 | | |
| | | 7 | 30、60、90 | $Q_{实}=Q_{0.2}\times0.90+11.6$ | 7.8 | >7% | 异常特殊情况时,报上游局同意后使用 |
| | | 8 | 20、60、90 | $Q_{实}=Q_{0.2}\times1.02-106$ | 7.7 | | |

| 测站类别 | 站名 | 方法优先顺序 | 测验方案 | 流量公式 | 随机不确定度/% | 使用条件与限制 | |
|---|---|---|---|---|---|---|---|
| 三类精度水文站 | 奔子栏 | 1 | 40、54、78、94、115 | $Q_实 = Q_{0.2} \times 1.00 - 263$ | 4.4 | <8% | 正常采用 |
| | | 2 | 54、70、86、102、115 | $Q_实 = Q_{0.2} \times 1.01 - 234$ | 4.8 | | |
| | | 3 | 40、78、115 | $Q_实 = Q_{0.2} \times 1.02 - 225$ | 4.7 | 8%~9% | 特殊情况时,报分局同意后使用 |
| | | 4 | 70、86、102 | $Q_实 = Q_{0.2} \times 1.03 - 207$ | 4.7 | | |
| | | 5 | 54、78、102 | $Q_实 = Q_{0.2} \times 1.03 - 255$ | 4.9 | >9% | 异常特殊情况时,报上游局同意后使用 |
| | | 6 | 54、70、86、102、126 | $Q_实 = Q_{0.2} \times 1.05 - 382$ | 5.2 | | |
| | | 7 | 40、70、86、102、126 | $Q_实 = Q_{0.2} \times 1.03 - 372$ | 5.4 | | |
| | | 8 | 47、86、115 | $Q_实 = Q_{0.2} \times 1.00 - 153$ | 5.4 | | |

### 4.9.4.6 两坝间断面测验

（1）起点距测验

金沙江两坝间河段流速仪法的起点距测验与金沙江其他河段的起点距测验方法一致。第4.2节中金沙江河段断面测验方法对起点距测验已经有详细介绍,这里不再赘述。

（2）水深测验

金沙江两坝间河段受上下游电站蓄放水共同影响,存在水深较大、水位变化急剧的特性,由于不同的电站调蓄作用不同,部分河段甚至出现全年水位无明显的低水位时期或者高水位时期,全年水位完全受上下游电站调蓄控制,出现以日为单位或者以多日为单位的反复且频繁的涨落过程。

1）实测水深。

水深测验除了直接用工具测量,如测深杆、测深锤、缆道下放铅鱼测深外,随着新仪器新技术在水文测验中的应用,利用声波传导进行水深测量在金沙江区域运用较多,如超声波测深仪、单波束回声测深、多波束回声测深、机载激光测深等。

测深杆测深法,一般适用于水深较小的位置,如岸边、浅滩等。测深锤、缆道下放铅鱼测深,一般适用于流速偏角不大的时段。两坝间河段当受上游电站放水影响变化剧烈时,流量迅速上涨,流速偏角可达14°,水深在几十米甚至上百米范围,无法采用测深杆、测深锤或铅鱼测深。因此,配套流速仪法方案对金沙江两坝间河段的水深测验主要采用超声波测深仪进行。

另外,也可以采用差分 GNSS 与回声测深仪配套,采用横渡法按断面布设的测深垂线逐条施测。

2)借用水深。

两坝间河段受上游电站开关闸门影响,流量涨落变化异常急剧,最大涨落率在 3.45m/h,为了配套流速仪法进行流量测验,实测水深会延长流速仪法测验时间,因此两坝间河段在抢抓流量过程控制时,主要采用借用水深的方式获取水深。但需要注意的是,借用的水深应能够代表当前流量测验时刻的断面形态。

(3)两坝间水道断面测量测次布置

规范中要求河床稳定的河段,每年汛前、汛后应全面测深一次,汛期每次较大洪水后加测。在两坝间河段的实际应用中,水道断面测量布置多采用以下方式。

1)断面冲淤变化不大且变化规律明显,水道断面测验时可主要按布设的测深垂线施测水道断面。同时应适当加密对水道断面的测验次数,一般枯季1—4月每隔1—2个月施测1次,汛期5—10月每月至少施测1次,并应尽量在洪峰前或洪峰后布置测次,以及时控制断面形态变化和保证借用水深的合理性。

2)当河床冲淤变化较大时,应密切增加测验的垂线数目和断面测次,例如白鹤滩电站—溪洛渡电站的白鹤滩水文站受冲淤影响严重,断面变化较大,但为缩短测验历时,采用借用水深,水道断面测验时枯季每月至少施测1次,汛期每月至少施测2次,且在水位消退后,及时实测左岸岸上易变动区域的高程。

### 4.9.4.7　测次布置

流速仪法流量测次的布设,必须根据高、中、低各级水位的水流特性、测站控制情况和测验精度要求,掌握各个时期的水情变化,合理地分布于各级水位和水情变化过程的转折点处。水位—流量关系稳定的测站测次,每年不应少于15次。水位—流量关系不稳定的测站,其测次应满足推算逐日流量和各项特征值的要求。当发生洪水、枯水超出历年实测流量的水位时,应对超出部分增加测次。

采用流速仪法进行流量测验的两坝间河段,受上游电站放水涨落及下游电站变动回水影响,实测次数以控制流量变化过程和水位流量的变化为原则。当只受变动回水影响时,回水位有明显变化时,加测1次;当只受上游放水影响时,按受洪水涨落影响,测出洪水过程,每个峰型不少于5次,当涨落急剧频繁时,至少在涨水、落水、封顶附近各布设1次;当受变动回水和上游来水混合影响时,密切增加测次,尽可能地控制流量的变化过程。

另外,两坝间河段的流量测验,除了根据蓄、放水期水情、沙情综合布设测次外,还应加强与电站的沟通协调,保证在闸门调试、发电机组调试、调水调沙、底孔冲沙、表孔泄洪等电站特殊运行调度时期的流量测次布设。

以溪洛渡电站坝区为例,介绍白鹤滩电站—溪洛渡电站两坝间河段白鹤滩水文站流量测次布置情况。

2014—2020 年,白鹤滩水电站未正式运行,白鹤滩水文站水位—流量关系只受溪洛渡水电站蓄水顶托影响。

年内受溪洛渡水电站蓄水顶托影响前,白鹤滩水文站水位—流量关系稳定,水位流量主要根据上游来水情况按水位级均匀布置测次,相邻测点间距小于当年水位变幅的 20%。

受溪洛渡水电站蓄水顶托影响后,白鹤滩水文站水位—流量关系不再单一稳定,同级流量时,水位不固定,水位随着坝前水位的涨落变化而变化,流量测次布设根据白鹤滩站水位和坝前水位综合考虑,根据溪洛渡水电站蓄水速度,平均每 1~2 天布设流量测次,见图 4.9-29。

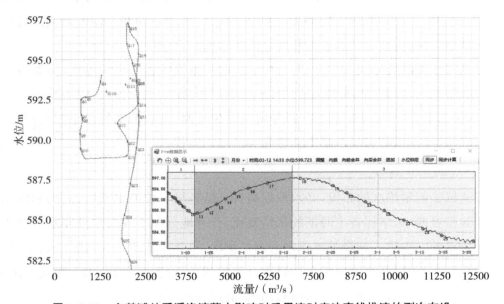

**图 4.9-29 白鹤滩站受溪洛渡蓄水影响时采用连时序法定线推流的测次布设**

白鹤滩水电站成功蓄水后,白鹤滩水文站水位流量变化过程受下游溪洛渡水电站的蓄水及上游白鹤滩水电站开关闸影响,白鹤滩水文站水位涨落率较大,水位、流量变化频繁且急剧,溪洛渡水电站同一坝前水位可对应多种白鹤滩水电站开关闸工况,水位—流量关系十分复杂。要完整控制水位、流量频繁变化过程,流量测次布置既需要考虑下游溪洛渡水电站的坝前水位,又需要结合白鹤滩水电站开关闸情况,密切布置测次,测验次数和测验时机的把握难度增加。

以 2023 年为例,2023 年溪洛渡水电站蓄水前,见图 4.9-30,白鹤滩水文站水位—

流量关系稳定,水位流量主要根据上游来水情况按水位级布置测次,每月流量测次不少于 1 次,两相邻测次的时距不大于 20 天。

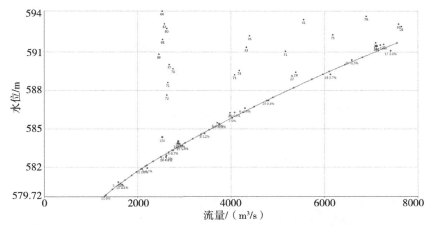

图 4.9-30　白鹤滩水文站稳定时期的水位—流量关系

2023 年溪洛渡水电站蓄水后,白鹤滩水文站水位—流量关系受电站蓄水顶托影响,随溪洛渡水电站坝前水位的涨落呈整体左右偏移的特性,流量测次的布置不再按照水位级布设,而是按照溪洛渡电站不同坝前水位分级布设,每一级坝前水位测次不少于 3 次,在第 4.3.2 节水位—流量关系分析中已详细介绍。

在溪洛渡水电站坝前水位上涨或下落的同时,上游白鹤滩水电站开关闸频繁,在溪洛渡水电站的同一坝前水位时,白鹤滩水文站受白鹤滩水电站不同闸门启闭组合工况影响形成连续、多个频繁且急剧的涨落过程,涨落过程中流量变化率可达 100%。为了控制过程的变化,2023 年测次布置时在起涨、落平、稳定期的位置均布置了测点,但由于涨落太快,对于涨落过程中的测点布置不多,见图 4.9-31。

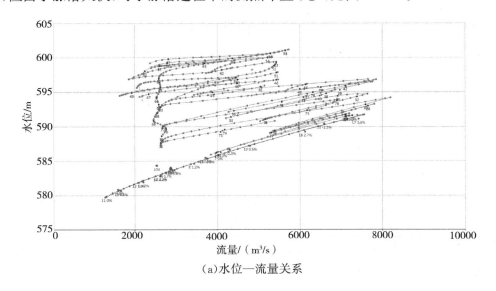

（a）水位—流量关系

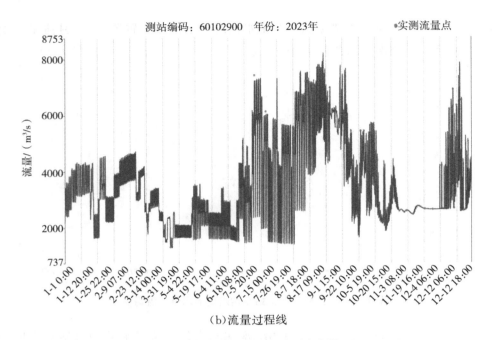

（b）流量过程线

**图 4.9-31　白鹤滩水文站测次布置**

## 4.9.5　ADCP 走航式测验方案

### 4.9.5.1　适用性

与传统流速仪法相比[2]，①ADCP 走航式测流方法是动态方法，随测量船运动过程中进行测量，而传统流速仪法是静态方法，流速垂线是固定的；②ADCP 方法不要求测流断面垂直于河岸，测船航行的轨迹与 ADCP 方法流量测验结果无关，航迹可以是斜线或曲线，采用 ADCP 测流时临时断面的选择空间会提升；③从 ADCP 走航式的测流原理来看，传统流速仪法都是将测流断面分为若干子断面，通过子断面的流量累加得到整个断面流量，但传统的测流方法一直沿用测深杆或测深仪测深，计数器或经纬仪作起点距定位，流速仪测速，一般每个河流断面只设 10～20 条垂线，每个测点测 2～3 个不同深度上的流速，手工计算费工费时，效率有限。但 ADCP 的采样效率就很高，在船只航行过程中将测流断面划分得很细，流速测点很多，每个测点上可以测到几十个不同深度的流速值，计算机采用积分的方法自动求出流量，大大提高了时间效率和数据质量。

ADCP 测流突破了传统的以机械转动为基础的转子式传感流速仪的局限性，在测流过程中将断面的流速流态直接显示，相当直观，具有直接测出断面流速、不扰动流场、测验历时短、测速范围大等优点，尤其在宽断面、大流量的测流中更能体现其快速灵活和实效的特点。因此，ADCP 走航式在两坝间河段是适用的。

#### 4.9.5.2　设备选择

近年,金沙江河段运用 ADCP 走航式进行河流流量测验的测站在逐年增加,说明 ADCP 走航式测流逐步成为一种常规的测流手段。随着 ADCP 在我国水文部门的普及应用,国外引进的和国内研发生产的 ADCP 有多种品牌可以选择。不同参数的设备与不同的搭载方式,对 ADCP 走航式的测流成果有一定的影响,根据河流断面的水流特性,针对性地选择合适的设备类型和搭载方式,制定有效可靠的 ADCP 测验方式,对于两坝间河段特性采用 ADCP 走航式进行流量测验的精度提升来说较为重要。

（1）ADCP 设备类型

目前,引进的国外 ADCP 主要来自美国 Teledyne RD Instruments（TRDI）、Sontek、Rowe Technologies（RTI）、LinkQuest 等 4 家公司,其中 TRDI 公司凭借其宽带专利技术和相控阵专利技术一直处于行业的领导地位（图 4.9-32）。国内研发的 ADCP 主要是广州中海达卫星导航技术股份有限公司、中船海鹰加科海洋技术有限责任公司、上海华测导航技术股份有限公司等 3 家公司的产品（图 4.9-33）。

其中,应用于金沙江河段走航施测的主要有 TRDI 的"骏马"系列"瑞江"（Workhorse Rio Grande）河流型 ADCP（300/600/1200kHz）、"瑞智"（RDI River Ray）型相控阵河流 ADCP（600 kHz）、"瑞谱"（RDI River Pro）型走航式河流 ADCP（1200 kHz）;Sontek M9（双频 1000kHz 与 3000kHz）ADCP;海鹰的 RIV ADCP（300/600/1200kHz）、中海达的 iFlow RP ADCP（600/1200kHz）、华测的瑞星 RS ADCP（600/1200kHz）。

　（a）TRDI Workhorse　　　（b）TRDI River Ray　　　（c）TRDI River Pro

（d）RTI Q3　　　（e）LinkQuest Flow Quest

**图 4.9-32　国外主要 ADCP 产品**

（a）中海达的 iFlow RP 系列　（b）海鹰的 RIV 系列　（c）华测的瑞星 RS 系列　（d）楚航测控的 SonTek M9

**图 4.9-33　国内主要 ADCP 产品**

TRDI 的"瑞江"系列 ADCP 主要有 3 个型号：瑞江 300（300kHz）、瑞江 600（600kHz）、瑞江 1200（1200kHz、零盲区），是典型的第三代声学多普勒河流流量测量系统，由于采用了宽带信号处理专利技术，可在保证精度的前提下提高测量速度，单元数可达 255 个，单元尺寸可小至 0.02m，它的零盲区技术可采集更多的实测数据、适用于更浅的河流。其具有标准工作模式和高精度模式，不仅可实现一般情况下和较高含沙量情况下的精确流速、流量测量，还可实现对浅水、低流速情况下的流速、流量测量。瑞江 600kHz 的实测流速水深为 90m，瑞江 1200kHz 的实测流速水深为 26m。该系列 ADCP 有无线和有线两种配置，船测可采用有线或无线配置，缆测采用无线配置[3]。

SONTEK 的 M9 为双频 ADCP，由 4 个 3MHz 的高频换能器、4 个 1MHz 的低频换能器和 1 个测深换能器组成，实测流速水深为 0.3～30m，推算流速水深段为 30～80m。M9 的测流精度和原来的 ADP 比有较大的提高，产品标称的技术指标已接近或达到了 TRDI 公司"瑞江"型宽带四波束 ADCP 的指标，但采用 GPS 跟踪代替底跟踪需要架设基站，安装、校准也较麻烦，成本也较高。

TRDI 的智能相控阵 ADCP"瑞智"目前只有一种工作频率 600kHz，结合了 TRDI 公司 25 年的声学多普勒产品生产经验和现代军用相控阵技术，是 ADCP 测流技术革命性的进步。采用相控阵技术组合出 4 个电子波束，完全消除了机械波束角带来的测流误差；可根据现场水流情况自动调整测流模式（脉冲相干或宽带）、垂线单元尺寸和单元数目，还可根据船速自动调整采样频率，不需要人工干预便可达到最佳的测流效果，其实测流速水深为 0.3～40m，推算流速水深段为 40～100m；它具有较强的底跟踪能力，对于一般的"动底"不敏感，所以绝大多数情况下不用繁杂的外接 GPS 即可测流，即使遇到较强的"动底"必须外接 GPS 时，也可在 ADCP 内整合 GPS 数据，极大地简化了外接 GPS 的操作；其标配的大功率蓝牙接口可实现 ADCP 与电脑的无线连接，通信能力可达 200m，更远的通信距离可选配数传电台，通信距离可达 30km；配套的测流软件 WinRiver Ⅱ 具有向导功能，不用输入任何指令直接进入测流界面,可轻松完成测流工作。

国内外主要品牌 ADCP 参数对照见表 4.9-29 至表 4.9-31。

**表 4.9-29**           **300kHz ADCP 主要参数对比**

| 仪器图片 | Rio Grande 300kHz | 海鹰 RIV 300kHz |
|---|---|---|
| | **换能器类型** | |
| 波束类型 | 4 波束活塞式(20°)<br>300kHz 测速/测深传感器 | 5 波束活塞式(20°)<br>300kHz 测速/测深传感器<br>垂直波束,根据含沙量制定 |
| | **流速剖面** | |
| 流速范围 | 最大±20m/s,默认±5m/s | 最大±20m/s,默认±5m/s |
| 流速分辨率 | 1mm/s | 1mm/s |
| 单元层数 | 1～255 | 1～260 |
| 单元层大小 | 2～8m | 1～8m |
| 量程 | 0.30～160m | 1～120m |
| 精度 | 流速±0.5%(±5mm/s) | 流速±0.5%(±5mm/s) |
| | **底跟踪** | |
| 深度范围 | 2～200m | 2～200m |
| | **其他** | |
| 测深 | 2～200m | 2～200m |
| 工作模式 | 标准剖面测量模式(宽带)model<br>高精度剖面测量模式(内置)<br>mode5 和 mode11<br>浅水底跟踪模式<br>mode7 | 宽带以及自动选择合适测量参数等多种工作机制 |
| 信号模式 | 宽带、脉冲相干 | 宽带、脉冲相干 |

表 4.9-30　　　　　　　　　　600kHz ADCP 主要参数对比

| 仪器图片 | Rio Grande 600kHz | River Ray 600kHz | iFlow RP 600kHz | 海鹰 RIV 600kHz | 瑞星 RS 600kHz |
|---|---|---|---|---|---|
| **换能器类型** | | | | | |
| 波束类型 | 4 波束活塞式（20°） | 平面相控阵（30°） | 4 波束活塞式（20°） | 5 波束活塞式（20°） | 5 波束活塞式（20°） |
| | 600kHz 测速/测深传感器 | 600kHz 测速/测深传感器 | 600kHz 测速/测深传感器 | 600kHz 测速/测深传感器 垂直波束，根据含沙量制定 | 600kHz 测速/测深传感器 300kHz 垂直波束 |
| **流速剖面** | | | | | |
| 流速范围 | 最大±20m/s，默认±5m/s | | | | |
| 流速分辨率 | 1mm/s | | | | |
| 单元层数 | 1～255 | 25（典型）、200（最多） | 1～260 | 1～260 | 1～260 |
| 单元层大小 | 0.1～4m | 0.10～0.80m | 0.05～4m | 0.20～4m | 0.05～4m |
| 量程 | 0.70～75m | 0.30～40m | 0.30～90m | 0.40～80m | 0.30～90m |
| 精度 | 流速±0.25%（±2mm/s） | | | | |
| **底跟踪** | | | | | |
| 深度范围 | 0.80～90m | 0.40～100m | 0.40～120m | 0.40～120m | 0.30～120m |
| **其他** | | | | | |
| 测深 | 0.80～90m | 0.40～100m | 0.40～120m | 0.40～120m | 300kHz 垂直波束 0.20～180m |
| 工作模式 | 标准剖面测量模式（宽带）mode1、高精度剖面测量模式（内置）mode5 和 mode11、浅水底跟踪模式 mode7 | 全自动/手动 | 全自动作业模式 | 宽带以及自动选择合适测量参数等多种工作机制 | 全自动测量模式（默认）普通测量模式 |
| 信号模式 | 宽带、脉冲相干 | | | | |

表 4.9-31　　　　　　　　　　　1200kHz ADCP 主要参数对比

| 仪器图片 | <br>Rio Grande<br>1200kHz | <br>River Pro<br>1200kHz | <br>SonTek<br>M9 | <br>iFlow RP<br>1200kHz | <br>海鹰 RIV<br>1200kHz | <br>瑞星 RS<br>1200kHz |
|---|---|---|---|---|---|---|
| 换能器类型 | | | | | | |
| 波束类型 | 4 波束活塞式（20°）1200kHz 测速/测深传感器 | 5 波束活塞式（20°）1200kHz 测速/测深传感器 600kHz 测深传感器 | 9 波束活塞式（20°）3000kHz 测速/测深传感器 1000kHz 测速/测深传感器 500kHz 测深传感器 | 5 波束活塞式（20°）1200kHz 测速/测深传感器 600kHz 测深传感器 | 5 波束活塞式（20°）1200kHz 测速/测深传感器 垂直波束，根据含沙量制定 | 5 波束活塞式（20°）1200kHz 测速/测深传感器 300kHz 测深传感器 |
| 流速剖面 | | | | | | |
| 流速范围 | ±20m/s 最大，±5m/s 默认 | | | | | |
| 流速分辨率 | 1mm/s | | | | | |
| 单元层数 | 1～255 | 自动 10～30（典型），200（最多） | 自动 128（最多） | 1～260 | 1～260 | 1～260 |
| 单元层大小 | 0.05～2m | 0.02～5m | 0.02～4m | 0.02～2m | 0.02～2m | 0.02～2m |
| 量程 | 0.30～25m | 0.12～25m | 0.06～40m | 0.10～40m | 0.10～40m | 0.15～40m |
| 精度 | 流速±0.25%（±2mm/s） | 流速±0.25%（±2mm/s） | 流速±0.25%（±2mm/s） | 流速±0.25%（±2mm/s） | 流速±0.25%（±2mm/s） | 流速±0.25%（±2mm/s） |
| 底跟踪 | | | | | | |
| 深度范围 | 0.5～30m | 0.15～35m | 0.30～40m | 0.15～50m | 0.1～55m | 0.15～55m |
| 其他 | | | | | | |
| 测深 | 0.5～30m | 0.15～120m | 0.20～80m | 600kHz 垂直波束 0.15～50m | 0.1～55m | 300kHz 垂直波束 0.20～180m |

| 工作模式 | 标准剖面测量模式（宽带）mode1、高精度剖面测量模式（内置）mode5和mode11、浅水底跟踪模式mode7 | 全自动/手动 | 全自动作业模式 | 全自动作业模式 | 宽带以及自动选择合适测量参数等多种工作机制 | 全自动测量模式（默认）普通测量模式 |
|---|---|---|---|---|---|---|
| 信号模式 | 宽带、脉冲相干 | | | | | |

（2）搭载设备及方式

1）载体和外接设备。

ADCP现有的载体主要为测验大船、冲锋舟、三体船和智能遥控船等，搭载设备见图4.9-34。

ADCP测流系统是多传感器的集成，除了ADCP换能器本身以外，仪器在测验过程中容易受到磁场、河流底部泥沙运动的影响，为了保证系统数据的准确性，可以通过外接设备来加强或替代ADCP测流系统的工作。外接设备主要包括外部罗经、GPS、回声测深仪等。当载体是铁质测船时，铁质测船对声学多普勒流速仪的内置磁罗经的工作造成干扰，需要外接罗经来替代ADCP的内部磁罗经，以准确获取测验断面的方向值；当河底出现有"动底"现象时，应外接GPS来测量测船的航速；当含沙量较大，底跟踪失效，应调整参数进行试测，若无法获取较大水深信息，应外接回声测深仪进行测深。设备见图4.9-35。

2）搭载方式及适用条件。

测验大船搭载ADCP适用于水面较宽的河段，将ADCP固定安装在测船两侧，GPS罗经安装于正上方，但由于测验大船需要专业人士操控，因此对人员配备的要求相对较高，宜在人员配备充足的情况下采用这种方式。

三体船搭载ADCP，一般适用于缆道站，由缆道拖拽三体船滑行。三体船无动力，由缆道拖拽，滑行过程中对水流的扰动较小，更适用于流速平稳或流速较小的河段或时段。

智能遥控无人船的优势比较明显，以华测的华微4号水文测验船为例，无人船结合北斗高精度全球定位系统与无人船自动控制技术，避免人员涉水的危险。可广泛搭载市面上主流走航型 ADCP,内置定位定向,不需要外接罗经,内置 4G 通信替代电台传输,大大简化了外接设备的安装问题。同时,对人员配备的要求不高,1~2 人便可操作完成测验过程。无人船通常小巧轻便,自重不大,虽有一定动力,但对流速较大的河段的抗冲击力较弱,一般建议流速小于 5m/s 时采用。在河面较宽的通航河段使用时,因目标物较小,瞭望困难,不便于跟踪。

冲锋舟搭载 ADCP,人员涉水,安全性不高,适合于流速较平稳时进行。但冲锋舟动力较强,对水流扰动明显,不太适用于流速很小的情况。另外,冲锋舟对于 ADCP 安装的稳固性稍差。

在进行 ADCP 搭载时,还需要根据断面河床、水流、泥沙特性和载体情况,配合必需的外接设备进行组合装配。在使用测验大船、冲锋舟、三体船装载 ADCP 时,都需要另外同时安装好外部 GPS、罗经、测深仪、传输电台,以及连接这些外接设备需要的数据线和接口等。

ADCP 的搭载方式,应综合考虑水流形势、断面形态、人员配备等,以使 ADCP 在走航的过程中稳固、安全,数据有效、可靠、精度高为原则。

（a）测验大船搭载

（b）冲锋舟搭载

(c)三体船拖拽

(d)智能遥控船搭载

**图4.9-34　ADCP搭载设备**

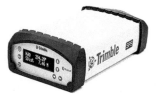

(a)NavCom SF-2050　　　(b)NavCom SF-3050
　　星站差分系统　　　　　　星站差分系统　　　　　(d)Trimble SPS855

(e)Magellan 3011 GPS罗经　　(f)ComNav G2B GPS罗经　　(c)SP-4050 GNSS罗经

**图4.9-35　常用外部GPS、罗经等外接设备**

（3）设备、设施选择方法

1）频率。

ADCP是利用声学多普勒频移效应进行流速、流量测验。超声波频率越高，在水体中穿透性越差，但相对测量精度越高；反之，频率越低，穿透性越强，但相对测量精度就越低。在选择ADCP频率时要考虑断面水深及泥沙含量等水文特性。

2）性能。

不同厂家的ADCP的质量及其性能也大不一样，在选择ADCP品牌时，应根据水文测验断面的实际要求从如下几方面考虑。

a. 可靠性。

通常可以用故障率来描述仪器的可靠性，可以通过询问、了解或试用的方法了解可靠性，尽可能选择品牌较响亮的大公司的产品。据了解，目前市面上主流的ADCP故障率都较低。

b. 流速测量精度。

ADCP的流速测量精度性能指标包括长期精度和短期精度。

a）长期精度（或长期误差）。

长期精度是指当流动为恒定流时，ADCP采样时间平均步长趋近于无穷大时流速测量的精度。ADCP产品介绍书中的"流速测量精度"，如流速$\pm 0.25\%$（$\pm 2.5\text{mm/s}$）就是长期精度，是对应于较长的时间平均步长的精度。

b）短期精度（或短期误差）。

短期精度是指采样时间平均步长较短时（几秒至几分钟）流速测量的精度。与短期精度相对应的概念是短期误差（或称为不确定性）。短期误差主要是系统的声学多普勒噪音引起的。对于ADCP走航测量，为了达到较高的空间分辨率（沿航迹采样点较多），采样时间平均步长或采样步长通常仅为几秒。在这样短的时间内，系统的声学多普勒噪音引起的短期误差是测量的最主要的误差。进行ADCP走航测量时，短期精度差的主要表现是流速矢量沿航迹的分布很乱。特别是当流速小于$0.10\text{m/s}$时更为明显。通常宽带ADCP流速测量短期精度比窄带ADCP要高4倍左右，知道ADCP采用的是宽带还是窄带技术就可以确定该ADCP短期精度的高低。

c. 最小单元长度、盲区。

ADCP容许的最小单元的长度越小，则ADCP流速测量的垂向空间分辨率越高；频率决定盲区大小，还与生产工艺有关，为了得到更多的数据，盲区选择越小越好。

d. 剖面深度。

最小剖面深度越小越好，而最大剖面深度越大越好。通常，系统频率越高，最小剖面深度越小，但最大剖面深度也越小。系统频率越低，最大剖面深度越大，但最小剖面深度也越大。窄带 ADCP 的盲区大,垂向分辨率低,矛盾比宽带 ADCP 的矛盾更加激烈。

e. 波束。

波束多的 ADCP 能提高流速测量的可靠性。如四波束中某一波束或者某一波束的某一单元失去信号或者信号不好,其他 3 个波束仍然能够提供有效数据。四波束的短期精度比采用三波束提高约 25%,且由于四波束的对称性,能够有效地消除船只横摇和纵摆引起的流速测量误差。

f. 宽带和窄带。

窄带 ADCP 流速测量短期误差较大,为了提高精度,只好将较大的深度单元和较多的脉冲采样进行平均,这意味着流速测量在垂向和水平方向的分辨率降低。宽带 ADCP 流速测量短期精度比窄带 ADCP 高 4 倍左右。宽带 ADCP 走航测量时的水平空间分辨率比窄带 ADCP 高 16 倍左右。所以宽带 ADCP 比窄带 ADCP 先进很多。

(4)两坝间可能的测验方式

金沙江两坝间河段采用 ADCP 走航式进行流量测验,应根据两坝间的水流特性、仪器性能、断面条件、人员配备情况综合考虑,适时选择合适的 ADCP 类型和搭载方式进行。

1)白鹤滩水库—溪洛渡水库区间河段。

在溪洛渡水库满蓄时坝前段水深最大可至 200m,受蓄水顶托影响,坝前段流速很小,对于这种大水深小流速的 ADCP 走航式测验,至少选用 300kHz 以下频率较低的四波束以上 ADCP 以适应较深的测流水深。当水体中泥沙含量较大导致施测不到深度时,还应选择频率更低的走航式 ADCP,如 150kHz,穿透性更强。选择四波束以上换能器的优点在于如果失去一个波束,剩余的 3 个波束仍能解算出有效的测量数据。对于无法外接测深仪时,应尽可能地选择有垂直测深波束的 ADCP 测量水深。

两坝间河段受蓄水顶托影响时流速很小,通常要求 ADCP 保持极低的走航速度(接近于流速)才能保证测量精度,致使测量历时相当长,甚至比常规的流速仪测验历时还要长,而且要保证测船以很低的速度匀速前进也很困难,这样就失去了使用 ADCP 测流的意义。而宽带 ADCP 具有较高的短期测量精度,走航速度即使数倍于流速,也可保证相当高的测流精度。在综合考虑大水深、小流速后,可选择如海鹰 RIV-300 kHz ADCP 或 TRDI 瑞江 300kHz 或频率更低的宽带四波速以上 ADCP,采用缆道拖拽三体船搭载 ADCP。

白鹤滩水库—溪洛渡水库区间库尾河段的断面水深一般在 30m 以下,在水深条件能够满足,可保证施测到大部分水深范围时,尽量选择频率高的 ADCP,这样测验的精度也会相应提高,而且实测部分也会相应较多,可选择 TRDI 公司的瑞江 1200kHz 或 600kHz 宽带四波束走航 ADCP 或瑞智智能相控阵 ADCP 进行测流。

2)白鹤滩水库—溪洛渡水库区间河段。

多为 U 形或 V 形河槽,岸坡较陡,断面较窄,流速较大。两坝间河段水流特性会受上游电站的频繁开关闸调蓄影响,出现水位流量陡涨、陡落的情况,2023 年白鹤滩水文站年最大涨率达 3.45m/h。为了捕捉到流量的变化过程,要求具有较高短期精度的 ADCP 设备。TRDI 公司的瑞江 600kHz 宽带四波束走航 ADCP 或瑞智智能相控阵 ADCP,标准采样速率即可达到每秒 2 个输出数据(快速模式更可达到每秒 40 个输出数据),可以实现数倍于流速的快速走航测量,很适合涨落急剧的情况。可选用遥控船搭载 ADCP 或缆道拖拽三体船搭载 ADCP。当含沙量较大或有"动底"时,可优先选用瑞智智能相控阵 ADCP。

对于搭载方式,主要根据现场的测验条件、流速情况和人员配备进行选择。当流速在 1~4m/s 且较稳定时,可视情况优先选择遥控船搭载 ADCP,其次为缆道拖拽三体船、冲锋舟搭载 ADCP;对于流速较大或断面较宽的河段,无法使用遥控船时,在人员配备充足的情况下,可优先选择测验大船搭载 ADCP,其次采用缆道拖拽三体船搭载 ADCP;当流速较小且较平稳时,为了减少对水体的扰动,可选择动力较弱的搭载方式,优先选择缆道拖拽三体船、缆道拖拽冲锋舟搭载 ADCP 等形式,其次选用遥控船搭载。

另外,当 ADCP 受外界环境影响内部磁罗经不正常时,需配备不受外界环境影响的外置罗经,如电罗经、卫星罗经或光纤罗经,满足 0.5°的精度即可。当不存在"动底"现象时,分两种情况,若只需要流量成果,不需要流速、流向数据且罗经正常,不需要配备外置传感器,否则需要配备高精度 GNSS。

### 4.9.5.3　测验方案

(1)汛前准备工作

汛前,需要对 ADCP 进行全面检查。

1)换能器外观检查。检查 ADCP 换能器表面有无污损、变形、破损、固件松动等,压力传感器进水孔是否堵塞。

2)密封检查。通过扭力扳手检查螺栓的紧密程度,密封圈一般 3 年更换一次。

3)通信检查。运行 ADCP 的测试软件,进入通信测试状态,完成通信连接,通信连接不正常时需要继续做电缆和电源的检查,直到测试通过。

4)硬件信息提取。提取仪器序列号、固件版本号及频率,固件版本号应升级到最新版。

5)硬件故障检测。正确使用仪器制造商提供的自检程序对 ADCP 进行全面检验。如 ADCP 连接计算机和接通电源后,通过 BBTALK 子程序自检。

汛前,还需要对 ADCP 进行比测分析。

1)对温度传感器进行检查和比测。通过采用精度满足要求的独立温度计开展水温对比检查,外部温度计放置在 ADCP 换能器附近,同步比测时间不小于 10min,ADCP 测量水温与外部温度计测量值偏差不大于±2℃。

2)对常用 ADCP 走航式开展 1 次与转子式流速仪精度比测。与转子式流速仪法同时进行 3 条垂线(不少于 15 点)的测点流速比测,其比测精度满足 75% 以上测点其偏差不超过±5%、系统偏差不超过±1% 的要求。

3)对外置的 GNSS、罗经等设备进行专业鉴定,并获取鉴定证书;对测深仪做好比测检查工作,测深仪的比测检查可参见第 4.3.4.6 节水深确定相关内容。

(2)测前准备

1)按照汛前的步骤,再次对 ADCP 换能器做预检,包括仪器是否有污损变形等,供电系统输出的交流电压直流电压是否符合仪器标称要求,使用外部设备时应检查相应设备运转情况是否正常,使用的电缆和插接件应逐一清点应准备足够的备件。

2)安装 ADCP 并检查所有电缆电路的连接,供电系统输出电压是否符合仪器标称要求。

3)检查搭载 ADCP 的安装支架结构是否牢固稳定,安装是否牢固稳定,保证换能器纵轴垂直,安装倾角不大于 5°。

4)对 ADCP 进行自检并记录自检结果,对使用的罗经(外部罗经或内部罗经)进行校验。使用内置罗盘时每次测前在测验断面采用制造商的提供的方法校准。

5)测流软件参数设置及初始化。测验前根据现场条件按设置仪器参数,即深度单元尺寸和深度单元数、脉冲采样数、工作模式、盲区、换能器入水深度、修正声速的盐度值等。启动 ADCP 软件,根据测量向导完成各项参数设置。

6)GNSS 及 GNSS 罗经设置刷新率不低于 5Hz,启动 15min 以上方可用于流量测验。

(3)测验要求及方法

1)开始测验,测船从断面下游驶入断面在接近起点位置,横渡速度宜保持稳定且略小于水流速度,船舶不应大幅度摆动,沿断面保持正常速度直至终点。要保证在走航的起点、终点位置至少测量 3 个有效的单元流速,垂线流速分布为非幂函数型的,测量不少于 5 个有效的单元流速。有效的单元流速在走航的起点或终点应停留,采集不少于 5 组流速数据。若采用回路法施测时,起止点处航速应与断面其他处航速保持一致,不可在起止点停留测速。

2)每半测回测量均应记录航次、横渡方向、左右水边距离、原始数据文件名等信息。岸边存在回流或死水时,应在回流或死水区中开始或结束半测回测量。

3)岸边距应实测;在无法实测且沿断面线走航式时,采用 GNSS 接收机定位信息,结合测时水位及大断面计算。

4)断面面积按垂直于投影方向计算或按仪器制造商自定的方式计算(例如 SonTek M9);若在临时断面施测,现场无法确定投影方向角,可采用垂直于平均流向计算。

5)单次流量测验成果应采用各个半测回的算术平均值,各个半测回的有效历时之和为测验总历时,测验总历时不宜少于 720s。每个半测回流量与平均值的偏差应符合表 4.9-32 的规定。

当半测回流量的允许偏差不能满足要求时,应剔除粗差后补测。补测后仍不能满足要求时,可将 ADCP 走航方式改为定点测量,采用 GNSS 接收机定位到流速仪法的各测速垂线,对测速垂线逐一施测垂线平均流速,测验历时按照流速仪法各工况要求的测验历时进行。

金沙江两坝间河段的水流特征有一定特殊性,结合以上测验原则,针对不同的水流情况,制定两坝间河段相应的 ADCP 测验要求。

a. 不受上下游电站影响时,按正常测验进行,至少施测 2 测回进行闭合;

b. 受下游电站蓄水顶托影响时,水位逐渐抬高,但变化缓慢,单次流量测验仍应至少施测 2 测回进行闭合;

c. 同时受上游电站开关闸影响,水位流量的转折变化较快,为了加强流量变化的过程控制,单次流量测验可施测 1 个测回进行闭合;

d. 当上游电站开关闸频繁,水位流量转折变化急剧,1 个测回都无法控制流量的转折变化过程,需要大幅缩短测验历时提高时段流量代表性时,可连续施测半测回,以每半测回流量作为单次流量成果。

表 4.9-32　　　　　　　　　　半测回流量允许偏差

| 测回数 | 允许误差/% | 测回数 | 允许误差/% |
|---|---|---|---|
| 1 | 2.0 | 6 | 13.5 |
| 2 | 5.0 | 7 | 15.1 |
| 3 | 7.5 | 8 | 16.7 |
| 4 | 9.7 | 9 | 18.2 |
| 5 | 11.7 | 10 | 19.6 |

6)岸边流量的估算选用岸边流速系数,可通过比测确定或根据断面形状按照规

范确定。

（4）成果整理及检查

1）按软件回放模式对每组原始数据进行审查，保证数据的完整性、正确性以及参数设置的合理性。

a. 配置文件的复查，检查其对测流时的水流条件的适应性，首先是硬件部分，其次是直接命令部分，最后是校验部分，特别是后处理时可变的参数如果有错，应进行改正或重新测验。

b. 数据回放，对测流整个过程进行检查和数据处理统计。

c. 采集样本的检查，通过流速等值线图检查丢失的样本，无效数据超过总数据的 25% 或连续出现 20s 以上无效数据时应重新测验。

d. 底沙运动的检查，特殊水情和沙情底沙运动明显时用 GPS 跟踪代替底跟踪。

e. 非测验层的检查，包括顶、底估算流量，边部估算流量，估算参数（岸边流速形状系数、幂指数、水边距离、起始岸）的设置是否正确。

f. 低流速时船速检查，测船横渡测流断面的操作对成果的精度有比较大的影响，要求船速均匀且尽量小于平均流速。

g. 顶、底部流量估算的指数法及指数的适应性。选择部分垂线附近的数据平均，从流量剖面图上观察指数拟合线和实测线的吻合效果。

h. 航迹检查，航迹要求顺直，无大的转折和回旋。

2）计算实测区域占整个断面的百分率（代表测验的完整性），实测率低于 60% 时应现场分析其成果是否采用；记录诸如湍流、涡流、逆流和仪器与铁磁物体的靠近程度等可能影响测量结果的现场因素，以此来评价流量测量的质量。

3）半测回流量允许误差不满足要求时，应根据水情变化情况和测验过程进行分析，并按如下不同原因进行处理。

a. 属仪器安装或参数设置不当等原因，且不能进行有效校正的应重新测验；

b. 属水情涨落变化快的，采用 1 个测回的实测流量计算平均值，当发生特殊水情，1 个测回都无法控制流量的转折变化时，可按连续施测的半测回作为流量；

c. 水情平稳且原因不能准确分析的，可增加 1 个测回，计算实测流量值最接近的连续 2 个测回的平均值；

d. 采用上述方法进行处理，如果仍超限，应采用其他仪器或方法重新测验。

4）采用数据后处理程序处理测量成果，注意测验时间、测验水位、大断面的正确使用。

5）做好测验数据的备份工作。

#### 4.9.5.4  测次布置

采用 ADCP 走航式对金沙江两坝间河段进行流量测验,和流速仪法相比,大大缩短了单次流量的测验时间。在人力物力配备充足的情况下,可以更有效地控制流量的转折变化过程。

前文对流速仪法的测次布置要求进行了详细说明,ADCP 走航式可以按照流速仪法测次布置的要求,在此基础上,适当加密过程的布置。同时,需要密切关注水情的偶然变化和极端特殊情况时的测次布置。

#### 4.9.5.5  物理因素对测验的影响

(1)高含沙量对 ADCP 流量测验的影响

虽然金沙江两坝间河段受电站拦蓄,含沙量较天然情况大幅减小,但金沙江河段处于干热河谷地带,部分河段区间易发生泥石流现象,仍会出现高含沙量的情况。

高含沙量的水体增强了对声波的吸收和反射。在离换能器较近区域,回波强度增大,而离换能器较远区域,回波强度衰减很快至本底噪声,从而使 ADCP 剖面深度(范围)减小。高含沙量的影响程度与 ADCP 系统频率有很大关系。系统频率越高,声波穿透能力越差,对含沙量越敏感。系统频率越低,声波穿透能力越强。

在高流速、高含沙量的情况下,ADCP 不能正常收集数据,甚至不能采集到返回的数据。当 ADCP 的底跟踪失效时 ADCP 无法施测到河底,原因主要是水中含沙量较大,超声波能量衰减,无法探测到底。采用外接测深仪后,虽然可以测得水深,但 ADCP 施测的相应水层流速、流向还是无法测得。当然,在断面上 ADCP 的底跟踪失效无法施测到底时,也可以选用频率较低的 ADCP 施测。

但需要指出的是,在较大含沙量水体中相对流速测量仍然有效,精度不受影响。

(2)气泡对 ADCP 流量测验的影响

水从水库闸门降至河道中时形成的气泡或者源自河道底层产氧植物的气泡都会导致声信号阻尼。气泡的物理作用类似于悬浮粒子,包括磨损(信号能量转化为热)和分散问题。但是与水中悬浮粒子相反的是,气泡容易压缩,因此会进一步影响声速。在有大量空气(无论是因生物过程产生还是水中截留)的测量场地,白天时测量通常会受到干扰或被完全停止。日落后,生物过程减少,声学条件有所改善,流量计能够恢复工作。

(3)温度和含盐量

超声波信号在水中的速度也受温度和含盐量的影响。空气和水之间存在明显温差时,这两者之间会发生能量转移。这会导致水中形成温度梯度,从而将声信号从正常的水平路径转移。若这种转移非常严重,会使信号无法遇到接收传感器。在这种情况下,发送器与接收器之间没有声音连接时,当然无法进行测量。含盐量梯度也具有类似的影响。温度变化也通常存在于以下情况:有大量暖水进入河道的冷水入口中;冷水再次进入河流并与自然水流相接的动力设备附近;死水渠道的水与横截面的主水流一起流动之处;深水与自然排放混合之处;或者温度不同的通海孔和河流交汇时。

在夏季,强烈的日照对上层水温的影响大于下层,因此出现负水温梯度。在冬季,气温在 4℃ 以下时,这种影响相反。在含盐量梯度不同的情况下,下层含盐量始终较大,因此总是形成负梯度。一般来说,夏季的负温度梯度会使信号进入河道更深的下层。负含盐量梯度会使信号进入上层。

### 4.9.5.6 关键技术

(1)"动底"的 GNSS 检测

在 ADCP 测流系统中施测船速的方式有底跟踪(BTM)、GGA 和 VTG 模式,BTM 是 ADCP 系统本身固有确定船速方式,GGA 和 VTG 模式是利用 GNSS 的定位和测速数据来计算船速。

BTM 由河底回波测量河底相对于 ADCP 的运动,通过河底回波多普勒频移来计算船速。如果河底无"动底",底跟踪测得的速度即为测船的速度。BTM 模式在 ADCP 测流系统中是精度最高的测量船速方式,因为它是一个连续不间断过程。如果有"动底",施测的船速不准,需要外接 GNSS。

GGA 模式通过 ADCP 施测数据块开始和结束时间的两点位置,计算两点间的直线距离与时间的比值作为施测船速。因此在实际测量中,选择 GGA 模式时,测船航迹应尽量采取直线方式。GNSS 每秒向外传送定位数据的次数(刷新率)的高低也影响定位精度,一般来说,刷新率越高,定位精度越高。另外 GNSS 自身的精度直接影响流速、流向的准确性,精度高的 GNSS 准确性相对更高。

VTG 模式是一种地面速度信息,该格式存在于 ADCP 自带的 GPS 罗经。蒋建平等研究采取设备调整、安装等方面的改进措施,并通过大通水文站的试验分析,表明在不外接 GNSS 的情况下,施测"动底"情况下断面流量测验的精度满足要求。上游山区水文站由于信号不稳定或无法接收等情况,可选择架设基准台给 GPS 罗经发送差分信号,或采取传输距离更长的 GPRS 方式,但需要在 GPS 罗经上增加 GPRS 数据链模块。

因此在选择跟踪模式时,要进行"动底"检测。

1)抛锚。

GNSS 检测"动底"的方法就是在 ADCP 施测时接入 GNSS ,切换底跟踪、GGA

模式,若底跟踪模式下移动距离比 GGA 模式下移动的距离长,底跟踪有明显的船速,就可以认为有"动底"的存在(图 4.9-36)。

也可以从罗经校准框中的 GC-BC 和 BC/GC 的值判断,当 GC-BC 不等于 0 或 BC/GC 大于 1 时,该区域有"动底"(图 4.9-37)。

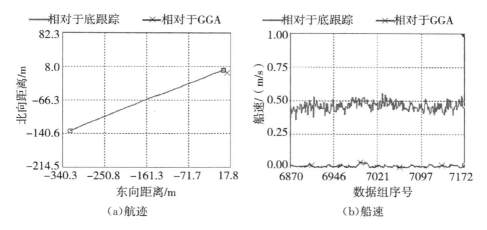

（a）航迹　　　　　　　　　　（b）船速

**图 4.9-36　测船抛锚后底跟踪与 GNSS GGA 航迹和船速**

| 罗经校准表1-TRDI | | |
|---|---|---|
| BMG–GMG大小 | 352.1 | [ m ] |
| BMG–GMG方向 | 247.6 | [ ° ] |
| GC–BC | 206.4 | [ ° ] |
| BC/GC | 234.0236 | |

**图 4.9-37　罗经校准**

2)走航。

将 GNSS 接入 ADCP 后进行校准测船走航监测断面,既可以检查出断面上是否有"动底",如有"动底",还可以判断出"动底"的位置或区域。

若罗经校准框中 GC-BC=0°,检查判断监测的底跟踪与 GNSS GGA 航迹线是否重叠,完全重叠就是没有"动底",不重叠就是有"动底",见图 4.9-38,右图中两个圈的位置出现了不重叠。再将罗经偏移量输入正确值,回放航迹和船速图,见图 4.9-39,在航迹图上检查底跟踪航迹线往上游的区域,底跟踪与 GNSS 航迹线重叠和平行的区域是监测断面没有"动底"的范围,船速过程图就比较直观,底跟踪船速在 GNSS 船速上方的区域就是有"动底"的范围,航迹和船速图中有"动底"的位置和范围应该是一致的,若不一致,说明罗经校准有问题或者罗经本身存在不线性变化。

整体来说,两坝间河段受大坝拦蓄影响,沙量总体较小,且河床多为卵石结构,发生"动底"的情况不多,但当电站发生底孔冲刷等情况时,可能导致"动底"现象存在。

受此影响,"底跟踪"方式测得船速相对于河底的速度严重失真,在流量较大时其现象更明显,主要表现为"底跟踪"(BTM)时施测的流量偏小。

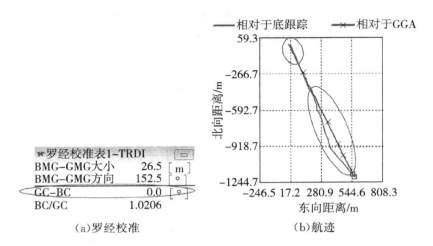

(a)罗经校准    (b)航迹

图 4.9-38    罗经校准和航迹

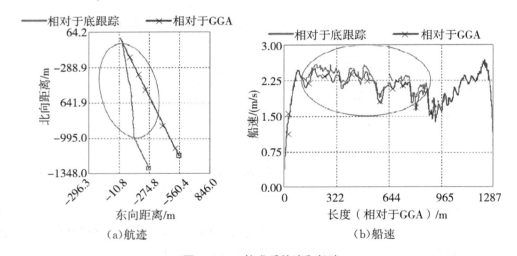

(a)航迹    (b)船速

图 4.9-39    校准后航迹和船速

(2)深度单元尺寸的选择

受深度单元尺寸影响的参数有流速测量垂向分辨率、剖面深度、实测区范围和流速测量精度等。单元尺寸越小,流速测量垂向分辨率越高,即垂线上数据点多,但流速测量精度越低。并且采用小尺寸单元会使剖面深度降低。因此,当水较深时,应采用较大单元尺寸。对于水较浅的河流,应尽量采用较小的单元,以增大实测范围。因为第一个数据点的位置与单元尺寸呈线性关系,单元越大,表层非实测区厚度越大。另外,底层非实测区至少也要去掉一个单元,单元尺寸越大,底层非实测区厚度越大。

（3）非实测区插补方案及适应性分析

ADCP 流量主要有边部盲区、底部盲区、顶部盲区、中间实测区组成，其中边部盲区、底部盲区、顶部盲区需进行插补，边部盲区涉及到边部流速形状系数的选取；底部盲区、顶部盲区涉及流速分布幂函数指数的选取。

1）顶部、底部流量插补。

在 WinRiver Ⅱ 软件中，顶部插补模型有常数法、幂指函数法、三点斜率，底部插补模型有常数法、幂指函数法、无平滑，软件默认的顶部及底部插补模型均为幂指函数法，公式为：

$$u_\eta = u_{\max} \eta^b \qquad \eta = h/H \qquad\qquad (4.9\text{-}18)$$

式中，$u_\eta$——某相对水深处 $\eta$ 的测点流速；

$u_{\max}$——垂线上最大测点流速（一般为垂线水面点流速代替），水深由河底起算；

$h$——测点离河底距离；

$H$——水深；

$b$——幂函数指数。

变形后可计算 $b$ 值：

$$b = \frac{\lg u_\eta - \lg u_{\max}}{\lg \eta} \qquad\qquad (4.9\text{-}19)$$

$b$ 值较稳定，ADCP 测流一般取幂函数指数法默认值 $b = 0.1667$。

断面剖面内的顶部流量及底部流量均采用幂指函数插补，幂指数在各水位级顶、底层均采用 0.1667。

2）边部流量插补方案的分析和边部系数的选择。

边部流量的计算公式为：

$$Q_{\text{shore}} = aV_m L D_m \qquad\qquad (4.9\text{-}20)$$

式中，$Q_{\text{shore}}$——边部流量；

$V_m$——ADCP 实测的第一或最后条的剖面（垂线）流速；

$L$——估算第一或最后的剖面距水边的距离；

$D_m$——ADCP 实测的第一或最后的剖面（垂线）深度；

$a$——边部流速形状系数（一般三角形取 0.35，矩形取 0.91）。

因此，ADCP 的边部流量估算误差主要来源于 $a$、$L$、$V_m$。

$a$ 边部流速形状系数只与岸边形状和水流条件有关，与流速仪法分析边部流速系数完全一样，故在未重新分析确定边部流速系数前可以直接借用现有的系数，将边部距离 $L$ 和边部流速形状系数 $C$ 与流速仪法保持一致后，ADCP 的边部流量的估算误差就主要来源于 $V_m$、$D_M$。

采用 SDH-13D 数值式测深仪与 ADCP 进行同步比测水深,从 WinRiver Ⅱ 软件提取与测深仪的同步水深进行对比分析,以测深仪水深为"真值"计算各次相对误差,水深比测相对标准差 0.05%,平均相对误差-0.585%。满足新仪器投产比测要求,相对误差控制在±1%以内。

采用旋浆式流速仪与 ADCP 进行同步比测垂线平均流速,在固定垂线流速仪测 100s、ADCP 同时测得 200 个信号然后在 WinRiver Ⅱ 软件中提取数据进行分析对比,以流速仪的流速为"真值"计算误差,平均相对误差为 4.16%,相对标准差为 6.32%。

ADCP 测量在起始和结束剖面测量中要求采集 10 个脉冲数据,以消除脉动误差。

## 4.9.6　流量在线监测探索与应用

前面,结合金沙江两坝间河段的水流特性,制定了流速仪法和 ADCP 走航式适用于两坝间河段特性的流量测验方案。总体而言,是以快速抢抓过程、密切布置测次、准确获取流量三大原则为核心。实现快速抢抓过程需要依靠短历时且有代表性的流量测验,实现密切布置测次需要依靠足够充沛的人力物力全面投入,实现准确获取流量需要依靠设施设备精准和方法、方案优秀。

流速仪法对于两坝间河段水流变化的过程控制,难在流速仪法的测验时间较长,虽然通过精简分析后,按照满足精度要求范围内的最少线点进行流量测验,在一定程度上缩短了测验历时,但对于满足两坝间急剧变化期间的水流过程是不够的。ADCP 走航式虽然可以满足快速抢抓过程,但同流速仪法一样,仍然需要大量的人力物力在现场驻测才能满足两坝间急剧变化的水流过程控制,工作量巨大,无法解放生产力。

两坝间河段的流量测验重点与难点就是监测水流变化过程,且需要在解放生产力的情况下实时监测水流的变化。有需求就有发展,随着现代水文技术的突飞猛进,声、光、电等学科的理论和方法逐渐运用到水文学中,应用水文技术使得水文监测技术的自动化程度有了较大提高。如今,H-ADCP、V-ADCP、雷达波测流系统、超声波时差法测流系统、视觉测流系统等流速、流量在线监测手段的大力推行,可以较好地弥补传统测验方法的不足,将流量在线监测运用到两坝间河段,是实现快速抢抓过程、密切布置测次、准确获取流量的必然方向。

### 4.9.6.1　流量在线监测主要方式

流量在线监测是通过测量代表流速,与断面的实测流速或流量建立关系,从而推算断面流速或流量的一种方法。根据技术原理和工作模式的差异,在线监测设备对于代表流速的收集方式也各有不同,对目前金沙江河段主要的几种在线监测方式进行说明。

H-ADCP 是收集断面中一段流速作为代表流速,与断面平均流速建立指标流速关系,从而推算流量;V-ADCP 是垂线安装在河底或水面,进行代表垂线的流速测验,从而推算流量。

雷达波测流是通过发射电磁波探测水体的表面流速,可分为点雷达和侧扫雷达。点雷达又分为固定式和移动式,固定式是借用固定建筑物安装,安装后固定不动。移动式采用缆道安装,可以顺缆道来回滑行。它们都是发生直线波束,收集固定垂线的表面流速,利用表面流速系数或流量系数推算断面流速或流量;而侧扫雷达是发射扇形电磁波探测水体表层流速,通过后处理得到探测区域内固定垂线的表面流速,从而推算流量。

视觉测流系统也是收集表面流速,是通过摄像头识别水中流速质点,计算表面流速,从而推算流量。

区别较大的是时差法测流系统,时差法收集的是断面中某一层或多层的流速,利用各层的面积加权计算流量,与传统的流速仪法相似。以上在线监测方法对比结果表明,时差法可以直接计算出断面流量。

### 4.9.6.2　流量在线监测设备适用性

（1）ADCP

ADCP 应用到国内水文测验已有十几年,产品的硬件、技术和软件开发都推广较早,其高精度、高分辨率及自动化特点逐渐在水文监测领域占据重要地位。除 ADCP 走航式以外,采用 H-ADCP 或 V-ADCP 作为流量在线监测设备研究的成功案例比较多。

H-ADCP 可安装在河岸、渠壁、桥墩或其他建筑物侧壁,特别适合金沙江河谷的峭壁河段;它适用于各种大中小河流,可以测验紊流状态下的流速分布,也适用金沙江两坝间的水流特性。V-ADCP 可安装在河底或水面,进行垂线流速测验,对于不通航的两坝间河段可以采用。

但 ADCP 测速时可能受到水中气泡、颗粒漂浮物等干扰,影响信号接收和判断。对于两坝间断面,如距离上游电站较近,电站放水时形成的较大泡漩易影响 ADCP 的信号,尽量选择远离上游电站的断面。当含沙量较大时,H-ADCP 可能受颗粒影响,流速代表性较差。

受 H-ADCP 自身测验限制,只能收集到一段流速来率定出流量,因此在投产范围之外,还需搭配其他测验方式如流速仪法、ADCP 走航式等进行关系的率定和验证。

目前,金沙江金安桥电站—龙开口电站之间河段的金安桥站正在对 H-ADCP 进行在线监测进行分析研究。

(2)雷达波测流

雷达波测流尤其适合山区性河流中高水的流量测验,对于流速较大时的水流条件较为敏感,一般流速大于 1m/s 时效果较好。金沙江两坝间河段受上游电站放水影响时,流速较大且变化急剧,水波纹理明显,适合采用雷达波测流。

点雷达需要借助固定建筑物或者缆道安装,金沙江两坝间河段属于窄深河道,边坡较陡,安装时要兼顾地形位置,不宜高于水面 35m。和点雷达相比,侧扫雷达的安装方便,河宽 500m 以下的河段只需要安装在岸边一侧即可。但金沙江多处于干热河谷地带,峡谷易有横风,对缆道雷达测速有一定影响。

目前,金沙江金安桥电站—龙开口电站之间河段的金安桥站已实现采用双轨缆道雷达波进行在线流量监测。侧扫雷达测流系统在金沙江河段石鼓站也已正式投入使用。

(3)超声波时差法

超声波时差法测流在国外已应用数十年,应用技术及产品已经较为成熟,应用成功案例比较多,近十年通过从国外引进相关设备和技术,国内逐步开展超声波时差法测流。

超声波时差法是采用超声波测流,声束从一岸发出,与断面线呈 30~60°夹角,到对岸后被接收,因此需要在河流两岸安装换能器。且两岸的换能器需要不断调试后位于同一连线上,否则不能准确接收信号。与其他在线设备相比,对安装水平以及安装河段的地理条件要求较高。

超声波时差法对流速的适用范围并没有太多限制,但通航频繁的河段,船舶驶过时,船体水下部分对声速的阻挡、船尾螺旋桨对水流的扰动和产生的气泡会对声波传输产生干扰,水草较多的河道,水草会阻挡声束传播,因光合作用水草冒出的气泡也会阻挡声束传播,不稳定的流态等都会对时差法测流产生影响。

金沙江两坝间河段白鹤滩站已安装了超声波时差法,正在比测分析阶段。

(4)视觉测流

时空图像法是一种高空间分辨率一维时均运动矢量估计方法。该法常被运用于视觉测流,其设备安装简单,可架设于桥上或者两岸边视野开阔的高处,能无遮挡地识别到江面,系统稳定,无需人员值守,在一些极端情况下也能进行稳定可靠测量。

视觉测流的可靠性较为依赖于水流示踪物,在水面缺乏天然漂浮物或水面模式的情况下测速效果受影响,比如静如水面的低流速水体;水面旋涡较多,无明显流态的水体;河流水面成像的光学环境复杂,大气散射、水面反射及水下散射等的噪声等都会影响水面目标的可见性。

金沙江上段古学站已实现采用视觉测流系统在线流量监测。

综上所述,金沙江两坝间河段流量在线监测设备的选用和使用效果不能一概而论,受两坝间河段水流特性、地理位置条件、设备安装方式、设备数据处理能力、算法精确度、固件软件等运行维护情况等因素影响。

两坝间河段在线设备的选用,需要从各断面的冲淤特性、水位—流量关系特性、流速特征等方面单独分析,没有同样的方案。任意断面在线监测方案的制定、设备配置安装和比测实验研究,都需要根据各断面的不同情况,联系实际、因地制宜,一站一策,具体分析。

不仅如此,两坝间断面受电站调蓄影响,水位年变幅一般在 10~50m,变化较大,同一个断面想要采用一套或一类流量在线监测设备实现全变幅、全量程的自动化监测是有难度的。需要按照各水位或流量级的不同水流特性,结合现场涨落变幅较大的设备安装环境和仪器本身适用范围,分别选择合适的设备,采用组合方案进行全变幅流量的在线监测。

第 4.2 节已对在线监测设备的测流原理、代表流速的寻找、推流方法等进行了详细阐述,下面主要针对一些典型案例介绍流量在线设备的实际应用。

### 4.9.6.3 双轨移动式雷达测流系统应用实例

金沙江干流金安桥水电站—龙开口水电站区间河段有金安桥水文站,金安桥水文站受金安桥电站的下泄流量、上游支流五郎河来水和龙开口电站蓄水顶托影响。本节重点介绍双轨移动式雷达测流系统在金安桥水文站的应用。

(1)测站概况

金安桥水文站设立于 2005 年,为金沙江干流上游的基本站,位于云南省永胜县大安乡光美村,东经 100°26′,北纬 26°48′,隶属于长江上游水文水资源勘测局攀枝花分局,控制集水面积 239853km²,是国家二类精度流量控制站,为掌握金沙江上游水情变化规律和认识河流水文特性的金沙江基本控制站。该站测验河段顺直,无漫滩、无岔流、无串沟,水流平稳,在常年水位下,河宽一般在 70~120m。河床主要是由基岩乱石组成,断面冲淤变化不大,测站控制条件较好。

该站上游干流 2.5km 有金安桥水电站,上游 750m 处左岸有五郎河汇入,下游约 500m 有一弯道卡口,下游 38km 干流上有龙开口水电站,受金安桥下泄流量、五郎河来水和龙开口电站蓄水顶托等影响,金安桥水文站水位—流量关系紊乱。

（2）基本测验方案

金安桥水文站采用流速仪法进行流量测验，常规测验方案为在起点距 30m、40m、50m、60m、70m、80m、90m、100m 按 6～8 线二点法，测验历时 100s 或 60s 测点流速。

高水和特殊情况下可以采用 3 线一点法进行测验。

方法 1：40.0m、60.0m、80.0m，$Q_实=0.96Q_{0.2}-404$。

方法 2：30.0m、90.0m、100m，$Q_实=1.09Q_{0.2}+13.2$。

金安桥站洪水来源主要以上游暴雨来水和金安桥水电站泄洪来水，上游来水多数受电站控制，上游因发电和泄洪等因素，日水位变幅 6～7m，流量变化较快。同时也受下游龙开口水电站顶托影响，水流比较紊乱。经过多年的单值化分析，本站以落差指数法进行单值化处理。流量测次主要根据本站与龙开口电站坝前水位落差变化进行布控。

（3）设备安装情况

雷达测流系统安装在缆道测流断面上游 21m，左岸建有拉线塔，右岸在岩石上用混凝土制拉锚。安装时利用两根直径 5mm 的不锈钢绞线做导轨，两根钢丝绳间距为 310mm，双轨缆道跨度为 170m。雷达双轨缆道左岸端点高程 1310.55 m，右岸端点高程 1310.62m，雷达双轨缆道中间最低点高程为 1310.28m。雷达缆道中间点到水面垂距 20.6m，2023 年水位变幅为 1289.67～1304.35m，计算距离为 5.93～20.61m。测速探头面对上游俯角设定为 58°，系统自动检测雷达测速探头倾斜角度并修正。

该系统供电实行太阳能充电和民用电共用，在太阳能供电不足时采用民用电进行充电，保证电量充足，金安桥站雷达测流系统安装见图 4.9-40。

图 4.9-40　雷达测流系统安装

（4）比测分析

1）比测样本。

金安桥水文站雷达波测流系统和缆道测量同步比测资料进行分析，总共同步比测流量 71 次，40～90m 垂线流速小于 0.6m/s 时，测量误差较大，剔除上述情况下的比测资料，实际采用流量共 35 次，抽取 30 次的资料进行关系率定分析，随机抽取 5 次资料进行验证分析。比测结果如下。

率定时间：2022.6.11—2023.9.9；

比测期水位变幅：1294.91～1304.16m；

比测期流量变幅：1140～7260m³/s；

比测期断面平均流速变幅：1.27～3.92m/s。

2）稳定性分析。

对金安桥站雷达波测流系统运行以来 330 次，按金安桥站与龙开口电站落差排序分析，将同一落差级的不同测次流量平均值作为真值，计算各测次流量与真值的相对误差，分析雷达波测流系统的稳定性。除开别个风力较大、流速过小的测次，流量波动多数在 5% 以内，可以看出，雷达波测流系统测流成果基本稳定。

3）相关关系建立。

对雷达波测流系统实测流量与对应时间流速仪法实测流量进行分析，找出其中的相关关系，进行误差分析。

由图 4.9-41 雷达波虚流量与流速仪实测流量相关关系图可以看出，两者相关关系较好，可以通过公式 $Q = 1.03 \times Q_{雷达} - 111$ 推算流量，推算流量与缆道流速仪实测流量成果系统误差 0.27%，随机不确定度 11.8%，在规范允许范围 ±12% 以内。

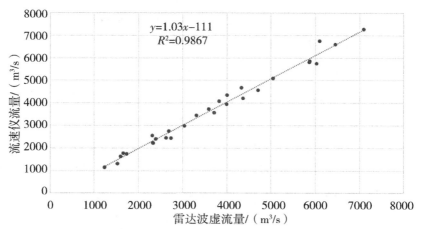

图 4.9-41　雷达波虚流量与流速仪实测流量相关关系

随机抽取所测资料的 5 次作为验证资料。采用金安桥站 5 次流速仪实测流量与对应雷达波测流系统流量资料对上节关系进行验证,系统误差为$-1.2\%$,随机不确定度为$9.53\%$,符合规范要求。

4)精度评价。

金安桥站2023年8月缆道流速仪法实测的流量推求月平均流量为5070m³/s,月径流量为135.8亿m³,雷达波测流系统推求8月平均流量为5030m³/s,月径流量为134.7亿m³,与流速仪法推求径流相对误差为$-0.81\%$,雷达波测流系统测流成果精度较高,成果可靠。

(5)测验方案

水位在1294.90~1304.20m,流速在1.20~4.00m/s,采用缆道雷达波测流系统施测的流量,按相关关系$Q=1.03Q_{雷达}-111$推求断面流量。

测次布置总体原则按照水位级布控,要求能完整地控制流量的变化过程,确保洪峰过程形态不变。准确把握各个时期的水情变化和转折,蓄水期、消落期、较大洪峰涨、落水面应根据实际情况适时增加测次。汛期可按4段制布控,当水位大于1296.00时,按0.4m水位加测。当洪水涨落特别急剧或设置的段制无法控制水位流量过程变化时,根据现场情况实时调整。

(6)存在的问题

从雷达波所测流量系列资料看,流速较小时,受风力影响较大,测验成果误差较大,应进一步比测分析。雷达测流系统受电池电压、双缆线的平行均衡、顺逆风、大雨、强雷电等外界影响较大,应密切注意测验环境带来的测验精度误差。

### 4.9.6.4 水平ADCP应用实例

金安桥水文站安装了H-ADCP,目前已收集到部分比测资料,正在进行分析研究。但从初步分析的情况看来,金安桥H-ADCP的代表流速关系不佳。本节简要介绍一下金安桥水文站H-ADCP的比测分析情况。

(1)仪器设备安装

金安桥站H-ADCP仪器安装方案经过比较分析,选择在基本水尺断面左岸下游约20m处。采用垂直镀锌钢管安装,该仪器位置在断面的起点距1.0m处,仪器安装位置高程为1288.38m(低于历年最低水位1289.69m),检修平台高程1305.89m。经过现场调整,仪器表面水平指向对岸,且与水流方向垂直,确保纵、横摇角度与初始采集安装角度值变化确保在$\pm0.5°$以内,且放置位置固定。其安装情况见图4.9-42。

(2)仪器参数设置

单元尺寸:2m;

单元个数:70,覆盖了大断面相应安装高度的全水平层;

盲区:2m;

采样间隔:5min;

平均时段:2.5min;

盐度:0ppt。

8 月 29 日,将仪器重新设置如下参数。

单元尺寸:1m;

单元个数:70,覆盖了大断面相应安装高度的全水平层;

图 4.9-42 金安桥水文站 H-ADCP 安装位置

盲区:2m;

采样间隔:10min;

平均时段:2.5min;

盐度:0ppt。

(3)比测分析

1)比测样本。

比测次数:35 次;

比测期水位变幅:1296.73~1304.12m;

比测期实测流量变幅:1910~7520m³/s;

比测期(流速仪)断面平均流速变幅:1.69~4.64m/s;

比测期含沙量变幅:0.011~0.947kg/m³。

2)代表流速段的选取。

金安桥站 H-ADCP 仪器安装在起点距为 1.0m 的位置上,通过对 1296.73m 以上水位级所有 H-ADCP 数据进行回放,金安桥站 H-ADCP 回波正常的范围值为70m,换算 H-ADCP 施测达到最远起点距是 80m。低水时,此起点距覆盖了金安桥站测流断面所有测速垂线,中、高水时,可覆盖金安桥测流断面 80% 的测速垂线。回波强度见图 4.9-43。

水位在 1300m 以上时,靠近左岸、右岸两边的流速紊乱,时大时小,中间有负流速,最右岸还有丢失数据的情况,其流速分布见图 4.9-44。因此,水位在 1300m 以上时不建立关系。

在 1300m 水位级以下,选取回波强度信号稳定,流速棒较整齐平均的单元段作为代表流速段。结合大断面资料,初步确定金安桥站 H-ADCP 的代表流速较为稳定的单元段为表 4.9-33 的单元范围。

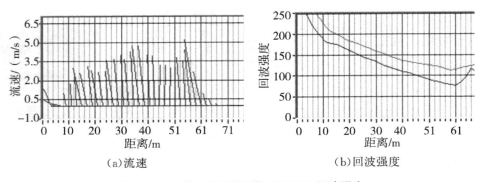

（a）流速 　　　　　　　　　　　（b）回波强度

**图 4.9-43　某一施测时间段 H-ADCP 回波强度**

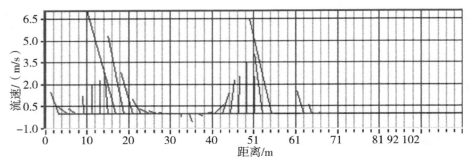

**图 4.9-44　水位在 1300m 以上水位流速分布**

表 4.9-33　　　　　　　　　　　　金安桥 H-ADCP 流速单元选取范围

| 序号 | 宽度单位序号 | 代表流速宽度/m | 离仪器距离/m |
| --- | --- | --- | --- |
| 1 | 4-6 | 2 | 9.42～15.42 |
| 2 | 4-8 | 4 | 9.42～19.42 |

3）指标流量关系建立

按照 H-ADCP 指标流速段 4-6、4-8 的平均流速,计算对应流速段的流量 $Q_{(4-6)}$、$Q_{(4-8)}$,并建立计算流量与实测流量关系,见图 4.9-45。从图可知,指标流速段 4-6、4-8 关系均散乱,规律不明显,代表性差。

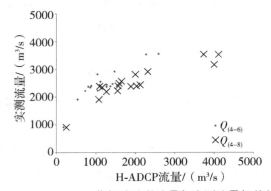

**图 4.9-45　H-ADCP 指标流速段流量与实测流量相关关系**

（4）存在的问题

综合以上的初步分析，金安桥水文站 H-ADCP 目前暂未筛选到合适的指标流速段，主要考虑为以下原因：①H-ADCP 指标流速段关系的建立需要加入其他参数进行修正。②金安桥水文站位于两坝间河段，河段两岸不顺直，金安桥水文站上下游都有乱石突兀伸出河道，水流漩涡状跳动状明显，流态紊乱，水流脉动较大，无单一关系。可选择流态规则处重新安装 H-ADCP 后再进一步分析研究。

### 4.9.6.5　侧扫雷达应用实例

侧扫雷达测流系统在金沙江干流两坝间河段暂无实际应用，但金沙江干流上段石鼓水文站已采用侧扫雷达测流系统进行在线流量监测。本节主要通过介绍侧扫雷达测流系统在金沙江石鼓水文站的应用，为后续两坝间河段的采用提供一些参考。

（1）测站概况

石鼓水文站始建于 1939 年 2 月，由长江水利委员会领导，位于云南省丽江市玉龙县石鼓镇大同村，东经 $99°56'$，北纬 $26°54'$，控制集水面积 214184km$^2$，距河口 4175km。为控制金沙江干流上段水情，以及认识河流水文特性而建立的一类精度流量站，属国家基本水文站。

石鼓水文站测验河段在两弯道间顺直河段长约 4km，最大水面宽 320m。断面下游 300m 处河道靠左中间有一大石坝，起低水控制作用。下游约 200m 左岸有一毛石护堤向河心延伸至碛石坝，断面水位超过 1823m 时，护堤和碛石坝被淹没，控制作用逐渐被下游的弯道代替，中高水有一定的顶托，主泓在起点距 230m 左右，下游 2km 弯道处有冲江河从右岸汇入，河床由卵石夹沙组成，断面基本稳定。水位—流量关系中低水较稳定，呈单一线，高水受洪水涨落影响，水位—流量关系呈绳套线。

（2）基本测验方案

流量测验采用悬索悬吊方式渡河。主要测流仪器为流速仪，备用测流方式有走航式 ADCP、浮标法。

使用流速仪按 10 线二点法进行常规测验，每年在不同的流量级施测多线五点法 3 次。当流量在 3800m$^3$/s 以上时可测 10 线一点法（0.2），但检测点不宜采用一点法。在暴涨暴落或漂浮物严重等特殊水情时抢测洪峰时使用 5 线一点法和 3 线一点法。

流量测次布置以能满足顾客需求和水位—流量关系整编定线、准确推算逐日流量和各种径流特征值为原则。水位—流量关系中低水时较稳定，流量测次按水位级布控，高水时受洪水涨落等影响按绳套布点。要求能完整地控制水流变化过程，确保洪峰过程形态不变。

（3）仪器设备安装

侧扫雷达测流系统安装在石鼓水文站基本断面上游 10m 缆道房屋顶,雷达发射或接收天线与河流流向成 90°,每 10min(可按照需求设置)完成 1 次全自动测量,沿断面线每 10m 给出 1 个段流速(视作用距离,最小 5m,最大 40m),水文基础数据通用平台将接收到的基础数据存储至数据库,同时根据相关的水位值、断面资料及流速比等数据信息进行网络流量合成。

为了固定设备,在楼顶的安装处浇筑约 60cm×60cm×20cm 的混凝土台体,用于支撑设备。混凝土台体浇筑完成、凝固后,根据设备底座固定孔洞的位置,在混凝土底座上用电钻打出对应的安装孔。将安装底座置于台体上,采用膨胀螺栓组将底座固定于混凝土台体上。将仪器三角支架、天线、机箱等部件按照安装图纸进行组合,在固定位置与立柱连接并采用螺栓组件进行固定。

综合机箱安装完成后,即可采用对应的电缆和供电电源线将雷达综合机箱与雷达支架、收发天线进行连接。在控制单元及平台软件的控制下,自动完成断面各垂线流速测量、流量计算、数据分析、报表输出的智能流量监测系统。见图 4.9-46 和图 4.9-47。

图 4.9-46　设备组成及安装于石鼓站的
侧扫雷达测流仪

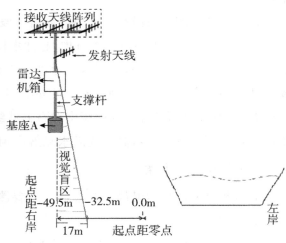

图 4.9-47　雷达起点距设置示意图

测站安装的侧扫雷达测流仪是将采集的流速数据通过网络上传到分局服务器数据库中,并将测站水位也读入数据库,断面数据由测站实测后及时交由水情分中心导入到数据库,由设备供应商安装在服务器中的数据分析显示软件计算出最终流量成果。

（4）比测方案

1）时间选取及起点距换算。

a. 时间选取。

由于雷达流量测验系统每 10min 生成 1 组测流数据，与实际流速仪测流时段并非严格重合，因此，本次比测主要是根据实际流速仪测流的平均时间，查找与该平均时间最接近的时间所对应的雷达测流数据，进行对比分析。

b. 起点距换算。

由于雷达安装位置没在基本断面起点距 0 点，并且存在一定的视觉盲区，通过与厂家沟通联系，在系统里设置雷达测点对应实际断面的起点距 $D=$ 雷达安装位置 $A$ ＋雷达水平补偿距离 $B$ ＋测点单位距离 $C×$ 测点位置 $E$，式中，$A=-49.5m$，$B=17m$，$C=10m$，$E=$ 自然数 $1,2,3,\cdots$ 雷达安装位置距断面零点的距离 $A$、雷达水平补偿距离 $B$ 均为全站仪实际测量而得，测点单位距离 $C$ 为测量垂线的间距，测点位置为设置的测点数按自然数逐步增加。

雷达上报的第一点 10m 的起点距，在断面上投映为 $(10+17-49.5)m$，对应的实际断面起点距 $-22.5m$。雷达上报的第二点 20m 的起点距，在断面上投映为 $(20+17-49.5)m$，对应的实际断面起点距 $-12.5m$，$\cdots$ 雷达上报的第 7 点 70m 的起点距，在断面上投映为 $(70+17-49.5)m$，对应的实际断面起点距 37.5m。雷达上报的第 8 点 80m 的起点距，在断面上投映为 $(80+17-49.5)m$，对应的实际断面起点距 47.5m。以此类推。已将该换算方法设置进雷达仪器，生成的成果表上有显示相关数据（表 4.9-34）。

表 4.9-34　　　　　　　　　侧扫雷达流量计算

| 测站名称 | | 石鼓水文站 | | | 施测开始时间 | | 2021-08-23 17:00:39 | | 施测结束时间 | | 2021-8-23 17:05:39 |
|---|---|---|---|---|---|---|---|---|---|---|---|
| 侧扫雷达型号：RIDAR 系列 P200 | | | | | 测站编码 | | 60101300 | | | | |
| 垂线号数 | | 起点距/m | 实际断面起点距/m | 根据起点距查算河底高程/m | 水深/m | 测流相对位置 | 测段流速/(m/s) | 系数 | 平均流速/(m/s) | 平均水深/m | 间距/m | 垂线间面积/m² | 流量/(m³/s) |
| 测深 | 测速 | | | | | | | | | | | | |
| 右水边 | | 60.8 | 28.3 | 1822.41 | 0.00 | 0.00 | 0.00 | 1 | | | | | |
| 1 | 1 | 70.0 | 37.5 | 1818.59 | 3.82 | 0.00 | 1.15 | 1 | 0.80 | 1.91 | 9.2 | 17.6 | 14.1 |
| 2 | 2 | 80.0 | 47.5 | 1816.44 | 6.0 | 0.00 | 1.43 | 1 | 1.29 | 4.91 | 10 | 49.1 | 63.3 |
| 3 | 3 | 90.0 | 57.5 | 1816.01 | 6.4 | 0.00 | 1.73 | 1 | 1.58 | 6.2 | 10 | 62.0 | 98.0 |

2）比测方法。

a. 直接雷达流量法比测分析。

将 Ridar-200 雷达系统测出来的虚流量与本站实测流量进行误差分析。建立与本站实测流量相关关系,并根据两者的相关关系,计算出所有雷达所测出的断面流量,再根据计算出来的各时段雷达流量,用连实测流量法,用 2.0 南方片整编程序进行整编推流计算,把计算出的日平均流量与 2021 年通过最终审查的本站的整编成果上的日、月平均流量、月径流量等进行误差分析。

b. 指标流速法比测分析。

根据雷达测流的指标流速与本站实测断面平均流速的相关关系,推算断面平均流速,将推算的平均流速与本站实测的测流相应水位所查算出来的断面面积进行计算,计算出各测次的雷达断面流量,将计算出来的雷达断面流量与流速仪实测流量进行误差分析。

（5）成果分析

1）比测样本。

流量比测样本采用流速仪实测流量 71 次(含走航式 ADCP 测流 7 次,其中低水位 9 次、中水位 24 次、高水位 38 次),水位范围 1817.39～1823.89m,实测流量 235～5190m³/s。

侧扫雷达数据共有 62 组,水位范围 1818.24～1823.89m,断面平均流速范围 0.74～2.51m/s。

2）设备稳定性分析。

2022 年 1 月 20 日至 2 月 28 日电瓶电压过低,更换电瓶后恢复正常。

2022 年 3 月 29 日雷达设备故障,维修 2 月后运行正常。

2022 年 6 月 22 日至 6 月 25 日由于雷达设备发射端故障。

另外,对侧扫雷达实测流量连续系列资料进行水位排序,分析相同水位所测流量数据的稳定性,从而分析侧扫雷达测流数据的脉动性。分析结果为水位 1818.22～1823.46m 脉动误差基本都在 ±3% 以内。

总体来讲,由仪器故障导致的数据不正常占比为 0.83%,正常数据占比高达 99.17%,数据收集的脉动整体误差在 3% 以内,认为石鼓水文站雷达侧扫系统数据收集比较稳定,仪器能正常运行,在下大雨或者刮风时不受影响,不易中断数据。

3）指标流速比测分析。

将流速仪测流的断面平均流速与雷达测流各位置表面流速进行比较分析,找出与流速仪测流的断面平均流速相关关系最好的雷达表面流速的垂线位置(1 条或多条),将该垂线(1 条或多条)测得的雷达表面流速(单个或加权)作为指标流速,建立与流速仪测流断面平均流速的相关关系。

经分析发现,测流断面起点距 125m、155m、185m 对应的表面流速与流速仪测流断面平均流速关系相对较好,其中 185m 垂线关系最好。但为了较好地控制表面流速分布,选取 $n$ 条雷达斜距对应的表面流速与实测断面平均流速进行规划求解,利用试错法,综合考虑横向分布代表性较好、与流速仪测流断面平均流速关系最好、雷达发射角度等因素影响,得到相关系数最好的 5 条雷达代表垂线,其权重系数分别为:

$$V_{雷} = 0.15V_{98} + 0.16V_{125} + 0.19V_{185} + 0.18V_{230} + 0.17V_{244}$$

将公式计算出来的雷达平均流速 $V_{雷}$ 与流速仪平均流速 $V$ 进行误差统计分析,系统误差为 0.0%,随机不确定度为 8.8%。

再根据测流时的相应水位在相近实测的水道断面资料进行查算水道面积 $A$,将计算出的雷达平均流速 $V_{雷}$ 与查算出的水道面积 $A$ 相乘推算雷达流量 $Q_{雷}$,系统误差为 0.02%,随机不确定度为 8.79%。

4)直接雷达流量法比测分析。

a. 全变幅水位雷达流量与实测流量误差分析。

侧扫雷达测流系统采用实际测量的各垂线表面流速,先计算出垂线部分流速,然后借用相邻实测水道断面,由实时水位插补求得垂线部分面积,再根据流速面积法计算得到垂线部分流量,并将各部分流量相加得出断面虚流量,流量在 233～5450m³/s。

点绘侧扫雷达虚流量和本站实测流量相关关系图,见图 4.9-48,系统误差为 0.4%,标准差 3.9%,随机不确定度为 7.7%。侧扫雷达虚流量与流速仪实测流量相关关系为:

$$Q_{常} = 0.9136Q_{雷} \tag{4.9-21}$$

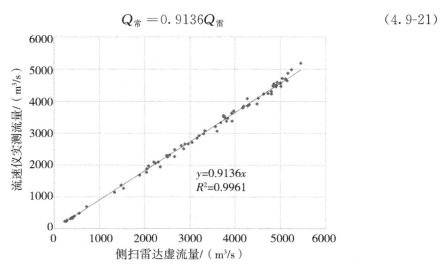

图 4.9-48  侧扫雷达与实测流量相关关系

b. 水位 1819.50m 以上雷达与实测误差分析。

在水位 1819.50m 以下,上述相关关系推算出来的流量误差较大,在该水位以上误差较小。将水位 1819.50m 以上进行单独分析,采用的流速仪实测数据共计 62 次,水位 1819.48～1823.89m(中水位 24 次、高水位 38 次),实测流量在 1150～5190m³/s,侧扫雷达虚流量在 1330～5450m³/s。

建立侧扫雷达虚流量与本站实测流量相关关系,见图 4.9-49。系统误差为 0.1%,标准差 3.0%,随机不确定度为 6.0%,1819.50m 以上水位时侧扫雷达虚流量与本站实测流量相关关系为:

$$Q_{常} = 0.9322Q_{雷} - 74.365 \qquad (4.9\text{-}22)$$

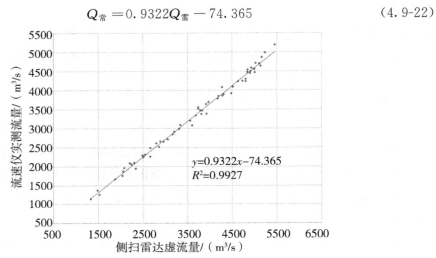

图 4.9-49　石鼓站水位 1819.50m 以上流速仪流量与侧扫雷达虚流量相关关系

(6)精度评价

从上述分析可知,采用指标流速法建立的相关关系误差随机不确定度 8.79%,超过规范 8% 的要求。直接流量法相关关系误差满足规范要求,但由于低枯水期的流量测次不多,代表性不足,结合雷达波的测流原理和特性,考虑在水位 1819.50m 使用。水位 1819.50m 以上时,系统误差为 0.1%,随机不确定度为 6.0%,满足规范要求。对水位 1819.50m 以上部分进行推流分析,6 月至 10 月的月径量误差在 -1.21～2.15%,误差较小(表 4.9-35)。

(7)测验方案

当水位为 1819.50～1823.89m、流量为 1150～5190m³/s 时,采用相关关系 $Q_{常} = 0.9322Q_{雷} - 74.365$ 开展流量实时在线监测工作。侧扫雷达测流系统测验频次设置为 10min。

表 4.9-35　　　　　　　　　石鼓站水位 1819.50m 推求径流量误差统计　　　　（流量：m³/s；误差：%）

| 成果及误差 | 各月径流量 | | | | |
|---|---|---|---|---|---|
| | 6 月 | 7 月 | 8 月 | 9 月 | 10 月 |
| 流速仪法推流成果 | 41.2 | 68.8 | 90.8 | 83.7 | 50.6 |
| 侧扫雷达推流成果 | 41.0 | 68.0 | 89.7 | 85.5 | 50.4 |
| 误差 | −0.49 | −1.16 | −1.21 | 2.15 | −0.40 |

（8）存在的问题

流速小于 1m/s 时，相关性较差，需要继续加强分析研究。

### 4.9.6.6　视觉测流系统应用实例

视觉测流系统在金沙江干流两坝间河段暂无实际应用，但金沙江干流上段古学水文站已采用视觉测流系统进行在线流量监测。古学站位于金沙江支流松麦河，上游 200m 左岸有支流硕曲河汇入。松麦河上游 7km 有古学电站，硕曲河上游约 7km 处有古学站。古学站受上游电站下泄流量影响。本节主要通过介绍视觉测流系统在金沙江古学水文站的应用为后续两坝间河段的采用提供一些参考。

（1）测站概况

古学水文站地理位置四川省得荣县古学乡劳动桥，东经 99°15′，北纬 28°16′，位于金沙江支流松麦河，上游 200m 有支流硕曲河从左岸汇入，控制集水面积为 12152km²，距金沙江汇合口 8.5km。古学水文站为三类流量精度站，管理方式为巡测，属国家基本水文站。松麦河上游约 7km 处有古学电站，硕曲河上游约 7km 处有去学电站。断面上游 60m 处低水时出现浅滩，下游 50m 处有急滩，90m 处有向左弯道。河段顺直，断面呈 U 形。河床由乱石夹沙组成，右岸为泥石流堆积体，左岸为弃石，河床稳定。从近 5 年大断面资料看来，测站断面有少量的冲淤变化，个别区域最大冲淤深度可达 0.8m，但同水位级面积变化不大于 2%。

全年主泓分布在起点距 39.0～51.0m，流速横向分布呈抛物线形。水位—流量关系基本稳定，但年际间有一定摆动，中高水年际间摆动最大 5%，低水年际间摆动最大可达 12%。

（2）设备安装调试情况

古学站视觉测流系统采用一侧立杆集中式安装，安装位置为基本水尺断面上游 3m 的左岸，采集终端安装于古学站房外，数据服务器搭建在水情分中心，现场测量数据通过网传至水情中心服务器。立杆安装浇筑约 120cm×120cm×100cm 的混凝土台体，用于支撑设备。混凝土台体浇筑完成凝固后，根据设备底座固定孔洞的位置，在混凝土底座上用电钻打出对应的安装孔。将安装底座置于台体上，采用膨胀螺栓组将底座固定于混凝土台体上。

将仪器支架、摄像头、机箱等部件按照安装图纸进行组合，并在固定位置与立柱连接，并采用螺栓组件进行固定。古学站视觉测流系统安装见图 4.9-50。

**图 4.9-50　古学站视觉测流系统安装**

综合机箱安装完成后，即可采用对应的电缆和供电电源线将视觉综合机箱与视觉支架、摄像头进行连接。在控制单元及平台软件的控制下，自动完成断面各垂线流速测量、流量计算、数据分析、报表输出。

根据古学站实际情况，对该站的测站信息、断面、测点参数等进行相应的设置。开始测量前，配置系统定时测量的时间周期，高水位、水位突然上涨的加测原则，相机安装的位置参数，相机的光学参数，算法过滤条件参数，以及单次测量时长等。根据古学站断面地形资料，选取起点距 45m 的垂线作为特征垂线，拓展范围为 ±5m，即在所有测量数据中选取起点距在 40~50m 的数据计算算术平均值，作为起点距 45m 垂线的表面流速值。

系统安装部署完成后，进入系统测试联调阶段。测试系统所有模块供电、网络和工作状态是否正常；测试从 RTU 获取的水位数据通信问题，确保数据有效；测试系统的定时测量是否正常；测试边缘计算网关与中心站服务器通信的稳定性，确保服务器能够定时接收视觉测流数据并安全入库。

视觉测流系统运行后，系统维护人员需每月查看相机画面，确保相机画面清晰，根据实际需求对镜头上的污渍进行清理和保洁；随时查看系统运行情况，确保数据持续正常入库。

（3）基本测验方案

古学站主要采用流速仪法施测，流速仪一般情况下采用 10 线二点法测流，在暴涨暴落或漂浮物严重等特殊水情时抢测洪峰时采用 5 线一点法和 3 线一点法施测流量。

（4）比测方案

采用古学站流速仪法与视觉测流系统同步进行流量测验比对，视觉测流水位为相应时段的自记水位，校核水位无误差。

1）时间选取。

由于视觉流量测验系统为每隔 2～5min 进行一次流量测验，测验时间与流速仪测流时间并非完全重合，本次比测主要是根据流速仪测流的施测时间，将施测时间范围内的所有视觉流速进行平均，得到本测次的视觉平均流速，与流速仪法进行对比分析。

2）垂线选取。

古学站断面呈 U 形，主泓全年分布在起点距 39.0～51.0m，流速横向分布呈抛物线形。历年水位—流量关系为单一线。视觉测流技术是通过光学方法获取河流表面运动图像，要求水流示踪物能够平稳传播，根据古学水文站的断面形态及流速分布，选取垂线 45m±5m 为视觉监测流速区域。将垂线 45m 测得的视觉表面流速作为视觉测流代表流速。

3）流量相关关系。

根据流速仪法测验时间，将施测起止时间内的所有视觉流速进行平均，得到视觉平均流速，将视觉平均流速乘以流速仪法测流断面面积，计算得到视觉流量。建立视觉流量与流速仪法实测流量的相关关系，并进行误差分析。

（5）成果分析

1）分析样本。

古学站视觉测流系统经过调试后，经过 1 年的时间，与流速仪法同步开展比测工作，与流速仪法比测样本：

比测实测流量变幅：21.8～767m³/s；

流量比测共 47 次，水位在 2273.40～2278.42m。

2）稳定性分析。

对视觉系统实测流量连续系列资料进行水位排序分析，挑选出同一水位下的不同测次流量，以分析视觉测流系统的稳定性，将同一水位的各次流量取平均值，计算各测次流量与均值的相对误差。水位在 2274.00m 以下时，相对误差基本在 ±15% 以内；水位在 2274.00m 以上时，相对误差基本在 ±5% 以内。综上所述，水位在 2274.00m 以下时，视觉测流系统在同一水位下的不同测次流量成果，数据波动较大，系统稳定性一般；水位在 2274.00m 以上时，同一水位下，不同测次视觉流量的相对误差较小，系统稳定性较好。

3）比测成果。

建立视觉虚流量与流速仪法实测流量的相关关系，系统误差为 0.85％，标准差为 6.01％，随机不确定度为 11.9％，相关关系见图 4.9-51。

$$Q_{视} = 0.7505Q_{视虚} - 2.8167 \qquad (4.9\text{-}23)$$

通过以上分析可知，采用所有实测流速仪流量与视觉虚流量建立相关关系，虽然误差分析结果满足《水文资料整编规范》（SL/T 247—2020）中三类站随机不确定度 12％，但是误差稍大，且在低水位时存在一定系统偏差。

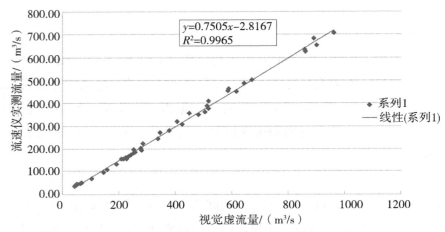

**图 4.9-51　流速仪实测流量与视觉虚流量相关关系**

为更好建立视觉虚流量与流速仪实测流量之间的相关关系，消除低水位的系统误差，将实测资料按照水位进行分级处理。

水位在 2275.00m 以下时，流速仪实测流量在 21.8～160m³/s，视觉虚流量在 19.7～225m³/s。建立视觉虚流量与流速实测仪流量的相关关系，见图 4.9-52，其关系式为：

$$Q_{视} = 0.0012Q_{视虚}^{2} + 0.3728Q_{视虚} + 17.353 \qquad (4.9\text{-}24)$$

水位在 2275.00m 以上时，流速仪实测流量在 160～767m³/s，视觉虚流量在 225～996m³/s。建立视觉虚流量与流速仪实测流量的相关关系，见图 4.9-53，其关系式为：

$$Q_{视} = 0.7589Q_{视虚} - 6.2949 \qquad (4.9\text{-}25)$$

相关关系误差分析，系统误差为 0.33％，标准差 4.45％，随机不确定度为 8.92％，满足《水文资料整编规范》（SL/T 247—2020）的要求。

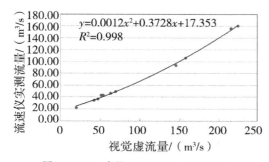

图 4.9-52　水位 2273.40～2275.00m
流速仪实测流量与视觉虚流量相关关系

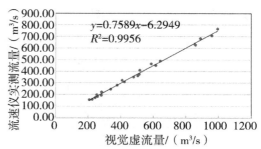

图 4.9-53　水位 2275.00～2278.42m
流速仪实测流量与视觉虚流量相关关系

4）精度评价。

通过推算的视觉虚流量进行整编计算，与流速仪法流量推算成果进行特征值比较。古学水文站 2023 年 1—8 月视觉虚流量与流速仪法各月平均流量相对误差在－2.60%～0.24%（表 4.9-36），系统误差为－1.23%，标准差为 0.89%，随机不确定度为 1.67%，2023 年 1—8 月径流总量相对误差为 1.15%（表 4.9-37）。

表 4.9-36　　　　古学站实测流量与视觉虚流量特征值误差统计（2023 年 1—8 月）

（径流量：亿 $m^3$；流量：$m^3$/s；误差：%）

| 测验方法 | 径流量 | 平均流量 | 最大流量 | 最小流量 |
|---|---|---|---|---|
| 流速仪法 | 25.19 | 79.9 | 778 | 21.8 |
| 视觉测流 | 25.48 | 80.8 | 767 | 24.2 |
| 误差 | 1.15 | 1.12 | －1.41 | 11.01 |

表 4.9-37　　　　古学站实测流量与视觉虚流量对照及误差统计（2023 年 1—8 月）

| | 月份 | 1 月 | 2 月 | 3 月 | 4 月 | 5 月 | 6 月 | 7 月 | 8 月 |
|---|---|---|---|---|---|---|---|---|---|
| 月统计 | 实测流量/（$m^3$/s） | 87.3 | 60.8 | 70.9 | 41.2 | 51.2 | 82.3 | 157 | 400 |
| | 视觉虚流量/（$m^3$/s） | 88.6 | 61.4 | 72.5 | 41.1 | 51.6 | 84.5 | 159 | 403 |
| | 相对误差/% | －1.47 | －0.98 | －2.21 | 0.24 | －0.78 | －2.60 | －1.26 | －0.74 |

5）测验方案。

采用不同水位级分别建立的流速仪实测流量与视觉虚流量的相关关系开始在线流量监测工作。

水位在 2273.40～2275.00m，公式为：

$$Q_{视} = 0.0012 Q_{视虚}^2 + 0.3728 Q_{视虚} + 17.353 \tag{4.9-26}$$

水位在 2275.00～2278.42m，公式为：

$$Q_{视} = 0.7589 Q_{视虚} - 6.2949 \tag{4.9-27}$$

#### 4.9.6.7 时差法应用实例

时差法测流系统在金沙江干流两坝间河段暂未实现时差法流量在线监测。但金沙江干流白鹤滩水电站—溪洛渡水电站区间河段有白鹤滩水文站,银江水电站—乌东德水电站区间河段有三堆子水文站。两站均已安装了时差法测流系统。

结合两站目前运行的经验,对时差法测流系统梳理如下几点建议。

1) 时差法对于水流流态有一定要求,特别是对电站下游泡旋明显的断面,在进场安装前,建议提前测试设备对于水流条件的敏感性。

2)安装前,应对安装区域的水下地形进行测量,河床中乱石以及河床的坡度不合适,可能会对超声波有阻挡,需要提前根据河床形态确定好合适的安装高程。

3)尽可能低于水面 5m 以下,保证测验数据的稳定性。

4)时差法换能器安装时应尽量对准,对准不好会严重影响数据的稳定性和测验精度。

乌江同金沙江一样,都属于山区性河道,流速较大,断面窄深。彭水水文站位于彭水电站—银盘电站区间河段,受上下游电站蓄放水影响,其水流特性与金沙江两坝间河段的水流特性极为相似。受电站频繁开关闸影响,彭水水文站流量过程控制和施测难度极大,流量的时段代表性较差。当上游电站突然关闸时,下泄生态流量 $70m^3/s$,流速只有 0.06m/s,测验难度也较大。

本节通过介绍彭水水文站时差法测流系统在线流量监测分析,为金沙江两坝间河段的应用提供参考。

(1)测站概况

彭水水文站地理位置为彭水县汉葭镇,东经 108°10′,北纬 29°17′,位于乌江干流,控制集水面积 70000km²,为控制乌江水情变化的二类流量精度水文站。

彭水水文站测验河段顺直长约 1700m,中高水时主槽宽度为 100~150m,左岸为峭壁,右岸稍开阔,开阔地带为乱石,河床以石灰岩为主,间有页岩 ,断面基本稳定。低水时河道狭窄呈 V 形。中高水位乱石被淹没,水流紊乱,泡旋多,浪大,右岸边略有回流,无串沟、无死水、高洪漂浮物较多。两岸植被稀疏。测流断面下游 1250m 为老易溪卡口,水位 212.00m 以下起低水控制作用,断面下游约 3140m 有郁江从右岸汇入,其下约 10m 为一大弯道起高水控制作用。断面上游约 9km 有彭水电站,下游有银盘电站,上下游电站蓄放水时对本站水位有影响,水位—流量关系紊乱。

(2)基本测验方案

采用缆道流速仪法、极坐标水面浮标法、ADCP 走航式进行流量测验。

流速仪常测法根据水位情况按 7~14 线二点法、测速历时 100s 施测;流速仪简测法采用 14 线一点法(0.2),当 $Q_{0.2} \leqslant 8000\text{m}^3/\text{s}$ 时,$Q=0.91Q_{0.2}$;当 $Q_{0.2} > 8000\text{m}^3/\text{s}$ 时,$Q=1.18Q_{0.2}-2100$。遇特殊水情,水情变化较快,可按 60s 或 30s 施测。

高洪应急时,无法使用流速仪法测流时,采用极坐标水面浮标法或采用冲锋舟搭载 ADCP 走航式测流。

(3)设备安装情况

彭水站安装了超声波时差法测流系统,一共配备 2 对超声波探头,均为固定安装,探头安装高程分别为 211.03m、212.36m,安装位置及断面见图 4.9-54。彭水站选取通信距离 100m,200kHz 的换能器,彭水站最小工作高程为 211.35m,即水位达到 211.35m 时,时差法就可以正常运行,两对探头有一对能正常运行即可获取有效数据。安装现场照片见图 4.9-55。

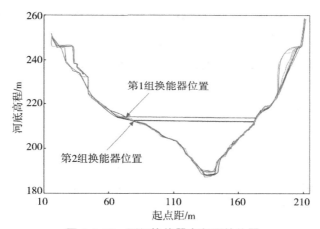

图 4.9-54 两组换能器在断面的位置

图 4.9-55 安装现场照片

(4)比测方案

采用转子式流速仪、走航式 ADCP 实测流量和电站出库流量反算的断面平均流速与时差法流速率定流速的相关关系。时差法每 2s 采集一次流速数据,分中心设置每 5min 传输一次流速。

实测测次布置:彭水站主要受上下游电站蓄放水影响,水位、流量日变化涨落急剧,总体按水位和流量的变化过程布置比测测次,流量测次分布在不同的水位级,畅流期测次略多。出库流量在 $400\sim2000\mathrm{m^3/s}$,相邻测点间距应小于 $500\mathrm{m^3/s}$;出库流量在 $2000\mathrm{m^3/s}$ 以上,相邻测点间距应小于 $1000\mathrm{m^3/s}$。上下游电站出现大的蓄放过程时应增加测次,测次安排尽量在电站出流稳定时期。同时加强低水小流量的测次布置。当流量变幅较小时根据水位级差 0.5m。

彭水站的出库流量与实测流量有较好的相关关系,采用出库流量推算的流量较为合理,2014 年彭水站采用电站出库流量进行推流。由于彭水水电站距离彭水水文站 9km,来水受彭水水电站出库流量影响较大,且彭水站出库流量在某些时段不稳定,涨落较快,实测流量的代表性欠佳。因此,采用部分电站出库流量作为实测流量的补充,选取出库流量相对稳定时期的 6h 平均值作为该时段流量的近似真值,时差法比测数据采用对应的 6h 平均值。

(5)成果分析

1)比测样本。

有效比测数据 48 次,覆盖水位变幅在 $211.55\sim217.10\mathrm{m}$,流量变幅在 $69.7\sim3420\mathrm{m^3/s}$,流速变幅在 $0.065\sim2.38\mathrm{m/s}$,时差法流速变幅在 $0.069\sim2.39\mathrm{m/s}$。

2)稳定性分析。

彭水站同水位下,水位流速的关系并不一致,受上游彭水水电站开闸放水的影响,水位—流量关系极为复杂和不稳定。选取 3 个水位流量相对较稳定时段,采用变异系数对时差法数据的脉动情况进行分析。变异系数低表示数据的变异程度相对较小,数据的波动性较小,数据的相对误差较小,数据点相对稳定,数据可靠性高。经分析,3 个时段时差法流速仅显示出轻微波动,在合理范围内进行小幅度变化,通过对其标准差和变异系数的计算,均小于 5%,认为时差法流速在稳定水位下的波动较小、稳定性高、资料可靠。

3)比测分析。

由于测验河段顺直,时差法断面与测流断面相距较近,理论假设过水面积相同,采用实测流量、电站出库流量除以测流断面面积得到流速与时差法流速建立关系模型,相关关系见图 4.9-56。

彭水站断面平均流速与时差法流速关系式为:

$$V_{断}=-0.071933V_{时差法}^2+1.21273V_{时差法}-0.0156 \qquad (4.9\text{-}28)$$

系统误差为 0.38%,标准差为 5.4%,随机不确定度为 10.8%,略微超限。

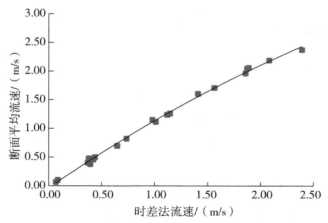

图 4.9-56　时差法流速与断面平均流速相关关系

4）精度评价。

通过推算的时差法流量进行整编计算，与流速仪法流量推算成果进行特征值比较。时差法 4—6 月的月径流量与整编成果相比，相对误差分别为 4.62 ％、5.28%、5.19 ％，3 个月总径流误差 6.32%（表 4.9-38）。误差稍大，但也在合理范围内。

5）存在的问题。

彭水站采用实测流量、电站出库流量反推的断面平均流速与时差法流速建立关系，整体合理，但误差稍大，需要进一步做分析研究工作。

据分析，彭水站受上游电站影响，实测资料的测验难度和误差本身较大，流速仪法的时段代表性较差，在后续的分析中，需要提高实测资料的测验精度，可以采用 ADCP 走航式在水位流量涨落频繁急剧时使用。采用电站出库流量时，电站的出库流量与近似流量真值也有一定的误差；对比测关系的率定还需要深入研究，加入水深、面积权重等参数参与计算；时差法测量容易遭受雷击影响，需要考虑安置避雷设备等有效方法来确保设备的正常运行。

表 4.9-38　　　　　　　　　　　彭水水文站特征值统计

（流量:m³/s；径流量:亿 m³；误差:%）

| 特征值统计 | 2023 年 4 月 | | 2023 年 5 月 | | 2023 年 6 月 | | 4—6 月 |
|---|---|---|---|---|---|---|---|
| | 流量 | 月径流量 | 流量 | 月径流量 | 流量 | 月径流量 | 总径流量 |
| 整编流量月均值 | 503 | 13.0 | 917 | 24.6 | 892 | 23.1 | 60.1 |
| 时差法流量月均值 | 523 | 13.6 | 969 | 25.9 | 939 | 24.3 | 63.9 |
| 误差 | 3.98 | 4.62 | 5.67 | 5.28 | 5.27 | 5.19 | 6.32 |

## 4.10　水位流量单值化方案探索与实践

水位—流量关系"单值化"一词具有明确的含义。从数学解析概念而言,它表示流量为水位的单值函数;从数学图解概念而言,它表示水位—流量关系为单一线。

除水位外,流量还受到众多因素的影响,水位—流量具有相关关系。相关程度与众多因素在年内的变化幅度和影响比重有关。单值化处理方法旨在通过影响水流流态水力因子,提高水位—流量单值关系的相关程度,科学合理地精简测验布置和便于资料整编,使其精度达到或超过水文测验规范的要求。

近年来金沙江水电基地排在中国十三大水电基地规划首位,是中国最大的水电基地,也是西电东送主力。金沙江上游川藏段共布置岗托、岩比等 13 座梯级水电站;中游共布置龙盘、两家人、梨园等 10 座巨型梯级水电站;下游共布置乌东德、白鹤滩、溪洛渡、向家坝等 4 座巨型梯级水电站。

金沙江 80% 的河段受到了上、下游电站的蓄放水影响,金沙江河段断面水位—流量关系天然单一的情况逐渐消失。要较好地控制受人类活动影响的流量变化过程,需要布置密集的流量测次,但人力物力有限,无法达到要求,于是流量在线监测等自动化设备发挥了巨大作用。同在线流量监测的目的一样,将水位—流量关系处理成单值关系,从而减少流量测次的布置,也是一种较好地节约水文站的人力物力成本,大量减轻基层工作量,全面实现水文驻巡的手段和方法。

### 4.10.1　单值化方案技术要求

1)在水位—流量关系单值化处理中,采用何种方法应对有关方法的理论性、精确性和通用性作对比分析,并要求采用的方法简便易行,便于测验和整编的通用化和标准化。

2)对各类测站进行水位流量单值化分析时,其使用资料的最少年限宜按以下要求:控制站不少于 5 年,一般站不少于 3 年,特殊站不少于 3 年。这些年份中,应尽量包括丰、平、枯三种典型年份。对于调蓄复杂,且影响因素变动频繁的测站,可根据实际情况调整。

控制站是指长江干流及一级支流上的控制水文站。

一般站是指控制站范围内的非控制站及二级以下支流的水文站。

特殊站是指以上二类测站中,受河流流向顺逆不定的水文站;岩溶地区的水文站;受水利化措施影响,不能完全控制流域水量的水文站。

3)按单值化处理方法对测次进行精简时,要注意以下几点。

a.在均匀布置测次的同时,应增加高水的测次,以保证测出超过记录的最大流量。

b. 在均匀布置测次的同时,必须在较大洪水绳套的涨水面与落水面中,以及较大绳套过渡转折的曲线段布置一定的测次。

c. 测流水位超过单值化分析成果中的实测最高水位或低于单值化分析成果中的实测最低水位时,应根据水文测验规范要求进行测流,不能采用单值化方案推流,以免漏测洪峰流量和枯水流量。

d. 当水流特性发生重大改变时(如溃口分流、人工水利措施以及河段上下游因暴雨冲泄,发生明显改变等),应暂停按单值化方案测流,恢复按现行常规方法测流,待单值化方案重新修订并达到各项技术要求时,再重新按单值化方法布置测次。

e. 承担水情报汛的水文站,经批准采用单值化测流方案后,落差水尺的水位观测段次应满足报汛段次的要求,以准确及时地上报实测流量和推估相应流量,为了满足报汛要求,应增加测流次数。

4)水位—流量单值关系的精度控制应满足以下要求。

a. 控制站应有 80% 及以上的中高水点据误差不超过 ±5%,80% 及以上的低水点据误差不超过 ±10%;一般站应有 75% 及以上的中高水点据误差不超过 ±5%,75% 及以上的低水点据误差不超过 ±10%;特殊站应有 75% 及以上的中高水点据误差不超过 ±8%,75% 及以上的低水点据误差不超过 ±15%。

b. 在水位—流量关系单值曲线上,涨水点或落水点应无明显的系统偏离,即每一绳套的涨水点据中,至少有 1 个点据分布在关系线的左侧或每一绳套的落水点据中,至少有 1 个点据分布在关系线的右侧,就可以视为无明显系统偏离。虽然达不到以上要求,但是当涨落水支线与单值化曲线的偏离不超过 4% 时,也可认作无明显系统偏离。

c. 单值化流量 $Q$ 的标准差应小于或等于 10%。

d. 对水位流量单值曲线进行偏离数值检验。当测次 $n$ 大于 30 且 $t$ 小于 2.0,或 $n$ 为 10~30 且 $t$ 小于 2.3 时,可认为无偏。

e. 对水位流量单值曲线进行拟合优度检验。当测次 $n$ 大于 30 且 $t$ 小于 2.0,或 $n$ 为 10~30 且 $t$ 小于 2.3 时,可认为拟合优度较高。

5)采用单值化处理方法进行水文资料整编时,经对以往资料的检验,计算的年径流量相对误差小于 ±3% 时,可作为整编方法使用。

6)单值化站的水位—流量关系线年接头定线控制误差,一类精度站 ±5%,二、三类精度站 ±8%。

## 4.10.2　金沙江河段单值化处理常用方法

水位—流量关系的不稳定,主要是受上游洪水涨落、断面冲淤、变动回水,以及水草生长或结冰影响。受断面冲淤、结冰、水草生长影响的单值化方法有改正水位法、改正系数法、切割水位法等。

改正水位法、改正系数法、切割水位法等是以稳定的关系线作为标准曲线,计算水位改正数、实测流量或稳定流量得到的改正系数,然后参照水位、气温、冰情等过程线的趋势,点绘水位改正数、实测流量或稳定流量得到的改正系数的过程线,利用过程线对实时数据进行改正,从而将不稳定的水位—流量关系进行修正的方法。使用上述方法测量,结果受到的影响比较单一,以断面的变化影响为主,而且都需要满足流量测次足够多、测站分布均匀,流量精度较高且能控制流量转折变化的要求。

而金沙江河段受断面冲淤、结冰和水草生长影响较少,上述方法不太适用。金沙江河段水位—流量关系主要受水利工程调蓄引起洪水涨落和变动回水影响而呈不稳定状态,并且无法密切控制流量的转折变化。金沙江河段更需要既能简化测次布置,又能够控制流量转折变化的单值化方法。

受变动回水影响的单值化方法有落差指数法、定落差法、等落差法、正常落差法;只受洪水涨落影响的单值化方法有校正因素法、落差指数法、抵偿河长法;受变动回水与洪水涨落混合影响的单值化方法有落差指数法。

下面重点介绍金沙江河段适用的单值化方法。

### 4.10.2.1 落差指数法

回水影响指的是测站下游河道受阻,水流不畅,导致水位抬高,比降减小。与天然情况相比,受回水影响时,同水位下的流速和流量会变小,且回水影响越明显,这一变化越显著。金沙江河流的回水主要是下游电站蓄水造成的,而电站调蓄程度和方式是变化的,因此回水的影响也是变化的,这种受下游电站蓄放水影响的回水称为变动回水。受变动回水影响的测站,其水位—流量关系和水位—流速关系复杂。

落差指数法是70年代以来提出的单值化处理方法。它可以处理只受变动回水影响的水位—流量关系单值化,也可以处理只受洪水涨落影响的水位—流量关系单值化,还可以处理受混合影响时的单值化,具有广泛的实用性,测量结果精度较高。在进行单值化方法的资料分析时,可将其他单值化方法与落差指数法进行全面对比,择优选用。

(1)理论依据

根据曼宁公式,同水位下流量之比为:

$$\frac{Q_1}{Q_2} = \frac{\frac{1}{n}(A \times R^{\frac{2}{3}} \times S_1^{\frac{1}{2}})}{\frac{1}{n}(A \times R^{\frac{2}{3}} \times S_2^{\frac{1}{2}})} = \left(\frac{S_1}{S_2}\right)^{\frac{1}{2}} \tag{4.10-1}$$

如将水面比降 $S$ 改写成河段水位差与河段距离相除,则上式变为:

$$Q = \frac{1}{n}AR^{\frac{2}{3}}\sqrt{\frac{Z}{L}} = \left(\frac{1}{n}AR^{\frac{2}{3}}L^{-\frac{1}{2}}\right)Z^{\frac{1}{2}} = qZ^{\frac{1}{2}} \tag{4.10-2}$$

部分研究认为,河流的比降指数采用 $1/2$ 是非常近似的,在不同河段,其可能实际并非 $1/2$ 或固定值。再引入回水对断面的影响程度,则推导出落差指数法的基本公式:

$$Q = K\frac{Q_m}{(Z_m)^\beta} \tag{4.10-3}$$

(2)具体步骤

1)假定同水位不同落差的流量符合公式:

$$K_1\frac{Q_1}{(\Delta Z_1^\beta)} = K_2\frac{Q_2}{\Delta Z_2^\beta} = \cdots = K_n\frac{Q_n}{\Delta Z_n^\beta} = q \tag{4.10-4}$$

式中,$Q_1$、$Q_2$——同水位不同落差的流量;

$\Delta Z_1$、$\Delta Z_2$——与 $Q_1$、$Q_2$ 相应的落差;

$\beta$——落差指数;

$K_1, K_2, \cdots, K_n$——落差修正系数;

$q$——校正流量因数。

2)优选落差指数 $\beta$ 值。$\beta$ 为 $0.2 \sim 0.8$,在此区间内可采用试错法或优选法,以确定 $Z$—$q$ 关系线,适线检验、符号检验等确定度最小时的 $\beta$ 为最优 $\beta$ 值。

3)确度 $Z$—$q$ 关系线。根据优选的 $\beta$ 值所定的 $Z$—$q$ 关系线,定线精度符合单一线的定线要求,即为推求流量采用的曲线。

4)根据落差参证站的水位过程计算的落差 $\Delta Z_1$ 和优选的 $\beta$ 值,用本站水位推得 $q$ 值,与相应的 $\Delta Z^\beta$ 的乘积即为推求的流量。

(3)落差水尺的选择

落差指数法中,落差水尺位置选择与落差系数的确定是关键性的技术环节之一。

1)落差水尺位置选择。

落差水尺位置选择主要从两个方面考虑:①水位能准确反映当时河段所受的影响;②落差的最小值要满足校正流量精度的要求。

计算落差的水位是否具有代表性,关键在于水尺位置是否在河段所受的影响范围之内。这就要从水位流量、水位面积、水位流速关系图上点子的分布情况,结合测站特性,先判断影响因素及其影响范围。在此范围内避开河湾、局部回流和死水区,选定水尺的具体位置。当测站受到变动回水和洪水涨落影响时,若前者影响大于后者,落差水尺一般可在测站所在河流(干流)下游和变动回水源的上游河段范围内选定;若前者影响小于后者,可在测站所在河流(干流)上游河段选定,有时也可在下游河段选定,但下游落差水尺距测站的距离应相对较近。当测站上游不远处有较大支流汇入时,还应在支流上选定一组落差水尺,借以反映支流来水,特别是支流洪水涨落对测站影响。

落差值过小,观测值误差大,就会严重地影响校正流量的精度。落差值的大小,实质上涉及两水尺间距离远近的问题。在同一个影响因素下,落差值的大小与水尺间距离的远近成正比。要使落差的数值不小于所需要的最小值,就要使两支水尺保持一定的距离,这个距离根据所需落差的最小值及河流的比降确定。但距离也不宜过长,因为河道底坡不均匀,断面宽窄不一致,河道弯曲等会破坏水面坡度。距离过长,反应不灵敏,影响落差的代表性和校正流量的精度。

2)落差系数的初步确定。

现有落差水尺不能满足单值化处理精度要求时,首先应该调整或增设水尺,必要时再适当增设 1 组或多组水尺进行分析研究,选取其中最优或较优的水尺作为落差水尺。落差水尺可以选用一组或者多组进行综合计算。

$$\Delta Z = a_1 \times Z_1 + a_2 \times Z_2 + a_3 \times Z_3 + \cdots + a_n \times Z_n \qquad (4.10\text{-}5)$$

式中,$Z_1, Z_2, \cdots, Z_n$——基本水尺与落差水尺 $1, 2, \cdots, n$ 的同时刻水位差;

$a_1, a_2, \cdots, a_n$——落差系数,$a_1 + a_2 + a_3 + \cdots + a_n = 1$。

有多组落差水尺时,可采用流量加权法初步确定落差系数。例如 $\Delta Z$ 由 3 个落差水尺组成。第一组落差水尺处多年平均流量 $Q_1 = 15000 \mathrm{m^3/s}$,第二组落差水尺处多年平均流量 $Q_2 = 20000 \mathrm{m^3/s}$,第三组落差水尺处多年平均流量 $Q_3 = 5000 \mathrm{m^3/s}$,则落差系数初估值为:

$$a_1 = \frac{Q_1}{\sum\limits_{i=1}^{3} Q_i} = 15000/40000 \approx 0.38 \qquad (4.10\text{-}6)$$

$$a_2 = \frac{Q_2}{\sum\limits_{i=1}^{3} Q_i} = 20000/40000 = 0.50 \qquad (4.10\text{-}7)$$

$$a_3 = \frac{Q_3}{\sum\limits_{i=1}^{3} Q_i} = 5000/40000 \approx 0.12 \qquad (4.10\text{-}8)$$

(4)优选落差指数

最优落差指数不仅要保证水位—流量关系单值化,具有较高的相关程度,而且还要保证点据无偏。落差指数可以是固定指数,1 年或者历年都是 1 个固定不变的数;也可以是变动落差指数,1 年内分段采用几个离散指数,或者找出 1 年甚至历年内某种水力因素和落差指数的相关关系,采用连续变化的指数。

1)固定落差指数的确定。

a. 根据 1 年内实测资料点绘实测水位 $Z$ 与实测流量 $Q$ 的相关点据。

b. 根据 1 年内水位变幅($Z_{min} - Z_{max}$)将水位较均匀地分为 5～10 级。

c. 在 $Z—Q$ 相关关系图上找出每水位级水位附近的左右外包点据。左外包点据的流量为该水位级的最小实测流量 $Q_{min}$,右外包点据的流量为该水位级的最大实测流量 $Q_{max}$。

d. 计算每一水位级 $Q_{min}$ 及 $Q_{max}$ 相应的落差 $\Delta Z_2$、$\Delta Z_1$。

e. 按下式计算每一水位级落差指数 $\beta$:

$$\beta = \frac{\lg Q_{max} - \lg Q_{min}}{\lg \Delta Z_1 - \lg \Delta Z_2} \tag{4.10-9}$$

f. 计算落差指数的初估值:

$$\beta_{初} = \frac{\sum_{i=1}^{j} \beta_i}{j} \tag{4.10-10}$$

g. 确定落差指数的区间:

$$\beta_{min} = 0.5\beta_{初}, \beta_{max} = 1.5\beta_{初} \tag{4.10-11}$$

h. 在落差指数的变化区间内,采用试错法进行最优落差指数挑选。

2)分段固定指数。

当用固定指数校正流量,有一部分点据比较散乱或者明显呈系统性分布。经过观察,这种现象有规律,则分不同情况,采用不同的指数,即分段固定指数。分段固定指数根据具体情况选取,可以按落差级分段,也可以按水位或者按河段分段等。

3)变动落差指数的确定。

变动落差指数的确定在于通过分析找出某种水力因素与落差指数 $\beta$ 的定量关系。

$$\beta = \frac{\lg Q - \lg q}{\lg \Delta Z} \tag{4.10-12}$$

当单值化处理后,$\lg Q - \lg q$ 为常数时,$\beta$ 与 $\lg \Delta Z$ 呈现出明显的定量关系。

a. 按固定落差指数建立 $Z—q$ 关系线;

b. 根据各测次的 $Z—q$ 关系点据与 $Z—Q$ 关系点据计算 $\lg Q - \lg q$ 值;

c. 根据 $\beta = \dfrac{\lg Q - \lg q}{\lg \Delta Z}$ 计算各测次的 $\beta$ 值;

d. 点绘各测次的 $\beta—\lg \Delta Z$ 关系线,从而得到各水位对应的变动落差值。

建立 $\beta—\lg Z$ 的关系还可以根据下式进行:

$$\lg q = \lg Q - \frac{\lg \Delta Z \times \lg(Q_{max}/Q_{min})}{\lg(\Delta Z_1/\Delta Z_2)} \qquad (4.10\text{-}13)$$

式中,$Q$——实测流量;

$\quad$ $q$——单值化流量。

在典型年各测次中找出某些含有 $Q$、$Q_{max}$、$Q_{min}$ 的测次,建立 1 年和历年综合的 $Z$—$q$ 关系线。$Z$—$q$ 关系线可由固定落差指数初建。根据 $Z$—$q$ 关系线和 $Z$—$Q$ 关系线计算各测次的 $\beta$,并点绘 1 年和历年综合的 $\beta$—$\lg \Delta Z$ 曲线,从而得到变动落差指数。

### 4.10.2.2　定落差法

(1)理论依据

定落差法是落差法的一种,其理论原理同落差指数法的原理一样,符合

$$\frac{Q_1}{Q_2} = \left(\frac{\Delta Z_1}{\Delta Z_2}\right)^{\beta} \qquad (4.10\text{-}14)$$

也可以写作

$$\frac{Q_1}{Q_c} = \left(\frac{\Delta Z_1}{\Delta Z_c}\right)^{\beta} \qquad (4.10\text{-}15)$$

与落差指数法不同的是,落差指数法是通过求取落差指数 $\beta$,率定 $Z$—$q$ 关系线。而定落差法将公式变形,取河流的比降指数为 1/2。优先给定 1 个较大落差作为起算值,推算 $Q_c$,再改变定值来率定 $Z$—$Q_c$ 关系线,并进行推流。

定落差法适用于断面比较均匀、河底较为平坦、不受回水影响、水面比降接近河底陡坡的测站。

(2)具体步骤

1)假定同水位不同落差的流量满足公式:

$$\frac{Q_m}{Q_c} = \left(\frac{\Delta Z_m}{\Delta Z_c}\right)^{\frac{1}{2}} \qquad (4.10\text{-}16)$$

式中,$Q_m$——实测流量;

$\quad$ $Q_c$——定落差流量;

$\quad$ $\Delta Z_m$——与实测流量相应的落差;

$\quad$ $\Delta Z_c$——定落差。

2)选取实测流量中落差较大者为定落差值 $\Delta Z_c$,按公式计算各测次的校正流量 $Q_c$ 的初值、定落差流量 $Q_c$ 的初值,用单一线定线方法初步定出 $Z$—$Q_c$ 关系线。

3)以各次测流水位 $Z$ 在 $Z$—$Q_c$ 关系线上查得相应 $Q_c$,计算流量比 $\dfrac{Q_m}{Q_c}$,绘制

$\dfrac{Q_m}{Q_c}$—$\dfrac{\Delta Z_m}{\Delta Z_c}$ 关系线,曲线应通过坐标(1,1)点。

4) 检验 $Z$—$Q_c$ 关系线。根据各次 $\dfrac{\Delta Z_m}{\Delta Z_c}$ 值,在关系线上查得相应的 $\dfrac{Q_m}{Q_c}$ 值,用 $Q_m$ 除以 $\dfrac{Q_m}{Q_c}$,得到相应的 $Q_c$。将 $Q_c$ 点绘在原定 $Z$—$Q_c$ 关系线上,若偏差符合定单一线的要求,则原定的 $Z$—$Q_c$ 关系线合格。否则,需要重复第 2)~4)步操作,直到合格为止。

5) 推流。已知 $Z$、$\Delta Z_m$、$\Delta Z_c$ 以及所定的 $Z$—$Q_c$ 关系线和 $\dfrac{Q_m}{Q_c}$—$\dfrac{\Delta Z_m}{\Delta Z_c}$ 关系线,由 $Z$ 计算 $\dfrac{\Delta Z_m}{\Delta Z_c}$,并在 $\dfrac{Q_m}{Q_c}$—$\dfrac{\Delta Z_m}{\Delta Z_c}$ 关系线上查出 $\dfrac{Q_m}{Q_c}$,然后在 $Z$—$Q_c$ 关系线上查出 $Q_c$,计算 $Z$ 所对应的流量 $Q_m = Q_c\left(\dfrac{Q_m}{Q_c}\right)$。

(3)落差参证站选择

参证站的水位是计算落差的依据,参证站的位置是否恰当,直接关系到落差的代表性及单值化方案的成败。对主要受变动回水影响的参证站,选择在测流断面下游。参证站的选取主要综合以下方面考虑。

1)落差的代表性。

根据落差法的理论原理,河段的比降代表着流量,同水位比降越大,流量越大;比降越小,流量越小。而落差参证站的位置,应满足计算的落差对于测验河段的比降有足够的代表性。因此参证站的位置不能太远。

2)水位的观读误差。

但参证站的位置也不能太近。参证站过于近,当受回水顶托影响严重时,上下两站的落差值就会很小,甚至出现负落差。这时水位的观读误差(含水准误差与观读误差)对落差的影响就会非常大,甚至造成严重失真。落差值越大,水位误差对落差的影响越小,这样就要求参证站应该与测流断面有一定的距离,保证有一定的落差值。一般水位综合误差在 2~5cm,水位观读的最大偶然误差在 3cm 以内,一般观读误差在 1cm,因此要求参证站与测流断面落差不小于 3cm。

3)参证站资料精度。

作为落差参证站,其水位的连续性以及观测频次应该有一定保证,最好是与测流断面水位的频次一致,避免插补或借用带来的落差计算误差。

(4)定落差取值

定落差的取值是定落差法中的关键技术。一般情况下,同水位下落差越大,落差对于流量的代表性就越精确,因此选取较大落差值作为定落差值参与计算。但定落差的选择并非一定要选择落差的最大值,需要根据单值化时段的上下游水流情况、受影响的因素以及在反复的试算过程中修正。

### 4.10.2.3 正常落差法

(1)理论依据

对于河段不平整,有时受回水影响,有时又不受回水影响,正常情况下落差并非定制的测站,可用正常落差法进行处理。其满足基本理论:

$$\frac{Q_m}{Q_n} = \left(\frac{\Delta Z_m}{\Delta Z_n}\right)^{\beta} \tag{4.10-17}$$

式中,$\Delta Z_n$——不受回水影响时的落差,为正常落差;

$Q_n$——正常落差流量;

其他参数同定落差法。

(2)具体步骤

正常落差法与定落差的区别在于,正常落差法的正常落差不是一定值,而是随水位变化的,需要定出水位 $Z$ 与正常落差 $\Delta Z_n$ 的关系线。

1)首先根据实测流量测点点群中心定出一条 $Z$—$Q_n$ 关系线,暂设 $\beta = 1/2$,用 $Z$ 查算 $Q_n$,用公式算出各实测点对应的 $\Delta Z_n$。

2)根据 $Z$ 与 $\Delta Z_n$ 的点群中心,点绘 $Z$—$\Delta Z_n$ 关系线,并在线上查出各实测点的 $\Delta Z_n$,计算 $\frac{Q_m}{Q_n}$ 和 $\frac{\Delta Z_m}{\Delta Z_n}$ 的关系点。

3)点绘 $\frac{Q_m}{Q_n}$—$\frac{\Delta Z_m}{\Delta Z_n}$ 关系线,查出 $\frac{Q_m}{Q_n}$,求出 $Q_n$。

4)将 $Q_n$ 点绘在原 $Z$—$Q_n$ 关系线上,检验关系点是否密集分布在曲线两侧,若满足单一线定线要求,则原 $Z$—$Q_n$ 关系线合格。

5)推流。已知水位 $Z$ 及落差 $\Delta Z_m$;在 $Z$—$\Delta Z_n$ 和 $Z$—$Q_n$ 关系线查得 $\Delta Z_n$ 和 $Q_n$,计算 $\frac{\Delta Z_m}{\Delta Z_n}$,在曲线上查得 $\frac{Q_m}{Q_n}$,并由 $Q_n$ 计算 $Q_m$。

(3)参证站的选择

正常落差法参证站的选择同定落差法,这里不再赘述。

### 4.10.2.4 等落差法

(1)理论依据

等落差法是处理受变动回水影响,且断面基本稳定的站点的单值化方法。

等落差的基本假定认为,断面稳定时,用上下水尺断面间的落差推算的比降能代表基本水尺断面处的水面比降,即流量 $Q$、水位 $Z$ 与落差 $\Delta Z$ 的函数关系为 $Q=f(Z,\Delta Z)$。当落差为定值时,水位—流量关系是稳定的。这样就可以用落差作参变数,绘出各种落差下的水位—流量关系线,并利用这个曲线簇推求流量。

如果需要简便精确地绘出以落差为参变数的水位—流量关系线,那么需要测点比较多且分布均匀,在各种落差情况下都有一定数量的测点。

(2)具体步骤

1)画出水位—流量关系点,并注明落差。

2)绘制各整数的等落差曲线。绘制时可以先选取落差相近且点子较多、较有把握的线,确定总体趋势后再补充绘制其余各线,见图 4.10-1。

3)曲线簇大致成扇形,可以根据 $\dfrac{Z_1}{Z_2}$ 为常数时,同水位的流量比 $\dfrac{Q_1}{Q_2}$ 也为常数的特性来调整曲线。并可确定点子稀少处的曲线趋势和对曲线进行适当延长,使之成一簇整齐平滑的曲线。

4)在两曲线间需要插补时,可根据 $Z_1$ 与 $Z_4$,内插 $Z_2$ 与 $Z_3$ 线,见图 4.10-2。首先根据公式 $\dfrac{Q_1}{Q_4}=\left(\dfrac{Z_1}{Z_4}\right)^{\beta}$,反算 $\beta$,再按 $\dfrac{Q_1}{Q_2}=\left(\dfrac{Z_1}{Z_2}\right)^{\beta}$,$\dfrac{Q_1}{Q_3}=\left(\dfrac{Z_1}{Z_3}\right)^{\beta}$ 分水位级算出 $Q_2$、$Q_3$,再参照 $Z_1$ 与 $Z_4$ 线的趋势,绘制 $Z_2$ 与 $Z_3$ 线。

5)推流时,以水位及对应落差直接在曲线上查出流量。

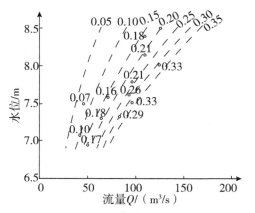

图 4.10-1　等落差水位—流量关系线

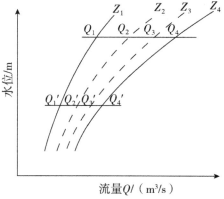

图 4.10-2　等落差水位—流量曲线插补

注:点子未全部绘出。

### 4.10.2.5　校正因数法

(1)理论依据

受上游电站闸门启闭影响的水位—流量关系与受洪水涨落影响的水位—流量关

系相似,洪水波在河道中传播引起附加比降的变化,造成涨水时比降较同水位下稳定流时的比降大,退水时同水位的比降较稳定流时小。不同比降的变化造成同一水位下流速不同,从而造成流量不同,形成涨落绳套。从实测流量点分布情况来看,涨水的测点位于落水测点的右边,且涨率大的测点,偏离得更远,涨得缓的测点,离稳定的水位—流量关系线近一些,而退水则相反。

校正因数法是处理受洪水涨落影响的水位—流量关系的一种方法,它适用于水位—流量关系线呈单式绳套的情况。受上游电站闸门启闭影响,涨落过程比天然的洪水涨落更加急剧和频繁,反复形成多个涨落绳套,采用校正因数法改正流量点子,从而可以简化测验过程,解决流量测验困难和水位—流量关系定线推流复杂的问题。

(2)具体步骤

1)假定同水位不同涨落率的流量符合公式:

$$\frac{Q_m}{Q_c}=\left[1+\left(\frac{1}{US_c}\times\frac{\Delta Z}{\Delta T}\right)\right]^{\frac{1}{2}}$$

(4.10-18)

式中,$Q_m$——受洪水涨落影响时的实测流量;

$Q_c$——与 $Q_m$ 同水位的稳定流流量;

$U$——洪水波传播速度;

$S_c$——稳定流时的比降;

$\Delta Z$——$\Delta t$ 时间内水位增量;

$\left[1+\left(\frac{1}{US_c}\times\frac{\Delta Z}{\Delta T}\right)\right]^{\frac{1}{2}}$——校正因数。

2)通过实测的水位—流量关系点据初步绘制 $Z$—$Q_c$ 关系线,初步的 $Z$—$Q_c$ 关系线应过 $\frac{\Delta Z}{\Delta T}=0$ 的点;

3)在初定的 $Z$—$Q_c$ 关系线上,根据 $Z$ 查算对应的 $Q_c$;

4)根据水位过程计算各实测点涨落率 $\frac{\Delta Z}{\Delta T}$;

5)再根据查算的 $Q_c$ 和计算的 $\frac{\Delta Z}{\Delta T}$,根据公式 $\frac{1}{US_c}=\dfrac{\left(\dfrac{Q_m}{Q_c}\right)^2-1}{\dfrac{\Delta Z}{\Delta T}}$,计算各测点的 $\frac{1}{US_c}$ 值,绘制 $Z$—$\frac{1}{US_c}$ 关系线;

6)用各实测点的 $Z$ 在 $Z$—$\frac{1}{US_c}$ 关系线上查算 $\frac{1}{US_c}$,按公式 $Q_c=$

$$\frac{Q_m}{\left[1+\left(\frac{1}{US_c}\times\frac{\Delta Z}{\Delta T}\right)\right]^{\frac{1}{2}}}计算 Q_c；$$

7)将计算的 $Q_c$ 点绘在 $Z—Q_c$ 关系线上,检验原定的 $Z—Q_c$ 关系线是否合格。若曲线合格,则采用原定的 $Z—Q_c$ 关系线推流。

对 $Z—Q_c$ 关系线检验时,若点据均匀分布在 $Z—Q_c$ 关系线两侧,符合单一线要求,则通过;若点据仍然是涨水点在右落水点在左,只是绳套带幅变小,则将 $Z—\frac{1}{US_c}$ 关系曲线修大,然后重新计算 $Q_c$ 后检验;若点据涨水点在左落水点在右,则将 $Z—\frac{1}{US_c}$ 关系曲线修小,然后重新计算 $Q_c$ 后检验;若无论怎么调整,都无法满足要求,则需要重新绘制 $Z—Q_c$ 关系线,重复第1)~7)步操作。

8)推流。由 $Z$ 从 $Z—\frac{1}{US_c}$ 关系曲线上查得 $\frac{1}{US_c}$,又从 $Z—Q_c$ 关系线上查得 $Q_c$,按 $\frac{Q_m}{Q_c}=\left[1+\left(\frac{1}{US_c}\times\frac{\Delta Z}{\Delta T}\right)\right]^{\frac{1}{2}}$ 计算 $Q_m$。

### 4.10.2.6　抵偿河长法

(1)理论依据

抵偿河长法是处理受洪水涨落影响的水位—流量关系的方法。它适用于断面及河床比较稳定,测站上游附近无支流加入,不受变动回水影响的测站。该方法的适用范围受到上述条件限制,因此通用性不高。

天然河流的某一河段中,当水流为恒定流时,有 $Q=f(Z)$、$W=f(Z)$,即水位—流量、水位—槽蓄量均呈单值函数关系。受洪水涨落影响,水流为非稳定流时,$Q=f(Z,X)$,$W=f(Z,X)$,水位与流量、水位与槽蓄量均呈非单值函数关系。

若一河段的中断面水位 $Z_m$ 和河段槽蓄量 $W$ 及下断面流量 $Q_0$ 三者之间成单值函数关系,则此河段的长度 $L$ 称为抵偿河长,见图 4.10-3。可以看出,当中断面水位 $Z_m$ 不变时,河段槽蓄量 $W$ 也不变,当附加比降增加时,上断面水位增加,下断面水位减小,但由于比降增加,下断面流量 $Q$ 仍然等于 $Q_0$。

对于天然河段的水流,若呈稳定流时,河段中各断面的水位之间都有固定的关系,并且对应于一个固定的河槽蓄量,河段内各断面的流量都相等。因此,稳定流时水位、流量、河槽蓄量互呈单值函数关系。这样,便可建立中断面水位 $Z_m$ 与下断面流量 $Q$ 单值函数关系或上断面 $Z_上$ 与中断面流量 $Q$ 的单值函数关系。但是非稳定流时,上述关系就不成立了。

抵偿河长法就是用上游站水位 $Z$ 与测流断面流量 $Q$ 建立水位—流量关系。在实际工作中,主要通过上游站水位法和本站水位后移法来实现。

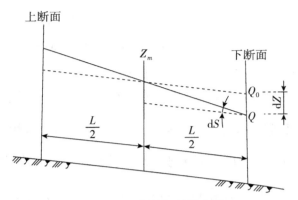

图 4.10-3　抵偿河长示意图

（2）上游站水位法

利用上游站水位法是为了确定半个抵偿河长。在上游设立若干组水尺,上游断面水位—测流断面流量关系线为单一线的上游水尺位置。

实际工作中,主要采用试错法。当发现水位—流量关系仍为绳套,仅幅度缩小,说明水尺至测流断面距离小于半个抵偿河长;当发现水位—流量关系为反绳套,说明水尺至测流断面距离大于半个抵偿河长。运用这个规律,能够较快地试错,水位—流量关系为（或接近）单一线的那组水尺。

在建立上游站水位—测流断面流量的水位—流量关系线后,采用上游站水位即得测流断面的流量。

（3）本站水位后移法

本站水位后移法是将本站测流时间后移一个时段的水位,与本站流量建立关系,使绳套曲线转化成单一的 $Z—Q$ 关系线。由于水位自记的广泛采用,操作起来非常方便,因此应用较为广泛。

从抵偿河长的原理知道,水位后移的时间应等于洪水波在半个抵偿河长的传播时间,即洪水波从上断面传播至中断面的时间。一般将本站测流平均时间后移,建立不同时段的水位—流量关系,寻找最佳关系。

1）$\Delta T$ 的初步确定。

$\Delta T$ 的确定主要采用试错法。实测水位—流量关系点据中涨落率为 0 的点,初定一条稳定的水位—流量关系线。再挑选几个涨落率较大的具有代表性的测点,见图 4.10-4 中点 2、点 5。分别量出各点据与稳定水位—流量关系线的水位差,除以相应的涨落率 $\dfrac{\mathrm{d}Z}{\mathrm{d}T}$,将平均后移时间作为初步试算值。

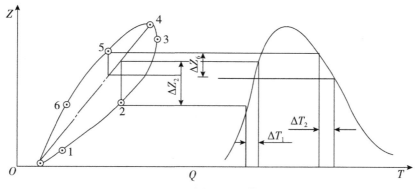

**图 4.10-4　后移时间估算示意图**

2)试错确定 $Z$—$Q$ 关系线。

将实测流量平均时间后移 $\Delta T$ 后对应的水位 $Z$,与实测流量 $Q$ 绘制水位—流量关系线,选多个后移时间方案进行比选。若试错的水位—流量关系仍为绳套,仅幅度缩小,说明选取的时段太短;若试错的水位—流量关系为反绳套,说明选取的时段太长。根据此规律试算,调整 $Z$—$Q$ 关系线。选取水位—流量关系满足单一线定线要求且不确定度最小者为最终方案。一般后移时段是较稳定的,多数站全年可采用 1 个后移时段,少数站后移时段需要按水位分级选取。

3)采用稳定的水位—流量关系线推流。以某瞬时后移 $\Delta T$ 后的水位,在 $Z$—$Q$ 关系线上查算流量,即为该瞬时的流量。如 $\Delta T$ 为 0.5h,要推求 8 时流量,需要用 8 时 30 分的水位在 $Z$—$Q$ 关系线上查算流量。

#### 4.10.2.7　综合流量法

(1)理论依据

综合流量法是处理受回水顶托影响的水位流量单值化方法,主要针对干支流交汇的河段,支流受下游干流较大顶托影响,干流受支流较大洪水时期顶托影响的干、支流相互顶托影响的情况,是一种新的方法。

以图 4.10-5 为例,断面 $A$-$A$、断面 $a$-$a$ 为干流断面,断面 $B$-$B$、断面 $b$-$b$ 为支流断面,断面 $C$-$C$、断面 $c$-$c$ 为干支流汇合后的干流断面;$Q_c$、$Q_b$、$Q_a$ 和 $Q_C$、$Q_B$、$Q_A$ 分别为断面 $c$-$c$、$b$-$b$、$a$-$a$ 的流量和断面 $C$-$C$、$B$-$B$、$A$-$A$ 的流量;$Z_c$、$Z_b$、$Z_a$ 和 $Z_C$、$Z_B$、$Z_A$ 为断面 $c$-$c$、$b$-$b$、$a$-$a$ 的水位和 $C$-$C$、$B$-$B$、$A$-$A$ 的水位。

假设断面控制均良好,$Z_c$—$Q_c$、$Z_C$—$Q_C$ 呈单值关系,$Q_C = Q_A + Q_B$。

由于 $Q_c$ 与 $Q_C$ 近似,则 $Z_c$—$Q_C$ 呈单值关系。假设断面 $a$-$a$、$b$-$b$、$c$-$c$ 与汇合口距离无限接近,且不受顶托影响,由于水位的连续性,断面水位 $Z_c$、$Z_b$、$Z_a$ 近似,则 $Z_c$—$Q_C$ 也呈单值关系。若断面控制良好,在干支流汇合区,汇合口水位与干支流流量之和存在良好的单一关系[5]。

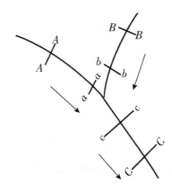

图 4.10-5　两江汇合区断面示意图

对于受变动回水影响的汇合区,干流断面水位与干支流流量均有关系,但并不表现为与某一江单独呈单值关系,其水位表现为受干支流流量的共同影响。

受回水顶托影响时,断面的水位—流量关系整体呈现为一簇收敛扫把形曲线,下游水位越高,水位—流量关系线越靠左。断面 A-A 的水位$Z_A = f(Q_A, Z_a)$,其中,$Z_a = f(Q_C) = f(Q_A, Q_B)$,$Z_A = f(Q_C) = f(Q_A, Q_B)$。因此,断面 A-A 的水位$Z_A$与断面流量$Q_A$和支流流量$Q_B$共同作用。这也验证了受下游电站蓄水影响时,断面水位的高低取决于上游来水大小和下游流量大小的现状。

假定受变动回水影响时$Z_A$与某一流量有较好的稳定关系,由于这个流量与干支流流量均有关系,将这一流量定义为综合流量$Q_综$。

$$Q_综 = f(Q_A, Q_B) \tag{4.10-19}$$

$$Z_A = f(Q_综) \tag{4.10-20}$$

通过以上分析,可以作以下推论:

1)干流断面处于变动回水区,当支流流量$Q_支$处于一定量级时,才会对干流断面流量$Q_干$有顶托影响,这个量级的流量为临界流量$Q_临$。临界流量$Q_临$与干流断面到汇合口的距离、河段的特征等有关,几乎为常量。

2)干流断面处于变动回水区,支流流量$Q_支$对干流断面水位$Z_干$的影响,与干流断面到汇合口的距离远近有关。采用顶托系数 $K$ 反映回水顶托的程度,$K$ 值的大小取决于干支流汇流比和干流断面到汇合口的距离,取值在 $0 \sim 1$。

综合流量法的公式如下。

当$Q_支 < Q_临$时,断面不受回水顶托影响,满足:

$$Q_综 = Q_干 \tag{4.10-21}$$

当$Q_支 > Q_临$时,断面受回水顶托影响,满足:

$$Q_综 = Q_干 + K \times (Q_支 - Q_临) \tag{4.10-22}$$

（2）具体操作

1）选取下游支流的辅助站点，求取 $Q_临$ 和 $K$；

2）点绘支流辅助站点 $Z_支$—$Q_支$ 关系线，用 $Z_支$ 推求支流辅助站点的流量 $Q_支$；

3）根据干流实测流量成果，按上述公式计算与干流实测流量对应时段的 $Q_综$，点绘 $Z_干$、$Q_综$ 关系点据，绘制 $Z_干$—$Q_综$ 关系线。

4）检验 $Z_干$—$Q_综$ 关系线，若满足单一线定线要求，则认为合理。否则，查找原因，直到满足定线要求为止。

5）推流。已知 $Z_干$，在 $Z_干$—$Q_综$ 关系线上查算 $Q_综$；已知 $Z_支$，在 $Z_支$—$Q_支$ 关系线上查算 $Q_支$，利用公式 $Q_干 = Q_综 - K \times (Q_支 - Q_临)$，求出断面流量。

（3）支流辅助站点确定

支流辅助站选择是综合流量法的关键技术之一，确定的测站位置是否适应，直接影响其综合流量的精度。

支流辅助站选取的原则如下。

1）支流辅助站点与断面间应无大的支流汇入或支出，河段特性应相对稳定；

2）支流辅助站点应尽量布设在河口附近，宜控制支流 90% 的来水量；

3）支流辅助站点应收集有稳定、可靠、长系列、高精度的流量资料，便于用多年的资料分析，得到较为精确的临界流量；

4）支流辅助站点要考虑测验断面受长河段控制因素。

（4）临界流量确定

顶托临界流量反映下游支流对干流断面顶托的起始流量，一般为固定常量。实际工作中可以选择几场干流流量较小，支流来水较大的工况，分析干流水位—流量关系线开始偏小时对应的支流汇合口流量值，取几场洪水的最小值为初始的顶托临界流量。

（5）顶托系数确定

顶托系数是反映回水顶托大小的常数，其与干支流汇流比和断面到汇合口距离有关，理论上断面如果汇合口处，其顶托系数为 1；当断面距离汇合口较远，不受支流影响，则顶托系数为 0。干流断面位置和来水量一定时，顶托系数一般随支流洪水增减而增减，但取值必定在 0～1。

选择不受顶托影响时的干、支流洪水组成（干流洪水较大，支流洪水较小），按不受回水顶托影响的公式计算 $Q_综$，当 $Q_综$ 不变时，选择受顶托影响的洪水组成（干流洪水稍小，支流洪水较大），按受顶托影响的公式，反算 $K$ 值。选取多场洪水组合计算 $K$ 值的平均值作为初值。

顶托系数是对临界流量的一种修正,在确定 $Z_干$—$Q_综$ 关系线时,应选取多种方案进行反复试算,直到点子紧密分布在水位综合流量关系线两侧,且没有明显的顶托、非顶托系列偏离,所定曲线满足定线要求为止。

### 4.10.2.8　下泄流量推流

狭义的单值化是通过对影响水流流态水力因子的处理,将水位—流量处理成单一关系后,采用水位进行流量的推算,从而达到实时推流的目的。

而广义的单值化可以理解为建立流量与某一种因素的单值关系,某一因素可以是水位,也可以是流量,还可以是控制流量转折变化的直接因素,如上游电站闸门的开启高度、水头、电功率等。

以上游电站的下泄流量与测站的实测流量建立关系或关系线,对电站下泄流量进行率定,而后通过实时的电站下泄流量可以推出水文测站的流量变化过程。以上游电站的闸门开启高度与实测流量建立关系,通过获取电站的实时调度信息,可以推出水文测站的流量变化过程。

## 4.10.3　单值化实践应用方案

校正因数法、抵偿河长法等单值化方法,主要适用于单纯受洪水涨落影响的断面水位—流量关系校正。过去十年,金沙江河段由于断面窄深,河谷顺直,水流条件较好,多数站点水位—流量关系全年都呈稳定的单一线,流量测次按水位级布设,年际间摆动较小。就连高洪期间,由于涨落并不太急剧,河槽控制条件又好,水位—流量关系呈涨落绳套的站点都为数不多。受洪水涨落影响的站点,虽为绳套,但水位—流量关系并不复杂,按连时序法布点,基本能够控制流量的转折变化。因此采用校正因数法、抵偿河长法的站点较少,这两种单值化方案在金沙江河段的实践应用不多。

但随着水利工程的修建,特别是金沙江河段规划梯级电站的投产运行,90%的站点均处于两坝间,受上下游电站调蓄,水位—流量关系受变动回水影响和涨落洪水共同影响,水位—流量关系较为复杂。而落差法是解决受变动回水影响、洪水涨落影响以及两者共同影响的较好的方法,因此,探索采用落差法、综合流量法等作为受回水影响的水位—流量关系单值化方案在金沙江河段更为适用。

下面采用实例进行介绍。

### 4.10.3.1　落差指数法

中江水文站位于金沙江干流中段,2011 年设立,为三类精度流量站。上游 4km 为龙开口电站,下游 93km 有鲁地拉水电站。下游鲁地拉水电站蓄水之前,中江水文站水位—流量关系线为稳定单一线,全年按水位级布设测次 15 次左右,见图 4.10-6。

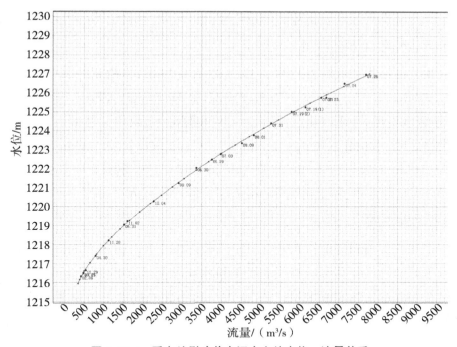

图 4.10-6　受电站影响前中江水文站水位—流量关系

鲁地拉水电站位于金沙江中游河段,主要任务是发电,其水库的正常蓄水位为1223.00m,死水位为1216.00m,总库容为17.18亿 m³,其回水长度达到了99km。鲁地拉电站的蓄水改变了河段原有的水流条件。中江水文站受鲁地拉水电站的蓄水影响,水位—流量关系紊乱,测次增加也无法较好地控制水位、流量的转折变化。水位—流量关系见图 4.10-7。

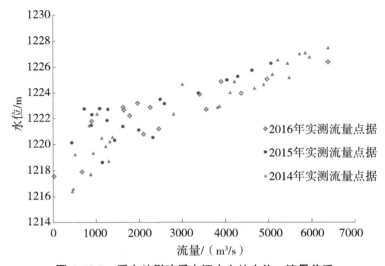

图 4.10-7　受电站影响后中江水文站水位—流量关系

对中江水文站开展落差指数法的单值化分析研究,有助于提高测验经济效益。

(1)中江水文站测站特性

中江水文站所在河段顺直长约 1.1km,断面呈 U 形,主槽宽约 220m,无串沟、回流情况。其两岸为乱石,河床由卵石夹沙组成,断面较稳定。断面左岸有约 100m 的漫滩,下游为乱石滩,中水时淹没,低水时左岸出现死水,两岸无植被。基本水尺断面位于两坝区之间,水位受水电站开关闸影响,涨落急剧,上游约 4km 有龙开口水电站,下游约 93km 有鲁地拉水电站。右岸断面上游有三处礁石立于江中,中水淹没,上游约 400m 有中江吊桥,上游约 800m 右岸有漾弓江汇入。

(2)参证站选择

由于中江水文站到鲁地拉水电站河段只有鲁地拉水电站坝上水位站。鲁地拉水电站坝上水位站的水位基本能够代表鲁地拉水电站坝区水位的变化,基本能够反映下游电站对中江水文站的回水顶托情况,因此选用鲁地拉水电站坝上水位站作为中江水文站落差参证站。

(3)落差指数的确定

采用中江水文站 2015—2017 年共 3 年的实测流量数据进行单值化分析。

选取落差指数值为 0.5,用公式 $q=\dfrac{Q_m}{(Z_m)^\beta}$ 计算 $q$,点绘 $Z-q$ 关系图,图上的点子很散乱,横向变幅较大。而且各次流量的相应落差,整体呈现出落差大的点子偏大或者落差小的偏小,也有部分点与落差的规律不明显。这表明,落差指数应该为非固定值,且落差的代表性不是太好。但是落差的代表性暂时无法改变,落差参证站只有 1 个,所以作变动落差指数的尝试。

根据变动落差指数确定方法,$\beta=\dfrac{\lg Q-\lg q}{\lg \Delta Z}=\dfrac{\lg Q-\lg Q_c}{\lg \Delta Z}$,建立 $\beta-\Delta Z$ 的关系。经过反复试算,最终确定指数范围:当水位≤1220.00m 时,$\beta$ 取 0.30;当水位为 1220.01~1223.00m 时,$\beta$ 取 0.60;当水位为 1223.01~1223.99m 时,$\beta$ 取 0.45;当水位≥1224.00m 时,$\beta$ 取 0.35。

(4)关系线的确定

根据选定的 $\beta$,计算 $\dfrac{Q_m}{(\Delta Z_m^\beta)}=q$,点绘 $Z-q$ 关系线,见图 4.10-8。对关系线做检验,检验合格,满足三类精度站的误差要求,见表 4.10-1。所定的 $Z-q$ 关系线,定线精度符合单一线的定线要求,即为推求流量采用的曲线。

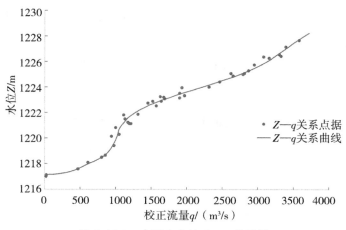

图 4.10-8　中江水文站 *Z—q* 关系线

表 4.10-1　　　　　　　　　　　　*Z—q* 关系线检验

| 符号检验 | $u=0.00$ | 合格 |
|---|---|---|
| 适线检验 | $U=-2.31$ | 免检 |
| 偏离数值检验 | $\lvert t \rvert=0.05$ | 合格 |
| 标准差/% | 5.3 | |
| 随机不确定度/% | 10.8 | |
| 系统误差/% | 0.0 | |

（5）成果分析

点绘中江水文站水位过程线、落差指数法推算流量过程线图，见图 4.10-9。从图中可见：

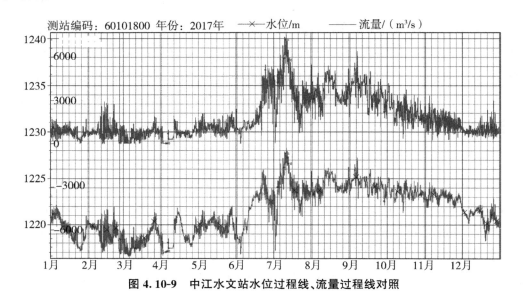

图 4.10-9　中江水文站水位过程线、流量过程线对照

1)落差法流量过程均能反映上游较大的来水过程,流量过程与水位过程对照基本相应,整体较为合理。

2)与上游金安桥站、中江、攀枝花站月年平均流量对照,详见表4.10-2,金安桥—中江—攀枝花段水量平衡。

表 4.10-2 中江水文站落差指数法推流月年平均流量对照

| 站名 | 控制集水面积/km² | 年平均流量/(m³/s) | 年径流量/亿 m³ |
|------|------------------|-------------------|----------------|
| 金安桥 | 239853 | 1750 | 552.0 |
| 中江 | 241452 | 1820 | 575.2 |
| 攀枝花 | 259177 | 1910 | 602.6 |

（6）结论

1)中江水文站采用落差指数法定线推流误差可以达到三类精度站的指标。落差指数法推求的流量过程同水位过程基本相似,上下游水量平衡。采用落差指数法是可行的。

2)中江水文站采用落差指数法定线推流,按照水位级参考落差变化布置流量测次,既可以基本满足整编定线需要,又可以减轻流量测验的工作量,中江水文站已实现了巡测。

3)落差指数法的落差指数选择以及参证站的选择对落差指数法的精度起着决定性作用。由于中江水文站下游的落差参证站只有 1 个,落差指数法充分比选了落差指数的确定,但在分析的过程中,部分测点的分布随着落差的变化规律性不强,表明落差的代表性不够。因此,还可以寻找更好的落差参证站作进一步分析研究。

### 4.10.3.2 定落差法

阿海站是金沙江的重要控制站,受上游阿海电站和下游金安桥电站共同影响,水位—流量关系紊乱,无论是使用连时序法、临时曲线法,还是连实测流量过程线法,都难以将连续的水位资料,通过水位—流量关系推算转换为实时流量资料。同时,阿海站是上游阿海电站的重要控制站,对阿海电站调度运行起着重要作用,保证下游金安桥电站正常运行和下游生产生活用水。因此,对阿海站水位—流量关系进行单值化分析研究,以满足水文资料整编及水情服务需要。

（1）阿海站测站特性

阿海站位于金沙江干流上段,集水面积 235400km²,测验河段比较顺直,顺直长约 1.4km,断面呈 U 形,左深右浅,最大水面宽 130m。一般无串沟、死水、回流等情况。两岸为陡坎岩石,中泓乱石,河床整体为乱石夹沙,断面较稳定,无滩地、无植被。基本水尺断面位于两坝之间,上游约 1.2km 有阿海水电站,下游约 73km 有金安桥水电站,受上下游水电站蓄放水影响,水位—流量关系紊乱。断面下游约 250m 有急弯,起高水控制作用。

受上游阿海电站和下游金安桥发电蓄放水影响,阿海站水位涨落急剧且无规律,水位过程呈锯齿状。尤其是枯季部分时段水位过程出现明显的急剧涨落幅度,见图 4.10-10。

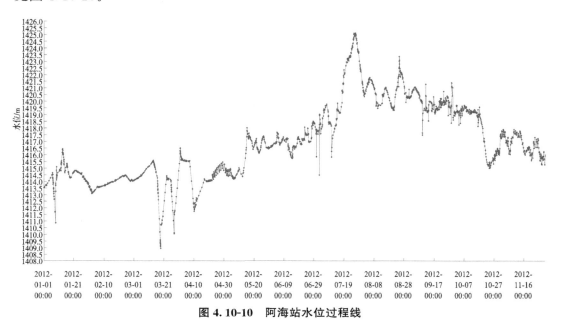

**图 4.10-10  阿海站水位过程线**

受上下游电站蓄放水影响,阿海站水位—流量关系点散乱无章,受变动回水影响水位高流量小的点子分布较多,受上游阿海电站开关闸门影响,阿海站流量还有突然变为 0 的情况。图 4.10-11 为阿海站实测水位—流量关系点,从图中可以看出,水位—流量关系散乱,流量测次不易布置,即使每天实测数次流量,峰顶峰谷流量也难以控制。

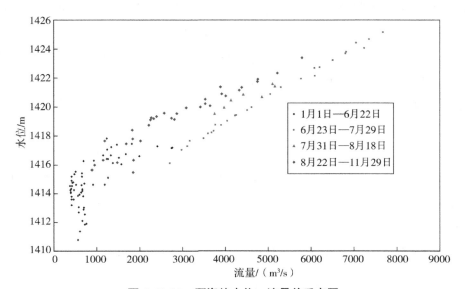

**图 4.10-11  阿海站水位—流量关系点图**

根据实测的关系点据,按照连时序法进行定线推流,图 4.10-12 为水位—流量关系线,从图中可以看出,关系线杂乱无形,多处转折点处无实测流量控制,峰顶峰谷定线任意性较大。因此,阿海站水位—流量关系采用连时序法定线不合适,考虑采用水力因素法推流。

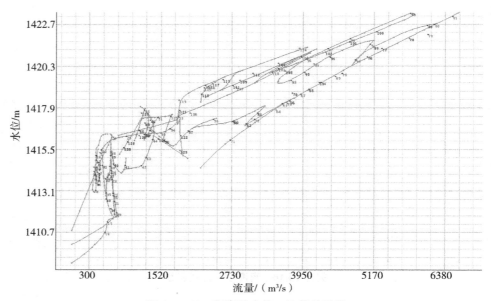

**图 4.10-12　阿海站水位—流量关系线**

(2)水位—流量关系单值化分析

1)参证站选择。

阿海水文站位于阿海电站坝下游和金安桥电站坝上游,距离金安桥电站大坝约73km,阿海电站至金安桥电站之间,除阿海水文站以外,还有金安桥坝上水位站。金安桥坝上水位站水位能够反映金安桥电站的调蓄和库区水位的变化,基本能够反映下游电站对阿海水文站的回水顶托情况,因此选用金安桥坝上水位站作为阿海水文站落差参证站。

2)资料条件。

现已有阿海水文站全年实测流量和金安桥电站坝上水位资料。根据分析,阿海水文站 1 月 1 日—6 月 22 日和 8 月 1 日—12 月 31 日的流量关系点子散乱,因此,利用落差法推求阿海水文站这两个时段的流量。

3)定线分析。

根据阿海水文站与金安桥坝上水位站水位计算的落差来看,经过多次试错,选定较大落差值 7.62m 作为定落差,然后按公式 $\dfrac{Q_m}{Q_c}=\left(\dfrac{\Delta Z_m}{\Delta Z_c}\right)^{\frac{1}{2}}$ 计算各测次的校正流量

$Q_c$ 的初值, 点绘 $Z$—$Q_c$ 关系线, 见图 4.10-13 和图 4.10-14。

以各次测流水位 $Z$ 在 $Z$—$Q_c$ 关系线上查得相应 $Q_c$, 计算流量比 $\dfrac{Q_m}{Q_c}$, 绘制 $\dfrac{Q_m}{Q_c}$—$\dfrac{\Delta Z_m}{\Delta Z_c}$ 关系线, 见图 4.10-15 和图 4.10-16。

以各次 $\dfrac{\Delta Z_m}{\Delta Z_c}$ 值在关系线上查得相应的 $\dfrac{Q_m}{Q_c}$ 值, 用 $Q_m$ 除以查算的 $\dfrac{Q_m}{Q_c}$, 得到相应的 $Q_c$, 点绘至原 $Z$—$Q_c$ 关系线。

定落差法误差统计见表 4.10-3。

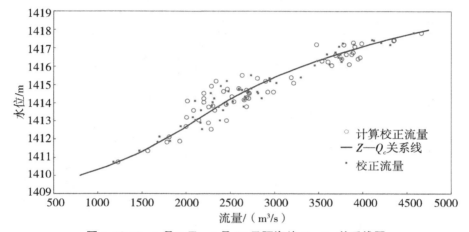

图 4.10-13　1 月 1 日—6 月 22 日阿海站 $Z$—$Q_c$ 关系线图

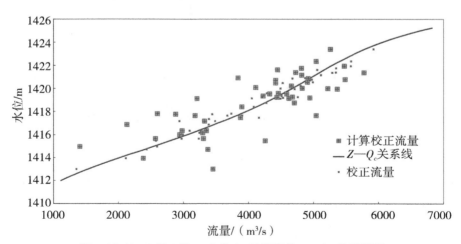

图 4.10-14　8 月 1 日—12 月 31 日阿海站 $Z$—$Q_c$ 关系线图

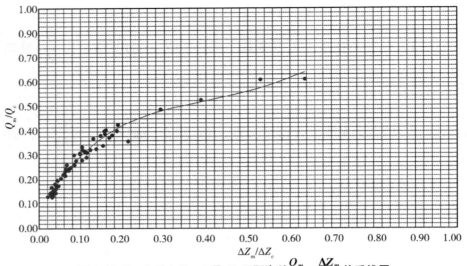

图 4.10-15　1 月 1 日—6 月 22 日阿海站 $\dfrac{Q_m}{Q_c} - \dfrac{\Delta Z_m}{\Delta Z_c}$ 关系线图

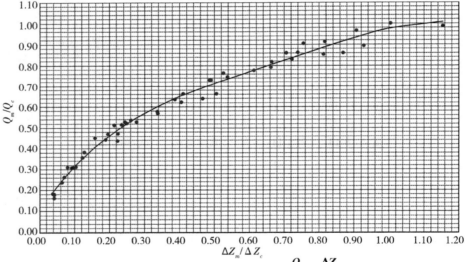

图 4.10-16　8 月 1 日—12 月 31 日阿海站 $\dfrac{Q_m}{Q_c} - \dfrac{\Delta Z_m}{\Delta Z_c}$ 关系线图

表 4.10-3　　　　　　　　　　　　　　定落差法误差统计

| 检验统计 | 1 月 1 日—6 月 22 日 | | 8 月 1 日—12 月 31 日 | |
|---|---|---|---|---|
| 符号检验 | $u = 0.39$ | 合格 | $u = 0.43$ | 合格 |
| 适线检验 | $U = -1.82$ | 免检 | $U = -0.43$ | 免检 |
| 偏离数值检验 | $|t| = 0.19$ | 合格 | $|t| = 0.28$ | 合格 |
| 标准差/% | 7.3 | | 5.7 | |
| 随机不确定度/% | 14.6 | | 11.4 | |
| 系统误差/% | −0.2 | | −0.2 | |

（3）成果比较分析

为了判断定落差法整编成果的合理性，以 1 月 1 日—12 月 31 日资料为例，分别采用定落差法与临时曲线法整编，特征值统计于表 4.10-4（7 月部分时段阿海站不受回水顶托，未采用定落差法）。由表可知：

1）两种方法整编的月平均流量基本相当。其中，除 1 月和 2 月定落差整编流量比临时曲线法整编流量略偏大外，其余月份误差均很小。1 月和 2 月误差分别为 8.17% 和 6.19%；3—12 月误差较小，均在 4.5% 以下，平均误差为 0.32%，其中 4 月定落差法整编结果较临时曲线法只小 1m³/s。

2）定落差法整编的月最大最小流量与临时曲线法整编的月最大最小流量比较，有大有小，相对误差也有大有小，主要是本站水位流量过于复杂、水位陡涨陡落，测流布点难度大，客观上测次不足，用临时曲线法定线任意性非常大造成的。

表 4.10-4　　　　　　　　　　定落差法、临时曲线法整编成果特征值比较

| | 流量 /(m³/s) | 1 月 | 2 月 | 3 月 | 4 月 | 5 月 | 6 月 | 7 月 | 8 月 | 9 月 | 10 月 | 11 月 | 12 月 |
|---|---|---|---|---|---|---|---|---|---|---|---|---|---|
| 定落差法 | 平均流量 | 437 | 429 | 458 | 604 | 1140 | 2270 | — | 4450 | 3210 | 1960 | 1100 | 704 |
| | 最大流量 | 1370 | 497 | 985 | 850 | 1580 | 3760 | — | 5860 | 4130 | 2580 | 1490 | 1120 |
| | 最小流量 | 0 | 357 | 0 | 361 | 565 | 1160 | — | 3430 | 1550 | 1170 | 731 | 285 |
| 临时曲线法 | 平均流量 | 404 | 404 | 454 | 605 | 1150 | 2290 | 5030 | 4340 | 3240 | 2050 | 1090 | 696 |
| | 最大流量 | 677 | 420 | 1260 | 857 | 1640 | 3800 | 7680 | 5820 | 4180 | 2610 | 1250 | 1030 |
| | 最小流量 | 0 | 350 | 0 | 498 | 699 | 790 | 2200 | 3380 | 1820 | 1180 | 812 | 282 |

（4）成果合理性分析

为了解定落差法整编成果流量过程的合理性，比较定落差法和临时曲线法整编成果流量过程，点绘阿海站水位过程线、定落差法推算流量和临时曲线法推算流量过程线图，见图 4.4-17 和图 4.4-18。从图中可见：

1）定落差法和临时曲线法整编成果流量过程均能反映上游较大的来水过程，流量过程与水位过程对照基本合理。

2）定落差法整编成果流量过程对上游来水变化较临时曲线法整编成果反映更为灵敏，特别是上游来水变化相对较小的情况，主要是因为本站水位流量过于复杂、水位陡涨陡落，测流布点难度大，流量测次不足，定线任意性非常大。

3）与上游石鼓站，下游金安桥、中江站月年平均流量对照，详见表 4.10-5，采用定落差法推算流量，除个别月份阿海站流量略微偏大外，2012 年石鼓—中江段水量基本平衡。

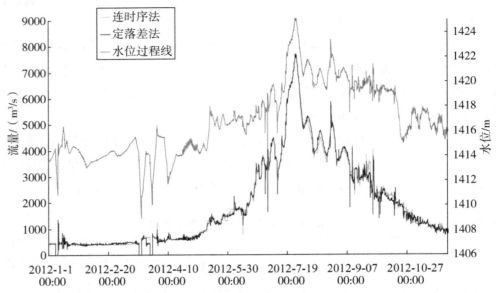

图 4.10-17　阿海站 2012 年定落差法、连时序法推算流量与水位过程线对照

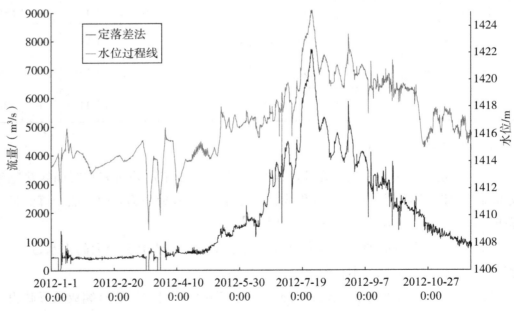

图 4.10-18　阿海站 2012 年定落差法推算流量与水位过程线对照

表 4.10-5　　　　　　　　　　　阿海站 2012 年定落差法推流月年平均流量对照

| 站名 | 控制集水面积/km² | 月平均流量/(m³/s) | | | | | | | | | | | | 年平均流量/(m³/s) | 年径流量/亿 m³ |
| --- | --- | --- | --- | --- | --- | --- | --- | --- | --- | --- | --- | --- | --- | --- | --- |
| | | 1月 | 2月 | 3月 | 4月 | 5月 | 6月 | 7月 | 8月 | 9月 | 10月 | 11月 | 12月 | | |
| 石鼓 | 214184 | 360 | 332 | 348 | 530 | 1110 | 2040 | 4200 | 3520 | 2670 | 1770 | 913 | 566 | 1540 | 485.9 |
| 阿海 | 235400 | 436 | 429 | 458 | 604 | 1140 | 2270 | 5030 | 4450 | 3210 | 1990 | 1020 | 696 | 1820 | 575.0 |
| 金安桥 | 239853 | 458 | 423 | 444 | 651 | 1180 | 2370 | 4980 | 4390 | 3430 | 2130 | 1170 | 741 | 1870 | 591.8 |
| 中江 | 241452 | 463 | 425 | 443 | 672 | 1200 | 2360 | 5040 | 4430 | 3420 | 2130 | 1120 | 758 | 1880 | 594.3 |

（5）误差分析

2011—2012 年阿海站采用定落差法整编随机不确定度最低满足三类精度站的要求。造成 $Z—Q_c$ 单值化关系线误差的原因除流速仪、断面、水深等流量测验本身的误差以外，主要还有如下原因：

1）本站和参证站水位观测误差引起落差，计算偶然误差发现，落差越小，相对误差越大。如 1 月 1 日—6 月 22 日偶然误差较大，水位为主要原因。

2）参证站选择不当，落差的代表性不好引起的误差，由于金安桥坝上离阿海站距离较远，部分时段落差代表性不够，特别是当上游电站放水，下游顶托也较小时，水位涨落急剧时落差反应不及时带来的误差。

3）受上游电站蓄放水影响，部分测次落差变化急剧，不易找到代表性落差。

（6）结论

1）阿海站部分时段采用定落差法定线推流误差最差可以达到三类精度站的指标。同连时序法相比，定落差法推求出的流量过程同连时序法推求出的流量过程基本相似；上下游水量也基本平衡。阿海站采用落差法整编是可行的。

2）阿海站采用定落差法定线推流，按照水位级参考落差变化布置流量测次，既可基本满足整编定线需要，又可减轻流量测验的工作量，为开展水文巡测提供基础。

3）采用定落差法定线推流可以避免由于流量控制不够，手工定线时任意性大的问题，定落差法均按单一线要求控制精度，可以减少推流的误差和内业整编的工作量。

4）定落差法是目前阿海站水位—流量关系处理的唯一较可行的方式。由于阿海站的落差参证站较远，落差代表性有一定误差，需要从流量测验时机、参证站选择等入手进一步加强对阿海站定落差法的探索研究。

## 4.10.3.3　综合流量法

向家坝水文站位于金沙江干流与横江、岷江汇口上游，由于金沙江干流、支流横江、岷江流量相互顶托,其水位—流量关系相对复杂。向家坝水文站不受横江、岷江顶托影响时,水位—流量关系较单一;受岷江、横江中高水顶托时水位—流量关系易呈反绳套或不规则绳套。受岷江、横江顶托影响,特别是横江汇口距离向家坝水文断面较近,向家坝断面水位—流量关系较为紊乱。向家坝水文站 2013 年水位—流量关系见图 4.10-19。

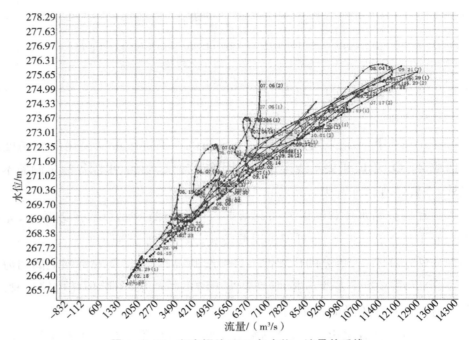

**图 4.10-19　向家坝站 2013 年水位—流量关系线**

定落差法对于下游水位参证站的选择要求较高,向家坝下游支流较多,可靠站点较少,缺乏较可靠的参证站点;采用连时序法、临时曲线法定线推流,要求流量测较多,需要投入大量的人力物力,但对于水位—流量关系紊乱的站点,即使流量测次再多都不足以控制流量的转折变化,经济效益较低。基于以上,2013 年向家坝水文站开始探索综合流量法的水位—流量关系单值化分析研究。

(1)向家坝站测站特性

向家坝水文站位于金沙江干流下段,为金沙江干流控制站,一类精度流量站,位于向家坝水电站下游约 2km。测验河段顺直,断面下游 1.5km 右岸有一级支流横江汇入,断面下游 33km 左岸有一级支流岷江汇入。测验断面形态呈 U 形。近右岸河床较平坦,为砾卵石夹沙河床,是冲淤变化的主要部位,左岸高程 274m 以上为混凝土护岸;右岸为混凝土堡坎,地形陡峭,断面主泓偏左。

向家坝站水位—流量关系受河道地形条件和水文因素变化的综合影响。多年来,中、低水受下游岷江、横江较大洪水涨落顶托影响,水位—流量关系呈顺时针绳套曲线变化;在不受下游来水顶托时,近十年水位流量曲线多呈单一线,受洪水涨落影响,曲线在年际之间略有摆动。

(2)横江、岷江涨水对向家坝站的顶托影响

经分析在不受下游岷江涨水顶托影响时,横江来水对向家坝站流量产生顶托影响的洪峰传播时间约1.5h。在不受下游横江涨水顶托影响或受横江影响较小的情况下,岷江来水对向家坝站流量产生顶托影响的洪峰传播时间约3.0h。

采用向家坝2012年5月—2017年9月194次实测流量进行分析,当横江流量≥300m³/s时,向家坝断面流量开始受到顶托影响;当岷江流量≥7000m³/s时,向家坝断面流量受到顶托影响。当横江流量≥300m³/s且岷江流量≥7000m³/s时,向家坝断面流量会受到顶托叠加影响。

(3)流量辅助站的选择

横江水文站和高场水文站分别为横江干流出口控制站、岷江干流出口控制站,其控制横江、岷江98%的流域面积。横江水文站、高场水文站水位—流量关系:中低水呈稳定单一线,中高水有绳套,其中高场水文站的绳套带幅较窄。两站均为长江委水文局管辖的国家基本站网,流量测验精度较高,资料系列较长,可以作为综合流量法的辅助站点。

(4)顶托系数和临界流量的确定

根据横江、岷江对向家坝水文站的顶托影响分析以及横江、岷江的地理位置,再根据资料分析试算,横江、岷江对于向家坝水文站顶托影响的临界流量分别确定为300m³/s、7000m³/s。横江、岷江对向家坝的顶托系数分别为1.00和0.15。

(5)综合流量单值化方案

根据横江、岷江的洪水到河口的传播时间,在计算横江、岷江的同时流量时,用向家坝站水位对应时间前移1.5h查算横江流量,前移3h查算高场流量。

1)横江与岷江对向家坝无顶托影响时,$Q_{高场}<7000\text{m}^3/\text{s}$,$Q_{横江}<300\text{m}^3/\text{s}$,

$$Q_{综}=Q_{向家坝} \tag{4.10-23}$$

2)仅横江对向家坝有顶托影响时,$Q_{高场}<7000\text{m}^3/\text{s}$,$Q_{横江}\geq300\text{m}^3/\text{s}$,

$$Q_{综}=Q_{向家坝}+1.0\times(Q_{横江}-300) \tag{4.10-24}$$

3)仅岷江对向家坝有顶托影响时,$Q_{高场}>7000\text{m}^3/\text{s}$,$Q_{横江}<300\text{m}^3/\text{s}$,

$$Q_{综}=Q_{向家坝}+0.15\times(Q_{高场}-7000) \tag{4.10-25}$$

4)横江与岷江同时对向家坝有顶托影响时,$Q_{高场}\geq7000\text{m}^3/\text{s}$,$Q_{横江}\geq300\text{m}^3/\text{s}$,

$$Q_{综}=Q_{向家坝}+0.15\times(Q_{高场}-7000)+1.0\times(Q_{横江}-300) \tag{4.10-26}$$

式中,$Q_{综}$——综合流量法推算的综合流量;

$Q_{向家坝}$——向家坝流量;

$Q_{高场}$、$Q_{横江}$——高场水文站前推 3h 流量、横江水文站前推 1.5h 流量。

（6）水位—综合流量关系线绘制及检验

根据以上方法,绘制向家坝水文站 2013—2017 年水位—综合流量关系线。以 2017 年水位与实测流量、综合流量关系对照图为例,见图 4.10-20。从图中看出,校正点据相比实测流量点据明显收敛,点据集中,校正效果较好。

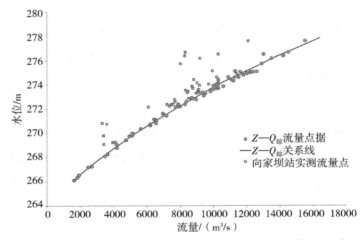

图 4.10-20　向家坝站 2017 年水位与实测流量、综合流量关系对比

对 2013—2017 年关系线进行三性检验,系统误差、随机不确定度均满足一类精度流量站定线要求,见表 4.10-6。

表 4.10-6　　　　　　　　向家坝站水位—综合流量关系线精度检验

| 年份 | 符号检验 | 适线检验 | 偏离数值检验 | 系统误差 | 随机不确定度 |
|---|---|---|---|---|---|
| 2013 | $u=0.11$ | $u=0.21$ | $t=0.04$ | 0% | 8.6% |
| | 合格 | 合格 | 合格 | 合格 | 合格 |
| 2014 | $u=-0.12$ | $u=-2.77$ | $t=0.31$ | 0.2% | 7.8% |
| | 合格 | 免检 | 合格 | 合格 | 合格 |
| 2015 | $u=0.82$ | $u=1.19$ | $t=0.43$ | $-0.2\%$ | 8.0% |
| | 合格 | 合格 | 合格 | 合格 | 合格 |
| 2016 | $u=0.41$ | $u=-0.41$ | $t=0.15$ | $-0.1\%$ | 7.6% |
| | 合格 | 免检 | 合格 | 合格 | 合格 |
| 2017 | $u=0.26$ | $U=-1.94$ | $|t|=0.04$ | 0% | 7.0% |
| | 合格 | 免检 | 合格 | 合格 | 合格 |

注:$u$、$t$ 为统计量,无量纲。

（7）成果比较分析

对 2013—2017 年采用综合流量法进行整编，与连时序法、临时曲线法整编成果继续分析比较，见表 4.10-7。

1）月年特征值误差情况。

表 4.10-7　向家坝站综合流量法整编成果与连时序法、临时曲线法成果误差情况　（单位：%）

| 时间 | 2013 年 | 2014 | 2015 | 2016 | 2017 |
|---|---|---|---|---|---|
| 1 月 | 1.1 | 0.0 | −0.5 | −1.7 | −0.4 |
| 2 月 | 0.0 | −0.6 | −4.0 | −1.8 | −0.4 |
| 3 月 | 0.6 | −0.6 | −0.4 | −2.4 | −0.8 |
| 4 月 | 0.6 | 0.5 | −1.2 | −2.5 | −1.1 |
| 5 月 | 1.3 | 0.0 | −1.5 | −2.8 | −0.7 |
| 6 月 | 0.0 | 0.8 | −1.2 | −3.4 | 0.9 |
| 7 月 | −0.5 | −1.0 | −3.6 | 1.9 | −1.5 |
| 8 月 | −2.1 | −1.9 | −1.4 | −3.4 | −0.1 |
| 9 月 | −2.5 | −2.2 | −1.9 | −1.6 | −2.0 |
| 10 月 | −1.7 | −1.4 | −3.5 | −3.8 | −0.2 |
| 11 月 | 0.8 | 0.8 | −2.2 | −3.4 | −0.5 |
| 12 月 | 1.1 | 0.0 | 0.0 | −2.0 | 0.0 |
| 平均 | −0.9 | −1.2 | 1.2 | −2.2 | −0.7 |
| 全年 | −0.8 | −1.1 | −1.9 | −2.1 | −0.7 |

整体看，采用综合流量法方案整编获得的年平均流量和年径流总量与传统的连时序法、临时曲线法成果相比，误差在 −0.7% ～ −2.2%，有一定程度上的系统偏小。但两种方法年径流总量相对误差满足规范 3% 的指标要求。

同时，与实测流量成果相比，以 2017 年为例，采用综合流量法推流的成果与实测流量相比（表 4.10-8），系统误差 −0.27%，标准差 2.81%，误差较小，成果合理。

综合流量法方案月、年推流成果小于采用传统的连时序法、临时曲线法成果，误差主要集中在 2000～7000m³/s 的中低水流量段，原因是在中低水段，支流（主要是横江）对向家坝站时有顶托，但单次顶托过程持续时间不是很长，流量测次相对较少，不能完全控制顶托变化过程。采用临时曲线、连时序法整编时，这些过程由于没有测点，很大程度上都归为了临时曲线。因此，传统定线方法对顶托过程控制不太好，流量成果偏大。综合流量法方案能够很好地控制顶托全过程，其精度高于连时序法、临时曲线法成果。

表 4.10-8　　　　　向家坝站综合流量法整编成果与实测流量成果比较误差情况

| 月 | 日 | 时:分 | 时:分 | 水位<br>/m | 实测流量<br>/(m³/s) | 推算流量<br>/(m³/s) | 相对误差<br>/% |
|---|---|---|---|---|---|---|---|
| 1 | 1 | 15:38 | 16:50 | 266.53 | 1920 | 1980 | 3.13 |
| 1 | 3 | 9:56 | 11:02 | 267.19 | 2470 | 2500 | 1.21 |
| 4 | 10 | 16:37 | 17:32 | 268.1 | 3470 | 3370 | −2.88 |
| 4 | 11 | 16:08 | 17:04 | 82 | 4200 | 4080 | −2.86 |
| 5 | 23 | 15:29 | 16:29 | 269.44 | 4740 | 4730 | −0.21 |
| 6 | 16 | 15:52 | 17:13 | 76 | 4940 | 5080 | 2.83 |
| 6 | 25 | 5:51 | 6:54 | 272.14 | 6110 | 6250 | 2.29 |
| 6 | 25 | 9:57 | 10:56 | 273.42 | 8480 | 8090 | −4.60 |
| 6 | 25 | 16:47 | 17:41 | 59 | 9120 | 8930 | −2.08 |
| 6 | 26 | 12:29 | 13:23 | 272.6 | 7720 | 7835 | 1.49 |
| 6 | 30 | 22:02 | 23:09 | 274.33 | 11100 | 10700 | −3.60 |
| 7 | 1 | 10:24 | 11:34 | 272.9 | 8670 | 8810 | 1.61 |
| 7 | 2 | 8:04 | 9:01 | 269.96 | 5120 | 5240 | 2.34 |
| 7 | 10 | 20:04 | 21:03 | 274.78 | 11800 | 11900 | 0.85 |
| 7 | 11 | 15:08 | 16:11 | 275.01 | 12200 | 11700 | −4.10 |
| 8 | 10 | 8:17 | 12:03 | 271.47 | 7070 | 7010 | −0.85 |
| 8 | 25 | 8:15 | 9:22 | 275.71 | 8020 | 7810 | −2.62 |
| 8 | 26 | 5:06 | 6:14 | 277.58 | 12100 | 12700 | 4.96 |
| 8 | 27 | 6:41 | 7:41 | 273.92 | 9180 | 9340 | 1.74 |
| 9 | 8 | 6:59 | 8:00 | 274.59 | 11300 | 11100 | −1.77 |
| 10 | 3 | 13:31 | 14:32 | 270.34 | 5630 | 5720 | 1.60 |
| 12 | 3 | 10:46 | 13:13 | 26 | 2700 | 2580 | −4.44 |

2)逐日平均流量过程线比较。

2013—2017 年各年逐日平均流量过程线基本相应,两种方法的推算流量过程基本一致,综合流量法能较好地反映出流量的变化过程。

但同时也发现,个别年份个别场次洪水的转折变化处或洪峰附近两种流量推算过程稍有差异,特别是洪峰附近较为明显,其原因主要是:①采用连时序法定线时,由于实测点数量有限,定线有一定任意性,而综合流量法采用单值关系用 5min 水位数据推流,控制较密集;②中、小洪水起涨或流量转折变化时,只要变化过程相似,且流量变化不大,连时序法一般都合并各时段定线,使得流量过程人为坦化,从而造成部分时段流量差异等;③综合流量法会依赖高场、横江水文站的流量成果,高场、横江水文站中高水采用连时序法绘制绳套线推流,也有一定的控制误差。

逐日平均流量过程线以 2017 年过程线展示,见图 4.10-21。

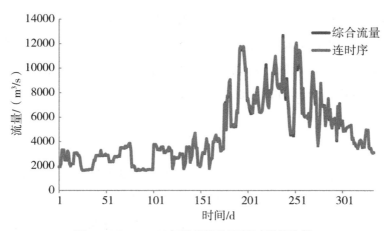

**图 4.10-21　2017 年逐日平均流量过程线比较**

（8）结论

综合流量法定线误差满足单一线定线一类精度水文站要求,推流成果与原整编方法相比,满足规范中"不同整编方法年径流量相对误差应小于±3.0％"的要求。虽然综合流量法方案与原整编方法相比年径流量有一定系统偏小,平均年偏小 1.3％,但由于综合流量法方案能够更好控制顶托变化过程,其精度高于原整编方法。2018年后向家坝开始使用综合流量法进行流量测次布置并进行全年资料整编,每年测次有明显减少,一定程度上提高了经济效益。

由于上游来水与两江顶托相互影响,机理较复杂,中高水部分测次,流量误差较大。其影响并非单值化方案概化的线性影响,需进一步分析优化单值化方案。

### 4.10.3.4　下泄流量推流

白马河水文站位于金沙江干流,为云南、四川省界断面控制站。白马河水文站上游 1.2km 有观音岩水电站,下游 28km 有金沙水电站。观音岩水电站为金沙江水电基地中游河段"一库八级"水电开发方案的最后一个梯级水电站,位于云南省华坪县与四川省攀枝花市的交界处,上游接鲁地拉水电站,电站水库正常蓄水位 1134m,库容约 20.72 亿 $m^3$。金沙电站 2020 年蓄水,为日调节电站,回水长度 21.39km。白马河水文站位于库尾,金沙电站蓄水对其有一定影响,但并不剧烈,但受观音岩电站蓄放水影响,断面水位变化急剧。

白马河为省界监测断面,为巡测站,受上游电站的放水影响,水位变化急剧,流量的转折变化大。而巡测站点无法像驻测站点一样,通过大量的测次布设来控制变化过程。为了较好地控制水流的转折变化,白马河水文站开展率定上游电站的出库流量,建立与上游电站出库流量关系,采用下泄流量推流的研究工作。

(1)白马河站测站特性

测验河段顺直长度约 1.2km,断面河槽形状为 U 形,主槽宽约 80m,无串沟、回水、死水;左右岸为乱石河堤。河床由乱石夹沙组成,无滩地,无植物生长;上游约 1.2km 为观音岩水电站,上游左岸约 700m 处有新庄河汇入,上游约 300m 处有观音岩大桥,下游约 800m 处有向右弯道,受高水控制,下游约 28km 有金沙水电站,位于库尾。

(2)基本测验方式

采用全年巡测的测验方式。测流方案主要采用冲锋舟配备走航式 ADCP 进行。测流次数根据水位与流量的变化情况布置测次,一般初期年布置 7～10 次。水位—流量关系如果稳定,则年测 2～3 次进行验证。当水流情况发生明显变化,改变了水位—流量关系时,应根据实际情况适时增加测次。

(3)相关关系建立

金沙江干流观音岩水电站—白马河水文站区间无较大支流,只有新庄河在白马河水文站上游 700m 汇入,新庄河控制流域面积较小,上有石龙坝水电站。

通过率定白马河水文站实测流量与观音桥水电站出库流量与石龙坝水电站出库流量之和,利用观音桥水电站的出库流量与石龙坝水电站的出库流量之和,推求白马河水文站的实时流量(表 4.10-9)。

表 4.10-9　　　　　白马河水文站与上游电站出库流量率定情况

| 序号 | 开始时间 | 结束时间 | 水位/m | 本站实测流量/(m³/s) | 出库流量/(m³/s) |
|---|---|---|---|---|---|
| 1 | 2023-3-26 12:40 | 2023-3-26 12:50 | 1019.97 | 514 | 492 |
| 2 | 2023-3-26 14:13 | 2023-3-26 14:23 | 1019.97 | 515 | 493 |
| 3 | 2023-4-17 10:42 | 2023-4-17 11:07 | 1019.82 | 476 | 465 |
| 4 | 2023-4-17 14:29 | 2023-4-17 14:53 | 1019.84 | 495 | 467 |
| 5 | 2023-8-13 12:31 | 2023-8-13 12:36 | 1026.22 | 5310 | 5330 |
| 6 | 2023-8-30 12:12 | 2023-8-30 12:16 | 1027.65 | 6450 | 6100 |
| 7 | 2023-9-23 11:18 | 2023-9-23 11:24 | 1023.64 | 3350 | 3100 |
| 8 | 2023-9-26 12:03 | 2023-9-26 12:08 | 1023.24 | 2990 | 2810 |
| 9 | 2023-10-25 11:58 | 2023-10-25 12:03 | 1023.10 | 2780 | 2690 |
| 10 | 2023-10-25 12:38 | 2023-10-25 12:49 | 1022.42 | 2220 | 2220 |
| 11 | 2023-11-2 13:00 | 2023-11-2 13:05 | 1019.06 | 674 | 683 |
| 12 | 2023-11-8 15:27 | 2023-11-8 15:31 | 1021.18 | 1530 | 1540 |
| 13 | 2023-12-4 17:50 | 2023-12-4 17:55 | 1020.79 | 910 | 904 |

从图 4.10-22 中可以看出白马河站流量与电站出库流量具有良好的关系,经检验,关系线系统误差为一0.9%(表 4.10-10),曲线标准差为 3.4%。

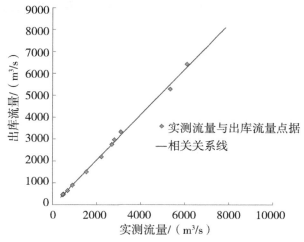

图 4.10-22 白马河水文站实测流量—出库流量相关关系

表 4.10-10                                   相关关系检验误差统计

| 符号检验 | 适线检验 | 偏离数值检验 | 系统误差/% | 随机不确定度/% |
|---|---|---|---|---|
| $u=0.00$ | $u=0.29$ | $t=1.08$ | $-0.9$ | 6.8 |
| 合格 | 合格 | 合格 | 合格 | 合格 |

(4)成果比较分析

水位过程线与流量过程线变化过程基本相应,峰谷相当,白马河水文站采用下泄流量推流的成果能较好地反映流量的转折变化过程(图 4.10-23)。

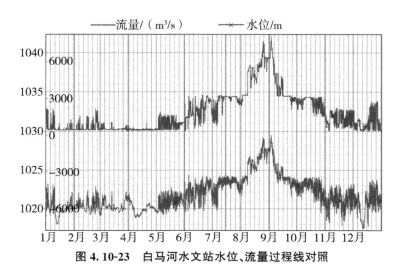

图 4.10-23 白马河水文站水位、流量过程线对照

（5）结论

1）白马河水文站实测流量与上游观音岩电站与石龙坝电站出库流量之和有良好的相关关系，通过两者关系可以将电站出库流量过程转化为白马河水文站流量过程，实现白马河水文站推流。

2）白马河水文站实测流量应尽量选择在电站出库流量稳定期进行。

# 第 5 章　泥沙监测

河流向下游输移的各种泥沙总称为全沙。按泥沙输移方式,全沙可分为悬移质泥沙、推移质泥沙、河床质泥沙。其中,悬移质泥沙是指悬浮于水中,以水流基本相同的速度运动的细颗粒泥沙,其颗粒较小,沉降速度小于水流垂直向上的脉动分流速,故可悬浮于水中;推移质泥沙是指在河床上以滚动、滑动或跳跃方式朝下游运动的粗颗粒泥沙,其颗粒较大,沉降速度大于水流垂直向上的脉动分流速,故不能悬浮于水中;河床质泥沙则相对静止而停留在河床上。三者没有严格的界限,随水流条件的改变而相互转化。

泥沙测验是一项重要的水文测验项目。开展泥沙测验,系统收集泥沙资料对于河流开发和水利水电工程的规划设计与运行管理具有重要意义。

## 5.1　悬移质泥沙监测

泥沙测验是一项内容丰富、影响因素多的测验项目。一般情况下,河流中推移的泥沙以悬移质为主。悬移质泥沙测验无论是采样仪器还是采样方法,都比较成熟,而且开展悬移质泥沙测验的水文站为数众多。描述河流中推移的泥沙,常用的定量指标是含沙量和输沙率。含沙量是指单位体积内所含干沙的质量,常用单位为 $kg/m^3$ 或 $g/m^3$。断面输沙率是通过断面上含沙量测验结合断面流量测验来推求的,因此,悬沙测验关键就是含沙量测验。

### 5.1.1　常用悬沙监测方法

#### 5.1.1.1　常用悬沙监测仪器

悬移质泥沙测验仪器分为悬沙采样器和自动测沙仪两大类。悬沙采样器是采取含沙水样,而后进行分析处理,获得悬移质含沙量或颗粒级配。悬沙采样器采样与分析计算是分离的两个阶段,一般不能现场获得含沙量或颗粒级配。测沙仪一般是采用同位素、光学、声学、振动等方式测取含沙水样 1 个或多个指标,通过转换关系间接获取含沙量或颗粒级配。测沙仪一般不用专门采取水样或采取水样与分析处理同时完成,可以实现实时在线。自动测沙仪因其可以实现实时在线,可以在节约人力物力的情况下,完美地控制河流中的悬沙变化过程,是未来的发展方向。部分测站已经装备自动测沙仪并进行比测试验工作,但由于悬沙变化大,影响因素多,其精度难以满足资料收集精度要求,仅有个别测站实现投产。目前,绝大部分测站悬沙测验仍采用采样器取样,通过室内分析来完成。

悬沙采样器是采集河流中含沙水样的仪器,根据其操作方式分为瞬时采样器和积时式采样器。

(1)瞬时采样器

瞬时采样器采集的是河流中某一瞬时流过采样点的水样,其优点为结构相对简单、取样迅速、容积易控制;其缺点为水样是瞬时水样,代表性差、脉动大,不易获取近水底泥沙。瞬时采样器代表有器皿式采样器、竖式采样器、横式采样器。

(2)积时式采样器

积时式采样器与瞬时采样器采样过程相反,它是在一定时间慢慢取样,其获得的水样是整个取样时间过程中的综合水样。积时式采样器的优点为一定程度上克服了泥沙脉动的影响、对流场扰动相对较小;其缺点为取样历时较长,操作与控制相对复杂。积时式采样器按测验方法又可以分为积点式采样器与积深式采样器。

1)积点式采样器。

积点式采样器是对取样时间内停留在取样垂线的某一点上进行取样,这一点结束后移动到下一点再重复进行取样过程。

2)积深式采样器。

积深式采样器是以相对均匀的速度从水面下放到河底,再从河底上提到水面。在提放过程中连续取样(双层积深式),或者只是从水面到河底下放过程中取样(单层积深式),结果获得权重与各层水样代表性一致的垂线平均水样。积时式采样器代表有皮囊式采样器、瓶式采样器、调压积时式采样器。

金沙江目前主要使用的悬移质测验仪器有器皿式采样器、横式采样器、积时式采样器等。

(1)器皿式采样器

器皿式采样器属于瞬时采样器,严格意义上来说不是专门的取沙采样器。水样桶、量瓶等,只要是容器,能够从河流中取得水样就可以称作为器皿采样器,其采样时应注意避免容器内水样与河流水样反复交换。采样器皿取样一般在水面,其取样方法较原始,在正式收集中较少见,多用于边沙取样、应急测量。

(2)横式采样器

横式采样器属于瞬时采样器,其结构简单、工作可靠、操作也较方便,能在极短时间内采集到泥沙水样,在我国广泛使用(图 5.1-1、图 5.1-2)。横式采样器又分为拉式、锤击式和遥控横式 3 种。现使用最多的是锤击式横式采样器。横式采样器一般为固定容积,容积一般有 1000mL、2000mL,可根据需要选用。采样器外形和安装方式应对水流扰动小,若仪器挂在铅鱼上,其筒身纵轴应与铅鱼纵轴平行,且不受铅鱼阻水影响。取样时,打开采样器两端的筒盖,将采样器放到预定位置后,释放击锤,击锤沿钢丝绳滑下,依靠重力锤击开关装置,使筒盖关闭,从而获得水样。横式采样器适应性强,对水深、流速、含沙量不敏感,能够在绝对大多数情况下使用,特别适用于各种情况下的选点法取样。不过,横式采样器在流速较大,偏角较大时,存在着击锤锤击开关装置力量不够,有时筒盖没有关闭的情况,在漂浮物较多时,此情况更易出现。

横式采样器使用前一般应进行容积检查、器盖关闭检查、漏水检查,仪器处于正常状态方能使用。

容积检查是对采样器标称容积的复核,新仪器或使用一段时间后,特别是在发生撞击后应进行检查。一般需连续取 10 个水样分别量积,取其平均值为测定容积,所用量筒要能准确读到 $5cm^3$,以保证其量读精度。如测定容积与标准容积之差≤±2%,则采用出厂率定的标称容积,否则采用测定容积计算含沙量。

器盖关闭检查直接关系到采样器工作状态。首先,安装应保证两盖水平弹簧拉力、长度、锤击部位既能活动又不具有太大间隙。然后,用肉眼观察和听声响,判断锤击时两盖是否同时关闭;最后打开器盖,快速下放河底,不进行锤击再提出水面,查看是否有自关现象,若仪器异常,应及时修理。

漏水检查的目的是检查采样器筒盖关闭是否严实,密封圈是否老化,避免采样器筒内水样与外界发生交换。有两种检查方法可以选择:①将采样器内壁擦干后,放入干纸巾,将两盖关闭并放入深水中停留 2min 后,提出水面再开盖检查器内干纸巾是否湿润,若湿润,则有漏水现象,应检修。②将一定容积的清水倒入采样器,关闭器盖,擦干器外水滴,放置在干燥处 3~5min 后,观察有无漏水现象,若有,应检修。

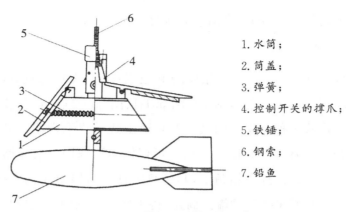

1. 水筒；

2. 筒盖；

3. 弹簧；

4. 控制开关的撑爪；

5. 铁锤；

6. 钢索；

7. 铅鱼

图 5.1-1  横式采样器结构示意图

图 5.1-2  横式采样器

（3）积时式采样器

1）瓶式采样器。

瓶式采样器是一种积时式采样器，其结构较简单，使用历史较悠久。目前，在金沙江泥沙监测中仍然广泛地使用。瓶式采样器主要由进水管、排气管、采样瓶组成。当垂线平均流速小于或等于 1.0m/s 时，应选择管径为 4mm 的进水管嘴。仪器排气管一般应高于进水管，排气管嘴的管径应小于进水管的管径。瓶式采样器的工作原理为：在仪器入水时，进水管向瓶内进水，进水的同时压缩瓶内空气，并通过排气管排出瓶内空气。整个过程是瓶内空气压力、体积与测点静水压力随水深变化并逐渐达到动态平衡的过程。瓶式采样器只有一根很细的进水管，必须伸出器身外，排气管可以设置在器壁上，采样瓶可以加工为流线型，以减小水的阻力，流态基本不受大的扰动。当瓶式采样器采用双程积深法取样时，仪器入水后因进水管口的动水压力而从进水管进水，压缩瓶内气体，使排气管排气，采样瓶内外压力保持动态平衡，不会发生明显的水样突然灌注的情况。由于瓶式采样器采用积深法采集 1 个时段的水样，与瞬时式采样器相比，显著减少了泥沙脉动影响，增加了水样的代表性。

　　瓶式采样器能否采集到进口流速与天然流速接近的水样,主要取决于仪器的提放速度。双程积深时,仪器的提放速度与进水管截面积、水深、流速和容积有关。采样时取样仪器应等速提放,当水深小于或等于 10m 时,提放速度应小于垂线平均流速的 1/5;当水深大于 10m 时,提放速度应小于垂线平均流速的 1/3;在河底处不得停留,防止近河底含沙量较大的水样采集偏多,导致测得含沙量偏大;提放应缓慢,防止采样瓶灌满。

　　瓶式采样器(图 5.1-3)安装要牢固、位置要恰当,采样器外壳要完整并保持光滑,无多余附着物。瓶式采样器使用前应检查其采样瓶有效容积大小,并与原设计容积比较,量差应小于设计值的 1%。

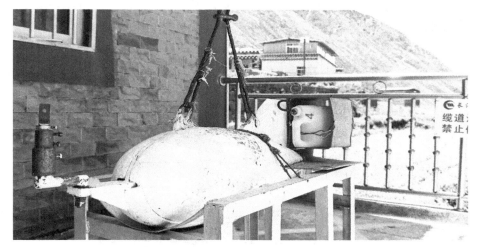

图 5.1-3　瓶式采样器

　　2)调压积时式采样器。

　　瓶式采样器是一种积深式采样器,无法采集到任意测点的水样。因此,需研制一种能够适用于积点式的采样器,不但能够采集到任意测点的水样,还可以根据需要控制在不同位置的取样比例,并使水样进口流速接近天然流速。调压积时式采样器就是一种较为理想的采样器,它是在瓶式采样器的基础上,增设自动调压设备和阀门控制的一种积时式采样器。其调压工作原理主要建立在波义耳定律的基础上。波义耳定律是由英国化学家波义耳(Boyle)在 1662 年提出:在密闭容器中,定量气体在恒温条件下,其压强和体积成反比关系。用数学关系式表述为:$PV=C$。该采样器通过连通容器实现自动调压,使其取样舱的器内压力与所在测点处的器外静水压力基本平衡。采样时,采样舱内的空气以取样率相等的速度经阀、排气管排出器外,确保采样舱里的空气压力与管嘴处的水压力相平衡,这样就能达到消除取样初期水样突然灌注的目的,使水样进口流速接近天然流速,保证采集到基本上不受扰动的天然水流状态下的水样。

我国从 20 世纪 50 年代末开始试验研究调压式采样器,70 年代末成功研制数种调压式采样器,到 80 年代逐步完成系列产品。

如 LSS、FS、JL-Ⅰ、JL-Ⅱ、JL-Ⅲ、JX、全皮囊等采样器产品,于 1986 年与美国的 USP61 型采样器进行了比测。但是,一些单位研制生产并通过不同级别技术鉴定的近十种悬移质泥沙采样器因管嘴积沙、调压历时过长、进口流速系数不达标、采样舱突然灌注、外形水阻力大、开关阀卡沙、维护难度大,没有得到大范围投产使用。因此,多数测站仍沿用横式采样器采样。

在长江上游山区河流中,目前绝大多数水文站均使用长江委水文局研制的长江 AYX2-1 型调压式悬移质采样器进行悬移质泥沙的取样工作。因此,本书以长江 AYX2-1 型调压式悬移质采样器为例介绍调压式采样器(图 5.1-4)。

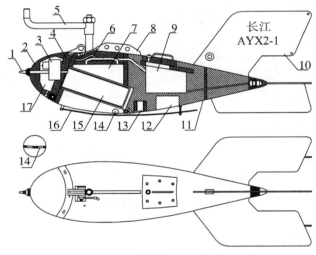

**图 5.1-4　AYX2-1 型调压式悬移质采样器结构**

1.管嘴及进水管道;2.器头;3.三相四通开关阀;4.器头底盘;5.流速仪杆;6.调压连通管;7.调压舱;8.悬挂板;9.控制舱;10.尾翼;11.器身;12.测深指示器舱;13.锥式采样器固定螺母;14.调压进水管;15.采样舱;16.测深指示器触板;17.头舱

当采样器被下放到测点位置时,水流自采样器的调压进水孔(底孔)进入调压舱,同时压缩舱内部分空气经调压连通管到头舱,再经"三相四通"开关阀进到采样舱,使采样舱内气压与采样器进水管嘴处的静水压力相等(平衡)。此时,天然水流在动水压的作用下自管嘴及进水管道进入开关阀,再经开关阀从器头上的旁通孔流出。当打开开关阀时,调压舱与采样舱之间的通道被关断,旁通孔也被关断,但排气管打开,管嘴及进水管道与采样舱连通,天然河水从管嘴及进水管道经开关阀进入采样舱,即开始采样。在采样过程中,采样舱内的空气以与取样率相等的速度经阀、排气管排出器外,采样舱里的空气压力与管嘴处的水压力相平衡,这样就能保证采集到基本不受扰动的天然水流状态下的水样。

调压式采样器适用于水文缆道或测船,既可选点法取样,也可全断面混合法取样(图 5.1-5)。当采用选点法取样时,在缆道或测船一次运行过程中完成预定测点的测速和采集水样工作。不过,调压式采样器的调压结构复杂,这带来了可靠性和使用方便性问题。

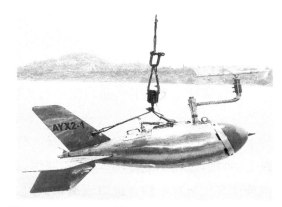

图 5.1-5　AYX2-1 型调压式悬移质采样器产品

造成调压式采样器误差的因素如下。

a. 调压效果影响。对连通容器自动调压,虽然力图消除突然灌注,但仍不可避免地存在一个微小的压力差,其值为 0.1～0.5m 水柱高(1m 水柱≈9.81kPa),导致仪器进口流速与天然流速存在差异。进口流速系数 是指采样器的进口流速与天然流速的比值,它是调压式采样器的重要指标,也是决定采样器能否取得代表性水样的关键参数。进口流速系数误差主要是水样在取样过程中的能量损失造成的。影响进口流速的因素主要是阻力因子、排气管位置高度、孔口的结构型式、方向等。

b. 进水口与排气管高差值不稳定的影响。这个高差是伯努利方程中补充能力损失的一个措施。由于仪器进水孔与排水孔的水平距离较长,当仪器在水下摇摆晃动时,该值随时改变,影响进口流速。

c. 测速与取样不同步。若采用全断面混合法测流,在使用过程中,先测深,然后按流量加权需要,在相对水深测点处测速,利用在测点测速的时间,正好调压舱进水调压。一般情况下,测速历时为 60～100s,然后取样,这样在测速与取样之间有一个时间差,水流周期性脉动变化可能会影响最后的计算结果。

d. 水样舱放水后冲洗误差,水样舱中如有泥沙残留,将直接影响含沙量测验成果,所以每次使用后必须用清水冲洗干净。

积时式采样器使用前应进行密封检查、开关灵敏度检查、进口流速系数检查。

a. 密封检查。

首先关闭开关,用 5～10m 水头从管嘴射开关,开关应不漏水;或口吹进水管嘴,检查是否漏气;其次,关闭开关,将采样器放入最大水深处停 5min 后提出,检查水样舱是否漏水,检查次数不少于 3 次;最后,关闭开关,选一深水位置快速下放和上提,检查水样舱内有无交换水量,检查次数不少于 3 次。

　　b. 开关灵敏度检查。

　　在岸上检查 20 次，不同水深处检查 20 次。可靠率应在 95.0% 以上。

　　c. 进口流速系数检查。

　　进口流速系数是管嘴进口流速与天然流速之比，是衡量积时式采样器性能的重要指标。一般新仪器进口流速系数的率定应在水流平稳且流速变化有一定梯度的条件下进行，比测点至少达 30 点，仪器进口流速系数 $k$ 为 0.9～1.1 的保证率应在 75% 以上；否则，仪器不能使用，应查找原因，改进后重新比测。对于经常使用的仪器，在汛前或其他情况下检查进口流速系数时，比测点数不少于 10 点。应先测流速，确定取样历时后进行取样。其进口流速系数 $k$ 为 0.9～1.1 的保证率应在 75% 以上。

　　使用调压积时式采样器前应用试验方法测得采样器的有效容积，并确定其计算容积。一般可将采样器采用自然悬吊的方式悬吊，通过采样器管嘴向采样器水样舱注水，在水样舱无法注水后，量取水样舱中水样容积，此容积即为采样器工作时的最大容积（由于悬吊，此容积小于水样舱体积）。为避免水样舱灌满，导致水样舱与自由水体发生水样交换，一般取采样器工作时的最大容积的 0.9 为采样器有效容积。若取样时水样大于有效容积，则认为可能发生水样交换，此水样无效。计算容积是采样器预设的理论取样容积，一般取有效容积的 0.7。根据计算容积、天然流速、管嘴截面积可以计算出取样时间。

　　使用积时式采样器全年应统计进口流速系数在 0.9～1.1 的保证率。每次取样时应进行容积比较。当取样容积大于有效容积时，该水样无效，应重取。取样容积与计算容积之比小于 0.7 表示仪器工作状态不完全正常，一般也应重测。在高洪大沙的情况下，若第一次所取水样的容积不够量，应复测一次。若复测的容积符合要求，应舍去第一次所取水样；若两次测得的容积均达不到规定要求，则应将两次测得的水样正式编号，分别测量容积，作为两次正式资料计算整理，并记录准确取样时间，说明情况。

　　每次采样时，应统计取样容积与计算容积之比（记小数后两位），并记在备注栏内，其中分子为取样容积，分母为计算容积。

　　3）皮囊式采样器。

　　皮囊式采样器是积时式采样器的一种，同时也是一种调压式采样器。它采用软性乳胶皮囊作为取样容器。皮囊所在的采样舱与水体相通，采样器下水后，皮囊直接感应水压力。在仪器入水前，将皮囊内的空气排尽；仪器入水后，利用皮囊自身所具有的弹性变形和良好的压力传导作用，仪器能自动调节皮囊的取样容积，始终保持采样器内外压力平衡。借助皮囊的可压缩性来调节皮囊容器与管嘴附近的静水压力，因此不需要专门设置调压舱。

皮囊式采样器具有结构简单、操作方便等特点,在我国黄河流域应用较多,而在金沙江流域目前仅有上游青海部分站点使用。

### 5.1.1.2　输沙率测验

(1)垂线取样方法

输沙率测验按垂线含沙量的取样方法可分为选点法、积深法和混合法。其中,混合法又分为垂线混合法、全断面混合法。

1)选点法。

选点法原称积点法。在测沙垂线上选择一点或几点采集水样,得到测点含沙量,同时施测测点的流速,按照流量加权的原理计算出垂线平均含沙量的方法称为选点法。畅流期的选点法一般包括五点法、三点法、两点法、一点法,特殊情况下也有七点法、十一点法等(表 5.1-1)。选点法测点位置应符合表 5.1-1 的规定。对于选点法,垂线取样方法误差是指取样点数和计算规则引起的垂线平均含沙量的误差,其系统误差和标准差需通过试验确定。利用选点法可获得垂线上指定位置水样含沙量和对应位置流速,一般以选点法中的七点法或五点法计算的垂线平均含沙量为近似真值来评估其他取样方法的误差。因此,选点法在测站悬移质泥沙测验中具有重要的位置。

新设 2～3 年或测验河段发生剧烈冲淤之后的测站,应尽量采用选点法进行悬移质输沙率的测验,以便为简化取样方法的分析积累资料。进行精简分析之后,较多测站还需要每年收集几次选点法资料,以便后期资料分析。由于选点法需要同时测点流速,并且施测垂线上各测点的含沙量。对于岸缆站,需要在每个测点采集并将水样拉回岸边,取出水样后,运行采样器,到下一指定位置再进行取样,整体测验时间较长。因此,在沙情变化较快时,并不是很适宜采用选点法进行测验,特别是多线多点的选点法不能在沙情变化较快时进行测验。

表 5.1-1　　　　　　　　　　　　　选点法测点位置

| 方法名称 | 测点的相对水深位置 |
| --- | --- |
| 十一点法 | 水面、0.1、0.2、0.3、0.4、0.5、0.6、0.7、0.8、0.9、河底 |
| 七点法 | 水面、0.2、0.4、0.6、0.8、0.9、河底 |
| 五点法 | 水面、0.2、0.6、0.8、河底 |
| 三点法 | 0.2、0.6、0.8 |
| 二点法 | 0.2、0.8 |
| 一点法 | 0.6 |

2)积深法。

积深法是指使用积时式采样器在垂线上以均匀速度提放,连续采集整个垂线上水样的取样方法。在不宜采用选点法且水深在1m以上的情况下,可选用此方法。积深法常配合瓶式采样器使用,为避免进口流向偏斜过大,提放速度应不超过垂线平均流速的1/3,取样时可单程取样,也可双程取样。在双程取样时,下放和上提的速度可以不同,但无论用何种方法取样,采样器均不得装满。取样时,宜同时施测垂线平均流速。

3)混合法。

a. 垂线混合法。

在测沙垂线的有关的测点上,按照不同的历时比例或容积比例取样,将所有样品混合成一个水样处理后的含沙量即为垂线平均含沙量。取样时,宜同时施测垂线平均流速。垂线混合法是先有断面输沙率和断面流量,然后计算断面含沙量。

按取样历时比例采样混合时,不同的采样方法采用位置与历时应符合表5.1-2的规定。

表 5.1-2　　　　　　　　取样方法的取样位置及历时

| 取样方法 | 取样的相对水深位置 | 各点取样历时/s |
|---|---|---|
| 五点法 | 水面、0.2、0.6、0.8、河底 | $0.1t$、$0.3t$、$0.3t$、$0.2t$、$0.1t$ |
| 三点法 | 0.2、0.6、0.8 | $t/3$、$t/3$、$t/3$ |
| 二点法 | 0.2、0.8 | $0.5t$、$0.5t$ |

注:按容积比例取样混合时,取样方法应经试验分析确定。

分析实例:

表5.1-3至表5.1-4为某水文站一次悬移质输沙率测验计算过程。通过横式采样器取得8条垂线水样,每条垂线用三点法在0.2、0.6、0.8相对水深位置取样,并将所有样品混合成一个水样,样品经过沉淀烘干后,称取每条垂线的沙重,求得各垂线平均含沙量。通过垂线部分流量加权,最终求得断面平均输沙率为1.46t/s,断面平均含沙量为1.46/12600=0.116kg/m³。

b. 全断面混合法。

在断面上,按一定的规则测取若干个水样,将其混在一起处理求得含沙量,以此作为断面平均含沙量的方法称为全断面混合法。全断面混合法是先有断面平均含沙量和断面流量,然后计算断面输沙率。对于以确定断面平均含沙量为主要目的的输沙率测验,不需要同时施测流量,可使用等部分流量等取样容积全断面混合法、等水面宽等速积深全断面混合法、面积历时加权全断面混合法等来施测断面平均含沙量。全断面混合法计算输沙率公式如下。

表 5.1-3

**某站悬移质输沙率测验记载（垂线混合法）**

| 施测时间 | 2023 年 5 月 30 日 8 时 26 分至 30 日 9 时 44 分 | | | 借用断面 | 天气 | 阴 | 2023-4 | 采样器型号 | 横式 | 300 | 流向 | | 盛水样器编号 | ∧ | 1W |
|---|---|---|---|---|---|---|---|---|---|---|---|---|---|---|

| 施测号数 | 输沙率 | | 平均 30 日 9 时 5 分 | 流量 | 27 | | | 铅鱼重/kg | | 历时/s | 风力风向 | 水样容积/cm³ | | |
|---|---|---|---|---|---|---|---|---|---|---|---|---|---|

| 角度或读数 | | 1 | 单样水样平均 | 26-27 | | 采样器位置 | | 偏角/° | 干湿绳改正数/m | 调压 | 取样 | | |
|---|---|---|---|---|---|---|---|---|---|---|---|---|

| 垂线号 | 起点距/m | 水深/m 借用或湿绳长(实测) | 相对 | 测点深或湿绳长/m | 水面 测点 正数/m | 盛水样器编号 | 水样容积/cm³ |
|---|---|---|---|---|---|---|---|
| 1 | 0 | 9.7 | 0.2 | 1.94 | | 1 | 3000 |
| | | | 0.6 | 5.8 | | | |
| | | | 0.8 | 7.8 | | | |
| 2 | 106 | 11.8 | 0.2 | 2.36 | | 3 | 3000 |
| | | | 0.6 | 7.1 | | | |
| | | | 0.8 | 9.4 | | | |
| 3 | 167 | 12.5 | 0.2 | 2.5 | | 41 | 3000 |
| | | | 0.6 | 7.5 | | | |
| | | | 0.8 | 10 | | | |
| 4 | 217 | 11.3 | 0.2 | 2.26 | | 61 | 3000 |
| | | | 0.6 | 6.8 | | | |
| | | | 0.8 | 9 | | | |
| 5 | 277 | 10.9 | 0.2 | 2.18 | | 72 | 3000 |
| | | | 0.6 | 6.5 | | | |
| | | | 0.8 | 8.7 | | | |
| 6 | 341 | 6.2 | 0.2 | 1.24 | | 78 | 3000 |

续表

施测时间：2023 年 5 月 30 日 8 时 26 分至 30 日 9 时 44 分 平均 30 日 9 时 5 分

| 施测时间 | | | | | 借用断面 2023-4 | 采样器型号 | 横式 | 流向 | ∧ |
|---|---|---|---|---|---|---|---|---|---|
| 7 | 411 | 4.89 | 0.6 | 3.72 | | | | | |
| | | | 0.8 | 4.96 | | | | | |
| | | | 0.2 | 0.98 | | | | 3000 | 96 |
| 8 | 477 | 4.52 | 0.6 | 2.93 | | | | | |
| | | | 0.2 | 0.9 | | | | | |
| | | | 0.6 | 2.71 | | | | 3000 | 99 |
| | | | 0.8 | 3.62 | | | | | |

| 项目 | 值 | | 基本水尺 水位/m | 开始 164.50 | 结束 | 164.66 | 平均 | 164.58 |
|---|---|---|---|---|---|---|---|---|
| 断面输沙率 | 1.46t/s | | 测流断面 水位/m | 开始 164.50 | 结束 | 164.66 | 平均 | 164.58 |
| 断面流量 | 12600m³/s | | | | | | | |
| 总沙重 | 2.8981g | | | | | | | |
| 水样总容积 | 24000cm³ | | | | | | | |

| 相应单位含沙量 | 0.111kg/m³ |
|---|---|
| 测线测点数 | 8/24 |
| 取样方法 | 垂线混合 |
| 断面平均含沙量 | 0.116kg/m³ |
| 备注 | |

表 5.1-4

## 某站悬移质输沙率测验计算（垂线混合法）

天气：阴　风向　风力：1W

声学多普勒流速仪型号：瑞江 ADCP/600kHz 7304

测深仪牌号

| 施测时间 | 始：2023年5月30日 8时26分 | 终：30日9时44分 | 平均　30日9时5分 |
|---|---|---|---|
| 铅鱼质量 | 300kg | | |

施测号数：流量 27；单沙 1；输沙 26-27

| 深测线 | 测速线 | 测沙线 | 起点距/m | 应用水深/m | 垂线平均流速/(m/s) | 流向偏角/° | 垂线平均含沙量/(kg/m³) | 部分含沙量/(kg/m³) | 部分流量 单沙/(m³/s) | 部分输沙率/(kg/s) |
|---|---|---|---|---|---|---|---|---|---|---|
| 1（左水边） | | | -73.0 | | | | | 0.114 | 652 | 74.3 |
| 2 | 1 | 1 | 0.0 | 9.7 | | | 0.114 | 0.121 | 3160 | 382 |
| 3 | 2 | 2 | 106 | 11.8 | | | 0.128 | 0.094 | 2320 | 218 |
| 4 | 3 | 3 | 167 | 12.5 | | | 0.060 | 0.096 | 1760 | 169 |
| 5 | 4 | 4 | 217 | 11.3 | | | 0.131 | 0.134 | 1670 | 224 |
| 6 | 5 | 5 | 277 | 10.9 | | | 0.138 | 0.131 | 1160 | 152 |
| 7 | 6 | 6 | 341 | 6.2 | | | 0.124 | 0.128 | 887 | 114 |
| 8 | 7 | 7 | 411 | 4.89 | | | 0.131 | 0.136 | 629 | 85.5 |
| 9 | 8 | 8 | 477 | 4.52 | | | 0.140 | | | |
| 10（右水边） | | | 601 | | | | | 0.140 | 326 | 45.6 |

| 断面流量 | 12600m³/s | 断面面积 | 5240m² | 死水面积 | | 平均流速 | 2.40m/s |
|---|---|---|---|---|---|---|---|
| 最大流速 | 3.59m/s | 水面宽 | 678m | 平均水深 | 7.7m | 最大水深 | 12.8m |
| 水位 | 始 164.5m　终 164.66m | | 平均水位 | 164.58m | | 相应水位 | 164.58m |
| 断面平均含沙量 | 0.116kg/m² | 相应单样含沙量 | 0.111kg/m³ | | | 测线数/测点数 | 8/24 |
| 断面输沙率 | 1.46t/s | | | | | | |

$$Q_s = Q\overline{C_s} \qquad\qquad (5.1\text{-}1)$$

式中，$Q$——流量，$\mathrm{m^3/s}$。当取样与测流同时进行时，为实测流量；不同时进行时，则为推算的流量。

$\overline{C_s}$——断面平均含沙量，$\mathrm{kg/m^3}$ 或 $\mathrm{g/m^3}$。

测验河段为单式河槽且水深较大的站点，可采用等部分水面宽全断面混合法进行断面平均含沙量的测验。各垂线采用积深法取样，采用的仪器提放速度和仪器进水管管径均应相同，并应按部分水面宽中心线布线。

断面比较稳定的测站，可采用等部分流量全断面混合法进行断面平均含沙量测验。采用等部分流量法作全断面混合法测验时，应满足如下两个条件。

a)断面内每条测沙垂线所代表的部分流量，彼此应大致相等。

b)每条测沙垂线所取水样容积应大致相等，一般相差不得超过±10%。

矩形断面用固定垂线采样的站，可采用等部分面积全断面混合法进行断面平均含沙量测验。每条垂线应采用相同的进水管管径、采样方法和采样历时，每条垂线所代表的部分面积应相等。当部分面积不相等时，应按部分面积的权重系数分配各垂线的采样历时。

分析实例：表5.1-5为金沙江干流白鹤滩水文站一次悬移质输沙率测验记载表。通过AYX2-1型调压式悬移质采样器采用7线十四点法取得水样，将其混在一起处理求得断面平均含沙量为 $0.8924/1940 = 0.460\mathrm{kg/m^3}$，输沙率测验过程平均时间为9时30分。通过整编资料，求得该时间对应的流量为 $6230\mathrm{m^3/s}$，断面输沙率为 $0.460 \times 6230 = 2870\mathrm{kg/s}$。

(2)精简测验方法分析

在保证输沙率测验成果精度的前提下，为减少测验工作量，提高测验效率，对输沙率测验方案可以进行精简分析。精简分析是指选择有代表性的地区、时段、测次，以尽可能精确的方法（如多站、多次、多线、多点、多历时等）测量，以其结果为近似真值，按一定规则，在精密资料中抽取若干测量值，形成精简方案。

泥沙测验方案精简分析有两种方法：一种是精简垂线与简化取样方法的分析，另一种是误差分析方法。

1)精简垂线与简化取样方法。

主要依据测站的多线选点法输沙率资料，搜集30次以上包括各级水位、各级含沙量的多线（取样垂线不少于流速仪精测法测速垂线的一半）、选点法输沙率资料，用少线法、混合法重新计算垂线平均含沙量和断面平均含沙量，并统计测次误差是否满足相关要求。在分析过程中，垂线、测点数目、混合方法均规定了相应的取用范围，这种方法称为精简垂线与简化取样方法的分析，精简垂线或取样方法后的允许误差见表5.1-6。

表 5.1-5

**白鹤滩站悬移质输沙率测验记载（全断面混合法）**

| 施测时间 | 2021年10月10日9时0分至10月10日10时0分 | 平均 10月10日9时30分 | 借用断面号数 | 2021-14 |
|---|---|---|---|---|
| 施测号数 | 12 | 相应单沙施测号数 | 221-222 | 备注 |
| 计算容积 | 1820cm³ | 铅鱼重 600kg | 管嘴直径 4.0mm | 有效容积 2600cm³ 面积加权 |

| 垂线号 | 起点距/m | 垂线水深/m | 相对位置 | 计算水深/m | 湿绳长/m | 偏角° 水面 | 偏角° 测点 | 改正值/m | 调压历时/s | 取样历时 计算/s | 取样历时 实际/s |
|---|---|---|---|---|---|---|---|---|---|---|---|
| 1 | 100 | 7.6 | 0.2 | 1.52 | | | | | 5.0 | 2.4 | 2.4 |
| | | | 0.8 | 6.1 | | | | | 5.0 | 2.4 | 2.4 |
| 2 | 120 | 14.8 | 0.2 | 2.96 | | | | | 5.0 | 3.6 | 3.6 |
| | | | 0.8 | 11.8 | | | | | 5.0 | 3.6 | 3.6 |
| 3 | 140 | 23.2 | 0.2 | 4.64 | | | | | 5.0 | 5.8 | 5.8 |
| | | | 0.8 | 18.6 | | | | | 5.0 | 5.8 | 5.8 |
| 4 | 160 | 29.2 | 0.2 | 5.8 | | | | | 5.0 | 7.1 | 7.1 |
| | | | 0.8 | 23.4 | | | | | 5.0 | 7.1 | 7.1 |
| 5 | 180 | 28.4 | 0.2 | 5.7 | | | | | 5.0 | 7.0 | 7.0 |
| | | | 0.8 | 22.7 | | | | | 5.0 | 7.0 | 7.0 |
| 6 | 200 | 26.3 | 0.2 | 5.3 | | | | | 5.0 | 6.6 | 6.6 |
| | | | 0.8 | 21.0 | | | | | 5.0 | 6.6 | 6.6 |
| 7 | 220 | 23.8 | 0.2 | 4.76 | | | | | 5.0 | 14.0 | 14.0 |
| | | | 0.8 | 19.0 | | | | | 5.0 | 14.0 | 14.0 |

采样器形式：调压时积式　　取样断面：取样断面　　底孔：基　　相应单沙施测号数　　水温 ℃

| 盛水桶号 74 | 水样体积 1940cm³ | 烘杯号 86 | 烘杯重 107.4616g |
|---|---|---|---|
| 杯沙共重 108.3540g | 沙重 0.8924g | 断面平均含沙量 0.460kg/m³ | 取样容积 |
| 相应单沙 0.458kg/m³ | 断面流量 | 断面输沙率 | 计算容积 1.07 |
| 开始水位 599.67m | 结束水位 601.07m | 平均水位 600.37m | |
| 备注 | | | |

表 5.1-6 垂线取样方法和垂线布置的允许误差

| 测站类别 | 垂线采样方法的相对标准差/% | 垂线布置的相对标准差/% | 垂线采样方法的系统误差/% | | 垂线布置的系统误差/% | |
|---|---|---|---|---|---|---|
| | | | 全部悬沙 | 粗沙部分 | 全部悬沙 | 粗沙部分 |
| 一类站 | 6.0 | 2.0 | ±1.0 | ±5.0 | ±1.0 | ±2.0 |
| 二类站 | 8.0 | 3.0 | ±1.5 | — | ±1.5 | — |
| 三类站 | 10.0 | 5.0 | ±3.0 | — | ±3.0 | — |

实例分析:

巴塘站断面含沙量在固定起点距 55.0m、100m、140m、165m、185m、210m、240m 6～7 线,每线用瓶式按双程积深法取样,完成一次取样要近 1.5h。为提高测站测验效率,现对巴塘(五)站断面含沙量取样垂线做精简分析。

收集巴塘站 2021 年 5 月 1 日—2022 年 7 月 22 日,共 44 次实测悬移质输沙成果,沙量级变幅为 0.063～2.42kg/m³。根据垂线含沙量的分布情况判断,巴塘站中高水时含沙量在水平方向分布较均匀,因此垂线选择精简靠近岸边的两条垂线 55.0m 和 210m,精简为 5 条测沙垂线 100m、140m、165m、185m、210m。精简垂线后系统误差为 −0.03%,标准差为 4.18%,满足规范要求。精简垂线后,输沙率测验 1 次的时间缩短为 40min,在满足测验精度的情况下,提高了测验效率(表 5.1-7)。

表 5.1-7 断面含沙量垂线精简分析误差统计

| 测次 | 断面平均含沙量/(kg/m³) | 垂线平均含沙量/(kg/m³) | 误差/% |
|---|---|---|---|
| 1 | 0.063 | 0.047 | −25.40 |
| 2 | 0.14 | 0.14 | 0.00 |
| 3 | 0.402 | 0.391 | −2.74 |
| 4 | 0.336 | 0.339 | 0.89 |
| 5 | 0.584 | 0.589 | 0.86 |
| 6 | 0.711 | 0.714 | 0.42 |
| 7 | 0.967 | 0.962 | −0.52 |
| 8 | 1.34 | 1.34 | 0.00 |
| 9 | 1.43 | 1.434 | 0.28 |
| 10 | 1.2 | 1.204 | 0.33 |
| 11 | 1.4 | 1.418 | 1.29 |
| 12 | 1.34 | 1.344 | 0.30 |
| 13 | 1.18 | 1.186 | 0.51 |
| 14 | 1.03 | 1.041 | 1.07 |

| 测次 | 断面平均含沙量/(kg/m³) | 垂线平均含沙量/(kg/m³) | 误差/% |
|------|------|------|------|
| 15 | 1.52 | 1.506 | −0.92 |
| 16 | 1.84 | 1.846 | 0.33 |
| 17 | 0.913 | 0.916 | 0.33 |
| 18 | 1.17 | 1.174 | 0.34 |
| 19 | 1.48 | 1.484 | 0.27 |
| 20 | 1.61 | 1.616 | 0.37 |
| 21 | 1.93 | 1.94 | 0.52 |
| 22 | 2.42 | 2.428 | 0.33 |
| 23 | 1.25 | 1.26 | 0.80 |
| 24 | 1.37 | 1.338 | −2.34 |
| 25 | 0.381 | 0.383 | 0.52 |
| 26 | 0.333 | 0.337 | 1.20 |
| 27 | 0.134 | 0.14 | 4.48 |
| 28 | 0.53 | 0.538 | 1.51 |
| 29 | 0.073 | 0.074 | 1.37 |
| 30 | 0.206 | 0.219 | 6.31 |
| 31 | 0.288 | 0.285 | −1.04 |
| 32 | 0.472 | 0.489 | 3.60 |
| 33 | 0.65 | 0.649 | −0.15 |
| 34 | 0.494 | 0.493 | −0.20 |
| 35 | 0.639 | 0.637 | −0.31 |
| 36 | 0.707 | 0.72 | 1.84 |
| 37 | 1.51 | 1.52 | 0.66 |
| 38 | 0.679 | 0.681 | 0.29 |
| 39 | 0.723 | 0.726 | 0.41 |
| 40 | 0.828 | 0.831 | 0.36 |
| 41 | 0.938 | 0.938 | 0.00 |
| 42 | 1.05 | 1.048 | −0.19 |
| 43 | 1.16 | 1.156 | −0.34 |
| 44 | 1.75 | 1.768 | 1.03 |

2)误差分析方法。

以单次输沙率测验分项允许误差为最大控制指标,分项进行精度评定,特别是开展关联测验历时、测验方法和测沙垂线及测点数目等的泥沙Ⅰ、Ⅱ、Ⅲ误差分析,根据误差分析,确定悬移质泥沙测验方案,称为误差分析方法。

### 5.1.1.3 单沙测验

(1)单沙的概念与意义

单样悬移质含沙量(简称单沙,又称单位含沙量)是指断面上有代表性的垂线或测点的含沙量。采用单断沙关系推算断沙的测站,应进行单样含沙量的测验。单样含沙量测验的目的,是控制含沙量随时间的变化过程,结合流量资料推算不同时期的输沙量及特征值。采取单沙时,应同时观测水位、测沙垂线起点距及垂线水深。所取水样兼作颗粒分析时,应加测水温。

相应单样含沙量是指在一次实测悬移质输沙率过程中,与该次断面平均含沙量所对应的单样含沙量,即输沙率测验期间,同时在单沙测量位置上测得的含沙量,称为相应单样含沙量(以往也称相应单位含沙量,简称相应单沙)。相应单沙的测验次数,在水情平稳时测一次;有缓慢变化时,应在输沙率测验的开始、结束各测一次;水沙变化剧烈时,应增加测验次数,并控制转折变化。相应单沙质量的高低,直接影响单断沙关系。

(2)取样垂线位置的选择

单样含沙量测验的垂线布设应经试验确定。由于各站的测站特性不相同,含沙量在断面上的分布情况也不尽相同,因此每个站的垂线布设差别比较大。通常情况下,可以采用一线一点、一线两点、两线、三线,甚至多线等,一般情况下,单样含沙量的垂线布设应符合以下规定。

1)断面稳定、主流摆动不大的测站,根据不同水位下的实测输沙率资料,以各垂线的相应平均含沙量(垂线平均含沙量与断面平均含沙量的比值)为纵坐标,以起点距为横坐标,绘制相对平均含沙量的横向分布曲线。在图上选择比值最为集中,且等于1处,确定1~2条垂线,作为单样取样位置。一类站相对随机不确定度不应大于14%,二、三类站不应大于20%。若1条垂线达不到上述要求,可以采用2~3条垂线的平均值作为单样,进行分析。

2)断面不稳定且主流摆动较大的一类、二类站,应根据测站条件,按全断面混合法的规定,布设3~5条取样垂线,进行单样含沙量测验。

3)当河道宽浅、主流分散,按上述方法分析成果不好时,可在断面均匀选取若干垂线,用算术平均值作为单沙;也可按照部分流量中线法及等水面宽、等提放速度积深法布设垂线,进行混合后作为单沙。垂线数量由分析确定。

4)当单沙取样断面与输沙率测验断面不一致时,应先分析测验输沙率时所取的几组单位水样的含沙量与断面平均含沙量的关系,选择最好的取样位置。

5)单沙测验宜使一类站单断关系线的比例系数在 0.95～1.05,二、三类站在 0.93～1.07。

实例分析:

以巴塘水文站的单沙取样位置为例,介绍单样含沙量的垂线布设。

巴塘(五)水文站于 2018 年 12 月竣工,2019 年 1 月由巴塘(四)站搬迁至此(上迁 15km),位于四川省巴塘县竹巴笼乡水磨沟村,东经 99°03′,北纬 29°54′。2019 年 4 月开展悬移质泥沙测验,采样器型式为普通瓶式,测验方法为积深法,泥沙测验精度为三类精度。2021—2022 年通过在固定起点距 55.0m、100m、140m、165m、185m、210m、240m 每线用瓶式按双程积深法取样,单独处理、分析、收集分析资料。

本次单沙垂线布设位置分析资料选择巴塘站 2021 年 5 月 1 日—2022 年 7 月 22 日,共 44 次实测悬移质输沙成果,沙量级变幅为 0.063～2.42kg/(m³·次)。测验成果见表 5.1-8。55.0m 垂线在低水位时无法取样,不考虑为单沙垂线。其他垂线相对平均含沙量的横向分布图中(图 5.1-6),起点距 100m 和 185m 两条垂线的横向分布最为集中,初步定为单样取样垂线。根据单沙垂线误差统计表 5.1-8,两条垂线的随机不确认度都满足小于三类泥沙站 20% 的规范要求,同时满足单断沙关系线的比例系数在 0.93～1.07(图 5.1-7)。由于巴塘站泥沙测验精度为三类精度,可以只选择 1 条垂线作为单沙的取样垂线 100m 垂线的系统误差(−5.51%)相对 185m 垂线的系统误差(−1.29%)偏大(表 5.1-9),因此,本站选择 185m 垂线作为单样取样位置。

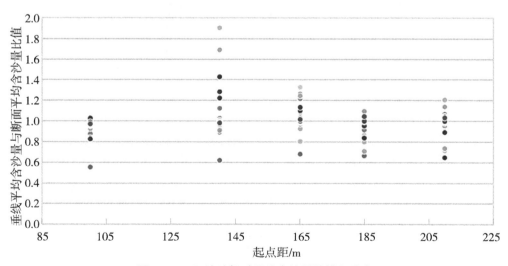

**图 5.1-6　巴塘站相对平均含沙量的横向分布**

表 5.1-8　　　　　　　巴塘水文站各垂线含沙量测验成果统计　　　　（单位：kg/m³）

| 测次 | 断面平均含沙量 | 垂线含沙量 | | | | | |
|---|---|---|---|---|---|---|---|
| | | 55.0m | 100m | 140m | 165m | 185m | 210m |
| 1 | 0.063 | | 0.035 | 0.039 | 0.043 | 0.042 | 0.076 |
| 2 | 0.14 | | 0.122 | 0.125 | 0.177 | 0.129 | 0.147 |
| 3 | 0.402 | | 0.346 | 0.369 | 0.406 | 0.431 | 0.404 |
| 4 | 0.336 | | 0.321 | 0.337 | 0.312 | 0.32 | 0.406 |
| 5 | 0.584 | 0.526 | 0.537 | 0.578 | 0.591 | 0.616 | 0.622 |
| 6 | 0.711 | 0.697 | 0.684 | 0.717 | 0.716 | 0.724 | 0.731 |
| 7 | 0.967 | 0.933 | 0.925 | 0.947 | 0.952 | 0.984 | 1 |
| 8 | 1.34 | 1.32 | 1.29 | 1.29 | 1.36 | 1.39 | 1.37 |
| 9 | 1.43 | 1.41 | 1.4 | 1.43 | 1.44 | 1.47 | 1.43 |
| 10 | 1.2 | 1.16 | 1.15 | 1.18 | 1.21 | 1.25 | 1.23 |
| 11 | 1.4 | 1.33 | 1.35 | 1.41 | 1.44 | 1.47 | 1.42 |
| 12 | 1.34 | 1.3 | 1.31 | 1.325 | 1.343 | 1.371 | 1.378 |
| 13 | 1.18 | 1.12 | 1.12 | 1.17 | 1.21 | 1.22 | 1.21 |
| 14 | 1.03 | 0.984 | 0.965 | 1.04 | 1.04 | 1.082 | 1.078 |
| 15 | 1.52 | 1.58 | 1.53 | 1.57 | 1.48 | 1.5 | 1.45 |
| 16 | 1.84 | 1.86 | 1.83 | 1.87 | 1.85 | 1.86 | 1.82 |
| 17 | 0.913 | 0.864 | 0.874 | 0.902 | 0.905 | 0.95 | 0.947 |
| 18 | 1.17 | 1.13 | 1.15 | 1.17 | 1.16 | 1.18 | 1.21 |
| 19 | 1.48 | 1.43 | 1.45 | 1.5 | 1.48 | 1.48 | 1.51 |
| 20 | 1.61 | 1.56 | 1.57 | 1.62 | 1.64 | 1.64 | 1.61 |
| 21 | 1.93 | 1.89 | 1.9 | 1.94 | 1.95 | 1.96 | 1.95 |
| 22 | 2.42 | 2.41 | 2.41 | 2.44 | 2.44 | 2.41 | 2.44 |
| 23 | 1.25 | 1.17 | 1.21 | 1.24 | 1.26 | 1.28 | 1.31 |
| 24 | 1.37 | 1.28 | 1.28 | 1.33 | 1.38 | 1.35 | 1.35 |
| 25 | 0.381 | 0.356 | 0.359 | 0.389 | 0.385 | 0.393 | 0.389 |
| 26 | 0.333 | | 0.277 | 0.303 | 0.361 | 0.365 | 0.379 |
| 27 | 0.134 | | 0.132 | 0.255 | 0.108 | 0.107 | 0.096 |
| 28 | 0.530 | | 0.517 | 0.534 | 0.704 | 0.458 | 0.476 |
| 29 | 0.073 | | 0.064 | 0.082 | 0.089 | 0.067 | 0.066 |
| 30 | 0.206 | | 0.191 | 0.349 | 0.257 | 0.146 | 0.152 |
| 31 | 0.288 | | 0.296 | 0.412 | 0.317 | 0.241 | 0.187 |
| 32 | 0.472 | | 0.397 | 0.578 | 0.535 | 0.461 | 0.472 |

续表

| 测次 | 断面平均含沙量 | 垂线含沙量 | | | | | |
|---|---|---|---|---|---|---|---|
| | | 55.0m | 100m | 140m | 165m | 185m | 210m |
| 33 | 0.650 | | 0.537 | 0.834 | 0.738 | 0.62 | 0.581 |
| 34 | 0.494 | | 0.472 | 0.492 | 0.496 | 0.504 | 0.5 |
| 35 | 0.639 | 0.631 | 0.613 | 0.651 | 0.633 | 0.637 | 0.65 |
| 36 | 0.707 | 0.691 | 0.701 | 0.71 | 0.716 | 0.735 | 0.739 |
| 37 | 1.51 | 1.47 | 1.47 | 1.5 | 1.56 | 1.54 | 1.53 |
| 38 | 0.679 | 0.660 | 0.657 | 0.698 | 0.689 | 0.686 | 0.676 |
| 39 | 0.723 | 0.706 | 0.711 | 0.725 | 0.735 | 0.737 | 0.721 |
| 40 | 0.828 | 0.807 | 0.813 | 0.834 | 0.824 | 0.836 | 0.848 |
| 41 | 0.938 | 0.967 | 0.927 | 0.927 | 0.937 | 0.958 | 0.939 |
| 42 | 1.05 | 1.04 | 1.04 | 1.04 | 1.05 | 1.06 | 1.05 |
| 43 | 1.16 | 1.11 | 1.15 | 1.15 | 1.16 | 1.16 | 1.16 |
| 44 | 1.75 | 1.67 | 1.7 | 1.72 | 1.78 | 1.83 | 1.81 |

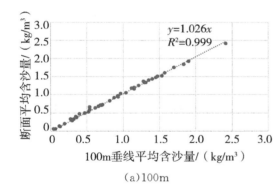

(a) 100m

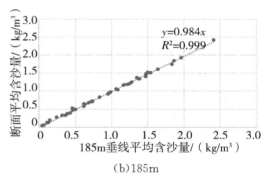

(b) 185m

图 5.1-7　不同垂线单断沙关系线

表 5.1-9　　　　　　　　　　　单沙垂线误差统计

| 起点距 | 100m | 140m | 165m | 185m | 210m |
|---|---|---|---|---|---|
| 系统误差 | −5.51% | 4.52% | 2.61% | −1.29% | −0.13% |
| 随机不确定度 | 15.21% | 39.97% | 20.69% | 17.54% | 20.10% |

（3）取样历时分析

矩形断面用固定垂线采样的站，可采用等部分面积全断面混合法进行断面平均含沙量测验。每条垂线应采用相同的进水管管径、采样方法和采样历时，每条垂线所代表的部分面积应相等。当部分面积不相等时，应按部分面积的权重系数分配各垂线的采样历时。

下面以金沙江干流向家坝水文站输沙取样历时分析为例。

向家坝水文站位于四川省宜宾市叙州区安边镇莲花池村,流域属长江,水系为金沙江下段,集水面积 $458800km^2$,离河口距离 2912km。测验河段顺直约 1.5km,河槽横断面呈 U 形,中高水主河槽宽 150～200m,断面最大水深位于起点距 140～150m。断面处无岔流、串流、逆流、回水、死水等情况。右岸为混凝土堤防,左岸为混凝土护坡,河床由乱石夹沙和岩石组成,断面基本稳定。全年受电站蓄放水影响,测验河段附近无水生植物、种植植物。下游约 1km 和约 33km 分别有横江从右岸和岷江从左岸汇入,上游约 400m 和 2km 分别有金沙江大桥和向家坝水电站。岷江、横江中高水对该站水位—流量关系有顶托影响。

向家坝水文站是金沙江下游国家一类精度流量、泥沙站,测流断面与基本水尺断面重合。受向家坝水电站工程调节影响,断面水位、流量变化频繁、变幅大,主泓变化因开启闸孔位置不同而变化,集中于起点距 80～100m。向家坝水电站首台机组自 2012 年正式运行至今,断面含沙量明显减少,年平均含沙量小于 $100g/m^3$,断面平均流速明显增大,年平均流速大于 0.70m/s。

因向家坝水文站上游 2km 有向家坝水电站,对下游含沙量有调控作用,从 2012 年开始水文站测验河段含沙量逐渐变小。为了有效提高输沙测验精度,从 2024 年由 4 线三点法改为 7～8 线三点法。

1)取样总历时计算。

输沙取样历时(表 5.1-10)采用水位对应流量、面积计算断面平均流速,由断面平均流速,推求断面取样总历时。

$$T = 1820/(V_断 \times 12.57) \tag{5.1-2}$$

式中,$T$——断面取样总历时;

$V_断$——测验断面平均流速。

表 5.1-10 各水位级对应取样总历时成果

| 水位 /m | 流量 /(m³/s) | 面积 /m² | 断面平均流速 /(m/s) | 采用断面平均流速/(m/s) | 标准取样历时/s |
|---|---|---|---|---|---|
| 266.00 | 1810 | 2640 | 0.69 | 0.69 | 209.8 |
| 266.20 | 1940 | 2670 | 0.73 | 0.73 | 198.3 |
| 266.40 | 2120 | 2700 | 0.79 | 0.79 | 183.3 |
| 266.60 | 2300 | 2740 | 0.84 | 0.84 | 172.4 |
| 266.80 | 2480 | 2770 | 0.90 | 0.90 | 160.9 |
| 267.00 | 2660 | 2800 | 0.95 | 0.95 | 152.4 |
| 267.20 | 2850 | 2830 | 1.01 | 1.01 | 143.4 |

| 水位<br>/m | 流量<br>/(m³/s) | 面积<br>/m² | 断面平均流速<br>/(m/s) | 采用断面<br>平均流速/(m/s) | 标准取<br>样历时/s |
|---|---|---|---|---|---|
| 267.40 | 3040 | 2860 | 1.06 | 1.06 | 136.6 |
| 267.60 | 3230 | 2900 | 1.11 | 1.11 | 130.4 |
| 267.80 | 3430 | 2930 | 1.17 | 1.17 | 123.8 |
| 268.00 | 3630 | 2960 | 1.23 | 1.23 | 117.7 |
| 268.20 | 3830 | 2990 | 1.28 | 1.28 | 113.1 |
| 268.40 | 4030 | 3020 | 1.33 | 1.33 | 108.9 |
| 268.60 | 4240 | 3050 | 1.39 | 1.39 | 104.2 |
| 268.80 | 4450 | 3090 | 1.44 | 1.44 | 100.5 |
| 269.00 | 4660 | 3120 | 1.49 | 1.49 | 97.2 |
| 269.20 | 4880 | 3150 | 1.55 | 1.55 | 93.4 |
| 269.40 | 5100 | 3190 | 1.60 | 1.60 | 90.5 |
| 269.60 | 5320 | 3220 | 1.65 | 1.65 | 87.8 |
| 269.80 | 5550 | 3260 | 1.70 | 1.70 | 85.2 |
| 270.00 | 5770 | 3290 | 1.75 | 1.75 | 82.7 |
| 270.20 | 6000 | 3320 | 1.81 | 1.81 | 80.0 |
| 270.40 | 6240 | 3360 | 1.86 | 1.86 | 77.8 |
| 270.60 | 6470 | 3390 | 1.91 | 1.91 | 75.8 |
| 270.80 | 6710 | 3430 | 1.96 | 1.96 | 73.9 |
| 271.00 | 6960 | 3460 | 2.01 | 2.01 | 72.0 |
| 271.20 | 7200 | 3490 | 2.06 | 2.06 | 70.3 |
| 271.40 | 7450 | 3530 | 2.11 | 2.11 | 68.6 |
| 271.60 | 7700 | 3560 | 2.16 | 2.16 | 67.0 |
| 271.80 | 7960 | 3600 | 2.21 | 2.21 | 65.5 |
| 272.00 | 8210 | 3630 | 2.26 | 2.26 | 64.1 |
| 272.20 | 8470 | 3670 | 2.31 | 2.31 | 62.7 |
| 272.40 | 8740 | 3700 | 2.36 | 2.36 | 61.4 |
| 272.60 | 9000 | 3740 | 2.41 | 2.41 | 60.1 |
| 272.80 | 9270 | 3770 | 2.46 | 2.46 | 58.9 |
| 273.00 | 9540 | 3810 | 2.50 | 2.50 | 57.9 |
| 273.20 | 9820 | 3850 | 2.55 | 2.55 | 56.8 |
| 273.40 | 10100 | 3880 | 2.60 | 2.60 | 55.7 |
| 273.60 | 10400 | 3920 | 2.65 | 2.65 | 54.6 |

| 水位 /m | 流量 /(m³/s) | 面积 /m² | 断面平均流速 /(m/s) | 采用断面平均流速/(m/s) | 标准取样历时/s |
|---|---|---|---|---|---|
| 273.80 | 10700 | 3950 | 2.71 | 2.71 | 53.4 |
| 274.00 | 10900 | 3990 | 2.73 | 2.73 | 53.0 |
| 274.20 | 11200 | 4030 | 2.78 | 2.78 | 52.1 |
| 274.40 | 11500 | 4060 | 2.83 | 2.83 | 51.2 |
| 274.60 | 11800 | 4100 | 2.88 | 2.88 | 50.3 |
| 274.80 | 12100 | 4130 | 2.93 | 2.93 | 49.4 |
| 275.00 | 12400 | 4170 | 2.97 | 2.97 | 48.8 |
| 275.20 | 12700 | 4210 | 3.02 | 3.02 | 47.9 |
| 275.40 | 13000 | 4240 | 3.07 | 3.07 | 47.2 |
| 275.60 | 13300 | 4280 | 3.11 | 3.11 | 46.6 |
| 275.80 | 13700 | 4310 | 3.18 | 3.18 | 45.5 |
| 276.00 | 14000 | 4350 | 3.22 | 3.22 | 45.0 |
| 276.20 | 14300 | 4390 | 3.26 | 3.26 | 44.4 |
| 276.40 | 14600 | 4420 | 3.30 | 3.30 | 43.9 |
| 276.60 | 14900 | 4460 | 3.34 | 3.34 | 43.4 |
| 276.80 | 15300 | 4500 | 3.40 | 3.40 | 42.6 |
| 277.00 | 15600 | 4540 | 3.44 | 3.44 | 42.1 |
| 277.20 | 15900 | 4580 | 3.47 | 3.47 | 41.7 |
| 277.40 | 16300 | 4620 | 3.53 | 3.53 | 41.0 |
| 277.60 | 16600 | 4650 | 3.57 | 3.57 | 40.6 |
| 277.80 | 17000 | 4690 | 3.62 | 3.62 | 40.0 |
| 278.00 | 17300 | 4730 | 3.66 | 3.66 | 39.6 |
| 278.20 | 17600 | 4770 | 3.69 | 3.69 | 39.2 |
| 278.40 | 18000 | 4810 | 3.74 | 3.74 | 38.7 |
| 278.60 | 18300 | 4840 | 3.78 | 3.78 | 38.3 |
| 278.80 | 18700 | 4880 | 3.83 | 3.83 | 37.8 |
| 279.00 | 19100 | 4920 | 3.88 | 3.88 | 37.3 |
| 279.20 | 19400 | 4960 | 3.91 | 3.91 | 37.0 |
| 279.40 | 19800 | 5000 | 3.96 | 3.96 | 36.6 |
| 279.60 | 20100 | 5030 | 4.00 | 4.00 | 36.2 |
| 279.80 | 20500 | 5070 | 4.04 | 4.04 | 35.8 |
| 280.00 | 20900 | 5110 | 4.09 | 4.09 | 35.4 |

| 水位<br>/m | 流量<br>/(m³/s) | 面积<br>/m² | 断面平均流速<br>/(m/s) | 采用断面<br>平均流速/(m/s) | 标准取<br>样历时/s |
|---|---|---|---|---|---|
| 280.20 | 21200 | 5150 | 4.12 | 4.12 | 35.1 |
| 280.40 | 21600 | 5190 | 4.16 | 4.16 | 34.8 |
| 280.60 | 21900 | 5230 | 4.19 | 4.19 | 34.6 |
| 280.80 | 22300 | 5270 | 4.23 | 4.23 | 34.2 |
| 281.00 | 22700 | 5310 | 4.27 | 4.27 | 33.9 |
| 281.20 | 23000 | 5350 | 4.30 | 4.30 | 33.7 |
| 281.40 | 23400 | 5390 | 4.34 | 4.34 | 33.4 |
| 281.60 | 23700 | 5420 | 4.37 | 4.37 | 33.1 |
| 281.80 | 24100 | 5460 | 4.41 | 4.41 | 32.8 |
| 282.00 | 24500 | 5500 | 4.45 | 4.45 | 32.5 |
| 282.20 | 24800 | 5540 | 4.48 | 4.48 | 32.3 |
| 282.40 | 25200 | 5580 | 4.52 | 4.52 | 32.0 |
| 282.60 | 25600 | 5630 | 4.55 | 4.55 | 31.8 |
| 282.80 | 25900 | 5670 | 4.57 | 4.57 | 31.7 |
| 283.00 | 26300 | 5710 | 4.61 | 4.61 | 31.4 |

2)部分面积权重系数。

向家坝水文站输沙垂线取样采用 7～8 线三点法,取样垂线为起点距 40.0m、80.0m、100m、120m、140m、160m、180m,通过每条垂线控制面积占比作为输沙垂线权重,各水位级面积权重见表 5.1-11。通过分析 266.00～274.00m 输沙每条垂线控制面积权重可知,水位变化 1m,权重变化较小。因此,274.00～283.00m 输沙垂线各水位级权重由相邻整米水位级权重直线插算得出。

表 5.1-11　　　　　　　　　　输沙垂线面积权重查算

| 40.0m | 60.0m | 80.0m | 100m | 120m | 140m | 160m | 180m | 水位/m |
|---|---|---|---|---|---|---|---|---|
|  | 0.07 | 0.13 | 0.18 | 0.18 | 0.18 | 0.16 | 0.10 | 266.00 |
|  | 0.07 | 0.13 | 0.18 | 0.18 | 0.18 | 0.16 | 0.10 | 266.20 |
|  | 0.07 | 0.13 | 0.17 | 0.18 | 0.18 | 0.16 | 0.11 | 266.40 |
|  | 0.07 | 0.13 | 0.17 | 0.18 | 0.18 | 0.16 | 0.11 | 266.60 |
|  | 0.07 | 0.13 | 0.17 | 0.18 | 0.18 | 0.16 | 0.11 | 266.80 |
|  | 0.07 | 0.13 | 0.17 | 0.18 | 0.18 | 0.16 | 0.11 | 267.00 |
|  | 0.07 | 0.13 | 0.17 | 0.18 | 0.18 | 0.16 | 0.11 | 267.20 |
|  | 0.07 | 0.13 | 0.17 | 0.18 | 0.18 | 0.16 | 0.11 | 267.40 |

| 40.0m | 60.0m | 80.0m | 100m | 120m | 140m | 160m | 180m | 水位/m |
|---|---|---|---|---|---|---|---|---|
| | 0.07 | 0.13 | 0.17 | 0.18 | 0.18 | 0.16 | 0.11 | 267.60 |
| | 0.07 | 0.13 | 0.17 | 0.18 | 0.18 | 0.16 | 0.11 | 267.80 |
| | 0.07 | 0.13 | 0.17 | 0.18 | 0.18 | 0.16 | 0.11 | 268.00 |
| 0.02 | 0.07 | 0.13 | 0.17 | 0.18 | 0.17 | 0.15 | 0.11 | 268.20 |
| 0.02 | 0.07 | 0.13 | 0.17 | 0.18 | 0.17 | 0.15 | 0.11 | 268.40 |
| 0.02 | 0.07 | 0.13 | 0.17 | 0.17 | 0.17 | 0.15 | 0.12 | 268.60 |
| 0.02 | 0.07 | 0.13 | 0.17 | 0.17 | 0.17 | 0.15 | 0.12 | 268.80 |
| 0.02 | 0.07 | 0.13 | 0.17 | 0.17 | 0.17 | 0.15 | 0.12 | 269.00 |
| 0.02 | 0.07 | 0.13 | 0.17 | 0.17 | 0.17 | 0.15 | 0.12 | 269.20 |
| 0.02 | 0.07 | 0.13 | 0.17 | 0.17 | 0.17 | 0.15 | 0.12 | 269.40 |
| 0.02 | 0.07 | 0.13 | 0.17 | 0.17 | 0.17 | 0.15 | 0.12 | 269.60 |
| 0.02 | 0.07 | 0.13 | 0.17 | 0.17 | 0.17 | 0.15 | 0.12 | 269.80 |
| 0.02 | 0.07 | 0.13 | 0.17 | 0.17 | 0.17 | 0.15 | 0.12 | 270.00 |
| 0.02 | 0.07 | 0.13 | 0.16 | 0.17 | 0.17 | 0.15 | 0.13 | 270.20 |
| 0.02 | 0.07 | 0.13 | 0.16 | 0.17 | 0.17 | 0.15 | 0.13 | 270.40 |
| 0.02 | 0.07 | 0.13 | 0.16 | 0.17 | 0.17 | 0.15 | 0.13 | 270.60 |
| 0.02 | 0.07 | 0.13 | 0.16 | 0.17 | 0.17 | 0.15 | 0.13 | 270.80 |
| 0.02 | 0.07 | 0.13 | 0.16 | 0.17 | 0.17 | 0.15 | 0.13 | 271.00 |
| 0.02 | 0.07 | 0.13 | 0.16 | 0.17 | 0.17 | 0.15 | 0.13 | 271.20 |
| 0.03 | 0.07 | 0.13 | 0.16 | 0.16 | 0.17 | 0.15 | 0.13 | 271.40 |
| 0.03 | 0.08 | 0.13 | 0.16 | 0.16 | 0.16 | 0.15 | 0.13 | 271.60 |
| 0.03 | 0.08 | 0.13 | 0.16 | 0.16 | 0.16 | 0.15 | 0.13 | 271.80 |
| 0.03 | 0.08 | 0.13 | 0.16 | 0.16 | 0.16 | 0.15 | 0.13 | 272.00 |
| 0.03 | 0.08 | 0.13 | 0.16 | 0.16 | 0.16 | 0.15 | 0.13 | 272.20 |
| 0.03 | 0.08 | 0.13 | 0.16 | 0.16 | 0.16 | 0.15 | 0.13 | 272.40 |
| 0.03 | 0.08 | 0.13 | 0.16 | 0.16 | 0.16 | 0.15 | 0.13 | 272.60 |
| 0.03 | 0.08 | 0.13 | 0.16 | 0.16 | 0.16 | 0.15 | 0.13 | 272.80 |
| 0.03 | 0.08 | 0.13 | 0.16 | 0.16 | 0.16 | 0.15 | 0.13 | 273.00 |
| 0.03 | 0.08 | 0.13 | 0.16 | 0.16 | 0.16 | 0.15 | 0.13 | 273.20 |
| 0.03 | 0.08 | 0.13 | 0.16 | 0.16 | 0.16 | 0.15 | 0.13 | 273.40 |
| 0.03 | 0.08 | 0.13 | 0.16 | 0.16 | 0.16 | 0.15 | 0.13 | 273.60 |
| 0.04 | 0.08 | 0.13 | 0.15 | 0.16 | 0.16 | 0.14 | 0.14 | 273.80 |
| 0.04 | 0.08 | 0.13 | 0.15 | 0.16 | 0.16 | 0.14 | 0.14 | 274.00 |

续表

| 40.0m | 60.0m | 80.0m | 100m | 120m | 140m | 160m | 180m | 水位/m |
|---|---|---|---|---|---|---|---|---|
| 0.04 | 0.08 | 0.13 | 0.15 | 0.16 | 0.16 | 0.14 | 0.14 | 274.20 |
| 0.04 | 0.08 | 0.13 | 0.15 | 0.16 | 0.16 | 0.14 | 0.14 | 274.40 |
| 0.04 | 0.08 | 0.13 | 0.15 | 0.16 | 0.16 | 0.14 | 0.14 | 274.60 |
| 0.04 | 0.08 | 0.13 | 0.15 | 0.16 | 0.16 | 0.14 | 0.14 | 274.80 |
| 0.04 | 0.08 | 0.13 | 0.15 | 0.16 | 0.16 | 0.14 | 0.14 | 275.00 |
| 0.04 | 0.08 | 0.13 | 0.15 | 0.16 | 0.16 | 0.14 | 0.14 | 275.20 |
| 0.04 | 0.08 | 0.13 | 0.15 | 0.16 | 0.16 | 0.14 | 0.14 | 275.40 |
| 0.04 | 0.08 | 0.13 | 0.15 | 0.16 | 0.16 | 0.14 | 0.14 | 275.60 |
| 0.04 | 0.08 | 0.13 | 0.15 | 0.16 | 0.16 | 0.14 | 0.14 | 275.80 |
| 0.04 | 0.08 | 0.13 | 0.15 | 0.16 | 0.16 | 0.14 | 0.14 | 276.00 |
| 0.04 | 0.08 | 0.13 | 0.15 | 0.16 | 0.16 | 0.14 | 0.14 | 276.20 |
| 0.04 | 0.08 | 0.13 | 0.15 | 0.16 | 0.16 | 0.14 | 0.14 | 276.40 |
| 0.05 | 0.08 | 0.13 | 0.15 | 0.16 | 0.15 | 0.14 | 0.14 | 276.60 |
| 0.05 | 0.08 | 0.13 | 0.15 | 0.16 | 0.15 | 0.14 | 0.14 | 276.80 |
| 0.05 | 0.08 | 0.13 | 0.15 | 0.16 | 0.15 | 0.14 | 0.14 | 277.00 |
| 0.05 | 0.08 | 0.13 | 0.15 | 0.16 | 0.15 | 0.14 | 0.14 | 277.20 |
| 0.05 | 0.08 | 0.13 | 0.15 | 0.16 | 0.15 | 0.14 | 0.14 | 277.40 |
| 0.05 | 0.08 | 0.13 | 0.15 | 0.15 | 0.15 | 0.14 | 0.15 | 277.60 |
| 0.05 | 0.08 | 0.13 | 0.15 | 0.15 | 0.15 | 0.14 | 0.15 | 277.80 |
| 0.05 | 0.08 | 0.13 | 0.15 | 0.15 | 0.15 | 0.14 | 0.15 | 278.00 |
| 0.05 | 0.08 | 0.13 | 0.15 | 0.15 | 0.15 | 0.14 | 0.15 | 278.20 |
| 0.05 | 0.08 | 0.13 | 0.15 | 0.15 | 0.15 | 0.14 | 0.15 | 278.40 |
| 0.06 | 0.08 | 0.12 | 0.15 | 0.15 | 0.15 | 0.14 | 0.15 | 278.60 |
| 0.06 | 0.08 | 0.12 | 0.15 | 0.15 | 0.15 | 0.14 | 0.15 | 278.80 |
| 0.06 | 0.08 | 0.12 | 0.15 | 0.15 | 0.15 | 0.14 | 0.15 | 279.00 |
| 0.06 | 0.08 | 0.12 | 0.15 | 0.15 | 0.15 | 0.14 | 0.15 | 279.20 |
| 0.06 | 0.08 | 0.12 | 0.15 | 0.15 | 0.15 | 0.14 | 0.15 | 279.40 |
| 0.06 | 0.09 | 0.12 | 0.14 | 0.15 | 0.15 | 0.14 | 0.15 | 279.60 |
| 0.06 | 0.09 | 0.12 | 0.14 | 0.15 | 0.15 | 0.14 | 0.15 | 279.80 |
| 0.06 | 0.09 | 0.12 | 0.14 | 0.15 | 0.15 | 0.14 | 0.15 | 280.00 |
| 0.06 | 0.09 | 0.12 | 0.14 | 0.15 | 0.15 | 0.14 | 0.15 | 280.20 |
| 0.06 | 0.09 | 0.12 | 0.14 | 0.15 | 0.15 | 0.14 | 0.15 | 280.40 |
| 0.07 | 0.09 | 0.12 | 0.14 | 0.15 | 0.15 | 0.13 | 0.15 | 280.60 |

| 40.0m | 60.0m | 80.0m | 100m | 120m | 140m | 160m | 180m | 水位/m |
|---|---|---|---|---|---|---|---|---|
| 0.07 | 0.09 | 0.12 | 0.14 | 0.15 | 0.15 | 0.13 | 0.15 | 280.80 |
| 0.07 | 0.09 | 0.12 | 0.14 | 0.15 | 0.15 | 0.13 | 0.15 | 281.00 |
| 0.07 | 0.09 | 0.12 | 0.14 | 0.15 | 0.15 | 0.13 | 0.15 | 281.20 |
| 0.07 | 0.09 | 0.12 | 0.14 | 0.15 | 0.15 | 0.13 | 0.15 | 281.40 |
| 0.07 | 0.09 | 0.12 | 0.14 | 0.15 | 0.15 | 0.13 | 0.15 | 281.60 |
| 0.07 | 0.09 | 0.12 | 0.14 | 0.15 | 0.15 | 0.13 | 0.15 | 281.80 |
| 0.07 | 0.09 | 0.12 | 0.14 | 0.15 | 0.15 | 0.13 | 0.15 | 282.00 |
| 0.07 | 0.09 | 0.12 | 0.14 | 0.15 | 0.15 | 0.13 | 0.15 | 282.20 |
| 0.07 | 0.09 | 0.12 | 0.14 | 0.15 | 0.15 | 0.13 | 0.15 | 282.40 |
| 0.08 | 0.09 | 0.12 | 0.14 | 0.15 | 0.14 | 0.13 | 0.15 | 282.60 |
| 0.08 | 0.09 | 0.12 | 0.14 | 0.15 | 0.14 | 0.13 | 0.15 | 282.80 |
| 0.08 | 0.09 | 0.12 | 0.14 | 0.15 | 0.14 | 0.13 | 0.15 | 283.00 |

3)垂线取样历时。

断面含沙量各垂线取样历时由部分面积的权重系数分配计算(表5.1-12)。

表5.1-12  向家坝站不同水位级垂线含沙量取样历时

| 水位/m | 标准取样历时/s | 向家坝站输沙取样历时/s | | | | | | | |
|---|---|---|---|---|---|---|---|---|---|
| | | 40.0m | 60.0m | 80.0m | 100m | 120m | 140m | 160m | 180m |
| 266.0 | 209.8 | | 14.7 | 27.3 | 37.8 | 37.8 | 37.8 | 33.6 | 21 |
| 266.2 | 198.3 | | 13.9 | 25.8 | 35.7 | 35.7 | 35.7 | 31.7 | 19.8 |
| 266.4 | 183.3 | | 12.8 | 23.8 | 31.2 | 33 | 33 | 29.3 | 20.2 |
| 266.6 | 172.4 | | 12.1 | 22.4 | 29.3 | 31 | 31 | 27.6 | 19 |
| 266.8 | 160.9 | | 11.3 | 20.9 | 27.4 | 29 | 29 | 25.7 | 17.7 |
| 267.0 | 152.4 | | 10.7 | 19.8 | 25.9 | 27.4 | 27.4 | 24.4 | 16.8 |
| 267.2 | 143.4 | | 10 | 18.6 | 24.4 | 25.8 | 25.8 | 22.9 | 15.8 |
| 267.4 | 136.6 | | 9.6 | 17.8 | 23.2 | 24.6 | 24.6 | 21.9 | 15 |
| 267.6 | 130.4 | | 9.1 | 17 | 22.2 | 23.5 | 23.5 | 20.9 | 14.3 |
| 267.8 | 123.8 | | 8.7 | 16.1 | 21 | 22.3 | 22.3 | 19.8 | 13.6 |
| 268.0 | 117.7 | | 8.2 | 15.3 | 20 | 21.2 | 21.2 | 18.8 | 12.9 |
| 268.2 | 113.1 | 2.3 | 7.9 | 14.7 | 19.2 | 20.4 | 19.2 | 17 | 12.4 |
| 268.4 | 108.9 | 2.2 | 7.6 | 14.2 | 18.5 | 19.6 | 18.5 | 16.3 | 12 |
| 268.6 | 104.2 | 2.1 | 7.3 | 13.5 | 17.7 | 17.7 | 17.7 | 15.6 | 12.5 |
| 268.8 | 100.5 | 2 | 7 | 13.1 | 17.1 | 17.1 | 17.1 | 15.1 | 12.1 |

续表

| 水位 /m | 标准取样 历时/s | 向家坝站输沙取样历时/s | | | | | | | |
|---|---|---|---|---|---|---|---|---|---|
| | | 40.0m | 60.0m | 80.0m | 100m | 120m | 140m | 160m | 180m |
| 269.0 | 97.2 | 1.9 | 6.8 | 12.6 | 16.5 | 16.5 | 16.5 | 14.6 | 11.7 |
| 269.2 | 93.4 | 1.9 | 6.5 | 12.1 | 15.9 | 15.9 | 15.9 | 14 | 11.2 |
| 269.4 | 90.5 | 1.8 | 6.3 | 11.8 | 15.4 | 15.4 | 15.4 | 13.6 | 10.9 |
| 269.6 | 87.8 | 1.8 | 6.1 | 11.4 | 14.9 | 14.9 | 14.9 | 13.2 | 10.5 |
| 269.8 | 85.2 | 1.7 | 6 | 11.1 | 14.5 | 14.5 | 14.5 | 12.8 | 10.2 |
| 270.0 | 82.7 | 1.7 | 5.8 | 10.8 | 14.1 | 14.1 | 14.1 | 12.4 | 9.9 |
| 270.2 | 80 | 1.6 | 5.6 | 10.4 | 12.8 | 13.6 | 13.6 | 12 | 10.4 |
| 270.4 | 77.8 | 1.6 | 5.4 | 10.1 | 12.4 | 13.2 | 13.2 | 11.7 | 10.1 |
| 270.6 | 75.8 | 1.5 | 5.3 | 9.9 | 12.1 | 12.9 | 12.9 | 11.4 | 9.9 |
| 270.8 | 73.9 | 1.5 | 5.2 | 9.6 | 11.8 | 12.6 | 12.6 | 11.1 | 9.6 |
| 271.0 | 72 | 1.4 | 5 | 9.4 | 11.5 | 12.2 | 12.2 | 10.8 | 9.4 |
| 271.2 | 70.3 | 1.4 | 4.9 | 9.1 | 11.2 | 12 | 12 | 10.5 | 9.1 |
| 271.4 | 68.6 | 2.1 | 4.8 | 8.9 | 11 | 11 | 11.7 | 10.3 | 8.9 |
| 271.6 | 67 | 2 | 5.4 | 8.7 | 10.7 | 10.7 | 10.7 | 10.1 | 8.7 |
| 271.8 | 65.5 | 2 | 5.2 | 8.5 | 10.5 | 10.5 | 10.5 | 9.8 | 8.5 |
| 272.0 | 64.1 | 1.9 | 5.1 | 8.3 | 10.3 | 10.3 | 10.3 | 9.6 | 8.3 |
| 272.2 | 62.7 | 1.9 | 5 | 8.2 | 10 | 10 | 10 | 9.4 | 8.2 |
| 272.4 | 61.4 | 1.8 | 4.9 | 8 | 9.8 | 9.8 | 9.8 | 9.2 | 8 |
| 272.6 | 60.1 | 1.8 | 4.8 | 7.8 | 9.6 | 9.6 | 9.6 | 9 | 7.8 |
| 272.8 | 58.9 | 1.8 | 4.7 | 7.7 | 9.4 | 9.4 | 9.4 | 8.8 | 7.7 |
| 273.0 | 57.9 | 1.7 | 4.6 | 7.5 | 9.3 | 9.3 | 9.3 | 8.7 | 7.5 |
| 273.2 | 56.8 | 1.7 | 4.5 | 7.4 | 9.1 | 9.1 | 9.1 | 8.5 | 7.4 |
| 273.4 | 55.7 | 1.7 | 4.5 | 7.2 | 8.9 | 8.9 | 8.9 | 8.4 | 7.2 |
| 273.6 | 54.6 | 1.6 | 4.4 | 7.1 | 8.7 | 8.7 | 8.7 | 8.2 | 7.1 |
| 273.8 | 53.4 | 2.1 | 4.3 | 6.9 | 8 | 8.5 | 8.5 | 7.5 | 7.5 |
| 274.0 | 53 | 2.1 | 4.2 | 6.9 | 8 | 8.5 | 8.5 | 7.4 | 7.4 |
| 274.2 | 52.1 | 2.1 | 4.2 | 6.8 | 7.8 | 8.3 | 8.3 | 7.3 | 7.3 |
| 274.4 | 51.2 | 2 | 4.1 | 6.7 | 7.7 | 8.2 | 8.2 | 7.2 | 7.2 |
| 274.6 | 50.3 | 2 | 4 | 6.5 | 7.5 | 8 | 8 | 7 | 7 |
| 274.8 | 49.4 | 2 | 4 | 6.4 | 7.4 | 7.9 | 7.9 | 6.9 | 6.9 |
| 275.0 | 48.8 | 2 | 3.9 | 6.3 | 7.3 | 7.8 | 7.8 | 6.8 | 6.8 |
| 275.2 | 47.9 | 1.9 | 3.8 | 6.2 | 7.2 | 7.7 | 7.7 | 6.7 | 6.7 |

| 水位 /m | 标准取样 历时/s | 向家坝站输沙取样历时/s | | | | | | | |
|---|---|---|---|---|---|---|---|---|---|
| | | 40.0m | 60.0m | 80.0m | 100m | 120m | 140m | 160m | 180m |
| 275.4 | 47.2 | 1.9 | 3.8 | 6.1 | 7.1 | 7.6 | 7.6 | 6.6 | 6.6 |
| 275.6 | 46.6 | 1.9 | 3.7 | 6.1 | 7 | 7.5 | 7.5 | 6.5 | 6.5 |
| 275.8 | 45.5 | 1.8 | 3.6 | 5.9 | 6.8 | 7.3 | 7.3 | 6.4 | 6.4 |
| 276.0 | 45 | 1.8 | 3.6 | 5.9 | 6.8 | 7.2 | 7.2 | 6.3 | 6.3 |
| 276.2 | 44.4 | 1.8 | 3.6 | 5.8 | 6.7 | 7.1 | 7.1 | 6.2 | 6.2 |
| 276.4 | 43.9 | 1.8 | 3.5 | 5.7 | 6.6 | 7 | 7 | 6.1 | 6.1 |
| 276.6 | 43.4 | 2.2 | 3.5 | 5.6 | 6.5 | 6.9 | 6.5 | 6.1 | 6.1 |
| 276.8 | 42.6 | 2.1 | 3.4 | 5.5 | 6.4 | 6.8 | 6.4 | 6 | 6 |
| 277.0 | 42.1 | 2.1 | 3.4 | 5.5 | 6.3 | 6.7 | 6.3 | 5.9 | 5.9 |
| 277.2 | 41.7 | 2.1 | 3.3 | 5.4 | 6.3 | 6.7 | 6.3 | 5.8 | 5.8 |
| 277.4 | 41 | 2.1 | 3.3 | 5.3 | 6.2 | 6.6 | 6.2 | 5.7 | 5.7 |
| 277.6 | 40.6 | 2 | 3.2 | 5.3 | 6.1 | 6.1 | 6.1 | 5.7 | 6.1 |
| 277.8 | 40 | 2 | 3.2 | 5.2 | 6 | 6 | 6 | 5.6 | 6 |
| 278.0 | 39.6 | 2 | 3.2 | 5.1 | 5.9 | 5.9 | 5.9 | 5.5 | 5.9 |
| 278.2 | 39.2 | 2 | 3.1 | 5.1 | 5.9 | 5.9 | 5.9 | 5.5 | 5.9 |
| 278.4 | 38.7 | 1.9 | 3.1 | 5 | 5.8 | 5.8 | 5.8 | 5.4 | 5.8 |
| 278.6 | 38.3 | 2.3 | 3.1 | 4.6 | 5.7 | 5.7 | 5.7 | 5.4 | 5.7 |
| 278.8 | 37.8 | 2.3 | 3 | 4.5 | 5.7 | 5.7 | 5.7 | 5.3 | 5.7 |
| 279.0 | 37.3 | 2.2 | 3 | 4.5 | 5.6 | 5.6 | 5.6 | 5.2 | 5.6 |
| 279.2 | 37 | 2.2 | 3 | 4.4 | 5.6 | 5.6 | 5.6 | 5.2 | 5.6 |
| 279.4 | 36.6 | 2.2 | 2.9 | 4.4 | 5.5 | 5.5 | 5.5 | 5.1 | 5.5 |
| 279.6 | 36.2 | 2.2 | 3.3 | 4.3 | 5.1 | 5.4 | 5.4 | 5.1 | 5.4 |
| 279.8 | 35.8 | 2.1 | 3.2 | 4.3 | 5 | 5.4 | 5.4 | 5 | 5.4 |
| 280.0 | 35.4 | 2.1 | 3.2 | 4.2 | 5 | 5.3 | 5.3 | 5 | 5.3 |
| 280.2 | 35.1 | 2.1 | 3.2 | 4.2 | 4.9 | 5.3 | 5.3 | 4.9 | 5.3 |
| 280.4 | 34.8 | 2.1 | 3.1 | 4.2 | 4.9 | 5.2 | 5.2 | 4.9 | 5.2 |
| 280.6 | 34.6 | 2.4 | 3.1 | 4.2 | 4.8 | 5.2 | 5.2 | 4.5 | 5.2 |
| 280.8 | 34.2 | 2.4 | 3.1 | 4.1 | 4.8 | 5.1 | 5.1 | 4.4 | 5.1 |
| 281.0 | 33.9 | 2.4 | 3.1 | 4.1 | 4.7 | 5.1 | 5.1 | 4.4 | 5.1 |
| 281.2 | 33.7 | 2.4 | 3 | 4 | 4.7 | 5.1 | 5.1 | 4.4 | 5.1 |
| 281.4 | 33.4 | 2.3 | 3 | 4 | 4.7 | 5 | 5 | 4.3 | 5 |
| 281.6 | 33.1 | 2.3 | 3 | 4 | 4.6 | 5 | 5 | 4.3 | 5 |

| 水位<br>/m | 标准取样<br>历时/s | 向家坝站输沙取样历时/s | | | | | | | |
|---|---|---|---|---|---|---|---|---|---|
| | | 40.0m | 60.0m | 80.0m | 100m | 120m | 140m | 160m | 180m |
| 281.8 | 32.8 | 2.3 | 3 | 3.9 | 4.6 | 4.9 | 4.9 | 4.3 | 4.9 |
| 282.0 | 32.5 | 2.3 | 2.9 | 3.9 | 4.6 | 4.9 | 4.9 | 4.2 | 4.9 |
| 282.2 | 32.3 | 2.3 | 2.9 | 3.9 | 4.5 | 4.8 | 4.8 | 4.2 | 4.8 |
| 282.4 | 32 | 2.2 | 2.9 | | 4.5 | 4.8 | 4.8 | 4.2 | 4.8 |
| 282.6 | 31.8 | 2.5 | 2.9 | 3.8 | 4.5 | 4.8 | 4.5 | 4.1 | 4.8 |
| 282.8 | 31.7 | | 2.9 | 3.8 | 4.4 | 4.8 | 4.4 | 4.1 | 4.8 |
| 283.0 | 31.4 | 2.5 | 2.8 | 3.8 | 4.4 | 4.7 | 4.4 | 4.1 | 4.7 |

4)合理性分析。

为了更好地验证分析取样历时合理性,向家坝水文站分别于 2024 年 4 月 15 日、2024 年 4 月 22 日共取样 10 次进行验证。通过验证可知采用分析的取样历时,输沙水样 $K$ 值 0.9～1.1 的保证率为 80%,满足《河流悬移质泥沙测验规范》中保证率75%要求(表 5.1-13)。

表 5.1-13　　　　　　　　　　实测输沙水样保证率分析

| 日期 | 时间 | 水位/m | 水样容积 | 容积比 |
|---|---|---|---|---|
| 2024.04.15 | 9:00 | 267.69 | 1700 | 0.93 |
| | 10:00 | 267.93 | 2100 | 1.15 |
| | 11:00 | 267.97 | 1840 | 1.01 |
| | 14:00 | 268.08 | 1770 | 0.97 |
| | 15:00 | 268.02 | 1800 | 0.99 |
| 2024.04.22 | 9:00 | 266.97 | 1790 | 0.98 |
| | 10:00 | 267.03 | 1830 | 1.01 |
| | 11:00 | 267.08 | 1740 | 0.96 |
| | 13:00 | 267.22 | 2040 | 1.12 |
| | 14:00 | 267.23 | 1930 | 1.06 |

#### 5.1.1.4　悬沙停测、间测和目测

对于开展了泥沙监测的测站(主要是悬移质泥沙测验),泥沙测验是水文巡测的控制"瓶颈"。要推动泥沙巡测,现阶段主要从两个方面进行推进:一是推进泥沙在线仪器的投产使用,但目前泥沙在线仪器整体处于探索试验阶段,正式投产的很少;二是在对本站历史测验资料的分析研究后,实施泥沙停测、间测和目测。

受特殊地形地貌及复杂多变的水文气候条件的影响,金沙江流域多数站径流量

年内分配不均,其中汛期(5—10月)径流量占年总量的70%~90%。相比径流量,河流输沙量的年内分配更加不均,集中程度极高。汛期输沙量很多站占年输沙量的97%以上,其中地处金沙江五郎河的总管田站汛期输沙量占全年输沙量的99.6%。金沙江横江的横江站,最大1d输沙量常占全年输沙量接近50%,一场洪水的输沙量常占全年输沙量的70%以上。抓住输沙量年内分配极为不均这个特征,实施悬沙停测、间测或目测,在悬沙测验中抓住关键少数时期多进行测验,其他时期可适当减少测次或停测。

(1)输沙率间测分析

当符合下列条件之一时,测站输沙率测验可实施间测:

1)有5年及以上的资料证明,实测断面平均含沙量变幅占历年变幅的70%以上,水位变幅占历年水位变幅的80%以上,可实施间测。

2)具备流量间测条件,单断沙关系稳定,且相邻年份的单断沙变幅都在85%以内。

3)历史单断沙关系与历年单断沙比较,一类站其变化在±3%以内时,年测次不应少于15次。二类站作为同样比较,其变化在±5%以内时,年测次不应少于10次。

以金沙江干流石鼓站为例:

石鼓水文站位于云南省玉龙县大同乡,东经$99°57'44''$,北纬$26°53'25''$,控制集水面积$214184km^2$,该站为金沙江上段基本控制站。石鼓站流量、含沙量均为一类精度站,测站及断面控制情况较好,常规流量测验方案为10线两点法100s测流。一般每年测流80次左右;输沙率测验方法为5线三点法,一般每年施测60次左右。石鼓站采用2000—2006年连续7年以及特殊年1987年实测输沙率资料进行分析,水位变幅占历年水位变幅的80%以上。1987年最大断面含沙量$19.9kg/m^3$,为石鼓站实测最大断面含沙量。采用历年资料定出石鼓站历年单断沙综合关系线,综合单断关系为$C_{s断}=0.979C_{s单}$。将2000—2006年、1987年单断沙关系线与历年单断沙综合关系线相比较,各年关系线偏离综合线的最大值均在±5%以内,石鼓站2000—2006年、1987年单断沙关系线与历年综合关系线最大偏离值见表5.1-14。因此,石鼓站悬移质输沙率可实行间测,间测期间可只测单样含沙量,并用历年单断沙综合关系线整编资料。

表5.1-14　　　　　　石鼓站每年单断关系线与综合关系线最大偏离误差

| 年份 | 1987 | 2000 | 2001 | 2002 | 2003 | 2004 | 2005 | 2006 |
|---|---|---|---|---|---|---|---|---|
| 最大偏离误差/% | −0.1 | −0.2 | 3.0 | 1.8 | −0.5 | −2.1 | −1.8 | −2.9 |

以金沙江干流三堆子(四)站为例:

根据 2012—2023 年共 12 年实测输沙率资料作为分析数据,实测悬移质输沙率水位变幅为 15.27m(975.17 ～990.44m),历年水位变幅为 15.27m(975.17～990.44m),水位变幅占历年水位变幅的 100%(大于 80%);实测输沙率的沙量变幅为 23.994kg/m³(0.006～24.0kg/m³),历年输沙率的沙量变幅为 23.997kg/m³(0.003～24.0kg/m³),实测输沙率的沙量变幅占历年含沙量变幅的 99.99%(大于 70%)。

但是,将历年单断沙关系与历年单断沙综合关系线比较发现,2017 年变化值大于 3%(三堆子站为一类站),不符合规范要求(表 5.1-5)。因此,三堆子站输沙率不能实行间测。

表 5.1-15　　　　　　　　各年单断沙系数与历年综合单断沙系数统计

| 年份 | 单断沙系数 | 综合单断沙系数 | 变化值/% | 年测次 |
| --- | --- | --- | --- | --- |
| 2012 | 1.0082 | 1.0081 | 0.0 | 33 |
| 2013 | 1.0246 | 1.0081 | 1.6 | 20 |
| 2014 | 1.0063 | 1.0081 | −0.2 | 24 |
| 2015 | 1.0166 | 1.0081 | 0.8 | 32 |
| 2016 | 1.0032 | 1.0081 | −0.5 | 24 |
| 2017 | 0.9769 | 1.0081 | −3.2 | 33 |
| 2018 | 0.9966 | 1.0081 | −1.2 | 16 |
| 2019 | 1.0189 | 1.0081 | 1.1 | 18 |
| 2020 | 1.0255 | 1.0081 | 1.7 | 20 |
| 2021 | 1.0210 | 1.0081 | 1.3 | 16 |
| 2022 | 1.0173 | 1.0081 | 0.9 | 18 |
| 2023 | 1.0114 | 1.0081 | 0.2 | 15 |

(2)泥沙停测与目测

《河流悬移质泥沙测验规范》规定枯水期连续三个月以上的时段输沙量小于多年平均输沙量的 3.0% 时,在该时段内,可以停测单样含沙量、输沙率和泥沙颗粒分析,停测期间的含沙量作零统计,但一类站和对泥沙资料有需要的站,应全年施测单沙。

对于金沙江流域测站,由于输沙量年内分配极为不均,全年绝大多数输沙量集中在汛期几场洪水。因此,枯水期很多站均能满足停测要求。

统计攀枝花站 1966—2006 年枯水期时段输沙量与多年输沙量的比值。从表 5.1-16 可以看出,攀枝花站 12 月—次年 3 月、1—4 月输沙量占多年平均输沙率的比值较小,均在 3% 以内。

表 5.1-16　　　攀枝花站历年枯水期时段输沙量与多年输沙量的比值统计

| 年份 | 月平均输沙率/(kg/s) | | | | | 占多年输沙率的比值/% | |
|---|---|---|---|---|---|---|---|
| | 12 月 | 1 月 | 2 月 | 3 月 | 4 月 | 12 月—次年 3 月 | 1—4 月 |
| 1966—1967 | 49.4 | 25.3 | 14.8 | 12.8 | 22.9 | 0.51 | 0.37 |
| 1967—1968 | 19.1 | 8.78 | 7.52 | 9.19 | 12.9 | 0.22 | 0.19 |
| 1970—1971 | 67 | 16.2 | 16.6 | 18.4 | 23.3 | 0.59 | 0.37 |
| 1971—1972 | 27.2 | 16.1 | 17.9 | 19.4 | 22.3 | 0.4 | 0.37 |
| 1972—1973 | 30.7 | 16.3 | 16 | 14.9 | 38.5 | 0.39 | 0.42 |
| 1973—1974 | 45.5 | 11.7 | 13.3 | 13.3 | 24.5 | 0.42 | 0.31 |
| 1974—1975 | 42.9 | 23.7 | 18.5 | 23.5 | 62.5 | 0.54 | 0.63 |
| 1975—1976 | 32.3 | 14.4 | 14.9 | 19 | 22.8 | 0.4 | 0.35 |
| 1976—1977 | 23.9 | 22.1 | 21 | 27.2 | 40.6 | 0.47 | 0.54 |
| 1977—1978 | 44 | 27.8 | 18.7 | 14.7 | 51.9 | 0.52 | 0.56 |
| 1978—1979 | 45.7 | 25.6 | 23.7 | 20.8 | 44.8 | 0.57 | 0.56 |
| 1979—1980 | 67.2 | 23 | 17.2 | 15.2 | 53.7 | 0.61 | 0.54 |
| 1980—1981 | 62.1 | 24.6 | 17.2 | 16.2 | 35.1 | 0.6 | 0.46 |
| 1981—1982 | 36.1 | 21.1 | 16.3 | 16.1 | 30.6 | 0.45 | 0.41 |
| 1982—1983 | 38.4 | 19.4 | 15.8 | 13.4 | 35.8 | 0.43 | 0.41 |
| 1983—1984 | 28.3 | 16.9 | 12 | 13.8 | 42.6 | 0.35 | 0.42 |
| 1984—1985 | 32 | 17.7 | 14 | 22.1 | 44.3 | 0.43 | 0.48 |
| 1985—1986 | 50 | 29.5 | 19.1 | 24.5 | 44.5 | 0.61 | 0.58 |
| 1986—1987 | 45.1 | 17.7 | 19.3 | 44.3 | 34.6 | 0.63 | 0.57 |
| 1987—1988 | 71.1 | 25 | 18.2 | 31.3 | 42.8 | 0.73 | 0.58 |
| 1988—1989 | 52.3 | 24.9 | 18.8 | 16.8 | 22.3 | 0.56 | 0.41 |
| 1989—1990 | 120 | 50.9 | 27.8 | 29.4 | 41 | 1.14 | 0.73 |
| 1990—1991 | 81.3 | 51.9 | 26.4 | 24 | 30.5 | 0.92 | 0.65 |
| 1991—1992 | 80.9 | 33.9 | 25.8 | 54.6 | 134 | 0.98 | 1.22 |
| 1992—1993 | 30.6 | 25.7 | 16.3 | 20.8 | 33.5 | 0.46 | 0.47 |
| 1993—1994 | 68 | 36.5 | 31 | 37.7 | 89.1 | 0.86 | 0.95 |
| 1994—1995 | 21.3 | 19.4 | 16.5 | 16.8 | 24.9 | 0.37 | 0.38 |
| 1995—1996 | 43 | 25.8 | 21.9 | 27 | 102 | 0.59 | 0.87 |
| 1996—1997 | 43.7 | 25.3 | 18.9 | 20.8 | 32.2 | 0.54 | 0.48 |
| 1997—1998 | 37.5 | 24.6 | 16.5 | 22 | 103 | 0.5 | 0.82 |
| 1998—1999 | 434 | 74.3 | 37.8 | 26.8 | 34.6 | 2.88 | 0.85 |
| 1999—2000 | 189 | 110 | 89.3 | 56.7 | 200 | 2.21 | 2.23 |

| 年份 | 月平均输沙率/(kg/s) | | | | | 占多年输沙率的比值/% | |
|---|---|---|---|---|---|---|---|
| | 12 月 | 1 月 | 2 月 | 3 月 | 4 月 | 12 月—次年 3 月 | 1—4 月 |
| 2000—2001 | 160 | 69.9 | 29.2 | 26.3 | 39.7 | 1.43 | 0.82 |
| 2001—2002 | 60.8 | 37.4 | 31.8 | 24.8 | 62.1 | 0.77 | 0.76 |
| 2002—2003 | 51 | 29.6 | 22.7 | 31.8 | 39.5 | 0.67 | 0.61 |
| 2003—2004 | 50.6 | 33.6 | 25.8 | 33.8 | 86.3 | 0.72 | 0.88 |
| 2004—2005 | 72.3 | 40.5 | 24.5 | 43.9 | 51.2 | 0.91 | 0.79 |
| 2005—2006 | 119 | 61.1 | 44.4 | 56.5 | 94.1 | 1.4 | 1.26 |
| 平均 | | | | | | 0.73 | 0.64 |
| 最大 | | | | | | 2.88 | 2.23 |

目前,受人类活动的影响,输沙量的年内分配相对天然状况,发生了较大变化。金沙江由于梯级电站的修建,这种影响更为明显。在电站坝下测站,受上游电站拦蓄影响,在没有较大洪水或电站冲沙情况下,即使汛期含沙量也非常小。如向家坝下游的向家坝站,在汛期绝大多数情况下,断面平均含沙量在 $0.002 \sim 0.004 \mathrm{kg/m^3}$。《水文巡测规范》规定"各类泥沙站,经分析其在某一水位级(或流量级)内含沙量均小于 $0.005 \mathrm{~kg/m^3}$,或二类、三类泥沙站,经分析其在某一水位级(或流量级)内累计 3 个月以上的时段输沙量占多年平均输沙量的比值小于 3.0% 时,可对这一水位级或流量级内的含沙量实行停测,含沙量做零处理"。结合《河流悬移质泥沙测验规范》的相关规定,经分析,对部分测站(包括一类站)在含沙量较小时,规定对含沙量进行目测,目测河水清澈时,停测单沙,停测期间含沙量做零处理。

(3)泥沙累积处理

悬移质水样处理是获得悬移值含沙量的重要环节。水样的处理方法有烘干法、置换法和过滤法,其中随着天平等称重仪器精度的提高,烘干法精度最高,在金沙江泥沙测验中应用最为广泛。水样含沙量为沙重与水样体积之比,沙重误差由沉淀误差、烘干误差、溶解值误差、称重误差等组成。为尽量减少水样处理过程称重误差产生的含沙量误差,水样沙重值不能过小。烘干法在天平感量为 1mg、0.1mg 时要求的最小沙重分别为 0.1g、0.01g。当水体含沙量为 $0.002 \mathrm{kg/m^3}$、$0.005 \mathrm{kg/m^3}$ 时,对应的最小水样体积分别为 $5000 \mathrm{cm^3}$、$2000 \mathrm{cm^3}$。对于大部分积时式采样器,其取样时的计算容积一般在 $1600 \sim 1800 \mathrm{cm^3}$,取样时均需要重复取样(加倍取样)。水样中含沙量过小,沙重小,为减小沙重过小带来的称重误差,当含沙量小于 $0.05 \mathrm{kg/m^3}$ 时,可将等时距和等容积(等计算容积可视为等容积)的水样累积混合处理,作为累积期间各日的单沙,累积时段不跨月。

### 5.1.1.5　边沙推求断沙

边沙是靠近水边的水样含的沙量。《河流悬移质泥沙测验规范》(GB/T 50159—2015)第4.5.3条规定当遇到特殊困难无法正常测沙又确需采集沙样时,应避开塌岸、回流或其他非正常水流的影响,采集靠近水边的沙样。边沙取样位置有别于常规单沙垂线,在遇到特殊困难无法正常测沙时,要采取特殊方法。为区别边沙与常规单沙,本节所说单沙非特别注明外,均指常规测验方法所获得单沙。边沙测验、边沙与断沙关系研究有着广泛的应用意义,一方面在遭遇洪水,流冰、漂浮物多,或缆道、测船无法施测等特殊情况时,边沙测验可以很好地弥补单沙、断沙无法正常施测的缺陷,帮助控制含沙量变化过程;另一方面,现有的在线仪器受航运、安装、管理等条件限制,往往放置在距离水边较近的位置,研究测站边沙与断沙关系,对研究在线仪器安装位置以及比测、率定、投产有非常现实的意义。

(1)边沙的测验

边沙的测验首先应遵循一般单沙测验的要求。为提高边沙的代表性,边沙取样应尽量避开岸边波浪、雨水、小支流汇入、采砂等干扰因素的影响,在流水处取样。有条件的可在船边或凸出河岸的矶头、丁坝等尽量靠近中泓流水的位置取样。用器皿采取边沙的动作应迅速,器皿中的水样不要与外面的水样进行反复交换,以免有过多的泥沙沉积在器皿中。

(2)断沙的推求

施测边沙的目的是推求断沙,由于边沙取样位置和方法不同于常规单沙,因此,边沙与断沙的关系不等同于单断关系,一般情况下需要分析边沙与断沙关系,以推求断沙。特殊情况下,也可直接把边沙作为单沙进行断沙推求。

在实际工作中,由于断沙的施测相对困难,且测次较少,建立边沙—断沙关系有一定的难度。在采用单断关系推沙或采样单沙过程线法推沙的测站,往往同时收集边沙与单沙,建立边单关系,采用边沙推求单沙,以最终实现断沙的推求。边沙取样是在特殊情况下,为控制含沙量变化过程而采取的补救措施。边沙取样一般都是靠近岸边,其精度通常低于常规单沙,测站在正常情况下应尽量不用或少用。从金沙江多站收集到的边单关系分析,得出只要边沙测验规范,测验位置避开岸边干扰影响,边单关系一般能够满足规范单断关系定线误差要求。建立边沙与单沙关系的测站,应在施测单沙的同时在断面的水流处采取边沙,以减轻含沙量随时间变化的影响。采用边沙与单沙、边沙与断沙关系的测站,每年宜在不同沙量级收集相应资料,对边沙与单沙、边沙与断沙关系进行验证、修订、完善。

(3)案例分析

巴塘(五)站边沙、单沙、断沙取样均在基本水尺断面进行。边沙在水位观测道路水边采用器皿取样;单沙采用瓶式采用器在起点距 185m 处双程积深取样;断沙采用瓶式采用器在起点距 100m、140m、165m、185m、210m 处双程积深取样。巴塘(五)站地处青藏高原,距离所管辖的分局距离较远,为提高应对特殊水沙情的应急测验能力,巴塘(五)站于 2021 年同步收集了单沙、边沙 53 次,比测含沙量变幅为 0.505～2.36 kg/m³,详见表 5.1-17。

表 5.1-17　　　　　　　　　巴塘(五)站边沙—单沙关系比测

| 测次 | 边沙/(km/m³) | 单沙/(km/m³) | 测次 | 边沙/(km/m³) | 单沙/(km/m³) |
|---|---|---|---|---|---|
| 1 | 1.24 | 1.37 | 28 | 0.608 | 0.705 |
| 2 | 1.19 | 1.29 | 29 | 0.9 | 1.06 |
| 3 | 1.34 | 1.44 | 30 | 0.95 | 1.15 |
| 4 | 1.16 | 1.21 | 31 | 0.921 | 1.12 |
| 5 | 1.12 | 1.22 | 32 | 0.751 | 0.938 |
| 6 | 1.14 | 1.24 | 33 | 0.745 | 0.83 |
| 7 | 1.34 | 1.45 | 34 | 0.69 | 0.752 |
| 8 | 1.35 | 1.44 | 35 | 0.614 | 0.711 |
| 9 | 1.23 | 1.34 | 36 | 0.636 | 0.723 |
| 10 | 1.19 | 1.26 | 37 | 1.41 | 1.5 |
| 11 | 1.14 | 1.21 | 38 | 1.7 | 1.85 |
| 12 | 1.21 | 1.27 | 39 | 1.39 | 1.47 |
| 13 | 1.32 | 1.43 | 40 | 1.11 | 1.18 |
| 14 | 1.17 | 1.24 | 41 | 0.956 | 1.04 |
| 15 | 0.99 | 1.09 | 42 | 1.3 | 1.41 |
| 16 | 0.777 | 0.877 | 43 | 1.38 | 1.49 |
| 17 | 0.862 | 0.949 | 44 | 1.41 | 1.46 |
| 18 | 0.651 | 0.728 | 45 | 1.49 | 1.58 |
| 19 | 0.548 | 0.643 | 46 | 1.43 | 1.63 |
| 20 | 0.541 | 0.619 | 47 | 1.37 | 1.62 |
| 21 | 0.569 | 0.641 | 48 | 1.32 | 1.58 |
| 22 | 0.493 | 0.583 | 49 | 1.59 | 1.67 |
| 23 | 0.511 | 0.548 | 50 | 1.63 | 1.83 |
| 24 | 0.561 | 0.612 | 51 | 1.6 | 1.95 |
| 25 | 0.421 | 0.505 | 52 | 1.7 | 2.04 |
| 26 | 0.435 | 0.52 | 53 | 2.08 | 2.36 |
| 27 | 0.59 | 0.69 | | | |

点绘边沙与单沙同时段的变化过程,详见图 5.1-8。从图中可以看出,巴塘(五)站边沙与单沙变化过程具有非常好的相似性。边沙略小于单沙,也符合含沙量横向分布的一般规律。

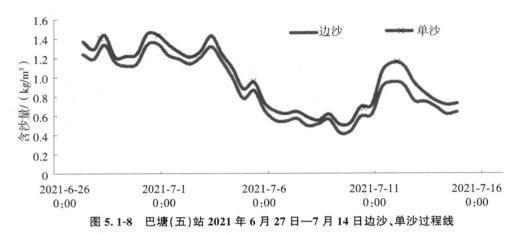

**图 5.1-8 巴塘(五)站 2021 年 6 月 27 日—7 月 14 日边沙、单沙过程线**

从图 5.1-9 中可以看出,该站边沙与单沙具有较好的相关关系。

根据分析,巴塘(五)站边单关系为 $C_{s单}=1.1082C_{s边}$,其中最大误差为 11.3%,误差超过 5% 的测点 17 个,占总数的 32.1%;误差超过 10% 的测点 1 个,占总数的 1.9%。关系线经符号检验、适线检验、偏离数值检验,均满足规范要求。其系统误差为 0.8%,随机不确定度为 10.2%,均满足规范要求。

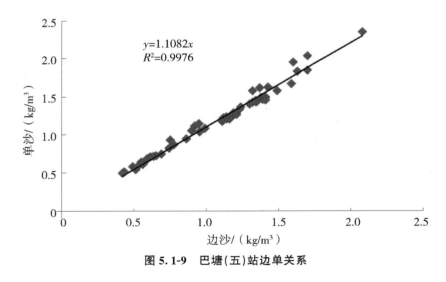

**图 5.1-9 巴塘(五)站边单关系**

### 5.1.1.6 输沙率资料整编

悬移质输沙率资料整编数据应符合如下要求。

整编时应使用断沙资料;当实测单沙不能通过单断沙关系推求断沙时,可直接使用实测单沙资料进行整编。

采用实测断沙或单沙过程线法进行整编时,应对照水位、流量过程线,检查分析实测断沙或单沙测次对含沙量变化过程的控制及代表性等。

实行输沙率间测的测站,当本年有校测资料时,应与历年综合单断沙关系线进行对照分析并检验,以检查是否满足用历年综合单断沙关系线推沙的条件。

采用实时自动仪器监测,实测含沙量过程数据量较大时,应进行精简摘录。摘录的数据应能反映含沙量的变化过程,并满足计算日平均输沙率和含沙量及特征值统计的需要;当实测含沙量记录过程为锯齿形时,应使用中心线平滑进行处理后再摘录。

悬移质输沙率资料整编方法为单断沙关系线法、断沙过程线法、单沙过程线法。

(1)单断沙关系线法

对于单断沙关系良好或比较稳定的测站,可采用单断沙关系线法进行资料整编,并应符合如下要求。

1)关系线绘制。以实测单沙为纵坐标,实测断沙为横坐标,当断沙大于等于 $0.200 kg/m^3$ 时,读数误差不宜超过 2.5％;当断沙小于 $0.200 kg/m^3$ 时,读数误差不宜超过 5.0％,否则应另绘放大图。采用计算机绘图可不绘制放大图。

2)定线方法。依据单断沙关系点分布情况,通过坐标(0,0)和测点点群中心,可定为直线、折线或曲线。根据关系点的分布类型,又可分为单一线法和多线法。单断沙关系点较密集且分布呈带状,无明显系统偏离,即可定为单一线;若单断沙关系点分布比较分散,且随时间、水位或单沙的测取位置和方法有明显系统偏离,形成两个以上的带组时,可分别用时间、水位或单沙的测取位置和方法作参数,按照单一线的要求,定出多条关系线。

3)定线精度与关系线检验。不同的单断沙关系的精度应符合表 5.1-18 的规定。若单断沙关系不满足实测点对关系线标准差的计算要求时,定线精度应满足关系线 75％以上测点偏离曲线的相对误差,中高沙不应超过 ±10％,低沙不应超过 ±15％。若单断沙关系线为一条线(折线按一条线处理)时,且测点大于 10 个时,应进行关系线的检验。

4)推沙方法。当单断沙关系是一条线时,一般可用关系线系数、拟合公式、插值法等,由单沙计算得到断沙;单断沙关系为多条曲线时,根据推沙时段分别按单一线推算断面平均含沙量。

表 5.1-18                     悬移质泥沙等关系线法定线精度指标

| 站类 | 定线方法 | 定线精度指标 | |
|------|---------|-------------|-------------|
| | | 系统误差/% | 随机不确定度/% |
| 一类精度水文站 | 单一线 | ±2 | 18 |
| | 多线 | ±3 | 20 |
| 二类精度水文站 | 单一线 | ±3 | 20 |
| | 多线 | ±4 | 24 |
| 三类精度水文站 | 各种曲线 | ±3 | 28 |

实例分析:以金沙江干流三堆子站为例,三堆子站设立于 1957 年,位于金沙江与雅砻江汇合口下游 4km 处,汇合口上游金沙江干流约 8km 有银江水电站,雅砻江约 18km 有桐梓林水电站。下游约 192km 有乌东德水电站,该站为一类精度流量站和泥沙站,现有水位、流量、悬移质输沙率、推移质输沙率、降水量、蒸发量、水温等观测项目。

1)关系线的绘制。

三堆子水文站绘制的单断沙关系见图 5.1-10。单断沙关系点较密集且分布呈带状,无明显系统偏离,即可定为单一线。单断沙关系为:$C_{s断}=1.0050C_{s单}$。实测输沙率最大和最小相应单沙分别为 1.11kg/m³ 和 0.007kg/m³,最大和最小实测单沙为 1.19kg/m³ 和 0.007kg/m³。因此,单断沙关系中高沙延长 6.7%,满足不超过 10% 的要求(表 5.1-19)。

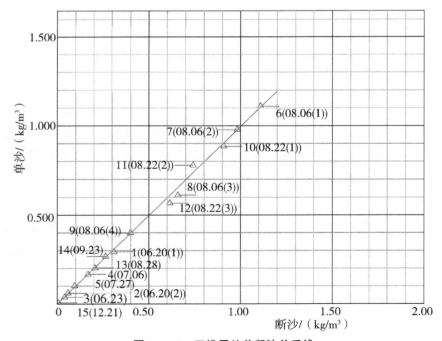

图 5.1-10   三堆子站单断沙关系线

表 5.1-19                                单断沙关系线延长计算

| 指标 | 最大值 | 最小值 |
|---|---|---|
| 相应单沙/(kg/m³) | 1.11 | 0.007 |
| 实测单沙/(kg/m³) | 1.19 | 0.007 |
| 延长/% | 6.7 | 0.0 |

2)定线精度和关系线检验。

由于三堆子站 2023 年单断沙关系点大于 10 个,对单断沙关系线进行定线精度检验和关系线检验。定线精度检验结果为:系统误差为 $-0.2\%$,随机不确定度为 $5.2\%$,满足一类精度站单一线法定线精度指标。关系线检验结果与指标值见表 5.1-20,样本容量为 37,符号交换次数为 23,符号变化次数大于符号不变换次数,免作适线检验,符号检验和偏离检验结果合格。

表 5.1-20                          三堆子水文站 2023 年单断沙关系线检验计算

| 测站 | 检验方法 | 临界值 | 计算值 | 是否合格 |
|---|---|---|---|---|
| 横江水文站 | 符号检验 | 1.15 | 0.66 | 合格 |
| | 适线检验 | | | 免检 |
| | 偏离检验 | 1.67 | 0.4 | 合格 |

3)推求日平均输沙率。

对实测断沙或单沙通过单断沙关系换算的断沙进行流量加权后计算日平均输沙率,使用整编软件进行资料整编时,采用时段平均输沙率为流量、含沙量乘积的时间的积分与时段历时的比值,再乘以该时段的时距,其各时段的代数和除以一日的时间即得日平均输沙率,再除以日平均流量即得日平均含沙量。日平均输沙率计算公式为:

$$Q_s = \frac{1}{72}\sum_{i=1}^{n}\left[q_i C_{si} + q_{i+1}C_{s(i+1)}\Delta t_i\right] + \frac{1}{144}\sum_{i=1}^{n}\left[(q_i C_{s(i+1)} + q_{i+1}C_{si})\Delta t_i\right]$$

(5.1-3)

式中,$Q_s$——日平均输沙率,kg/s;

$Q_i$——瞬时流量,m³/s;

$C_{si}$——瞬时含沙量,kg/m³;

$\Delta t_i$——相邻时间的间隔,h;

$i$——瞬时流量、含沙量及时间系列序号。

(2)断沙过程线法

当单断沙关系不好时,可使用断沙过程线法进行整编。在实际工作中,断沙施测时间长,工作量大,一般不采用断沙过程线法推求断沙。但在特殊情况下,采用断沙过程线法可以较为直接方便地推求断沙。

长江上游山区河流多数测站单断沙关系均比较稳定,能够采用单断沙曲线进行断沙资料的推求。但遇滑坡、泥石流、电站冲沙等特殊情况下,测站单断沙关系散乱不稳定,可以时段或者全年采用断沙过程线法推算断沙。如横江水文站采用单断沙关系线推求断沙,且单断沙关系比较稳定。但在1999年,横江水文站断面上游昆明铁路施工弃土,导致泥沙通过断面时混合不均匀,单样含沙量失去代表性。1999年进行资料整编时,发现单断沙关系点子已经出现了偏离,误差太大。但当年由于输沙率测次太少,不满足按照实测断沙过程线法推求断沙的条件,故当年断沙还是按照单断沙关系进行推求。2000年,横江水文站调整了悬移质输沙测验任务,输沙按照沙量变化采用连过程线法布置测次,当年实测输沙142次,断沙按照断沙过程线法进行了推求,满足整编规范的要求。

(3)单沙过程线法

对于二、三类站,在设站初期或特殊情况下,没有条件施测断沙时,可以采用单沙过程线法推求断沙;或单断沙关系散乱,受测站人员不足等其他条件限制,也不能采用断沙过程线法推求断沙时,可采用单沙过程线法进行断面含沙量的推算。

桐子林站位于雅砻江干流四川省盐边县桐子林镇金河村老哇岩组,其集水面积为128363km²,设站日期为1998年1月。含沙量取样仪器为瓶式采样器,取样方法为10线全断面混合法,断面平均含沙量采用单沙过程线法推求,见图5.1-11。

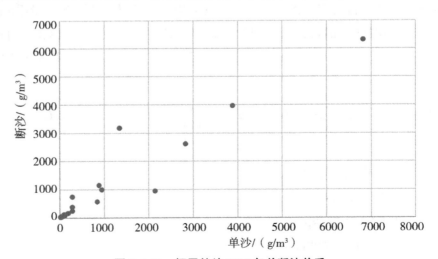

图 5.1-11　桐子林站 2017 年单断沙关系

施测一次断沙的时间为1~2h,断沙施测时间长且工作量大,采用实测单沙过程线法推求断沙。测站单沙的代表性不好,用这种方法推求的断沙存在一定的误差。

这可能导致年输沙量的较大误差。因此,采用单沙过程线法推求断沙是在无法使用其他方法之下的无奈之举。有条件的情况下应进行原因的分析,并加强单断沙关系的比测分析。

## 5.1.2　悬沙在线监测方法

金沙江上游泥沙监测仍以断面采样器取样,通过处理分析称重获得含沙量的传统泥沙测验方式为主。由于不能现场测获含沙量,泥沙测验工作量大、分析周期长及工作效率低,在一定程度上影响了水文测验方式的变革。同时,对于山区流域和陡坡地区,强降雨事件往往导致产沙迅速发生。采用传统的悬移质泥沙监测方法测量风暴事件期间的泥沙变化需要大量的样本,有时由于危险的条件而难以到达现场,收集数据能力较为不便。

随着科学技术的不断进步,悬移质泥沙测验技术也取得了一些新的进展,推出了一批具备现场快速测验和实时在线监测功能的新仪器,目前多在实验研究阶段。为加快水文现代化建设,大力推进水文新技术新设备应用,长江委上游水文局开展了大量悬移质泥沙在线监测的比测试验与研究工作。20 年来,先后对浊度仪、激光粒度分析仪、声学测沙等 10 多种设备,开展了大量研究工作,进行了数千次现场试验,取得了一定的进展,供水文同行借鉴。

### 5.1.2.1　量子点光谱测沙技术

(1)基本原理

基于量子点光谱法的泥沙监测,采用世界领先的量子点光谱分析技术,将量子点(新型纳米晶材料)与成像感光元件有效结合,开发原位、实时的泥沙监测方法。用量子点光谱泥沙监测终端进行泥沙监测,通过测量被研究光(水样中物质反射、吸收、散射或受激发的荧光等)的光谱特性,用非化学分析的手段获得水体中特定物质的光谱信息,包括波长、强度等谱线特征,建立光谱数据与水环境各要素的映射关系。通过大数据光谱分析快速返回物质信息,从而可以不用称重即可获取目标水域的泥沙信息。

不同的物质由不同的元素以固定的结构构成,电子在特定的结构和元素中产生特有的能级结构。能量满足电子能级差的光子与电子相互作用就会激发电子在能级之间跃迁。这些具有特定能量、能够激发电子跃迁的光子,其在能量或波长上的分布就构成了该种物质的特征吸收谱。特征吸收谱由物质的元素种类和结构形式决定,不同的物质有不同的特征吸收谱,通过对特征吸收谱的分析就有可能确定物质的种类。因此,这种特征吸收谱又被称为物质的"指纹谱"。特征吸收谱的形状由物质的种类决定,而其吸收谱的强度则由物质的丰度决定。

光谱推算含沙量的原理来源于比尔-朗伯定律(Beer-Lamber Llaw)。公式如下。

$$A = -\lg \frac{I_t}{I_0} = \lg \frac{1}{T} = Klc \tag{5.1-4}$$

式中,$A$——吸光度;

$I_t$——透射光的强度;

$I_0$——入射光的强度;

$T$——透射比或透光度;

$K$——系数(吸收系数);

$l$——光在介质中通过的路程;

$c$——吸光物质的浓度。

比尔-朗伯定律的物理意义是,当一束平行单色光垂直通过某一均匀非散射的吸光物质时,其吸光度与吸光物质的浓度与光在介质中通过的路程成正比。基于此,将比尔-朗伯定律对吸光物质的浓度的计算演变为对含沙量的推算。然而,由于水体为混合介质(包含沙砾、表面附着的颗粒、造成干扰的气泡、木屑等),比尔-朗伯定律本身无法满足含沙量的推算。可以通过机器学习方法,在光程一定的前提下训练出吸光度与含沙量的函数映射关系,进而推算出含沙量。

推算公式:

$$A = K_1c_1l + K_2c_2l + K_3c_3l + \cdots + K_nc_nl = \overline{K}cl \tag{5.1-5}$$

式中,$K_i$——第 $i$ 种成分的吸光系数;

$c_i$——第 $i$ 种成分的浓度;

$\overline{K}$ 是等效折合吸光系数。

如果知道等效折合吸光系数,混合物总浓度可以按下式计算:

$$c = A/\overline{K}l = f(A) \tag{5.1-6}$$

但是一般情况下,混合物中各组分种类及含量是未知的,也不可能从单波长测量结果中推算各组分种类及含量,也就无法得知混合物的等效折合吸光系数。反之,若测量结果中包含不同组分种类及丰度信息,则有可能从中提取出等效折合吸光系数或者浓度的信息。

作为"物质指纹谱",光谱信息可以用来区分不同种类的物质。例如,泥沙的粒径可以用米散射原理来识别和测量。米散射是指粒子尺度与入射波长可比拟时,其散射的光强在各方向是不对称的,并且散射振幅随入射波长变化的光学现象(图5.1-12)。

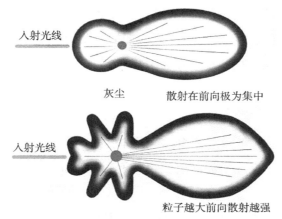

灰尘　　散射在前向极为集中

入射光线

粒子越大前向散射越强

图 5.1-12　米散射振幅随入射波长变化

利用米散射原理,测量混合溶液在不同方向或者不同波长的散射系数,即可识别泥沙的粒径。原则上,测量泥沙混合溶液在连续谱段的散射系数即包含了泥沙种类和丰度的信息;针对有限泥沙种类空间,可以通过数据驱动的有监督学习方法,训练出吸光度谱到泥沙总含量的映射关系,从而建立基于水样的吸光度谱推测泥沙含量的算法模型。

(2)技术优势

量子点光谱传感技术因其在尺寸、性能等方面的上述特点,进行泥沙监测时具有如下几点技术优势。

1)信息维度丰富,抗干扰性强。量子点光谱技术可以获取多维度的水体信息,数据精度高,可减少干扰物质的影响。

2)可拓展颗粒级配和泥沙来源追溯功能。通过对泥沙颗粒弥散射的量子点光谱监测可以反映泥沙颗粒度的信息。同时,不同地区的泥沙矿物组成的区别,也便于用光谱信息追溯泥沙的来源。

3)实时在线,灵敏度高。量子点光谱可实现秒级检测响应,检测速度快。同时,光学检测的稳定性好重复性可达 1% 左右,对变化有很高的灵敏度,可以完全实时在线自动监测。

4)可结合水质参数监测,一端多用。量子点光谱技术可预留多参数水质监测功能,将泥沙监测与水质监测相结合,实现一端多用;可将监测对象延伸至水体物质元素组分溯源、演进、传播监测,拓展全新工作领域。

5)野外功能优秀,环境适应性好。量子点光谱传感芯片采用一体化的结构设计,不易受到温度、撞击等环境因素的影响,具有良好的环境适应性,能够保证在野外的长期稳定监测。

量子点光谱技术,以其引领未来的颠覆性技术、填补空白的原创性产品,实现对传统对象的全自动高精度监测。作为水文基础信息未来,可为长江流域的泥沙智慧化监测提供更全面、更准确、更有效的应用效果。

(3)应用条件

1)应用条件。

a. 测验区域水体中无严重的非自然光污染。

b. 最低水位时量子点光谱泥沙监测终端不露出水面。

2)主要技术指标。

a. 含沙量测量范围为 $0.001\sim20.0kg/m^3$(典型), $0.01\sim100.0kg/m^3$(拓展)。

b. 测量分辨率为 $0.001kg/m^3$。

c. 工作模式为在线监测、快速监测、走航式监测。

d. 工作环境温度为 $-10\sim60℃$。

e. 防护等级为 IP68/NEMA6P。

f. 平均功耗<1W。

g. 待机功耗<0.5W。

h. 探头尺寸为 270mm(高度)×90mm(直径)。

i. 其他功能包括自容存储、实时传输、自动清洗、数据校正。

j. 拓展功能包括泥沙颗粒级配、泥沙物质元素组成、水质监测。

3)系统组成。

a. 监测终端为量子点光谱泥沙监测终端。

b. 主控单元为数据采集控制器、无线传输模块、防爆防护装置、供电系统、数据存储系统。

c. 通信单元为 4G-LTE-CAT1。

d. 软件功能包括实时数据和运行状态监测、国内主流信息系统自动对接、国内主流在线监测设备协同对接。

(4)安装方式

该系统具备定点在线监测、非定点快速监测、走航式监测 3 种工作模式。

1)在线监测。采用浮体将监测终端固定在测验断面水下某一深度,按设定的时间间隔进行数据采集。监测终端的安装位置应综合考虑断面形态、水流流态及所测点含沙量与垂线平均含沙量及断面平均含沙量的代表性等因素。选择安装在岸边或固定建筑物、船载或浮体等方式。可根据需要在测验断面的不同位置布设多套监测终端。

岸边或固定建筑物安装。系统安装在河岸边、水位自记井、桥墩建筑物上,安装地点应与水体直接接触,并保证最低水位时,监测终端不露出水面。

船载或浮体安装。系统安装在船舶、浮漂或其他固定漂浮物上,浮漂、固定漂浮物需固定在水底,并保证最低水位时,监测终端不露出水面。

2)快速监测。测验时将监测终端安装在铅鱼等载体上,放入水中不同测点,人工控制监测工作的开始和结束。

3)走航式监测。将监测终端安装在测船、铅鱼等载体上,放入水下一定深度。测验时沿断面横渡,边运行边记录数据,测得水层平均含沙量。可与走航式 ADCP 流量测验同时进行,循环进行不同深度水层平均含沙量测验。

(5)含沙量模型建立

1)点含沙量模型优化。系统自带多种场景光谱信息—含沙量信息映射典型模型,可通过其他基准方法(如采样分析法),优化本站专属含沙量模型。

2)断面含沙量模型建立。根据监测终端的一点或多点含沙量数据与同时实测的断面平均含沙量数据建立关系,建立、优化本站断面含沙量模型。

(6)比测率定和校准

为检校系统单点含沙量精度和断面含沙量精度是否满足国家、行业相关技术标准要求的精度,应进行现场比测率定和校准。以其他已定精度的测量方法作为基准,率定、校准、优化本站专属含沙量模型和测验方案。

(7)投产运行

1)系统投产前,宜自行开展现场比测率定(或获取比测率定技术支持),确定精度水平,以适应相应投产场景。

2)运行中可通过系统标配的云端管理平台和 App(或定制信息化平台),实时掌握监测结果。

3)运行中应定期或不定期进行模型复核采样,并利用自带的 AI 算法功能,持续自动迭代优化算法模型。

4)若要拓展泥沙颗粒级配分析、泥沙物质元素组成分析、水质监测等功能,应升级相应功能模块,分别建立算法模型,并进行现场比测率定。

(8)案例分析

寸滩站测验河段位于长江与嘉陵江汇合口下游约 7.5km 处,河段较顺直,左岸较陡,右岸为卵石滩。2005 年因修滨江路工程,修建了垂直高约 11m 的堡坎;高水有 9 条石梁横布断面附近,左岸上游 550m 处有纱帽石梁起挑水作用。中泓偏左岸,断面下游 1.5km 急弯处有猪脑滩为低水控制,再下游 8km 有铜锣峡起高水控制,河床为倒坡,断面基本稳定。本站悬移质泥沙测验方案见表 5.1-21。

表 5.1-21　　　　　　　　　　　　　寸滩站悬移质泥沙测验方案

| 仪器 | | 型式 | 横式 |
|---|---|---|---|
| | | 容积 | 1000cm³ |
| 测次分布情况 | 输沙率 | 主要布置在洪水大沙时期。平枯水时期适当布置，大致均匀分布，以满足定线要求 | |
| | 单沙 | 测次的布置，以能控制含沙量变化过程，满足推算逐日平均含沙量、输沙率及特征值的需要为原则 | |
| 测验方法 | 断沙 | 全年分别采用横式垂线混合法、全断面混合法、选点法取样 | |
| | 单沙 | 横式固定3线九点法取样，混合处理合并计算。411m 水太浅时，在106m、217m 采用2线六点法取样 | |
| 单沙取样位置 | | 起点距为 106m、217m、411m | |

2021 年 2—9 月，在寸滩站开展了比测实验 29 次，比测含沙量范围为 0.088～0.758kg/m³，水位变幅为 167.79～181.45m，流量变幅为 18400～46400m³/s。

比测方法为：在各站的单沙垂线上采集水样，并利用量子点光谱仪在现场施测单沙；单沙分析方法采用传统法分析，即烘干称重法，其分析技术要求需满足《河流悬移质泥沙测验规范》(GB 50159—2015)的相关要求。

量子点光谱测沙仪按厂商技术手册进行规范操作，同时还应符合如下的技术要求：打开主控箱并开启开关，待指示灯亮起后放入水中，静置 30s 后开始数据采集，采集时间在 60s 以上，采集结束后按停止键并将设备提出水面。

寸滩站共 29 组数据参与模型计算，实际含沙量为 0.088～0.758kg/m³。采用光谱参数与含沙量建立回归模型，通过模型计算优选，最终系统误差为 −1.09％，随机不确定度为 18.69％。模型效果对比见图 5.1-13。

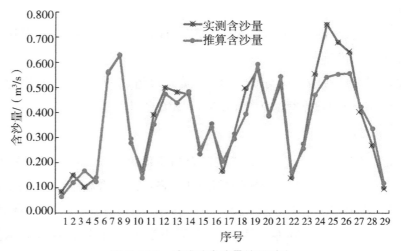

图 5.1-13　寸滩站含沙量结果对比

从图 5.1-13 可以看出,寸滩站量子点光谱推算的含沙量过程与实测过程吻合度较高,仅在 24 号测点附近沙峰过程略有偏小。

### 5.1.2.2　浊度仪测沙

传统的悬移质含沙量测量方法具有耗时、耗人力及物力的特点。通常是根据从业者经验判断河流悬移质含沙量变化情况确定测量时机,然后在断面的不同垂线的不同测点测取水样。待水样充分沉淀后进行水样处理,接着对泥沙进行烘干称重。从取样到获得含沙量成果一般需要 5~7 天,资料的时效性较差,含沙量过程控制具有一定的经验性。由于资料的时效性较差,需寻求新的方法。

目前,长江委水文局已实现了雨量、水位和流量的实时监测与自动传输,泥沙实时监测技术近几年也取得了较大突破,逐步引进、应用了浊度测沙仪等现场测沙仪,可实现含沙量和悬沙级配的实时监测。以白鹤滩站为例说明。

金沙江干流白鹤滩站,2021 年 5—9 月采用 HACH2100 系列浊度仪与传统方法进行比测实验,共收集单沙比测测次 184 次。单沙浊度—单样含沙量相关关系见图 5.1-14,$R^2$ 大于 0.9,表明单样含沙量与单沙浊度有较强相关性。

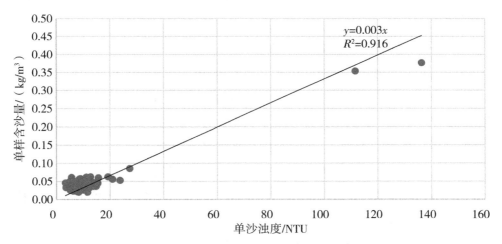

**图 5.1-14　白鹤滩站单沙浊度—单样含沙量相关关系**

从图 5.1-15 可以看出,浊度推算的含沙量与实测单沙过程基本相应,最大含沙量、次大含沙量出现时间也完全一致,但在沙量较小的个别时段,存在一定误差。总体来看,使用浊度推算含沙量的方法具有时效性强、精度较高的特点。浊度仪测沙在三峡泥沙报汛中得到了非常好的应用。

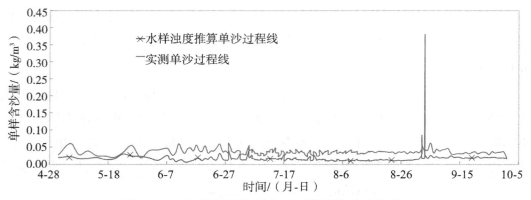

图 5.1-15　白鹤滩站实测单沙、浊度推算单沙过程对比

### 5.1.2.3　其他在线监测方法

近年来,随着生产力的发展和科学的进步,泥沙实时监测技术有了较大的发展,出现了多种泥沙实时在线监测仪器。除了上面介绍的量子点光谱测沙和浊度仪测沙技术外,还有现场激光粒度分析仪(LISST-100X)、TES-7X 缆道式泥沙监测系统等在线测沙技术已在长江水文测验中得到了使用和推广。下面简单介绍两种测沙技术的方法与原理。

(1)LISST 现场激光粒度分析仪(LISST-100X)

LISST-100X 的测量原理是利用激光的衍射(图 5.1-16、图 1.5-17)。这种技术不受粒子的颜色和粒子尺寸影响,大尺寸粒子衍射角度小,小尺寸粒子衍射角度大。光线照射到粒子上以后,衍射光线绕过粒子,再通过 1 个凸透镜聚焦到 1 个由 32 个圆环构成的光敏二极管检测器上,接收到的激光能量被保存下来,并转换为粒子的大小分布。同时,系统测量到的光透度将用来补偿浓度引起的衍射衰减。32 个探测环可以测量 32 个级别的粒子分布,根据每个检测环上接收到的能量换算出该尺寸粒子的浓度,32 级粒子的浓度总和就是悬浮物的总浓度。

LISST-100X 可测量的最低浓度为 $0.001kg/m^3$,最高的浓度为 $10kg/m^3$。测量指标随着颗粒粒径大小和浓度高低变化。系统内置电池和数据存储器,可用于自容式和在线测量。系统耐压等级一般为 $300\sim5000m$,可以满足不同深度等级的测量要求。

根据含沙量的大小,仪器可以安装不同的光程缩短器。测量模式分为标准模式(不安装光程缩短器)、2.5 光程模式(安装 2.5 光程缩短器)、4.00 光程模式(安装 4.0 光程缩短器)、4.5 光程模式(安装 4.5 光程缩短器)等。

图 5.1-16　LISST-100X

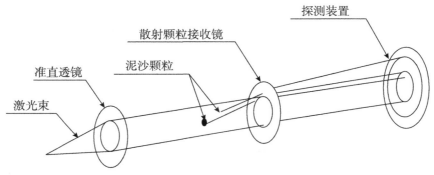

图 5.1-17　LISST-100X 示意图

虽然 LISST 现场激光粒度分析仪具有较高的技术水平,操作简单,能够实现实时监测,可以大大提高行业生产力,在工程实践方面有着较高的应用价值。但从 LISST 与传统泥沙测验方法的对比不难发现,两者在原理上存在较大的差异:由于未考虑泥沙样品密度的变化,在测量时,需要将 LISST 与传统方法进行严谨的实地比测,得到较为准确的修正参数,从而得到较为合理的结果。在含沙量的测定方面,LISST 测定的是泥沙的浓度,然后根据泥沙密度换算为含沙量。但各地区自然地理环境不同,所产泥沙的密度也存在一定差异,天然河流中的一些杂质经过镜头处,也会被当做沙进行测量,这使 LISST 的通用性受到了一定限制,从而导致 LISST 与传统方法相比存在一定的误差。且在泥沙颗粒级配结果的表示方面,传统方法采用重量法表示,而 LISST 则采用体积法来表示。由于两种结果表现形式存在质的不同,其颗粒级配曲线必然存在一定差异。

（2）TES-91 泥沙在线监测系统

TES-91 泥沙在线监测系统由红外光泥沙传感器、数据采集与传输系统(含 RTU)、太阳能供电系统、数据遥测系统、现场显示屏及中心站软件组成。测沙仪的原理是基于 ISO07027 红外吸收散射光线技术,不受色度影响测定悬浮物浓度值。通过建立悬浮物浓度值与泥沙含沙量的相关关系,即可直接输出泥沙含沙量数据。由于不同悬移质的本身密度和颜色的不同,对光的反射率不同。因此,在悬移质的测量过程中若需要提高精度,需要取样进行同质性标定,或与人工取样值进行对比后进行线性修正(图 5.1-18)。

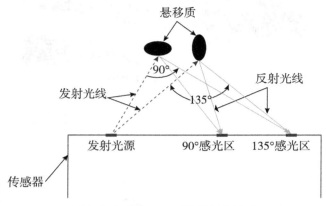

**图 5.1-18　TES-91 测沙仪工作原理**

通过上述介绍可以看出,只有采用传统泥沙测验方法对在线测沙仪器成果进行修正,才能使其测验成果客观反映泥沙在水中的运动规律。任何一种在线泥沙测验仪器都有一定的局限性,包括当前最先进的仪器。在日常生产中,应本着科学、严谨、批判的态度推进先进技术的应用,仔细分析,深入研究,扬长避短,更好地为经济社会发展服务。

### 5.1.3　泥沙颗粒

所谓泥沙,是指流体中运动或受水流、风力、波浪、冰川及重力作用移动后沉积下来的固体颗粒碎屑。

组成泥沙的个别颗粒,其性质常常直接或间接反映泥沙的来源或历史。例如,泥沙的大小和移动介质及流动速度有关;泥沙的形状和圆度则涉及移动介质、移动距离及移动强度,矿质组成指出泥沙可能的来源和搬运的距离,方位决定于水流运动的方向和泥沙沉淀时受力的情形,表面组织则反映泥沙受磨蚀的历史以及溶解引起的变化。

天然河道中泥沙普遍存在,泥沙随水流的输运和淤积对人类的影响具有利害两重性:一方面人类可以有效地利用泥沙,如粗颗粒的泥沙可以作为很好的工程建筑材料,细颗粒泥沙可以用来淤灌农田,提高土壤肥力;另一方面泥沙可能具有很大的危害性,如淤积阻塞航道、港口,水库淤积会减小有效库容,携沙水流通过水利机械和水工建筑物时,会对其产生较大的磨损;较大的颗粒还会毁坏农田,对农业生产造成巨大的损失。

因此,需要深入研究泥沙在水流中的运动规律以及泥沙对于水利工程的危害问题,以达到兴利除害的目的。而要解决上述问题,首先必须了解泥沙的特性。泥沙粒径是表征泥沙最基本的特性,是决定泥沙起动、沉降、输移等运动状态最重要的参数。泥沙孔隙率因沙粒的大小及均匀度、沙粒的形状、堆积的情况以及堆积后受力大小及历时久而暂有不同。泥沙颗粒的大小理论上和空隙率并无关系,但实际中细颗粒泥沙往往比粗颗粒泥沙含有更多的空隙,这是由于细颗粒的表面面积相对较大,使得颗粒间的摩擦、吸附及搭成格架的作用增强。此外,粒径和孔隙率的关系中也包含形状的作用,泥沙颗粒愈粗,它们在搬运过程中所受到的磨蚀作用也愈大,其形状更为接近球体。

泥沙颗粒粒径是研究泥沙问题的基础和前提。泥沙粒度作为泥沙最基本的物理特性,能够反映流域环境变化,对河口治理、解决水利工程等方面具有重要意义。多数情况下,用传统粒度指标来表征泥沙粒度特征,包括组分含量、平均粒径、分选系数、偏度和峰度等粒度参数。传统描述泥沙颗粒是将其看作质点或者具有一定形状的几何体。因此,描述单个泥沙颗粒的几何特性,通常只需要用 1~2 个参数来说明即可。由于泥沙颗粒的形状极不规则,不同学者则采用不同的表达方式去描述它的几何特性,如颗粒的球度、圆度等。过去,由于受到技术手段的影响,研究泥沙存在很大的局限。随着科学技术的不断发展,泥沙颗粒粒径的分析技术受到越来越多的重视,逐渐形成了分析测量学中一个重要的分支。通过实践,人们总结出了筛分法、沉降法、动态光散射法、库尔特法等。

### 5.1.3.1　悬移质泥沙颗粒分析方法简介

泥沙颗粒是河流中一种极为重要的物质,它对于河流的形态、水文、生态等方面都具有重要影响。泥沙颗粒形状的研究可以帮助研究者更好地了解自然水体中泥沙颗粒的运动特性和沉积作用,对于水文学、工程学等领域的研究具有重要意义。此外,河流泥沙还与水资源、水能、水环境以及工程建设等方面有关,研究其变化规律和特征对于水资源的开发利用、水力发电、水生态保护以及港口、航道、治河等工程建设都具有重要指导意义。

泥沙颗粒沉降是河流、湖泊、海洋等水体淤积和沉积的主要原因之一。通过研究泥沙颗粒的沉降速率和沉降规律,可以有效预测和控制水体淤积和沉积过程。此外,泥沙颗粒沉降还与环境污染、生态保护等问题有关,研究其沉降特征和规律可以为环境保护和生态治理提供支持和指导。

由于测量粒径的方法和各种粒径颗粒的含量有所不同,出现了各种各样的泥沙颗粒分析方法。目前国内外粒径测量的方法有很多,例如:以颗粒几何粒径为表达对象的尺量法、容积法、筛析法和镜鉴法;以颗粒运动特性为表达对象的移液管、比重计、粒径计、底漏管等;此外,还有将颗粒的大小尺寸变换为电流强弱的颗粒计数法。在测定样品中,表示某种颗粒含量常用的方法是承重法,还有利用光线或某种辐射射线通过不同浓度悬浊液后的能量衰减,间接测定样品中不同粒径的含量,如消光法颗粒分析仪和 X 射线粒径测量仪及激光粒径仪等;传统的颗粒分析方法经过科研人员长期的实践,已经形成了一个较为完整的考量体系,每种方法的适用范围、影响因素及结果的准确性都有成熟的界定。

(1)筛分法

筛分法是一种最传统的粒径测量方法,其原理是使颗粒通过不同尺寸的筛孔来对颗粒的大小进行测定,所得结果直接反映了泥沙颗粒的几何尺寸,具有较为明确的直观感。筛分析法分为干筛和湿晒两种形式,通常手动筛分用于 2~32mm 的砾、卵石;机械振动筛用于 0.062~2.0mm 的泥沙样品。其优点是方便、直观、设备成本低,但也存在诸如粒径小于 400 目和具有黏性的颗粒无法测量、操作方法严苛、晒网易破损等缺点。随着人们对传统振动筛的理论研究,逐步建立了物料在筛面上运动的基本理论模型和物料透筛概率的理论模型,并出现了一些新型筛分理论和由此设计的新型振动筛。

(2)粒径计法

粒径计法又称为沉降管法,是目前国内外用于粗砂分析的重要方法。它是利用泥沙颗粒在静水中所受到的重力和水体介质的浮力及各种外加阻力,在瞬间达到平衡而发生均匀沉降且不同粒径沉降速度不同的原理来进行颗粒分析的。根据实验结果可知,当样品粒径小于 0.05mm 时,容易产生絮凝,致使分析结果偏粗;再根据每种分析方法只采用一种沉速公式和粒径分布要求,故粒径计法所适用的最佳范围应为 0.062~1.0mm,并且此范围内的分析过程只采用沙玉清的过渡区沉降公式。粒径计分析法以其操作简单、准确性较高、重复性强等优点被广泛地用于实验室粒径测量,但其存在测量速度慢、外部条件要求高和无法测量不同密度颗粒等缺点。

(3)激光粒径法

激光粒径法是静态光散射法在粒径测量方面的典型应用。被测颗粒在样品池中呈悬浮状态,激光器发出的激光束通过样品池时会产生散射光,其分布状态与被测颗粒的直径、相对折射率及散射角有关。散射光被光电探测器接收后,经测量计算转换传入计算机,处理后将得到被测颗粒的粒径分布等参数。激光衍射测量技术起源于 20 世纪 70 年代,早期的仪器由法国的 CILAS、英国的 Malvern、美国的 Leeds 和 Northrup(Microtrac)等公司研制成功。随着计算机技术的飞速发展,该仪器性能越来越好,其最适合的粒径为 0.1～3000mm。

（4）消光法

用消光法对悬液浓度和泥沙颗粒级配组成进行测定和分析,已经有几十年的历史了,其也被称作浊度法或全散射法。当光束穿过含有被测颗粒群的介质时,泥沙颗粒对光的吸收和散射作用使光的强度衰减,操作方便,在高精度测量领域有独特的应用价值。消光法的适用粒径范围内精度高,对测量仪器的要求较低,但其对天然河流中极细颗粒(粒径小于 0.003mm)测量精度较差。

（5）图像法

图像法是一种全新的分析方法,也称显微法。其基本工作原理是将显微 CCD 摄像头和图像采集卡传输到计算机中,再由计算机,计算出每个颗粒的投影面积,根据等效投影面积原再统计出所设定的粒径区间的颗粒数量。

#### 5.1.3.2　金沙江悬移质泥沙颗粒分析方法

近年来,国外的激光测量理论以及激光粒度仪的优化取得了很多成果。在测量的实时监测方面、取样的连续性方面、仪器的抗干扰方面以及数据输出多样性方面的进展非常迅速。其中,国外激光粒度仪的量程和探测器的准确接收方面比较领先。随着时代的发展,激光测试技术也越来越完善,激光粒度仪的发展趋势大体上分为如下几个方面。

1)对新理论的研究使得通过散射光强反推颗粒,特别是针对非球形甚至是不规则颗粒反推粒径的准确性更高。对测量光路及接收器进行优化,进一步地增加激光粒度仪的测量量程和分辨率。

2)研究更加科学的处理方法。在测量前,对特重、特轻、黏度高、成分复杂、难分散等样品进行预处理。

3)实时在线测量系统的完善。将激光粒度仪与计算机进行更加紧密的结合,使测量更加迅速可控。

4)优化设计各个干法、湿法分散装置结构。让颗粒以其自身的大小进入光学测量系统。

国外知名的激光粒度仪生产厂家主要有法国 CILAS、日本 HORIBA、英国马尔文、美国 COULTER、德国 SYMPA 等。

经过对比分析,马尔文 2000 被选作主要分析仪器应用于金沙江的悬移质泥沙颗粒分析。

马尔文的测量原理:在激光照射下,不同大小的粒子产生的衍射光落在不同位置,位置信息反映了颗粒的大小。相同大小的粒子所产生的衍射光落在相同的位置,叠加的光强度反映测量颗粒所占的百分比。因此,通过测量颗粒群角散射光的强度和位置,就可实现颗粒粒径的测量。

马尔文是利用等效粒径获得的测量结果。当一个颗粒的某一物理特性与同质球形颗粒相同或相近时,可以用该球形颗粒的直径来代表这个实际颗粒的直径。根据不同的测量方法,等效粒径可具体分为如下几种。

1)等效体积径,即与所测颗粒具有相同体积的同质球形颗粒的直径。激光法所测粒径一般认为是等效体积径。

2)等效沉速粒径,即与所测颗粒具有相同沉降速度的同质球形颗粒的直径。重力沉降法、离心沉降法所测的粒径为等效沉速粒径,也叫 Stokes 径。

3)等效电阻径,即在一定条件下与所测颗粒具有相同电阻的同质球形颗粒的直径。库尔特法所测的粒径就是等效电阻粒径。

4)等效投影面积径,即与所测颗粒具有相同的投影面积的球形颗粒的直径。图像法所测的粒径即为等效投影面积直径。

由于激光具有很好的单色性和极强的方向性,所以一束平行的激光在没有阻碍的无限空间中,将会照射到无限远的地方,并且在传播过程中很少有发散的现象。当光束遇到颗粒阻挡时,一部分光将发生散射现象。散射光的传播方向将与主光束的传播方向形成一个夹角。颗粒越大,产生的散射光的角就越小;颗粒越小,产生的散射光的角就越大。散射光的强度代表该粒径颗粒的数量。这样,在不同的角度上测量散射光的强度,就可以得到样品的粒度分布。

激光粒度仪 Mastersizer 2000 是先进的激光衍射技术与高度实用的常规颗粒表征的结合,它被广泛运用在全球实验室粒度分析中。该仪器采用全自动化操作,能够测量粉末、悬浮物质和乳状液,并根据标准化程序得出可靠的测量结果。Mastersizer 2000 激光粒度仪软件包括结果数据库、报告设计器、标准操作程序向导,客户参数计算方便,数据输出灵活,光学参数、数据库、安全访问系统符合美国 FDA 21 CFR Part 11 要求。

Mastersizer 2000 激光粒度仪技术参数如下。

1)粒度测量范围是 $0.02 \sim 2000 \mu m$,动态范围宽。

2)用于湿法和干法分析的样品分散器可用于所有的样品类型。

3)模块化的系统设计使得湿法和干法测量模式之间可快速地互换。

4)每个分散器均采用自动软件配置,确保操作简便易行。

5)一体化的标准操作程序(SOP)。

6)1000 次/s 扫描速度,国际标准设定测量方法和分散条件。

7)Autosampler 2000 全自动进样器,可进行无人操作。

马尔文要应用在悬沙测量中,要对超声分散时间、搅拌速度、泵速、超声强度、遮光率、测量快照次数、颗粒吸收率、分散剂折射率等进行测试,找出这些参数的最佳适用范围。

1)超声分散时间。为了让进去分析的沙样能够充分搅拌均匀,测量的样品具有代表性,选取粗型($D_{50} \geqslant 0.050$mm)、中型($0.020$mm$< D_{50} < 0.050$mm)、细型($D_{50} \leqslant 0.020$mm)样品各 1 个,根据厂商提供的经验参数,分析超声分散时间递增率,设定超声分散时间的适宜范围。

2)搅拌速度以使样品不沉淀,又不产生气泡为准。若搅拌产生气泡,可以先停止搅拌,待气泡逸出后再启动搅拌。搅拌的目的是保持分散器里的悬浮颗粒均匀分散,适宜的速度应是保持大颗粒悬浮于分散器中,且不产生气泡。气泡源于分散介质,若分散介质能脱一下气,效果会比较好。湿法进样器配有超声处理器,在进行搅拌速度点率定时,可以适当开超声。

3)泵速。泵速的范围是 0~2500 转/min,太低不足以把沙样输送到位置。因此,必须找出适宜范围。泵的目的是将分散器内的样品输送到样品池内进行样品检测,合适的速度是让泥沙的大颗粒与较小颗粒都能穿过流动样品池。

4)遮光度与颗粒的组成有关,太大的折光率光穿透不过去,其大小与颗粒多少成正比。

5)测量快照次数。测量快照次数与测量时间相互关联。最佳的测量快照次数由样品的颗粒大小、形状、分布范围、组成等决定。

6)折射率、吸收率采用厂家给定的建议值。

综上,经过实验分析,得出马尔文 Mastersizer 2000 激光粒度分布仪工作参数、基础参数,见表 5.1-22。

表 5.1-22　　　　　**Mastersizer 2000 激光粒度分布仪工作参数、基础参数统计**

| 参数名称 | 超声分散时间/min | 搅拌速度/(转/min) | 泵速/(转/min) | 遮光度 |
|---|---|---|---|---|
| 参数设置 | 1~2 | 500~900 | 1400~2300 | 8~14 |
| 参数名称 | 测量时间/s | 颗粒吸收率 | 颗粒折射率 | 水的折射率 |
| 参数设置 | 6 | 1.52 | 0.1 | 1.33 |

### 5.1.4 水库异重流试验性监测

#### 5.1.4.1 水库异重流的成因

异重流是由两种密度相似,能够互相混合的液体组成,二者因为密度的差异而产生相对运动的特殊物理现象。这种密度的差异可以理解为含沙量的不同,也可以是含盐量或温度的不同所造成。浑水异重流是泥沙运动的一种特殊形式。

汛期降雨的产汇流使高含沙水流进入河道,这部分浑水在流进壅水区后,水深急剧增加,流速相应降低,浑水中的泥沙不断沉降而使得水面的流速和含沙量逐渐趋于零。在泥沙的沉降过程中,粗颗粒组分将逐渐落淤而在库尾段,形成淤积三角洲,较细颗粒组分的泥沙则由于良好的跟随性,还能够继续保持悬浮状态。浑水水体在受重力及后续惯性的不断作用后,将逐渐形成泥沙沉降的分界点(潜入点)。自潜入点向下游开始,表层水体开始变清,形成了一个明显的清混水交界面,见图 5.1-19。

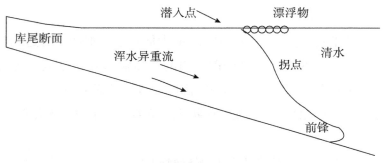

**图 5.1-19 水库异重流造成过程示意图**

从水库立面来看,库区内出现了上下两层具有密度差异的流体,潜入底部的含沙水流就有可能挟带跟随性强的悬移质泥沙,在保持较高浓度的情况下以一定的速度向前运动,形成异重流。

#### 5.1.4.2 监测目的

金沙江下游干流区是长江上游水土流失最为严重的地区。流域内重力侵蚀强度大,滑坡及泥石流等灾害多有发生。此外,不合理的人类活动加剧了水土流失的发生及发展。金沙江下游河段产沙量和多年平均输沙模数呈现自上游向下游逐渐增加的空间分布规律。从年内变化来看,该区降雨季节性强,雨季(5—10 月)集中了年降雨量的 $83\%\sim91\%$,汛期(6—10 月)的平均径流量占全年的 74.9%,7—9 月的平均输沙量占全年输沙量的 76.8%。这表明汛期是金沙江下游干流的主要来沙期,且来沙量占年内比重较大。

金沙江下游河段梯级电站由于高坝回水将形成巨型深水库,水库的形成对该水域的水文情势和泥沙运动状况有重要影响。水库蓄水后,其水位和水面面积均比天然状况有大幅度的增加,库区内的流速将减缓,库区江段由急流河道转变为近似于静水的河道型水库,从上游至坝址流速逐渐减小,水流挟沙能力沿程递减,泥沙势必会逐渐沉积于库底,使水库库容减少,从而直接影响到水库的使用寿命。浑水异重流是泥沙运动的一种特殊形式,也是自然界中常见的一种现象。由于汛期浑水入库,含沙量较大的挟沙水流在库中与清水相遇,可能会潜入库底形成沿底部运动的异重流。若形成异重流,当洪水持续一定时间后,异重流可能会推进到达坝址。异重流在向坝址行进的过程中,粗沙沿程发生淤积,可能将细颗粒泥沙输运到坝址。若能及时开启底孔或低高程泄水建筑物,可以将浑水排出库外,减少水库泥沙堆积;若无相应排沙措施,浑水水流可能在坝前扩散落淤,增加坝前泥沙厚度,改变水库泥沙堆积形态。因此,针对水库内水沙异重流形成及运动规律的研究,对于改善水库水环境、延长水库寿命、提高发电效益以及降低机组磨损等都具有举足轻重的现实意义。

### 5.1.4.3　监测内容及方法

异重流监测旨在全面了解异重流在水库中的形成、运行及其对水库水文、泥沙环境的影响。通过实地监测,获取异重流潜入点及其附近的关键参数,掌握异重流沿库底的运行轨迹和速度,并采集异重流样本进行深入分析,为水库管理、排沙减淤等工作提供科学依据。

主要监测内容及方法如下。

(1)监测异重流潜入点及其附近的水文、泥沙参数

水文参数包括水深、流速、流向等。泥沙参数包括含沙量、泥沙粒径级配。

监测方法如下。

1)在异重流潜入点及其附近布设监测站点,站点数量和位置根据水库规模、形状和监测任务确定。

2)使用回声测深仪测量水深,流速仪测量流速和流向。

3)利用悬移质取样器和推移质取样器采集水样和泥沙样本,分别测量含沙量和泥沙粒径分布。

4)观测并记录异重流潜入点的水流形态、清浑水交界面位置等现象。

(2)监测异重流沿库底的运行轨迹及速度

监测方法如下。

1)在异重流可能经过的库底区域布设监测站点或测线,使用流速仪和回声测深

仪等设备沿测线进行连续测量。

2)通过分析流速和水深数据,结合地形图和水库底部形态,推断异重流的运行轨迹。

3)在关键位置设置固定观测点,定期测量并记录异重流的流速变化。

(3)采集并分析异重流样本

1)采集样本。

a.在异重流潜入点、运行轨迹上的关键位置以及坝前等区域采集异重流样本。

b.样本采集应涵盖不同深度和时间段,以确保样本的代表性和全面性。

2)分析方法。

a.采集的异重流样本进行含沙量测量和泥沙粒径分析。

b.利用实验室设备(如激光粒度分析仪)对泥沙粒径进行精确测量和分布统计。

c.结合观测数据和水库运行状况,评估异重流的挟沙能力和沉降速度。

### 5.1.4.4　异重流监测在金沙江溪洛渡水库实践

(1)观测布置

根据四川大学《金沙江溪洛渡水电站水沙异重流研究报告》,汛期(6—10月)在金沙江溪洛渡电站水库黄华镇上游(JB078,距坝约70km)—大兴镇(JB110,距坝约100km)可能发生异重流潜入。当流量较大时,可能出现在更靠近坝前的断面,而非汛期在分析河段范围内难以形成稳定的异重流,因此监测位置选择在该河段。监测时间选择在6—10月,以乌东德水文站、白鹤滩水文站含沙量达到$2kg/m^3$以上为启动条件择机开展。

1)横断面监测。

在乌东德水文站、白鹤滩水文站含沙量达到$2kg/m^3$以上,选择库区大兴以下30km范围(JB110~JB078)平均2~5km布设一断面共10断面,每断面利用2线五点法进行含沙量取样分析分层含沙量观测,取样位置见表5.1-23。

2)纵断面监测。

选择库区大兴以下30km范围(JB110~JB078)沿异重流发展方向布置一纵断面,每0.5km布设一条垂线共计60条垂线,每线利用五点法进行含沙量取样分析分层含沙量观测,见表5.1-24。

表 5.1-23 异重流试验性观测横断面取样断面及要求

| 序号 | 断面位置 | 距坝里程/km | 取样位置 1 起点距/m | 取样位置 1 河底高程/m | 取样位置 2 起点距/m | 取样位置 2 河底高程/m | 采用方法及取样位置 |
|---|---|---|---|---|---|---|---|
| 1 | JB078 | 70.2 | 200 | 443.4 | 250 | 443.5 | 采用五点法选择水面、相对水深 0.2、0.6、0.8 及河底位置处进行取样 |
| 2 | JB081 | 72.5 | 360 | 446.0 | 410 | 446.0 | |
| 3 | JB085 | 76.8 | 500 | 501.4 | 770 | 463.9 | |
| 4 | JB089 | 79.1 | 200 | 471.8 | 260 | 460.4 | |
| 5 | JB093 | 82.8 | 50 | 491.8 | 150 | 461.8 | |
| 6 | JB096 | 86.0 | 200 | 479.5 | 300 | 463.5 | |
| 7 | JB100 | 89.3 | 150 | 477.8 | 270 | 466.6 | |
| 8 | JB104 | 93.1 | 150 | 482.2 | 240 | 473.5 | |
| 9 | JB107 | 95.8 | 270 | 481.9 | 380 | 475.0 | |
| 10 | JB110 | 99.1 | 120 | 480.7 | 240 | 480.5 | |

表 5.1-24 异重流试验性观测纵断面取样点位

| 序号 | $X$/m | $Y$/m | 河底高程/m | 序号 | $X$/m | $Y$/m | 河底高程/m |
|---|---|---|---|---|---|---|---|
| 1 | 3089170.1 | 352302.0 | 472.0 | 20 | 3076427.3 | 349606.3 | 474.2 |
| 2 | 3088691.4 | 352274.8 | 444.5 | 21 | 3076213.7 | 349216.0 | 463.4 |
| 3 | 3088212.1 | 352260.6 | 445.0 | 22 | 3075949.5 | 348815.3 | 464.1 |
| 4 | 3087771.6 | 352244.4 | 456.0 | 23 | 3075704.4 | 348402.6 | 464.4 |
| 5 | 3087291.9 | 352238.8 | 464.5 | 24 | 3075395.9 | 348075.8 | 464.7 |
| 6 | 3086811.5 | 352238.2 | 446.7 | 25 | 3074986.7 | 347847.4 | 464.7 |
| 7 | 3086371.1 | 352227.1 | 447.4 | 26 | 3074530.3 | 347694.9 | 465.3 |
| 8 | 3085892.4 | 352211.2 | 448.2 | 27 | 3074115.9 | 347544.7 | 465.6 |
| 9 | 3085413.6 | 352200.9 | 448.9 | 28 | 3073640.0 | 347438.7 | 466.5 |
| 10 | 3084972.0 | 352200.9 | 449.8 | 29 | 3073251.5 | 347228.9 | 466.7 |
| 11 | 3084491.2 | 352205.4 | 462.1 | 30 | 3072888.1 | 346956.1 | 467.3 |
| 12 | 3084050.5 | 352252.8 | 489.0 | 31 | 3072510.0 | 346623.9 | 493.4 |
| 13 | 3083569.0 | 352349.7 | 461.0 | 32 | 3072220.9 | 346260.2 | 506.9 |
| 14 | 3083141.1 | 352521.8 | 460.5 | 33 | 3072010.5 | 345868.3 | 470.7 |
| 15 | 3082734.5 | 352722.6 | 468.4 | 34 | 3071915.1 | 345393.3 | 471.5 |
| 16 | 3082288.5 | 352934.3 | 460.1 | 35 | 3071872.7 | 344941.1 | 472.3 |
| 17 | 3081843.7 | 352928.6 | 464.4 | 36 | 3071741.7 | 344476.2 | 473.1 |
| 18 | 3081415.6 | 352812.7 | 532.0 | 37 | 3071498.2 | 344115.6 | 473.8 |
| 19 | 3080955.5 | 352656.1 | 488.5 | 38 | 3071171.1 | 343760.0 | 474.4 |

| 序号 | X/m | Y/m | 河底高程/m | 序号 | X/m | Y/m | 河底高程/m |
|------|-----|-----|-----------|------|-----|-----|-----------|
| 39 | 3080510.1 | 352475.7 | 491.3 | 50 | 3070790.2 | 343466.0 | 474.5 |
| 40 | 3080067.1 | 352292.3 | 501.4 | 51 | 3070428.2 | 343215.4 | 474.7 |
| 41 | 3079659.7 | 352126.0 | 470.6 | 52 | 3070040.4 | 342930.3 | 474.5 |
| 42 | 3079220.5 | 351932.1 | 461.8 | 53 | 3069693.1 | 342659.7 | 474.7 |
| 43 | 3078823.1 | 351743.7 | 461.5 | 54 | 3069290.1 | 342393.7 | 478.8 |
| 44 | 3078413.5 | 351492.3 | 461.6 | 55 | 3068914.6 | 342160.4 | 475.4 |
| 45 | 3078017.5 | 351219.6 | f461.9 | 56 | 3068509.7 | 341898.9 | 475.9 |
| 46 | 3077627.8 | 351011.3 | 462.6 | 57 | 3068147.8 | 341578.9 | 545.0 |
| 47 | 3077225.5 | 350749.4 | 463.2 | 58 | 3067897.6 | 341191.9 | 500.8 |
| 48 | 3076905.4 | 350430.4 | 463.5 | 59 | 3067906.6 | 340726.2 | 478.5 |
| 49 | 3076647.7 | 350029.5 | 479.2 | 60 | 3067994.4 | 340329.0 | 480.3 |

3)浊度监测。

采用常规方法取样的同时,同步采用 OBS-3A 浊度监测仪同时进行浊度对比测量。

（2）疑似异重流追踪监测

根据现场水面清浑交界情况判断,黄华至坝前段可能有异重流形成。根据需要调整监测方案,从黄华至溪洛渡坝前约 5km 选择一横断面追踪监测,共选择 JB061、JB055、JB049、JB044、JB038、JB034、JB029 等 7 个断面,每断面 3 线,其中中泓测线布置相对水深 0.0、0.1、0.2、0.3、0.4、0.5、0.6、0.7、0.8、0.9、1.0 等 11 个点,其余测线按相对水深 0.2、0.4、0.6、0.8、1.0 等 5 个点进行含沙量、颗分取样。监测区域见图 5.1-20。

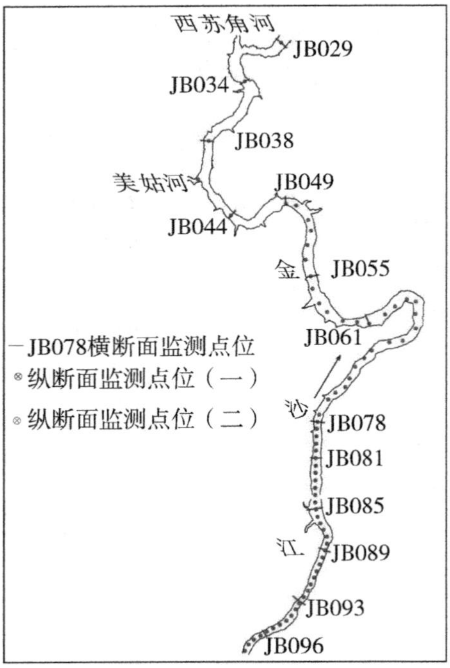

（3）成果分析

根据上述测次布置,结合 2017 年观测成果进行分析。

图 5.1-20　监测断面分布

1)入库泥沙。

根据 2017 年 9 月白鹤滩站单沙观测资料,最大含沙量为 2.86 kg/m³（9 月 7 日 14 时）,6 日 18 时到 8 日 18 时单沙含沙量超过 1 kg/m³,见图 5.1-21。

2)潜入点。

根据相关研究,溪洛渡水库异重流潜入点位置位于距离坝址 54.60~113.30km。

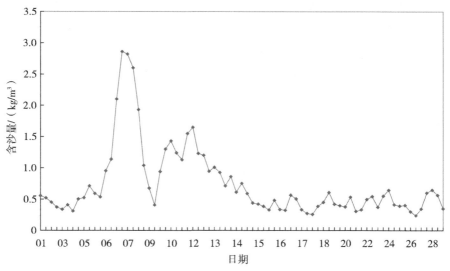

**图 5.1-21　2017 年 9 月白鹤滩站单沙观测含沙量**

2017 年 9 月 13 日的日均入库流量大于前两日,为 9640m³/s,日均出库流量达到 10100m³/s。水库水位由 9 月 11 日最高 593.02m 下降到 9 月 13 日最低 591.87m。水库水位的降低将两岸的泥沙携带入库,在库区形成浑水,为泥沙异重流的产生提供前提条件。

9 月 13 日下午,在观测中发现,黄华镇 JB060 断面附近的垃圾漂浮带区域水体浑浊,出现明显的清浑水交界面,特别是作为潜入点重要标志的漂浮垃圾带出现在黄华镇 JB060 断面附近,距离坝址 54.96km(图 5.1-22),因此可以判定异重流潜入点位置即位于该河段。

**图 5.1-22　黄华镇清浑水交界面**

潜入点上下游含沙量、中数粒径、最大粒径分别见图 5.1-23(a)至图 5.1-23(c)。

3)含沙量沿程变化。

在断面 JB029～JB078 共 45km 河段,选择 36 固定断面。针对库区的各个断面,在相对水深 0.0、0.1、0.2、0.3、0.4、0.5、0.6、0.7、0.8、0.9、1.0 等 11 个点含沙量、颗分取样。

根据含沙量测定实验结果,绘制库区断面深泓处垂线平均含沙量沿程对比图,见图 5.1-24。经分析,发现断面 JB074 平均含沙量最大,为 0.082kg/m³;断面 JB060～JB078 的含沙量较大,均值为 0.05kg/m³,而接近坝前的 16 个断面——断面 JB029～JB059 的含沙量较小,均值为 0.017kg/m³。

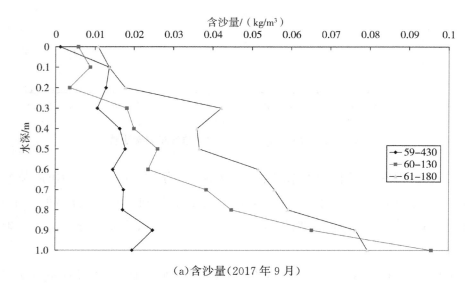

(a)含沙量(2017 年 9 月)

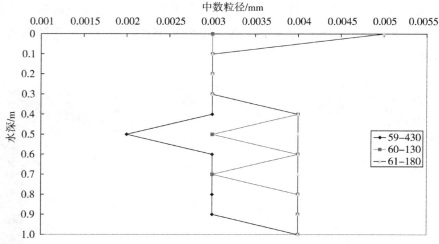

(b)中数粒径(2017 年 9 月)

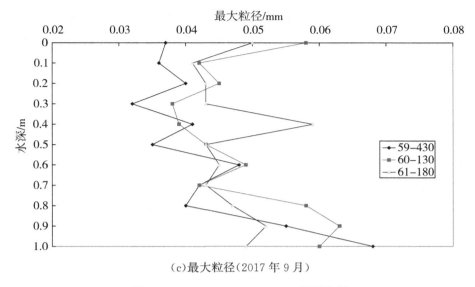

（c）最大粒径（2017 年 9 月）

**图 5.1-23  JB059、JB060、JB061 断面中泓**

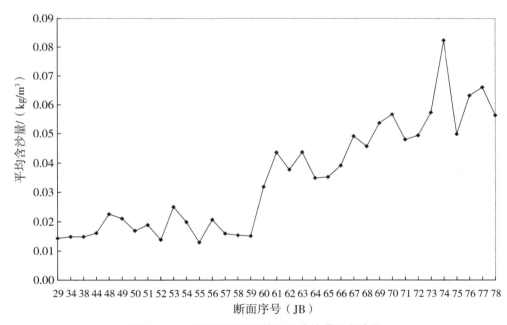

**图 5.1-24  测区深泓处垂线平均含沙量沿程变化**

库区断面深泓处垂线各测点最大含沙量沿程对比图，见图 5.1-25。分析发现，断面 JB074 底部含沙量最大，为 0.196kg/m³；断面 JB060～JB078 的最大含沙量较大，为 0.068～0.196kg/ m³；断面 JB029～JB059 的最大含沙量较小，为 0.019～0.049kg/ m³。

4）颗粒级配沿程变化。

总体上，泥沙颗粒中值粒径纵向上呈现离坝近的断面中值粒径小，库区中段和库尾中值粒径稍大的形态；垂向上呈现底层大，表层小的规律。断面 JB072 的底层 H0.9 测点出现了最大的粒径，为 0.23mm。其中数粒径、最大粒径沿程变化分别见图 5.1-26、图 5.1-27。

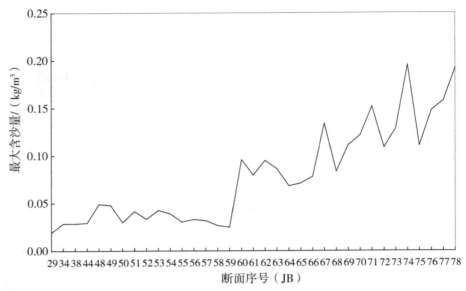

图 5.1-25  测区深泓处垂线最大含沙量沿程变化

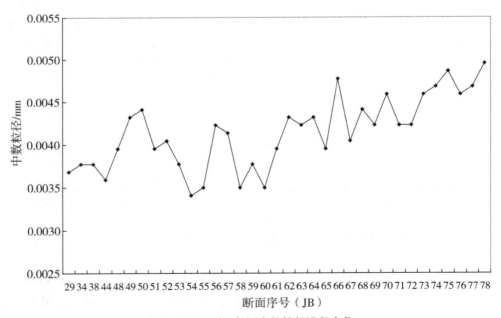

图 5.1-26  测区断面中数粒径沿程变化

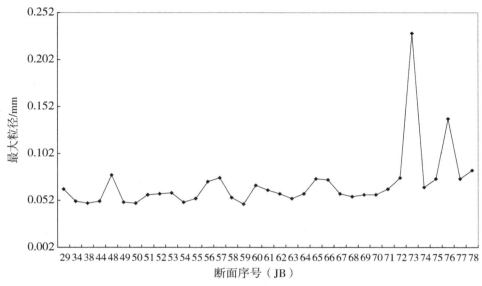

图 5.1-27　测区断面最大粒径沿程变化

## 5.2　推移质泥沙监测

推移质泥沙是河流总输沙量的重要组成部分,但推移质泥沙监测一直是泥沙测验工作的薄弱环节。为了及时地为河道、航道整治,水利工程的规划设计及河床演变的研究提供资料,开展推移质测验十分重要。

### 5.2.1　推移质运动特性

河流中的推移质泥沙一般是指沿河床以滚动、滑动、跳跃形式运动的泥沙。这部分泥沙经常与床面接触,运动着的泥沙与静止的泥沙经常交换,运动一阵,停止一阵,呈间歇性向前运动,前进速度明显小于水流速度。从河床到水面,泥沙的运动是连续的。推移质泥沙与悬移质具有不同的运动状态,遵循不同的运动规律。推移质与悬移质、推移质和床沙之间均可相互转化。在同一水流条件下,推移质中较细的部分与悬移质中较粗的部分构成彼此交错状态。就同一粒径组来说,泥沙在某一河段可能表现为静止不动的床沙,也可能在不同的水流条件下表现为推移质或悬移质运动。推移质的间歇运动实质上是泥沙颗粒在不同时期,分别以推移质及床沙的面貌出现,当它转化为床沙时就出现了间歇运动。在水流较强时,一部分床沙也可转化为推移质。

影响推移质运动的因素主要有河段的水力条件(流速、比降、水深等)、河床组成(床沙颗粒大小、形状、排列情况等)以及上游泥沙补给等。这些因素中,任何一项发生变动都会引起推移质输沙率的变化。在相同的水力条件下,输沙率可能相差几倍、几十倍甚至上百倍。推移质运动是一个随机现象,随时间脉动剧烈,即使在水力条件和补给条件基本不变的情况下,输沙率也是忽大忽小的。由于推移质输沙率变化与流速的高次方成正比,因此推移质输沙量主要集中在汛期,特别是几场大洪水过程中。由于河道上推移质输沙率横向分布也非常不均匀,一般是某一部分运动强烈,而在其他位置推移质输沙率却很小,甚至为零。因此,推移质强烈输移的宽度比河宽小得多,有明显的成带输移特性。

由于推移质运动极其复杂,特别是推移质泥沙主要集中在洪水期间输移,洪水浑浊,水势凶猛,导致推移质测验难度较大。虽然在河流中,推移质泥沙与悬移质相比,数量较少,但是推移质带来的危害比悬移质所带来的有过之而无不及。为尽量避免或减轻推移质带来的危害,弄清推移质输沙量及推移质运动规律尤为重要。虽然目前确定推移质输沙量的方法主要有三种:水槽输沙实验、推移质输沙率公式计算和现场测验,但采用直接现场测验方法仍然是确定推移质输沙率的一种不可替代的方法。

## 5.2.2 主要测验方法

目前国际国内通用的推移质泥沙测验方法主要分为两种:一种是直接测量法,另一种是间接测量法。直接测量法是根据各种尺寸和结构的采样器和装置来测验推移质的方法。间接测量法是应用物理原理来间接推算推移质输沙量的方法。不同的测验方法有不同的适应条件,其各有优缺点。

### 5.2.2.1 直接测量法

直接测量法分为器测法和坑测法。器测法是利用专门设计的机械装置或采样器,直接放到河床上测取推移质泥沙的方法。坑测法是在河床上沿横断面设置若干个固定式测坑或测槽来测量推移质泥沙的方法。国内外有代表性的采样器见表5.2-1。

(1)器测法

目前世界各国使用的推移质采样器种类繁多,归纳起来,主要分为网篮式采样器、压差式采样器和盘盆式采样器。

1)网篮式采样器。

该仪器通常用于施测粗颗粒推移质,如卵石、砾石等。仪器两壁、上部和后部一般由金属网或尼龙网所覆盖,底部为硬底或软网,软网一般由铁圈或其他弹性材料编制而成,以便较好地适应河底地形变化。国外代表性采样器主要有瑞士 Swics Federal Anthaity 采样器,国内代表性采样器主要有长江委研制的 Y64 型采样器、Y802 型采样器,成都勘测设计研究院(简称成勘院)研制的 AWT160 型采样器,以及四川省水文局研制的 MB2 型采样器。

表 5.2-1

**国内外有代表性的采样器统计**

| 类别 | 型号 | 主要尺寸/cm 口门 宽 | 主要尺寸/cm 口门 高 | 主要尺寸/cm 总长 | 总重/kg | 平均效率/% 水力 | 平均效率/% 采样 | 适用范围 水深/m | 适用范围 流速/(m/s) | 适用范围 粒径/mm | 研制单位 |
|---|---|---|---|---|---|---|---|---|---|---|---|
| 网篮式 | Y64 | 50 | 35 | 180 | 280 | 89 | 8.62 | <30 | <4.0 | 8~300 | 长江委 |
| 网篮式 | Y802 | 30 | 30 | 120 | 200 | 93 | | <30 | <4.0 | 1~250 | 长江委 |
| 网篮式 | AWT160 | 50 | 40 | 200 | 250 | | | <5.0 | <4.0 | 5~450 | 成勘院 |
| 网篮式 | MB2 | 70 | 50 | 340 | 734 | 90 | | <6.0 | <6.5 | 5~500 | 四川水文局 |
| 网篮式 | Swics Federal Anthaity | | | | | | 45 | | 2.0 | 10~50 | 瑞士 |
| 网篮式 | AYT300 | 30 | 27 | 190 | 320 | 102 | $48.5G_A^{0.058}$ | <40 | <4.5 | 2~200 | 长江委 |
| 压差式 | Y78-1 | 10 | 10 | 176 | 100 | 105 | 61.4 | <10 | <2.5 | 0.1~10 | 长江委 |
| 压差式 | Y901 | 10 | 10 | 180 | 250 | 102 | | <30 | <4.0 | <2.0 | 长江委 |
| 压差式 | HS | 7.62 | 7.62 | 95 | 27 | 154 | 100 | | | 0.25~10 | 美国 |
| 压差式 | TR2 | 30.48 | 15.24 | 180 | 200 | 140 | | | | 1~150 | 美国 |
| 压差式 | VUV | 45 | 50 | 130 | | 109 | 70 | | <3.0 | 1~100 | 美国 |
| 盘盆式 | Polyakov | | | | | | 46 | 小河 | <2.0 | <2.0 | 苏联 |
| 盘盆式 | 东汉河装置 | | | | | | 100 | | | <10 | 美国 |
| 槽坑 | 坑测器 | 变动 | | | | | | <10.0 | <2.0 | <2.0 | 江西省水文局 |

长江上游卵石推移质测验始于 1955 年,长江水利委员会以水验〔55〕字第 470 号文部署了寸滩水文站卵石推移质的取样实验。由于当时国内没有可供长江上游使用的卵石推移质采样器,1956 年,寸滩站用波里亚可夫式、顿式、荷兰式采样器做了一些试测工作,但是这些采样器在寸滩站基本取不到卵石推移质。因此,国内研究者综合顿式、荷兰式两种仪器的优点,设计了一种名为综合式推移质采样器的新型设备,并在寸滩站进行了试验。

1964 年 4 月,寸滩站综合了国外已有的一些采样器型式,设计了 Y64 型软底网式卵石推移质采样器(简称 Y64 型采样器),此采样器后期陆续在万县、朱沱、奉节、溪洛渡推移质试验站得到使用。

Y64 型采样器为软底网式结构,直立口门,口门宽 500mm,高 350mm,主要由垂直双尾翼、水平尾翼、框架、底网、加重铅块等组成。器身长 900mm,仪器全长 1800mm,重约 280kg。底网孔径 10mm,由钢丝圆环编制而成,能较好地伏贴河床。Y64 型采样器示意图见图 5.2-1。Y64 型采样器的主要优点是其底部为软底网式,避免了采样器的硬质底板不伏贴河床的情况。

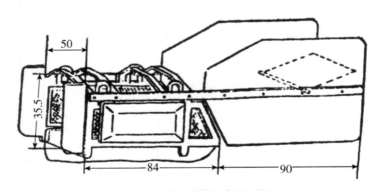

图 5.2-1　Y64 型采样器示意图(单位:cm)

由于测验仪器缺失,长江上游各站均没有收集到 1～10mm 粒径的砾石推移质实测资料。鉴于三峡工程设计中急需长江上游砾石推移质测验成果,长江委于 20 世纪 80 年代研制出 Y802 型砾石推移质采样器,主要用于测验 1～10mm 粒径的砾石推移质。采样器口门宽为 300mm,口门高为 300mm,器身长 600mm,全长 1200mm,总重 200kg,底网铺孔径为 1mm 的尼龙网布,同时在背网处连接 1mm 孔径的尼龙网盛沙袋。Y802 型采样器示意图见图 5.2-2。

2)压差式采样器。

压差式采样器主要是基于负压效应,将采样器出口面积设计成大于进口面积,从而形成压差,增大进口流速系数。国外有代表性的采样器主要有 VUV 型采样器、HS 型采样器;国内有代表性的主要有长江委研制的 Y78-1 型采样器、Y901 型采样器、

AYT300 型采样器。

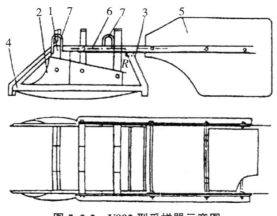

图 5.2-2　Y802 型采样器示意图

1.框架；2.加重铅；3.背网；4.底网；5.尾翼；6.连杆；7.吊环

对于长江上游山区河流，为了测取 2mm 以上的砾卵石推移质，一般需要用两种采样器分别测取砾石和卵石，如寸滩水文站分别采用 Y64 型采样器施测卵石推移质、Y802 采样器施测砾石推移质。若能基于综合网式采样器和压差式采样器各自优点，研制出一种采样效率相对较高，样品代表性好，并能同时施测 2mm 以上的砾石和卵石推移质的采样器，将保证成果质量、减少工作量，具有明显的经济效益。为解决这类问题，长江委 20 世纪 90 年代研制了 AYT300 采样器施测卵石推移质。

AYT300 型采样器器身分为口门、控制、扩散三段。口门长 270mm，口门宽 300mm，口门高 270mm。为减小水的阻力，口门呈 45°斜口形。器身长 1900mm，重 320kg。其特点是利用进口面积与出口面积的水动压力差，增大器口流速，使器口流速与天然流速接近，达到采集天然样本的目的。口门段软底采用板块网，由 6mm 厚的小钢板和钢丝圈连接而成。AYT300 型采样器示意图见图 5.2-3。AYT300 型采样器于 1998 年首先在乌江武隆水文站进行了测验，此后陆续在金沙江三堆子水文站、向家坝水文站、嘉陵江东津沱水文站、乌江武隆水文站以及三峡水库变动回水区江津河段、溪洛渡电站 6 号导流洞得到使用。

长江沙质推移质泥沙测验始于 20 世纪 50 年代，使用的仪器有荷兰（网式）、波利亚柯夫（盘式）和顿式采样器。由于这些采样器存在口门不伏贴河床，口门附近产生淘刷，不能取得代表性沙样等缺点。因此，长江委在 20 世纪 60 年代暂停了沙质推移质测验，并组织研制新的测验仪器。经过多年努力，Y78-1 型采样器研制成功，并先后在宜昌、南津关等站得到使用。Y78-1 型采样器体型庞大，阻水作用大，仅适合垂线平均流速小于 2.5m/s，水深小于 30m 的沙质河床上施测沙质推移质。长江上游水利水电工程的规划设计以及运行管理急需沙质推移质资料，而当时没有适合长江上游大水深、高流速以及沙卵石河床组成条件下的采样器,于是长江委在 1990 年启动了 Y90 型沙质推移质采样器的研制工作。Y90 型沙质推移质采样器主要由器身、浮筒、护板、加重铅块、平衡注铅钢管、垂直及水平尾翼组成,采样器示意图见图 5.2-4。仪器总长 1845mm,重 126kg。器身由 2mm 不锈钢板制成,前段进水管为矩形,截面积基本相等,进水口宽 × 高为 100mm×100mm,器身后段为扩散段,向四周

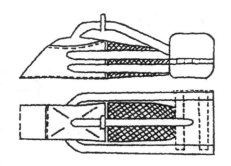

图 5.2-3 AYT300 型采样器示意图

扩张,兼具集沙和产生负压功能;扩散段顶部呈弧形,与渐变管相似,使水流不在顶部产生旋涡;尾部出口宽 200mm,高 90mm,尾墙高 180mm;头部铅块为流线形,器身两侧为注铅钢管,主要起加重和平衡作用;浮筒浮力约 2.5kg,可使器口更好地伏贴河床;器口底部为护板,前宽后小近似呈矩形,可以缓解仪器在松软床面下陷。

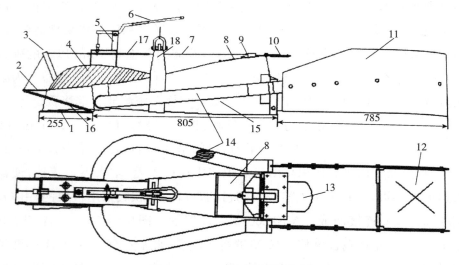

图 5.2-4 Y90 型采样器示意图

1.护板;2.前盖板;3.支柱;4.加重铅块;5.开关支架;6.锤击杠杆;7.拉绳;8.冲沙门;9.滑块;10.后盖门;11.垂直尾翼;12.水平尾翼;13.浮筒;14.平衡注铅钢管;15.器身;16.前门拉簧;17.连接块;18.悬吊架

3)盘盆式采样器。

盘盆式采样器有开敞式和压差式两种,仪器的纵剖面为楔形。推移质从截沙槽上面通过,并被滞留在由若干横向隔板隔开的截沙槽内。代表性的采样器主要有 Polyakov 采样器和美国的 SRIH 采样器。

（2）坑测法

1）固定式测坑法。

固定式测坑为用钢板或其他材料做成,沿横断面布设在河床上的矩形箱。这种方法多用于洪水涨落快的小河或溪沟。一次洪水后在河床上测量出的坑内淤积的推移量,即为一次洪水期间的总推移量。但淤积物不能将坑填满或溢出坑外,因为这种情况出现就不能确定淤积过程的时间,也无法确定洪水期的总推移量。测坑前面应做成混凝土的护坦,防止泥沙的局部冲刷和堆积。密切尔曾用 8 种粒径的泥沙在水槽中试验,观测到上游来沙较多,超过水流挟沙力,护坦面上形成沙波向测坑前进,沙波到达测坑时,一部分泥沙进入坑内,另一部分泥沙则跳跃过去。虽然天然河道中护坦面光滑使水流局部加速,护坦面不容易形成沙波,但护坦面必须足够长。

江西省赣江蒋阜水文站曾开展过坑测法的测验,结果表明,该类仪器只适合水浅、流速低的小河道使用,且不能测出推移质的变化过程,只能求出一次洪水后的总推移量。

2）槽坑法。

将一些槽形或坑形的机械装置沿横断面装在河床上,使运动的推移质泥沙落入滞留的槽或坑内,在一定时间后取出沙样,并分析确定其输移量和颗粒级配。有代表性的槽坑法包括美国东汉河槽式测验法。这种方法虽然测量结果的精度比较高,但是设备比较笨重复杂,费用较高,一般也只用于小河道,主要供率定推移质采样器的采样效率使用。

### 5.2.2.2　间接测量法

（1）沙波法

当河床形状为沙波形式时,可采用河流纵断面测深的方法,测出沙波形状和有关参数,如沙波平均运动速度、波高、波长,然后计算出单宽输沙率。

沙波法测验时,测验河段的选择至关重要。宜选择河段比较顺直,水深大体一致,河床几何形态没有大的变化的区域。最好选择沙波向下游传播轴线与河岸平行的河段。河床坡度要求均匀一致,在横断面方向的坡度最好为零。可以先进行野外查勘工作,在河段内采用粗略的方法测深,方格线平行于河岸和断面以解沙波的波长和振幅,以及横断面方向的地形变化。

（2）体积法

一些水库淤积物主要为推移质堆积而成,需要定期测量河口淤积的三角洲或水库的淤积物测量体积,以推算长时段的平均推移质输沙率。使用体积法的前提是弄清淤积泥沙的主要来源,在计算推移质输沙率时,必须将其他来源的沉积泥沙数量以及悬移质淤积数量从淤积体中扣除。使用体积法时,若推移质输沙率本身不大,则两次测量要隔相当长的时间,才能得到时段平均推移质输沙率,且测验精度与测深仪器精度有较大关系。体积法的缺点是不能测出推移质输沙率的过程变化,只能得到某一长时段的推移质平均输沙率。该方法一般只适用于回水末端位置比较固定、库尾三角洲推移质淤积十分典型的水库。

（3）差测法

差测法是在河道河段相距不远处选择两个断面,一个断面有推移质和悬移质两种泥沙运动,另一个断面利用人工的或自然的紊流,使所有运行的泥沙转化为悬移质。在这两个断面同时施测悬移质泥沙,紊流断面的悬沙量减去基本断面的悬沙量,即为上一个断面的推移质输沙量。采用差测法测量时,推移质沙粒应在 2mm 以下,两个断面之间应有比较稳定的推移质输沙率。

（4）光测法

如果从水面可以清楚看到河床,那么可以使用照相技术,得出推移质的运动轨迹。在大颗粒泥沙运动时,可以采用声学传感器和记录设备测量推移质运动轨迹,从而推算推移质输沙率。

（5）示踪法

示踪法是将容易辨别的示踪粒子放置在河床上,并在一定时间内进行监测,以此来推算推移质输沙率。常用的示踪粒子有荧光、放射性同位素和稳定性同位素示踪粒子。我国采用放射性同位素作为示踪物,在长江上游干流寸滩水文站进行过标志卵石运动的观测,并取得了一些研究成果。

（6）岩性调查法

推移质泥沙是流域岩石风化、破碎,经水流长途搬运磨蚀而成,其岩性（矿物成分）与流域地质有关。如果通过某些方法得到某一支流的推移量,而此支流的推移质岩性又与干流和其他支流的岩性有显著差别,就可以通过岩性调查,求出干流和其他支流的推移量。

（7）ADCP 测量法

采用 ADCP 技术,在测量流速的同时,利用底部跟踪和反向散射功能测量推移质的运动速度,以此来推算推移质输沙率。Gaeuman 和 Jacobson 在密苏里河（Missouri River）采用 ADCP 测量过推移质运动。ADCP 测量法是近年来发展起来的推移质测验新技术。

（8）声学法

在大颗粒泥沙运动时,采用声学传感器和记录设备,测量颗粒之间相碰撞的声音。该方法的主要设备是音响器,利用音响器将颗粒碰撞声音的强度放大并记录。国内外均有单位进行了音响器的研制。音响器虽然可以辨别有无推移质运行,但如何将声音的频率转化为推移量,目前还没有一种比较完善的仪器。因此,音响器只能作为施测推移质的辅助设备。

### 5.2.3　推移质勘测调查

推移质泥沙是河流总输沙量的重要组成部分,而推移质泥沙测验一直是泥沙测验工作的薄弱环节。为了及时地为河道、航道整治,水利工程的规划设计及河床演变的研究提供资料,若河道未进行推移质泥沙测验,可进行推移质勘测调查。勘测调查的目的是了解推移的来源、去路和推移量。

#### 5.2.3.1　推移质勘测调查的主要内容

调查的主要内容包括推移质特性调查,推移质洲滩调查,河道、洲滩疏浚、开挖量调查,推移质输移量调查。

调查的时机宜选在枯水季节(河流的洲、滩均露出水面)。

#### 5.2.3.2　推移质特性调查

1)推移质特性调查内容主要包括推移质颗粒级配组成、岩性组成、颗粒形态特征等。

2)推移质特性调查之洲滩调查代表性选择应满足如下要求。

a.选择中洪水能淹没的洲滩。

b.选择大支流和推移质来量较多的小支流,溪沟汇口处(或下游附近)的洲滩。

c.选择干流上较大或变化较大的洲滩。

d.调查洲滩在沿程分布上尽可能均匀。

3)推移质特性调查取样点的选择。

在确定调查的洲滩上,选择目测颗粒级配有代表性的位置取样,一般在洲滩头部、中部、尾部各选一个取样点。沙样颗粒形态分析应测量每颗卵石的长($l$)、宽($b$)、高($h$),并用量筒盛水测量每颗卵石的体积。卵石形态采用平均直径($D_{cp}$)、当量直径($D_v$)、扁圆系数($\lambda$)和表面磨光度等参数进行描述,根据式(5.2-1)~式(5.2-3)和表 5.2-2 鉴定磨光度。

$$D_{cp} = (l + b + h)^{\frac{1}{3}} \tag{5.2-1}$$

$$D_v = \left(\frac{6}{\lambda}V\right)^{\frac{1}{3}} = 1.24V^{\frac{1}{3}} \tag{5.2-2}$$

$$\lambda = \sqrt{lb/h} \tag{5.2-3}$$

式中,$l$——卵石长,m;

  $b$——卵石宽,m;

  $h$——卵石高,m;

  $V$——卵石体积,m³。

表 5.2-2 卵石磨光度鉴定

| 磨光度 | 表面棱角情况 |
|--------|--------------|
| Ⅰ棱 | 棱角分布在全部表面 |
| Ⅱ次棱 | 大部分表面有棱角,小部分表面磨光 |
| Ⅲ次圆 | 大部分表面磨光,小部分表面有棱角 |
| Ⅳ圆 | 无棱角,全面磨光 |

### 5.2.3.3 推移质洲滩调查

推移质洲滩调查主要包括推移质洲滩的分布及特征、洲滩演变和洲滩上卵石运动情况。推移质洲滩的分布及特征调查目的是查清洲滩的数量、位置及大小,有条件的应在水道地形图上描述,无条件的在现场绘草图描述。描述的内容应包含:

1)洲滩的平面位置,形态、大小及滩顶的最大高程。

2)洲滩覆盖物的组成(卵石、卵石夹砂、砂等)及其在洲滩上的分布。

3)洲滩上覆盖物的堆积特征,即卵石在洲滩上是成排堆积或不成排列堆积及其颗粒特征。

4)滩面上是否形成卵石波、沙波,波的特征及滩面植被情况等。

推移质洲滩演变调查,主要是通过访问、调查历史资料了解洲滩形成、发展、消失的年代及原因。人类活动引起洲滩变化的调查,主要应查清以下情况:

1)洲滩上、下滩附近水工(河工)建筑物导致洲滩的发展或消失。

2)洲滩围垦造地情况。

3)在洲滩上开挖建筑材料的规模、数量以及开挖后次年的回淤情况。

### 5.2.3.4 卵石推移质输移量调查

卵石推移质来源调查。将调查河段的卵石特性(主要是岩性)与河段上游地质图、地貌(含水系)图进行对比分析,可以定性地确定卵石特性有明显差异(岩性、级配、形态、磨光度等)的补给区。

卵石推移量可按式(5.2-4)～式(5.2-6)计算。

$$Q_i^{\text{下}} = Q_i^{\text{上}} + Q_i^{\text{支}} \tag{5.2-4}$$

$$Q_i^{\text{下}} P_{ij}^{\text{下}} = Q_i^{\text{上}} P_{ij}^{\text{上}} + Q_i^{\text{支}} P_{ij}^{\text{支}} \tag{5.2-5}$$

$$\lambda_i = \frac{Q_i^{\text{支}}}{Q_i^{\text{下}}} = \frac{P_{ij}^{\text{下}} - P_{ij}^{\text{上}}}{P_{ij}^{\text{支}} - P_{ij}^{\text{上}}} \tag{5.2-6}$$

式中，$Q^{\text{支}}$——某支流卵石推移量；

$\quad\quad Q^{\text{上}}$、$Q^{\text{下}}$——支流汇入处干流上、下游卵石推移量；

$\quad\quad Q_i^{\text{支}}$、$Q_i^{\text{上}}$、$Q_i^{\text{下}}$——第 $i$ 组粒径的卵石推移量；

$\quad\quad P_{ij}^{\text{支}}$、$P_{ij}^{\text{上}}$、$P_{ij}^{\text{下}}$——第 $i$ 组粒径中第 $j$ 种岩性卵石所占质量百分比。

$\quad\quad \lambda_i^{\text{支}}$——支流第 $i$ 组粒径卵石推移量占干流第 $i$ 组粒径卵石推移量的百分比。

将式(5.2-6)求和，可得到支流卵石推移量占干流推移量的百分比。

$$\lambda^{\text{支}} = \sum_{i=1}^{n} \lambda_i^{\text{支}} = \sum \frac{P_{ij}^{\text{下}} - P_{ij}^{\text{上}}}{P_{ij}^{\text{支}} - P_{ij}^{\text{上}}} \tag{5.2-7}$$

若调查河段较长，有多条支流入汇，可从下至上逐步计算。利用以上公式，只能算出支流卵石失衡量的入汇百分数。如果要算出各支流区间卵石推移量，就必须知道调查河段内任意支流或干流任意处的推移量。

卵石推移量的调查可采用以下方法：

1)在调查河段范围内(包含支流)，若有施测推移质的测站，则以该站的推移量作为推算干支流其他部位的推移量。

2)调查钻探资料估算卵石推移量需要计算河段内有一定数量的钻孔资料，可按下式估算推移量：

$$V = \frac{ALK}{N} \tag{5.2-8}$$

式中，$V$——年推移量，$\text{m}^3$；

$\quad\quad A$——河床卵石覆盖平均面积，$\text{m}^2$；

$\quad\quad L$——钻孔河段长，$\text{m}$；

$\quad\quad K$——覆盖层中泥沙含量，%。

3)河道采砂、疏浚卵石推移量估算，可依据相关资料估算，或现场估计卵石推移宽和淤积物卵石、沙的含量。按下式粗略估算卵石推移量：

$$V = \frac{V'_i B}{B'_i} \tag{5.2-9}$$

式中，$V'_i$——采砂、疏浚量，$\text{m}^3$；

$\quad\quad B'_i$——开挖宽，$\text{m}$；

$\quad\quad B$——有效推移宽，$\text{m}$。

4)调查支流水库各年实测的淤积量和淤积物粒配并组成资料，计算出卵石推移质输移量。

5)若调查河段有水文测站提供断面、流速等资料，应结合洲滩取样泥沙分析成果,采用式(5.2-10)~式(5.2-15)估算推移质输沙量,并进行比较分析。

a. 沙莫夫公式:

$$g_b = 0.95 d^{\frac{1}{2}} (U - U'_c) \left(\frac{U}{U'_c}\right)^3 \left(\frac{d}{h}\right)^{\frac{1}{4}} \tag{5.2-10}$$

$$U'_c = \frac{1}{1.2} U_c = 3.83 d^{\frac{1}{3}} h^{\frac{1}{6}} \tag{5.2-11}$$

$$g_b = \partial D^{\frac{2}{3}} (U - U'_c) \left(\frac{U}{U'_c}\right)^3 \left(\frac{d}{h}\right)^{\frac{1}{4}} \tag{5.2-12}$$

式中,$U_c'$——止动流速,m/s;

　　$g_b$——推移质单宽输沙率;

　　$U_c$——泥沙运行速度为 0 时的水流平均流速,相当于起动流速,m/s;

　　$h$——水深,m;

　　$d$——泥沙粒径,m。

b. 武汉水利水电学院(现武汉大学水利水电学院)公式:

$$g_b = 0.00124 \frac{\alpha \gamma' U^4}{g^{\frac{3}{2}} h^{\frac{1}{4}} d^{\frac{1}{4}}} \tag{5.2-13}$$

式中,$\alpha$——体积系数,为 0.4~0.5。该公式所根据的资料一部分来自实验室,一部分来自天然河流测量。其计算结果的精度已得到武汉水利水电学院水槽试验结果初步验证,粒径范围较窄(0.039~2.16mm)。

c. 梅叶-彼德公式:

$$g_b = 8 \frac{\gamma_s}{\gamma_s - \gamma} \left(\frac{\gamma}{g}\right)^{-\frac{1}{2}} \left[\left(\frac{n'}{n_t}\right)^{\frac{3}{2}} \gamma h J - 0.047(\gamma_s - \gamma) d\right]^{\frac{3}{2}} \tag{5.2-14}$$

$$n_t = \frac{J^{\frac{1}{2}} R I^{\frac{1}{2}}}{U} \tag{5.2-15}$$

$$n' = \frac{d_{90}^{\frac{1}{6}}}{26} \tag{5.2-16}$$

式中,$n_t$——曼宁糙率系数;

　　$n'$——河床平整情况下的沙粒曼宁糙率系数;

　　$J$——河床比降;

　　$R$——水里半径,m;

　　$U$——断面平均流速,m/s;

　　$h$——水深,m;

　　$\gamma_s$、$\gamma$——泥沙、水的容重,N/m³。

## 5.2.4　推移质输沙率测验

与悬移质测验相比,推移质采样器仪器尚不够完善。关于测沙垂线的布设、取样历时、测次布置等试验资料较少,测验误差的研究相对少,成熟的技术和测验经验不足,测验精度相对较低,目前在我国开展测验的测站数量也较少。

### 5.2.4.1　推移质测验的主要内容

1)测定各垂线起点距。

2)测定各垂线的输沙率,并记录相应的施测时间。

3)测定各垂线的泥沙颗粒级配。

4)观测基本水尺或测验断面水尺的水位。

5)沙质河床应观测垂线水深、垂线流速、床沙颗粒级配、悬移质含沙量和泥沙颗粒级配、水面比降等,卵石河床可根据需要进行上述有关项目的观测。

### 5.2.4.2　推移质输沙率测次布设

推移质输沙率的测次主要布设在汛期,应能控制洪峰过程的转折变化,并尽可能与悬移质、流量、河床质测验同时进行,以便于资料的整理、比较和分析。

推移质输沙率一般采用过程线法或水力因素法布置测次。可根据河床组成、资料使用要求或观测情况采用相应的方法。

1)过程线法。

主要用于推移质输移率的大小与水利因素关系不好,且精度要求较高的测站。长江上游干流各推移质测站资料表明,在水力条件相同的情况下,断面卵石推移质输移率可相差 10 倍以上。其原因除流速脉动外,主要与测站及上游河段的床面泥沙组成密切相关,即床沙对推移质的补给问题。若在测的前一个时期,河段处于淤积状态,河床细化,床面结构松散,测时输移率会较大;若处于冲刷状态,河床质粗化,床面形成紧密排列结构,抗冲能力强,测时输移率会大为减小。卵石推移质输移率的大小与水力条件、上游河段泥沙补给和河段冲淤引起床面结构变化等因素有关。建立卵石推移质输移率和水力因素单一关系一般较困难,测次布设一般按输移率随时间变化过程来掌握。

一年的洪峰过程主要由几个单峰组成,一般情况下,一年出现几个洪峰过程,相应也会出现几个推移质沙峰过程。根据相关的推移质资料分析,要测好一个单峰输沙率过程,大沙峰布设测次应不少于 5 次,中沙峰应不少于 3 次。大沙峰布设测次,峰谷(起涨、落平)各 1 次,峰腰涨水面 1~2 次,峰顶前 0.5~0.8m 处 1 次,峰腰落水面 1~2 次。中沙峰布设测次,峰谷(起涨、落平)各 1 次,峰腰涨水面至少 1 次,峰顶前 0.5～0.8m 处 1 次,峰腰落水面至少 1 次。

由于推移质输沙率与流速的高次方成正比,枯水期流量小,流速低,推移质输沙率很小甚至基本没有推移质运动,而汛期流速大,相应推移质输沙率也较大,故推移质测次主要布置在汛期。分析表明,长江上游干流各站在枯水期 11 月—次年 3 月一般没有推移质运动;汛期 5—10 月,在水位平稳期,由于流速及推移质输沙率变化不大,可 5～10 天测 1 次,当出现洪峰,可根据洪峰大小布置测次,若峰型复杂或持续时间较长,应适当增加测次;枯季 4 月由于推移质输沙率较小,测 1～2 次。

2)水力因素法。

水力因素法主要用于推移质输沙率的大小与水力因素关系相对较好,或对推移质变化过程不做要求、精度要求不高的测站。

由于沙质推移质粒径范围变窄,冲淤变化对输移率影响不很显著,输移率与水力因素存在较密切关系。因此,沙质推移质可以不随时间变化过程来布设测次,可按照流量级布设测次。为了提高输移量施测精度,在大输移率时加密测次。一般在汛期月测 3～4 次,每个沙峰至少 1 次,枯季月测 1～2 次。一般沙质推移质按照水力因素法布置测次,一般年测次在 30 次左右,基本能够满足定线要求。

水力因素可选择水位、水深、流量、流速等,从推移质运动成因考虑,一般流速或流量与推移质输沙率的关系更紧密一些。由于流速变幅比流量小,推移质输沙率与流速关系的指数比流量大,从定线角度来看,采用流量作自变量任意性更小一些。

根据以上分析,结合长江干流各推移质测站实际施测情况,及推移质测验规范,沙质推移质、卵石推移质断面输沙率测次按照如下要求布置。

1)沙质推移质(含沙砾石推移质)断面输沙率测次布置要求如下。

a. 一类站每年测次不应少于 20 次,在各级输沙率范围内均匀布置。当出现特殊水情或沙情时,应增加测次。

b. 二类站应在 3 到 5 年内每年测 5～7 次,在各级输沙率范围内均匀布置,并应测到相关水力因素变幅的 80%。当总测次达到 40 次时可停测。

c. 三类站在 3 到 5 年内总测次应不少于 6 次,且分布于各级水位。

2)卵石推移质(含砾卵石推移质)断面输沙率测次布置要求如下。

a. 一类站采用过程控制法进行测验整编时,测次布置应能控制输沙率的变化过程。每年测 50～80 次,其中 75%左右的测次应布置在各个沙峰时段。大沙峰布置测次应不少于 5 次,应测到最大输沙率,中沙峰应不少于 3 次,峰顶附近应布置测次。汛期水位平稳时 5～10 天测 1 次,枯季每月测 1～2 次。当采用水力因素法进行测验整编时,应在各级输沙率范围内均匀布设测次。应针对不同水情、沙情布置一定测次,年测次应不少于 30 次,当水情、沙情有特殊变化时,应适当增加测次,以满足定线要求。

b. 二类站应在 3 到 5 年内每年测 7～10 次, 且在各级输沙率范围内均匀布置, 并应测到相关水力因素变幅的 80%。当总测次达到 60 次时可停测。

c. 三类站在 3 到 5 年内总测次应不少于 10 次, 且分布于各级水位。

用水力因素法进行测验整编的一类站, 当有 10 年以上的测验资料, 并测到相关水力因素变幅的 90%, 且各年输沙率与水力因素关系线同历年综合线的最大偏离不超过 20% 时, 可按二类站要求施测; 当相关水力因素超过分析资料, 或受水利工程等人类活动影响改变了原来的水沙关系时, 应恢复按一类站要求施测。

### 5.2.4.3 取样垂线布设

取样垂线应布设在有推移质的范围内, 以能控制推移质输沙率横向变化, 准确计算断面推移质输沙率为原则。

推移质输沙率测验的基本垂线数应符合表 5.2-3 的规定, 推移质取样垂线最好与悬移质输沙率取样垂线相重合。在实际操作过程中, 若推移质输沙率较大, 施测一次推移质时间太长, 会影响流量和悬移质输沙率的测验, 如金沙江三堆子水文站推移质测量断面在流量测量断面下游 60m, 三堆子水文站流量及悬移质泥沙采用缆道施测, 而推移质测验需要缆道绳牵引, 造成其推移质测验断面和流量测验断面不重合。强推移带的垂线应密些, 并使最大部分输沙率小于断面输沙率的 30%。当按上述方法布置的基本垂线数仍不能控制断面输沙率横向变化时, 应增设垂线。相邻两垂线间距≥25m, 若其中一线的单宽输沙率推移质输沙率≥50g/(s·m), 且两线的单宽输沙率之差≥5 倍时, 应在中间增加垂线。

表 5.2-3 推移质输沙率基本垂线数

| 推移带宽/m | <50 | 50～100 | 100～300 | 300～1000 | >1000 |
|---|---|---|---|---|---|
| 垂线数 | 5 | 5～7 | 7～10 | 10～13 | >13 |

注: 推移边界垂线不计入本表垂线数。

### 5.2.4.4 强烈推移带确定

试验资料表明, 推移质在输移过程中存在输移带。由于推移质输沙率与流速高次方成正比。加上流速在断面上分布不均匀, 推移质输沙率在横向分布上很不均匀, 往往集中在一定的推移带内, 且特别集中于几根主要垂线, 形成断面上的强烈推移带。卵石推移质的横向不均匀性, 往往比沙质推移质更甚。

在主流附近分布着强烈的输移带, 其带宽较小, 但带宽内的输沙量占整个断面推移质带宽的比例较高。推移质实际布线过程中, 要特别注意强烈推移带的这个特点, 不然将对测验造成较大的影响。卵石推移质输移带按输移率大小可分为强烈推移带、一般推移带、弱推移带。在主流附近分布着强烈的输移带,带宽较小,约占全带宽的 1/4,而输移量占全带宽的 1/2~3/4。强烈输移带两旁是一般输移带,带宽约占全带宽的 1/3,输移量占总量的 1/5~1/3。一般输移带外是弱输移带,带宽占全带宽的1/3~1/2,而输移量所占比例甚微。由于各带输移率悬殊,各带间一般有明显转折点。沙质推移质输移带内输移率的分布类似于卵石推移质。由于流速对沙质推移质输移率的影响不如对卵石推移质显著,各带间转折点不明显,但强烈输移带内的输移量仍占全量的 50%~60%,而带宽仅占全带宽的 1/3。

强烈推移带需要根据所有推移质垂线的资料进行分析才能确定,长江上游山区河流的推移质测站均进行过分析来确定强烈推移带,以三堆子水文站卵石推移质强烈推移带分析资料为例进行介绍。

1)概况。

三堆子水文站卵石推移质测验采用 AYT 300 型卵石推移质采样器,适用流速小于 5m/s,水深小于 40m,粒径为 2~250mm。

卵石推移质测量断面在基本断面下游 60m,测量垂线共 10 条,起点距分别为 80m、95m、110m、125m、140m、155m、170m、180m、190m、200m。测验方式为每条垂线施测,两岸边两条垂线 80.0m、200m 取样两次,历时 3min,其余垂线均取样 3 次,历时 3min。若取样体积超过采样器总容积的 1/3 时,缩短历时增加测次。

2)垂线输沙量分析。

a.垂线单宽输沙率。

三堆子水文站垂线单宽输沙率有量的测次分布统计见表 5.2-4、图 5.2-5。

表 5.2-4　　　　　　　　　　　垂线有量的次数分布统计

| 垂线 | 80m | 95m | 110m | 125m | 140m | 155m | 170m | 180m | 190m | 200m |
|---|---|---|---|---|---|---|---|---|---|---|
| 2007 | 0 | 3 | 16 | 51 | 59 | 64 | 64 | 56 | 45 | 0 |
| 2008 | 0 | 5 | 23 | 41 | 48 | 63 | 63 | 56 | 49 | 0 |
| 2009 | 0 | 6 | 10 | 22 | 29 | 38 | 45 | 33 | 18 | 0 |
| 2010 | 0 | 1 | 2 | 8 | 24 | 36 | 47 | 25 | 10 | 0 |
| 2011 | 0 | 0 | 2 | 5 | 14 | 22 | 32 | 13 | 0 | 0 |
| 2012 | 0 | 3 | 8 | 8 | 34 | 48 | 50 | 44 | 24 | 0 |
| 2013 | 0 | 0 | 4 | 9 | 14 | 39 | 49 | 31 | 17 | 0 |
| 2014 | 0 | 2 | 8 | 18 | 41 | 53 | 59 | 57 | 41 | 0 |
| 2015 | 0 | 0 | 0 | 4 | 10 | 34 | 45 | 26 | 15 | 0 |
| 总次数 | 0 | 20 | 73 | 162 | 263 | 363 | 409 | 315 | 204 | 0 |
| 占比/% | 0 | 2.71 | 9.88 | 22.46 | 36.94 | 53.72 | 61.43 | 46.14 | 29.63 | 0 |

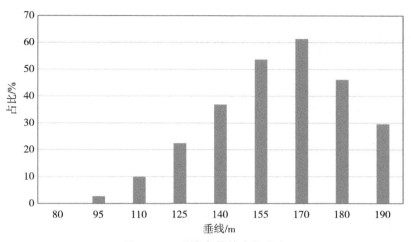

图 5.2-5　垂线有量的次数分布

三堆子水文站 739 次卵石推移质测验中,起点距 80m、95m、110m、125m、140m、155m、170m、180m、190m、200m,有量的次数分别为 0、20、73、166、273、397、454、341、219、0,占总次数的百分比依次为 0%、2.71%、9.88%、22.46%、36.94%、53.72%、61.43%、46.14%、29.63%、0%。三堆子水文站卵石推移质输沙率主要集中在起点距 110~190m。

b.月单宽输沙率。

实测资料中,统计起点距 110~190m 的垂线月输沙率之和占断面全月输沙率总和的比例超过 95%,起点距 80m、95m、110m、125m、140m、155m、170m、180m、190m、200m 出现频率依次为 0%、0、1%.96%、12.75%、27.45%、41.18%、41.18%、32.25%、14.71%、0%,统计见图 5.2-6。由此初步拟定三堆子水文站卵石推移质强烈推移带为 125~190m。

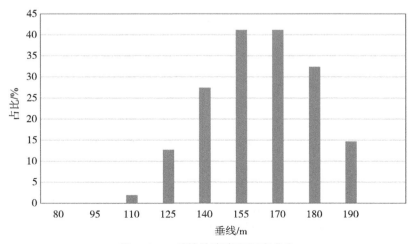

图 5.2-6　月输沙率出现频率分布

c. 年单宽输沙率。

实测资料中,统计起点距 110～190m 的垂线年输沙率之和占断面全年输沙率总和的比例在 95% 以上的情况,起点距 80m、95m、110m、125m、140m、155m、170m、180m、190m、200m 出现频率依次为 0%、0%、0%、55.56%、88.89%、100%、100%、100%、77.78%、0%,统计见图 5.2-7。由此确定出三堆子水文站卵石推移质强烈推移带为 125～190m。

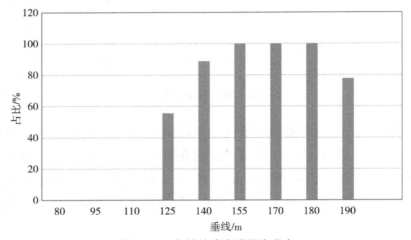

**图 5.2-7　年输沙率出现频率分布**

d. 垂线输沙率。

通过对三堆子水文站系列资料的统计和分析,得出垂线 80m、95m、110m、125m、140m、155m、170m、180m、190m、200m 的输沙率占年实测输沙率的权重(图 5.2-8),其中,起点距 125～190m 输沙率总和占全年实测输沙率总和的 98.73%。

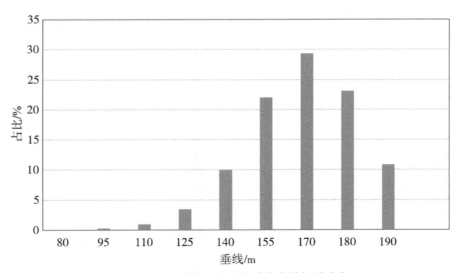

**图 5.2-8　垂线输沙率占年输沙率的权重分布**

3)年最大粒径。

统计资料显示,三堆子水文站年最大粒径出现在垂线 95m、110m、140m、180m 各 1 次,垂线 125m 出现年最大粒径 2 次,垂线 170m 出现年最大粒径 3 次,年最大粒径出现年份的随机性比较大(表 5.2-5)。因此,在本次强推带拟定时,不考虑年最大粒径的分布情况。

表 5.2-5　　　　　　　　　　年最大粒径统计

| 年份 | 测次 | 最大粒径/mm | 出现时间 | 起点距/m |
|------|------|-------------|----------|----------|
| 2007 | 46 | 223 | 9 月 9 日 | 140 |
| 2008 | 45 | 234 | 8 月 15 日 | 170 |
| 2009 | 39 | 250 | 7 月 28 日 | 170 |
| 2010 | 37 | 262 | 7 月 20 日 | 180 |
| 2011 | 32 | 282 | 7 月 15 日 | 125 |
| 2012 | 44 | 307 | 7 月 23 日 | 95.0 |
| 2013 | 43 | 208 | 8 月 2 日 | 110 |
| 2014 | 53 | 258 | 8 月 22 日 | 125 |
| 2015 | 63 | 224 | 8 月 28 日 | 170 |

4)强烈推移带的确定。

根据资料分析,三堆子水文站卵石推移质的强烈推移带垂线为 125m、140m、155m、170m、180m、190m,强烈推移带为 125～190m。

### 5.2.4.5　取样历时与重复取样次数

按等部分输沙率布线的方法,虽然可使断面输沙率误差最小。但在实际工作中,严格按等部分输沙率布设垂线很难做到。理论分析表明,均匀沙及级配固定的非均匀沙,在取样总历时相同的条件下,一次取样与多次重复取样的效果相同。弱推移带输移量少,在短暂的测验历时内,符合级配固定的非均匀沙条件,故可只取样一次。强烈推移质带由于输沙强度大,而采样器容积有限,如果一次采样容量超过有效容积的 1/3,不但会使采样器的采样效率发生变化,而且会将样品从尾部排出,从而影响成果质量。因此,强烈推移带应缩短取样历时,增加采样次数。为此,将等部分输沙率的布线原则扩展为:强烈推移带垂线密,弱推移带稀,测线间的输移率一般小于全断面输移率的 15%。每线重复取样次数可按照部分输沙率比例增加,或强烈推移带重复次数多,弱推移带重复次数少或只取一次。

断面输移率误差是由各测线输移率误差积累产生的。对断面而言,增加强烈带采样历时,减小非强烈带采样历时,可以提高大输沙率部分的精度,从而提高断面输沙率的精度。因此,根据已有长江上游干流推移质测验资料,推移质垂线的取样历时与重复取样次数主要按照如下原则设置。

1)为消除推移质脉动影响,需要有足够的取样历时并应重复取样。一般情况下,推移质垂线每次取样历时为 2～5min,在部分输沙率大于平均输沙率 5 倍的强推移带,垂线应取样 2 次。当所取沙样超过采样器规定的容积时,可缩短取样历时,取样 3 次,弱推移带垂线可取样 1 次。

2)一次断面推移质输沙率的测验历时不能过长。一般情况下,当沙峰过程在 3d 以上时,一次断面推移质输沙率的测验历时不宜超过 4h;当沙峰过程为 1～4d 时,不宜超过 3h;当沙峰过程小于 1d 时,不宜超过 1.5h。

### 5.2.4.6　推移质运动边界的确定

一般用试探法确定推移质运动的边界。做法是先将采样器置于靠近垂线的位置,若超过 10min 仍未取到泥沙,则认为该垂线无推移质泥沙,然后继续向河心移动试探,直至查明推移质泥沙移动地带的边界。对卵石推移质,还可用空心钢管插入河水,俯耳听声,判明卵石推移质运动边界,该法适用于水深、流速较小的河流。

在实际测验中,为缩短测验时间,推移质边界的确定可取两岸实测为零或河床为淤泥的垂线与相邻实测有量垂线起点距的平均值。

### 5.2.4.7　精密测验方法

精密测验是为了解推移质输沙率沿断面横向分布和垂线输沙率脉动规律,收集测验方法,研究和估算不确定度资料需要进行的试验性测验。需要进行精密测验的一类推移质泥沙测站,应按下列要求进行精密测验:

1)加密垂线测验应在大、中、小各级输沙率分别进行 3～5 次,垂线布置应按悬移质泥沙测验垂线中泓加密的方法布设。垂线数应符合表 5.2-6 的规定。

**表 5.2-6**　　　　　　　　　　　　加密测验垂线数

| 推移带宽/m | <50 | 50～100 | 100～300 | 300～1000 | >1000 |
|---|---|---|---|---|---|
| 垂线数/条 | 7 | 7～10 | 10～15 | 15～20 | >20 |

2)重复取样测验应选择有代表性的垂线,在大、中、小各级输沙率范围内,每级施测 2～3 次。卵石推移质重复取样 30 次,沙质推移质重复取样 15 次。

### 5.2.4.8　少线测验方法

当洪水期采样受到漂浮物威胁或输沙率变化急剧等特殊情况时,可用少线法测验,并遵守如下规定。

1)垂线数可减少为 3～8 条,减少后的垂线数及布置方法应经分析确定,并应符合表 5.2-7 的规定。

表 5.2-7　　　　　　　　　　　　　　　少线法测验垂线数

| 垂线数/条 | 保证率为 75% 的允许误差/% | | 年推移质允许的系统差/% | 年级配允许的标准差/% |
|---|---|---|---|---|
| | 卵石 | 沙质 | | |
| 5～8 | ±40 | ±20 | 3.0 | 5.0 |
| 3～4 | ±50 | ±30 | | 8.0 |

2)当布设 5 条以上垂线时,可直接计算推移质输沙率,否则应与推移质输沙率建立相关关系,经过系数换算求得推移质输沙率。

3)少线法测验的年测次不应超过年总测次的 30%,一个大沙峰的少线法测次不应超过该沙峰总测次的 50%,且不宜连续使用。

### 5.2.4.9　采取单样推移输沙率

卵石推移质采用过程线法进行测验,工作量大,一次测验历时较长,无法增加较多测次,要完全控制断面输沙率变化过程比较困难。若能在分析断面输沙率横向分布规律的基础上,找到有代表性的少量垂线进行推移质测验(单推测验),就可以大大缩短一次的测验时间,这样一天就可以进行多次测验,从而就可以较好地控制输沙率变化过程。

单推测验主要是为了控制推移质输沙率变化过程,以简化的方法进行日常测验。在这种情况下,进行断推测验的目的是建立断推与单推输沙率的关系,以实测单推资料推算单推成果,并由此计算各时段的输沙量。

分析表明,推移质输沙率单断关系具有如下形式。

$$Q_b = k \cdot q_b{}^n \tag{5.2-17}$$

式中,$Q$——断面输沙率,kg/s;

　　$q_b$——单推输沙率,kg/s;

　　$n$、$k$——指数和系数,根据实测资料确定。

为建立单样推移质输沙率与断面推移质输沙率的相关关系,以便用较简单的方法来控制断面推移质输沙率的变化过程,可在断面靠近中泓处选取 1～2 条垂线作为单样推移质取样垂线。这样在进行推移质测验时,可以同时进行单样推移质取样。基本原则是建立较稳定的单断关系,单推垂线一般选择强烈推移带垂线,且所选垂线数代表的部分输沙率之和应与断面输沙率差别不大。

### 5.2.4.10　沙样处理及现场测定颗粒级配

1)卵石推移质的沙样处理及现场测定颗粒级配要求如下。

a. 称量沙样总质量并进行校核。

b. 按规定的粒径组和分组方法测定分组粒径并称量各组沙重。

c. 当各垂线间距相等、施测历时相同时,所采集的泥沙样品可按全断面混合进行颗粒分析。在部分河宽内符合上述条件时,可按部分混合分析。

d. 沙样称重及野外颗粒级配测定,与"床沙颗粒级配分析及沙样处理"的规定相同。

e. 筛分最大粒径测量方法应符合下列规定:对粒径小于 64mm 样品,当样品的最大粒径在 2mm 及以下时,样品的最大粒径取最大颗粒所在分析筛孔径的上一级孔径值;当样品中的最大粒径在 2~16mm 时,只量取筛上最大颗粒的中轴粒径;当样品的最大粒径在 16mm 以上时,分别量取最大颗粒的长、中、短三轴,并称其质量填写记录,最大粒径取几何平均粒径。当遇三轴平均粒径小于中轴粒径,且小于分析上限粒径组的异形颗粒时,应采用中轴粒径作为最大粒径。当有某垂线卵石未参加断配计算而其为断面最大颗粒时,需将 $D$ 值备注于成果表中。对粒径大于 64mm 的卵石样品,宜采用尺量法分析,当粒径大于 64mm 的卵石样品数量较多时,可使用筛分法分析。

2)沙质推移质的沙样处理。

a. 以沙为主体并含有少量砾石或卵石的推移质和床沙样品的处理方法应符合下列规定:随机样本中有砾、卵石存在时,应分析原因后依规处理。对多数为 2.0mm 以下颗粒并含有少量卵石但不含砾石的样品,卵石不参加级配分析,仅在分析表备注栏中记录卵石颗数和最大一颗卵石粒径及质量。反之,若含有一定量的砾石和少量卵石的样品,则认为是连续,无论卵石多少均应参加级配分析。当样品为淤泥型,应采用水洗法或水析法进行颗粒分析备样。

b. 当沙样小于 1000g 时,应带回室内处理。沙样大于 1000g 时,可在现场用水中称重法测定干沙重,用式(5.2-18)计算:

$$W_s = KW'_s \qquad (5.2-18)$$

式中,$W_s$——总干沙质量,kg;

$W'_s$——泥沙在水中的质量,kg;

$K$——换算系数,各站应通过试验确定。

在进行金沙江河段沙质推移质测验时,需抽取不同质量的湿沙,现场称重,然后带回室内进行烘干称重。在干湿比测定时,全部测次不得少于 30 次,每月测次为 1~3 次。全年干湿比资料收集完成后,建立干沙—湿沙质量关系后,即可得到干湿比 $K$。一般每站两年率定一次干湿比,经试验,金沙江三堆子水文站干湿比为 0.76~0.78,见图 5.2-9。

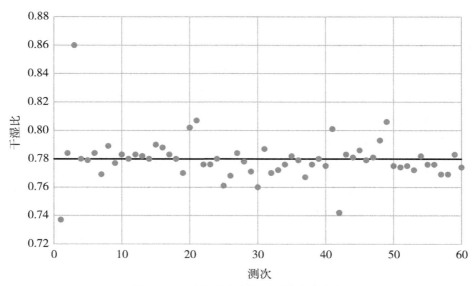

图 5.2-9　三堆子水文站干湿比率定分布

c. 现场称重后的沙样用插取法分样送回室内分析,沙质推移质颗粒级配分析采用分样后带回室内进行分析,筛分法的抽样沙重 3～50g。当某条垂线所测沙量较少时(小于 3g),是否进行级配分析应视所采用的分析方法及适应沙重而定,也可与相邻垂线合并进行分析。对不满足颗粒级配分析要求的垂线,可只称其沙重,参与断面输沙率计算,而计算该测次断面级配时则不考虑该垂线,只统计有实测级配成果的垂线。其他有关规定按《河流泥沙颗粒分析规程》(SL 42—2010)执行。

现场测定沙重的沙样,经校核或分组质量之和与总质量之差符合规定,可不保存;室内分析的沙样应保存到当年资料整编完成为止。

### 5.2.4.11　误差来源及控制

1)断面输沙率测验的误差主要来自测验方法、采样器性能、操作技术和沙样处理等方面,必须严格予以控制。

2)沙样处理的误差控制,应符合如下要求。

a. 分取颗粒分析样品的代表性和沙重,应满足泥沙颗粒分析的要求。

b. 在沙样处理过程中,应避免沙样损失或带入其他物质。

c. 天平、秤、分析筛筛孔直径、卡尺等,应按规定及时进行检校。

3)现场合理性检查应按如下规定进行。

a. 检查卵石推移质最大粒径出现的垂线是否合理,有无刮痕、青苔等,应分析决定是否重测。

b. 当输沙率较大,强推移带垂线取样有一次输沙率为零时,应再测一次。

c. 检查沙样分组质量之和与总质量之差,当差值超过 3% 时,应重新称重。

d. 强推移带发生变动时,应分析原因,必要时进行重测。

### 5.2.4.12  取样注意事项

1)取样前应全面检查仪器设施等,要保证取样时仪器不发生故障,机械附件齐全。同时应清除采样器内的泥沙或杂物,特别注意网孔,若网孔被泥沙或杂物堵塞时,必须洗刷干净。

2)取样前应大致了解施测地区河底情况,若试探到河底有岩石、陡坡等,应把测点的位置适当向前后左右移动,使仪器能安放于适宜的位置上。

3)用悬索悬吊采样器时,应注意仪器是否平衡(应使尾部稍低)。若不平衡,应及时调整,宜使尾部略先碰到河底。

4)为了使采样器正确地放在河底上,当接近河底时应小心缓放,并注意尽量减少放置过程中对河底泥沙的扰动。

5)仪器上提要均匀,不要忽快忽慢,防止猛提猛放,防止已取得的沙样被冲失。操作没有活门启闭的网式及软底式采样器时更应注意。

6)施测时,若感到仪器已到达河底,应立即开动秒表,并使悬索稍松,防止船或缆车的摆动时带动仪器在河底滑动或位置不正。一旦接近规定的施测历时,就先作准备,当时间一到,立即上提仪器。

7)当流速很大时,为避免采样器冲向下游过远,应使用拉索。

8)为消除泥沙脉动影响,必须固定每条垂线上的取样历时(一般不宜少于 60s),并在每条垂线上重复取样 2 次以上,取其平均值。

9)若重复取样所得的泥沙体积相差 2 倍以上(脉动强度很大的,可另定标准)时,则应进行重测。在计算时,应对那些偏差超过上述范围的沙样进行分析研究。若确认是测验误差,则应舍弃,并在备注栏中说明情况。

## 5.2.5  实测推移质输沙率计算

### 5.2.5.1  推移质输沙率计算的主要内容

用采样器测定推移质,其输沙率计算应包括下列内容:

1)计算垂线单宽输沙率及断面输沙率,统计断面实测最大单宽输沙率及相应垂线位置。

2)计算垂线及断面颗粒级配,绘制垂线及断面颗粒级配曲线。

3)计算断面平均粒径,查出断面的中值粒径及最大粒径。

4)计算断面推移质输沙率的相应水力因素。

### 5.2.5.2  实测垂线单宽输沙率计算

实测垂线单宽输沙率采用式(5.2-19)计算:

$$q_{bi} = \frac{100W_{bi}}{t_i b_k} \tag{5.2-19}$$

式中，$q_{bi}$——第 $i$ 条垂线的实测推移质单宽输沙率，g/(s·m)；

　　　$W_{bi}$——第 $i$ 条垂线的取样总质量，kg；

　　　$t_i$——第 $i$ 条垂线的取样总历时，s；

　　　$b_k$——采样器口门宽，cm。

### 5.2.5.3　实测断面输沙率计算

实测断面推移质输沙率可采用式(5.2-20)计算：

$$Q_b = \left(\frac{\Delta b_0 + \Delta b_1}{2}\right)q_{b1} + \left(\frac{\Delta b_1 + \Delta b_2}{2}\right)q_{b2} + \cdots + \left(\frac{\Delta b_{n-1} + \Delta b_n}{2}\right)q_{bm} \tag{5.2-20}$$

式中，$Q_b$——实测断面推移质输沙率，kg/s；

　　　$q_{b1}, q_{b2}, \cdots, q_{bm}$——第 1 条，第 2 条，…，第 $n$ 条垂线的单宽输沙率，kg/(s·m)；

　　　$\Delta b_0$——起点推移边界与第 1 条垂线的距离，m；

　　　$\Delta b_n$——终点推移边界与第 $n$ 条垂线的距离，m；

　　　$\Delta b_1, \Delta b_2, \cdots, \Delta b_{n-1}$——第 1 条，第 2 条，…，第 $n-1$ 条垂线与其后一条垂线的距离，m。

在有可靠的采样效率系数时，实测输沙率应作修正；在采样效率系数未定时，不作修正。无论修正与否，均应在备注栏内说明。如三堆子水文站卵石推移质采用的是 AYT300 型推移质采样器，$Q_b = 2.06Q_{b器}^{0.942}$；三堆子水文站沙质推移质采用的是 Y90 改进-100 型采样器，$Q_b = 0.833Q_{b器}^{0.981}$。

### 5.2.5.4　断面颗粒级配计算

推移质断面颗粒级配按式(5.2-20)计算：

$$P_i = \frac{1}{Q_b}\left[\left(\frac{\Delta b_0 + \Delta b_1}{2}\right)q_{b1}P_1 + \left(\frac{\Delta b_1 + \Delta b_2}{2}\right)q_{b2}P_2 + \cdots + \left(\frac{\Delta b_{n-1} + \Delta b_n}{2}\right)q_{bm}P_n\right] \tag{5.2-21}$$

式中，$P_i$——断面的小于某粒径的沙重百分比，%；

　　　$P_1, P_2, \cdots, P_n$——第 1 条，第 2 条，…，第 $n$ 条垂线小于某粒径的沙重百分比，%。

### 5.2.5.5　推移质断面平均粒径计算

推移质断面平均粒径按式(5.2-22)～式(5.2-24)计算：

$$\overline{D} = \sum \overline{D_i}\Delta P_i / 100 \tag{5.2-22}$$

$$\overline{D_i} = \sqrt{D_{Ui}D_{Li}} \tag{5.2-23}$$

$$\Delta P_i = P_{Ui} - P_{Li} \qquad (5.2\text{-}24)$$

式中，$\overline{D}$——平均粒径，mm；

$\overline{D_i}$——某粒径组的平均粒径，mm；

$\Delta P_i$——某粒径组的部分沙重百分比，%；

$D_{Ui}$——某粒径组的上限粒径系列，mm；

$D_{Li}$——某粒径组的下限粒径系列，mm；

$P_{Ui}$——相应于 $D_{Ui}$ 的组级配系列数值，%；

$P_{Li}$——相应于 $D_{Li}$ 的组级配系列数值，%；

$i$——粒径级系列序号。

第 1 组的平均粒径 $D_1$ 取级配曲线可查读最小粒径的 $1/2$，相应第 1 组的级配差 $\Delta P_1$ 取该查读最小粒径的级配 $P_1$。若样品的粒径最大值能确定，则上限点 $D_{Ui}$ 可取该确定值。

### 5.2.5.6 断面推移质输沙率相应水力因素的计算与推求

1）相应水位的计算。

a. 水位平稳时，推移质输沙率的相应水位应取开始和结束观测值的平均值。

b. 水位变化急剧时，断面推移质输沙率的相应水位，可按式（5.2-25）计算：

$$Z_m = \frac{1}{Q_b}\left[\left(\frac{\Delta b_0 + \Delta b_1}{2}\right)q_{b1}Z_1 + \left(\frac{\Delta b_1 + \Delta b_2}{2}\right)q_{b2}Z_2 + \cdots + \left(\frac{\Delta b_{n-1} + \Delta b_n}{2}\right)q_{bn}Z_n\right]$$

$$(5.2\text{-}25)$$

式中，$Z_m$——推移质输沙率相应水位，m；

$Z_1, Z_2, \cdots, Z_n$——施测第 1 条，第 2 条，$\cdots$，第 $n$ 条垂线推移质输沙率时的实测水位，m。

2）推移质输沙率相应比降等水力要素计算。

推移质输沙率相应比降应采用各垂线实测比降的算术平均值。实测推移质输沙率相应流量、平均水深及平均流速等各因素，均应与推移质输沙率相应水位对应，分别在水位与相关因素的关系图上推求。

采用器测法测定断面推移质输沙率一般需要在断面上施测多条垂线，一般单次推移质测验历时在 $2\sim4\text{h}$，历时较长。在此期间，水力因素可能变化较大。因此，按照水力因素法进行年推移质输沙率资料整编的测站，单次测验过程中，相应水位的计算方法可能会对断面输沙率产生较大的影响。对于河宽较大、水位变化急剧、单次测验历时较长（可能跨越峰顶峰谷）的山区河流来说，确定相应水位的计算方法具有十分重要的意义。

采用水力因素关系法进行资料整编时，可选择水位、断面平均水深、断面平均或流量等单一因素,也可选择断面平均水深、断面平均流速、流量、起动流速、起动流量和比降组成的综合因素。用流速、流量作为相关水力因素进行推移质输沙率资料整编,已在众多的书中得到了大量的验证。而直接采用水位作为相关水力因素进行分析的案例较少,下面根据三堆子水文站实测卵石推移质资料,通过建立水位、流速、流量—输沙率关系进行推移质输沙率分析。

根据资料,点绘三堆子水文站流速、流量、水位与输沙率相关关系图,见图 5.2-10 至图 5.2-12。图中水位采用相应水位 $\overline{H}$,相应水位是根据单次测验中各条垂线的测验水位以及垂线单宽输沙率,按照式(5.2-25)计算得到各测次的输沙率加权平均水位为相应水位 $H_{相应}$。

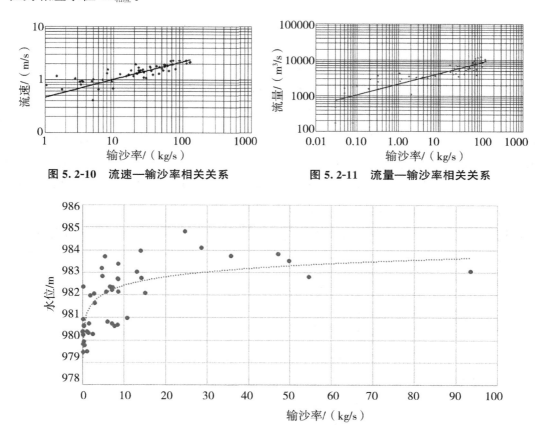

图 5.2-10　流速—输沙率相关关系　　　图 5.2-11　流量—输沙率相关关系

图 5.2-12　水位—输沙率相关关系

### 5.2.5.7　推移质单次测验成果的合理性检查

在计算整理前,应检查测次垂线布置和测验历时的合理性,发现问题应及时提出处理意见。对沙样编号、现场合理性检查记录、图、表、特殊现象记载、处理方法等进行全面检查,对不符合要求的应及时补救。

在计算整理完成后,应按下列规定进行合理性检查:

1)对现场合理性检查的内容应进行必要的复查。

2)绘制垂线单宽输沙率、垂线平均流速及水深的横向分布图,将近期测次的分布图对照比较,分析垂线单宽输沙率横向变化的趋势,检查其分布的合理性。

3)根据本站的粒径与启动流速关系,检查各垂线实测最大粒径级推移边界位置的合理性和可靠性。

4)点绘断面输沙率与水力因素关系图,检查输沙率单次成果的合理性和可靠性。

5)在水位过程线上及时标注推移质测次的位置,检查测次布设的合理性。采用过程线法进行测验整编的站,应及时点绘推移质输沙率过程线,结合水位过程,检查单次输沙率成果的合理性和可靠性。

### 5.2.6 金沙江推移质测验

虽然在一般的河流中推移质输沙量只占河流总输沙量的较小一部分,但是它对于决定河床的床面形态、水流阻力、河床演变及研究大型水利枢纽工程中的航道、库区淤积和电站防沙等问题起着重要作用。同时,推移质输沙问题十分复杂。推移质泥沙运动处于河床床面附近,该处的水流和泥沙相互作用显著,其运动机理十分复杂,涉及许多随机影响因素,难以进行直接测量和分析,致使这方面的研究进展十分缓慢。河床上的泥沙会运动是因为水流具有挟沙能力和冲刷河床的能力。起动后的泥沙将在床面推移质层内做推移运动,泥沙颗粒在运动过程中,其所处床面位置和水流作用力(或力矩)的不断变化,即使是同一粒径组泥沙有的因为所受水流作用力(或力矩)已不足以使泥沙继续保持起动状态而在床面某一地方静止下来,等待下一次被起动的机会,有的则继续运动,这就是床沙颗粒起动输移的基本物理过程。因此床面上推移质的输移过程,其实就是泥沙颗粒不断被起动的过程。

卵石推移质泥沙运动具有猝发性、脉动性,主要表现为测点输移率变化大,且时间愈短、变化愈大;其推移运动对流速极为敏感,流速的微小变化就可引起卵石推移运动的显著变化。该变化在时间上高度集中在主汛期,在空间上主要集中在强推移带。砾石推移质运动特性与卵石相近,其运动形式为推移,基本上不参加悬浮运动,当区间来量不大时,其推移量主要取决于床沙的补给。实测资料表明,沙质推移质一般与断面平均流速的3~5次方有密切关系,其脉动强度远小于卵石,可与悬移质泥沙中的床沙质相互交换、转化,且其输移强度与床沙级配、水流强度等密切相关。

金沙江是长江上游的主要产沙区,金沙江流域山高坡陡,地形起伏变化巨大,破碎的岩石、碎屑丰富。在水文气象条件作用下,这些岩石、碎屑以滑坡、泥石流、崩塌等方式,汇入金沙江流域中的干、支流,为金沙江推移质提供了丰富的来源。同时,由于金沙江为山区性河流,水流流速大,挟沙能力强,为推移质运动提供了强大的水流动力。因此,金沙江的推移质是关乎水库运行寿命的重要问题,必须得到高度重视。

推移质泥沙在金沙江开发中引起了社会的广泛关注。为回答金沙江水电开发中的推移质泥沙问题,加快金沙江水电开发进程,更好地为工程设计以及水库优化调度提供科学依据,2007 年 6 月金沙江三堆子水文站开始卵石推移质观测,并于 2008 年 1 月开展沙质推移质观测。

2007 年溪洛渡水电站截流 1 年多后,根据泄流导流洞的监测发现,溪洛渡导流洞已发现明显冲刷磨损现象:底板呈沟槽或护层骨料外露。导墙与底板空蚀严重,个别部位钢筋外露,同时,过水后在 6# 导流洞发现砾卵石推移质存在,这引起了中国长江三峡集团公司金沙江筹建处的高度重视。基于此,2009 年 7 月 21 日溪洛渡 6# 导流洞试验站砾卵石推移质开展测验,采用缆道运行 AYT-500、AYT-400 和 Y64 型采样器进行采样。

2008 年 6 月向家坝专用水文站建成投入运行,为了摸清向家坝水电站出库推移质量和运动规律,2009 年 9 月 15 日向家坝水文站开始卵石推移质观测,至 2011 年 11 月 8 日结束观测。

### 5.2.6.1 三堆子水文站推移质测验

(1)测站情况

三堆子站于 1957 年 6 月设立,原名倮果水位站,1958 年改为三堆子水位站。1967 年下迁 3km,为三堆子(二)站,2004 年 4 月上迁 50m,为三堆子(三)站,2006 年 5 月改为水文站,2008 年 1 月上迁 160m,为三堆子(四)站。

三堆子水文站(图 5.2-13)是金沙江下游四个梯级电站的入库控制站,现有测报项目为水位、降水、气象(风力风向、蒸发、湿度、气温、气压等)、流量、悬移质泥沙、沙质推移质泥沙、卵石推移质泥沙、水质监测(41 个类项)、泥沙颗粒分析和水文情报预报等。三堆子水文站流量断面位于三堆子水尺上游约 160m,河道顺直段长约 500m,断面左岸公路内侧民房较集中,公路沿河道上游约 4km 为雅砻江汇合口,下距铁路桥约 450m,铁路桥桥面底端高程为 1011.50m;左岸公路高程为 996.80m,右岸公路高程为 998.70m。推移质断面位于流量断面下游约 60m 处,距离三堆子水尺断面约 100m。

测验河段顺直长约 800m,断面呈 U 形,主槽宽约 200m,无串沟、回流。上游约 300m 有石堆三处,水流较急,水位 979m 以上淹没,水位在 979m 以下左岸有死水。主泓偏右,下游约 1.9km 有一弯道。两岸为乱石夹沙,河底为卵石夹沙,断面较稳定。两岸无滩地,右岸高水有树木,树木生长茂盛。基本水尺断面位于金沙江与雅砻江汇合口下游约 4km 处,上游约 8km 有银江水电站,汇合口支流上游约 18km 有桐子林水电站,断面下游约 500m 有过江大桥,下游约 192km 有乌东德水电站,水位经常受上下游水电站蓄放水影响，涨落急剧。

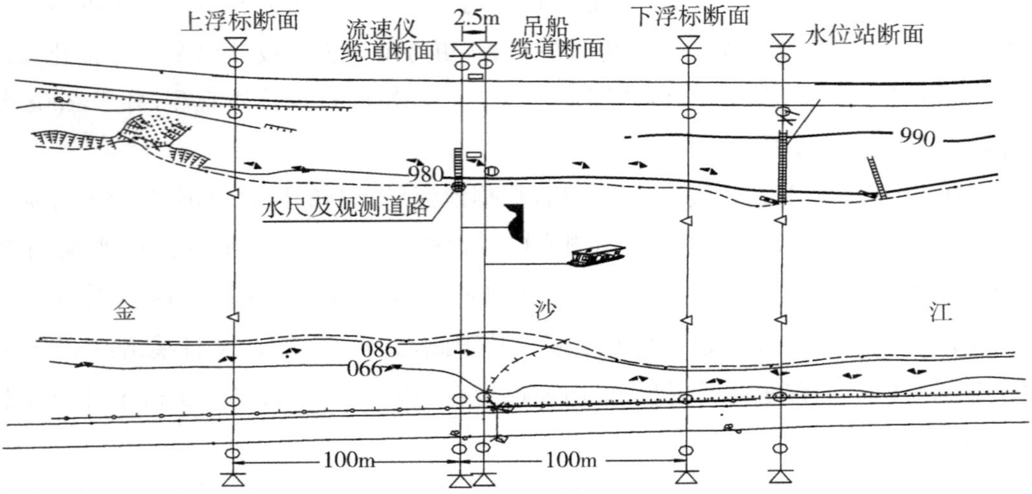
上浮标断面
流速仪
缆道断面
2.5m
吊船
缆道断面
下浮标断面
水位站断面
990
980
水尺及观测道路
金
沙
江
086
066
100m
100m
图 例
基本水尺兼流速仪测流断面
浮标测流断面
水文缆道
校核水准点
基本水准点
气象场
断面桩及断面标志桩
水尺

图 5.2-13　三堆子水文站断面设施布置

(2)测验方法和测次布置

1)测验仪器。

三堆子水文站卵石推移质测量采用 AYT-300 型砾卵石推移质采样器，前面已介绍，此处不赘述。

三堆子水文站沙质推移质测量采用 Y90 型采样器施测。Y90 型采样器是一种压差式沙质推移质采集器(图 5.2-14)，其特点是利用进口面积与出口面积的水动压力差，增大器口流速，使器口流速与天然流速接近，达到采集天然样本的目的。仪器采用 4mm 厚不锈钢板制作，稳定可靠。

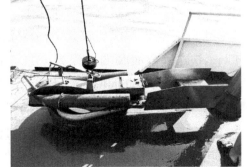

图 5.2-14　Y90 型沙质推移质采样器

Y90 改进型采样器适用于流速≤3m/s、水深≤30m 且床沙粒径≤2mm 的冲积性河流；采样器进口口门宽 100mm，出口口门宽 200mm，有效最大积沙量 15kg，采样器质量为 130kg，可加配重 80kg。

2)垂线布置。

三堆子水文站沙质推移质测验垂线共 10 条，起点距分别是 80m、95m、110m、125m、140m、155m、170m、180m、190m、200m(图 5.2-15)。沙质推移质测验时，10 条

垂线需要全部进行取样。卵石推移质取样垂线分为强推带垂线和其余垂线。测验时,强推带垂线每线取样 3 次,每次 3min。其余垂线每线 2 次,每次 3min,量大时可缩短历时,但每次历时不得少于 60s,重复取样 4 次。

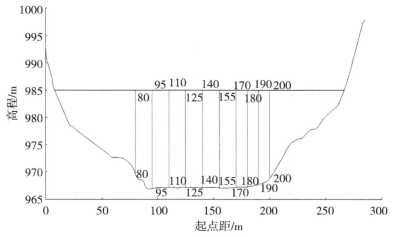

图 5.2-15　三堆子水文站沙质推移质断面垂线布置

3)测次布置。

测次布置以能控制推移质输沙率的变化过程,满足准确推算逐日平均输沙率为基本原则。较大洪峰不得少于 5 次,一般洪峰不得少于 3 次,涨水面日测 1~2 次;退水面 1~2d 施测 1 次。水位变化缓慢时,3~5d 施测 1 次。枯季每月施测 3~4 次。洪峰起涨落平附近应布置测次。流量在 1000m³/s 以下停测。

(3)特性分析

1)年输沙量。

随着金沙江上游梯级电站的逐年增多,三堆子水文站推移质输沙量呈现逐年总体减小的趋势,见图 5.2-16。

2)年内分配。

三堆子水文站输沙量主要集中在汛期的 6—10 月,见图 5.2-17。

3)推移质分布。

三堆子水文站断面上游左岸约 200m 处存在一座 20 世纪人工修建用于漂木拦截的建筑物。枯季水位低的时候出现三堆礁石,汛期流量增大则淹没在水底,这也造成了水文站断面中弘偏右岸,推移质在断面上的分布主要集中在起点距 140~190m,见图 5.2-18。

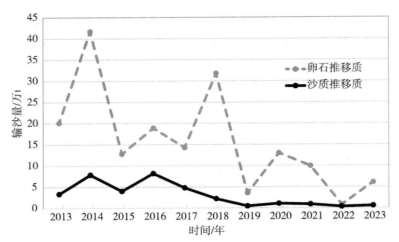

图 5.2-16 三堆子水文站推移质年输沙量

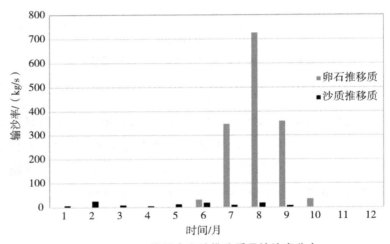

图 5.2-17 三堆子水文站推移质月输沙率分布

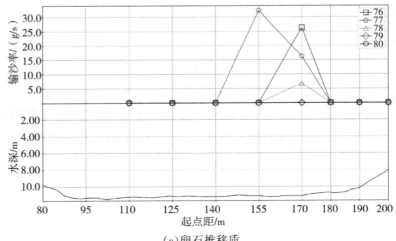

（a）卵石推移质

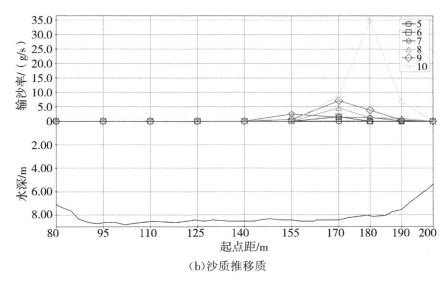

（b）沙质推移质

**图 5.2-18　三堆子水文站卵石和沙质推移质横向分布**

4）颗粒级配。

根据三堆子水文站卵石、沙质推移质输沙率与平均粒径的分布图（图 5.2-19、图 5.2-20）来看，推移质输沙率越大，断面的平均粒径也随之增大，其中以卵石推移质关系最为明显。

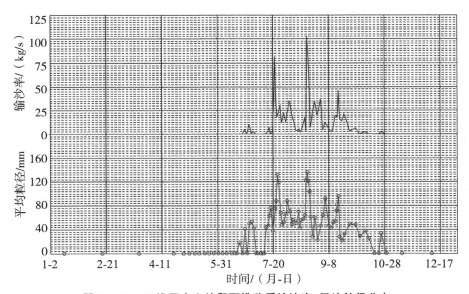

**图 5.2-19　三堆子水文站卵石推移质输沙率、平均粒径分布**

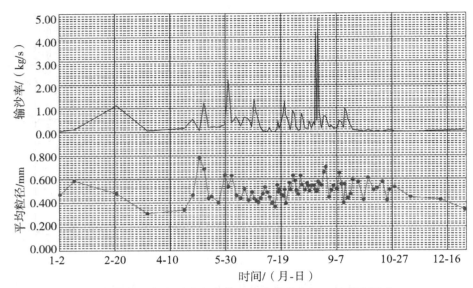

图 5.2-20　三堆子水文站沙质推移质输沙率、平均粒径分布

### 5.2.6.2　溪洛渡试验站推移质测验研究

（1）测验背景

溪洛渡水电站位于金沙江下游四川省雷波县与云南省永善县接壤的金沙江溪洛渡峡谷中,距下游向家坝水电站 148km,距宜宾市 184km(河道里程)。工程枢纽由拦河大坝、泄洪建筑物、引水发电建筑物及导流建筑物组成,是一座以发电为主,兼顾拦沙、防洪等综合效益的巨型水电站。溪洛渡水电站河段的多年平均含沙量为 1.72kg/m³,多年平均悬移质输沙量为 2.47 亿 t,根据推移质输沙水槽试验成果推算溪洛渡坝址多年平均推移质输沙量为 182 万 t。大量挟沙水流通过泄洪排沙建筑物,对泄流建筑物的冲磨蚀破坏治理是一个重大的技术难题。

推移质对泄水建筑物的破坏作用比较严重,高速水流和挟带的泥沙是产生破坏的主要因素,因此了解推移质的输移过程特性和输移量,深入研究推移质运动对泄水建筑物的破坏作用,采取有针对性的工程措施,对泄水建筑物进行改进处理,确保工程安全,因此对泄洪建筑物开展推移质测验是十分必要的。

（2）测验断面

溪洛渡水电站截流期导流工程包括六条 18m×20m 导流洞、上游土石围堰及下游土石围堰。1#、2#、5# 导流洞进口底板高程 368.00m,出口底板高程 362.00m;3#、4# 导流洞进口底板高程 368.00m,出口底板高程 364.50m;6# 导流洞进口底板高程 380.00m,出口底板高程 362.00m。溪洛渡电站采用全年断流围堰隧洞导流的导流方式,其中左右岸各 2 条导流洞拟与厂房尾水洞相结合,将剩下的 2 条中的 1 条改建为泄洪隧洞。

6#导流洞进口底板最高,达 380.00m（图 5.2-21）,所以在 6#导流洞开展推移质测验具有代表性。溪洛渡导流洞水工模型试验研究表明,当遭遇 5 年一遇的洪水时,6#导流洞进口水位为 413.80m,洞口全部被淹没。受场地局限影响,其进口不具备开展卵石推移质测量的基本条件。因此,测验断面选在 6#导流洞出口段。

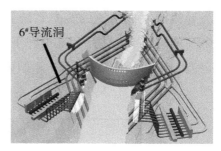

图 5.2-21　溪落渡水电站枢纽示意图

溪洛渡推移质试验站开展的推移质测验的断面选在 6#导流洞,特性见表 5.2-8。

表 5.2-8　　　　　　　　溪洛渡推移质试验站 6# 导流洞特性

| 部位 | 断面型式 | 尺寸/(m×m) | 进口高程/m | 出口高程/m | 洞身长度/m | 洞身纵坡/‰ |
|---|---|---|---|---|---|---|
| 6# 导流洞 | 成门洞 | 18.0×20.0 | 380.00 | 362.00 | 1677.110 | 22.030 |

（3）测验方案

溪洛渡导流洞出口流速大、含沙量高,所以选择合适的测验方法尤其重要。间接法中沙波法、差测法都需对水深进行测量,在本次测验中不能实施,恶劣的环境也是 ADCP 和遥感法所不能够达到的,因此间接法在此不具有可操作性。一般推移质测验多采用船测方式,根据 6#导流洞的水力学特性及工程布置限制条件,测船既无法到达,也不能稳定在测沙固定位置。经过多次研究分析,选择直接测量法,即缆道悬挂采样器进行取样。

1998 年和 1999 年,武隆水文站进行了缆道高悬点、无拉偏条件下推移质试验研究,采样器在中、低水位时采样可靠性较好。但在高洪水位时,由于水深大、流速大、采样器偏离断面较远,采样的可靠性难以保证。溪洛渡 6#导流洞水流流速大,直接采用缆道悬挂采样器取样会偏离断面较远,甚至不能沉入河底。经过研究,溪洛渡水电站推移质采用缆道悬挂采样器加拉偏的方式进行测量,以尽量减少采样器偏离断面的距离。

为了满足溪洛渡 6#导流洞推移质试验监测适用条件,经过反复研究并比较各种方案,对溪洛渡推移质试验站缆道及拉偏动力系统采用了"超常规""超标准"设计:①设计制造了高性能磁束向量控制交流变频三维水文拖动系统,配套卧式电动启动绞车达到 22kW,具有电机过载、过电压和过电流等保护功能,以保护导流洞出口汇流和巨大泡漩对电机的损坏。②为了减小主索在工作中采样器受力引起的上下游摆动而布设拉偏绳两组，一组是在闸门混凝土横梁的两侧墙壁上，架设拉偏缆道；另一组为导流洞底板两侧的转向系统到坝顶"人"字形动力拉偏系统，该系统为水文缆道中高流速、回流泡旋水流条件下的一种新型拉偏方式。在大流速和水流紊乱的复杂流态下，采用缆道主索＋副索双拉偏＋超重型推移质采样器的组合方式，见图5.2-22、图5.2-23。

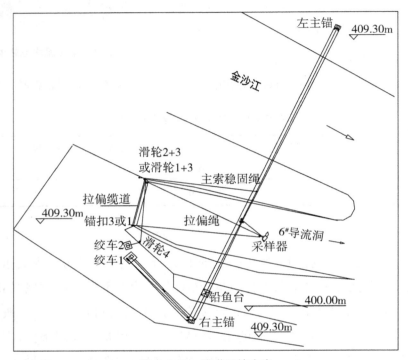

**图5.2-22　缆道系统方案**

缆道系统具体布设如下。

1）主索跨江，左右岸地锚高程409.30m，游轮布设在右岸409.30m的平台，铅鱼台布设在右岸400.00m的平台。

2）为了减小在工作中采样器受力引起的主索上下游摆动，可在主索的适当位置（离开测验区）增加一根稳固绳，另一端固定于闸门409.30m平台上。

**图5.2-23　溪洛渡6#导流洞出口**

3）拉偏绳分两组布设。在闸门横梁两侧墙壁上高程393.00m处架设一根拉偏缆道，同时预埋锚扣3、4，安装滑轮（滑轮可能被水淹没，均不装轴承，下同）。另一组，在靠近导流洞底板的两侧墙壁上预埋锚扣1、2，锚扣2上安装滑轮1。工作时，拉偏绳

一端固结于锚扣 1,另一端经安装在采样器上的转向滑轮至滑轮 1,再上至 409.30m
平台的滑轮 3,最后经滑轮 4 至绞车 2。

综上所述,在中低水位、低流速时,采样器由布设在闸门横梁处的拉偏绳拉偏,见
图 5.2-24;在高水位、大流速时,采用靠近导流洞底板的拉偏绳拉偏,见图 5.2-25。

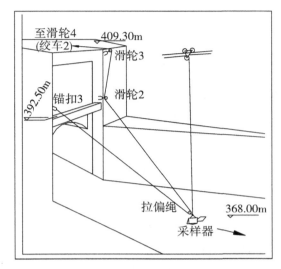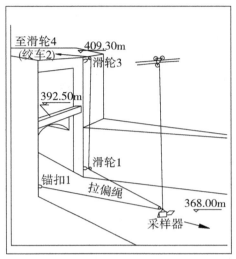

图 5.2-24　中低水位、低流速时测验方案　　　图 5.2-25　高水位、高流速时测验方案

(4)测验仪器选择及改进

溪洛渡推移质实验站采用 AYT 型砾卵石推移质采样器,辅助使用 Y64 型采样
器。考虑到测验河段流速大、流态紊乱,设计时按 6m/s 的水流流速条件进行理论计
算,两种仪器均在质量 300kg 的基础上,增加了配重,达到 800kg,同时延长器身,增加
其着床的稳定性和姿态,以达到采样的目的。

溪洛渡推移质实验站主要采用 AYT 型砾卵石推移质采样器,AYT 型砾卵石推
移质采样器是在吸收国内外现有采样器主要优点的基础上,经过反复试验和优化,研
制成功的。AYT 型采样器具有出、入水稳定、阻力小、样品代表性好、结构牢固、操纵
使用方便等优点,进口流速系数 $K_v=1.02$,采样效率 $\eta=48.5g_{器}^{0.058}\%$。该仪器主要
由器身、尼龙盛沙袋(孔径 2mm)、双垂直尾翼、活动水平尾翼、加重铅包及悬吊装置
组成,见图 5.2-26、图 5.2-27。其中器身是采样器的核心,可分为口门段、控制段、扩
散段三部分。口门段底板由特制的小钢块和钢丝圈联接而成,能较好地伏贴河床;控
制段和扩散段的主要作用是形成负压,以产生适当的进口流速系数。仪器进、出口面
积比为 1:1.64,水力扩散角 2°36′。AYT 型采样器具有出、入水稳定、阻力小、样品
代表性好、结构牢固、操纵使用方便等优点。AYT 型采样器有口门宽 120mm、
300mm、400mm、500mm 等标准正态系列。溪洛渡实验站推移质测量采用口门宽为

500mm 的采样器,该仪器口门高 240mm,器身长 1900mm,重 800kg。其特点是利用进口面积与出口面积的水动压力差,增大器口流速,使器口流速与天然流速接近,达到采集天然样本的目的。

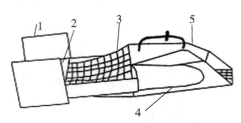

1.双垂直尾翼;2.活动水平尾翼;
3.尼龙盛沙袋;4.器身;5.加重铅包

图 5.2-26　AYT 型采样器示意图

图 5.2-27　AYT 型采样器

AYT 型采样器适用范围:流速≤5m/s、水深≤40m、推移质粒径 2～500mm 的卵石夹沙及砾、卵石;口门宽 500mm;软底网承样袋为 2mm 孔径尼龙网袋;仪器总长 1800mm、总高 438mm、器身长 900mm;质量为 800kg。

Y64 型采样器采用标准口门宽 500mm。采样器照片见图 5.2-28。Y64 型采样器为软底网式结构,直立口门,口门宽 500mm,高 350mm,主要由垂直双尾翼、水平尾翼、框架、底网、加重铅块等组成。器身长 900mm,仪器全长 1800mm,重约 280kg。底网孔径 10mm,由钢丝圆环编制而成,能较好地伏贴河床。

图 5.2-28　Y64 型采样器

(5)推移质测验

1)测线布置。

溪洛渡 6# 导流洞断面宽约 20m,边部陡坎不会变化,测深、测速垂线布设主要分布在导流洞出口底板区间(起点距 15～47m),数目 8 条(包括 15m、20m、25m、30m、35m、40m、45m、47m),推移质取样垂线布设在主流速带起点距 25m、30m、35m 的 3 条垂线。垂线布设见图 5.2-29。

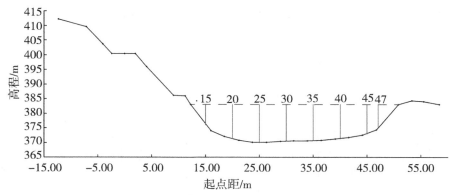

**图 5.2-29　6#导流洞推移质大断面及垂线**

2）测次布置。

卵石推移质测次布置按过程线法施测，测次主要布置在汛期，低水小流量时适当布置测次。较大洪峰不得少于 5 次，一般洪峰不得少于 3 次，涨水面日测 1～2 次；退水面 1～2d 测 1 次。水位变化缓慢时，3～5d 施测 1 次；洪峰起涨落平附近应布置测次。各条垂线取样 1 次，取样历时 5min。

3）测验成果分析。

溪洛渡水电站导流洞卵石推移质测验自 2009 年 7 月开始，收集了推移质资料百余次，7 月 30 日—8 月 2 日、8 月 4—6 日、8 月 13—25 日水位偏高、水流紊乱导致流量（ADCP 无信号）、卵推无法施测（无法下放河底），没有收集到流量、卵推资料。实测最大粒径 310mm，质量为 31kg，时间为 2009 年 8 月 3 日；实测最大断面输沙率为 43.4kg/s，时间为 2009 年 8 月 31 日 8：00—9：00；日平均输沙率最大为 618kg/s，为 2009 年 8 月 16 日。测验成果表明，金沙江溪洛渡 6#导流洞河段存在河床卵石运动情况，而且推移量很大。根据实测导流洞流量和推移质输沙率资料，点绘流量—卵石推移质输沙率相关关系图（图 5.2-30），可以看出，实测输沙率和流量具有较好的相关关系，流量—输沙率关系为：

$$G_b = (Q/787.37)^{10.915} \tag{5.2-26}$$

式中，$G_b$——实测推移质输沙率，kg/s；

$Q$——流量，m³/s。

**（6）技术创新**

溪洛渡水电站 6#导流洞出口进行推移质测验是在特殊水流条件（高流速、回流、泡漩、流态非常复杂）下的探索，是一种超常规、超标准、超规范的推移质试验。

1）溪洛渡推移质实验站采用缆道主索+副索双拉偏+超重型推移质采样器的方式，在金沙江水文测验中尚属首次。

2）改造研制的采样器，是对常规采样器的一种突破，并成功用于溪洛渡推移质实验站。

3）缆道悬挂采样器，ADCP 附在采样器上测流，也是对 ADCP 常规测验方式的一种有益的突破和尝试。

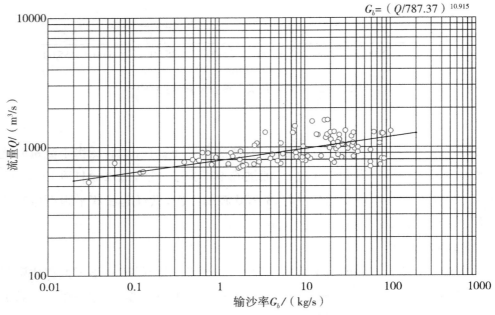

$$G_b = (Q/787.37)^{10.915}$$

**图 5.2-30 流量—输沙率相关关系**

### 5.2.6.3 向家坝水文站推移质测验

（1）测站情况

向家坝站于 2008 年 5 月设立，由中国三峡总公司建立，2012 年 6 月领导机关变更为长江水利委员会，为国家基本水文站。

测验河段顺直长约 1.5km，河槽横断面呈 U 形，中高水主河槽宽 150～200m，断面处无岔流、串沟、逆流、回水、死水等情况。右岸为混凝土堤防，左岸为混凝土护坡，河床由乱石夹沙和岩石组成，断面基本稳定。全年受电站蓄放水影响，测验河段附近无水生植物、种植植物。下游约 1km 和约 33km 分别有横江从右岸和岷江从左岸汇入，上游约 400m 和 2km 分别有金沙江大桥和向家坝水电站。岷江、横江中高水对该站水位—流量关系有顶托影响。

（2）测验方法和测次布置

1）测次布置。

测次布置应能控制推移质输沙率的变化过程，以满足准确推算逐日平均输沙率为原则。较大洪峰不得少于3次,一般洪峰不得少于1次。水位变化缓慢时,3～5d施测1次。洪峰起涨落平附近应布置测次。枯季当推移量为0m³,即流量小于4000m³/s时,停止施测;汛期超过测洪能力,即流量大于18000m³/s时,为保障安全建议停止施测。

2)测线布置。

向家坝卵石推移质测验断面垂线共布置12条,起点距分别是55.0m、65.0m、75.0m、85.0m、95.0m、120m、150m、175m、200m、225m、250m、275m,见图5.2-31。因右岸有横江汇入,经施测,无卵石推移质,断面起点距275m外未布设推移质测验垂线。

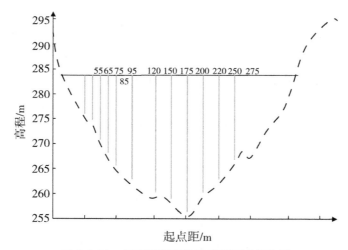

图5.2-31  向家坝卵石推移质断面垂线布置

3)采样仪器。

向家坝站卵石推移质测验采用AYT型砾卵石推移质采样器,AYT型采样器有口门宽120、300、400mm三种标准正态系列。向家坝站卵石推移质测量采用口门宽为300mm,高240mm,器身长1900mm,重350kg的AYT-300型采样器。

4)采样及处理。

向家坝水文站推移质测验垂线为12条,靠两岸边垂线取样2次,每次3min,其余垂线重复取样3次,每次历时3min,量大时可缩短历时,但每次历时不得少于60s,重复取样4次。推移边界以测至两岸边输沙率为零的固定垂线为止。每次取得的样品,均应现场分级称重,总质量与分级质量之和相差大于±2%时,应重复称重,并分析原因。

每次所取样品均作颗粒分析。每条垂线的最大一颗卵石用钢卡尺量其三轴尺寸,计算几何平均颗粒。粒径分为2.00mm、4.00mm、8.00mm、16.0mm、32.0mm、

64.0mm、128mm、250mm、500mm、＞500mm 等组,分析方法采用筛分法。

(3)测验成果分析

1)分析方法。

推移质垂线输沙率一般与垂线平均流速具有良好关系。但在资料整编时,如果建立逐线推移质输沙率与逐线平均流速的关系进行计算,不仅繁琐,而且使用起来也不方便。因此,可采用建立断面输沙率 $G_b$ 与断面平均流速 $V$ 的关系进行替代。对控制基本稳定的测站,断面平均流速 $V$ 与断面流量 $Q$ 一般具有较好的关系,且水文整编成果中可以较方便地得到流量成果,故选择流量 $Q$ 作为水力因素比较恰当,即:

$$G_b = f(Q) \tag{5.2-27}$$

当一日内相应水力因素变化较小时,以日平均流量计算日平均输沙率;当一日内相应水力因素变化较大,采用各时刻输沙率按面积包围法计算日平均输沙率。月、年平均输沙率分别以月、年各日平均输沙率的总和除以相应月、年的日总数;年推移量等于年总输沙率乘以日秒数。当一个月内只有一日颗粒级配资料时,以该日的级配作为月平均级配;当一个月内有多日颗粒级配资料时,按时段输沙量加权法计算,时段输沙量加权法的代表时段以输沙率变化的转折点分界;年平均颗粒级配采用月平均输沙率加权法计算。

2)成果分析。

向家坝水文站卵石推移质实测最大粒径 254mm,质量为 19.2kg;实测最大日平均输沙率为 154kg/s(2010 年 8 月 29 日)。向家坝水文站卵石推移质输沙率年内分配见图 5.2-32。向家坝水电站卵石推移质输沙量主要集中在 7、8、9 三个月,占全年输沙量的 90%以上。

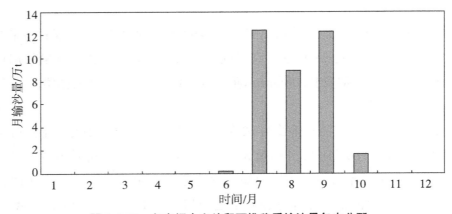

**图 5.2-32　向家坝水文站卵石推移质输沙量年内分配**

天然河道中,只有流量大到一定程度后,才有足够的能量使泥沙发生推移。为克服泥沙没有推移时也能计算出推移质输沙率的局限,需推算出这个分界流量,即起动

临界流量 $Q_c$。分析时,选用小输沙率测次,在直角坐标图上作 $G_b$—$Q$ 关系内包线,延长至输沙率为 0,与横坐标的交点即为起动临界流量 $Q_c$。

向家坝水电站推移质日平均输沙率采用水力因素法推求,其流量输沙率关系图见图 5.2-33,由图可得向家坝站卵石推移质起动临界流量为 4100m³/s。

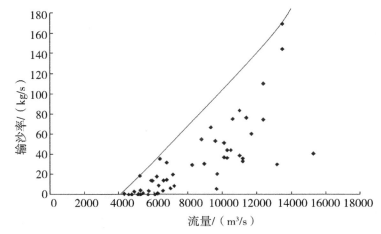

图 5.2-33　向家坝水文站卵石推移质起动临界流量

综合向家坝推移质断面实测流量和输沙率资料,绘出向家坝站卵石推移质流量—输沙率关系图,见图 5.2-34。

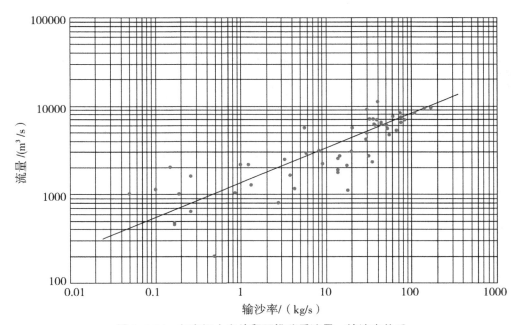

图 5.2-34　向家坝水文站卵石推移质流量—输沙率关系

关系表达式为：

$$G_b = 174((Q-4100)/10000)^{2.54} \quad (5.2\text{-}27)$$

式中，$G_b$——实测输沙率，$\mathrm{kg/s}$；

$Q$——流量，$\mathrm{m^3/s}$。

根据向家坝水文站卵石推移质输沙率横向分布资料（图5.2-35），可以看出，向家坝水文站卵石推移质输沙率较大的垂线集中在95.0～225m，95.0～225m垂线部分输沙量占整个断面输沙量的90%以上，确定向家坝卵石推移质强推带为95.0～225m。

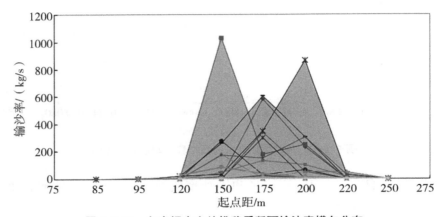

**图5.2-35　向家坝水文站推移质断面输沙率横向分布**

从向家坝水文站卵石推移质测验情况看，向家坝水文站河段卵石推移质具有数量大、粒径大、时间集中、强推带集中、推移带随水位左右摆动的特征。最大卵石粒径一般出现在起点距95.0～225m，最大粒径达254mm以上；强推带为95.0～225m垂线，其输沙量占整个断面输沙量的90%以上。输沙时间主要集中在7、8、9三个月，占全年输沙量的90%以上。向家坝水文站推移质项目的开展使向家坝水电站出库断面实现了卵石推移质、悬移质的全泥沙监测，对于系统研究金沙江泥沙输移情况具有较深远的意义。

# 第 6 章　电站截流期水文监测

水电站大江截流过程以龙口束窄为主要特征,截流期水文监测是在特殊环境下的水文监测。截流期水文监测是截流系统工程的保障服务系统,主要围绕截流施工进占戗堤的稳定性、截流河段总落差及上游戗堤承担落差的分配、龙口流速及其分布对抛投物的影响、围堰及导流设施(如涵洞、隧洞、明渠)泄流能力等进行全面系统动态监测和预报,掌握截流全过程的截流戗堤形象和水文要素的变化过程、特征及规律性。

## 6.1　截流期水文监测的特点

与常规水文测验相比,截流期水文监测具有很大的难度、风险和时效性。随着龙口的推进,截流河段形成水位壅高,落差、流速增大,流场紊乱的复杂水域,高强度施工导致水文监测设备及方案的布置场地狭窄,水文监测目标位置不易靠近。同时截流水文监测的时效要求特别高,当龙口形成后,许多水文水力学要素变化剧烈,截流进占难度加大,需要根据水文信息的瞬息变化来及时调整施工调度决策,为此,必须做到随时监测和成果实时上报,满足截流施工组织、监理和指挥的需要。受地形和施工条件限制,采用常规的水文观测手段难以满足截流期水文监测的需要,设施布设困难且投资大,测验仪器(如转子式流速仪、铅鱼等)无法定位于目标位置,测验精度不高,时效性不强。因此,在有限的时间内,电站截流水文监测必须进行严密技术准备和监测技术方案的研究,制定翔实、科学、实用、高效实施方案,才能确保准确、及时、完整地收集到各项水文监测资料,最大限度地为截流施工决策提供科学依据。

## 6.2　电站截流期水文监测的目的

水电站截流是水电工程前期建设的一项重要工作,是水电工程规划、设计、施工中十分关键的一环。电站能否安全顺利地实施截流,既关系着整个工程建设的进度和施工工期,也依赖于截流期间科学有效的水文监测。作为电站截流期间的技术保障环节,截流水文监测的目的,主要是为截流施工组织、实体模型跟踪试验、水文预报、水文及水力计算、科学研究、截流施工监理、调度决策提供科学依据,为工程积累大量宝贵的截流期水文/水力学要素观测资料。

## 6.3 电站截流期水文监测的实施

### 6.3.1 水文监测前的准备

#### 6.3.1.1 水文监测实施方案设计

在进行方案设计之前,需对电站的工程概况有充分了解,根据现场具体情况确定截流期水文监测河段,并进行水文监测实施方案设计。

#### 6.3.1.2 水文监测技术准备

(1)技术原则

1)一致性。

水文监测是截流施工的重要保障服务系统之一,其总体布局服从于截流施工方案;有关站点设置包括重要水力参数指标、高程基准、平面坐标系统等与截流设计、科研、试验和施工所采用的基本条件相一致;监测范围、内容、监测站点分布、测次布置及进度安排与截流工作相协调。

2)先进性。

截流是一项复杂的系统工程,影响因素众多。水文监测必须统筹安排,合理布局,并采用先进的仪器设备和技术手段,实现快速获取监测要素,注重理论—科研—实践相结合,实现水文信息采集—传输—处理—发布与反馈网络化、自动化,体现一流工程、一流的水文服务。

3)可操作性。

针对截流施工的复杂性以及水文监测的难度,在充分考虑先进性的基础上,还要确保监测技术的可操作性。每个项目的监测方法、采用的技术措施,都必须成熟、有把握,并注重同一项目多种监测方法的相互验证比较,确保资料准确和可靠。

4)安全性。

截流水文监测是一种在特殊环境条件下的水文测验,受施工影响很大,安全隐患多,风险大。因此,应充分注重监测过程中的安全性,各种监测方法与技术措施都必须合理协调监测与安全的关系,确保监测安全有保障。

(2)技术依据

截流期水文监测要依据现行的规范、规定和技术文件,内容需涵盖截流监测的所有项目,如水位、流量、水道观测等,使电站截流监测工作建立在科学规范和有法可依的基础上。

技术准备工作主要有以下几方面的内容:开展截流施工现场查勘,整理工程截流施工组织设计方案与截流水工模型试验成果,编制水文监测方案,组织各专业组人员,调配水文监测专用仪器设备等。需在一定时间内完成截流水文监测的技术准备,根据截流期工作需要成立不同的工作小组,通过分工完成水文观测的技术准备工作。如成立水文测报指挥部、应急测验组、设备维护组、水文信息组等,每个工作组承担各自的职责。

水文测报指挥部负责了解监测条件、收集有关资料;水文监测的方案和实施细则的编制;仪器操作、技术方案和实施细则培训;安全教育与措施培训。

应急测验组负责断面控制、控制网点接测;水尺、断面点、仪器监测点的布设;截流河段各个项目的监测(包括水位、落差、流量等);水下地形测量及成图系统预演等。

水文信息组负责监测数据处理、传递与发布。

各个小组根据各自工作内容完成截流期水文监测技术准备工作。

### 6.3.1.3　水文监测设施设备准备

截流水文监测是在特殊环境条件下的水文观测,其仪器设备将经受多种不利因素的考验,如截流龙口水流湍急和高强度施工形成的复杂水流,以及无线电波干扰等,都将影响到水文监测工作,对仪器设备提出了更高的要求。

截流期的水位观测设备可分为直接观测设备(人工观测设备)和间接观测设备两大类。直接观测设备主要是指各种传统水尺。水尺是观测河流或其他水体水位的标尺。由人工直接观测水尺读数,加水尺零点高程即得水位。目前使用的水尺主要有直立式、倾斜式、矮桩式、悬锤式。使用水尺观读水位的优点是水尺设备简单,使用方便,在一些不能安装自记水位计的测量点,观读水尺是唯一测量水位的方法。缺点是需要人工观读,工作量大。间接观测设备是利用机械、电子、压力等传感器的感应作用,间接反映水位变化,间接观测设备也称自记水位计。目前使用的自记水位计主要有浮子水位计、压力水位计、超声波水位计(又有液介式和气介式之分)、微波(雷达)水位计、电子水尺、激光水位计等。其中,浮子水位计、压力水位计、液介式超声水位计、电子水尺等仪器,在测量时仪器的采集器直接与水体接触,又称为接触式测量仪器。而气介式超声水位计、微波(雷达)水位计、激光水位计等仪器,测量时仪器不与水体接触,又称为非接触式测量仪器。使用自记水位计的优点是安全、高效,无须人员值守,可以实现水位自动连续记录。缺点是不同类型的水位计受水流等条件影响,如水流中含沙量的大小及变化直接影响到压力式水位计的水位测量误差,在安装使用时,需采取相关措施削弱含沙量对水位测量误差的影响。根据金沙江特性及截流监测的特点,对于可安装自记水位计的观测点,可采用压力式水位计。对戗堤头水位观测,传统的方法难以达到安全、高效的要求,配以高精度的激光全站仪,采用无人立尺测量技术,可安全地监测堤头水位。截流河段水流湍急、施工推填频繁,当观测人员不能到达指定地点,采用设立水尺和自记水位均难以获得水位时,可采用免棱镜激光全站仪,使用无人立尺技术观测水位,既能满足规范要求,还能测量龙口水面宽。

截流期流量测验可采用流速仪法、测量表面流速的流速面积法、测量剖面流速的流速面积法。流速仪法是指通过流速仪测量断面上一定测点流速来推算断面流速分布。测量表面流速的流速面积法有水面浮标测流法(简称浮标法)、电波流速仪法、光学流速仪法、航空摄影法等。这些方法都是通过先测量水面流速,再推算断面流速,结合断面资料获得流量成果。浮标法是通过测定水中的天然或人工漂浮物随水流运动的速度,结合断面资料及浮标系数来推求流量的方法。一般情况下,浮标法测验精度稍差,但它简单、快速、易实施,只要断面和流速系数选取得当,仍是一种有效可靠的方法,特别是在一些特殊情况下(如暴涨、暴落、水流湍急、漂浮物多),该法有时是唯一可选的应急测验方法。电波流速仪法是利用电波流速仪测得水面流速,然后用实测或借用断面资料计算流量的一种方法。电波流速仪是一种利用多普勒原理的测速仪器,也称为微波(多普勒)测速仪。由于电波流速仪使用电磁波,频率高,可达10GHz,属微波波段,可以很好地在空气中传播,衰减较小。因此,其仪器可以架在岸上或桥上,仪器不必接触水体,即可测得水面流速,属非接触式测量,适合桥测、巡测和大洪水时其他机械流速仪无法实测时使用。测量剖面流速的流速面积法又分为声学时差法、声学多普勒流速仪剖面法等。声学时差法是通过测量横跨断面的1个或几个水层的平均流速流向,利用这些水层平均流速和断面平均流速建立关系,求出断面平均流速。利用水位计测量水位以求出断面面积,计算流量。时差法具有无人值守、常年自动运行、提供连续的流量数据、适应双向流等特点。声学多普勒流速剖面仪法也称 ADCP 法(Acoustic Doppler Current Profiler),ADCP 是自 20 世纪 80 年代初开始发展和应用的新型流量测验仪器。按 ADCP 进行流量测验的方式可分为走航式和固定式。固定式按安装位置不同可以分为水平式、垂直式。垂直式可分为坐底式和水面式。走航式 ADCP 是一种利用声学多普勒原理测验水流速度剖面的仪器,它具有测深、测速、定位的功能。一般配备有 3~4 个换能器,换能器与 ADCP 轴线成一定夹角。每个换能器,既是发射器,又是接收器。换能器发射的声波具有指向性,即声波能量集中于较窄的方向范围内(称为声束)。换能器发射某一固定频率的声波,然后接收被水体中颗粒物散射回来的声波。假定颗粒物的运动速度与水体流速相同。当颗粒物的运动方向接近换能器时,换能器接收到的回波频率比发射波频率高。当颗粒物的运动方向背离换能器时,换能器接收到的回波频率比发射波频率低。

通过声学多普勒频移,可计算出水流的速度,同时根据回波可计算水深。当装备有走航式 ADCP 的测船从测流断面一侧航行至另一侧时,即可测出河流流量。因此, ADCP 流量测验方法的发明被认为是河流流量测验技术的一次革命。水平式 ADCP 也称 H-ADCP。它是根据超声波测速换能器在水中向垂直于流向的水平方向发射固定频率的超声波,然后分时接收回波信号,通过多普勒频移来计算水平方向一定距离内 128 个单元的流速,再用走航式 ADCP 或旋桨流速仪测出过水断面的平均流速,在积累一定的资料后,利用回归分析或数理统计的其他方法建立水平 ADCP 所测的这一层流速和过水面积内平均流速的数学模型,即可得到断面流速,最后用水位计测出水位,算出过水面积,即可获得瞬时流量。根据水电站截流水文监测的经验,结合工程特点,应依托于成熟的先进仪器设备与技术手段,实现水文资料的收集、传输、发布。截流河段各断面的流速流量监测,选用 ADCP 辅以 GPS 为测船导航定位,实现快速、准确、连续巡测。对龙口选用无人测艇装载 ADCP,可连续监测口门区流速分布,具有安全可靠和自动化程度高等特点,特殊情况时采用电波流速仪,可确保人员安全。

对于断面和地形,选用 RTK-GPS,配备数字测深仪或多波束测深仪、绘图仪、计算机及数据链设备组成的水道测绘系统,优质高效地施测水下地形和冲淤断面,具备全天候多功能、精度高、数字化、成图快等优点。GPS 具有全天候、全气象条件作业和快速、及时地处理测量数据等特点。选用天宝 R7、R8 双频 GPS 进行平面控制和水下地形测量。

对于信息传输,选用无线数传和计算机网络技术,实现水文数据远传和数据处理与信息发布计算机化,具有快速、准确等特点。

### 6.3.1.4　水文监测人员配备

为充分做好截流水文、水力学要素监测的各项工作,拟设立水电站截流水文监测部,该部下设 1 个水文监测数据采集专业组、1 个水文数据处理中心、1 个综合组。

水文监测数据采集专业组负责监测所有水文测验项目。

水文数据处理中心负责数据处理和信息发布。具体工作包括实施成果质量控制,数据接收、分析、处理,成果建库、归档与发布。

综合组负责安全生产措施的制定和检查;水文监测通信联络与通信设备、数传设备维护;测验设备准备、人员安排;劳保用品、车辆与船只调度及对外宣传等。

截流水力参数测报是实现截流的基础性工作。为保证及时可靠地提供高效、优质的水文信息,拟建立截流水文监测质量保证体系,实行项目负责与技术质量负责制。实施项目总负责制下的技术质量负责制,各专业组组长为分项目负责人,副组长为技术质量负责人。

按照 ISO9000 质量管理体系完成本任务全部项目,以监测成果为对象,控制与监测成果有关的过程,关注预期质量,防止出现不合格产品。提供的资料(成果)应符合国家法律和法规,各种标准和技术规程、规范以及有关的其他要求;采用技术先进、测验精度高、实时性好的仪器设备;配置技术能力强、工程经验丰富的技术队伍,并按照项目制进行管理;制定严格的测验操作规程、样品分析操作规程、资料分析处理规程;对测验仪器设备定期清洗、维护、保养、校测;对电波流速仪、ADCP 等进行比测;严格按照操作规程、规程规范、技术标准的要求开展各项水文测验工作;现场测验严格做到"四随"(随观测、随记录、随计算、随校核)。

## 6.3.2 水文监测的主要项目

### 6.3.2.1 水位、落差监测

根据截流河段水文监测站网布设情况,在截流河段布设相应数量的水位监测站,监测导流洞进出口、截流全河段水位及落差,戗堤左、右上下游和轴线水位及落差,以获得监测河段的沿程水面线资料。

水位观测可采用人工水尺观测和电磁波三角高程测量方式进行。出于安全因素考虑,观测员不能到达地点时,可采用无人立尺测量技术。通过对测距和天顶距精度的控制,可取得符合规范要求的水位精度。截流期根据施工进度进行 24 段次或更高段次测报。

截流期水位观测的重点是监测截流河段水面线(落差、比降)的变化。坝区各水位观测站点主要是监测截流期间戗堤、围堰、龙口、导流洞的水位、比降、落差变化,水位站(点)布设可作图呈现。

截流河段总落差的水位观测由上游站点控制。

监测左、右岸导流洞进出口水位落差和比降的变化,同时应根据具体情况分析。

### 6.3.2.2 龙口流速监测

龙口流速是截流戗堤进占最重要的水力学指标,其监测难度大,随着龙口口门宽的不断缩小,龙口最大流速位置不断变化,且受戗堤进占施工工作面的限制及截流河段水流特性影响,龙口最大流速不能用常规方法(如缆道法、动船法)施测。根据截流现场条件,可以采用电波流速仪并辅以浮标法监测。

流速监测以能根据施工要求掌握流速的变化规律,指导截流施工对抛投物选用为原则,在截流戗堤河段布设多个测速点。观测频次视截流进度需要,可采用逐时测量或更高段次观测,以满足施工调度组织的需要。

(1)电波流速仪法

在截流戗堤下游左岸或右岸选定测量站点(一般根据电波流速仪的最大有效测

程,以及水平角、垂直角的自动补偿极限值确定),使用电波流速仪测量龙口纵横断面或戗堤头挑角等处流速。

(2)浮标法

采用经纬仪或全站仪前方交会,等时距测定浮标运行轨迹,并利用计算机制成流态图或直接计算沿程水面流速。

### 6.3.2.3　龙口门水面宽、堤头宽测量

龙口门宽指围堰截流戗堤口门水面宽(截流戗堤轴线两水边点间距),戗堤堤头宽是左、右岸堤头间的距离。它们是掌握截流工程施工进度,有效服务截流工程施工预报、水文及水力学计算的重要参数。

口门宽、堤头宽测量采用如下两种方案测量。

1)首选方案。采用激光测距仪在龙口的一边直接进行对向观测,获得截流戗堤两水边点最小间距。

2)备选方案。受施工影响,在测量人员无法靠近龙口边缘的情况下,采用高精度免棱镜全站仪无人立尺进行龙口水面宽测量(截流戗堤轴线两水边点间距)。

计算公式:

$$D = L\{\cos\alpha - (2\theta - \gamma)\sin\alpha\} \tag{6.3-1}$$

$$Z = L\{\sin\alpha + (\theta - \gamma)\cos\alpha\} \tag{6.3-2}$$

式中,$D$——平距;

$Z$——高差;

$\theta$——曲率改正,$\theta = L\cos\alpha/2R$;

$\gamma$——折光改正,$\gamma = 0.14\theta$;

$L$——斜距,由激光测距仪实测;

$\alpha$——垂直角;

$B$——宽度,$B = (D_{12} + D_{22} - 2D_1 D_2 \cos\beta)^{1/2}$;

$D_1$、$D_2$——仪器至龙口左、右水边的平距;

$\beta$——水平夹角。

口门宽、堤头宽监测根据施工进度进行 24 段次或更高段次监测。

### 6.3.2.4　流量监测

截流流量项目包含河道总流量、龙口流量、分流比等监测内容。

龙口流量是计算导流洞分流比、龙口单宽能量的关键要素。一般情况下,合龙过程中的河道流量(截流设计流量)$Q_r$ 可分为四部分,即:

$$Q_r = Q_I + Q_d + Q_{ac} + Q_s \tag{6.3-3}$$

式中，$Q_l$——龙口流量；

$Q_d$——导流建筑物分流量；

$Q_{ac}$——河槽中的调蓄流量；

$Q_s$——戗堤渗透流量。

在 $Q_{ac}$ 和 $Q_s$ 作为安全储备不予考虑的情况下，实测总流量（$Q_r$）减去实测龙口过流量（$Q_l$）即得导流洞分流量（$Q_d$），从而计算导流洞的分流比 $f$。

$$f = Q_d / Q_r \qquad (6.3\text{-}4)$$

龙口流量监测选择专用测流缆道断面，该断面与龙口间没有区间水量加入。因此该断面的流量就为龙口流量。在导流洞进口与截流戗堤围堰之间，还选择有若干龙口流量监测备用断面，由于龙口流速太大，冲锋舟动力不足，同时受施工抛投的安全威胁，备用断面不宜靠近龙口。当河道流速减小后择机进行。龙口流量监测以流速仪法和 ADCP 走航测量为主，比降—面积法和浮标法为辅，简述如下。

（1）流速仪法

流速仪法在我国是应用最多、最成熟的有效方法。需根据现场情况进行具体分析。

（2）ADCP 走航测量

声学多普勒流速剖面仪（Acoustic Doppler Current Profiles，以下简称 ADCP）是一种先进的测流技术，可以测量水流的瞬时流速分布与流量。目前在世界各国应用广泛，在三峡大江和明渠截流中起到过重要作用。

1）ADCP 测流原理。

ADCP 是利用声学多普勒效应测流的先进仪器，ADCP 在走航测量中测量如下数据：水的相对速度（相对于船的速度，由"水跟踪"测出）；船速（由"底跟踪"测出，或由 GPS 算出）；水深（由河底回波强度测出，类似于回声测深仪）；船的航行轨迹（由船速和计时数据算出，或由 GPS 算出）。

2）ADCP 基于如下的公式计算流量：

$$Q = \int u \cdot \zeta \mathrm{d}s \qquad (6.3\text{-}5)$$

式中，$Q$——流量，$\mathrm{m^3/s}$；

$s$——河流断面面积，$\mathrm{m^2}$；

$u$——河流断面某点处流速矢量，$\mathrm{m/s}$；

$\zeta$——作业船航迹上的单位法线矢量，表征水流方向；

$\mathrm{d}s$——河流断面上微元面积，$\mathrm{m^2}$。

（3）比降—面积法

比降—面积法具有经济、简便、安全、迅速和能测到瞬时流量等优点。当河段顺直、水面落差大、糙率有较好规律条件时，其测流的精度较高。因此，该法也是流量国标规定的基本测流方法之一。水面比降和糙率的率定是影响比降—面积法测流精度的主要参数。

（4）浮标法

这是一种测验水面流速计算断面虚流量，通过浮标系数修正得到流量的方法。浮标系数与水流结构特性、浮标材料结构、入水深度等因素有关，流量规范建议值为0.85。具体的数值需通过现场观测试验率定。

1）导流洞流量。

总流量减去龙口过流量，可得导流洞总分流量，即 $Q_导 = Q_溪 - Q_龙$。

截流期，龙口流量是最重要的监测项目之一，其测验频次视截流的进展和分流比的变化要求布置。

2）戗堤渗透流量。

龙口未形成以前，戗堤围堰渗漏的流量与龙口难以区分。当戗堤龙口合龙后，此时龙口流量为零，实测监测断面的流量即为围堰渗漏的流量。

流速、流量监测断面（垂线）的布设，以能根据施工要求掌握流速纵（横）向分布的变化规律且满足截流施工指挥和决策为原则。

### 6.3.2.5　其他需要监测的项目

截流期间，上下游围堰逐步形成，河床急剧变化，特别是围堰下游的冲坑，直接影响截流施工的指挥和调度，为此需对截流河段河床变化进行实时监测。

采用冲锋舟装载由 RTK GPS 定位、回声仪测深集成系统施测。当 GPS 信号受遮挡时，使用全站仪定位法施测。通过清华三维数字成图系统进行现场成图，测量区域主要包括导流洞进出口围堰爆破后的冲淤情况，以及上下游围堰间基坑在截流前后截流抛投物料的流失引起的变化，比例尺等测量要求视需要确定。

### 6.3.3　监测信息的传输和发布

水文信息是进行截流施工与指挥调度的重要决策依据。整个截流期河道水文监测范围广、站点多、项目多、测次多，数据和图象信息量大，时效要求高。拟根据水文预报和监测内容及工程施工的具体情况，设立截流水文数据处理中心，使用计算机网络与通信技术，实现水文信息接收、处理、存贮、检索和水文情报发布的网络化与自动化。

截流期水文原型观测是施工决策的基本依据,将龙口及各坝区水位、流速和龙口宽度的实时监测数据供业主在抛填物大小、抛填速度及工程进度方面进行决策,将关系到合龙是否能准确、准时、顺利完成。基于上述重要性,准确、及时地将实时监测的水文信息传递到业主所需的水情预报中心进行处理,并通过实地恰当的方式使电站截流指挥部以及业主管理人员和设计科研人员获得截流期水文原型观测资料。

通信主要采用移动电话、对讲机两种方式,确保各种数据传输万无一失。将信息传送到水情预报中心,再以短信和计算机网络、简报等手段传送到业主及截流相关施工单位和管理个人。

### 6.3.3.1　数据传输内容

电站截流水文观测实时传输的内容主要包括戗堤上下游水位、龙口流速、口门水面宽、龙口流量、分流比等实测信息等。

### 6.3.3.2　信息传输实施方案

信息传输采用有线和无线两种方式,各测量(验)专业组(或数据采集子系统)之间及与数据处理中心通信,通过短波电台、对讲机、电话(有线或 WAP 电话)、电传和短信平台、Internet、GPRS 网络实现。

截流河段各观测站点,主要通过手机进行信息传输,并配置对讲机备用。

各自动、半自动或人工采集的水文、河道地形数据,经无线或有线方式统一传至水文数据处理中心截流数据库。数据中心建立计算机局域网和截流水文 GIS 数据库,实现数据、图表的自动处理与共享。

截流 GIS 水文数据库包括水文数据库、河道数据库、施工信息库等方面内容。

截流期水文监测信息可采用移动电话的方式传输到水文气象中心,再通过水文气象中心现有服务系统和截流期专用基于局域网的信息服务系统将信息发布到截流指挥部及相关单位和部门。其实施方案如下。

1)各监测点的数据通过对讲机、移动电话、汽车等方式传送到各承担单位前方数据中心。

2)监测信息可采用移动电话传输至信息中心(组)。

3)在信息中心建立截流专用数据库和截流水文信息发布专用网站。

### 6.3.3.3　水文监测信息集成

根据具体情况形成一个中心,集成现在所有单位的监测信息,负责信息接收、分析、编辑入库工作。

### 6.3.3.4 截流水文监测信息的发布

监测信息的发布,主要有四种方式:网站、手机短信、电话、水文监测简报。根据截流工程不同时期(如准备期、预进占、强进占、合拢期、截流后),其发布的项目内容应有所侧重。

## 6.4　截流水文监测成果分析

### 6.4.1　水位、落差变化分析

电站截流期间,水位受上游来水、导流明渠分流和龙口束窄等影响而发生变化。根据观测的具体数据绘水位过程线,分析各个监测点的水位变化是否符合截流期河道水流变化实际情况。随着龙口束窄,戗堤上游和导流明渠进口因水流壅阻,水位是否逐渐抬升。而戗堤下游水位及下围堰上游水位因水量减少是否逐渐降低等,可根据水位数据绘制图表进行分析。

为掌握截流期截流围堰分段落差、大坝河段总落差、戗堤水面线的变化情况等,需系统开展水位观测,其内容包括戗堤轴线上游与戗堤轴线水位、下围堰上下游水位及测流断面水位。确定好观测时段后,按照方案进行观测。基于观测数据,分析落差变化情况,其变化过程可绘制图表进行分析。

### 6.4.2　龙口流速变化分析

截流期龙口流速是非常重要的水力学指标,龙口流速的分布和龙口流速的变化直接决定了截流施工的现场指挥和调度。将实测的龙口流速与水工模型和截流水力计算的成果进行比较,调整施工方案和措施,截流水文监测成果在截流施工指挥中发挥了重要的作用。电站截流期间,龙口流速随时间变化的过程比较客观地反映了河道水流的基本特性和规律。基于监测数据,绘制图表进行分析。

### 6.4.3　流量成果分析

可根据截流期坝址流量、龙口流量、导流底孔分流量和导流底孔分流比资料表,点绘各部位流量变化过程曲线,并根据图表分析各流量之间的变化关系是否符合实际情况,是否有异常现象。导流底孔流量及分流比计算公式如下( 注:坝址流量为总流量)。

$$导流底孔流量=总流量-龙口流量$$
$$分流比=导流底孔流量/总流量$$

### 6.4.4　水文监测资料综合分析

根据截流期水文监测的资料,分析各要素之间的相关关系,该相关关系基本反映了电站截流期各水力要素的变化特征和基本规律,为其他工程的截流设计积累了宝贵的资料。电站截流期的各项水力学参数的变化都是以龙口束窄为主要特征的。随着口门宽减小,其他水文、水力学参数也相应发生改变。

龙口最大流速和单宽功率指标是代表截流施工难度的最明显的指标,龙口单宽流量和龙口单宽功率是龙口的综合性水力特性参数。单宽流量和龙口单宽功率越大,所产生的动能越大,对截流施工工况越不利,反之,有利于截流龙口的推进。根据截流期监测的龙口水力学要素,计算龙口相应的单宽流量和单宽功率,并对变化过程曲线进行分析。

## 6.5 典型案例

本文以溪洛渡电站截流期水文监测的案列进行探讨。

### 6.5.1 工程概况

溪洛渡水电站位于金沙江下游,距下游向家坝水电站 157km、宜宾市 190km(河道里程),左岸距四川雷波县城约 15km,右岸距云南永善县城 8km。工程枢纽由拦河大坝、泄洪建筑物、引水发电建筑物及导流建筑物组成,是一座以发电为主,兼顾拦沙、防洪等综合效益的巨型水电站。拦河大坝为混凝土双曲拱坝,最大坝高 278.00m,坝顶高程 610.00m,顶拱中心线弧长 681.57m,水库正常蓄水位 600.0m,总库容 120.7 亿 $m^3$,防洪库容 48.0 亿 $m^3$;泄洪采取"分散泄洪、分区消能"的原则布置,在坝身布设 7 个表孔、8 个深孔与两岸 4 条泄洪洞共同泄洪,坝后设有水垫塘消能;发电厂房为地下式,分设在左、右两岸山体内,各装机 9 台单机容量为 700MW 的水轮发电机组,总装机容量为 12600MW。坝轴以上流域面积 45.44 万 $km^2$,多年平均流量 4570$m^3$/s。溪洛渡水电站截流期导流工程包括六条导流洞、上游土石围堰及下游土石围堰。截流采用单戗双向立堵的截流方式施工。

### 6.5.2 截流水文监测的目的

溪洛渡水电工程建设截流是工程施工的关键环节,截流顺利与否直接关系到工程建设的整体进度和施工安全。因此有必要截流水文监测。

### 6.5.3 截流水文监测的特点

1)溪洛渡水电站截流时间紧、任务重。金沙江水文气象中心于 2007 年 10 月 21 日下达截流监测任务,要求在 5 天之内完成监测方案的制定、监测河段的查勘和水文缆道的设计、架设,安装调试并将仪器设备投入运行。

2）要求高、风险大。由于本次截流工程参与分流的导流洞多达 5 个，导流洞进出口围堰爆破效果不佳而影响导流能力，须分别进行冲渣。各导流洞在不同开、关闸组合条件下的分流能力变化较大，要通过高频次的测验来验证冲渣效果和导流能力。当龙口形成后，许多水文要素变化剧烈，截流进占难度加大，需要根据水文信息的瞬息变化，及时调整施工调度决策。为此，必须做到随时监测和成果实时传输以满足截流施工组织、监理和指挥的需要。

3）监测环境恶劣、受制约因素多。截流过程以龙口束窄为主要特征，截流水文监测在特殊环境和特殊流态下开展实时监测。溪洛渡水电站坝区河段呈 U 形，河谷宽深比小于 2，枯水期水面高程 370m，枯水期江面 70～110m。河床坡降大，水流湍急，河床狭窄，水流落差大、流速大且流态非常紊乱。受工程特定的地形、河段流态条件限制，单纯采用常规的水文观测手段难以满足截流期高时效性的需要。因此，在有限的时间内，溪洛渡电站截流水文监测必须做好技术准备，只有制定翔实、科学、实用、高效的实施方案，才能确保及时、完整地收集到各项水文监测资料，最大限度地为截流施工决策提供科学依据。

### 6.5.4 截流监测内容

#### 6.5.4.1 截流水文监测范围

根据截流设计和施工布局，确定溪洛渡水电站的截流施工区为本次截流期水文监测河段，监测区域位于溪洛渡电站施工区临 2 桥—溪洛渡水文站河段（简称截流河段），全长约 7km，是截流期重点水文监测范围。

#### 6.5.4.2 截流水文监测工作主要内容

截流水文监测工作内容包括水文监测实施方案设计，水文监测站网及控制布设，水文监测专用仪器、设备、设施、技术、安全措施准备，水文监测方案的预演和调试，截流临时水尺布设及水位观测，流速断面布设和监测，流量断面布设和监测，龙口形象及水面宽监测，分流比监测，水文测报信息传输和发布，资料整理、整编、汇编、归档，截流水文测报技术总结及分析报告。

#### 6.5.4.3 监测信息传输

主要采用无线电话、对讲机两种传输方式，以确保各种数据传输万无一失。将不同信息传输至金沙江水文气象中心，再以短信、计算机网络、简报等手段传送到业主及截流相关施工单位和管理个人。

### 6.5.5 截流期水文监测实施方案

溪洛渡电站是金沙江最大的水电站，受高流速、大水深等恶劣水流条件、施工场地狭窄等限制,截流水文监测工作难度很大。为使监测工作顺利可实施,工作人员充分借鉴了三峡、瀑布沟、构皮滩等电站的监测手段和经验,编制了安全可靠的实施方案。

### 6.5.5.1 水文监测技术准备

(1)依据的主要国家标准及规范

本次截流水文监测依据的标准/规范见表 6.5-1(注:实施时间为 2007 年 10 月)。

表 6.5-1 截流水文监测依据的标准/规范

| 序号 | 规范/标准名称 | 规范编码 |
|------|------|------|
| 1 | 水道观测规范 | SL 257—2000 |
| 2 | 河流流量测验规范 | GB 50179—1993 |
| 3 | 水位观测标准 | GBJ 138—1990 |
| 4 | 水文普通测量规范 | SL 58—1993 |
| 5 | 水文基本术语和符号标准 | GB/T 50095—1998 |
| 6 | 中、短程光电测距规范 | GB/T 16818—1997 |
| 7 | 声学多普勒流量测验规范 | SL 337—2006 |
| 8 | 水文缆道机电设备及测验仪器通用技术条件 | SL/T 244—1999 |
| 9 | 比降—面积法测流规范 | SD 174—1985 |
| 10 | 水文缆道测验规范 | SD 121—1984 |
| 11 | 水文资料整编规范 | SL 247—1999 |
| 12 | 全球定位系统(GPS)测量规范 | GB/T 18314—2001 |
| 13 | 工程测量规范 | GB 50026—1993 |

(2)监测技术准备

溪洛渡截流水文监测技术准备工作主要有以下几方面的内容:截流施工现场查勘;收集工程截流施工组织设计方案及截流水工模型试验成果;编制水文监测方案;组织各专业组人员;调配水文监测专用仪器设备。准备工作情况见表 6.5-2。

(3)截流水文监测设施设备

截流期水文监测是指在特殊环境条件下的水文要素监测,其仪器设备受到各种不利因素的考验和制约。根据本次截流水文监测的特点,立足于成熟的先进仪器设备、先进的技术手段,进行资料收集、传输、发布水文信息。本次监测工作使用的主要仪器设备见表 6.5-3。

表 6.5-2　　　　　　　　　　　截流期水文观测技术准备工作情况

| 序号 | 项目名称 | 主要内容 | 承担专业组 |
|---|---|---|---|
| 1 | 现场查勘 | 了解监测条件、收集有关资料 | 水文测报指挥部 |
| 2 | 控制网点测量 | 断面控制、控制网点接测 | 应急测验组 |
| 3 | 监测网点的布设 | 水尺、断面点、仪器监测点的布设 | 应急测验组 |
| 4 | 水位监测设施测定 | 截流河段水位、落差监测点测定 | 应急测验组 |
| 5 | 流量监测设施测定 | 截流河段流量监测断面测量 | 分流比测验组 |
| 6 | 电波流速仪比测 | 电波流速仪精度的比测试验 | 龙口测验组 |
| 7 | 专用水文缆道建设 | 专用水文测验电动缆道的建设和调试 | 机电维护组、分流比测验组 |
| 8 | 比降—面积法比测 | 比降—面积法与流速仪法的比测、分析 | 分流比测验组 |
| 9 | ADCP 测流系统比测 | ADCP 断面流量比测试验 | 分流比测验组 |
| 10 | 水下地形测量及成图系统预演 | 冲锋舟、GPS、回声仪、计算机等系统集成调试和演练 | 应急测验组 |
| 11 | 免棱镜全站仪的测试 | 免棱镜全站仪的操作规程及精度测试 | 龙口测验组 |
| 12 | 编制监测方案 | 水文监测的方案和实施细则的编制 | 水文测报指挥部 |
| 13 | 技术与安全培训 | 仪器操作、技术方案和实施细则培训、安全教育与措施培训 | 水文测报指挥部 |
| 14 | 监测信息处理与传输 | 数据处理、传递与发布 | 水文信息组 |

表 6.5-3　　　　　　　　　　　溪洛渡截流监测设备

| 仪器名称 | 精度 | 使用范围 | 用途 | 数量 |
|---|---|---|---|---|
| 天宝 GPS R7(R8) | 静态：5mm＋0.5ppm RTK：10mm＋1ppm | 信号区域 | 控制测量、水下测量定位 | 4 台 |
| HY1600 测深仪 | 0.5%＋5cm | 90m | 测量水深 | 1 台 |
| 缆道测深仪 | ±1% | 50m | 测量水深 | 2 台 |
| TOPCON3002 全站仪 | 2″(2mm＋2ppm) | 1.5km | 控制测量、地形测量（免棱镜测距功能） | 4 台 |
| SVR 测速枪 | ± 0.03 m/s | 0.5～13m/s | 龙口表面流速 | 2 台 |
| 流速仪 | ±1.5% 以内 | 0.04～10m/s | 河道测流量 | 21 台 |
| 铅鱼 | 350kg | 河流 | 测深仪、流速仪的载体 | 3 台 |
| ADCP | ±0.5% | ±5m/s | 河道测流量 | 1 套 |
| 测流缆道 | | | 观测龙口流量 | 1 座 |
| 橡皮冲锋舟（应急）时速 33km/h | | | | 2 艘 |
| 汽车 | | | | 6 台 |
| 笔记本电脑 | | | | 5 台 |
| 对讲机 | | | | 20 部 |

此次监测中使用设备分为三类：专用水文测验电动缆道、水文测验仪器、测绘仪器。

1）专用水文测验电动缆道。

针对溪洛渡截流河段的水深大、流急、流态紊乱等水流特殊性，许多水文仪器在此恶劣的情况下均难以正常工作。为实现截流龙口流量监测，经方案比选，最终选择在龙口下游约800m处的水垫塘位置建设专用水文测验电动缆道1座，缆道主要参数统计见表6.5-4。

**表6.5-4** 流速仪缆道主要参数统计

| 名称 | 竣工数据 | 名称 | 竣工数据 | 主索安全系数 |
|---|---|---|---|---|
| 主索 | $\varphi24.5mm$ | 铅鱼质量 | 500kg | 3.21 |
| 工作索 | $\varphi7.7mm$ | 行车质量 | 35kg | |

缆道测流变频调速控制系统采用新型交流调速系统实现铅鱼动力拖动，达到运行可靠，操作方便，维护简单的目的。变频调速控制系统包括控制模块、铅鱼定位仪、计数装置、显示界面和各种保护报警装置等。

测流缆道由工作主缆和循环索组成，其中工作主缆布设在测验断面处，跨度约200m。设置起重、循环驱动机构，由建筑电动卷扬机完成350kg铅鱼的上提、下放及左、右循环运动，铅鱼上承载超声波测深仪及流速仪等，其电源取自坝区的动力电。

左、右岸共设置地锚6个，其中一岸设置缆道地锚2个，另一岸设置缆道地锚及绞车稳固锚共4个，缆道承载地锚的水平承载力不小于100kN。由于工作性质特殊、使用时间有限，地锚采用简易的，但强度有足够保障。

建设内容还包括简易操作房、临时水尺、高程接测、大断面测量、起点距率定、水深计数器比测等。

2）水文测验仪器。

a.铅鱼。

铅鱼作为仪器载体，和缆道一起携带各种水文测验仪器，完成水深、流速信息采集，进而获得流量数据。

b.转子式流速仪。

采用LS25-3A流速仪，最大测速为10m/s，能满足国家现行规范和截流河段流量测验要求。该型仪器在重庆水文仪器厂破坏性实验表明，在高流速状态（流速超过7m/s，高含沙量水流）仅能不间断使用8h左右。

c.多普勒流速剖面仪（ADCP）。

ADCP为多普勒流速剖面仪的英文名称简写，是利用声学多普勒频移效应原理来测量水流流速和计算流量,具有不扰动流场、测验历时短、测速范围大、测验数据量大的特点。

d. 电波流速仪。

电波流速仪是一种用于施测水流(动水)表面流速的水文测量仪器。该仪器利用电磁波反射原理,远距离无接触测量水面流速,不受水质、漂浮物等影响,测速范围为 $0.5\sim15\text{m/s}$,水平角和垂直角均不宜大于 $45°$,流速越大测量精度越高,主要用于高流速状态下测员或测船无法到达河段采用流速仪法测流困难的表面流速测量。

3)测绘仪器。

a. 球卫星定位系统(GPS)。

GPS 具有全天、全气象条件作业和快速、及时地处理测量数据等特点。选用天宝 R7、R8 双频 GPS 进行平面控制和水下地形测量。

b. 免棱镜全站仪。

在截流河段水流湍急、施工堆填频繁,观测人员不能到达指定地点,采用设立水尺和自记水位均难以获得水位时,可采用免棱镜激光全站仪,使用无人立尺技术观测水位以满足规范要求。免棱镜全站仪还可用于测量龙口水面宽。此外,当 GPS 信号不好时,可采用全站仪为水下地形定位。

c. 测深仪。

采用长江委上游局研制的缆道超声波测深仪,满足在高流速、高含沙量、水流紊乱条件下测量断面的水深测量。

采用 HY1600 型单频回声测深仪,实现水下地形测量的水深测量要求。

(4)截流水文监测人员配备

溪洛渡截流水文监测具有高风险、高难度,需要进行强有力的组织和协调。因此,本次监测项目成立了由单位技术领导组成的现场指挥部,组建了一支精干、高效的监测队伍,人力配备上专业要全、个人能力要强,还要能吃苦、能克难,同时,不在一线的后勤工作人员随叫随到,能保证顺利完成任务。监测人员配备见表 6.5-5。

表 6.5-5 溪洛渡截流监测人员配备

| 教授级高级工程师 | 高级工程师 | 工程师 | 助工 | 技师 | 技工 | 船工 | 其他 |
| --- | --- | --- | --- | --- | --- | --- | --- |
| 3 | 14 | 19 | 6 | 6 | 6 | 2 | 6 |

### 6.5.5.2 截流水文监测站网布设

按照截流施工布置,截流监测区域位于溪洛渡电站施工区临 2 桥—溪洛渡水文站河段。为满足截流施工、科研、设计、施工决策对水文监测要求,共布设 14 个水位监测站;流量监测站 2 个,其中 1 个河道总流量监测站、1 个截流龙口流量监测站;龙口流速监测站 1 个,1 个龙口宽度观测站。水文监测站网分布见表 6.5-6。

表 6.5-6 溪洛渡截流水文监测站网分布

| 序号 | 站名 | 距坝轴线/m | 功能 | 备注 |
|---|---|---|---|---|
| 1 | 临 2 桥 | 980 | 截流河段入口水位 | |
| 2 | 1 导进 | 760 | 1 号导流洞进口水位 | |
| 3 | 2 导进 | 640 | 2 号导流洞进口水位 | |
| 4 | 3 导进 | 540 | 3 号导流洞进口水位 | |
| 5 | 4 导进 | 490 | 4 号导流洞进口水位 | |
| 6 | 5 导进 | 560 | 5 号导流洞进口水位 | |
| 7 | 截流戗堤轴线 | 300 | 监测龙口宽、水位 | |
| 8 | 专用测流断面 | −540 | 实测龙口流量 | |
| 9 | 1 导出 | −1050 | 1 号导流洞出口水位 | |
| 10 | 2 导出 | −930 | 2 号导流洞出口水位 | |
| 11 | 3 导出 | −850 | 3 号导流洞出口水位 | |
| 12 | 4 导出 | −570 | 4 号导流洞出口水位 | |
| 13 | 5 导出 | −1160 | 5 号导流洞出口水位 | |
| 14 | 水厂 | −1790 | 坝下游水位 | |
| 15 | 沟口 | −2760 | 坝下游水位 | |
| 16 | 溪洛渡水文站 | −6050 | 实测河道总流量 | |

说明:距离轴线上游为正值,下游为负值。

### 6.5.5.3 截流水文监测项目

截流水文监测项目如下。

1)水位观测项目包括龙口、上下戗堤、导流洞进出口水位观测。

2)龙口流速监测项目包括龙口纵横断面、戗堤头挑角流速。

3)龙口宽监测项目包括戗堤堤头宽、龙口水面宽。

4)流量监测项目包括总流量、龙口流量、分流比。

5)应急水文监测项目主要包括局部水下地形测量和其他水文监测。

## 6.5.6 截流水文监测及成果分析

溪洛渡水电站工程截流具有流量大、水深大、龙口水力学指标高等特点。按照模型实验及水力学计算结果在设计流量 5160m³/s 时,龙口最大平均流速为 6.35m/s,根据现场监测的情况表明,龙口水力学指标远远大于模型实验结果。

水文监测从 2007 年 10 月 26 日开始,工程截流于 2007 年 11 月 8 日 15:45 合龙,监测到 2007 年 11 月 10 日结束,主要监测的项目包括龙口流速、流量、水位及落差、导流洞水位及落差、导流洞分流能力、龙口进占过程、围堰基坑和导流洞进出口的冲淤变化等。

### 6.5.6.1　截流过程

进入 11 月初,金沙江上游来水平稳,流量在 3500m³/s 左右,远比设计流量小。根据水文气象预报,在 11 月上旬流量不会有大的变化。为了抓住这一有利时机,决定按计划在 11 月上旬实施截流。

从实况看,各导流洞进出口堆渣过高,有的洞口围堰尚未完全爆开,严重影响了分流效果。为了创造良好的分流条件,截流前对各导流洞进行了疏通整治。

2007 年 10 月 26 日,首开 4# 导流洞闸门,随后各洞闸门交替开启和关闭进行冲渣,并继续对各洞进出口堆渣进行爆破清除,以充分发挥导流能力并降低截流难度。10 月底戗堤口门宽 75m,随后不断进行预进占,至 11 月初形成 60m 宽的预留龙口。11 月 7 日 2:00 开始,5 个导流洞闸门全开,当日 9:00 开始截流合龙进占,至当日 21:00,跨过了最困难的龙口段(口门宽 30~40m),顺利进占到口门宽为 10m 暂停。8 日下午举行合龙仪式,15:00—15:45 将剩下的 10m 宽口门全部封堵。实际截流流量为 3560m³/s,比设计流量小,但龙口水力学指标仍很高,实测龙口最大流速 9.50m/s,最终落差 4.50m。

### 6.5.6.2　截流期导流洞分流能力

导流洞分流比是截流水力学原型观测的重点之一。本次测验采用在龙口下游约 800m、导流洞出口上游架设水文测验缆道,设立截流监测断面,利用流速仪、走航式 ADCP 施测龙口流量。在导流洞开始分流后,根据水量平衡原理及水流连续性原理,通过同步施测监测断面流量(龙口流量)$Q_龙$ 和坝址下游约 7km 溪洛渡水文站流量(坝址流量)$Q_坝$,求得导流洞流量 $Q_导$,即 $Q_导 = Q_坝 - Q_龙$,从而计算出导流洞分流比。

(1)流量比测

为验证截流监测断面流量测验精度,在 10 月 25—26 日,导流洞开始分流前,截流监测断面进行了三次流量测验,并与溪洛渡水文站流量进行了比测。比测结果表明,两站流量测验误差在允许范围内。比测情况见表 6.5-7。

(2)断面测量

受坝区两岸施工及上游龙口抛投影响,截流监测断面变化较大,共施测断面 13 次。断面面积变化整体呈逐渐变小趋势,左岸及河底淤积较为明显,右岸偶有冲刷现象存在。断面施测及变化情况见表 6.5-8。

表 6.5-7 截流监测断面与溪洛渡站流量对比

| 序号 | 截流监测断面流量/(m³/s) | 溪洛渡水文站流量/(m³/s) | 相对误差/% |
|---|---|---|---|
| 1 | 5650 | 5570 | 1.44 |
| 2 | 5530 | 5430 | 1.84 |
| 3 | 5320 | 5370 | −0.93 |
| 平均 | | | 0.78 |

表 6.5-8 断面施测及变化情况

| 施测号数 | 施测时间 | | | 水位 377m 以下面积/m² |
|---|---|---|---|---|
| | 月 | 日 | 时 | |
| 1 | 10 | 24 | 20 | 1000 |
| 2 | 10 | 26 | 13 | 943 |
| 3 | 10 | 28 | 14 | 949 |
| 4 | 10 | 29 | 14 | 925 |
| 5 | 10 | 30 | 14 | 892 |
| 6 | 10 | 31 | 10 | 884 |
| 7 | 10 | 31 | 19 | 879 |
| 8 | 11 | 1 | 11 | 867 |
| 9 | 11 | 2 | 10 | 810 |
| 10 | 11 | 3 | 11 | 814 |
| 11 | 11 | 4 | 12 | 828 |
| 12 | 11 | 5 | 10 | 822 |
| 13 | 11 | 7 | 17 | 805 |

（3）龙口预进占阶段分流能力

在不同龙口水力要素情况下，导流洞分流比是截流期水文监测的重要指标。截流准备期导流洞分流比可以验证各导流洞分流能力是否达到设计要求，是预测截流综合难度是否控制在可控范围内的主要依据条件之一，截流准备期导流洞分流比测量对各导流洞进出口围堰渣堆清渣工作具有现实的指导和验证作用。龙口预进占分流比测量从 10 月 26 日 12:00 4# 导流洞开闸分流起到 11 月 7 日 9:00 截流进占开始前夕，时间持续近 12 天，共施测龙口流量 60 次，计算出各种状况下的导流洞分流比。各导流洞分流比实测状况及各导流洞分流比见表 6.5-9。

表 6.5-9　　　　　　　　　　　　各导流洞分流比实测状况统计

| 时间 | 导流洞开启情况 | 实测流量次数 | 平均分流量/(m³/s) | 平均分流比/% |
|---|---|---|---|---|
| 2007-10-26 12:00—2007-10-27 10:00 | 4# | 4 | 540 | 10.4 |
| 2007-10-27 10:00—2007-10-27 16:00 | 4#、5# | 2 | 810 | 16.1 |
| 2007-10-27 16:00—2007-10-28 10:00 | 5# | 2 | 540 | 11.2 |
| 2007-10-28 10:00—2007-11-1 18:00 | 4#、5# | 23 | 1020 | 25.7 |
| 2007-11-1 18:00—2007-11-3 18:00 | 1#、4#、5# | 9 | 1490 | 41.9 |
| 2007-11-3 18:00—2007-11-4 10:00 | | 5 | | |
| 2007-11-4 10:00—2007-11-5 11:00 | 1#、2# | 6 | 1330 | 37.1 |
| 2007-11-5 11:00—2007-11-6 10:00 | 2# | 3 | 940 | 27.3 |
| 2007-11-6 10:00—2007-11-7 02:00 | | 2 | | |
| 2007-11-7 02:00—2007-11-7 09:00 | 五洞全开 | 4 | 1640 | 53.4 |

1) 4# 导流洞分流比。

10 月 26 日 12:00,4# 导流洞开闸分流,这是首次开闸泄流,坝区各站水位受 4# 导流洞开闸分流的影响发生了显著变化,其水位相关关系发生了明显改变。通过分析 4# 导流洞不分流情况下的各站相关关系,推算各站水位变化量。其中,6# 导流洞进口水位约降低 1.15m,4# 导流洞出口水位约抬高 0.48m,具体见表 6.5-10。

表 6.5-10　　　　　　　4# 导流洞分流对坝区各重要部位水位影响　　　　　　（单位:m）

| 站名 | 临 2 桥水位 | 6 导进水位 | 下围堰水位 | 4 导出水位 | 水厂水位 | 沟口水位 |
|---|---|---|---|---|---|---|
| 2007-10-26 14:00 | 385.03 | 384.92 | 380.17 | 380.08 | 378.12 | 376.61 |
| 变化量 | -1.23 | -1.15 | 0.45 | 0.48 | 0.21 | 0.15 |

注:负值表示水位降低,正值表示水位抬高。

实测 4# 导流洞平均分流量为 540m³/s,4# 导流洞平均分流比为 10.4%。

2) 5# 导流洞分流比。

10 月 27 日 16:00—10 月 28 日 10:00,5# 导流洞单独分流、冲渣,实测 5# 导流洞平均分流量为 540 m³/s,平均分流比为 11.2%。

3) 4#、5# 导流洞联合分流比。

10 月 27 日 10:00—16:00,4#、5# 导流洞共同分流,实测龙口平均分流量为 810 m³/s,平均分流比为 16.1%。经过 18h 后,5# 导流洞冲渣。10 月 28 日 10:00,再次开启 4# 导流洞与 5# 导流洞共同分流,实测 4#、5# 导流洞平均分流比为 20.1%。经过前几日的导流洞的冲渣,分流能力有明显提高,分流能力从 16.1% 提高到 20.1%。

随着两岸进一步施工进占，4#、5#导流洞分流比随着龙口水面宽的减小而变大。4#、5#导流洞分流比及龙口水面宽变化过程见表6.5-11和图6.5-1。从表和图可以看出，在导流洞开关情况不变的情况下，导流洞分流比变化与龙口水面宽具有很好的关系。当龙口水面宽从10月29日64.4m减小到10月31日、11月1日51.1m左右时，4#、5#导流洞分流比达到观测以来最高的31.1%，而后随着龙口水面宽的暂时稳定、缓慢变宽而有所减小。

表6.5-11　　　　4#、5#导流洞分流比及龙口水面宽变化过程

| 时间 | 龙口水面宽/m | 龙口流量/(m³/s) | 溪洛渡流量/(m³/s) | 导流洞分流量/(m³/s) | 导流洞分流比/% | 龙口落差/% |
|---|---|---|---|---|---|---|
| 2007-10-28 12:18 | | 3720 | 4660 | 940 | 20.2 | |
| 2007-10-28 16:09 | | 3640 | 4560 | 920 | 20.2 | |
| 2007-10-29 9:46 | 64.4 | 3750 | 4650 | 900 | 19.4 | 2.21 |
| 2007-10-29 16:34 | 62.4 | 3630 | 4570 | 940 | 20.6 | 2.03 |
| 2007-10-30 11:13 | 57.9 | 3260 | 4190 | 930 | 22.2 | 2.19 |
| 2007-10-30 15:12 | 57.7 | 3120 | 4170 | 1050 | 25.2 | 2.24 |
| 2007-10-31 8:50 | 53.6 | 3040 | 3980 | 940 | 23.6 | 2.23 |
| 2007-10-31 11:51 | 53.4 | 2940 | 4000 | 1060 | 25.5 | 2.25 |
| 2007-10-31 13:34 | 53.3 | 2980 | 4000 | 1020 | 25.5 | 2.26 |
| 2007-10-31 14:38 | 53.2 | 2980 | 3990 | 1010 | 25.3 | 2.27 |
| 2007-10-31 16:19 | 53.2 | 2840 | 3960 | 1120 | 28.2 | 2.28 |
| 2007-10-31 17:10 | 53.2 | 2800 | 3950 | 1150 | 29.1 | 2.29 |
| 2007-10-31 21:09 | 53.1 | 2690 | 3820 | 1130 | 29.6 | 2.31 |
| 2007-10-31 23:51 | 53.1 | 2600 | 3730 | 1130 | 30.3 | 2.31 |
| 2007-11-1 2:30 | 53.2 | 2530 | 3670 | 1140 | 31.1 | 2.31 |
| 2007-11-1 4:35 | 53.6 | 2570 | 3650 | 1080 | 29.6 | 2.31 |
| 2007-11-1 6:33 | 54.0 | 2610 | 3660 | 1050 | 28.7 | 2.32 |
| 2007-11-1 9:05 | 54.3 | 2650 | 3690 | 1040 | 28.2 | 2.31 |
| 2007-11-1 11:58 | 54.1 | 2780 | 3720 | 940 | 25.3 | 2.29 |
| 2007-11-1 15:37 | 53.9 | 2730 | 3730 | 1000 | 26.8 | 2.23 |

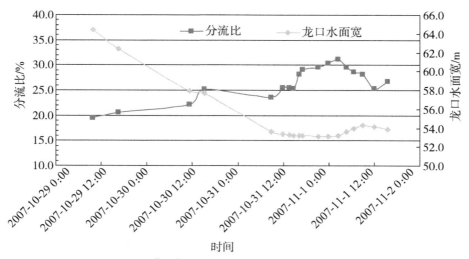

图 6.5-1　4#、5# 导流洞分流比与龙口水面宽变化过程

4)1#、4#、5# 导流洞联合分流比。

11 月 1 日 18:00—11 月 3 日 18:00,1# 导流洞开闸加入分流,1#、4#、5# 导流洞联合分流,1#、4#、5# 导流洞联合分流比及龙口水面宽变化过程见表 6.5-12 和图 6.5-2。

表 6.5-12　　　　　　　1#、4#、5# 导流洞分流比及龙口水面宽变化过程

| 时间 | 龙口水面宽 /m | 龙口流量 /(m³/s) | 溪洛渡流量 /(m³/s) | 导流洞分流量 /(m³/s) | 导流洞分流比 /% |
|---|---|---|---|---|---|
| 2007-11-1 20:18 | 53.6 | 2340 | 3760 | 1420 | 37.8 |
| 2007-11-1 20:48 | 53.6 | 2380 | 3730 | 1350 | 36.2 |
| 2007-11-2 13:28 | 52.6 | 2250 | 3720 | 1470 | 39.5 |
| 2007-11-2 15:08 | 52.4 | 2120 | 3740 | 1620 | 43.3 |
| 2007-11-2 16:46 | 51.6 | 2150 | 3700 | 1550 | 41.9 |
| 2007-11-3 5:38 | 49.6 | 1830 | 3460 | 1630 | 47.1 |
| 2007-11-3 9:04 | 49.7 | 1840 | 3420 | 1580 | 46.2 |
| 2007-11-3 12:06 | 50.5 | 1860 | 3320 | 1460 | 44 |
| 2007-11-3 17:24 | 54.3 | 1930 | 3270 | 1340 | 41 |

1#、4#、5# 导流洞联合分流比随着各导流洞冲渣进程及龙口水面宽变化而波动,实测分流比在 36.2%～47.1%。

5)1#、2# 导流洞联合分流比 。

11 月 4 日 10:00—11 月 5 日 11:00,1#、2# 导流洞共同分流,实测龙口流量 6 次,平均分流量为 1330m³/s,平均分流比为 37.1%。

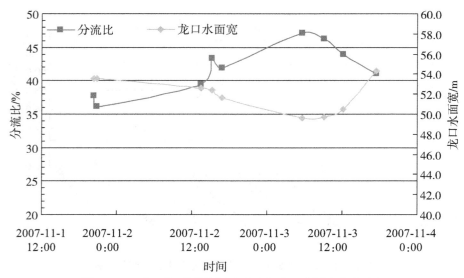

图 6.5-2　1#、4#、5#导流洞分流比与龙口水面宽变化过程

6)2#导流洞分流比。

11月5日11:00—11月6日1:00,关闭1#导流洞,2#导流洞单独过流,实测龙口流量3次,平均分流量为940m³/s,平均分流比为27.3%。通过前段时间的冲渣,2#导流洞分流能力比较强。

7)1#~5#导流洞总分流比。

11月7日2时—11月7日9:00,1#~5#导流洞全面开闸过流,实测龙口流量4次,1#~5#导流洞平均分流量为1640 m³/s,平均分流比为53.4%。

(4)龙口进占阶段分流能力

11月7日9时30分,截流预进占开始,随着进占强度的加大,龙口水面的不断缩窄,实测断面流量(龙口流量+渗透流量)从1540 m³/s减小到44.7m³/s,分流比从56.6%上升到98.7%。15:38合龙,实测渗透流量31.4 m³/s,导流洞分流比为99.1%。截流期导流洞分流比变化过程见表6.5-13和图6.5-3。

表 6.5-13　　　　　截流期(龙口进占阶段)导流洞分流比变化过程

| 项目时间 | 龙口流量 /(m³/s) | 溪洛渡流量 /(m³/s) | 导流洞分流量 /(m³/s) | 导流洞分流比 /% |
|---|---|---|---|---|
| 2007-11-7 9:00 | 1670 | 3500 | 1830 | 52.3 |
| 2007-11-7 10:00 | 1540 | 3510 | 1970 | 56.1 |
| 2007-11-7 11:00 | 1450 | 3510 | 2060 | 58.7 |
| 2007-11-7 12:00 | 1290 | 3530 | 2240 | 63.5 |
| 2007-11-7 13:00 | 1150 | 3520 | 2370 | 67.3 |

| 项目时间 | 龙口流量<br>/(m³/s) | 溪洛渡流量<br>/(m³/s) | 导流洞分流量<br>/(m³/s) | 导流洞分流比<br>/% |
|---|---|---|---|---|
| 2007-11-7 14:00 | 990 | 3520 | 2530 | 71.9 |
| 2007-11-7 15:00 | 791 | 3520 | 2729 | 77.5 |
| 2007-11-7 16:00 | 592 | 3520 | 2928 | 83.2 |
| 2007-11-7 17:00 | 443 | 3540 | 3097 | 87.5 |
| 2007-11-7 18:00 | 358 | 3520 | 3162 | 89.8 |
| 2007-11-7 19:00 | 259 | 3520 | 3261 | 92.6 |
| 2007-11-7 20:00 | 157 | 3540 | 3383 | 95.6 |
| 2007-11-7 21:00 | 88.7 | 3540 | 3451.3 | 97.5 |
| 2007-11-7 22:00 | 53 | 3560 | 3507 | 98.5 |
| 2007-11-8 2:00 | 44.6 | 3500 | 3455.4 | 98.7 |
| 2007-11-8 8:00 | 45 | 3520 | 3475 | 98.7 |
| 2007-11-8 14:00 | 44.7 | 3520 | 3475.3 | 98.7 |
| 2007-11-8 15:40 | 31.4 | 3520 | 3488.6 | 99.1 |

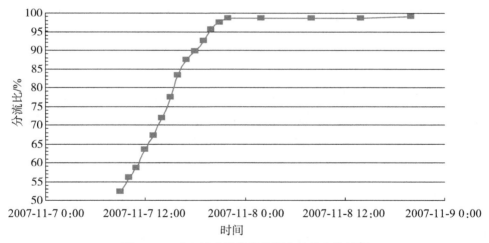

图 6.5-3　龙口进占阶段导流洞分流比变化过程

### 6.5.6.3　水位、落差变化分析

为掌握截流期截流围堰分担落差、大坝河段总落差及戗堤水面线及戗堤的纵横比降的变化情况开展水位观测，包括戗堤轴线上游（左、右岸）50m 水位、戗堤轴线（左、右岸）、戗堤轴线下游（左、右岸）50m 水位；1#～6# 导流洞进出口水位；其他坝区专用水尺水位；测流断面水位；观测时段从 2007 年 10 月 28 日—11 月 8 日。

（1）截流期水位变化

溪洛渡截流预进占阶段(11月7日9:00以前)，5条导流洞为检验其设计过流能力和冲渣的需要，频繁地启闭导流洞进口闸门，采用不同的导流洞组合泄流。在此期间，水位受上游来水、导流洞分流和龙口束窄等多方面的因素影响而变化。在龙口进占阶段(11月7日9:00～8日16:00)，在$1^\#$～$5^\#$导流洞联合泄流，突然增大了整个坝址区的过水面积。因此，戗堤上游和导流洞进口水位明显下降；随着龙口的推进和束窄，过水面积又逐渐减小，在围堰戗堤的上游形成壅水，水位逐渐提高；在戗堤基本合龙后，在上游的来水量变化不大的情况下，水位变化也比较平缓。

导流洞出口由于其过水面积未发生明显变化，因此在坝址总来水量变化不大的情况下，截流期间其水位变化相对平缓，变化过程与天然来水过程相应。

戗堤下游的水位变化复杂，既受龙口来水量变化的影响，又受下游导流洞出水后壅水抬高的影响。其变化过程是导流洞爆破后水位急剧下降，之后随着上戗堤龙口的逐渐推进，龙口流量逐渐减小，其水位继续下降，龙口合龙后水位变化不大。

龙口的戗上和戗轴水位的横向变化受龙口截流施工的影响明显：在预进占和强进占的前期阶段，以左岸推进为主，在此期间，左岸水位明显高于右岸水位，在截流后期，两边推进的程度相当，龙口泄流比较均匀，两边的水位也趋于接近；戗下水位的横比降较小且稳定。

（2）截流期落差变化

导流洞落差的变化也与导流洞围堰爆破过流和龙口推进密切相关：围堰爆破后，落差急剧减小，之后随着上围堰的推进，逐渐抬高进口的水位，其落差逐渐增大，直至上围堰合龙后，其落差变化平缓，随天然来水量的变化而变化。

戗堤上下游水位落差的变化与导流洞落差的变化基本相应：在预进占阶段受导流洞组合泄流的影响，落差时大时小，导流洞泄流越大，落差越小；在龙口强进占阶段(11月6日20:00以后)，$1^\#$～$5^\#$导流洞同时开启联合泄流，其主要受上围堰龙口的推进影响，落差逐渐增大，当上围堰基本合龙后，落差最大(图6.5-4)。因此其落差在截流期间来水量变化不大的情况下，其落差主要受施工的影响。

（3）截流期水面线变化

选择截流前期典型时段截流河段的专用水尺和龙口观测水位点绘全河段的水面线，见图6.5-5，从图上可以看出，在预进占阶段，随着河道两边的推进在龙口戗堤处形成水位跌坎，随着时间的推移，龙口宽度减小，龙口戗堤处落差增加，跌坎越发明显。

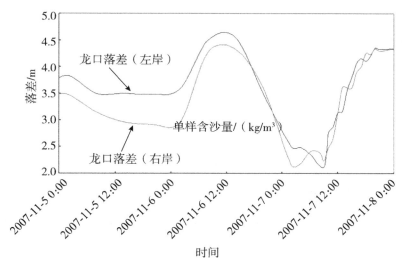

图 6.5-4　龙口落差(左岸、右岸)变化过程

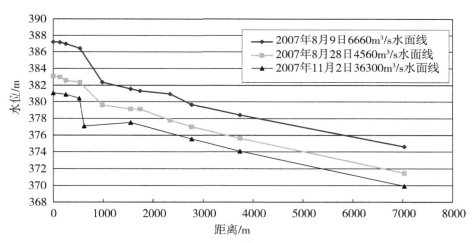

图 6.5-5　预进占阶段截流河段沿程水面线

选择强进占阶段(11 月 7 日 8:00 以后)的典型时段戗上、戗轴、戗下水位来点绘龙口左、右岸水面线的变化,见表 6.5-14,从表中可以看出,上戗堤水面线在导流洞联合泄流后,水面线急剧下降,随着围堰的施工推进,水面线逐渐抬升,并且坡度变缓,戗轴水位随龙口大量的抛投物料的垫底,水位抬升更快,在 15:00 左右水面线曲线出现拐点,由凹变凸。

表 6.5-14　　　　　　　　　　　　龙口水位(左岸、右岸)　　　　　　　　　　　　(单位:m)

| 观测时间 | 戗左上 | 戗轴左 | 戗左下 | 戗右上 | 戗轴右 | 戗右下 |
|---|---|---|---|---|---|---|
| 2007-11-7 8:00 | 379.43 | 377.36 | 377.13 | 379.5 | 377.27 | 377.19 |
| 2007-11-7 12:00 | 380.09 | 377.97 | 376.95 | 380.21 | 377.86 | 377.08 |

| 观测时间 | 戗左上 | 戗轴左 | 戗左下 | 戗右上 | 戗轴右 | 戗右下 |
|---|---|---|---|---|---|---|
| 2007-11-7 14：00 | 380.58 | 378.03 | 377.03 | 380.67 | 378.59 | 377.06 |
| 2007-11-7 16：00 | 381.03 | 378.97 | 376.97 | 381.09 | 379.56 | 377.2 |
| 2007-11-7 18：00 | 381.26 | 380.15 | 377.15 | 381.33 | 380.05 | 377.07 |
| 2007-11-7 20：00 | 381.52 | 379.86 | 377.16 | 381.44 | 379.75 | 377.1 |
| 2007-11-7 21：00 | 381.53 | 379.80 | 377.20 | 381.45 | 379.9 | 377.15 |

#### 6.5.6.4 龙口流速变化分析

截流期龙口流速是非常重要的水力学指标,龙口流速的分布及其变化直接决定了截流施工的现场指挥和调度。将实测的龙口流速与水工模型和截流水力计算的成果进行比较,调整施工方案和措施。本次截流水文监测在截流施工指挥过程中发挥了很重要的作用。

在龙口预进占阶段,龙口流速监测包括龙口上挑角(左、右)、戗堤轴线(中)、龙口下挑角(左、右)的流速;在龙口强进占阶段,只实测龙口上、龙口中、龙口下的流速;观测时段为 2007 年 10 月 30 日—11 月 8 日。

(1)龙口流速的纵横向分布特性

图 6.5-6、图 6.5-7 反映了 11 月 3 日的两次龙口流速的纵横向变化,从横向上看,龙口中的流速大于龙口两边;从纵向上看,流速从小到大依次是龙口上、龙口中、龙口下。由于左岸的推进强度较大,阻水作用更强,左边的流速小于右边。

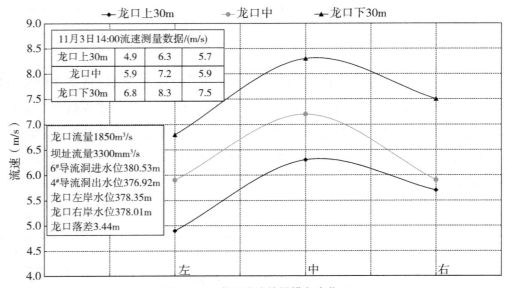

图 6.5-6 龙口流速的纵横向变化 1

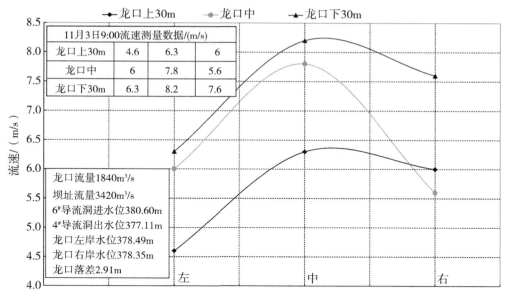

图 6.5-7　龙口流速的纵横向变化 2

（2）龙口流速变化

2007 年 11 月 5 日 8:30—11 月 8 日 15:45 对龙口上、龙口中、龙口下进行了 36 个段次的流速过程监测,收集到了完整的截流流速变化过程,龙口流速成果见表 6.5-15。

表 6.5-15　　　　　　　　　　　　龙口流速成果

| 龙口下 | | 龙口中 | | 龙口上 | |
|---|---|---|---|---|---|
| 时间 | 流速/(m/s) | 时间 | 流速/(m/s) | 时间 | 流速/(m/s) |
| 2007-11-5 8:30 | 8 | 2007-11-5 8:30 | 7.8 | 2007-11-5 8:30 | 7 |
| 2007-11-5 9:00 | 8.2 | 2007-11-5 9:00 | 7.7 | 2007-11-5 9:00 | 6.7 |
| 2007-11-5 10:00 | 8 | 2007-11-5 10:00 | 7.6 | 2007-11-5 10:00 | 6.7 |
| 2007-11-5 11:00 | 8.1 | 2007-11-5 11:00 | 7.7 | 2007-11-5 11:00 | 6.7 |
| 2007-11-5 12:00 | 8.2 | 2007-11-5 12:00 | 7.8 | 2007-11-5 12:00 | 6.7 |
| 2007-11-5 14:00 | 8.3 | 2007-11-5 14:00 | 7.9 | 2007-11-5 14:00 | 6.8 |
| 2007-11-5 15:00 | 8.3 | 2007-11-5 15:00 | 8 | 2007-11-5 15:00 | 6.8 |
| 2007-11-5 16:00 | 8.2 | 2007-11-5 16:00 | 8 | 2007-11-5 16:00 | 6.8 |
| 2007-11-5 17:00 | 8.2 | 2007-11-5 17:00 | 7.9 | 2007-11-5 17:00 | 6.7 |
| 2007-11-5 23:00 | 8.4 | 2007-11-5 23:00 | 8.2 | 2007-11-5 23:00 | 7.6 |
| 2007-11-6 8:00 | 8.4 | 2007-11-6 8:00 | 8.2 | 2007-11-6 8:00 | 7.3 |
| 2007-11-6 11:00 | 8.5 | 2007-11-6 11:00 | 8.3 | 2007-11-6 11:00 | 7.4 |

| 龙口下 | | 龙口中 | | 龙口上 | |
|---|---|---|---|---|---|
| 时间 | 流速/(m/s) | 时间 | 流速/(m/s) | 时间 | 流速/(m/s) |
| 2007-11-6 12:00 | 8.4 | 2007-11-6 12:00 | 8.1 | 2007-11-6 12:00 | 7.2 |
| 2007-11-6 14:00 | 8.5 | 2007-11-6 14:00 | 8.4 | 2007-11-6 14:00 | 7.5 |
| 2007-11-6 15:00 | 8.5 | 2007-11-6 15:00 | 8.2 | 2007-11-6 15:00 | 7.4 |
| 2007-11-6 17:00 | 8.4 | 2007-11-6 17:00 | 8.1 | 2007-11-6 17:00 | 7.3 |
| 2007-11-7 2:00 | 7.4 | 2007-11-7 2:00 | 7.1 | 2007-11-7 2:00 | 6.5 |
| 2007-11-7 4:00 | 7 | 2007-11-7 4:00 | 6.8 | 2007-11-7 4:00 | 6 |
| 2007-11-7 6:00 | 6.2 | 2007-11-7 6:00 | 6 | 2007-11-7 6:00 | 5.6 |
| 2007-11-7 8:00 | 6.3 | 2007-11-7 8:00 | 6.1 | 2007-11-7 8:00 | 5.6 |
| 2007-11-7 9:00 | 5.2 | 2007-11-7 9:00 | 4.7 | 2007-11-7 9:00 | 4.2 |
| 2007-11-7 10:00 | 5.7 | 2007-11-7 10:00 | 5.2 | 2007-11-7 10:00 | 4.5 |
| 2007-11-7 11:00 | 6 | 2007-11-7 11:00 | 5.2 | 2007-11-7 11:00 | 4.5 |
| 2007-11-7 12:00 | 6.1 | 2007-11-7 12:00 | 5.3 | 2007-11-7 12:00 | 4.2 |
| 2007-11-7 13:00 | 6.1 | 2007-11-7 13:00 | 5.8 | 2007-11-7 13:00 | 4.4 |
| 2007-11-7 14:00 | 7.5 | 2007-11-7 14:00 | 6.4 | 2007-11-7 14:00 | 3.6 |
| 2007-11-7 15:00 | 7 | 2007-11-7 15:00 | 5.1 | 2007-11-7 15:00 | 3.3 |
| 2007-11-7 16:00 | 9.2 | 2007-11-7 16:00 | 5.1 | 2007-11-7 16:00 | 3.2 |
| 2007-11-7 17:00 | 9.5 | 2007-11-7 17:00 | 5.4 | 2007-11-7 17:00 | 2.8 |
| 2007-11-7 18:00 | 8.4 | 2007-11-7 18:00 | 6.3 | 2007-11-7 18:00 | 2.5 |
| 2007-11-7 19:00 | 8.4 | 2007-11-7 19:00 | 5.8 | 2007-11-7 19:00 | 1.7 |
| 2007-11-7 20:00 | 7.5 | 2007-11-7 20:00 | 7.2 | 2007-11-7 20:00 | 2.2 |
| 2007-11-7 21:00 | 5.7 | 2007-11-7 21:00 | 5.3 | 2007-11-7 21:00 | 1.1 |
| 2007-11-8 15:00 | 4.10 | | | | |
| 2007-11-8 15:35 | 2.10 | | | | |
| 2007-11-8 15:45 | 0.00 | | | | |

在预进占阶段(11月7日9:00以前)龙口流速的变化主要受上游来水和导流洞组合泄流的影响。当上游来水量减小,流速也减小;在来水变化不大的情况下,增加导流洞过流后,龙口流速明显减小,关闭导流洞后龙口流速又增加。

在龙口强进占阶段,当1#~5#导流洞全部开启后,龙口上、龙口中、龙口下的流速急剧减小。在此之后,龙口上、龙口中、龙口下流速的变化过程出现分化;龙口的推进,上游形成壅水,龙口上流速持续减小;龙口中流速的变化有大有小,主要是大粒径的抛投物的垫底形成阻水所致,总体变化过程是小→大→小,但变化幅度不大;龙口下的流速变化剧烈,当导流洞开启后,龙口下的流速急剧减小,但随着龙口的推进,龙口束窄,过水面积的减小,流速又逐渐增大,在 17:00 左右出现最大流速(流速拐点)9.5m/s,之后随着壅水的抬高,导流洞分流量增加,流速逐渐减小,当龙口合龙时,流速减小为零,见表 6.5-15、图 6.5-8、图 6.5-9。

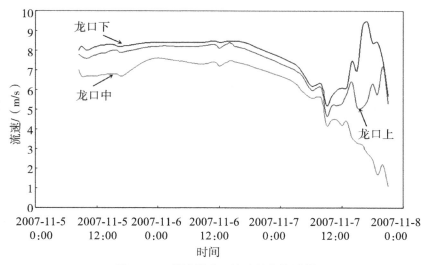

图 6.5-8　截流期龙口流速的变化过程

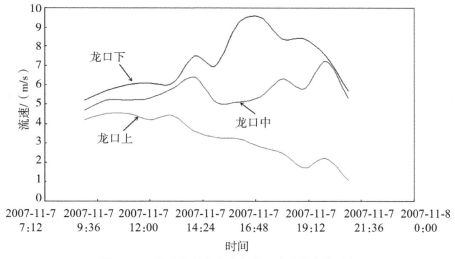

图 6.5-9　截流期强进占阶段龙口流速的变化过程

(3)龙口流速与口门宽的关系

龙口水力学要素中流速与口门水面宽密切相关。在龙口预进占阶段,龙口流速受上游来水、导流洞的组合泄流和龙口推进的综合影响,其变化的趋势不明显。在龙口强进占阶段(11 月 7 日 6:00—11 月 8 日 16:00),来水量变化不大,坝址流量保持在 3460~3570m³/s;在导流洞全部开启的情况下,龙口流速主要受龙口变化的影响。龙口在推进的过程中,龙口水面宽不断束窄,龙口上、龙口中、龙口下出现不同的变化规律;龙口上随龙口水面宽的减小持续减小;龙口中随龙口水面宽的减小在前期流速逐渐增大,在龙口水面宽15~17m时出现极值,以后流速逐渐减小;龙口下随龙口水面宽的减小在前期流速急剧增大,变化幅度比较大,在龙口水面宽21~20m时出现流速拐点,以后随口门宽的减小,流速也相应减小,当龙口合龙时流速为零,详见表6.5-16。

表 6.5-16 龙口流速与水面宽成果

| 时间 | 龙口下<br>流速/(m/s) | 龙口中<br>流速/(m/s) | 龙口上<br>流速/(m/s) | 龙口<br>水面宽/m |
|---|---|---|---|---|
| 2007-11-5 9:00 | 8.2 | 7.7 | 6.7 | 50.9 |
| 2007-11-5 14:00 | 8.3 | 7.9 | 6.8 | 51.1 |
| 2007-11-6 8:00 | 8.4 | 8.2 | 7.3 | 53.1 |
| 2007-11-6 14:00 | 8.5 | 8.4 | 7.5 | 53 |
| 2007-11-7 2:00 | 7.4 | 7.1 | 6.5 | 46.8 |
| 2007-11-7 4:00 | 7 | 6.8 | 6 | 46.7 |
| 2007-11-7 6:00 | 6.2 | 6 | 5.6 | 47.5 |
| 2007-11-7 8:00 | 6.3 | 6.1 | 5.6 | 47.47 |
| 2007-11-7 9:00 | 5.2 | 4.7 | 4.2 | 48.66 |
| 2007-11-7 10:00 | 5.7 | 5.2 | 4.5 | 43.9 |
| 2007-11-7 11:00 | 6 | 5.2 | 4.5 | 40.3 |
| 2007-11-7 12:00 | 6.1 | 5.3 | 4.2 | 38.44 |
| 2007-11-7 13:00 | 6.1 | 5.8 | 4.4 | 36.42 |
| 2007-11-7 14:00 | 7.5 | 6.4 | 3.6 | 33.7 |
| 2007-11-7 15:00 | 7 | 5.1 | 3.3 | 31.54 |
| 2007-11-7 16:00 | 9.2 | 5.1 | 3.2 | 27.2 |
| 2007-11-7 17:00 | 9.5 | 5.4 | 2.8 | 22.1 |
| 2007-11-7 18:00 | 8.4 | 6.3 | 2.5 | 16.6 |
| 2007-11-7 19:00 | 8.4 | 5.8 | 1.7 | 15.4 |
| 2007-11-7 20:00 | 7.5 | 7.2 | 2.2 | 11.41 |
| 2007-11-7 21:00 | 5.7 | 5.3 | 1.1 | 9.27 |
| 2007-11-8 15:45 | 0.00 | 0.00 | 0.00 | 0.00 |

(4)龙口流速与龙口流量的关系

当2007年11月7日6:00 1#~5#导流洞全部过流后,龙口流量1630m³/s,此时龙口上流速5.6m/s、龙口中流速6.0m/s、龙口下流速6.2m/s,此后在整个合龙过程中,上游来水量变化不大。随着龙口的推进束窄,龙口流量持续减小;龙口上流速在龙口合龙过程中持续减小;龙口中流速受龙口大颗粒的抛投物阻水作用影响先逐渐增大,当达到一定的极限值后,流速又逐渐减小,流速拐点大致在 $400\text{m}^3/\text{s}$ 时出现,龙口合龙后,龙口流量、流速减小为零;龙口下流速的变化特征明显,即随着龙口流量的减小,流速增加,当流量 $520\text{m}^3/\text{s}$ 时流速达到极值,流速变化曲线出现拐点,其后流速逐渐减小,直至龙口合龙时,流速为零。实测数据见表 6.5-17。

表 6.5-17　　　　　　　　　　　龙口流速与龙口流量成果

| 时间 | 龙口下流速/(m/s) | 龙口中流速/(m/s) | 龙口上流速/(m/s) | 龙口流量/(m³/s) |
|---|---|---|---|---|
| 2007-11-7 6:00 | 6.2 | 6 | 5.6 | 1630 |
| 2007-11-7 8:00 | 6.3 | 6.1 | 5.6 | 1620 |
| 2007-11-7 9:00 | 5.2 | 4.7 | 4.2 | 1670 |
| 2007-11-7 10:00 | 5.7 | 5.2 | 4.5 | 1540 |
| 2007-11-7 11:00 | 6 | 5.2 | 4.5 | 1450 |
| 2007-11-7 12:00 | 6.1 | 5.3 | 4.2 | 1290 |
| 2007-11-7 13:00 | 6.1 | 5.8 | 4.4 | 1150 |
| 2007-11-7 14:00 | 7.5 | 6.4 | 3.6 | 990 |
| 2007-11-7 15:00 | 7 | 5.1 | 3.3 | 791 |
| 2007-11-7 16:00 | 9.2 | 5.1 | 3.2 | 592 |
| 2007-11-7 17:00 | 9.5 | 5.4 | 2.8 | 443 |
| 2007-11-7 18:00 | 8.4 | 6.3 | 2.5 | 358 |
| 2007-11-7 19:00 | 8.4 | 5.8 | 1.7 | 259 |
| 2007-11-7 20:00 | 7.5 | 7.2 | 2.2 | 157 |
| 2007-11-7 21:00 | 5.7 | 5.3 | 1.1 | 88.7 |
| 2007-11-8 15:45 | 0 | 0 | 0 | 31.4 |

#### 6.5.6.5　龙口宽变化分析

在测量龙口水面宽和龙口口门宽时,测量人员和设备无法到达龙口位置,因此其测量主要采用高精度的免棱镜激光全站仪进行无人立尺观测。观测时段选在龙口进占的前期并根据施工的进度进行监测,在龙口强进占的过程进行逐时或更密段次观测。

截流施工从 2007 年 10 月中旬开始推进,到 10 月 28 日龙口水面宽达到 65m 左右,龙口高程约 383m,在此期间 1#～5# 导流洞相继爆破,根据验证导流洞的分流能力和导流洞的冲渣需要,龙口施工强度减小,龙口推进缓慢,到 11 月 6 日龙口水面宽达到 55m 左右,形成高速水流的龙口状况。从 11 月 7 日起,5 条导流洞全部开启导流,龙口进行高强度的施工截流,在龙口强进占阶段,龙口推进速度约为 2.93m/h。在 2007 年 11 月 7 日 14:00—15:00 龙口水面宽 33m,到 18:00—19:00 龙口水面宽 17m,由于龙口的高速水流导致龙口推进缓慢,至 21:00 龙口基本堵住,形成约 9m 宽的小龙口,见图 6.5-10,在流速和流量维持在一个较低的水平,不致对截流戗堤的安全构成威胁后暂停施工。11 月 8 日 14:00 继续进行龙口封堵,于 11 月 8 日 15:45 胜利合龙。11 月 8 日 15:00 以后主要进行截流戗堤的加高、加固。

龙口口门宽是指龙口轴线上龙口的上边缘的距离,其变化过程与龙口水面宽的变化过程基本一致。在截流龙口强进占的过程中,龙口口门的高度变化不大,维持在 383m 左右。在龙口合龙后再进行加高、加宽和加固。

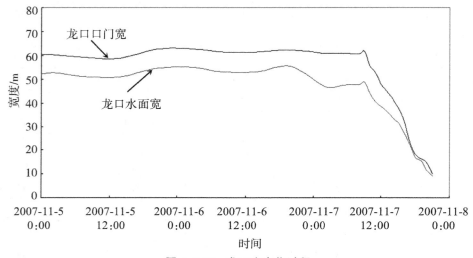

图 6.5-10　龙口宽变化过程

### 6.5.6.6　流量(总流量、龙口流量、分流比)变化

图 6.5-11 反映了根据截流期坝址流量、龙口流量、导流洞分流量和导流洞分流比资料点绘的各部位的流量变化过程。

(1)坝址流量变化

溪洛渡工程设计截流流量为 5160m³/s(11 月上旬 10 年一遇平均流量),同时按 6500m³/s 备料。

从截流期流量变化过程图来看,整个截流期间,坝址流量(来水量)2007 年 10 月 25 日 14:00 是 5570m³/s,到 11 月 7 日流量的变化趋势总体是持续减小,期间流量没有出现大的涨落过程,至合龙时(2007 年 11 月 7 日 8:00)流量减小到 3500m³/s 为设计流量 2/3,对截流十分有利。在龙口强进占阶段流量变化也很稳定,从 2007 年 11

月 7 日 8：00—11 月 8 日 16：00 流量为 3500～3570m³/s。

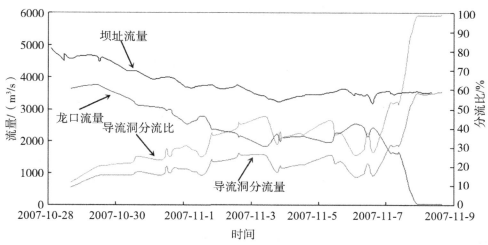

图 6.5-11　截流期流量变化过程

（2）导流洞流量、分流比变化

在龙口预进占阶段，导流洞的分流能力由于受导流洞组合泄流试验和上游来水量的影响，其分流能力不断变化。通过导流洞爆破后的冲渣，在前期从一个导流洞分流到 11 月 7 日 6：00 龙口强进占前期，口门水面宽达到 47.5m，导流洞的分流比从 11.9%～53.7%，基本达到设计的分流效果。

从 11 月 7 日 6：00 起，龙口截流施工进入强进占阶段，导流洞保持 5 洞全开，其分流能力逐渐增加，分流量从 1860m³/s、分流比从 53.7%开始增加，到 21：00 导流洞流量达到 3450 m³/s，分流比达到 97.5%。11 月 8 日 15：45 龙口合龙，导流洞流量 3540 m³/s，分流比达到 99.1%，少量的流量从戗堤渗漏。

（3）龙口流量变化

龙口流量的变化主要受上游来水和导流洞分流的影响。在截流预进占阶段，上游来水持续减小，所以龙口流量也呈持续减小的趋势（见截流期流量变化过程图）。在此期间，导流洞组合泄流试验和冲渣，导流洞过流时大时小。因此在龙口流量过程线出现小的起伏，但减小的总趋势未变。在预进占阶段（2007 年 10 月 28 日 16：09—11 月 6 日 15：42）龙口流量从 3750m³/s 变化到 2410m³/s。

2007 年 11 月 7 日 3：00 在 1#～5# 导流洞联合泄流后，龙口流量急剧减小到 1640m³/s。从 2007 年 11 月 7 日 8：00 开始，龙口截流施工进入强进占阶段，之后随着龙口的束窄，龙口流量持续减小，至 7 日 21：00 流量减小到 88.7m³/s，在此期间流量减小的幅度随时间的变化均匀。以后至 8 日 14：00 日，由于上游戗堤龙口推进的暂停，流量变化不大，8 日 15：00 龙口继续推进直至龙口合龙（15：45），流量减小为

31.4 m³/s，此流量为截流合龙后戗堤的渗漏流量，戗堤需要进行加固和堵漏。

### 6.5.6.7　截流期水文监测资料综合分析

根据截流期水文监测的资料来分析各要素之间的相关关系，该关系基本反映了电站截流期各水力要素的变化特征和基本规律，为其他工程的截流设计积累了宝贵的资料。

电站截流期的各项水力学参数的变化都是以龙口束窄而变化为主要特征的，口门宽减小，其他水文、水力学参数也相应发生改变。

龙口最大流速和单宽功率指标是代表截流施工难度的最明显的指标，龙口水力学特征值表是龙口出现以上两个指标最大值时其他相应的龙口水力学特征值成果表，详见表6.5-18。

表6.5-18　　　　　　　龙口水力学特征值成果

| 时间 | 龙口下最大流速/(m/s) | 龙口水面宽/m | 龙口流量/(m³/s) | 上戗左落差/m | 上戗右落差/m | 龙口中最大流速/(m/s) | 龙口上最大流速/(m/s) | 单宽流量/(m³/(s·m)) | 单宽功率/((t·m)/(s·m)) |
|---|---|---|---|---|---|---|---|---|---|
| 2007-11-7 17:00 | 9.50 | 22.10 | 443 | 4.16 | 3.89 | 5.40 | 2.80 | 40.14 | 162.68 |
| 2007-11-6 8:08 | 8.40 | 53.0 | 2440 | 4.50 | 4.28 | 8.20 | 7.30 | 92.08 | 396.13 |

（1）龙口综合水力学特性变化

龙口单宽流量和龙口单宽功率是龙口的综合性的水力特性参数，单宽流量和龙口单宽功率越大，所产生的动能越大，对截流施工工况越不利，反之，单宽流量和龙口单宽功率越小，越有利于截流龙口推进。

根据截流期监测的龙口水力学要素计算龙口相应的单宽流量和单宽功率并点绘其变化过程曲线，见图6.5-12，从图中可以看出，龙口单宽流量呈持续减小的趋势，在此过程中，受导流洞分流的影响，单宽流量有小的起伏变化；龙口单宽功率的变化稍复杂，前期单宽功率增加，后逐渐减小，在截流强进占阶段（2007年11月7日8:00—21:00），当导流洞开启分流后单宽功率急剧减小，随着龙口的推进，龙口落差增加较快，单宽功率也逐渐增加，然后单宽功率稳定在一个较高的水平持续一段时间（11:00—18:00），随后由于单宽流量减小，落差变化较小，单宽功率逐渐减小。

从图6.5-13可以看出，在龙口强进占阶段（龙口宽度小于55m），龙口逐渐推进，龙口水面宽不断束窄，龙口流量也持续减小，两要素之间的相关关系良好。

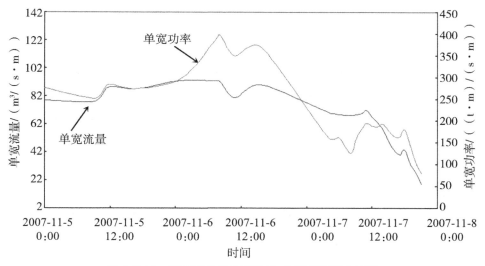

图 6.5-12　截流期龙口单宽流量、单宽功率变化过程

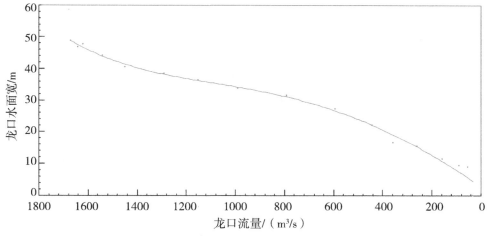

图 6.5-13　截流期龙口水面宽与龙口流量的关系

根据龙口左右岸的落差与龙口水面宽资料点绘其相关关系图,由于龙口落差受导流洞分流的影响明显,因此在龙口预进占阶段,其关系点散乱,在截流强进占阶段,当导流洞全部开启分流后,龙口落差急剧减小,随后,龙口落差与龙口水面宽相关关系明显,在来水量变化不大的情况下,龙口宽度减小,龙口落差增大。

在龙口强进占阶段,龙口水面宽在 55~40m 区间。随着口门的推进,龙口单宽流量和单宽功率增加,在龙口 40m 以下,随着龙口的束窄,龙口单宽流量和单宽功率持续减小。

龙口流速与龙口落差密切相关。随着龙口落差的增大,龙口上游壅水不断抬高形成回水,龙口上流速持续减小;龙口中流速略有增大,但在龙口合龙的后期,龙口中流速减小至零;龙口下流速随落差增大,流速明显增加,在落差达到 4m 时,龙口下流速出现最大龙口流速和流速曲线拐点,以后流速减小,直至龙口合龙,流速为零。

(2)导流洞综合水力学特性变化

溪洛渡水电站的围堰截流施工采用导流洞导流,通过分担上游来水降低截流施工的难度。溪洛渡的导流洞是由6条导流隧洞组成的导流洞群,在截流预进占阶段,采用不同的导流洞组合进行联合泄流和冲渣,将实测导流洞水文、水力学要素与设计和模型进行比较,截流期导流洞的分流能力基本达到预期目标。

在实测的截流期的水文、水力学要素中,导流洞的结构、大小、落差直接决定导流洞的过流能力。

截流期龙口水面宽与导流洞分流能力的关系是龙口的水面宽与导流洞的过流能力的相关关系。在截流强进占阶段(2007年11月7日6:00—21:00)龙口束窄,导流洞的流量和分流比持续增加。

龙口流量、导流洞分流量的变化与龙口的落差变化有明显的相关性(表6.5-19)。在截流过程中,龙口落差增加,龙口流量持续减小,导流洞流量和分流比持续增加,关系趋势非常明显。

表 6.5-19             龙口流量、导流洞分流能力与龙口落差的关系

| 时间 | 坝址流量 /(m³/s) | 龙口流量 /(m³/s) | 导流洞分流比 /% | 导流洞分流量 /(m³/s) | 龙口落差 /m |
|---|---|---|---|---|---|
| 2007-11-7 4:32 | 3480 | 1640 | 52.9 | 1840 | 2.34 |
| 2007-11-7 8:00 | 3500 | 1620 | 53.7 | 1880 | 2.38 |
| 2007-11-7 9:00 | 3500 | 1670 | 52.3 | 1830 | 2.18 |
| 2007-11-7 10:00 | 3510 | 1540 | 56.1 | 1970 | 2.63 |
| 2007-11-7 11:00 | 3510 | 1450 | 58.7 | 2060 | 2.77 |
| 2007-11-7 12:00 | 3530 | 1290 | 63.5 | 2240 | 3.14 |
| 2007-11-7 13:00 | 3520 | 1150 | 67.3 | 2370 | 3.39 |
| 2007-11-7 14:00 | 3520 | 990 | 71.9 | 2530 | 3.58 |
| 2007-11-7 15:00 | 3520 | 791 | 77.5 | 2729 | 3.70 |
| 2007-11-7 16:00 | 3520 | 592 | 83.2 | 2928 | 3.98 |
| 2007-11-7 17:00 | 3540 | 443 | 87.5 | 3097 | 4.08 |
| 2007-11-7 18:00 | 3520 | 358 | 89.8 | 3162 | 4.19 |
| 2007-11-7 19:00 | 3520 | 259 | 92.6 | 3261 | 4.22 |
| 2007-11-7 20:00 | 3540 | 157 | 95.6 | 3383 | 4.35 |
| 2007-11-7 21:00 | 3540 | 88.7 | 97.5 | 3451.3 | 4.32 |

### 6.5.6.8　溪洛渡截流实测水力学要素与设计对比分析

（1）来水量（坝址流量）分析

溪洛渡工程设计截流流量为 5160m³/s（10月上旬10年一遇平均流量），同时按 6500m³/s 备料。

实测截流合龙期（11月7—8日），溪洛渡坝址来水流量在 3500～3560m³/s，比设计截流流量要小 30% 左右。来水流量减小对截流是十分有利的。

（2）导流隧洞泄流能力分析

溪洛渡共有6个导流洞（导流洞为城门型，高18m×宽20m），其中 1#～5# 导流隧洞进口底高程为368m，参与截流期间导流。6# 导流隧洞进口高程为380m，不参与截流期间的分流。

11月7日 2:00—9:00，五导流洞全面开闸过流，实测截流开始前初始分流比为 52.3%～53.7%，平均分流比为 53.4%，相应龙口水面宽为 46.8～48.7m。设计工况为流量 5160 m³/s 下，龙口水面宽 54.6m，初始分流比为 55.1%。两者相比，导流洞实际分流比在龙口水面宽缩窄的情况下未达到设计值，此对截流不利。

导流隧洞分流对河道上下的壅水、降水影响：导流洞分流使上游控制站 6# 导流洞进水位和下游控制站 4# 导流洞出水位与天然状况下同流量水位相比，发生较大变化，见表 6.5-20。

表 6.5-20　　　　　　　　　导流洞水位变化

| 站名 | 6# 导流洞进水位/m | 4# 导流洞出水位/m |
| --- | --- | --- |
| 11月7日 8:00 | 379.85 | 377.49 |
| 水位变化/m | −1.39 | 1.39 |

（3）龙口下游水位及河道变化分析

龙口下游水位与龙口落差关系密切，受导流泄流量、龙口流量、渗透流量及河道特性的综合影响，同流量条件下，下游水位高，龙口落差小，对截流有利。

1）河道缩窄情况。

戗堤下游 680m 处监测断面 10 月 24 日—11 月 7 日水面宽缩窄十几米，见图 6.5-15。

2）河床抬高情况。

从溪洛渡截流监测站断面对比图（图 6.5-14）可知，2007 年 10 月 24 日—11 月 7 日，上戗堤下游约 680m 横断面（截流水文监测断面）的河床最大抬升了 6.0m。

3）龙口下游水位抬高情况。

对比设计和实测的截流河段水位—流量关系，结果表明，受河道缩窄、河床抬高，以及导流洞出流壅水等影响，同流量下水位出现明显抬高。水位抬高量与导流洞出流状况有密切关系，导流洞分流量越大，下游水位抬高越明显。截流开始前，5 个导流洞共同分流时，龙口下游监测断面同流量（1670m³/s）水位比正常情况抬高约 5.5m，对减小龙口落差非常有利。

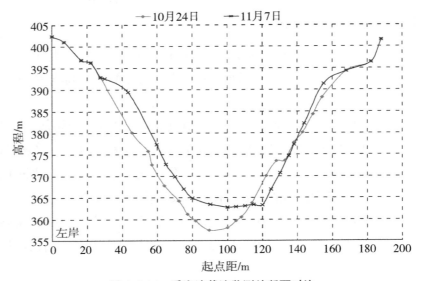

**图 6.5-14　溪洛渡截流监测站断面对比**

受龙口急变流影响，加上下游导流洞出流回水顶托，龙口下水位在一定沿程范围内出现倒比降，截流河段沿程水面线图反映 10 月 30 日实测龙口上下沿程水面变化，见图 6.5-15。

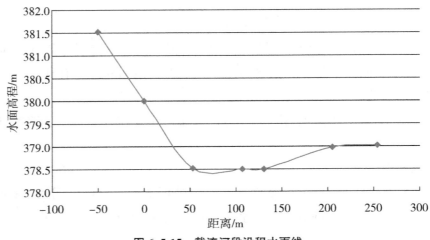

**图 6.5-15　截流河段沿程水面线**

（4）截流龙口水文、水力学要素对比分析

1）龙口落差。

由于溪洛渡截流河段采取整体缩窄河道和抬高河床措施，使龙口下游在同流量下水位抬高，从而减小龙口落差，对截流有利，最终落差 4.35m，略小于设计值 4.49m。

2）龙口最大流速。

截流设计中采用的是水力学计算成果，设计最大龙口流速为 $6.35m^3/s$。实测龙口最大流速远大于设计流速，在 11 月 7 日 17:00 实测最大流速 9.59m/s。

3）单宽流量、单宽功率。

龙口单宽流量、单宽功率也是龙口水力学指标中非常重要的两个指标。实测最大单宽流量为 $116.46m^3/(s \cdot m)$，大于 $109.84m^3/(m \cdot s)$ 的设计最大值；实测最大单宽功率为 $396.1(t \cdot m)/(s \cdot m)$，大于 $292.34(t \cdot m)/(s \cdot m)$ 的设计最大值。

# 第7章　电站蓄水期水文监测

## 7.1　蓄水监测概念

水电站的蓄水监测主要是对水电站水库的蓄水情况进行持续观测和评估,监测对象主要包括水库水体的蓄水量变化。

### 7.1.1　监测目的

(1)确保安全运行

水库超蓄容易引发大坝安全事故,必须实时监测水位和水量,及时采取泄洪等措施,确保大坝在安全范围内运行。同时监测水质变化,避免水质问题对水电站设备造成损坏,影响发电安全。

(2)优化发电调度

根据蓄水情况和来水预测,合理安排发电机组的运行,为城市供水、工业用水和农业灌溉等提供准确的蓄水信息,以便合理规划水资源分配,确保用水需求得到满足。在不同的水位和流量条件下,调整发电功率,实现水电站的稳定运行。

(3)保护生态环境

维持下游河流的生态流量,确保水生生物的生存和繁衍。通过控制出库流量,保证下游生态系统的稳定。避免水电站运行对周边生态环境造成水土流失、湿地破坏等不良影响。

(4)应对突发事件

在洪水、干旱等自然灾害发生时,蓄水监测数据可以为应急决策提供依据,便于工作人员及时调整水电站的运行方式,减轻灾害影响。对可能出现的设备故障、水质污染等突发事件进行预警,提前采取措施,降低损失。

## 7.1.2　监测内容

（1）水位监测

使用水位计等设备实时测量水库水位的变化。不同的水位对应着不同的蓄水量，通过水位监测可以快速了解水库的蓄水状态。高水位可能对大坝安全造成压力，低水位则可能影响水电站的发电能力。

（2）水量监测

精确测量水库的蓄水量，包括总蓄水量、可用蓄水量等，对于合理安排发电计划和水资源调配至关重要。水量监测可以通过流量计、水量计算模型等方法进行。

（3）水质监测

监测水库水质的各项指标，如酸碱度、溶解氧、浊度、重金属含量等。良好的水质是保证水电站设备正常运行和生态环境稳定的重要因素。水质恶化可能导致设备腐蚀、水生生物受损等问题。

（4）入库流量和出库流量监测

监测流入水库的河流流量以及水电站发电放水的流量。入库流量决定了水库蓄水量的增加速度，出库流量则与发电需求和下游生态需求相关。流量监测可以优化水电站的运行调度，实现水资源的高效利用。

## 7.1.3　监测方法

（1）自动化监测系统

安装各种传感器和监测设备，如水位传感器、流量计、水质分析仪等，实现数据的自动采集和传输。通过计算机系统对监测数据进行实时分析和处理，及时发出预警信息。

（2）人工监测

定期进行人工测量和巡查，对自动化监测系统正常性进行监督和校核。

# 7.2　蓄水监测技术

基于工程特定的地形、河段水流条件以及现有资料和站网，采用简化、实用的技术和方法，开展蓄水期水位观测和报汛专题技术服务。确保蓄水过程安全、稳定，及时掌握蓄水对周边环境及水工建筑物的影响，为工程决策提供科学依据。

### 7.2.1 蓄水监测目标

实时掌握蓄水过程中的水位变化情况,确保不超过安全水位。监测水工建筑物的渗漏情况,及时发现潜在的渗漏隐患。密切关注大坝及周边边坡的变形情况,保障工程结构安全。定期监测蓄水水质,保证水源质量符合相关标准。通过以上监测目标掌握蓄水过程中各项参数的变化情况,为水电站的安全运行和隐患排查提供有力依据。

### 7.2.2 蓄水监测主要工作

蓄水监测主要工作开展步骤如下。

1)查勘及蓄水期水位监测方案编制。通过对淹没区人员搬迁和河道地形的勘查选定蓄水时间和蓄水阶段。

2)水位监测站点优化及控制布设。结合现有的水位站和回水区域整合、搬迁、增设水位观测站点,提升现有测站综合利用率。

3)水位监测站临时水位站水尺、水准点埋设等土建工作,根据蓄水高度提前布设仪器安装位置,埋设水准点和水尺,以便后期观测方便。

4)水位监测站专用仪器设备的调研、引进和设施的布设。根据监测站点不同的地形位置选择不同的仪器设备,满足监测要求,如有桥梁或陡岸的区域可采用雷达水位计。

5)水位监测站中临时水位站的人工水位观测。采用人工观测的站按照规定的段次进行人工水位观测,采用自己仪器的站定期安排人员进行人工水位校核,确保水位精度。

6)库区及出库水体水质监测。根据不同的回水位置或按照不同的时间段在固定的断面上取样,一般以固定断面不同时段取样为监测手段,根据蓄水高度在取样后规划送样路线,避开淹没区域。

7)资料整编。对收集的资料要及时分析整理,通过上下游对照、水量平衡分析,按月整编出成果表。

8)蓄水阶段结束后及时编制电站蓄水期监测技术工作报告。

### 7.2.3 水情站网建设原则

水情自动测报系统站网布设的基本原则是既科学合理,又经济可行。科学合理是指采集的实时信息具有代表性,在预报模型基本适合本流域水文特性的条件下,能取得较高的预报精度;经济可行是指在站点布设基本合理、临时站与永久站相结合、运行维护方便或可行的条件下,适度规模节省投资,提高系统运行效率,以较少的站点获得较好的预报效果。

测站的合理布设是系统设计的关键之一,不仅关系到系统的规模和投资,还关系到系统的运行和维护。因此,测站布设时需结合金沙江上游流域水文气象特性、梯级水电站工程建设特点和水情预报要求,满足水情测报系统总体功能要求。

站网实际布设时要着重考虑如下原则。

1)重点考虑并满足具有较强调节性能的梯级大型水库电站的水情站网规划和预报方案的配置,在此基础上补充和完善库区的水情站网规划。

2)尽量选用现有测站,优先在有历史观测资料的位置布设测站,以保持水文资料的一致性和连续性。在满足水情测报要求的前提下,可适当精简遥测站点。不能满足水情测报要求时,应增设遥测站点。

3)测站建设规模根据交通、通信、生活条件及水电站对水情测报实际要求确定。

4)遥测站应尽可能靠近居民点、移民安置点、交通方便且不易受人为或自然条件影响、破坏的位置,便于水情自动测报系统建设、运行和维护管理。

## 7.2.4　监测内容及方法

蓄水监测主要从以下几个方面监测。

(1)水位监测

水位监测主要是观察记录河床变化、流势、流向、引水、冰情、分洪、水生植物、风向、风力、波浪、水面起伏度、水温和影响水位的其他因素,为审核水位记录提供参考资料。

水位监测站点选址完成后及时开展下列工作:埋设高低水准点、观测水尺、引测高程,根据测站情况选择不同的设备,布设不同水位级气管,蓄水期密切关注水位抬升过程。

水位监测可采用不同的方式开展,优先采用自动监测设备,在蓄水区域设置高精度水位传感器,通过数据传输系统将实时水位数据传送至监测中心。水位计可选有气泡压力式水位计、压阻水位计、浮子水位计、雷达水位计等,也可采用人工按段制观测,接收中心安排专人每天定时检查记录水位数据,并与自动监测数据进行对比校核。绘制水位变化曲线,分析水位上升速率及趋势。

(2)流量监测

流量监测的目的是取得天然河流以及水利工程地区河道经过调节控制后的各种径流资料,掌握全河水量的时空分布情况,为流域水利规划、防汛抗旱、水利工程管理运用和国民经济建设提供可靠的依据。

蓄水期流量监测主要监测入库流量和出库流量,入库流量监测站一般选择在回水区以上的天然河道控制站或者是上一级电站的出库流量控制站,按工作原理流量测验可分为如下方法。

1)流速面积法。主要分为积点法、积分法和浮标法。积点法是将流速仪停留在垂线预定点上,进行逐点测速的方法。积分法是流速仪以运动的方式测取垂线或断面平均流速的方法。浮标法是利用水上标志物测定流速的方法。

2)水力学法。水力学法是通过测量水力要素,并利用适当的公式计算流量的方法,该方法主要包括量水建筑物法、水工建筑物法、比降—面积法。

3)化学法。化学法又称稀释法、溶液法,适用于乱石壅塞、水流湍急无法使用流速仪的地方,需要使用的指示剂主要有重铬酸钾、同位素、食盐、颜色染料等。

4)物理法。物理法包括超声波法、电磁法、光学法。

流量测验设备选择船只测流设备、缆道测流设备、巡回测流设备、水文测杆、水文测验铅鱼等,可以根据现场情况选择测验设备类型。

流量测验工作主要内容包括准备工作(测具检查、水情查看、测次分布)、水位观测、水道断面测量、流速测量、现场水深和流速分布检查、计算整理等工作。

(3)渗漏监测

堤坝渗漏是指水库大坝、河岸防洪堤、湖海围堤等,在坝体两侧水头差的作用下,水通过建坝时考虑不周或者后期坝体及附近的岩土体产生渗漏的现象。持续渗漏使病害部位岩土体逐渐被侵蚀掏空,其稳定性下降,在降至临界稳定状态后,可能引起坍塌。

按渗漏的部位分类,一般称坝底渗漏为坝基渗漏,称坝肩部位渗漏为绕坝渗漏或坝肩渗漏,称坝体部位的渗漏为坝体渗漏,称库两侧的渗漏为库岸渗漏。按渗漏的岩土体性质,可分为孔隙渗漏、裂隙渗漏、岩溶渗漏和管道渗漏。管道渗漏是指人为施工不当或老鼠、蚂蚁等动物影响形成管道型的薄弱区而产生的坝体渗漏。

在大坝、坝基及周边设置渗压计和测压管来监测渗流压力变化。定期对水工建筑物表面进行巡查,观察是否有明显的渗水点或湿渍。对渗漏量进行计量,分析渗漏变化情况。

(4)变形监测

大坝的变形观测是指利用测量方法和各种传感器,连续或周期性测定大坝的水位位移、垂直位移、裂缝和应力等变形要素。

大坝位移观测标点设于坝顶下游侧和下游坡台内侧。在两岸坡上设水平位移观测工作基点和校核基点。为提高垂直位移观测精度,方便观测实施,应将垂直位移观测基点设在与观测标点埋设高程相近的左右岸山坡。

在大坝坝顶、坝坡及周边边坡设置变形监测点,采用全站仪和水准仪进行定期测量。结合前期施工预埋的多点位移计、压力盒、混凝土应变计、钢筋测力计等传感器来测量数据变化。建立三维变形监测网,实时监测大坝及边坡的位移变化。分析变形数据,判断工程结构的稳定性。

通过设点监测其水平位移及垂直位移,将监测数据与初始值、前次观测值比较,科学、准确、及时地分析和预报变形情况,掌握大坝的稳定情况。现场监测结果用于信息反馈,以便及时发现问题并采取措施,降低安全风险,避免重大安全事故发生,保证施工安全。

（5）水质监测

水质监测是监视和测定水体中污染物的种类、各类污染物的浓度及变化趋势,评价水质状况的过程。其监测范围十分广泛,包括未被污染和已受污染的天然水（江河湖海和地下水）及各种工业排水等。主要监测项目可分为两大类:一类是反映水质状况的综合指标,如温度、色度、浊度、pH 值、电导率、悬浮物、溶解氧、化学需氧量和生化需氧量等;另一类是一些有毒物质,如酚、氰、砷、铅、铬、镉、汞和有机农药等。为客观地评价江河和海洋水质的状况,除上述监测项目外,有时需要进行流速和流量的测定。

蓄水监测的目的是根据《地表水和污水监测技术规范》（HJ/T 91—2002）、《水和废水监测分析方法（第四版）》和《水环境监测规范》（SL 219—2013）等国家或行业标准,按规定的时间间隔在蓄水区域不同位置采集水样,检测水样的物理、化学及生物指标,对比分析水质变化情况,确保蓄水水质安全,具体分析指标见表 7.2-1。

表 7.2-1　　　　　　　　　　　　　地表水监测项目

| 监测类别 | 监测项目 | 监测方法及来源 | 主要仪器 | 最低检出限或范围 |
|---|---|---|---|---|
| 水质 | pH 值 | 《水质 pH 值的测定 玻璃电极法》（GB 6920—1986） | HQ30d 多参数仪 | — |
| | 透明度 | 《透明度的测定（透明度计法、圆盘法）》（SL 87—1994） | 透明度计、塞氏圆盘 | — |
| | 水温 | 《水质 水温的测定 温度计法》（GB 13195—1991） | 水银温度计 | 0.1℃ |

| 监测类别 | 监测项目 | 监测方法及来源 | 主要仪器 | 最低检出限或范围 |
|---|---|---|---|---|
| 水质 | 溶解氧 | 《水质 溶解氧的测定 电化学探头法》(HJ 506—2009) | HQ30d 多参数仪 | — |
| | 挥发酚 | 《水质 挥发酚的测定 4-氨基安替比林分光光度法》(HJ 503—2009) | UV-9600 紫外/可见分光光度计 | 0.0003mg/L |
| | 氰化物 | 《水质 氰化物的测定 容量法和分光光度法》(HJ 484—2009) | UV-9600 紫外/可见分光光度计 | 0.004mg/L |
| | 硫化物 | 《水质 硫化物的测定 亚甲基蓝分光光度法》(GB/T 16489—1996) | UV-9600 紫外/可见分光光度计 | 0.005mg/L |
| | 阴离子表面活性剂 | 《水质 阴离子表面活性剂的测定 亚甲蓝分光光度法》(GB 7494—1987) | UV-9600 紫外/可见分光光度计 | 0.05mg/L |
| | 悬浮物 | 《水质 悬浮物的测定 重量法》(GB 11901—1989) | SQP 电子天平 | — |
| | 高锰酸盐指数 | 《水质 高锰酸盐指数的测定》(GB 11892—1989) | 25mL 酸式滴定管 | 0.5 mg/L |
| | 粪大肠菌群 | 《粪大肠菌群的测定 多管发酵法》(SL 355—2006) | DHP-360 型电热恒温培养箱/KF001-1 | — |
| | 叶绿素 a | 《荧光探头法》(美国 EPA445.0) | MiniSonde 多参数仪 | — |
| | 化学需氧量 | 《水质 化学需氧量的测定 快速消解分光光度法》(HJ/T 399—2007) | DR1010COD 测定仪 | 2.3mg/L |
| | 总氮 | 《水质 总氮的测定 碱性过硫酸钾消解紫外分光光度法》(HJ 636—2012) | UV-9600 紫外/可见分光光度计 | 0.05 mg/L |
| | 六价铬 | 《水质 六价铬的测定 二苯碳酰二肼分光光度法》(GB 7467—1987) | UV-9600 紫外/可见分光光度计 | 0.004mg/L |
| | 总磷 | 《水质 总磷的测定 钼酸铵分光光度法》(GB 11893—1989) | UV-9600 紫外/可见分光光度计 | 0.01 mg/L |

续表

| 监测类别 | 监测项目 | 监测方法及来源 | 主要仪器 | 最低检出限或范围 |
|---|---|---|---|---|
| 水质 | 汞 | 《水质 汞的测定 原子荧光光度法》（SL 327.2—2005） | AF-610B 原子荧光光谱仪 | 0.00001mg/L |
| | 硒 | 《水质 硒的测定 原子荧光光度法》（SL 327.3—2005） | | 0.0003mg/L |
| | 氨氮 | 《水质 氨氮的测定 纳氏试剂分光光度法》（HJ 535—2009） | UV-9600 紫外/可见分光光度计 | 0.025mg/L |
| | 砷 | 《水质 砷的测定 原子荧光光度法》（SL 327.1—2005） | AF-610B 原子荧光光谱仪 | 0.0002mg/L |
| | 五日生化需氧量 | 《水质 五日生化需氧量（$BOD_5$）的测定 稀释与接种法》（HJ 505—2009） | 恒温培养箱 | 0.5mg/L |
| | 镉 | 《水质 铜、锌、铅、镉的测定 原子吸收分光光度法》（GB/T 7475—1987） | WFX-210 原子吸收光谱仪 | 0.005mg/L |
| | 铅 | | | 0.02mg/L |
| | 铜 | | | 0.005mg/L |
| | 锌 | | | 0.005mg/L |
| | 石油类 | 《水质 石油类的测定 紫外分光光度法》（HJ 970—2018） | UV-9600 紫外/可见分光光度计 | 0.01mg/L |
| | 氟化物 | 《水质 氟化物的测定 离子选择电极法》（GB 7484—1987） | PXSJ-216 型离子分析仪 | 0.05mg/L |

## 7.2.5 监测设备及人员配置

监测设备有水位传感器、测压管、多点位移计、压力盒、混凝土应变计、钢筋测力计、全站仪、水准仪、水质取样、检测仪器等，以及数据传输设备、便携式计算机和监测软件等。

人员配置为：监测负责人负责监测方案的制定、实施和监测数据的审核。监测工程师具体负责监测设备的安装、调试、维护和数据采集、分析。监测技术员协助监测工程师进行现场监测工作。

## 7.2.6 蓄水期监测频率

蓄水初期，水位、渗漏和变形监测每小时进行 1 次，水质监测每 2 次。随着蓄水进程的稳定,水位监测可调整为每天 4 次,渗漏和变形监测每天 1 次,水质监测每周 1 次。特殊情况下,如暴雨、地震等,应加密监测频率。

### 7.2.7 蓄水监测报告

每周编制 1 次监测周报,向工程管理部门和相关领导汇报本周的监测情况。每月编制 1 次监测月报,详细分析本月的监测数据和工程运行状况。当发现异常情况时,应立即编写专题报告,提出应急处理建议。

### 7.2.8 安全保障措施

监测人员必须经过专业培训,熟悉监测设备的操作和安全注意事项。在进行现场监测时,必须佩戴必要的安全防护用品,如安全帽、救生衣等。对监测设备进行定期维护和检查,确保设备的安全性能。在危险区域设置警示标志,防止意外事故的发生。

以上蓄水监测方案的实施使工作人员全面、准确地掌握工程蓄水过程中的各项情况,为工程的安全运行提供有力的保障。

## 7.3 蓄水监测实践

乌东德水电站是金沙江下游河段四个水电梯级——乌东德、白鹤滩、溪洛渡、向家坝中的最上游梯级,坝址处于云南省昆明市禄劝县和四川省凉山州会东县交界的金沙江河道上,是实施"西电东送"的国家重大工程。乌东德水电站的开发任务以发电为主,兼顾防洪,本工程为 I 等大型工程,工程主体建筑物由挡水建筑物、泄水建筑物、引水发电建筑物等组成。

乌东德水电站蓄水期工作主要包括测站选址、仪器设备安装和后期运行维护、蓄水期报讯、水质取样分析、资料整编成果提交等。具体内容有监测站实测水位数据传输和人工数据校核、乌东德水文站实测流量过程报讯、乌东德水电站施工期(坝前、坝后)17 个水质断面取样分析工作、协助乌东德电站安排其他监测工作等。

### 7.3.1 电站蓄水前监测选址和准备工作

2019 年 4 月水电站安排人员对监测站点进行查勘选址,在原观测站网的基础上,结合蓄水后情况对站点进行了进一步优化,初步选定各设站仪器安装位置。9 月底,会同水文监测人员再次确定仪器安装位置。乌东德水电站(一阶段)计划蓄水到895.00m,初期蓄水监测方案里提出部分监测站建设水尺,设立水准点采用人工进行观测和报汛,后经多次查勘后考虑到蓄水期库区已经完成清库,监测期间无法及时补给、安全隐患较大等,经过上级部门汇报采用自记仪器观测水位,同意并准备多套自记仪器进行自记观测。同时,安排人员对所需设备、物资进行及时采购和调用,12 月初本次蓄水所需要物资已经全部采购到位,所需仪器设备也配置到位。12 月底基本完成测站搬迁、新建、水尺、水准点埋设和高程引测工作。

## 7.3.2　电站蓄水监测站网分布情况

乌东德水电站蓄水期(一阶段)主要监测站共 10 个站,其中水位监测站 8 个,流量监测站 2 个,自上而下分别为:三堆子水文站、拉鲊水位站、龙街水位站、热水塘水位站、皎平渡水位站、黑磬盘水位站、上导进水位站、下围堰水位站、下游水厂水位站、乌东德水文站。其中水电站坝前有 7 个监测站,坝后有 3 个监测站。监测期间应电站要求临时增加 1 个 5# 导流洞出口监测站(图 7.3-1),监测站具体位置详见表 7.3-1。

**图 7.3-1　5# 导流洞出口水位流量监测工作**

表 7.3-1　　　　　　　　　　　　　　　蓄水期乌东德水电站库区站网一览

| 序号 | 站名 | 站别 | 距离/km | 地址 | 水尺最高零点高程/m | 水位观测 |
|---|---|---|---|---|---|---|
| 1 | 乌东德(二) | 水文 | 坝下 5.0 | 云南省禄劝县乌东德镇阿巧村 | 843.98 | 自动 |
| 2 | 下游水厂 | 水位 | 坝下 1.7 | 四川省会东县乌东德镇花山村 | 850.36 | 自动 |
| 3 | 乌东德下围堰 | 水位 | 坝下 0.7 | 云南省禄劝县大松树乡金坪子村 | 846.83 | 自动 |
| 4 | 5# 导流洞出口 | 水文 | 坝下 0.5 | 云南省禄劝县大松树乡金坪子村 | 临时监测 | 人工 |
| 5 | 乌东德上导进 | 水位 | 坝上 1.0 | 云南省禄劝县大松树乡金江村 | 849.03 | 自动 |
| 6 | 黑磬盘 | 水位 | 坝上 3.0 | 云南省禄劝县大松树乡金江村 | 840.53 | 自动 |
| 7 | 皎平渡 | 水位 | 坝上 32.2 | 四川省会理县通安镇中武山村 | 887.95 | 自动 |

| 序号 | 站名 | 站别 | 距离/km | 地址 | 水尺最高零点高程/m | 水位观测 |
|------|------|------|---------|------|---------------------|----------|
| 8 | 热水塘 | 水位 | 坝上 63.2 | 云南省武定县东坡乡白马口村 | 932.86 | 自动 |
| 9 | 龙街 | 水位 | 坝上 107.6 | 云南省元谋县江边乡江边村 | 950.38 | 自动 |
| 10 | 拉鲊 | 水位 | 坝上 165.2 | 四川省攀枝花市仁和区大龙潭乡拉鲊村 | 980.54 | 自动 |
| 11 | 三堆子 | 水文 | 坝上 196.6 | 四川省攀枝花市盐边县桐子林镇三堆子村 | 988.00 | 自动 |

### 7.3.3 监测站监测过程

2020 年 1 月 15 日,水电站开启第一阶段蓄水。1 月 21 日 15 时,乌东德水电站入出库流量总体达到平衡,第一阶段蓄水暂告一段落。乌东德水电站第一阶段蓄水期间,坝前水位总涨幅近 60m,坝下水位最大降幅 6m。监测人员全力以赴应对各项监测工作,完整收集到整个蓄水过程资料,为建立和完善乌东德电站蓄水期水文气象保障体系提供基础数据,为乌东德水电站安全顺利建设提供科学依据。

#### 7.3.3.1 水位监测过程

水位监测站全部采用自记仪器采集发送数据。皎平渡监测站和下围堰监测站采用雷达水位计,黑磐盘监测站采用压阻水位计,其余站均采用气泡压力式水位计采集数据,人工按段制校核水位。

本阶段蓄水计划蓄到 895m,水位涨幅高达 60m,回水在热水塘监测站和龙街监测站之间。根据实际情况,人员安排以库区监测站为辅,坝区监测站为主。下闸蓄水后库区监测站密切关注水位上涨过程,水位涨落急剧,水位计反应缓慢,仪器维护人员需及时增加气管气泡率保证采集正常。提前计算测站仪器量程时的水位,以便切换高水气管或重新切割固定气管。坝下监测站根据水位下降条件及时延伸、固定低水气管、埋设测量低水水尺等,水尺测量不方便时可先用全站仪直接架设水准点上测定河道水位,及时校核自记仪器(图 7.3-2)。

本次蓄水共分为 5 个监测组同时开展,每组携带 1 台备用仪器,1 组负责入库站水位流量监测,2 组、3 组负责库区站的水位监测,4 组、5 组负责水电站坝区水位流量监测。整个监测过程为库区监测站水位缓慢上涨,坝下监测站水位陡降缓涨的过程,详见图 7.3-3、图 7.3-4。

**图 7.3-2　乌东德水文站低水监测工作**

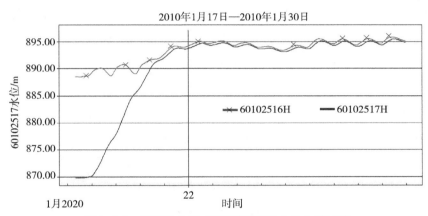

**图 7.3-3　库区热水塘、皎平渡监测站水位上涨过程**

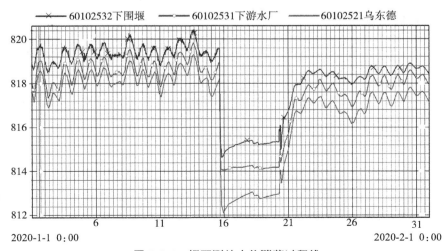

**图 7.3-4　坝下测站水位涨落过程线**

### 7.3.3.2 流量监测过程

流量监测站主要有 2 个，入库监测站为三堆子水文站，该站未受顶托影响，水位—流量关系为单一线，蓄水期加密流量测次验证水位—流量关系线是否变化，经验证关系线未偏移，可采用现有关系线实时推流。乌东德水文站作为下游生态流量监测站受到多方关注，该站主要通过缆道搭载流速仪测量河道流量，受下闸影响水位—流量关系线发生变化，测站通过实测数据全程监测流量变化过程。从 1 月 15 日 12：00 开始，乌东德水文站每个小时实测 1 个流量数据，并报讯给电站水情部门。闸门下闸后水位退落较快，测站人员通过精简垂线、精简测点等方法进行布控，水流流速较小时更换低流速仪施测，夜晚采用探照灯辅助照明，测站人员连续奋战到深夜。从 16 日开始每日早中晚各施测一个流量作为报汛数据。截至蓄水结束，乌东德水文站共计施测流量 25 次，完整地收集坝下流量过程。具体测量成果见表 7.3-2。

应业主要求，当 5# 导流洞开始过水后，监测人员用全站仪实时监测出口水位变化；采用浮标法、电波流速仪法对洞口流速进行监测，共计投放浮标 4 组，电波流速仪监测出口流速 7 组。实测流速通过微信群实时报送水情中心。

### 7.3.3.3 变形监测过程

变形监测工作分为水平位移测量和垂直位移监测，是采用全站仪架设在大坝左右两岸设置的观测墩上作为基点，以大坝和两岸山体不同位置上的观测点为观测目标，通过测量将监测数据与初始值、前次观测值比较，掌握大坝的稳定情况。

本次变形监测以水平位移测量为主，主要采用正垂、倒垂及引张线等方法观测大坝主体水平位移。蓄水期间水平位移变化规律主要表现为向下游方向变形，左右岸变形不明显，蓄水结束后各测点位移量明显小于初期需水位移量，见表 7.3-3。

### 7.3.3.4 水质监测过程

水质监测断面有俸果大桥、雅砻江口、三堆子、安宁排污口及上下游、金江排污口及上下游、金江水厂取水口、马店河排污口及上下游、钒钛工业园区、拉鲊、师庄、龙川江河口、龙川江河口下游 1km、勐果河口、尘河河口、鲹鱼河口、乌东德坝前、乌东德坝后共计 17 个水质监测断面。

水质中心和车船驾驶人员按照统一部署，分别于 1 月 15 日、18 日和 20 日派出第三批水质取样人员对库区水质断面开展取样工作，外业取样按照规范操作（穿救生衣、防滑鞋、拍视频照片、现场测定数值等），水样送回后立即开展分析工作（表 7.3-4）。

表 7.3-2

乌东德蓄水期坝下实测流量成果

| 施测号数 | 施测时间 月 | 日 | 起止 时:分 | 时:分 | 断面位置 | 测验方法 | 基本水尺水位/m | 流量/(m³/s) | 断面面积/m² | 流速/(m/s) 平均 | 最大 | 水面宽/m | 水深/m 平均 | 最大 |
|---|---|---|---|---|---|---|---|---|---|---|---|---|---|---|
| 1 | 1 | 1 | 14:27 | 16:11 | " | 11/33 | 793.85 | 2290 | 1570 | 1.46 | 2.28 | 177 | 8.9 | 15.0 |
| 2 | 1 | 15 | 8:34 | 10:22 | " | 11/33 | 38 | 2010 | 1490 | 1.35 | 2.16 | 175 | 8.5 | 14.6 |
| 3 | 1 | 15 | 12:45 | 13:07 | " | 7/0.6 | 58 | 2120 | 1520 | 1.39 | 1.85 | 176 | 8.6 | 14.7 |
| 4 | 1 | 15 | 13:43 | 14:09 | " | 8/0.6 | 70 | 2210 | 1540 | 1.44 | 2.07 | 177 | 8.7 | 14.8 |
| 5 | 1 | 15 | 14:42 | 15:12 | " | 8/0.6 | 72 | 2100 | 1550 | 1.35 | 1.88 | 177 | 8.8 | 14.9 |
| 6 | 1 | 15 | 15:47 | 16:06 | " | 5/0.6 | 791.87 | 597 | 1230 | 0.49 | 0.81 | 173 | 7.1 | 12.6 |
| 8 | 1 | 15 | 17:44 | 18:03 | " | 6/0.6 | 788.82 | 238 | 705 | 0.34 | 0.55 | 166 | 4.25 | 9.8 |
| 9 | 1 | 15 | 18:48 | 19:13 | " | 6/0.6 | 08 | 250 | 591 | 0.42 | 0.70 | 159 | 3.72 | 9.2 |
| 10 | 1 | 15 | 20:05 | 20:38 | " | 6/0.6 | 787.91 | 243 | 562 | 0.43 | 0.97 | 155 | 3.63 | 9.1 |
| 11 | 1 | 16 | 7:12 | 7:34 | " | 6/0.6 | 788.10 | 340 | 592 | 0.57 | 0.92 | 159 | 3.72 | 9.3 |
| 12 | 1 | 16 | 7:45 | 8:12 | " | 6/0.6 | 11 | 356 | 592 | 0.60 | 0.93 | 159 | 3.72 | 9.3 |
| 13 | 1 | 16 | 9:47 | 10:04 | " | 5/0.6 | 16 | 346 | 596 | 0.58 | 0.94 | 159 | 3.75 | 9.3 |
| 14 | 1 | 17 | 8:29 | 9:03 | " | 7/0.6 | 47 | 466 | 644 | 0.72 | 1.30 | 162 | 3.98 | 9.6 |
| 15 | 1 | 17 | 9:19 | 10:23 | " | 5/13 | 48 | 479 | 644 | 0.74 | 1.22 | 162 | 3.98 | 9.6 |
| 16 | 1 | 17 | 16:32 | 17:34 | " | 7/17 | 55 | 433 | 660 | 0.66 | 1.23 | 163 | 4.05 | 9.8 |
| 17 | 1 | 18 | 7:45 | 8:47 | " | 7/17 | 49 | 449 | 654 | 0.69 | 1.70 | 162 | 4.04 | 9.7 |
| 18 | 1 | 18 | 11:27 | 12:25 | " | 7/17 | 50 | 442 | 653 | 0.68 | 1.47 | 162 | 4.03 | 9.7 |
| 19 | 1 | 18 | 16:23 | 17:33 | " | 6/16 | 42 | 426 | 643 | 0.66 | 1.71 | 162 | 3.97 | 9.6 |
| 20 | 1 | 19 | 7:43 | 8:41 | " | 6/16 | 46 | 470 | 643 | 0.73 | 1.70 | 162 | 3.97 | 9.6 |

续表

| 施测号数 | 施测时间 | | | | 断面位置 | 测验方法 | 基本水尺水位/m | 流量/(m³/s) | 断面面积/m² | 流速/(m/s) | | 水面宽/m | 水深/m | |
|---|---|---|---|---|---|---|---|---|---|---|---|---|---|---|
| | 月 | 日 | 起止 时:分 | 止 时:分 | | | | | | 平均 | 最大 | | 平均 | 最大 |
| 21 | 1 | 19 | 13:37 | 14:31 | 〃 | 7/17 | 51 | 450 | 655 | 0.69 | 1.52 | 162 | 4.04 | 9.7 |
| 22 | 1 | 19 | 17:44 | 18:40 | 〃 | 7/17 | 51 | 431 | 655 | 0.66 | 1.60 | 162 | 4.04 | 9.7 |
| 23 | 1 | 20 | 7:50 | 8:58 | 〃 | 8/20 | 789.58 | 755 | 826 | 0.91 | 1.90 | 169 | 4.89 | 11.0 |
| 24 | 1 | 20 | 15:24 | 16:34 | 〃 | 8/20 | 93 | 792 | 884 | 0.90 | 1.84 | 170 | 5.2 | 11.2 |
| 25 | 1 | 21 | 7:49 | 9:40 | 〃 | 11/31 | 791.88 | 1470 | 1230 | 1.20 | 2.06 | 174 | 7.1 | 13.2 |
| 26 | 1 | 21 | 16:05 | 17:07 | 〃 | 11/0.6 | 792.33 | 1520 | 1300 | 1.17 | 1.91 | 176 | 7.4 | 13.4 |
| 27 | 1 | 28 | 8:52 | 10:32 | 〃 | 11/33 | 793.16 | 1960 | 1450 | 1.35 | 2.35 | 177 | 8.2 | 14.3 |

表 7.3-3　　　　　　　　　　　大坝基础及坝体水平位移变化量　　　　　　　（单位:mm）

| 蓄水水位 | 大坝基础 | | 大坝坝体 | |
|---|---|---|---|---|
| | 上下游方向 | 左右岸方向 | 上下游方向 | 左右岸方向 |
| 蓄水至 855m | −0.12〜4.91 | −1.09〜0.58 | 0.03〜4.46 | −2.53〜2.53 |
| 蓄水至 875m | −0.06〜1.09 | −0.74〜0.40 | 0.30〜5.52 | −1.15〜1.02 |
| 蓄水至 895m | −0.18〜1.88 | −0.50〜0.43 | 0.30〜5.56 | −1.27〜0.98 |
| 蓄水整过程 | 0.25〜8.94 | −3.05〜0.37 | 3.49〜13.02 | −7.38〜1.16 |

注:向下游、左岸变形方向向正,反之为负。累计变化量为整个蓄水的变化量。

表 7.3-4　　　　　　　　　　　　水质取样分工表及分析安排

| 序号 | 监测断面 | 1 月 15 日采样 | 1 月 18 日采样 | 1 月 20 日采样 | 对接分析 | 备注 |
|---|---|---|---|---|---|---|
| 1 | 俣果大桥—拉鲊 | 一组人员 | 一组人员 | 一组人员 | 分析一组 | 9 |
| 2 | 师庄 | 二组人员 | 二组人员 | 二组人员 | 分析二组 | 1 |
| 3 | 龙川江—勐果河 | 二组人员 | 二组人员 | 二组人员 | 分析二组 | 3 |
| 4 | 尘河 | 二组人员 | 二组人员 | 二组人员 | 分析三组 | 1 |
| 5 | 鲹鱼河—乌东德 | 三组人员 | 三组人员 | 三组人员 | 分析三组 | 3 |

送回水样采用各种质控方法(密码样、平行测定、加标回收、质控样等)进行质量控制。实验室采用的质量控制方法包括进行全过程空白样采样、现场平行样、室内平行样、密码样、加标样等,每批水样不得少于两个,质控总数不低于样品总数的 10%。当质控样品检测不合格时,应立即查找原因,并尽快使用备用样品或重新取样进行分析,直到合格为止(表 7.3-5)。

表 7.3-5　　　　　　　　　　　水电站库区某断面水监测成果

| 检测类别 | 检测项目 | 主要仪器型号 | 多次测量平均值 | 最低检出限或范围 |
|---|---|---|---|---|
| 水质 | pH 值 | HQ30d 多参数仪 | 8.21 | — |
| | 透明度 | SL 87—1994 | 70 | |
| | 水温 | 水银温度计 | 22.8℃ | 0.1℃ |
| | 溶解氧 | HQ30d 多参数仪 | 7.63 | |
| | 挥发酚 | UV-9600 紫外/可见分光光度计 | <0.0003mg/L | 0.0003mg/L |
| | 氰化物 | UV-9600 紫外/可见分光光度计 | <0.004mg/L | 0.004mg/L |
| | 硫化物 | UV-9600 紫外/可见分光光度计 | <0.005 mg/L | 0.005mg/L |
| | 阴离子表面活性剂 | UV-9600 紫外/可见分光光度计 | <0.05mg/L | 0.05mg/L |
| | 悬浮物 | SQP 电子天平 | 5.2 | — |

| 检测类别 | 检测项目 | 主要仪器型号 | 多次测量平均值 | 最低检出限或范围 |
|---|---|---|---|---|
| 水质 | 高锰酸盐指数 | 25mL 酸式滴定管 | 1.5mg/L | 0.5mg/L |
| | 粪大肠菌群 | DHP-360 型电热恒温培养箱/KF001-1 | 110 个/L | — |
| | 叶绿素 a | MiniSonde 多参数仪 | 7.15 | — |
| | 化学需氧量 | DR1010COD 测定仪 | 4.1mg/L | 2.3mg/L |
| | 总氮 | UV-9600 紫外/可见分光光度计 | 0.53mg/L | 0.05mg/L |
| | 六价铬 | UV-9600 紫外/可见分光光度计 | <0.004mg/L | 0.004mg/L |
| | 总磷 | UV-9600 紫外/可见分光光度计 | 0.02mg/L | 0.01mg/L |
| | 汞 | AF-610B 原子荧光光谱仪 | <0.00001mg/L | 0.00001mg/L |
| | 硒 | | <0.00003mg/L | 0.0003mg/L |
| | 氨氮 | UV-9600 紫外/可见分光光度计 | <0.025mg/L | 0.025mg/L |
| | 砷 | AF-610B 原子荧光光谱仪 | 0.00007mg/L | 0.0002mg/L |
| | 五日生化需氧量 | 恒温培养箱 | 0.5 mg/L | 0.5 mg/L |
| | 镉 | WFX-210 原子吸收光谱仪 | <0.005mg/L | 0.005mg/L |
| | 铅 | | <0.02mg/L | 0.02mg/L |
| | 铜 | | <0.005mg/L | 0.005mg/L |
| | 锌 | | <0.005mg/L | 0.005 mg/L |
| | 石油类 | UV-9600 紫外/可见分光光度计 | <0.01mg/L | 0.01mg/L |
| | 氟化物 | PXSJ-216 型离子分析仪 | 0.19mg/L | 0.05mg/L |

### 7.3.4　蓄水期监测频率

蓄水初期,水位监测采用仪器设置为每 5min 1 次,人工校核每天 4 次,变形监测每小时进行 1 次,水质监测每周 3 次。阶段蓄水稳定后,水位监测可调整为人工校核每天 1 次,变形监测每天 1 次,水质监测每月 1 次。如遇特殊情况或数据对比变化过大时,应加密监测频率。

### 7.3.5　水情服务方案

乌东德水电站建立水情工作技术部门,指定专人负责水情报汛和信息接收与处理。现场监测人员通过手机微信上传数据,确保信息及时、准确、完整地到达电站指挥中心、管理部门和施工队伍等各层面。

初期蓄水开始后,每日 9:00 前以 LED 大屏幕、网页、QQ 群、微信群等方式发布两坝区 8:00 实况入、出库流量和库水位实况信息。当遇施工区关键部位水情信息需求时,按施工部门要求确定段次和发布方式,进行实况水情信息发布。根据蓄水进程或工程施工进度要求,与需求方及时沟通水情信息报送段次和发布方式,及时加密发布实况信息。

### 7.3.6　监测报告资料整编

蓄水监测的原始资料必须做到表面整洁、字迹工整,无擦改、涂改、套改现象。数据的更改及修约要按照规定的方法进行。各种原始资料要按时完成校核工作,七天内完成审核工作,发现问题应及时处理,以确保成果质量。每周编制一次监测周报,向工程管理部门和相关领导汇报本周的监测情况。每月编制一次监测月报,详细分析本月的监测数据和工程运行状况。当发现异常情况时,立即编写专题报告,提出应急处理建议。

乌东德水电站蓄水过程从 1 月 15 日开始到 1 月 21 日结束,所有监测站原始数据通过仪器终端或中转传输到电站水情部门。乌东德水文站实测流量成果资料经过专业技术人员整编于 21 日晚上提交给电站水情部门审查,按规定及时、准确地报送蓄水过程中的各项水文要素数据,为监测任务画上圆满句号。

# 第8章 堰塞湖水文应急监测

堰塞湖是指山体滑坡、崩塌、泥石流等自然灾害或工程形成堰塞体,堰塞体堵塞河道,使河道上游水量聚集并在四周漫溢,淹没原河道两岸场地形成的湖泊。堰塞湖的形成通常伴随地震活动、山体滑坡、崩塌、泥石流等地质事件。金沙江地处我国横断山区,地势高、落差大、地质事件频发,是我国堰塞湖高发区域。2018 年曾发生金沙江白格堰塞湖。

## 8.1 堰塞湖水文应急监测的目的

由于堰塞湖多为天然突然形成,其堰塞体并没有经过专门设计,缺乏专门的泄水设施,不断上涨的水位将逐渐淹没上游的农田耕地、村庄、厂矿、道路、桥梁、输电与通信线路,给上游带来生命财产损失;同时不断上涨的蓄水给堰塞体带来越来越大的压力,一旦溃决,可能在一定范围内形成远超天然洪水的特殊洪水,将会给下游沿江带来更大的灾难。通过堰塞湖水文监测可以掌握堰塞湖的蓄水量及蓄水量的变化过程,推算堰塞坝过水水位及过水时间,为工程排险措施的制定、排险施工调度以及上下游受威胁区域范围、影响程度、转移时间提供最基本的决策依据。堰塞湖水文监测还能对在堰塞湖应急排险过程中可能出现的突发情况进行跟踪,以指导抢险施工决策和调度管理。

## 8.2 堰塞湖水文应急监测的内容及特点

堰塞湖水文应急监测内容主要包括堰塞体上游、堰塞体、堰塞体下游 3 部分,在堰塞湖不同时期,监测的重点不一样。在堰塞湖形成蓄水期,主要是收集堰塞湖的基本几何特征,主要监测内容有出入湖流量测验、堰塞湖水位监测、堰塞湖库容测量,监测上游来水及下游出水,掌握堰塞湖的蓄水量,弄清蓄水量的变化及上游回水演进过程。堰塞体监测主要项目有堰塞体方量测量、堰塞坝高程测量,为工程排险措施的制定、排险施工调度、估算上下游受威胁区域范围、影响程度及转移时间提供最基本的决策依据。在堰塞湖溃决及泄流期,主要监测堰塞体上下游沿程水位,进行下游流量测验,完成堰塞坝溃决过程、溃口宽度、溃口表面流速、水位等测量,主要是为了进行溃坝洪水的沿程演算,沿江城镇的预警及解除,保证下游城镇居民的生命财产安全。

堰塞湖水文应急监测与日常的水文测验有共同之处,主要工作内容仍然是日常水文监测的项目,在条件许可的情况下应优先采用日常水文测验的技术手段。堰塞湖水文应急监测是一种对突发事件的应急测验,与日常的水文测验相比,具有如下特点。

(1)风险大

堰塞湖水文应急监测的一个显著特点是风险大。日常的水文测验工作通常是在具备完整、可靠的基本设施和安全生产条件下,按照反复打磨的测验方案进行。只要作业人员遵守操作规程,安全生产是有保障的。而堰塞湖水文应急监测是一种在非常时期、特殊工作环境及条件下的水文测验,形成堰塞湖的地质因素在一定程度上还存在,水位、流速往往远超正常情况,即使采取一些安全措施,仍不能完全消除作业过程中的安全风险。

(2)时效性高

堰塞湖水文应急监测的另一个显著特点是时效性要求高。应急处置是在与不断上涨的水位、随时可能恶化的灾情赛跑,堰塞湖水文应急监测必须突出一个"快",必须尽可能快地获得水文成果,为决策和避灾赢得时间。

由于堰塞湖水文应急监测存在风险大、时效性高的特点。因此,堰塞湖水文应急监测应充分根据现场实际情况,考虑监测中的风险及人的安全性,采用多样化的测验手段、先进的仪器设备,快速获得有效成果。

## 8.3 堰塞湖水文应急监测的实施

### 8.3.1 准备

堰塞湖水文应急监测的准备分堰塞湖发生前和堰塞湖发生后两个阶段分别进行。

堰塞湖的发生具有突发性,堰塞湖什么时候在什么地方发生,现阶段的技术水平无法预测。但堰塞湖水文应急监测工作应按照"预报、预警、预演和预案"的指导思想,从如下几个方面做好准备。

(1)组织准备

堰塞湖水文应急监测是涉及不同行业、不同部门的工作,必须提前做好组织准备,要构建统一指挥、反应灵敏、协调有序、运转高效的应急监测指挥机构,各相关部门必须按照职责分工,提前做好相应准备工作。

(2)队伍准备

开展堰塞湖水文应急监测工作,关键是队伍。一名合格的水文应急监测工作人员,必须是一名具备扎实的专业理论知识及具有丰富的实际工作经验的水文监测工作者;应该有较好的体魄,能迅速地适应恶劣的工作环境和紧张、连续监测工作;有不怕困难、不畏艰险、敢于胜利的英雄气概,有大局意识和团队协同作战意识。堰塞湖水文应急监测工作人员平时分布在各自岗位,应有意识地提高相关业务水平和工作技能,满足应急监测之需。

(3)技术准备

"工欲善其事,必先利其器",堰塞湖水文应急监测工作是在特殊条件下与灾情赛跑的监测工作,要想完成监测工作,必须在技术手段和技术装备上做好准备,具有多样化的测验手段、先进的仪器设备。

堰塞湖发生后,除了迅速构建组织机构,集合队伍和做好物资准备外,还应从如下几个方面做好水文监测准备工作。

(1)资料收集

堰塞湖发生具有突然性、不可预知性,且多发生在交通、通信条件不好,基础条件较差的山区。在堰塞湖发生后,应尽量详尽地了解收集堰塞湖发生区域的水文、地质、气象、交通、通信等资料。

(2)编制监测方案

根据实际情况编制监测方案,提前谋划,明确监测对象、站点布设、监测内容、监测方法与测验方案、保障措施。有条件的可进行演练。

(3)高程与平面系统统一

堰塞湖发生区域很可能没有统一的高程与平面系统。即使有,也可能因自然灾害的发生而受到破坏。堰塞湖抢险参与的队伍很多,涉及不同的专业,不同的平面坐标、高程转换非常关键。根据堰塞湖水文监测的需要,首先应布设、测量堰塞湖测区的控制网,建立统一的高程与平面系统。

(4)信息传输

应打通信息传输通道,保障堰塞湖水文应急监测信息报送,并做到信息共享。

## 8.3.2 水位

堰塞湖水文测量,水位是最重要的观测要素之一。按照观测手段,堰塞湖水位观测可以分为常规水位观测与非常规水位观测。常规水位观测分为自记水位观测和人工水位观测。非常规水位观测分为免棱镜全站仪观测及全站仪水位预判监测等。

（1）自记水位观测

采用自记水位观测是堰塞湖水位观测最理想的方式,有条件的应该首先选用自记水位观测,实现水位在线监测。堰塞湖库区自记水位观测可根据现场客观条件采用压阻式、浮子式和气泡压力式水位自记仪。气泡压力式水位自记仪在水位涨落较快时,应调大气泡率。有条件的,也可采用非接触式水位计进行观测,如超声波式、激光式、雷达式、远程视频监视设备读尺测水位。也可采用无人机搭载雷达或卫星接收机测量水位。

（2）人工水位观测

堰塞湖水位观测受地势、水位涨落等客观条件影响,往往不能全程采用自记水位观测,必须采用人工水位观测做补充。在测验条件允许的水位观测断面设立直立式水尺人工观测水位。若观测条件恶劣,可在较为坚固的建筑物、电线杆、树干上广泛置固定水尺板或油漆涂画标记,并采用肉眼目视、望远镜观测、无人机航拍等多种手段完成水位观测。

（3）免棱镜全站仪观测

当采用水尺和自记水位计均无法观测时,可采用免棱镜全站仪架设在安全地带观测实时水边高程。

（4）全站仪水位预判监测

由于水位涨落过快,在激光信号从发射到接收所花费时间中,水位上涨淹没预先测量的水边,全站仪无反射信号。因此采用全站仪水位预判监测法,在水位上涨时预先测量高出水面一定高度目标的高程值,待水位上涨至该高程时记录相应时间;水位下降时,先记录水位对应的时刻,后观测相应时刻的高程值,保证水位值与相应时间相匹配。

按照观测地点,堰塞湖水位观测可以分为堰塞湖库区水位观测与堰塞湖下游水位观测。

（1）库区水位观测

堰塞湖库区水位观测主要分为两个时期,即水位上涨时期与消落期。水位上涨时期,水位持续上涨,特别是初期上涨速度较快,但整体上仍可以按照常规水位观测手段完成水位观测。堰塞湖上涨时期,水位观测要点就是要快,快速设立水尺或自记水位设施,在前面观测设施淹没前完成后续设施的设立。水位观测仍采用常规的人工水尺观测或自记水位观测,有条件的应该首先选用自记水位观测,实现水位在线监测。水位消落期坝上水位消落非常快,岸边存在大量淤泥,且存在滑坡、崩塌等风险。此时,采用常规的水位观测保证率不高,应提前谋划,采用非常规手段观测水位。

(2)下游水位观测

下游水位观测,也存在两个时期,分别是水位平稳期和快速涨落期。下游水位平稳期对应的是堰塞湖水位上涨期,此时,受堰塞体堵塞河道影响,下游只有少量或没有流量下泄,下游水位平稳,水位观测难度不大。此时需注意的是水位可能持续消退,要不停地向河心延伸水位观测设备以保证水位持续观测。下游水位快速涨落期对应的是堰塞湖水位消落期,这个时候,水位快速上涨,宜采用非接触方法或非常规手段观测水位。

### 8.3.3　库容与断面

堰塞湖库容与淤积情况是相关水文分析演算和除险方案确定的重要依据。由于堰塞湖发生的突然性和不可预知性,发生的地方往往是交通不便、资料缺乏区域。因此,堰塞湖库容测量是非常重要的一项工作。堰塞湖库容测量一般是采取固定断面法,根据堰塞湖大小和资料要求,断面一般采用不低于 1：2000 的精度进行,而后采用体积法计算堰塞湖水位—库容曲线。

### 8.3.4　流量

堰塞湖水位与流量是水文测验中最基本、最重要的观测要素,但堰塞湖流量测验比水位测验难度大得多,是堰塞湖水文监测中的难点。流量监测方法分为接触式流量测验方法和非接触式流量测验方法。一般在堰塞湖未溃决时期,堰塞湖出入库流量均可采用走航式 ADCP 法、流速仪法等接触式测验方法进行。在堰塞湖溃决后,由于水流冲力极大、流速大、水位涨率大、涨幅大、洪水过程较短、测验危险性高,主要采用非接触式流量测验方法。非接触式流量测验方法主要有浮标法、雷达波法、视频(图像)法、比降—面积法,也可采用无人机携带测流设备进行流量测验。

(1)走航式 ADCP 法

走航式 ADCP 法相对操作简单,不受断面冲淤影响,适用范围广,精度高,可直接获得流量,是开展堰塞湖流量监测的首选方法。在堰塞湖未溃决时期,一般可以采用该方法进行流量测验,走航式 ADCP 法可以作为其他流量测验方法率定和验证的标准。在堰塞湖溃决后,走航式 ADCP 法受客观条件限制往往不能实施。如果遇见含沙量较大的情况,走航式 ADCP 法使用也受限。

(2)流速仪法

流速仪法在堰塞湖流量监测中应用较少,仅适用于具有流速仪测量过河设施的水文站测验断面或走航式 ADCP 法无法开展的高沙情形。流速仪法也可以作为其他流量测验方法率定和验证的标准。

（3）接触式在线监测方法

超声波时差法、固定式 ADCP 法等接触式在线监测方法在堰塞湖流量监测中由于存在安装困难、易受损等客观情况,在堰塞湖流量监测中应用较少,但在个别特殊情况下,条件合适也可以使用。

（4）非接触式在线监测方法

雷达波法测流、视频（图像）法等非测流接触式在线监测方法,由于其具有可靠性、安全性,在堰塞湖流量监测中广泛应用。每种方法有各自的适宜性,雷达波法测流要求要有较高流速,点雷达测速仪要求距水面不能过远,侧扫雷达要求要有一定的安装位置;视频（图像）法有一定的光照要求。因此,各方法在堰塞湖流量监测中很难完全做到全天候进行。雷达波法测流、视频（图像）法等非测流接触式在线监测方法在有条件的情况下,宜分析采用的流速（流量）系数以提高流量精度。

（5）浮标法

在无法采用以上方法施测流量时,浮标法是一种原始的,但安全性较高、操作性较强、精度较高的测验方法,特别适用于堰塞湖流量监测这种应急测验。堰塞湖流量监测一般采用水面浮标法,水面浮标又可分为人工漂浮物、天然漂浮物。人工漂浮物投放可以利用桥进行,条件不具备时可采用无人机投放。在夜间操作时可采用夜光浮标。根据浮标在断面分布情况可分为均匀浮标法、中泓浮标法。按照施测方法又可分为断面浮标法、极坐标浮标法。无论采用哪种浮标测验方法,均应提前施测断面,并注意浮标系数的率定,特别是高水时浮标系数的率定。

1）断面浮标法。

断面浮标法是浮标法中应用最广泛的一种方法,其中均匀浮标法也是精度最高的一种浮标测验方法。在堰塞湖流量监测中应优先选择均匀浮标法,但受条件限制,浮标不均匀或通视条件不完全满足时,可采用中泓浮标法。中泓浮标法可只施测主流部分 3~5 个浮标,可以不观测浮标流经浮标中断面的起点距,测验时间大大缩短。人员数也从均匀浮标法最少需要 3 人变为 2 人,技术要求也相对较低。

2）极坐标浮标法。

极坐标浮标法是与断面浮标法施测方法相对的一种方法,极坐标浮标法浮标系数、运行历时、精度要求均与断面浮标法一致。极坐标浮标法不需要设立上、下浮标断面,仅需浮标中断面或者设立临时浮标中断面进行测量,特别适用于特大洪水或者超标洪水的流量应急监测。极坐标浮标法可以一人施测,但对人员技术水平要求较高。

3）综合浮标法。

白格堰塞湖溃坝洪水到达巴塘水文站时是夜晚，缺乏外部强力光源。采用无人机投掷发光漂浮物，但因洪水中携带漂浮物太多，损坏严重，时效性差，只有采用天然浮标。上下断面两人对观测浮标物难以保持一致，断面浮标法难以实现。同样，采用极坐标浮标法观测视线难以一直追踪浮标，极易跟丢浮标。由于断面浮标法、极坐标浮标法都难以实现，现场测验人员创新性地提出了基于中泓漂浮物浮标法，一种将断面浮标法与极坐标浮标法相结合的新施测方法，即综合浮标法的测验布置见图 8.3-1。

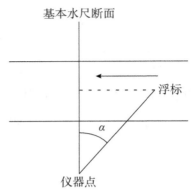

**图 8.3-1　综合浮标法的测验布置**

仪器立于基本断面线上，观测断面上游浮标时与极坐标法一致，观测浮标在上游起始位置时的立角与平角并开始计时，计算出浮标在上游位置，其后观测方法与断面浮标法大体一致，不使用仪器，而是视线跟踪浮标，当目测浮标流经基本断面时，作为浮标结束位置，结束观测并停止计时。由于综合浮标法是前部分观测按照极坐标浮标法进行，后部分浮标观测采用断面法进行，浮标行程采用的是浮标起始位置到基本断面的垂直断面距离，其测验误差与规范允许的断面浮标法、极坐标浮标法相当。

（6）比降—面积法

比降—面积法具有经济、简便、安全、迅速的特点，能快捷地测到瞬时流量。当客观条件十分困难或常规测验设备被洪水损毁，无法采用流速仪、浮标等测流时，比降—面积法甚至是唯一的流量测验方法。

比降—面积法在堰塞湖流量监测及洪水调查工作中应用较广。对于有条件的位置可设立比降水尺，做好比降观测和糙率率定工作。

1）适用的条件。

河道选择要基本顺直，断面稳定，断面形状沿程变化不大，岸边水流通畅，无回流区，比降上下断面应避开急滩、支流分叉、斜流等干扰；水面比降观测应同时准确（上、中、下同时观测）；糙率（$n$）可能会导致比降—面积法有很大的不确定度。采用比降—面积法的测站需要事先进行实验分析，掌握比降、糙率等因素的变化规律，以便能准确地测算流量。糙率应准确，主槽和漫滩应分开选用，计算不同水位级应视具体情况选用糙率。

2）糙率的影响因素。

糙率可从实测资料中来分析，也可采用沿程损失反求的途径，或根据断面河床情况在相应的糙率表中查用。为便于分析与合理确定糙率曲线,应将影响糙率大小和糙率曲线线性变化的主要原因,如河床、岸壁组成,河床、岸壁表面粗糙程度,以及植被情况,用简要文字和数据标注于糙率曲线相应高程部位。确定糙率曲线时,应结合各方面因素综合分析考虑。糙率计算所用公式,原则上只适用于水位—流量关系为单一线,或单纯受涨落率影响的测站。

### 8.3.5　泥沙

在堰塞湖水文监测中,泥沙测验不是关注的重点和焦点。但泥沙监测对研究堰塞湖淤积和溃决洪水对下游冲刷有很大的意义,特别是下游有泥沙观测任务的基本水文断面。堰塞湖泥沙监测由于其具有的特殊性和困难性,主要采用在岸边取边沙的方式进行,有条件的也可借用坚固、安全的桥梁进行水样采取。边沙一定要选择岸边地势稳定,受岸边冲刷影响较小的流水处取样。

### 8.3.6　洪痕调查

堰塞湖溃坝洪水一般是一场局部损害极大的洪水,在某些特定位置的水文观测并不能完全反映整个河段或流域洪水情况。因此,需要在一定的河段进行水文调查来补充定位观测的不足。洪痕调查是水文调查的一项重要工作,洪痕调查成果是研究堰塞湖溃坝洪水沿程水位、流量演变的重要资料。堰塞湖洪痕调查一般应在洪水过后尽快进行,所选择的调查河段一般应在村庄、厂矿附近。

### 8.3.7　成果合理性分析

堰塞湖水文监测本质上是一种应急监测,其测验环境一般较恶劣,采用手段有时也非常规,因此,在监测过程中更应加强成果的合理性检查,各相关成果应相互验证。

(1)剔除异常值

堰塞湖洪水有其特殊性,但也符合一般水文规律。

1)水位。

观测水位受波浪或观测手段影响,误差可能较大,需要尽量采用多次观测值平均,并实时点绘水位过程线,当出现水位涨落异常时,需进行分析或再次观测验证。

2)流速。

堰塞湖流量监测重点是流速测验,采用在线监测设备进行测验时应进行滤波和平滑处理,消除坏值。采用浮标法时应比较每次浮标的测验值,中泓浮标个数较多的可采用剔除最大值和最小值后取均值;中泓浮标个数较少的可剔除偏离均值较远的单次浮标值后再取平均。

（2）水量平衡

堰塞湖流量监测最终水量应平衡。堰塞湖库容变化与泄水量应平衡，下游沿程各断面水量应平衡。

# 8.4 典型案例

本书以2018年白格堰塞湖水文监测为典型案例进行探讨。

## 8.4.1 白格堰塞湖基本情况

2018年四川省甘孜藏族自治州白玉县与西藏自治区昌都市江达县交界处金沙江右岸先后发生2次大的山体滑坡，两次堵塞金沙江干流形成"10·11""11·3"白格堰塞湖。

（1）"10·11"白格堰塞湖

2018年10月10日22:00，在西藏自治区昌都市江达县波罗乡白格村境内金沙江右岸发生山体滑坡。白格滑坡体纵向长约1400m、横向宽540～620m。白格滑坡高位下冲后，激起百米级涌浪冲击左岸（四川侧），进而引起左岸二次垮塌。滑坡堆积在金沙江河道形成的堰塞体顺河长约2km，宽450～700m，堰塞体高61～100m，体积约2500万m³。右岸滑坡后尚存大小不等的不稳定体，现场危险性较大。11日堰塞湖堰塞体自然过水后溃决，在下游190km的巴塘（四）站形成洪峰流量7850m³/s的超百年一遇的溃决洪水。堰塞湖滑坡前后情形见图8.4-1、图8.4-2。

图8.4-1 "10·11"堰塞湖发生前白格河段　　图8.4-2 "10·11"堰塞湖发生后堰塞体全貌

（2）"11·3"白格堰塞湖

2018年11月3日17:00，西藏自治区昌都市江达县波罗乡白格村境内金沙江右岸发生大规模山体滑坡，滑坡堵塞金沙江并形成堰塞湖。金沙江"11·3"白格堰塞湖,是在金沙江"10·11"白格堰塞湖的基础上,右岸白格村境内山体滑坡垮塌堆积堵塞形成的。此次堰顶垭口高程较上一次高出约35m(上次垭口高程2931m),入湖流量600~700m³/s,漫溃时最大蓄量增加4.8亿m³(上次最大蓄水量为2.9亿m³),灾情更为严重,处置更为困难。由于处于枯水期,上游来水明显小于10月中旬,因此在堰塞湖达到漫溃前,漫溃发生时间较上次明显延长。"11·3"堰塞湖经人工泄流后形成半溃决,其溃坝洪水在白格至奔子栏江段形成超万年一遇洪水,对下游四川、西藏、云南三省(自治区)数百千米金沙江沿岸居民生命财产及基础设施构成严重威胁。"11·3"堰塞湖堰塞体全貌见图 8.4-3。

**图 8.4-3　"11·3"堰塞湖堰塞体全貌**

"10·11""11·3"两次堰塞湖事件发生时,水文应急监测队伍均第一时间赶赴现场,开展了大量翔实的水文监测工作,为堰塞湖的除险处置、堰塞湖上下游防灾避灾,以及堰塞湖溃决洪水研究提供了十分珍贵的资料。

## 8.4.2 "10·11"白格堰塞湖水文监测

### 8.4.2.1 监测主要内容

应急监测范围包括堰塞湖、堰塞体及下游主要受影响区域。纵向范围为波罗乡至下游巴塘站,后期洪水调查下游河道延至溃坝洪水演进消落末端(梨园电站回水末端)。本次应急监测的主要内容及作用见表 8.4-1。

表 8.4-1　　　　　　　　　　　应急监测的主要内容及作用

| 序号 | 项目名称 | 主要内容 | 主要作用 |
|---|---|---|---|
| 1 | 高程测量 | 堰塞体及上游高程系统的接测 | 保证应急监测期间应急监测成果高程的一致性和合理性,为后续计算堰塞体高及库容提供基础 |
| 2 | 堰塞湖上游流量测验 | 负责堰塞湖坝上(金沙江堰塞湖站)流量监测 | 提供堰塞湖入库流量,为计算堰塞湖库容提供科学依据 |
| 3 | 坝上水位监测 | 负责堰塞湖坝上(金沙江堰塞湖站)流量监测 | 提供堰塞湖坝上水位,为计算和研究堰塞湖水位及库容变化提供科学依据 |

| 序号 | 项目名称 | 主要内容 | 主要作用 |
|---|---|---|---|
| 4 | 叶巴滩流量测验 | 负责叶巴滩流量监测 | 提供堰塞湖坝下流量资料,验证叶巴滩水位—流量关系,为计算和研究堰塞湖出库流量提供依据 |
| 5 | 巴塘站水文测验 | 负责巴塘站水位、流量监测 | 收集巴塘站基本水文资料,计算堰塞湖出库流量,为后续研究堰塞湖洪水演进提供数据 |
| 6 | 洪痕调查 | 负责叶巴滩至上虎跳峡洪痕调查与测验 | 收集一手洪痕资料,为后续研究堰塞湖洪水演进提供数据 |

#### 8.4.2.2　资源配置

为了确保应急水文监测任务的圆满实现,需要组建高效、精干、反应快捷的应急抢险领导组、工作组,包括指挥部和各专业组,详见表 8.4-2。同时配备专业的仪器设备,详见表 8.4-3。

表 8.4-2　　　　　　　　　　人力资源配置一览表

| 人员配置 | | 教授 | 副高 | 工程师 | 助工 | 技师 | 技工 | 司机 |
|---|---|---|---|---|---|---|---|---|
| 领导组 | | 3 | 6 | | | | | |
| 工作组 | 外业测量组 | | 3 | 5 | 3 | 1 | 1 | |
| | 内业分析组 | | 3 | 2 | | | | |
| | 水情预报中心 | 1 | 4 | 1 | | | | |
| | 后勤服务 | | | | 1 | 2 | 1 | 5 |

表 8.4-3　　　　　　　　　　应急抢险主要仪器设备

| 序号 | 仪器设备名称型号 | 单位 | 数量 | 仪器品牌 | 仪器设备型号 | 用途 |
|---|---|---|---|---|---|---|
| 一、水文测验仪器 | | | | | | |
| 1 | 多普勒流速剖面仪（ADCP） | 套 | 1 | Teledyne RDI | WHM-300kHz | 流速、流量 |
| 2 | 电波流速仪 | 部 | 3 | SVR 测速枪 | | 流速 |
| 二、测绘仪器 | | | | | | |
| 1 | 免棱镜激光全站仪 | 部 | 5 | TOPCON | GPT7502 | 地形 |
| 2 | 全球卫星定位系统（GPS） | 台 | 9 | 天宝 | 天宝 R8 及手持 GPS | 地形、定位、控制 |
| 3 | 测深仪 | 部 | 3 | | HY1601 | 水深 |

| 序号 | 仪器设备名称型号 | 单位 | 数量 | 仪器品牌 | 仪器设备型号 | 用途 |
|---|---|---|---|---|---|---|
| 4 | 测深仪 | 部 | 1+2 | | SONARMITE 及手持测深仪 | 水深 |
| 三、通信类 | | | | | | |
| 1 | 对讲机 | 部 | 20 | | | 信息传输 |
| 2 | 无线上网卡 | 台 | 5 | | | 信息传输 |
| 四、专用测船 | | | | | | |
| 1 | 冲锋舟 | 艘 | 2 | | | 水文监测载体 |

### 8.4.2.3　应急监测实施与反思

（1）高程测量

1）技术路线及实施方案。

堰塞湖所在地缺乏统一的平面和高程控制系统，遵循快速、安全、精度满足要求的原则。主要任务是堰塞体及上游高程系统的接测。以中国华电集团公司（简称华电公司）提供的高程点（1956黄海高程）为基点，采用GNSS接测坝体上游19km处的金沙江堰塞湖站（波罗站）水位。

2）实施情况。

10月14日技术人员到达波罗乡藏曲河与金沙江汇口处，利用华电公司基点进行金沙江堰塞湖站水尺高程接测，确认堰塞湖最高水位为2932.69m（1956黄海高程）。

3）总结与反思。

在堰塞湖发生后，多支抢险队伍到达现场，由于堰塞湖所在地缺乏平面和高程控制系统（主要是缺乏高程控制系统），受管理、专业、通信等限制，统一的高程系统未能很快建立起来，各队伍均建立假定高程系统，并在各自实施范围或区域内统一。各假定高程系统没有进行有效联测，相互之间存在较大差异，如长江委设立水尺与四川省观测水位基面差为14.39m。基面的不统一给早期分析决策带来一定困难。因此，在堰塞湖抢险中，应尽早建立统一的平面和高程控制系统。

（2）坝上水文监测

1）技术路线及实施方案。

在上游库区采用气泡式水位实现自记和远传，通过人工观测进行校测。流量主要利用冲锋舟或遥控船搭载走航式声学多普勒流速剖面仪施测。当堰塞湖水位出现快速下降时，可采用电波流速仪法施测。

2)实施情况。

10月10日22:00发生山体滑坡,由于滑坡发生地处深山峡谷的无人区,11日7:00金沙江下游村民发现河道中没水才层层上报,技术人员通过排查发现堰塞湖的存在。11日11时距离现场最近的巴塘站派出技术人员赶往堰塞体区域,12日一早出发赶往上游道路能到达的距离堰塞体最近的西藏自治区昌都市江达县波罗乡热曲河与金沙江汇合口(上游方向)进行水位观测。虽然波罗乡距离堰塞体仅19km,但行车需要绕行上游,从德格—江达过河,全程180km,需要5~7h。10月12日14:09起设立临时水尺,人工每30min看一次水位,高程采用假定高程(后接测1956黄海高程,换算水位高程),完整观测到堰塞湖水位从涨到落的全过程及堰塞湖最高水位。10月15日2:30起设立气泡式自记水位,实现水位自动报送。水位观测及成果见表8.4-4、表8.4-5、图8.4-4。

表8.4-4            白格堰塞湖坝上(波罗)水位观测记载

日期:2018.10.12                       高程系统:1956黄海高程

| 水尺代号 | P1 | | 水尺代号 | P2 | |
| --- | --- | --- | --- | --- | --- |
| 水尺位置 | 波罗水位站上(近藏曲河) | | 水尺位置 | 波罗水位站上(近藏曲河) | |
| 水尺零点高程 | 2927.16 | | 水尺零点高程 | 2928.36 | |
| 观测记录 | | | 观测记录 | | |
| 观测时间 | 水尺读数/m | 水位/m | 观测时间 | 水尺读数/m | 水位/m |
| 14:09 | 0.59 | 2927.75 | 16:00 | 0.58 | 2928.94 |
| 14:19 | 0.67 | 2927.83 | 16:30 | 0.87 | 2929.23 |
| 15:12 | 1.20 | 2928.36 | | | |

表8.4-5             白格堰塞湖坝上(波罗)水位观测成果

| 时间 | 水位/m | 备注 |
| --- | --- | --- |
| 2018-10-12 14:09 | 2927.75 | |
| 2018-10-12 14:19 | 2927.83 | |
| 2018-10-12 15:12 | 2928.36 | |
| 2018-10-12 16:00 | 2928.94 | |
| 2018-10-12 16:30 | 2929.23 | |
| 2018-10-12 17:00 | 2929.61 | |
| 2018-10-12 17:30 | 2929.87 | 17:40湖水漫过堰塞体,开始自由过流 |
| 2018-10-12 18:00 | 2930.18 | |
| 2018-10-12 18:30 | 2930.48 | |
| 2018-10-12 19:00 | 2930.73 | |

| 时间 | 水位/m | 备注 |
|---|---|---|
| 2018-10-12 19:30 | 2930.97 | |
| 2018-10-12 20:00 | 2931.20 | |
| 2018-10-12 20:30 | 2931.45 | |
| 2018-10-12 21:00 | 2931.65 | |
| 2018-10-12 21:30 | 2931.88 | |
| 2018-10-12 22:00 | 2932.08 | |
| 2018-10-12 22:30 | 2932.25 | |
| 2018-10-12 23:00 | 2932.40 | |
| 2018-10-12 23:30 | 2932.53 | |
| 2018-10-13 00:00 | 2932.69 | 最高水位 |
| 2018-10-13 00:30 | 2932.67 | |
| 2018-10-13 01:00 | 2932.61 | |
| 2018-10-13 01:30 | 2932.39 | |
| 2018-10-13 02:00 | 2931.99 | |
| 2018-10-13 02:30 | 2931.53 | |
| 2018-10-13 03:00 | 2930.65 | 水位退得很快,观测被迫终止 |
| 2018-10-15 01:00 | 2901.04 | 水位恢复,采用自记观测 |
| 2018-10-15 02:00 | 2900.95 | |
| …… | …… | |

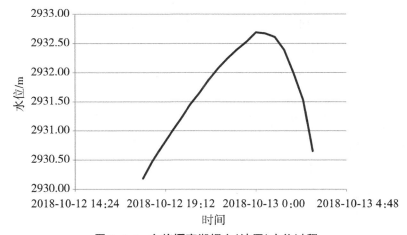

图 8.4-4　白格堰塞湖坝上(波罗)水位过程

10 月 15 日、16 日在距离堰塞体上游 19km 的西藏自治区昌都市江达县波罗乡热曲河与金沙江汇合口下游开展入库流量测验,测验方式为冲锋舟拖动 ADCP 进行施测,共施测 4 次流量,详见表 8.4-6。

表 8.4-6　　　　　　　白格堰塞湖坝上(波罗)流量观测成果

| 时间 | 水位/m | 流量/(m³/s) |
| --- | --- | --- |
| 2018-10-15 10:00 | 2900.51 | 1570 |
| 2018-10-15 12:00 | 2900.37 | 1550 |
| 2018-10-15 17:00 | 2900.03 | 1540 |
| 2018-10-16 11:00 | 2899.38 | 1480 |

3)总结与反思。

第一个水位报出时间为 12 日 14:09,此时距离堰塞湖发生已经过去 40 多小时,水位已经上涨 30 余米。从重庆出发监测队伍受道路遥远、交通管制等不利因素影响,直至 14 日才赶到波罗现场。现场进行观测的技术人员克服重重困难,完整观测到堰塞湖水位从涨到落的全过程,获得堰塞湖最高水位的宝贵资料。但受限于单人作业条件,力量有限,当 13 日凌晨退水非常快,岸边全是淤泥时,水位中断观测。15 日恢复水位观测并开始测流时,堰塞湖库容已经消落了绝大部分,堰塞湖应急处置工作也接近尾声了。

(3)堰塞湖下泄流量测验

1)技术路线及实施方案。

堰塞湖下泄流量测验主要依托堰塞体下游叶巴滩水文站进行。拟第一时间恢复叶巴滩站测验设施,恢复水尺和若干固定高程点备用。流量测验主要用缆道流速仪,8~10 线二点法。在洪水到达前施测断面并比测水面流速系数,对水位—流量关系线进行率定。高洪时采用少线少点法抢测洪水。当夜测或出现超 4000m³/s 时,采用浮标法进行(晚上采用夜光浮标)。

2)实施情况。

12 日,应急监测人员从攀枝花出发,13 日 14:30 到达叶巴滩厂区。叶巴滩厂区到水文站的道路、桥梁均受洪水威胁,不能通行,只能在叶巴滩水文站上游 4km 处开展浮标法流量测验。14 日,洪水部分退去,应急监测人员到达叶巴滩水文站开始进行流量测验,流量成果见表 8.4-7。

3)总结与反思。

堰塞体下游 60km 为叶巴滩电站施工区域,该处有工程专用水文站,此处是最理想的施测堰塞湖下泄流量的位置。但由于叶巴滩水文站为巡测站,堰塞湖形成时该站无人值守。13 日应急监测人员到达叶巴滩电站时,受泄流洪水影响,厂区到水文站的道路、桥梁均受洪水威胁,不能通行。应急监测人员不能到达水文站采用常规方法测验,最后在水文站对岸临时建立浮标测验断面,采用断面浮标法进行了测验。14 日应急监测人员到达水文站进行流量测验,此时,洪水已经消落到较平稳状态了。

表 8.4-7 　　　　　　　　　　　　　叶巴滩实测流量成果

| 施测时间 | | | | 断面位置 | 测验方法 | 水位 /m | 流量 /(m³/s) | 断面面积 /m² |
|---|---|---|---|---|---|---|---|---|
| 月 | 日 | 起时分 | 止时分 | | | | | |
| 10 | 13 | 14:40 | 15:10 | 基上 4000m | 浮标 5/0.88 | 2706.05 | 3570 | 884 |
| 10 | 14 | 15:51 | 16:43 | 基 | 流速仪 8/16 | 2703.15 | 1760 | 673 |
| 10 | 15 | 15:50 | 16:53 | 基 | 流速仪 8/16 | 2703.09 | 1740 | 683 |
| 10 | 16 | 10:15 | 10:55 | 基 | 流速仪 8/16 | 2702.79 | 1630 | 663 |

注:浮标 5/0.88 表示有效浮标个数为 5,浮标系数为 0.88;流速仪 8/16 表示垂线数为 8,测点总数为 16。下同。

（4）巴塘站水文测验

1）技术路线及实施方案。

测站按测站高洪测验方案做好应急测验准备,局机关派出骨干技术人员对巴塘站支援。

流量测验以流速仪测验为主,一般情况下利用 9～11 线三点法,测速历时 100s 测速施测。当出现 2482.80m 以上洪水,缆道、设备正常时,出现水位涨落变幅很大,涨落急剧或漂浮物多的情况,进行简测法测量。根据水位涨落情况、江面漂浮物情况,漂浮物所在垂线位置灵活选择简测 3 线一点法和常规 3 线一点法方案。测速历时 100s、60s、30s 施测。当流量在 1000 m³/s 以上时,可测（相对位置 0.2H）9～11 线（随水位涨落而增减）一点法,流速系数为 0.91。若遇缆道、机绞出现故障不能保证正常测量时,采用水面浮标法测流。一般情况时,在上游江面全断面均匀投放浮标,如遇特殊水情,采用江面的漂浮物作为浮标进行测量。浮标流速系数采用经验系数 0.85,借用邻近断面计算。

2）实施情况。

巴塘水文站距离白格堰塞体 190km,为距离白格堰塞体最近的基本水文站。在白格堰塞湖发生后,10 月 11 日 8:00 起巴塘水位开始出现异常下降,测站抓紧时间抢测断面并连续采用间测法施测流量。13 日 11:20 水位下降了 4m,流量从 2040m³/s 下降到 290m³/s 后,水位突然上涨,当日 16:00 涨至最高,不到 5h 水位上涨 9.21m,最大涨率为 3.2m/h,流量 3h 从 290m³/s 涨至 7850m³/s,洪峰流量超百年一遇,为建站以来最高;实测最大断面含沙量 21.6kg/m³,测得完整的水沙变化过程,见表 8.4-8、图 8.4-5。

表 8.4-8　　　　　　　　　　"10·11"白格堰塞湖期间巴塘站实测流量成果

| 施测时间 | | | | 断面位置 | 测验方法 | 水位 /m | 流量 /(m³/s) | 断面面积 /m² |
| --- | --- | --- | --- | --- | --- | --- | --- | --- |
| 月 | 日 | 起时分 | 止时分 | | | | | |
| 10 | 11 | 11:13 | 11:28 | 基 | 流速仪 3/0.2 | 2480.28 | 1470 | 926 |
| 10 | 11 | 12:17 | 12:37 | 基 | 流速仪 5/0.2 | 2479.94 | 1230 | 869 |
| 10 | 11 | 14:13 | 14:26 | 基 | 流速仪 3/0.2 | 2479.26 | 794 | 757 |
| 10 | 11 | 17:03 | 17:23 | 基 | 流速仪 9/0.6 | 2478.62 | 592 | 651 |
| 10 | 11 | 18:51 | 19:17 | 基 | 流速仪 9/0.6 | 2478.44 | 457 | 625 |
| 10 | 12 | 8:52 | 9:18 | 基 | 流速仪 7/0.6 | 2478.04 | 273 | 564 |
| 10 | 13 | 2:38 | 3:03 | 基 | 流速仪 9/0.6 | 2477.95 | 324 | 551 |
| 10 | 13 | 8:40 | 9:55 | 基 | 流速仪 9/23 | 2477.99 | 304 | 554 |
| 10 | 13 | 12:08 | 12:15 | 基 | 流速仪 3/0.2 | 2479.56 | 1970 | 803 |
| 10 | 13 | 12:27 | 12:39 | 基 | 流速仪 3/0.2 | 2481.96 | 3510 | 1190 |
| 10 | 13 | 13:09 | 13:18 | 基 | 流速仪 3/0.2 | 2484.02 | 6050 | 1620 |
| 10 | 13 | 16:03 | 16:25 | 基 | 流速仪 3/0.2 | 2487.16 | 7600 | 2410 |
| 10 | 13 | 17:12 | 17:22 | 基 | 流速仪 3/0.2 | 2486.92 | 7030 | 2350 |
| 10 | 13 | 18:00 | 18:31 | 基 | 流速仪 11/0.6 | 2486.40 | 5770 | 2220 |
| 10 | 14 | 3:29 | 4:07 | 基 | 流速仪 11/0.6 | 2481.74 | 2600 | 1190 |
| 10 | 14 | 8:47 | 10:15 | 基 | 流速仪 11/31 | 2481.08 | 2050 | 963 |
| 10 | 15 | 16:16 | 17:44 | 基 | 流速仪 11/31 | 2480.78 | 1800 | 975 |

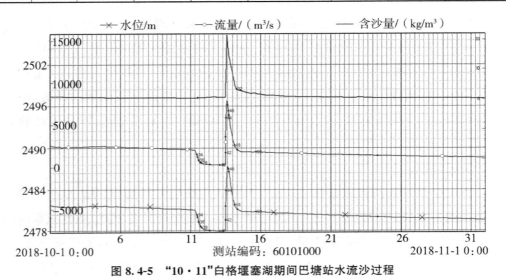

图 8.4-5　"10·11"白格堰塞湖期间巴塘站水流沙过程

3)总结与反思。

巴塘站本有 4 名正式职工和 1 名实习学生,堰塞湖发生时站长与另一名职工出差到分局,1名职工到白玉及波罗参加应急测验。站长等2人及上级机关派出的支援人员受管制影响,到达巴塘县却无法到达测站,现场只有1位女职工和实习学生,测验人手不足。故在缆道突发故障后,解决问题较慢。本次巴塘站高水流量测验为验证巴塘流量测验方案、高水相关系数分析获得宝贵的一手资料,为后续"11·3"白格堰塞湖溃决洪水测验打下坚实的基础。

(5)洪痕调查

1)调查范围及任务。

调查范围为堰塞体下游60km的叶巴滩—下虎跳峡(梨园电站回水末端)及堰塞体至上游回水末端。整个调查范围约550km。重点调查水文、水位站河段,沿河的工程河段与城镇河段。重点调查本次洪水,对1~2场历史洪水也进行调查。本次洪水每个河段洪痕点不少于3个,历史洪水不少于2个;若有大的支流汇入,支流也应调查。

2)工作内容。

洪水发生的年、月、日;最高洪水位的痕迹和洪水涨落变化(起涨和落平时间);发生洪水时河道及断面内的河床组成、滩地植被覆盖情况及冲淤变化;洪水痕迹高程、纵横断面测量;关于洪水记载的考证及影像照片。编写初步洪水调查简要报告。现场调查历史洪水痕迹时,需做好洪水发生时间、洪水痕迹(包括洪水编号、所在位置、高程、可靠程度)、指认人情况(包括姓名、性别、年龄、住址、文化程度)、洪水访问情况、调查单位及时间等洪水考证记录。同时进行洪痕划定,划定洪水痕迹,并在留有痕迹的建筑物、山体岩石、桥墩、自立碑牌或者用防水耐用油漆标识相应洪水信息。调查情况见表8.4-9。

表8.4-9　　　　　　　　金沙江"白格"堰塞湖洪水痕迹及洪水调查情况

| 洪水发生时间 | 洪水痕迹 | | | 指认人 | | | 洪水访问情况 | 调查单位、时间 | 调查人 |
|---|---|---|---|---|---|---|---|---|---|
| | 编号 | 所在位置 | 可靠程度 | 姓名、年龄 | 住址 | 电话 | | | |
| | | | | | | | | | |
| | | | | | | | | | |
| | | | | | | | | | |
| | | | | | | | | | |
| | | | | | | | | | |

3)调查实施情况。

本次洪水是堰塞湖湖水下泄形成的,在堰塞湖—巴塘河段远超实测序列。由于事发突然,事发地又处于人烟稀少的区域,洪水量级非常大,常规水文测验设施也多有毁坏。此次洪水刚过,沿河岸洪痕点较为清晰,但洪痕点多位于道路、工程点附近,很快地方和工程单位就要进行灾后重建。为保证查找到清晰、准确、未遭破坏和冲刷的洪痕点,洪水调查宜早不宜迟。

在白格堰塞湖上游波罗乡及下游叶巴滩至虎跳峡选择了多个河段开展洪水调查工作,其中叶巴滩、巴塘、奔子栏、石鼓等4个河段结合水文站资料进行了流量推算,其余河段仅进行了历史洪痕调查,未进行流量推断。主要河段调查情况详见表8.4-10至表8.4-13。

**表 8.4-10**　　　　　　　　**叶巴滩河段洪水调查和整编情况说明**

| 水系 | 金沙江上段 | 河名 | 金沙江 | 地点 | 西藏昌都贡觉县 | 集水面积 | 173484km² |
|---|---|---|---|---|---|---|---|
| 洪水调查和整编情况 | 调查单位 | 调查时间 | 调查人 | | 调查到的洪水年份 | 资料存放单位 | |
| | 长江上游水文局 | 2018年10月 | 胡＊、董＊＊ | | 2018 | 长江上游水文局 | |
| | 为分析金沙江白格堰塞湖洪水演进规律,为今后的灾害防治、电站防洪预案、流域防汛抗旱、洪水预测预报、工程建设、流域水利规划提供准确的水文基础资料,并积累宝贵的经验,收集巴塘河段洪水资料对河段进行了洪水调查。采用比降—面积法推算洪峰流量,断面按照单一断面,不分滩槽进行计算 | | | | | | |
| 河段形势 | 调查河段位于金沙江支流降曲河口下游,左岸属四川甘孜州白玉县,右岸属西藏昌都贡觉县,河段多急滩,河槽内没有阻塞或变动回水、分流等现象 | | | | | | |
| 断面情况 | 断面呈U形单一河槽,河段两岸地势陡峻,岸边有大小不等的乱石 | | | | | | |
| 测量方法项目和精度 | 洪痕高程采用GPS中海达RTK | | | | | | |
| 洪水访问情况 | 洪水访问是在叶巴滩河段附近进行。河段两岸无居民点,洪痕较清晰可靠。确定白格堰塞湖洪水洪痕点3个,2018年9月13日洪水2个,为此次调查洪水提供依据 | | | | | | |
| 整编成果（按大小排序） | 年份 | 2018 | | | | | |
| | 水位/m | | | | | | |
| | 流量 | m³/s | 9500 | | | | |
| | | 可靠程度 | 较可靠 | | | | |
| 存在问题 | 洪水时人员撤离,部分洪痕非亲眼所见 | | | | | | |
| 附注 | | | | | | | |

表 8.4-11　　　　　　　　　巴塘河段洪水调查和整编情况说明

| 水系 | 金沙江上游 | 河名 | 金沙江 | 地点 | 四川省甘孜州巴塘县 | | 集水面积 | 2487.17km² |
|---|---|---|---|---|---|---|---|---|
| 洪水调查和整编情况 | 调查单位 | 调查时间 | 调查人 | | 调查到的洪水年份 | | 资料存放单位 | |
| | 长江上游水文局 | 2018 年10 月 | 曹＊、邓＊、朱＊＊ | | 2018 | | 长江上游水文局 | |
| | 分析金沙江白格堰塞湖洪水演进规律,为今后的灾害防治、电站防洪预案、流域防汛抗旱、洪水预测预报、工程建设、流域水利规划提供准确的水文基础资料,并积累宝贵的经验,收集巴塘河段洪水资料进行了洪水调查。采用比降—面积法推算洪峰流量,断面按照主槽、边滩及综合分别进行计算 | | | | | | | |
| 河段形势 | 调查河段位于四川省甘孜州巴塘县,推流河段顺直,顺直长度约 800m,河槽内没有阻塞或变动回水、分流等现象 | | | | | | | |
| 断面情况 | 断面呈 U 形单一河槽,河床由卵石夹沙组成,两岸有漫滩,左岸有玉米等植物生长,右岸生长着稀疏的杂草和小树 | | | | | | | |
| 测量方法项目和精度 | 洪痕高程采用 GPS 中海达 RTK 测量 | | | | | | | |
| 洪水访问情况 | 洪水访问是在巴塘县竹巴笼乡河段附近进行。河段左岸有国道 318,沿线有少许居民点,洪痕清晰可靠。确定洪痕点 4 个,为此次调查洪水提供依据 | | | | | | | |
| 整编成果（按大小排序） | 年份 | | 2018 | | | | | |
| | 水位/m | | 2487.17（冻结） | | | | | |
| | 流量 | m³/s | 8330 | | | | | |
| | | 可靠程度 | 较可靠 | | | | | |
| 存在问题 | 多数洪痕没有人现场确定,事后根据洪痕痕迹确定。洪痕成果比巴塘站实测流量成果大 6.1％ | | | | | | | |
| 附注 | | | | | | | | |

表 8.4-12 奔子栏河段洪水调查和整编情况说明

| 水系 | 金沙江上游 | 河名 | 金沙江 | 地点 | 云南省迪庆州德钦县 | 集水面积 | 203320km² |
|---|---|---|---|---|---|---|---|
| 洪水调查和整编情况 | 调查单位 | 调查时间 | 调查人 | | 调查到的洪水年份 | 资料存放单位 | |
| | 长江上游水文局 | 2018年10月 | 曹＊、邓＊、朱＊＊ | | 2018 | 长江上游水文局 | |
| | 分析金沙江白格堰塞湖洪水演进规律,为今后的灾害防治、电站防洪预案、流域防汛抗旱、洪水预测预报、工程建设、流域水利规划提供准确的水文基础资料,并积累宝贵的经验,收集奔子栏河段洪水资料进行了洪水调查。采用比降—面积法推算洪峰流量,断面按照单一断面,不分滩槽进行计算 | | | | | | |
| 河段形势 | 调查河段左岸为四川得荣县瓦卡镇,右岸为云南省迪庆州德钦县,推流河段顺直,顺直长度约600m,河槽内没有阻塞或变动回水、分流等现象 | | | | | | |
| 断面情况 | 断面呈U形单一河槽,两岸坡度较陡,河槽系岩石,大卵石组成,右岸上部有农作物生长 | | | | | | |
| 测量方法项目和精度 | 洪痕高程采用GPS中海达RTK测量 | | | | | | |
| 洪水访问情况 | 洪水访问是在奔子栏河段附近进行。河段右岸有国道214,沿线有大量居民,洪痕清晰可靠。确定洪痕点3个,为此次调查洪水提供依据 | | | | | | |
| 整编成果（按大小排序） | 年份 | | 2018 | | | | |
| | 水位/m | | 2007.76（吴淞、冻结） | | | | |
| | 流量 | m³/s | 5810 | | | | |
| | | 可靠程度 | 较可靠 | | | | |
| 存在问题 | 多数洪痕没有人现场确定,事后根据洪痕痕迹确定,有一定任意性。用奔子栏水文站水位—流量关系推算,流量偏大3.0% | | | | | | |
| 附注 | | | | | | | |

表 8.4-13　　　　　　　　　石鼓河段洪水调查和整编情况说明

| 水系 | 金沙江上游 | 河名 | 金沙江 | 地点 | 云南省丽江市石鼓镇 | 集水面积 | 214184km² |
|---|---|---|---|---|---|---|---|
| 洪水调查和整编情况 | 调查单位 | 调查时间 | 调查人 | | 调查到的洪水年份 | 资料存放单位 | |
| | 长江上游水文局 | 2018 年 10 月 | 曹＊、邓＊、朱＊＊ | | 2018 | 长江上游水文局 | |

| | |
|---|---|
| 洪水调查和整编情况 | 分析金沙江白格堰塞湖洪水演进规律,为今后的灾害防治、电站防洪预案、流域防汛抗旱、洪水预测预报、工程建设、流域水利规划提供准确的水文基础资料,并积累宝贵的经验,收集石鼓河段洪水资料进行了洪水调查。采用比降—面积法推算洪峰流量,断面按照主槽、边滩及综合进行分别计算 |
| 河段形势 | 云南省西北部的丽江市石鼓镇与香格里拉市之间,长江第一湾河段,推流河段顺直,顺直长度约 600m,河槽内没有阻塞或变动回水、分流等现象 |
| 断面情况 | 河段位于两弯道之间顺直段,断面近似矩形,左岸为岩石较陡,右岸为沙质。水位在 1824m 以下无漫滩,以上为农作物,河槽枯季稳定,汛期略有冲淤变化 |
| 测量方法项目和精度 | 洪痕高程采用 GPS 中海达 RTK 测量 |
| 洪水访问情况 | 洪水访问是在云南省丽江市石鼓镇—虎跳峡河段附近进行。河段两岸沿线有居民点,洪痕清晰较可靠。确定洪痕点 4 个,为此次调查洪水提供依据 |

| 整编成果（按大小排序） | 年份 | | 2018 | |
|---|---|---|---|---|
| | 水位/m | | 1823.08（吴淞,冻结） | |
| | 流量 | m³/s | 5020 | |
| | | 可靠程度 | 较可靠 | |

| | |
|---|---|
| 存在问题 | 上游洪痕没有人现场确定,事后根据洪痕痕迹确定,由于 1 月前有一场流量相近洪水,易混淆。用石鼓站水位—流量关系推算,流量偏小 3.8% |
| 附注 | |

　　此次金沙江白格堰塞湖洪水是堰塞湖泄流所致,具有峰高历时短的特点,洪水涨落比天然洪水快。巴塘以上洪水重现期超过 100 年,奔子栏洪水重现期为 5～10 年,石鼓洪水重现期为 2～5 年。各河段流量、排位、洪峰时间、可靠度成果及评价见表 8.4-14。

表 8.4-14　　　　　　　　　　　各河段洪水调查成果

| 序号 | 河流 | 河段名称 | 流域面积 /km² | 洪峰流量 /(m³/s) | 推算重现期 /年 | 洪峰时间 | 可靠度 |
|------|------|----------|--------------|-----------------|---------------|----------|--------|
| 1 | 金沙江 | 叶巴滩 | 173484 | 9500 | 1000 | 2018-10-13 | 较可靠 |
| 2 | | 巴塘 | 180055 | 8300 | 200 | 2018-10-13 | 较可靠 |
| 3 | | 奔子栏 | 203320 | 5810 | 5～10 | 2018-10-14 | 较可靠 |
| 4 | | 石鼓 | 214184 | 5020 | 2～5 | 2018-10-14 | 较可靠 |

4)总结与反思。

本次调查的十余个河段中,仅叶巴滩河段、巴塘河段、奔子栏河段、石鼓河段借用水文站实测断面进行了推流。其余河段,受调查时条件限制,没有进行水道断面测验,也没有进行推流。原拟汛后组织专门队伍补测水道断面后进行推流,但 11 月再次发生堰塞湖洪水,断面发生非常大的变化。因此,其他河段最终仅有调查成果,略有遗憾。

### 8.4.3 "11·3"白格堰塞湖水文监测

#### 8.4.3.1 监测主要内容

根据各应急抢险队伍任务分工,上游局本次应急监测范围包括堰塞湖、堰塞体及下游主要受影响区域,主要依托现有水文(位)站进行坝上、坝下水文要素实时监测。测验站点从上到下分别为波罗站、叶巴滩站、巴塘站、日冕站、奔子栏站、塔城站、石鼓站、上虎跳峡站。

#### 8.4.3.2 资源配置

(1)人力资源

为做好"11·3"白格堰塞湖险情应对工作,收集到可靠准确的第一手水文资料,需要严格落实组织领导责任,组建高效、精干、反应快捷的应急水文监测组,包括领导组、工作组。

领导组由局长任组长,分管局长及总工任副组长,成员包含其他局领导和各部门主要领导。工作组主要由行政办公室、党群办公室、技术管理室、水情预报室、科研室、河道勘测中心、综合事业中心、攀枝花分局、其他外业分局抽调人员组成,分为外业测验组、应急监测数据内业分析组、水情预报组、后勤服务组、宣传报道组,其中外业测验组又分波罗组、叶巴滩组、巴塘组、奔子栏组、石鼓组、上虎跳峡组、其他水位站组。整体投入技术人员、驾驶人员 100 余人。

(2)设备物资

紧急调集和购置全站仪、GNSS、ADCP、水位计、流速仪、电波流速仪、冲锋舟、帐篷、对讲机、安全保护物品,共投入 21 辆应急监测车辆,以及约 80 台套仪器设备(22 套自记水位计、10 套 GNSS、5 套 ADCP、5 套全站仪、5 套便携式发电机、25 台流速仪等)。

### 8.4.3.3　应急监测实施与反思

(1)波罗站

1)技术路线及实施方案。

投入 5 名应急监测人员,配备水位计 2 套、全站仪 1 台、手持式探照灯 2 台、安全绳 200m、望远镜 2 只、救生衣及安全帽 7 套、反光条、对讲机 5 套、搪瓷板 50 根、应急手电筒 5 个。在藏曲河汇合口上游 2km 左岸平台处安装自记水位计,用于观测最高水位时段数据,仪器选用量程为 30m 的气泡式水位计。在藏曲河拟选断面处沿断面打 1m 左右的木桩若干作为参照物,先测定高程以备观测人工水位使用。当无法靠近岸边观测水位时,采用全站仪观测水位。

2)实施情况。

从 11 月 4 日开始观测水位,10min 和 30min 最大涨率分别为 0.12m 和 0.34m,总涨幅 60.5m 到 13 日 13:40 测得最高水位 2957.65m,其间共观测水位 1000 余次。

3)总结与反思。

波罗站观测条件异常艰苦,在堰塞体溃决泄洪后,水位下降非常快,致使水位观测在 13 日 19:00 后中断,并且与应急监测人员失联一段时间。如能提前配备卫星电话或电台,选择更多的观测位置,效果应该更好。

(2)叶巴滩

1)技术路线及实施方案。

投入 5 名应急监测人员,配备全站仪 1 台、、GPS2 套、水位计 1 套、手持式探照灯 2 台、安全绳 200m、望远镜 2 只、救生衣及安全帽 5 套、反光条、对讲机 4 套、应急手电筒 4 个、搪瓷板 30 根。

中低水部分采用叶巴滩专用水文站遥测仪器观测;中高水以上由人工水位、新设自记水位观测,在叶巴滩坝区水位站观测。当中高水以上水位人工观测水尺和自记仪器不能收集时,在叶巴滩电站采用全站仪观测水位。视情况在叶巴滩水文断面上游 2km 两滩之间左右开展浮标测验(此处断面形状、宽窄、水流状况与叶巴滩水文站相似)。上、下断面间距约 100m,浮标选用天然漂浮物,主要选择大的树木,连续观测,有效浮标数不少于 10 个,剔除极大值与极小值后,浮标流速取均值。浮标系数拟取 0.88(经验值,上次已采用),有条件在 4000m³/s 流量级与水位—流量关系线比较进行验证。后方分析组根据叶巴滩水文断面现有综合水位—流量关系,延长水位—流量关系线,便于推流。

2)实施情况。

受上游堰塞体溃决泄洪影响,该站于 13 日 17:10 快速起涨,涨洪历时 2.5h,19:50 水位最高涨至 2760.16m,相应流量 28300m³/s,20:10 开始回落,14 日 20:00 前后退至基流,退水历时 1d 左右,堰塞湖出流洪峰传播时间为 1.8h。通过对实测水位报汛资料整理分析发现,叶巴滩水位累计涨幅 34.94m,最大涨率为 15.44m/10min,该洪峰水位对应的相应流量,已远超天然洪水万年一遇洪峰流量设计标准。由于水位涨幅大,流速大,边坡开始塌方,安装的直立水尺被毁,原定采用全站仪观读水尺的方法不可行,只能采用全站仪免棱镜打水边观读水位。最终,完整测出其水位变化过程。

3)总结与反思。

由于水位涨幅大,流速大,边坡塌方,监测危险性较大且洪水过程主要在夜晚,叶巴滩站未能实测流量。后根据延长的水位—流量关系线推算流量。若提前选择安全位置并做好夜测的准备,有可能实施流量监测。

(3)巴塘站

1)技术路线及实施方案。

投入抢险监测人员 10 名,配备瓷瓶 5 个、流速仪 5 部、支架 2 个、信号源 2 套、全站仪 1 台、GPS2 套、水位计 2 套、手持式探照灯 2 台、安全绳 200m、望远镜 2 只、救生衣及安全帽 7 套、反光条、对讲机 4 个、帐篷 3 顶、搪瓷板 100 根,应急手电筒 10 个。

将巴塘(三)、巴塘(四)水尺分别设到 2508m 与 2505m 以上,水位观测以巴塘(四)为主,巴塘(三)为辅,两站水位互为备份。自记正常时,优先采用自记。在水尺附近找一些坚固的观测点,预先测量好高程,先刻画再用油漆标注;观测的时候通过已知点高程,测记观测时间。当洪水漫上公路后,巴塘(四)站在左岸(站房侧)高坡观测站房、对岸排架(提前刻画并用反光条做记号)。白天采用望远镜或全站仪观读,夜晚用手持探照灯,照射反光条观读。巴塘(三)在本岸断面附近的广告牌、废弃的测井上钉上搪瓷板,并贴反光条,进行观读,水位能观读至 2493m[换算为巴塘(四)高程],在公路沿至站房道路依次设立水尺至 2502m 以上。沿左岸断面打 1m 左右的木桩若干作为参照物,先测定高程,以备后面观测水位使用。退回时采用免棱镜全站仪或 GNSS 观测水位。

补充延长大断面测量:将两岸补测现有断面大断面延伸至 2505m 以上。当流量处在 8000m³/s 以下时,采用缆道采用一点法(0.6)少历时测流,特殊情况历时可缩短至 10s,每个信号记录历时,中断后只要信号数有 5 个,就采用,不需要重测。洪水起涨后,在巴塘(四)站同步进行浮标法、无人机携带电波流速仪测验,并及时通过与流速仪测流比测,分析系数。启用巴塘(三)站水尺观测,与巴塘(四)同步观测同时水位,计算比降,并采用巴塘(四)断面进行比降—面积法推流。在流量为 4000~

$8000m^3/s$ 时与流速仪同步施测以推算综合糙率。根据上次成果,此河段综合糙率约为 0.038。

洪水过程采用单沙过程线推沙,尽量在起点距 170m、190m 采用常规双程积深方法取沙,若常规方法危险系数大,则在巴塘(三)站流水处取边沙。

2)实施情况。

巴塘站水位累计涨幅 17.44m,最大涨率为 3.51m/10min。该洪峰水位对应的相应流量已远超天然洪水万年一遇洪峰流量设计标准。站房一楼、二楼相继被淹,自计水位计已不能正常工作,故采用望远镜观读反光条或全站仪免棱镜进行人工水位观测。每 5min 一个水位数据,完整观读到巴塘站两个断面水位。由于流速大,水位高,无法采用流速仪法测流,全程为浮标法夜测,测验难度大、频率高。流量测验人员前期采用自制浮标,无人机滚动投掷浮标,后采用天然浮标。平均每 5min 生成一次流量数据,以保证控制流量迅速上涨的变化过程。13 日 23:00—14 日 10:30,不到 12h 内巴塘站共施测 19 次流量,完整地收集了本次洪水流量变化过程。

利用同时观测的巴塘(三)站、巴塘(四)站水位,建立两站落差,计算河段比降,推算河段流量。根据"10·11"洪水洪痕成果分析,此河段综合糙率约为 0.033,"11·3"洪水后期河道发生较大变化,糙率变大,退水时取 0.038。13 日 23:10一次日 4:00,共推算出 50 余次流量成果,基本获得有一定的精度堰塞湖洪水的流量变化过程,巴塘站各测验方法成果对照详见表 8.4-15。

表 8.4-15　　　　　　　　"11·3"巴塘站各流量测验方法成果对照

| 采用方法 | 洪量/亿 $m^3$ | 洪峰流量 /($m^3/s$) |
|---|---|---|
| 浮标流量 | 7.92 | 21200 |
| 比降—面积法(糙率为 0.033) | 8.91 | 20600 |
| 比降—面积法(糙率:涨水时 0.033,退水时 0.038) | 7.96 | 20600 |

采用岸边边沙取样方法,测得最大含沙量为 $42.0kg/m^3$。

3)总结与反思。

巴塘站在"10·11"白格堰塞湖洪水中采用流速仪法实测到最大流量 $8000m^3/s$,此次也做好了采用流速仪实测流量 $8000m^3/s$ 以上并为其他方法提供分析系数的准备。但溃决洪水一来就呈暴涨模式,巴塘(四)站水位 10min 上涨 3.5m,20min 上涨 6.96m,中泓流速最大流速超过 $10m^3/s$,且带有大量冲毁房屋、道路的混凝土物体,甚至翻滚的挖机。面对这种特殊水流,流速仪一下水就损坏的可能性非常大,甚至有可能马上拉垮缆道。而且上涨的洪水会在上涨 0.5h 左右就切断测量人员退路,任何环节稍出差错,后果都不堪设想。因此停止流速测验并转移人员是明智的。如果能早点抛弃采用流速仪法施测流量的想法,对缆道、铅鱼采取合理的处置措施,有可能避免巴塘站缆道循环绳被拉断,放在岸边重达 350kg 的铅鱼失踪,行车从左岸被带到了右岸的损害。

按照实施方案,起涨阶段浮标法与流速仪开展 2~3 次比测,分析采用浮标系数。由于水情特殊,比测无法开展,现场浮标系数采用经验系数 0.73 进行报汛。研究表明,在测流河段顺直、断面规则、流线平稳顺直的测站,浮标系数与流速仪水面系数基本相等。事后收集的巴塘(三)站 1992—2004 年中高水多线多点法流速仪原始测验资料表明,中泓 5 线(起点距 150~190m)水面平均流速与断面平均流速相关系数基本稳定在 0.704 附近。若能预先分析确定此中泓浮标系数,则方案实用性更佳。

按照实施方案,夜晚测量时,在断面上游用大功率无人机投放太阳能灯泡(灯泡做表面防水处理)作为浮标。但最终只是在水情较平稳时少量使用了无人机投放太阳能灯泡,多数使用了河道天然漂浮物。无人机投放的太阳能灯泡在夜晚识别性很强,持续时间很长,在下游 60km 的苏洼龙断面监测人员都发现上游漂下来的发光灯泡,证明无人机投放太阳能灯泡作为夜光浮标在普通江河洪水中测流是可行的。但是由于夜晚难以准确判断水面情况,无人机出于安全考虑,飞行高度较高,河面满是硬质漂浮物,高空抛下去的多数太阳能灯泡与硬质漂浮物相撞,损坏率非常大。另外,无人机每次只能投放 1 个浮标,需要约 5min,洪水涨率大时该时效性不能满足要求。

(4)奔子栏水文站

1)技术路线及实施方案。

投入监测人员 6 人,配备瓷瓶 3 个、流速仪 3 部、支架 1 个、信号源 2 套、全站仪 1 台、水位计 1 套(增加)、手持式探照灯 2 台、安全绳 200m、望远镜 2 只、救生衣及安全帽 4 套、反光条、对讲机 4 套、应急手电筒 4 个、搪瓷板 20 根。

奔子栏站因地理位置较高,预估现有设备设施能够满足水位观测要求,采用人工观测和自记水位观测,并适当增设人工水尺。当流量低于 7000m³/s 时,采用缆道测流;当流量超过 7000m³/s 时,采用电波流速仪或浮标法进行测流,并延长水位—流量关系,确保 12000m³/s 有水位—流量关系线。

2)实施情况。

奔子栏应急小组在应急监测准备工作中,借助地理位置,优选站房对面一处高地作为水位观测平台,并选择人工水位观测点。

11 月 14 日 9:25,金沙江白格堰塞湖下泄洪水抵达奔子栏水文站。水位开始快速上涨,江水开始变色,树干、油桶、汽车、大型漂浮物扑面而来,水面开始跳跃沸腾低哮,之后相继出现缆道房机绞被淹、观测井倒塌等设施的损毁。起涨后 5min 内水位上涨 1m,1h 上涨 12m,自计水位计已不能正常工作,即刻恢复人工观测。

奔子栏站流量测验兵分两路。上游有一座拉索桥,测验人员借助拉索桥,采用电波流速仪在桥面上进行施测。同时,选取一高地,安排另一组人员采用极坐标法进行流量测验。

各分队队员紧密协作,从9月14日9:00开始至23:00的最后一次测流,分别采用电波流速仪和浮标法,共收集实测流量32次,其中电波流速仪法26次,浮标法6次,完整地收集了本次洪水流量变化过程。

本次过程,奔子栏站水位从快速起涨点至洪峰水位累计涨幅20.07m,最大涨率为3.32m/10min,该洪峰水位对应的相应流量,相当于天然洪水万年一遇洪峰流量的设计标准(万年一遇13400m³/s)。

3)总结与反思。

奔子栏站充分利用了断面附近拉桥梁,成功开展多次电波流速仪法测验,完整地测得整个洪水过程。若能够结合历史资料分析水面流速系数或提前进行一些比测分析工作,则效果更好。因对洪水到达时间预判存在误差,监测工作中险些漏测洪水起涨这一过程。

(5)石鼓水文站

1)技术路线及实施方案。

投入监测人员7人,配备瓷瓶5个、流速仪5部、支架2个、信号源2套、全站仪1台、GPS2套、水位计1套、手持式探照灯2台、安全绳200m、望远镜2只、救生衣及安全帽7套、反光条、对讲机5个、搪瓷板100根、应急手电筒7个。

新增自记水位计1台,量程为40m,仪器安装在1828m处;水尺设到1831.5m以上。新安装的自记水位计能正常工作时,每天校测一次,自记水位计不能正常工作时,按照四段制、八段制进行观测。同时根据实际情况,随时调整观测频次。沿右岸断面打1m左右的木桩若干,分别做不同的标记并加夜光标志作为参照物,先测定高程,以备后续观测水位使用。在水尺附近找一些坚固的观测点,预先测量好高程,先刻画再用油漆标注;观测的时候通过已知点高程,测记观测时间。采用全站仪作为补充手段在高处直接观测水位。

当流量低于8000m³/s时,一般情况下按照常测法采用缆道流速仪法测流。特殊情况下采用缆道流速仪法一点法(0.6)少历时测流,特殊情况历时可少至10s,每个信号记录历时,中断后只要信号数有3个,则采用,不重测。特殊情况下采用电波流速仪施测河道表面流速,推算断面流量。

洪水过程采用单沙过程线推沙,特殊情况下在流水处取边沙。单沙样同时兼颗分样。

2)实施情况。

14日21:35左右,石鼓站水位开始出现明显上涨。15日8:40,出现洪峰水位

1826.47m,超警戒水位3.97m,超保证水位1.97m。监测人员分别采用流速仪法、浮标法施测流量。在缆道流速仪法抢测高洪过程中,铅鱼采样器被笨重急速漂流的漂浮物死死拽住无法脱身,造成缆道流速仪法暂时无法使用。小组人员采取紧急措施保护缆道主缆及排架,避免险情扩大变化。同时,采用浮标法进行高洪抢测,顺利捕捉到洪峰过程。

3)总结与反思。

根据预测,石鼓站洪水量级非常大,将会带来非常严重的淹没损失,给地势较低的石鼓站带来较大的威胁。由于前期已进行超高水位观测和人员安全撤离准备工作,人员精力消耗大。

（6）上虎跳峡

1)技术路线及实施方案。

3名应急监测队员与水文局技术组一起携带无人机、全站仪、望远镜、对讲机在上虎跳峡站附近开展水位、流量监测。上虎跳峡站水位采用自记水位并辅以人工观测。流量拟采用无人机投放浮标,采用全站仪极坐标法施测流量。在洪水前施测浮标流量与上游石鼓站相应流量建立水量平衡关系,根据流量推算上虎跳峡水道断面面积,再实测断面岸上部分,形成完整大断面成果。

2)实施情况。

在洪水到来前多次精心布阵,制作夜明浮标、率定浮标系数,组织无人机人员进行浮标投放演练,收集了洪水过流前后本河段无人机航拍影像。15日0:20左右,上虎跳峡水位站水位开始起涨至11:24,出现洪峰水位1820.54m。从15日0:58开始,利用无人机投放浮标,至16日8:24,共施测流量16次,并即测即整,现场绘制了上虎跳峡站水位—流量关系线。

3)总结与反思。

根据与石鼓站流量平衡计算水道断面是没有实测资料时的一种非常规手段,但存在一定误差。

（7）成果合理性检查

1)上下游过程对照检查。

对巴塘、奔子栏、石鼓进行上下游综合合理性对照检查,其流量过程依次向下演进传播。巴塘—奔子栏段河道形态相似,峰型亦相似,受河槽调蓄作用影响,奔子栏站洪峰量级比巴塘站偏小;奔子栏—石鼓段,峰型峰量均发生了较大变化,石鼓站峰型呈矮胖型,主要原因为溃坝洪水进入塔城后,塔城—石鼓江段受高原平原地形的影响,洪峰在此江段形成高位漫滩,加大了河道槽蓄,导致峰型变得平缓、洪量减小。上下游流量过程见图8.4-6。

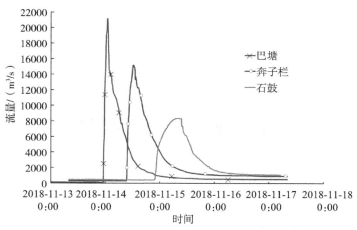

图 8.4-6 上下游流量过程

整体看来,应急监测较好地控制了溃坝洪水向下游演进的过程,成果较为合理。

2)水量平衡检查。

对白格堰塞湖相关河段洪水从起涨到消落到正常的整体过程进行水量对照。

岗拖(三)站—巴塘(四)站,区间面积占岗拖(三)站控制流域面积的 20.8%,巴塘(四)站水量与岗拖(三)站水量相比,巴塘(四)站大 41.1%。

巴塘(四)站—奔子栏(三)站,区间面积占巴塘(四)站控制流域面积的 12.9%,奔子栏(三)站水量与巴塘(四)站水量相比,奔子栏(三)站大 31.7%。

奔子栏(三)站—石鼓站,区间面积占奔子栏(三)站控制流域面积的 5.3%,石鼓站水量与奔子栏(三)站水量相比,石鼓站大 11.8%。

根据上游来水量、区间来水量及河道槽蓄量进行泄洪量的分析计算,见表 8.4-16。各站计算的泄洪量在 ±10% 以内,成果基本合理。

表 8.4-16　　　　　　　　堰塞湖下游各站整编泄洪量分析计算

| 站名 | 水位起涨 | | 水位落平 | | 洪峰过程期间/亿 m³ | | | | | 误差/% |
| --- | --- | --- | --- | --- | --- | --- | --- | --- | --- | --- |
| | 时间 | 水位/m | 时间 | 水位/m | 测站径流量 | 区间平均径流量 | 区间槽蓄变化 | 堰塞湖泄洪量 | 堰塞湖总量 | |
| 巴塘 | 13:23 | 2477.47 | 18:23 | 2479.46 | 8.001 | 0.7690 | 0.3000 | 5.404 | 6.333 | −7.8 |
| 奔子栏 | 14:09 | 1998.9 | 19:09 | 2000.61 | 9.196 | 1.434 | 0.3500 | 6.119 | 7.048 | 2.6 |
| 石鼓 | 14:21 | 1818.18 | 19:21 | 1819.35 | 8.941 | 1.931 | 0.4590 | 5.633 | 6.562 | −4.5 |
| 上虎跳峡 | 15:00 | 1805.94 | 20:00 | 1808.65 | 10.20 | 2.341 | 0.1710 | 6.604 | 7.533 | 9.7 |
| 平均 | | | | | | | | 5.940 | 6.869 | — |

# 第 9 章　典型河段水沙特性

## 9.1　乌东德库区水沙特性

### 9.1.1　入库水沙特性

以三堆子水文站作为乌东德水电站入库控制站,考虑到三堆子站水文站资料系列年较短,再结合上游攀枝花水文站及雅砻江桐子林水文站水文资料说明乌东德库区入库水沙特性。

结合上游电站陆续投入使用情况,分 1990 年前、1991—1998 年、1999—2010 年、2011—2014 年及 2014 年后 5 个时段来对比说明近年来出入库水沙变化特性。

#### 9.1.1.1　径流特性

根据三堆子站 2007 年以来观测数据,2007 年来三堆子站年径流量变化较小,各时段年径流量在 1100 亿 m³ 左右。根据攀枝花站 1965 年以来观测数据,其各时段年径流量无规律性变化,与 1990 年前均值相比,攀枝花站 1999—2010 年年径流量明显偏多,其余时段变化较小。根据桐子林站 2006 年以来观测数据,其各时段年径流量变化幅度也较小,其中 2015—2020 年年径流量略偏多。

总体来看,乌东德库区上游入库径流量近年来变化较小,且无趋势性变化,主要表现出来的为水文年的随机变化,雅砻江径流量与入汇前金沙江干流径流量相当(表 9.1-1)。

从年内分布来看,金沙江干流攀枝花站 1965—2014 年汛期径流量占全年的 74.0%～75.7%,2015—2020 年汛期径流量占比略下降,为 72.8%;雅砻江桐子林站 2006—2010 年及 2011—2014 年汛期径流量约占全年的 70%,2015—2020 年汛期径流量占比也偏低,为 62.4%;受上游干支流影响,三堆子站 2015—2020 年汛期径流量占比也偏小,约为 68.1%,2007—2010 年及 2011—2014 年汛期径流量占全年的 73% 左右。

总体来看,乌东德库区上游入库径流量年内过程变化较小,2006—2014 年汛期径流量占全年的 69.6% 及以上,2015—2020 年汛期径流量占比下降。雅砻江汛期径流量占比略小于入汇前金沙江干流汛期径流量占比(表 9.1-2)。

表 9.1-1　　　　　　　　　　　　乌东德库区入库径流量多年变化对比

| 三堆子站 | | 攀枝花站 | | 桐子林站 | |
|---|---|---|---|---|---|
| 时间段 | 年径流量<br>/亿 m³ | 时间段 | 年径流量<br>/亿 m³ | 时间段 | 年径流量<br>/亿 m³ |
| — | | 1965—1990 年 | 543.6 | — | |
| — | | 1991—1998 年 | 556.8 | — | |
| 2007—2010 年 | 1151 | 1999—2010 年 | 628.0 | 2006—2010 年 | 539.4 |
| 2011—2014 年 | 1053 | 2011—2014 年 | 542.9 | 2011—2014 年 | 538.8 |
| 2015—2020 年 | 1171 | 2015—2020 年 | 585.8 | 2015—2020 年 | 606.4 |

#### 9.1.1.2　悬移质输沙特性

随着上游水电站逐步投入使用,乌东德库区入库泥沙近年来逐步减少。三堆子站 2011—2014 年年悬移质输沙量较 2008—2010 年减少约 52.6%,2015—2020 年年悬移质输沙量较 2003—2010 年减少 79.3%。攀枝花站 2011—2014 年年悬移质输沙量较 1999—2010 年减少 80.8%,2015—2020 年年悬移质输沙量较 2011—2014 年减少 72.3%。雅砻江桐子林站各年间输沙量差异较大,但无明显趋势变化(表 9.1-3)。

攀枝花、三堆子站两站输沙量在 2010 年后均明显减少,但两站输沙比也明显减少(表 9.1-4),这表明三堆子站输沙量减少主要是由于上游攀枝花站输沙量减少。

三堆子站输沙主要集中在 7—9 月,枯水期水流含沙量多在 0.1kg/m³ 以下[9.1-1(a)],之后随着流量的增加含沙量逐渐增加,于 7 月含沙量达到最大,为 0.92kg/m³。2010 年后,汛期含沙量明显偏少,汛期输沙量占全年的比值也下降。2008—2010 年汛期输沙量占全年的 95.3%,2011—2014 年该比值下降至 89.3%,2015—2020 年为 89.4%。

攀枝花站输沙主要集中在 7—9 月,枯水期水流含沙量较低,之后随着洪水的到来,含沙量逐渐增高,于 7 月达到最高[图 9.1-1(b)]。2010 年后汛期含沙量明显降低,汛期输沙量占全年的比值也下降。

表 9.1-2

乌东德库区入库径流量月年统计

| 水文站 | 时间段 | 径流量/亿 m³ | | | | | | | | | | | | | 汛期径流量占全年百分比/% | 非汛期径流量占全年百分比/% |
|---|---|---|---|---|---|---|---|---|---|---|---|---|---|---|---|---|
| | | 1月 | 2月 | 3月 | 4月 | 5月 | 6月 | 7月 | 8月 | 9月 | 10月 | 11月 | 12月 | 全年 | 全年百分比/% | 全年百分比/% |
| 三堆子站 | 2007—2010年 | 41.1 | 32.6 | 35.0 | 35.6 | 55.4 | 80.2 | 191 | 233 | 210 | 126 | 66.8 | 45.3 | 1151 | 72.9 | 27.1 |
| | 2011—2014年 | 40.1 | 30.8 | 34.1 | 35.6 | 48.3 | 83.2 | 209 | 185 | 180 | 114 | 55.2 | 37.8 | 1053 | 73.2 | 26.8 |
| | 2015—2020年 | 53.1 | 44.7 | 54.8 | 45.1 | 56.1 | 96.2 | 171 | 181 | 212 | 137 | 72.7 | 47.4 | 1171 | 68.1 | 31.9 |
| 攀枝花站 | 1965—1990年 | 16.1 | 12.7 | 13.7 | 16.4 | 26.9 | 47.8 | 91.5 | 104 | 97.6 | 63.2 | 31.5 | 20.7 | 543.6 | 74.5 | 25.5 |
| | 1991—1998年 | 16.4 | 13.3 | 14.7 | 18.0 | 29.9 | 42.1 | 96.9 | 119 | 96.1 | 58.5 | 31.1 | 21.0 | 556.8 | 74.0 | 26.0 |
| | 1999—2010年 | 18.0 | 14.4 | 15.3 | 18.3 | 29.6 | 55.7 | 106 | 125 | 119 | 67.4 | 35.9 | 23.0 | 628.0 | 75.4 | 24.6 |
| | 2011—2014年 | 15.4 | 12.5 | 13.7 | 16.1 | 26.3 | 47.8 | 108 | 105 | 90.5 | 58.8 | 28.8 | 19.1 | 542.9 | 75.7 | 24.3 |
| | 2015—2020年 | 18.8 | 14.5 | 17.3 | 17.7 | 29.3 | 55.0 | 100 | 101 | 105 | 65.4 | 37.1 | 24.7 | 585.8 | 72.8 | 27.2 |
| 桐子林站 | 2006—2010年 | 25.4 | 19.9 | 21.4 | 17.9 | 25.9 | 39.9 | 91.0 | 97.5 | 88.2 | 59.3 | 30.4 | 22.9 | 539.4 | 69.6 | 30.4 |
| | 2011—2014年 | 26.0 | 19.3 | 21.9 | 20.5 | 22.9 | 38.1 | 105 | 83.3 | 93.3 | 59.5 | 28.2 | 20.2 | 538.8 | 70.5 | 29.5 |
| | 2015—2020年 | 36.6 | 31.9 | 39.7 | 28.6 | 28.4 | 43.5 | 72.2 | 80.7 | 108.3 | 74.1 | 38.2 | 24.4 | 606.4 | 62.4 | 37.6 |

表 9.1-3　　　　　　　　　　　乌东德库区入库年悬移质输沙量多年变化对比

| 三堆子站 | | 攀枝花站 | | 桐子林站 | |
|---|---|---|---|---|---|
| 时间段 | 年输沙量<br>/万 t | 时间段 | 年输沙量<br>/万 t | 时间段 | 年输沙量<br>/万 t |
| — | — | 1965—1990 年 | 4468 | — | — |
| — | — | 1991—1998 年 | 5944 | — | — |
| 2008—2010 年 | 5723 | 1999—2010 年 | 5898 | 2006—2010 年 | 1221 |
| 2011—2014 年 | 2713 | 2011—2014 年 | 1130 | 2011—2014 年 | 1382 |
| 2015—2020 年 | 1186 | 2015—2020 年 | 313 | 2015—2020 年 | 804 |

表 9.1-4　　　　　　　　　　　　攀枝花、三堆子站输沙量对比

| 时间段 | 攀枝花站<br>/万 t | 三堆子站<br>/万 t | 输沙量比<br>（攀枝花站/三堆子站） | 集水面积比<br>（攀枝花站/三堆子站） |
|---|---|---|---|---|
| 2008—2010 年 | 4397 | 5723 | 76.83% | 66.7% |
| 2011—2014 年 | 1130 | 2713 | 41.65% | |
| 2015—2020 年 | 313 | 1186 | 26.39% | |

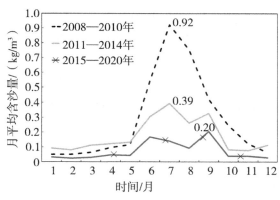

(a)三堆子站

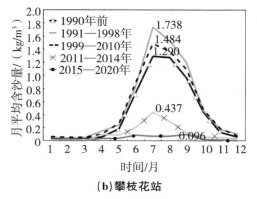

(b)攀枝花站

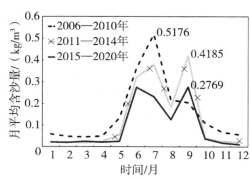

(c)桐子林站

图 9.1-1　含沙量变化过程

桐子林站枯水期水流含沙量在 $0.05kg/m^3$ 附近波动,随着洪水的到来,年际含沙量逐渐增高[图 9.1-1(c)]。2006—2020 年,桐子林站汛期输沙量一般占全年的 90% 以上,年际间有差异,但无规律性变化。

总体来看,2010 年后,乌东德库区汛期入库水流含沙量明显降低,汛期入库沙量明显减少,就年内分配比来看,汛期输沙量占全年的百分比也在逐步降低。

根据攀枝花水沙相关关系图(图 9.1-2),攀枝花站年输沙量和径流量的点据较集中,相关关系较好。从三条相关关系线来看,攀枝花站 1991—1998 年同径流量条件下输沙量较 1990 年前有一定增加,增加幅度在 400 万～2000 万 t,1999—2010 年输沙量减少,较 1991—1998 年减少 1000 万～1600 万 t,2010 年后点据明显偏离之前点据,分布在其下方,表明 2010 年后攀枝花站同径流量下输沙量明显减少,较 1999—2010 年最大减少 3200 万 t,水沙相关关系发生显著变化。

攀枝花站累积径流量与累积输沙量关系线(图 9.1-3)在 1990 年附近开始偏离原走势,略微向上翘,表明累积输沙量增加幅度开始大于累积径流量;1998—2010 年曲线上半段仍较陡,后逐渐转缓,至 2010 年后曲线明显放缓。通过累积水沙相关曲线可以看出,攀枝花站 1990 年左右同径流量下输沙量开始增加,至 1998 年该趋势仍得以保持,2005 年左右同径流量下输沙开始减少,2010 年后同径流量下输沙量大幅减少。2010 年前同径流量下输沙量的变化主要是由于金沙江段人类活动影响加大,沿岸修建公路弃土、施工、开采、爆破等破坏了地表的均衡结构,使得水土流失加重,水流含沙量增加,后随着水土保持工作的展开,输沙量转为减少;2010 年后同径流量下输沙量的大幅减少则是由于上游水电站的投入使用,使得清水下泄,电站下游水流含沙量大幅减少(表 9.1-5)。

### 9.1.1.3　推移质输沙特性

2007 年来受上游来水影响,三堆子站各年卵石推移质输沙量差异较大,其中 2019 年输沙量最小,年输沙量 3.57 万 t,2008 年输沙量最多,年输沙量 46.1 万 t。从三堆子站不同时段统计值来看,卵石推移质输沙量正在逐步减少(表 9.1-6)。

三堆子站卵石推移质输沙主要集中在 7—9 月,2007—2010 年 7—9 月卵石推移质输沙量占全年的 95.8% 以上。2010 年后各年卵石推移质输沙总量略有减少,且以 7—月减少为主,使得其输沙量占全年的比例略有下降。2011—2014 年 7—9 月卵石推移质输沙量占全年的 92.8%,2015—2020 年 7—9 月卵石推移质输沙量占全年的 89.6%。三堆子站卵石推移质月年输沙量见表 9.1-7。

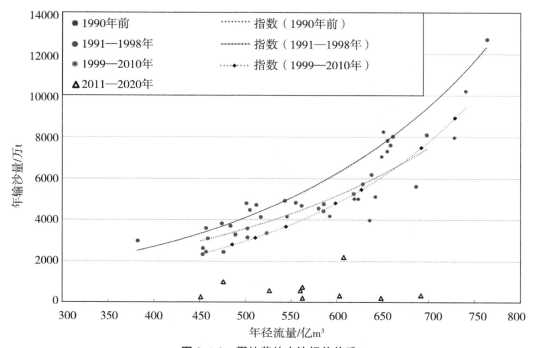

图 9.1-2　攀枝花站水沙相关关系

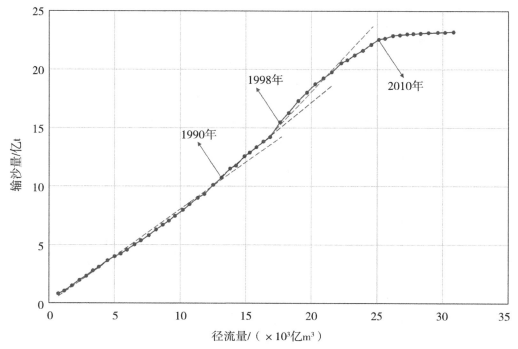

图 9.1-3　攀枝花站累积水沙相关关系

表 9.1-5

乌东德库区入库月年悬移质输沙量统计

| 水文站 | 时间 | 输沙量/万t | | | | | | | | | | | | | 汛期输沙量占全年百分比/% | 非汛期输沙量占全年百分比/% |
|---|---|---|---|---|---|---|---|---|---|---|---|---|---|---|---|---|
| | | 1月 | 2月 | 3月 | 4月 | 5月 | 6月 | 7月 | 8月 | 9月 | 10月 | 11月 | 12月 | 全年 | | |
| 三堆子站 | 2008—2010年 | 20.9 | 16.3 | 23.5 | 35.3 | 63.8 | 465 | 1876 | 1946 | 844 | 320 | 82.9 | 28.2 | 5723 | 95.3 | 4.7 |
| | 2011—2014年 | 36.1 | 24.5 | 38.5 | 42.6 | 63.8 | 265 | 903 | 536 | 622 | 97.0 | 43.0 | 41.8 | 2713 | 89.3 | 10.7 |
| | 2015—2020年 | 16.3 | 10.5 | 15.9 | 19.3 | 23.6 | 165 | 251 | 158 | 434 | 52.4 | 28.3 | 12.3 | 1186 | 89.4 | 10.6 |
| 攀枝花站 | 1966—1990年 | 5.64 | 3.98 | 5.07 | 9.3 | 50.6 | 412 | 1252 | 1374 | 969 | 325 | 43.1 | 12.6 | 4468 | 97.1 | 2.9 |
| | 1991—1998年 | 8.13 | 5.24 | 7.49 | 17.8 | 74.6 | 377 | 1742 | 2037 | 1287 | 301 | 59.9 | 25.4 | 5944 | 96.7 | 3.3 |
| | 1999—2010年 | 11.2 | 7.04 | 7.79 | 19.3 | 84.8 | 532 | 1622 | 1797 | 1394 | 331 | 71.3 | 18.3 | 5898 | 96.3 | 3.7 |
| | 2011—2014年 | — | — | — | 16.2 | 23.1 | 99.7 | 494 | 336 | 108 | 32.6 | 14.5 | 5.9 | 1130 | 94.7 | 5.3 |
| | 2015—2020年 | — | — | — | 5.0 | 10.2 | 45.0 | 74.1 | 64.1 | 96.7 | 12.9 | 5.3 | — | 313 | 93.5 | 6.5 |
| 桐子林站 | 2006—2010年 | 15.1 | 9.75 | 9.85 | 8.80 | 36.4 | 150.1 | 477.4 | 254.5 | 162.2 | 64.9 | 19.0 | 11.7 | 1221 | 90.9 | 9.1 |
| | 2011—2014年 | 5.36 | 4.08 | 4.11 | 4.81 | 12.3 | 134.6 | 521.3 | 193.8 | 464.7 | 26.2 | 6.97 | 4.29 | 1382 | 97.0 | 3.0 |
| | 2015—2020年 | 8.0 | 6.3 | 9.6 | 6.0 | 6.8 | 136.0 | 182.6 | 99.5 | 311.5 | 28.2 | 6.5 | 2.6 | 804 | 94.3 | 5.7 |

注："—"为枯季停测。

**表 9.1-6**　　　　　　　　　　　三堆子站卵石推移质输沙量统计

| 时间 | 年径流量/亿 m³ | 年卵石推移质输移量/万 t |
| --- | --- | --- |
| 2007—2010 年 | 1151 | 30.8 |
| 2011—2014 年 | 1053 | 27.1 |
| 2015—2020 年 | 1171 | 15.7 |

根据各年实测卵石推移质输沙率与流量相关关系图(图 9.1-4),可以看到三堆子站卵石推移质输沙率随流量的增加而增加,但同流量下卵石推移质输沙率差异较大,相关关系较差,实测最大卵石推移质输沙率为 233kg/s(2014 年 7 月 18 日)。从 2007—2020 年点据分布情况来看,三堆子站流量在 2000m³/s 左右时,开始观测到有卵石推移质输移;当流量增加至 7000m³/s 时,卵石推移质输沙率保持在 2kg/s 以上;当流量增加至 10000m³/s 时,卵石推移质输沙率一般在 10kg/s 以上。

2007—2020 年,三堆子站水文站卵石推移质级配变化幅度较小,粒径分配较均匀,卵石推移质最大粒径为 181~307mm,年中数粒径为 30.7~59.3mm,年平均粒径为 42.4~75.8mm。各年卵石推移质粒径级配曲线见图 9.1-5。

根据各年实测卵石推移质中数粒径与流量相关关系图(图 9.1-6),可以看到三堆子站卵石推移质中数粒径随流量的增加有增大趋势,但同流量下各测次卵石推移质中数粒径差异较大,相关关系较差。

2008 年来受上游来水影响,三堆子站各年沙质推移质输沙量差异较大。其中 2019 年输沙量最小,年输沙量 0.462 万 t,2008 年输沙量最多,年输沙量 8.64 万 t。从三堆子站不同时段统计值来看,沙质推移质输沙量也在逐步减少(表 9.1-8)。

从三堆子站沙质推移质输沙年内分配过程来看(表 9.1-9),沙质推移质输沙主要集中在汛期 6—10 月,2008—2010 年汛期沙质推移质输沙量占全年的 96.5% 以上,2010 年后输沙量占全年的比例逐步下降,2011—2014 年汛期沙质推移质输沙量占全年的 90.2% 以上,2015—2019 年汛期沙质推移质输沙量占全年的 64.9% 以上。

根据各年实测沙质推移质输沙率与流量相关关系图(图 9.1-7),可以看到点据分布较散乱,输沙率一般在 10kg/s 以下,实测最大沙质推移质输沙率为 64.5kg/s(2014 年 7 月 1 日)。

2007—2020 年,三堆子站水文站沙质推移质级配分配较均匀,沙质推移质年中数粒径为 0.298~0.574mm,年平均粒径为 0.406~0.642mm。2010 年后小于 0.5mm 的泥沙占比有所增加,粒径大于 0.5mm 的泥沙占比有所减少,中数粒径及平均粒径均有一定程度的减小。各年沙质推移质粒径级配曲线见图 9.1-8。

表 9.1-7　　三堆子站卵石推移质月年输沙量统计

| 时间 | 卵石推移质输沙量/万 t | | | | | | | | | | | | | 7—9 月输沙量占全年百分比/% |
|---|---|---|---|---|---|---|---|---|---|---|---|---|---|---|
| | 1月 | 2月 | 3月 | 4月 | 5月 | 6月 | 7月 | 8月 | 9月 | 10月 | 11月 | 12月 | 全年 | |
| 2007—2010 年 | 0 | 0 | 0 | 0 | 0.068 | 0.370 | 8.89 | 13.4 | 7.14 | 0.821 | 0.034 | 0.002 | 30.8 | 95.8 |
| 2011—2014 年 | 0 | 0 | 0 | 0 | 0 | 0.970 | 12.7 | 6.42 | 5.99 | 0.970 | 0.014 | 0 | 27.1 | 92.8 |
| 2015—2020 年 | 0 | 0 | 0 | 0 | 0 | 0.968 | 4.61 | 3.52 | 5.97 | 0.623 | 0 | 0 | 15.7 | 89.6 |

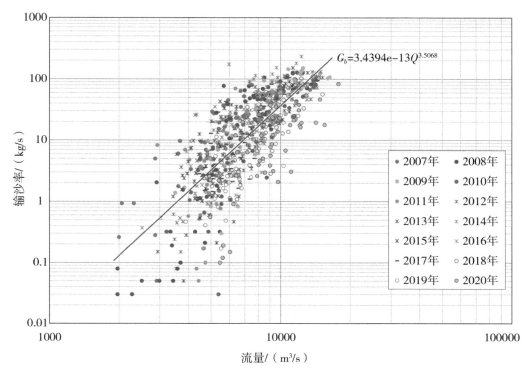

**图 9.1-4　三堆子站卵石推移质输沙率与流量相关关系**

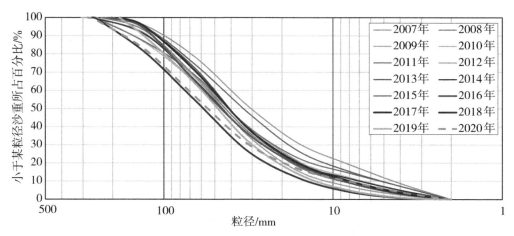

**图 9.1-5　三堆子站卵石推移质颗粒级配曲线**

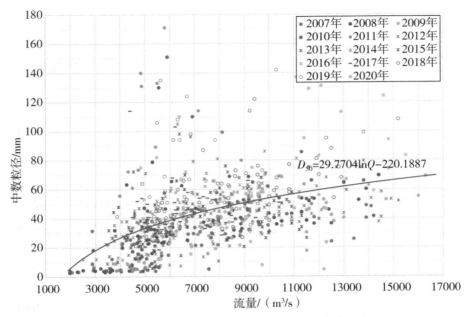

$$D_{50}=29.7704\ln Q-220.1887$$

图 9.1-6　三堆子站卵石推移质中数粒径与流量相关关系

表 9.1-8　　　　　　　　　　三堆子站沙质推移质输沙量统计

| 时间 | 年径流量/亿 m³ | 年沙质推移质输移量/万 t |
| --- | --- | --- |
| 2008—2010 年 | 1194 | 5.44 |
| 2011—2014 年 | 1053 | 4.56 |
| 2015—2020 年 | 1171 | 3.46 |

　　根据多年实测沙质推移质中数粒径与流量相关关系图(图 9.1-9),可以看到点据分布较散乱,中数粒径一般在 0.2~0.7mm。

### 9.1.2　出库水沙特性

#### 9.1.2.1　径流特性

　　乌东德水文站为乌东德水库出库控制站,乌东德(二)站各时段年径流量变化较小,各年径流量主要表现为水文随机波动过程,无明显趋势性变化表 9.1-10。

　　乌东德(二)站主汛期在 7—9 月,洪峰多出现在 7 月,2014 年前汛期径流量占全年总量的 73%左右,2015—2020 年汛期占比略下降,为 68.5%(表 9.1-11)。

#### 9.1.2.2　悬移质输沙特性

　　乌东德(二)站于 2014 年 7 月开始施测悬移质含沙量。2015—2019 年,年输沙量逐年递减,2015 年输沙量为 4310 万 t,2019 年输沙量为 1620m³,为 2015 年的37.6%。2020 年乌东德电站开始蓄水后,出库沙量仅 411 万 t(表 9.1-12)。

表 9.1-9　三堆子站沙质推移质月年输沙量统计

| 时间 | 沙质推移质输沙量/万 t | | | | | | | | | | | | | 汛期输沙量占全年百分比/% |
|---|---|---|---|---|---|---|---|---|---|---|---|---|---|---|
| | 1月 | 2月 | 3月 | 4月 | 5月 | 6月 | 7月 | 8月 | 9月 | 10月 | 11月 | 12月 | 全年 | |
| 2008—2010 年 | 0.021 | 0.015 | 0.014 | 0.017 | 0.032 | 0.117 | 0.969 | 2.309 | 1.554 | 0.304 | 0.066 | 0.023 | 5.44 | 96.5 |
| 2011—2014 年 | 0.060 | 0.044 | 0.041 | 0.036 | 0.085 | 0.431 | 1.475 | 0.740 | 0.625 | 0.837 | 0.146 | 0.034 | 4.56 | 90.2 |
| 2015—2020 年 | 0.163 | 0.147 | 0.158 | 0.089 | 0.234 | 1.051 | 0.501 | 0.189 | 0.364 | 0.145 | 0.305 | 0.119 | 3.46 | 64.9 |

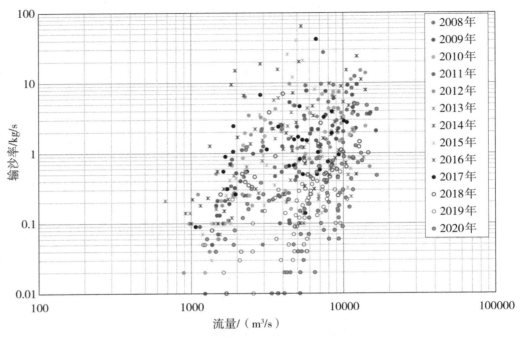

图 9.1-7　三堆子站沙质推移质输沙率与流量相关关系

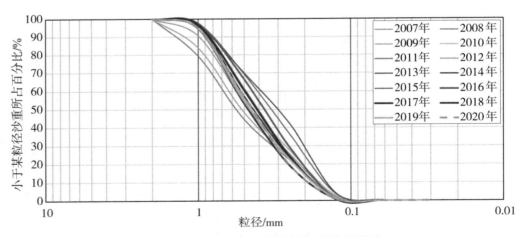

图 9.1-8　三堆子站沙质推移质颗粒级配曲线

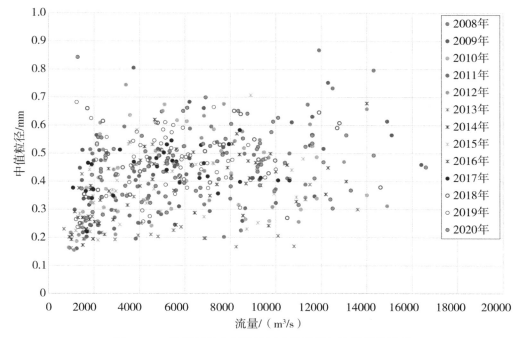

图 9.1-9 三堆子站沙质推移质中数粒径与流量相关关系

表 9.1-10 乌东德(二)站径流量多年变化对比

| 时间 | 年径流量/亿 m³ |
| --- | --- |
| 2004—2010 年 | 1184 |
| 2011—2014 年 | 1087 |
| 2015—2020 年 | 1192 |

乌东德(二)站输沙主要集中在 7—9 月,枯水时水流含沙量一般在 0.2kg/m³ 以下,之后随着流量的增加含沙量逐渐增加,一般于 7—8 月含沙量达到最大,最大月均含沙量为 0.992kg/m³,出现在 2015 年(图 9.1-10)。2015—2019 年汛期输沙量占全年的百分比一般在 90% 左右,2020 年降低至 82.6%。

### 9.1.3 区间水沙特性

#### 9.1.3.1 库区主要支流

乌东德库区有水文监测资料的主要支流有龙川江、勐果河、普隆河及鲹鱼河。

龙川江为金沙江右岸一级支流,位于云南省北部楚雄彝族自治州境内,源出南华县苴力铺山,称白龙河,东南流至楚雄市后称龙川江,经牟定、禄丰、元谋在龙街注入金沙江。龙川江长 260.9km,流域面积 9256km²,天然落差 1474m,多年平均流量 52.2m³/s。龙川江出口段有小黄瓜园水文站,控制面积约 5560km²,在小黄瓜园站下游 8km 接纳蜻蛉河后,于龙街注入金沙江。

**表 9.1-11  乌东德（二）站月年径流量**

径流量/亿 m³

| 时间 | 1月 | 2月 | 3月 | 4月 | 5月 | 6月 | 7月 | 8月 | 9月 | 10月 | 11月 | 12月 | 全年 | 汛期径流量占全年百分比/% | 非汛期径流量占全年百分比/% |
|---|---|---|---|---|---|---|---|---|---|---|---|---|---|---|---|
| 2004—2010年 | 43.1 | 34.6 | 37.4 | 38.4 | 58.0 | 91.8 | 197.1 | 229.7 | 206.8 | 131.8 | 69.3 | 45.9 | 1184 | 72.4 | 27.6 |
| 2011—2014年 | 41.4 | 31.0 | 34.3 | 36.2 | 48.8 | 84.2 | 215.2 | 191.8 | 186.9 | 121.2 | 57.4 | 38.5 | 1087 | 73.5 | 26.5 |
| 2015—2020年 | 53.2 | 45.6 | 55.3 | 44.6 | 54.1 | 96.9 | 175.2 | 184.4 | 218.2 | 142.4 | 74.7 | 47.7 | 1192 | 68.5 | 31.5 |

**表 9.1-12  乌东德（二）站月年输沙量**

输沙量/万 t

| 时间 | 1月 | 2月 | 3月 | 4月 | 5月 | 6月 | 7月 | 8月 | 9月 | 10月 | 11月 | 12月 | 全年 | 汛期输沙量占全年百分比/% | 非汛期输沙量占全年百分比/% |
|---|---|---|---|---|---|---|---|---|---|---|---|---|---|---|---|
| 2014年 |  |  |  |  |  |  | 1289 | 1553 | 489.7 | 164.4 | 56.06 | 24.93 | (3580) |  |  |
| 2015年 | 50.86 | 35.21 | 40.91 | 56.20 | 84.47 | 311.9 | 499.5 | 1258 | 1500 | 338.5 | 94.50 | 43.24 | 4310 | 90.7 | 9.3 |
| 2016年 | 50.21 | 22.61 | 35.71 | 34.02 | 85.86 | 594.9 | 839.7 | 418.1 | 1478 | 251.9 | 121.5 | 44.39 | 3980 | 90.1 | 9.9 |
| 2017年 | 50.82 | 23.58 | 16.16 | 27.87 | 34.90 | 341.4 | 1429 | 462.5 | 621.3 | 142.0 | 54.38 | 37.19 | 3240 | 92.4 | 7.6 |
| 2018年 | 43.95 | 21.29 | 36.79 | 23.24 | 75.54 | 334.9 | 873.7 | 668.6 | 376.3 | 213.2 | 54.02 | 21.17 | 2740 | 89.9 | 10.1 |
| 2019年 | 14.87 | 10.51 | 18.96 | 16.44 | 50.45 | 127.9 | 450.0 | 324.2 | 455.8 | 85.48 | 44.33 | 22.49 | 1620 | 89.0 | 11.0 |
| 2020年 | 23.84 | 9.14 | 3.46 | 9.16 | 13.87 | 18.75 | 82.01 | 118.3 | 101.4 | 18.88 | 9.10 | 2.91 | 411 | 82.6 | 17.4 |

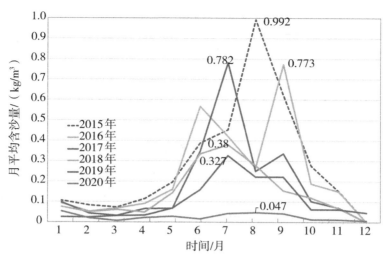

图 9.1-10　乌东德(二)站含沙量变化过程

勐果河为金沙江右岸一级支流,位于云南楚雄彝族自治州武定县,主河道全长103km,流域面积 1736.5km²,出口无控制水文站。勐果河上游有高桥水文站。

普隆河为金沙江左岸一级支流,源于四川省会理县龙山,自北向南纵贯会理全县,于该县南部新安乡回龙村河口注入金沙江。普隆河全长 141km,流域面积2288km²,天然落差 1460m,2018 年新建普隆水文站,于 2018 年 6 月开始观测水位、流量,并于 2019 年 6 月开始观测悬移质含沙量,普隆站控制流域面积的 92.0%。

鳡鱼河为金沙江左岸一级支流,发源于会理县与宁南县交界处的鲁南山南麓,于会东城东南与大桥河汇流后在乌东德坝址上游从左岸汇入金沙江,河口以上集水面积 1390km²。鳡鱼河年输沙量约 169 万 t。河口上游约 42.3km 有会东水文站,控制流域面积的 56.0%,2014 年于河口新建可河水文站。

### 9.1.3.2　支流水沙特性

龙川江小黄瓜园站 1964—1990 年年径流量为 7.83 亿 m³,年输沙量为 466 万 t。2006—2020 年年径流量为 3.34 亿 m³,较 1964—1990 减少 57.3%,年输沙量为 86.9万 t,较 1990 年前均值减少 81.4%(表 9.1-13)。其中 2010—2014 年间云南大旱,各年年径流量均大幅减少,年径流量仅为 1.63 亿 m³,较 1964—1990 年减少 79.2%,大旱期间输沙量也相应减少,且减少幅度较大,年输沙量仅为 45.6 万 t,1964—1990 年减少 90.2%。

表 9.1-13                                     小黄瓜园站年径流量、年输少蚶统计

| 时间 | 年径流量/亿 m³ | 年径流量变化率/% | 年输沙量/万 t | 年输沙量变化率/% |
|------|------|------|------|------|
| 1964—1990 年 | 7.83 |  | 466 |  |
| 2006—2020 年 | 3.34 | −57.3 | 86.9 | −81.4 |

注:变化率描述相对 1964—1990 年均值变化。

从小黄瓜园站年径流过程(表 9.1-14)来看,1964—1990 年汛期水量约占全年水量的 88.7%,2006—2020 年汛期径流量占全年的比例有所降低,2006—2020 年汛期径流量占全年的比例为 81.9%。从小黄瓜园站年输沙过程(表 9.1-15)来看,龙川江输沙高度集中在汛期,占全年 94% 以上。

从小黄瓜园站多年水沙相关关系图(图 9.1-11)可以看出,小黄瓜园站年输沙量和径流量相关关系较好。1964—1990 年相比,2006—2020 年点据均分布在图幅左下角,表明径流量与输沙量均明显减少,其趋势线下移,同流量下输沙量减少。

龙川江输沙量减少主要是受气候变化和人类活动共同影响。大(2)型水库青山嘴水库位于龙川江上游,距楚雄城区 14.5km,是一项以解决城市防洪、灌溉为主,兼顾城市工业供水的骨干水利工程,2009 年完工并开始蓄水,对上游泥沙起到一定的拦截作用。2010—2014 年云南大旱也使得河流输沙量急剧减少。同时龙川江作为滇中楚雄市的重要城市水源地,其流域历来重视水土流失的防治,是云南省较早开始进行"长治"和"天保"工程试点的区域。此外,于 2000 年启动实施国家退耕还林工程,在 2000—2010 年,完成退耕地还林、荒山荒地造林的封山育林分别达 25.53km²、41.66km²、14.07km²。这些工程水土保持效益逐步呈现,在一定程度上抑制了河流泥沙的产输。

勐果河高桥站 1979—1990 年年径流量为 1.453 亿 m³,年输沙量为 23.4 万 t。2006—2020 年年径流量为 1.140 亿 m³,较 1979—1990 年减少 21.5%,年输沙量为 11.0 万 t,较 1979—1990 年减少 53.0%(表 9.1-16)。受云南大旱影响,2010—2013 年年径流量均大幅减少,年径流量仅为 0.663 亿 m³,较 1979—1990 年减少 54.4%,大旱期间输沙量也相应减少,且减少幅度大,年输沙量仅为 5.92 万 t,较 1979—1990 年减少 74.7%。

表 9.1-14　龙川江小黄瓜园站年径流过程统计

| 时间 | 径流量/亿 m³ | | | | | | | | | | | | | 汛期径流量占全年百分比/% | 非汛期径流量占全年百分比/% |
|---|---|---|---|---|---|---|---|---|---|---|---|---|---|---|---|
| | 1月 | 2月 | 3月 | 4月 | 5月 | 6月 | 7月 | 8月 | 9月 | 10月 | 11月 | 12月 | 全年 | | |
| 1964—1990 年 | 0.116 | 0.052 | 0.039 | 0.049 | 0.100 | 0.689 | 1.272 | 2.160 | 1.735 | 1.091 | 0.354 | 0.171 | 7.83 | 88.7 | 11.3 |
| 2006—2020 年 | 0.086 | 0.043 | 0.046 | 0.043 | 0.106 | 0.302 | 0.705 | 0.735 | 0.617 | 0.379 | 0.208 | 0.071 | 3.34 | 81.9 | 18.1 |

表 9.1-15　龙川江小黄瓜园站年输沙过程统计

| 时间 | 输沙量/万 t | | | | | | | | | | | | | 汛期输沙量占全年百分比/% | 非汛期输沙量占全年百分比/% |
|---|---|---|---|---|---|---|---|---|---|---|---|---|---|---|---|
| | 1月 | 2月 | 3月 | 4月 | 5月 | 6月 | 7月 | 8月 | 9月 | 10月 | 11月 | 12月 | 全年 | | |
| 1964—1990 年 | 0.038 | 0.018 | 0.011 | 0.043 | 4.37 | 74.0 | 117 | 154 | 81.6 | 30.8 | 3.05 | 0.310 | 466 | 98.3 | 1.7 |
| 2006—2020 年 | 0.018 | 0 | 0 | 0.001 | 0.608 | 12.9 | 29.3 | 15.7 | 18.8 | 5.67 | 3.96 | 0.003 | 86.9 | 94.7 | 5.3 |

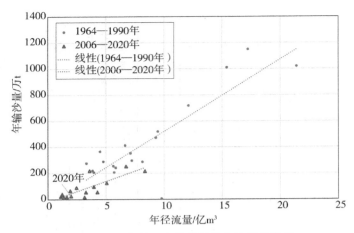

图 9.1-11　龙川江小黄瓜园站水沙相关关系

表 9.1-16　　　　　　　高桥站年径流量、年输沙量水沙量统计

| 时间 | 年径流量/亿 m³ | 年径流量变化率/% | 年输沙量/万 t | 年输沙量变化率/% |
|---|---|---|---|---|
| 1979—1990 年 | 1.453 | | 23.4 | |
| 2006—2020 年 | 1.140 | −21.5 | 11.0 | −53.0 |

注:变化率描述相对 1979—1990 年均值变化。

从高桥站多年水沙相关关系图(图 9.1-12)中可以看出,高桥站年输沙量和径流量相关关系较差,2006 年后点据在径流量较大时多低于 1990 年前点据。

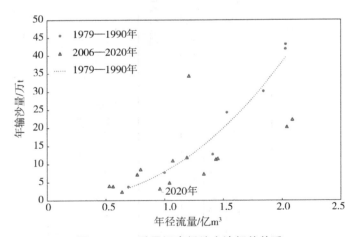

图 9.1-12　勐果河高桥站水沙相关关系

从高桥站年径流过程(表 9.1-17)来看,1979—1990 年汛期水量约占全年水量的79.8%,2006 年来汛期径流量占全年的比例未呈现出趋势性变化,2006—2020 年汛期径流量占全年的比例约为 71.8%。从高桥站年输沙过程(表 9.1-18)来看,勐果河输沙高度集中在汛期,占全年的 93% 以上。

普隆河普隆站 2019 年、2020 年径流量分别为 3.459 亿 m³、2.985 亿 m³,汛期水量占全年的 86% 左右。2019 年 6—10 月普隆站输沙量为 59.7 万 t,2020 年输沙量为 31.2 万 t。

鲹鱼河会东站 1964—1990 年年流量 18.3m³/s,年径流量为 5.78 亿 m³,年悬移质输沙量为 63.68 万 t,年含沙量 1.102kg/m³。2006—2020 年会东站年径流量 4.14 亿 m³,较 1964—1990 年偏少 28.4%。

鲹鱼河可河站 2014—2020 年年径流量为 3.11 亿 m³。从年内径流过程来看,鲹鱼河 2014—2020 年汛期径流量占全年的 90.7%(表 9.1-19)。鲹鱼河年输沙量与 1990 年前均值相比明显减少,可河站 2014—2020 年年输沙量为 42.9 万 t。从可河站年输沙过程看,可河站年内输沙分配极不均匀,输沙高度集中在汛期,2014—2020 年汛期输沙量占全年的 99.1%(表 9.1-20)。

### 9.1.3.3　库区区间整体水沙特性

对比入库站、区间各站及出库站,从径流量多年对比表(表 9.1-21)来看,乌东德库区出库径流主要来源于入库径流,2020 年受蓄水影响,出库径流量略小于入库径流量。从已有监测站点的四条主要支流来看,勐果河径流量最少。

从 2015—2020 年出入库及区间输沙量对比表(表 9.1-22)可以看到,蓄水前以区间产沙为主,2015—2019 年区间年产沙量为 1906 万 t,贡献率为 59.97%,输沙模数达 2400t/(km²·a)。受蓄水影响,2020 年乌东德库区淤积 1211 万 t。

## 9.2　白鹤滩库区水沙特性

### 9.2.1　入库水沙特性

白鹤滩水电站作为金沙江下游四个梯级电站中的第二级,上接乌东德梯级,距离乌东德水电站约 180km。乌东德水库出库控制站乌东德水文站即为白鹤滩水库入库控制站。

据前文介绍,2004 年以来,乌东德(二)站各时段年径流量变化较小,各年径流量主要表现为水文随机波动过程,无明显趋势性变化,主汛期在 7—9 月,洪峰一般出现在 7 月。2014 年 7 月开始施测悬移质含沙量以来,年输沙量逐年递减,2020 年乌东德电站开始蓄水后,乌东德(二)站年输沙量仅为 411 万 t,输沙主要集中在 7—9 月,一般于 7—8 月含沙量达到最大。

表 9.1-17　勐果河高桥站年径流过程统计

| 时间 | 径流量/亿 m³ | | | | | | | | | | | | | 汛期径流量占全年百分比/% | 非汛期径流量占全年百分比/% |
| --- | --- | --- | --- | --- | --- | --- | --- | --- | --- | --- | --- | --- | --- | --- | --- |
| | 1月 | 2月 | 3月 | 4月 | 5月 | 6月 | 7月 | 8月 | 9月 | 10月 | 11月 | 12月 | 全年 | 全年 | 全年 |
| 1979—1990年 | 0.042 | 0.025 | 0.023 | 0.024 | 0.046 | 0.165 | 0.215 | 0.267 | 0.285 | 0.227 | 0.078 | 0.056 | 1.453 | 79.8 | 20.2 |
| 2006—2020年 | 0.052 | 0.041 | 0.043 | 0.029 | 0.041 | 0.100 | 0.222 | 0.217 | 0.174 | 0.106 | 0.070 | 0.046 | 1.140 | 71.8 | 28.2 |

表 9.1-18　勐果河高桥站年输沙过程统计表

| 时间 | 输沙量/万 t | | | | | | | | | | | | | 汛期输沙量占全年百分比/% | 非汛期输沙量占全年百分比/% |
| --- | --- | --- | --- | --- | --- | --- | --- | --- | --- | --- | --- | --- | --- | --- | --- |
| | 1月 | 2月 | 3月 | 4月 | 5月 | 6月 | 7月 | 8月 | 9月 | 10月 | 11月 | 12月 | 全年 | 全年 | 全年 |
| 1979—1990年 | 0 | 0.003 | 0.017 | 0.003 | 1.31 | 12.7 | 8.87 | 15.2 | 0.968 | 2.84 | 0.014 | 0 | 41.9 | 96.8 | 3.2 |
| 2006—2020年 | 0.008 | 0.002 | 0.007 | 0.003 | 0.276 | 1.317 | 4.032 | 2.937 | 1.465 | 0.463 | 0.448 | 0 | 11.0 | 93.2 | 6.8 |

表 9.1-19　鳡鱼河可河站年径流过程统计

| 时间 | 径流量/亿 m³ | | | | | | | | | | | | | 汛期径流量占全年百分比/% | 非汛期径流量占全年百分比/% |
| --- | --- | --- | --- | --- | --- | --- | --- | --- | --- | --- | --- | --- | --- | --- | --- |
| | 1月 | 2月 | 3月 | 4月 | 5月 | 6月 | 7月 | 8月 | 9月 | 10月 | 11月 | 12月 | 全年 | 全年 | 全年 |
| 2014—2020年 | 0.045 | 0.034 | 0.036 | 0.036 | 0.046 | 0.305 | 0.814 | 0.666 | 0.968 | 0.343 | 0.051 | 0.042 | 3.11 | 90.7 | 9.3 |

表 9.1-20　鳡鱼河可河站年输沙过程统计

| 时间 | 输沙量/万 t | | | | | | | | | | | | | 汛期输沙量占全年百分比/% | 非汛期输沙量占全年百分比/% |
| --- | --- | --- | --- | --- | --- | --- | --- | --- | --- | --- | --- | --- | --- | --- | --- |
| | 1月 | 2月 | 3月 | 4月 | 5月 | 6月 | 7月 | 8月 | 9月 | 10月 | 11月 | 12月 | 全年 | 全年 | 全年 |
| 2014—2020年 | 0.034 | 0.026 | 0.035 | 0.083 | 0.148 | 5.75 | 16.6 | 14.0 | 5.02 | 1.15 | 0.033 | 0.021 | 42.9 | 99.1 | 0.9 |

表 9.1-21　乌东德库区出入库及区间径流量多年对比

| 年份 | 入库 | | 龙川江 | | 勐果河 | | 普隆河 | | 鲹鱼河 | | 其他支流及干流区间 | | 出库 |
|---|---|---|---|---|---|---|---|---|---|---|---|---|---|
| | 径流量/亿m³ | 占出库比例/% | 径流量/亿m³ | 占出库比例/% | 径流量/亿m³ | 占出库比例/% | 径流量/亿m³ | 占出库比例/% | 径流量/亿m³ | 占出库比例/% | 径流量/亿m³ | 占出库比例/% | 径流量/亿m³ |
| 2007年 | 1021 | 98.17 | 5.06 | 0.49 | 2.04 | 0.20 | — | — | 4.024 | 0.39 | 7.88 | 0.76 | 1040 |
| 2008年 | 1252 | 97.43 | 8.35 | 0.65 | 2.087 | 0.16 | — | — | 4.890 | 0.38 | 17.67 | 1.38 | 1285 |
| 2009年 | 1211 | 99.18 | 3.27 | 0.27 | 1.188 | 0.10 | — | — | 4.524 | 0.37 | 1.02 | 0.08 | 1221 |
| 2010年 | 1119 | 96.88 | 1.93 | 0.17 | 0.7955 | 0.07 | — | — | 5.096 | 0.44 | 28.18 | 2.44 | 1155 |
| 2011年 | 883.9 | 97.39 | 1.39 | 0.15 | 0.5607 | 0.06 | — | — | 3.254 | 0.36 | 18.50 | 2.04 | 907.6 |
| 2012年 | 1238 | 96.27 | 1.24 | 0.10 | 0.7667 | 0.06 | — | — | 3.993 | 0.31 | 42.00 | 3.27 | 1286 |
| 2013年 | 967.4 | 96.16 | 1.13 | 0.11 | 0.5285 | 0.05 | — | — | 3.510 | 0.35 | 33.43 | 3.32 | 1006 |
| 2014年 | 1123 | 97.65 | 2.46 | 0.21 | 1.206 | 0.10 | — | — | 3.687 | 0.32 | 19.65 | 1.71 | 1150 |
| 2015年 | 984 | 96.19 | 3.95 | 0.39 | 1.041 | 0.10 | — | — | 3.574 | 0.35 | 30.44 | 2.98 | 1023 |
| 2016年 | 1117 | 96.46 | 6.73 | 0.58 | 1.454 | 0.13 | — | — | 4.624 | 0.40 | 28.19 | 2.43 | 1158 |
| 2017年 | 1119 | 95.32 | 4.26 | 0.36 | 1.437 | 0.12 | — | — | 4.005 | 0.34 | 45.30 | 3.86 | 1174 |
| 2018年 | 1379 | 99.49 | 3.15 | 0.23 | 1.334 | 0.10 | — | — | 3.885 | 0.28 | -1.37 | -0.10 | 1386 |
| 2019年 | 1099 | 98.39 | 1.64 | 0.14 | 0.637 | 0.06 | 3.459 | 0.31 | 1.348 | 0.12 | 10.92 | 0.98 | 1117 |
| 2020年 | 1328 | — | 2.00 | — | 0.9593 | — | 2.985 | — | 2.350 | — | -39.3 | — | 1297 |

表 9.1-22

乌东德库区出入库及区间输沙量多年对比

| 年份 | 入库 | | 龙川江 | | 勐果河 | | 普隆河 | | 鲹鱼河 | | 其他支流及干流区间 | | 出库 |
|---|---|---|---|---|---|---|---|---|---|---|---|---|---|
| | 输沙量/万 t | 占出库比例/% | 输沙量/万 t | 占出库比例/% | 输沙量/万 t | 占出库比例/% | 输沙量/万 t | 占出库比例/% | 输沙量/万 t | 占出库比例/% | 输沙量/万 t | 占出库比例/% | 输沙量/万 t |
| 2015 年 | 1290 | 29.93 | 96.3 | 2.24 | 4.89 | 0.11 | — | — | 56.1 | 1.30 | 2863 | 66.42 | 4310 |
| 2016 年 | 1700 | 42.71 | 252 | 6.33 | 11.6 | 0.29 | — | — | 56.7 | 1.43 | 1960 | 49.24 | 3980 |
| 2017 年 | 969 | 29.91 | 55.0 | 1.70 | 11.4 | 0.35 | — | — | 50.7 | 1.56 | 2154 | 66.48 | 3240 |
| 2018 年 | 1050 | 38.32 | 16.4 | 0.60 | 7.34 | 0.27 | — | — | 30.2 | 1.10 | 1636 | 59.71 | 2740 |
| 2019 年 | 589 | 36.36 | 18.0 | 1.11 | 2.38 | 0.15 | 59.7 | 3.69 | 31.7 | 1.96 | 919 | 56.73 | 1620 |
| 2020 年 | 1520 | — | 24.4 | — | 3.24 | — | 31.2 | — | 43 | — | −1211 | — | 411 |

## 9.2.2 出库水沙特性

华弹水文站位于白鹤滩坝址上游附近,白鹤滩水电站截流前的华弹水文站观测资料可以代表白鹤滩库区出库水沙特性。2015年白鹤滩水电站截流,华弹站改为水位站,其水文站测站功能由坝下游新建的白鹤滩站承担,故2015年后白鹤滩水文站观测资料可以代表白鹤滩库区出库水沙特性。

### 9.2.2.1 径流特性

华弹站各时段年径流量均有一定变化,但无明显规律性。总体来看,华弹站径流量近年来变化较小,无趋势性变化,主要表现为随机波动变化。白鹤滩站年径流量近年来也无趋势性变化(表9.2-1)。

表 9.2-1　　　　　　　　白鹤滩库区出库径流量多年变化对比

| 站点 | 时间 | 年径流量/亿 m³ | 变化率/% |
|---|---|---|---|
| 华弹站 | 1956—1990 年 | 1219 | — |
| | 1991—1998 年 | 1278 | 4.8 |
| | 1999—2010 年 | 1333 | 9.4 |
| | 2011—2014 年 | 1126 | −7.6 |
| 白鹤滩站 | 2015—2020 年 | 1292 | — |

注:"变化率"描述相对1956—1990年均值变化。

华弹站及白鹤滩站主汛期在7—9月,洪峰一般出现在8月,枯水期为11月—次年5月。从多年数据来看,本河段汛期、非汛期径流量占全年的百分比未发生较大变化,汛期径流量占全年的38.7%以上,非汛期占23.3%以上。白鹤滩站2015—2020年汛期径流量约占全年的68.7%,非汛期约占31.3%(表9.2-2)。

### 9.2.2.2 悬移质输沙特性

随着上游来沙的逐渐减少,华弹站近年来输沙量也逐步减少。2010年后年悬移质输沙量较1990年前减少58.0%,较1999—2010年减少51.4%。白鹤滩站2015—2020年年输沙量为7485万t(表9.2-3)。

华弹站及白鹤滩站输沙主要集中在7—9月,与径流量一致。枯水时,白鹤滩站水流含沙量在0.1~0.3kg/m³,之后随着流量的增加含沙量逐渐增加,一般7月含沙量达到最大,最高月含沙量为1.9kg/m³(图9.2-1)。白鹤滩站2015—2020年汛期输沙量占全年的89.7%(表9.2-4)。

表 9.2-2

白鹤滩库区出库月径流量对比

| 站点 | 时间 | 径流量/亿 m³ | | | | | | | | | | | | | 汛期径流量占 | 非汛期径流量占 |
|---|---|---|---|---|---|---|---|---|---|---|---|---|---|---|---|---|
| | | 1月 | 2月 | 3月 | 4月 | 5月 | 6月 | 7月 | 8月 | 9月 | 10月 | 11月 | 12月 | 全年 | 全年百分比/% | 全年百分比/% |
| 华弹站 | 1956—1990年 | 35.6 | 27.7 | 28.4 | 32.0 | 50.7 | 109 | 211 | 233 | 217 | 154 | 72.8 | 47.2 | 1219 | 75.8 | 24.2 |
| | 1991—1998年 | 35.2 | 27.5 | 28.7 | 34.0 | 53.4 | 97.7 | 245 | 262 | 227 | 149 | 71.5 | 47.0 | 1278 | 76.7 | 23.3 |
| | 1999—2010年 | 48.1 | 38.8 | 40.8 | 40.4 | 58.7 | 120 | 226 | 250 | 221 | 152 | 83.9 | 53.7 | 1333 | 72.7 | 27.3 |
| | 2011—2014年 | 42.9 | 31.6 | 35.6 | 36.4 | 49.6 | 87.6 | 222 | 198 | 194 | 128 | 60.9 | 40.0 | 1126 | 73.6 | 26.4 |
| 白鹤滩站 | 2015—2020年 | 57.1 | 49.5 | 58.7 | 48.9 | 59.2 | 107 | 195 | 201 | 234 | 151 | 79.9 | 51.4 | 1292 | 68.7 | 31.3 |

**表 9.2-3** 白鹤滩库区出库输沙量多年变化对比

| 站点 | 时间 | 年径流量 /亿 m³ | 年输沙量 /万 t | 年输沙量较 1990 年前变化率/% | 年输沙量较上一阶段变化率/% |
|---|---|---|---|---|---|
| 华弹站 | 1956—1990 年 | 1219 | 16900 | — | — |
| | 1991—1998 年 | 1278 | 22400 | 32.5 | 32.5 |
| | 1999—2010 年 | 1333 | 14600 | −13.6 | −34.8 |
| | 2011—2014 年 | 1126 | 7100 | −58.0 | −51.4 |
| 白鹤滩站 | 2015—2020 年 | 1292 | 7485 | — | — |

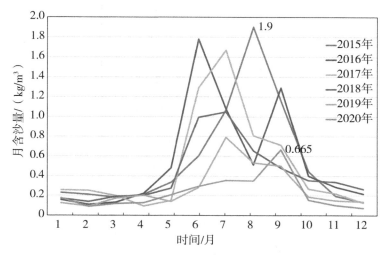

**图 9.2-1　白鹤滩站含沙量变化过程**

从华弹站历年水沙相关关系图(图 9.2-2)中可以看到,华弹站年输沙量和径流量的点据较为散乱,相关关系较差,但不同时间段点据分布变化较明显:1991—1998 年较 1990 年前同径流量条件下输沙量有一定程度的增加,增加幅度在 2000 万～10000万 t;1999—2010 年与 1990 年前相比同径流量条件下输沙量减少约 5000 万 t;2010 年较 1999—2010 年同径流量条件下输沙量最大减少 4500 万 t。

根据华弹站累积径流量与累积输沙量关系线(图 9.2-3)可以看到,华弹站 1990 年左右同径流量下输沙量开始增加,至 2000 年左右同径流量下输沙开始减少,2010 年后同径流量下输沙量进一步减少。1990 年后金沙江段人类活动影响变大,沿岸修建公路弃土,施工、开采、爆破等破坏了地表的均衡结构,使得水土流失加重,水流含沙量增加;1998 年后同径流量下输沙量减少,低于 1990 年前水平,除上游二滩水电站的修建使得雅砻江一部分泥沙在库区内淤积外,随着人们对水土保持的越来越重视,区间产沙量减少;2010 年后上游多个水电站投入使用,使得清水下泄,电站下游水流含沙量大幅减少。

表 9.2-4

## 白鹤滩库区出库月年输沙量对比

| 站点 | 时间 | 输沙量/万 t | | | | | | | | | | | | | 汛期输沙量占全年百分比/% | 非汛期输沙量占全年百分比/% |
| | | 1月 | 2月 | 3月 | 4月 | 5月 | 6月 | 7月 | 8月 | 9月 | 10月 | 11月 | 12月 | 全年 | | |
|---|---|---|---|---|---|---|---|---|---|---|---|---|---|---|---|---|
| 华弹站 | 1956—1990年 | 32.5 | 29.4 | 22.5 | 40.9 | 225 | 2200 | 4660 | 4620 | 3610 | 1250 | 182 | 55.4 | 16928 | 96.5 | 3.5 |
| | 1991—1998年 | 50.3 | 36.2 | 38.2 | 71.7 | 227 | 2050 | 7380 | 6230 | 4390 | 1500 | 311 | 107 | 22391 | 96.2 | 3.8 |
| | 1999—2010年 | 29.1 | 22.7 | 24.9 | 66.3 | 259 | 1750 | 4140 | 3870 | 3110 | 1020 | 303 | 38.3 | 14633 | 94.9 | 5.1 |
| | 2011—2014年 | — | — | — | 105 | 172 | 853 | 2580 | 1510 | 1349 | 409 | 128 | — | 7106 | 94.3 | 5.7 |
| 白鹤滩站 | 2015—2020年 | 104.7 | 73.8 | 97.2 | 85.5 | 151.5 | 965.3 | 1983 | 1448 | 1862 | 457.6 | 174.8 | 83.2 | 7485 | 89.7 | 10.3 |

注:"—"为枯季停测。

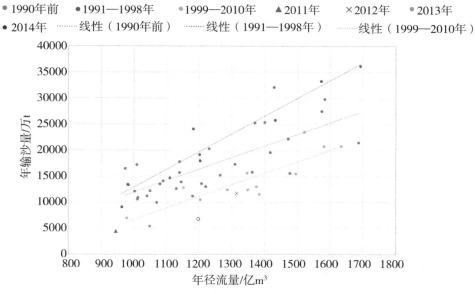

图 9.2-2　华弹站水沙相关关系

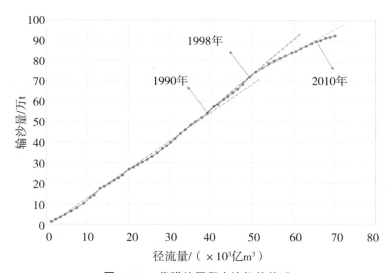

图 9.2-3　华弹站累积水沙相关关系

## 9.2.3　区间水沙特性

### 9.2.3.1　库区主要支流

白鹤滩库区有水文监测资料的主要支流有黑水河、普渡河及小江。

黑水河是金沙江白鹤滩库区内左岸一级支流,位于金沙江下游四川省凉山彝族自治州境内,河口距白鹤滩坝址约 33km。黑水河发源于昭觉县玛果梁子,上源称西罗河,南流入普格县境,又入宁西县后称黑水河,南偏东流于坟坪子汇入金沙江。黑水河流经昭觉、普格、宁南三县,全长 192km,流域面积 3603km²。黑水河河口上游约 25km 处设有宁南水文站,集水面积 3074km²,控制流域面积的 85%。

普渡河为白鹤滩库区右岸的一级支流,位于云南省中部,金沙江下游地区,河口距白鹤滩坝址约 143km。普渡河发源于云贵高原中部,在海口连通高原明珠滇池。普渡河流经昆明市、呈贡区、普宁县、安宁市、富民县、禄劝县,于巧家县因民以西注入金沙江。上游叫螳螂江,富民县以下称普渡河。普渡河流域面积 11751km²,河长 346km,总落差 1943m,干流平均比降约 5.38‰。普渡河控制站为尼格水文站,该站位于昆明市禄劝县雪山乡尼格村,地理位置为东经 102°46′26″,北纬 26°12′34″,建于 2009 年,断面以上控制面积为 11634km²,占流域面积的 99%。

小江为库区右岸一级支流,河口距白鹤滩坝址约 93km。小江河口控制站小江水文站,控制流域面积的 72%。

小江为金沙江右岸支流,上段称响水河。小江发源于寻甸回族彝族自治县西湖。小江北流至响水入东川市,至小河口汇入金沙江。小江长 134km,流域面积约 3120km²,天然落差约 1510m,多年平均流量约 51m³/s,水能理论蕴藏量 25.6 万 kW。流域内植被稀少,有 50 多条泥石流冲沟,是著名的泥石流频繁暴发地区。小江上曾设有小江(二)水文站,位于云南省东川市绿茂镇河里湾村,控制流域面积 2241km²,占小江流域面积的 72%。现小江(二)水文站因故已被撤销,下游于 2014 年设立牛坪子站,控制小江流域面积的 96%。2017 年 7 月小江发生较大洪水,牛坪子站被冲毁,测验断面迁移至拟建小江专用水文站下游约 1.0km 的樊家桥处,站名改为樊家桥水文站,2020 年该站停用。2019 年 12 月,于距河口 20km 处再新建小江站,控制流域面积的 88%。

### 9.2.3.2　支流水沙特性

黑水河宁南站 1990 年前年径流量为 21.40 亿 m³,年输沙量为 413 万 t。2006—2020 年年径流量一般在 20 亿 m³ 左右变化,年径流量为 21.92 亿 m³。2006—2020 年年输沙量为 431 万 t(表 9.2-5),其中 2012 年输沙量为 1130 万 t,为近年来输沙量最多的年份。

表 9.2-5　　　　　　　　　宁南站多年水沙量统计

| 时间 | 年径流量/亿 m³ | 年径流量变化率/% | 年输沙量/万 t | 年输沙量变化率/% |
|---|---|---|---|---|
| 1964—1990 年 | 21.40 | | 413 | |
| 2006—2020 年 | 21.92 | 2.4 | 431 | 4.4 |

注:"变化率"描述相对 1964—1990 年均值变化。

从宁南站年径流过程(表 9.2-6)来看,黑水河汛期水量占全年水量的 73% 左右。从宁南站年输沙过程(表 9.2-7)来看,黑水河汛期输沙量占全年的 92% 以上。

**表 9.2-6**

**黑水河宁南站年径流过程统计**

| 时间 | 径流量/亿 m³ | | | | | | | | | | | | | 汛期径流量占 | 非汛期径流量占 |
| | 1月 | 2月 | 3月 | 4月 | 5月 | 6月 | 7月 | 8月 | 9月 | 10月 | 11月 | 12月 | 全年 | 全年百分比/% | 全年百分比/% |
| --- | --- | --- | --- | --- | --- | --- | --- | --- | --- | --- | --- | --- | --- | --- | --- |
| 1964—1990 年 | 0.81 | 0.60 | 0.55 | 0.49 | 0.82 | 2.40 | 3.37 | 2.86 | 3.79 | 3.23 | 1.50 | 1.01 | 21.40 | 73.0 | 27.0 |
| 2006—2020 年 | 0.82 | 0.64 | 0.59 | 0.50 | 0.71 | 2.52 | 3.71 | 2.83 | 3.77 | 3.19 | 1.57 | 1.07 | 21.92 | 73.1 | 26.9 |

**表 9.2-7**

**黑水河宁南站年输沙过程统计**

| 时间 | 输沙量/万 t | | | | | | | | | | | | | 汛期输沙量占 | 非汛期输沙量占 |
| | 1月 | 2月 | 3月 | 4月 | 5月 | 6月 | 7月 | 8月 | 9月 | 10月 | 11月 | 12月 | 全年 | 全年百分比/% | 全年百分比/% |
| --- | --- | --- | --- | --- | --- | --- | --- | --- | --- | --- | --- | --- | --- | --- | --- |
| 1964—1990 年 | 0.15 | 0.03 | 0.03 | 0.30 | 28.7 | 118 | 123 | 45.3 | 76.3 | 20.7 | 0.51 | 0.07 | 413 | 92.8 | 7.2 |
| 2006—2020 年 | — | — | — | — | 6.2 | 119 | 145 | 58.3 | 80.2 | 22.7 | — | — | 431 | 98.6 | 1.4 |

注："—"为枯季停测。

从宁南站水沙相关关系图(图 9.2-4)中可以看出,宁南站年输沙量和径流量的点据较为散乱,相关关系较差,特别是中大水时,输沙量变化幅度较大。统计时段内最大年输沙量为 1130 万 t,出现在 2012 年,主要是由于 2012 年 7 月 10 日黑水县双溜索乡发生泥石流。2008 年黑水河年输沙量 977 万 t。2008 年受"5·12"地震影响,黑水河流域沿线多地发生滑坡、泥石流、崩塌等地质灾害,但由于 5 月黑水河流量较小,滑坡、崩岸产生的泥沙并未及时被水流带走,6—7 月流量上涨,大量泥沙被水流带走,使得水流含沙量、输沙量大幅增加。与 1964—1990 年相比,2006 年后宁南站水沙相关关系未发生明显变化。

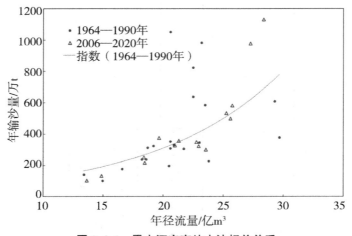

图 9.2-4  黑水河宁南站水沙相关关系

普渡河尼格站 2009 年以来年径流量波动较大,2009—2020 年年径流量为 21.56 亿 m³(表 9.2-8),其中 2015—2019 年来水较多。尼格站各年输沙量差异同样较大,2009—2020 年年输沙量为 48.1 万 t(表 9.2-9),其中 2015 年输沙量最多,达 98.5 万 t,2019 年后受铁索桥水电站建成使用影响,年输沙量不足 10 万 t。

从尼格站年径流过程来看,2009—2020 年汛期径流量占全年的 62.4%。从尼格站年输沙过程来看,普渡河输沙集中在汛期,2009—2020 年汛期沙量占全年沙量的 95.3%。受上游电站影响,尼格站同流量级下输沙量变幅较大,无明显相关关系。

根据小江上小江(二)水文站 1990 年前实测水文资料,小江(二)站年径流量为 10.4 亿 m³,占华弹站径流量的 8.53‰,小江(二)站集水面积占华弹站的 4.97‰。

根据牛坪子站及樊家桥站实测水文资料,2015—2019 年年径流量为 10.98 亿 m³,汛期径流量占全年的 63.2%,年输沙量为 446 万 t,年内输沙集中在汛期,占全年的 90%以上。2020 年小江站年径流量为 8.773 亿 m³,汛期径流量占全年的 55.3%,年输沙量为 139 万 t,汛期输沙量占全年的 89.0%(表 9.2-10、表 9.2-11)。

表 9.2-8 普渡河尼格站年径流过程统计

| 时间 | 径流量/亿 m³ | | | | | | | | | | | | | 汛期径流量占全年百分比/% | 非汛期径流量占全年百分比/% |
|---|---|---|---|---|---|---|---|---|---|---|---|---|---|---|---|
| | 1月 | 2月 | 3月 | 4月 | 5月 | 6月 | 7月 | 8月 | 9月 | 10月 | 11月 | 12月 | 全年 | 全年 | 全年 |
| 2009—2020 年 | 1.15 | 0.98 | 0.97 | 1.01 | 1.08 | 1.72 | 3.25 | 3.26 | 2.98 | 2.25 | 1.72 | 1.19 | 21.56 | 62.4 | 37.6 |

表 9.2-9 普渡河尼格站年输沙过程统计

| 时间 | 输沙量/万 t | | | | | | | | | | | | | 汛期输沙量占全年百分比/% | 非汛期输沙量占全年百分比/% |
|---|---|---|---|---|---|---|---|---|---|---|---|---|---|---|---|
| | 1月 | 2月 | 3月 | 4月 | 5月 | 6月 | 7月 | 8月 | 9月 | 10月 | 11月 | 12月 | 全年 | 全年 | 全年 |
| 2009—2020 年 | 0.20 | 0.17 | 0.33 | 0.28 | 0.83 | 12.6 | 13.2 | 12.1 | 5.70 | 2.25 | 0.29 | 0.15 | 48.1 | 95.3 | 4.7 |

表 9.2-10 小江（牛坪子站、樊家桥站、小江站）年径流过程统计

| 时间 | 径流量/亿 m³ | | | | | | | | | | | | | 汛期径流量占全年百分比/% | 非汛期径流量占全年百分比/% |
|---|---|---|---|---|---|---|---|---|---|---|---|---|---|---|---|
| | 1月 | 2月 | 3月 | 4月 | 5月 | 6月 | 7月 | 8月 | 9月 | 10月 | 11月 | 12月 | 全年 | 全年 | 全年 |
| 2014 年 | — | — | — | (0.127) | 0.312 | 0.665 | 1.52 | 1.21 | 0.874 | 0.998 | 0.850 | 0.746 | (7.3) | — | — |
| 2015 年 | 0.620 | 0.497 | 0.366 | 0.349 | 0.367 | 0.501 | 0.696 | 1.42 | 1.96 | 1.71 | 1.03 | 0.883 | 10.40 | 60.5 | 39.5 |
| 2016 年 | 0.743 | 0.606 | 0.428 | 0.314 | 0.440 | 1.00 | 1.19 | 0.86 | 1.39 | 0.65 | 0.56 | 0.473 | 8.655 | 58.9 | 41.1 |
| 2017 年 | 0.535 | 0.358 | 0.401 | 0.393 | 0.317 | 1.12 | 4.12 | 1.59 | 1.65 | 1.38 | 0.818 | 0.660 | 13.30 | 73.9 | 26.1 |
| 2018 年 | 0.413 | 0.489 | 0.595 | 0.633 | 0.718 | 1.44 | 0.960 | 1.53 | 1.31 | 1.66 | 0.863 | 0.824 | 11.44 | 60.4 | 39.6 |
| 2019 年 | 0.683 | 0.513 | 0.499 | 0.386 | 0.386 | 0.706 | 1.57 | 1.52 | 1.39 | 1.39 | 1.12 | 0.923 | 11.09 | 59.3 | 40.7 |
| 2015—2019 年 | 0.599 | 0.493 | 0.458 | 0.415 | 0.446 | 0.953 | 1.71 | 1.38 | 1.54 | 1.36 | 0.878 | 0.753 | 10.98 | 63.2 | 36.8 |
| 2020 年 | 0.748 | 0.647 | 0.579 | 0.487 | 0.419 | 0.385 | 0.945 | 1.07 | 1.42 | 1.03 | 0.558 | 0.492 | 8.773 | 55.2 | 44.8 |

注：牛坪子站于 2014 年 4 月开始观测流量，樊家桥站于 2018 年开始观测流量，小江站于 2020 年开始观测流量。

表 9.2-11　　　　　　　　　　　小江（牛坪子站、樊家桥站、小江站）年输沙过程统计

| 时间 | 输沙量/万 t | | | | | | | | | | | | 汛期输沙量占全年百分比/% | 非汛期输沙量占全年百分比/% |
| | 1月 | 2月 | 3月 | 4月 | 5月 | 6月 | 7月 | 8月 | 9月 | 10月 | 11月 | 12月 | 全年 | | |
|---|---|---|---|---|---|---|---|---|---|---|---|---|---|---|---|
| 2014年 | — | — | — | — | (0.129) | 40.80 | 130.1 | 50.65 | 38.41 | 15.69 | 4.557 | 2.512 | (283) | — | — |
| 2015年 | 1.991 | 1.425 | 0.823 | 0.645 | 3.129 | 5.925 | 21.55 | 152.6 | 141.8 | 66.63 | 12.57 | 5.460 | 414 | 93.7 | 6.3 |
| 2016年 | 3.964 | 1.556 | 1.545 | 0.791 | 5.077 | 34.32 | 48.73 | 41.0 | 60.5 | 7.04 | 5.12 | 1.710 | 212 | 90.7 | 9.3 |
| 2017年 | 1.396 | 1.371 | 1.341 | 2.051 | 1.229 | 122.4 | 552.3 | 87.49 | 95.37 | 23.25 | 7.059 | 4.394 | 900 | 97.9 | 2.1 |
| 2018年 | 3.456 | 4.349 | 4.876 | 5.376 | 4.986 | 57.51 | 35.18 | 101.5 | 99.18 | 35.21 | 4.906 | 2.298 | 360 | 91.6 | 8.4 |
| 2019年 | 3.950 | 2.816 | 1.899 | 0.930 | 0.927 | 25.17 | 113.3 | 138.5 | 30.08 | 17.42 | 5.133 | 3.299 | 344 | 94.5 | 5.5 |
| 2015—2019年 | 2.951 | 2.303 | 2.097 | 1.959 | 3.070 | 49.07 | 154.2 | 104.2 | 85.39 | 29.91 | 6.958 | 3.432 | 446 | 94.9 | 5.1 |
| 2020年 | 4.086 | 2.200 | 1.649 | 0.958 | 1.980 | 2.742 | 10.04 | 29.62 | 68.24 | 12.67 | 2.049 | 2.370 | 139 | 89.0 | 11.0 |

注：牛坪子站于 2014 年 5 月开始观测悬移质泥沙，樊家桥站于 2018 年开始观测悬移质泥沙，小江站于 2020 年开始观测悬移质泥沙。

（3）库区区间整体水沙特性

对比入库站、区间各站及出库站，从径流量多年对比表（表 9.2-12）来看，白鹤滩库区出库径流主要来源于入库径流，贡献率一般在 90% 以上。

从 2015 年来出入库及区间输沙量多年对比表（表 9.2-13）可以看到，2015 年来，出库沙量以区间产沙为主，2015—2019 年区间年输沙量为 4067 万 t，贡献率为 50.18%，输沙模数达 6300t/(km² · a)。2020 年受上游乌东德水电站蓄水影响，白鹤滩入库泥沙量大幅减少，2020 年入库泥沙总量仅占出库泥沙总量的 9.38%，区间产沙占出库泥沙总量的 75.05%，区间产沙对出库泥沙总量的贡献率较大。

# 9.3　乌东德水文站水位受白鹤滩蓄水影响

## 9.3.1　白鹤滩电站运行概况

2021 年 4 月 6 日，白鹤滩水电站正式开始蓄水，从白鹤滩坝前水位变化过程（图 9.3-1）来看，至 4 月 24 日蓄水高程突破 720m，至 6 月 28 日蓄至 783.6m 后逐步回落。8 月 1 日，开始执行年度蓄水计划，起蓄水位 772.07m，9 月 10 日，水库完成年度蓄水任务，库水位达到 799.96m，蓄水历时 41 天，累计水位升幅 27.87m，累计蓄水量 44.77 亿 m³。9 月上旬，金沙江下游梯级水库迎来第二场涨水过程，通过运用白鹤滩 800m 以上库容拦蓄洪水，累计拦蓄水量 32.08 亿 m³，至 9 月 30 日坝前水位达到全年最高 816.6m，后坝前水位逐步下降。

2022 年，白鹤滩水库水位从 792m 逐步下降，3 月中旬又开始抬升，至 4 月 8 日升至 800m 后再次回落。8 月 1 日开始执行年度蓄水计划，起蓄水位 775.63m，10 月 24 日最高蓄至 825.00m，蓄水历时 85 天，累计水位升幅 49.37m，累计蓄水量 89.33 亿 m³。12 月中旬坝前水位开始逐步消落。

## 9.3.2　乌东德水文站概况

### 9.3.2.1　测站基本情况

乌东德水文站为国家基本水文站，隶属于长江水利委员会水文局长江上游水文水资源勘测局，控制集水面积 406184km²。乌东德水文站于 2003 年 3 月建于云南省禄劝县大松树乡金江村；2003 年 8 月投入运行，2015 年 1 月下迁 7.5km 至云南省禄劝县乌东德镇施期村，为乌东德（二）站。乌东德水文站的主要水文测报测验项目有水位、降水、流量、悬移质含沙量、悬移质颗分等。

表 9.2-12 白鹤滩库区出入库及区间径流量多年对比

| 年份 | 入库 | | 黑水河 | | 普渡河 | | 小江 | | 其他支流及干流区间 | | 出库 |
| --- | --- | --- | --- | --- | --- | --- | --- | --- | --- | --- | --- |
| | 径流量/亿 m³ | 占出库比例/% | 径流量/亿 m³ | 占出库比例/% | 径流量/亿 m³ | 占出库比例/% | 径流量/亿 m³ | 占出库比例/% | 径流量/亿 m³ | 占出库比例/% | 径流量/亿 m³ |
| 2009 年 | 1221 | 94.95 | 18.4 | 1.43 | 17.64 | 1.37 | | | 28.96 | 2.25 | 1286 |
| 2010 年 | 1155 | 96.01 | 21.3 | 1.77 | 12.2 | 1.01 | | | 14.50 | 1.21 | 1203 |
| 2011 年 | 907.6 | 95.97 | 13.64 | 1.44 | 9.153 | 0.97 | | | 15.31 | 1.62 | 945.7 |
| 2012 年 | 1286 | 97.79 | 28.38 | 2.16 | 12.02 | 0.91 | | | -11.40 | -0.87 | 1315 |
| 2013 年 | 1006 | 95.99 | 18.47 | 1.76 | 12.42 | 1.19 | | | 11.11 | 1.06 | 1048 |
| 2014 年 | 1150 | 96.07 | 20.98 | 1.75 | 20.33 | 1.70 | | | 5.69 | 0.48 | 1197 |
| 2015 年 | 1023 | 92.92 | 22.96 | 2.09 | 25.94 | 2.36 | 10.4 | 0.94 | 18.70 | 1.70 | 1101 |
| 2016 年 | 1158 | 89.21 | 25.59 | 1.97 | 26.26 | 2.02 | 8.655 | 0.67 | 79.50 | 6.12 | 1298 |
| 2017 年 | 1174 | 89.28 | 25.75 | 1.96 | 38.79 | 2.95 | 13.3 | 1.01 | 63.16 | 4.80 | 1315 |
| 2018 年 | 1386 | 94.22 | 23.56 | 1.60 | 34.13 | 2.32 | 11.44 | 0.78 | 15.87 | 1.08 | 1471 |
| 2019 年 | 1117 | 93.24 | 14.86 | 1.24 | 26.44 | 2.21 | 11.09 | 0.93 | 28.61 | 2.39 | 1198 |
| 2020 年 | 1297 | 94.67 | 25.25 | 1.84 | 23.41 | 1.71 | 8.773 | 0.64 | 15.57 | 1.14 | 1370 |

表 9.2-13                    白鹤滩库区出入库及区间输沙量多年对比

| 年份 | 入库 | | 黑水河 | | 普渡河 | | 小江 | | 其他支流及干流区间 | | 出库 |
| | 输沙量/万 t | 占出库比例/% | 输沙量/万 t | 占出库比例/% | 输沙量/万 t | 占出库比例/% | 输沙量/万 t | 占出库比例/% | 输沙量/万 t | 占出库比例/% | 输沙量/万 t |
| --- | --- | --- | --- | --- | --- | --- | --- | --- | --- | --- | --- |
| 2015 年 | 4310 | 48.81 | 323 | 3.66 | 98.5 | 1.11 | 414 | 4.69 | 3685 | 41.73 | 8830 |
| 2016 年 | 3980 | 40.86 | 500 | 5.13 | 22.7 | 0.23 | 212 | 2.18 | 5025 | 51.60 | 9740 |
| 2017 年 | 3240 | 34.32 | 583 | 6.18 | 65.5 | 0.69 | 900 | 9.53 | 4652 | 49.28 | 9440 |
| 2018 年 | 2740 | 33.50 | 302 | 3.69 | 35.7 | 0.44 | 360 | 4.40 | 4742 | 57.97 | 8180 |
| 2019 年 | 1620 | 37.33 | 134 | 3.09 | 8.86 | 0.20 | 344 | 7.93 | 2233 | 51.45 | 4340 |
| 2015—2019 年 | 3178 | 39.21 | 368 | 4.54 | 46.3 | 0.57 | 446 | 5.50 | 4067 | 50.18 | 8106 |
| 2020 年 | 411 | 9.38 | 535 | 12.22 | 7.67 | 0.18 | 139 | 3.17 | 3287 | 75.05 | 4380 |

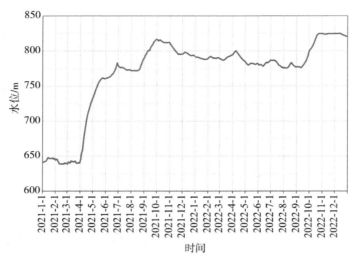

**图 9.3-1　白鹤滩坝前水位变化**

乌东德(二)站测验河段顺直,断面呈 U 形,主槽宽约 180m,无串沟、回水、死水等情况。河床为乱石夹沙,两岸为岩石组成,主槽偏左,左深右浅,断面较稳定。两岸无滩地、无植被。断面右岸下游约 400m 有冲沟形成卵石滩,对低水有影响。左岸下游约 800m 处有急弯,起中高水控制作用。上游 5km 有乌东德水电站,区间无支流汇入,下游 175km 有白鹤滩水电站。

### 9.3.2.2　观测断面冲淤变化

乌东德(二)站测验河段顺直,河床两岸为岩石,主槽为乱石夹沙,近年来略有冲淤调整。从观测断面 2018—2022 年形态对比(图 9.3-2)来看,观测断面呈 U 形,深泓靠右岸,各年间形态基本保持一致,以深泓附近冲淤变化为主,其中 2018—2020 年表现为淤积,2020—2022 年表现为冲刷。从各年间深泓变化(表 9.3-1)来看,2018—2022 年深泓累积冲刷 0.49m,其中 2020 年 3 月—2021 年 3 月变化幅度最大,冲刷 0.85m。

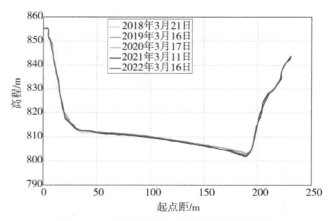

**图 9.3-2　乌东德(二)站观测断面形态对比**

**表 9.3-1**　　　　　　　　　乌东德(二)站观测断面深泓变化统计

| 时间 | 深泓高程/m | 深泓变化/m |
|---|---|---|
| 2018.3.21 | 802.57 | — |
| 2019.3.16 | 803.12 | 0.55 |
| 2020.3.17 | 803.35 | 0.23 |
| 2021.3.11 | 802.50 | −0.85 |
| 2022.3.16 | 802.08 | −0.42 |

## 9.3.3　乌东德(二)站水位—流量关系

乌东德(二)站流量测验方法主要为流速仪 10～12 线三点法,全年按水位级均匀布设测次。

2018 年乌东德站(二)站共施测流量 55 次,实测最大流量为 15900m³/s,对应水位为 834.02m;实测最小流量为 1050m³/s,对应水位为 815.27m。点绘 2018 年实测水位流量数据显示,乌东德(二)站水位—流量关系呈单一线,见图 9.3-3。

2019 年乌东德站(二)站共施测流量 59 次,实测最大流量为 11100m³/s,对应水位为 829.75m;实测最小流量为 1260m³/s,对应水位为 815.86m。点绘 2019 年实测水位流量数据显示,乌东德(二)站水位—流量关系呈单一线,见图 9.3-4。

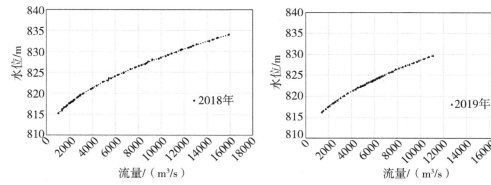

**图 9.3-3　2018 年乌东德(二)站水位—流量关系　图 9.3-4　2019 年乌东德(二)站水位—流量关系**

2020 年 1 月 15 日乌东德水电站下闸蓄水,于 1 月 21 日顺利蓄水至 895m,5 月 6 日开始第二阶段蓄水,历时 1 个月成功蓄水至 945m,6 月 29 日首批机组投产发电。8 月初开始第三阶段蓄水,8 月下旬蓄至 965m。

2020 年乌东德(二)站共施测流量 56 次,实测最大流量为 16200m³/s,对应水位为 834.91m;实测最小流量为 238m³/s,对应水位为 813.22m。点绘 2020 年实测水位流量数据显示(图 9.3-5),乌东德(二)站水位—流量关系仍主要为单一线,仅 2020 年 1 月 15 日部分测次明显偏离,当日乌东德正式下闸蓄水,受下泄流量骤减影响,乌东德(二)站同流量水位偏高,故乌东德水电站下闸蓄水期间水位—流量关系采用临时曲线。

从 2018—2020 年乌东德(二)站水位流量散点图(图 9.3-6)来看,白鹤滩蓄水前,乌东德(二)站水位—流量关系呈单一线,年际间变化较小,仅受上游乌东德水电蓄水影响流量骤减时,同流量下水位有所偏高。

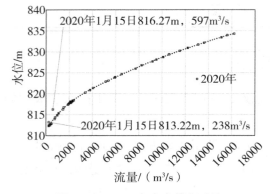 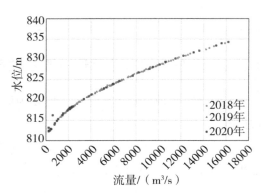

图 9.3-5　2020 年乌东德(二)站
水位—流量关系

图 9.3-6　2018—2020 年乌东德(二)站
水位—流量关系散点图

## 9.3.4　白鹤滩蓄水后乌东德(二)站水位—流量关系

白鹤滩水电站于 2021 年 4 月初开始蓄水,至 6 月 28 日蓄至 783.6m 后逐步回落,8 月上旬库水位开始再度抬升,至 9 月 30 日蓄至全年最高 816.63m。

2021 年乌东德(二)站共施测流量 55 次,实测最大流量为 15700m³/s,对应水位为 833.81m,实测最小流量为 716m³/s,对应水位为 813.88m。55 次实测流量对应的白鹤滩坝前水位变幅为 643.1~815.9m。点绘 2021 年实测水位流量数据显示,乌东德(二)站水位—流量关系仍为单一线,见图 9.3-7。

与 2018—2020 年水位—流量关系对比来看,2021 年水位—流量关系未发生变化,表明乌东德(二)站水位暂未受到白鹤滩蓄水影响。

2022 年,白鹤滩水库水位从 792m 逐步下降,3 月中旬后又开始抬升,至 4 月 8 日升至 800m 后再次回落,9 月中旬开始蓄水,于 10 月 24 日蓄至 825m,12 月中旬开始逐步消落。

2022 年乌东德(二)站共施测流量 73 次,实测最大流量为 8670m³/s,对应水位为 827.17m,实测最小流量为 889m³/s,对应水位为 814.47m。73 次实测流量对应的白鹤滩坝前水位变幅为 776.1~825.0m。点绘 2022 年实测水位流量数据显示,白鹤滩坝前水位在 804m 以下时,乌东德(二)站水位—流量关系仍为单一线,且较 2018—

2020 年未发生偏移(表 9.3-8)。白鹤滩坝前水位变幅 804~818m 期间,乌东德(二)站未实测流量,故受影响情况暂不明。白鹤滩坝前水位在 818m 以上后,与 2018—2020 年相比,乌东德(二)站同流量下水位壅高,主要表现为随着坝前水位抬升,同流量下水位壅高值越大;同一级坝前水位下,乌东德(二)站流量越小,水位壅高越明显。

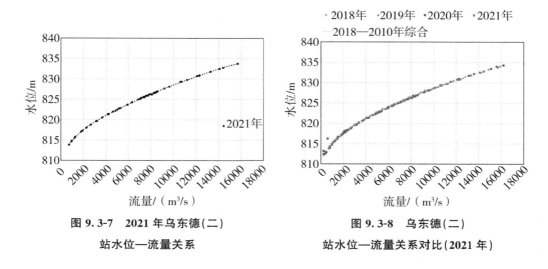

图 9.3-7　2021 年乌东德(二)
站水位—流量关系

图 9.3-8　乌东德(二)
站水位—流量关系对比(2021 年)

从 2022 年各级坝前水位分组数据来看(图 9.3-9),当白鹤滩坝前水位在 818~820m,乌东德(二)站流量小于 8000m³/s 时,乌东德(二)站水位均有不同程度壅高,最大壅高幅度约 3.3m;在乌东德(二)站流量达 8000m³/s 左右后,则不再壅高。

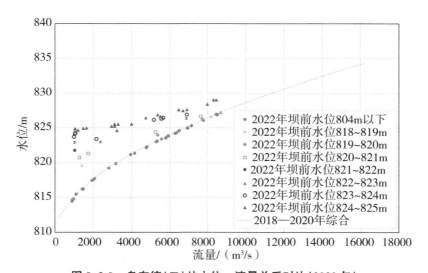

图 9.3-9　乌东德(二)站水位—流量关系对比(2022 年)

白鹤滩坝前水位在 820~825m 时,2022 年实测各流量下乌东德(二)站水位均有明显壅高,其中 820~821m 级壅高幅度为 0.6~4.9m,821~822m 级仅一个测次,壅高幅度约 6.6m;822～823m 级壅高幅度为 1.2～7.8;823～824m 级壅高幅度在 1.8～9.0m,824～825m 级壅高幅度为 2.0～9.7m,具体见表 9.3-2。

表 9.3-2 　　　　　　　　　乌东德(二)站水位壅高值统计

| 白鹤滩坝前水位/m | 乌东德(二)站流量变幅/(m³/s) | 乌东德(二)站水位壅高幅度/m | 备注 |
|---|---|---|---|
| 818～820 | 1400～8670 | 0～3.3 | 流量达 8000m³/s 左右后水位不再壅高 |
| 820～821 | 1280～7650 | 0.6～4.9 | |
| 821～822 | 1030 | 6.6 | |
| 822～823 | 1020～6880 | 1.2～7.8 | |
| 823～824 | 991～6900 | 1.8～9.0 | |
| 824～825 | 1040～8450 | 2.0～9.7 | |

## 9.3.5　白鹤滩蓄水位 825m 时对乌东德(二)站影响

### 9.3.5.1　水位变化

白鹤滩坝前水位在 824～825m 时,2022 年乌东德(二)站实测 20 次流量,流量变幅为 1040～8450m³/s。从实测数据来看,各流量级下水位均有抬升(图 9.3-10)。当流量为 1040m³/s 时,水位较白鹤滩蓄水前抬升约 9.7m;当流量为 8450m³/s 时,水位较白鹤滩蓄水前抬升约 2.0m。

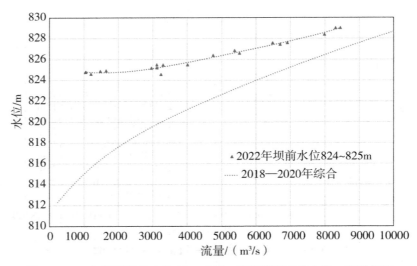

图 9.3-10　白鹤滩坝前水位 824～825m 乌东德(二)站水位—流量关系

### 9.3.5.2　断面面积变化

根据 2018—2020 年实测点据拟合白鹤滩蓄水前乌东德(二)站水位—流量关系线;根据 2022 年实测点据拟合白鹤滩坝前水位 824~825m 时乌东德(二)站水位—流量关系线。依据拟定曲线计算各特征流量级下乌东德(二)站水位、过水面积变化,结果见表 9.3-3。

受白鹤滩蓄水影响,乌东德(二)站水位壅高,各流量级下过水面积均增加。随着流量的逐渐增大,乌东德(二)站水位壅高幅度逐渐降低,过水面积变化率也逐渐降低。当流量为 1000m³/s 时,过水面积增加 164.6%;当流量达 8000m³/s 时,过水面积仅增加 11.7%。

表 9.3-3　　　　　　　　　　　乌东德(二)站断面面积计算

| 流量 /(m³/s) | 水位/m | | 过水面积 | | |
| --- | --- | --- | --- | --- | --- |
| | 白鹤滩蓄水前 | 白鹤滩蓄水后 | 白鹤滩蓄水前/m² | 白鹤滩蓄水后/m² | 变化率/% |
| 1000 | 815.0 | 824.8 | 1091 | 2887 | 164.6 |
| 2000 | 817.6 | 824.8 | 1550 | 2887 | 86.3 |
| 3000 | 819.6 | 825.2 | 1915 | 2963 | 54.7 |
| 4000 | 821.2 | 825.7 | 2210 | 3058 | 38.4 |
| 5000 | 822.7 | 826.4 | 2490 | 3193 | 28.2 |
| 6000 | 824.0 | 827.1 | 2735 | 3328 | 21.7 |
| 7000 | 825.3 | 827.8 | 2982 | 3464 | 16.2 |
| 8000 | 826.5 | 828.6 | 3212 | 3621 | 12.7 |
| 8500 | 827.1 | 829.1 | 3328 | 3719 | 11.7 |

### 9.3.5.3　断面平均流速变化

计算各特征流量级下乌东德(二)站断面平均流速变化,结果见表 9.3-4。受白鹤滩蓄水影响,乌东德(二)站水位壅高,各流量级下过水面积均增加,断面平均流速降低。随着流量的逐渐增大,乌东德(二)站水位壅高幅度逐渐减小,流速降低幅度也逐渐减小。当流量为 1000m³/s 时,断面平均流速降低 0.57m/s;当流量达 8500m³/s 时,断面平均流速降低 0.26m/s。

表 9.3-4　　　　　　　　　　　乌东德(二)站断面平均流速计算

| 流量/(m³/s) | 水位/m | | 平均流速/(m/s) | |
| --- | --- | --- | --- | --- |
| | 白鹤滩蓄水前 | 白鹤滩蓄水后 | 白鹤滩蓄水前 | 白鹤滩蓄水后 |
| 1000 | 815.0 | 824.8 | 0.92 | 0.35 |
| 2000 | 817.6 | 824.8 | 1.29 | 0.69 |

| 流量/(m³/s) | 水位/m | | 平均流速/(m/s) | |
|---|---|---|---|---|
| | 白鹤滩蓄水前 | 白鹤滩蓄水后 | 白鹤滩蓄水前 | 白鹤滩蓄水后 |
| 3000 | 819.6 | 825.1 | 1.57 | 1.01 |
| 4000 | 821.2 | 825.7 | 1.81 | 1.31 |
| 5000 | 822.6 | 826.4 | 2.01 | 1.57 |
| 6000 | 824.0 | 827.1 | 2.19 | 1.80 |
| 7000 | 825.2 | 827.8 | 2.35 | 2.02 |
| 8000 | 826.5 | 828.6 | 2.49 | 2.21 |
| 8500 | 827.0 | 829.0 | 2.55 | 2.29 |

# 9.4　坝区受蓄水影响分析

## 9.4.1　分析意义

随着中国对电能需求的日益增长,梯级电站建设是非常有必要的。金沙江水能丰富,河段落差大,在金沙江上修建梯级电站可以为中国提供强大的电能。中国长江三峡集团公司对金沙江下游乌东德、白鹤滩、溪洛渡和向家坝等巨型水电站进行了开发。金沙江下游梯级水电站的设计总装机容量 4480 万 kW,年发电量约 2000 亿 kW·h。电站蓄水将抬高该电站库区水位,影响其上级梯级电站的坝下水位,进而影响蓄水发电。分析上级梯级电站坝区受该电站蓄水的影响,可为该电站调度运行提供重要参考。

## 9.4.2　基本情况介绍

中国长江三峡集团公司对金沙江下游乌东德、白鹤滩、溪洛渡和向家坝等巨型水电站进行开发。根据资料收集情况,对白鹤滩电站坝区受溪洛渡蓄水影响进行分析。

溪洛渡水电站于 2013 年 5 月开始初期蓄水,2014—2024 年成功蓄至 600m 正常蓄水位。溪洛渡水电站以发电为主,兼有防洪、拦沙和改善下游航运条件等综合效益,是金沙江下游河段四个梯级电站的第三级。溪洛渡水电站位于四川省雷波县和云南省永善县境内金沙江干流上,下距宜宾 190km。

白鹤滩水电站于 2021 年 4 月 7 日正式开始蓄水,2022 年 10 月 26 日首次达到 825m 正常蓄水位。该工程以发电为主,兼有防洪、拦沙、航运等综合效益,是我国实施"西电东送"战略部署的重点骨干工程。白鹤滩水电站位于四川省凉山彝族自治州宁南县同云南省巧家县交界的金沙江干流,是金沙江下游河段四个梯级水电站的第二级,白鹤滩坝区位于溪洛渡水电站库尾,坝址下距溪洛渡水电站 200km。

白鹤滩坝区是指白鹤滩坝轴线上下 5km 左右区域。白鹤滩坝区分布水文(位)站共 5 处,其中水文站 2 处,各站示意图见图 9.4-1。由于白鹤滩电站已经截流蓄水,溪洛渡蓄水对白鹤滩坝址以上水文(位)站无影响,本次只分析溪洛渡蓄水对白鹤滩坝下的水文(位)站影响。白鹤滩坝区坝下的水文(位)站有下围堰水位站、右尾水水位站、白鹤滩水文站。资料分析采用年份为 2021 年。

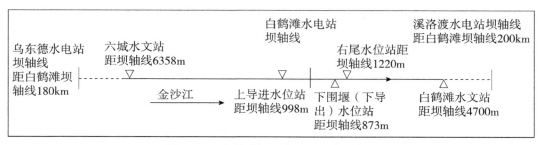

**图 9.4-1　白鹤滩坝区水文(位)站示意图**

## 9.4.3　溪洛渡电站运行概况

溪洛渡水库从 2013 年 5 月 4 日 9:40 开始初期蓄水,起蓄水位为 440.78m;至 2013 年 12 月 9 日 8:00,库水位最高涨至 560.43m,完成二期蓄水任务。2021 年溪洛渡水库运行过程见图 9.4-2。2011 年全年最高日平均水位为 599.30m,溪洛渡水库成功完成了 600m 正常蓄水。

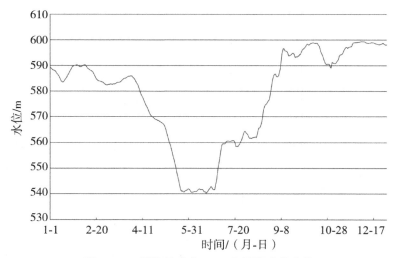

**图 9.4-2　溪洛渡水库 2021 年坝前水位变化**

### 9.4.4　白鹤滩坝区水位—流量关系变化

溪洛渡电站蓄水后,库区水位明显抬升,水面比降较天然情况明显减小,水位—流量关系点较天然情况上偏,即同流量条件下水位较天然情况抬升。为确定溪洛渡水库蓄水对白鹤滩坝区水位影响,对溪洛渡不同坝前水位及不同流量组合条件下水位—流量关系与蓄水影响前的关系展开对照分析。

为分析溪洛渡蓄水后不同坝前水位及不同流量组合条件下水位—流量关系与溪洛渡蓄水影响前(溪洛渡坝前水位低于 570m,白鹤滩站、右尾水站及下围堰站均不受溪洛渡蓄水影响,白鹤滩站近年断面最低高程为 570m,处于天然情况)的水位—流量关系变化情况,特选定当溪洛渡坝前水位 580m、586m、594m、599m 时上游来水不同情况组合进行分析(考虑坝前水位出现次数较多的水位级)。某年白鹤滩站、右尾水站及下围堰站不同坝前水位不同流量级水位—流量关系分别见图 9.4-3 至图 9.4-5。

### 9.4.5　水位抬升值查算及起始影响水位

通过图 9.4-3 至图 9.4-5 对各站受溪洛渡蓄水影响前后水位—流量关系进行拟合及插补,可以得出各水文(位)站不同上游来水及不同坝前水位抬升值,见图 9.4-6 至图 9.4-8。

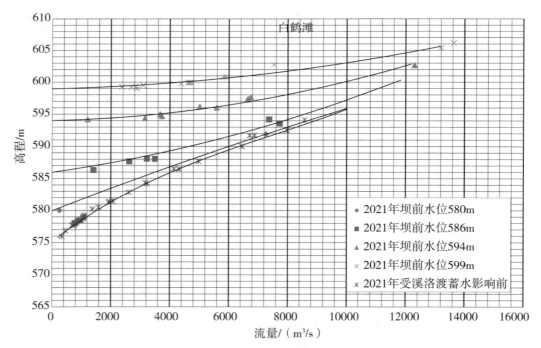

**图 9.4-3　2021 年白鹤滩水文站受溪洛渡蓄水影响前后水位—流量关系**

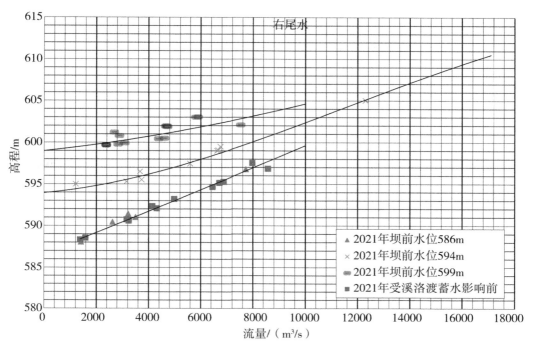

图 9.4-4　2021 年右尾水站受溪洛渡蓄水影响前后水位—流量关系

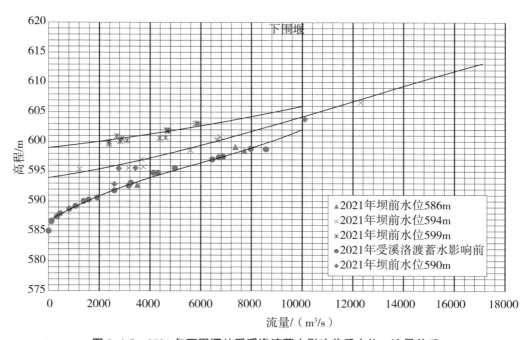

图 9.4-5　2021 年下围堰站受溪洛渡蓄水影响前后水位—流量关系

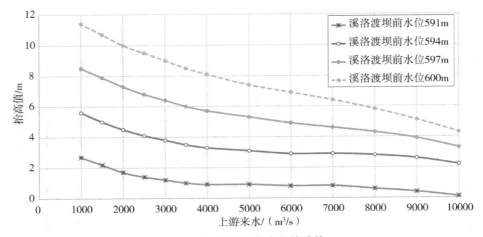

图 9.4-6　下围堰站水位抬升值

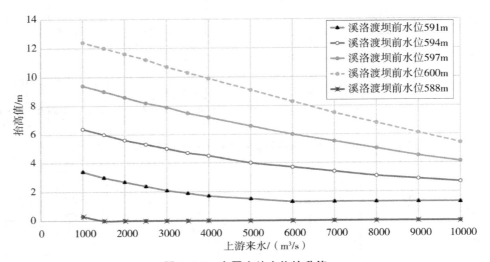

图 9.4-7　右尾水站水位抬升值

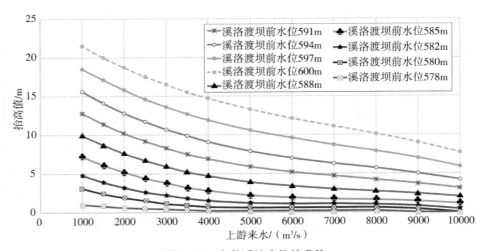

图 9.4-8　白鹤滩站水位抬升值

下围堰站、右尾水站、白鹤滩站水位受溪洛渡坝前水位抬升影响,较溪洛渡蓄水前有不同程度的抬升。同一水文(位)站,总体上,上游来水越少,蓄水后同溪洛渡坝前水位级下水位抬升得越多。上游来水 1000～10000m³/s 条件下,溪洛渡坝前水位590m 时,下围堰站、右尾水站、白鹤滩站分别抬升 1.7～0.0m、2.4～0.6m、11.8～2.7m;溪洛渡坝前水位 595m 时,下围堰站、右尾水站、白鹤滩站分别抬升 6.6～2.5m、7.4～3.2m、16.6～4.8m;溪洛渡坝前水位 600m 时,下围堰站、右尾水站、白鹤滩站分别抬升 11.4～4.3m、12.4～5.4m、21.5～7.7m。

下围堰站、右尾水站、白鹤滩站受溪洛渡坝前水位抬升影响,起始水位分别在589m、588m、578m 左右。

## 9.4.6 蓄水对白鹤滩站影响分析

白鹤滩水文站受溪洛渡蓄水影响前后水位—流量关系变化见图 9.4-3。由图可见,当溪洛渡坝前蓄水至 600m、590m 时,白鹤滩水文站水位—流量关系较受溪洛渡蓄水影响前明显上偏,具体表现为同流量级蓄水至 600m、590m 时,水位较受溪洛渡蓄水影响前明显抬高。为比较白鹤滩水文站受溪洛渡蓄水影响前及蓄水至 600m、590m 时白鹤滩水文站水位、流速的变化,特选定上游来水 3000m³/s、5000m³/s、8000m³/s 三个流量级作代表进行分析,见表 9.4-1 至表 9.4-3。

### 9.4.6.1 水位变化

当溪洛渡坝前蓄水至 600m、590m 时,白鹤滩水文站水位—流量关系较受溪洛渡蓄水影响前明显上偏,受溪洛渡蓄水影响前后水位变化见表 9.4-1。溪洛渡电站坝前水位为 600m,当上游来水流量为 3000m³/s 时,水位抬高 16.5m;当上游来水流量5000m³/s 时,水位抬升 13.3m;当上游来水流量 8000m³/s 时,水位抬升 10.1m。溪洛渡电站坝前水位为 590m,当上游来水流量 3000m³/s 时,水位抬升 7.5m;当上游来水流量5000m³/s 时,水位抬升 5.2m;当上游来水流量 8000m³/s 时,水位抬升 3.7m。

表 9.4-1　　　　　　　　　　受溪洛渡蓄水影响前后白鹤滩站水位变化

| 流量/(m³/s) | 蓄水前水位/m | 坝前水位/m | 蓄水后水位/m | 抬升/m |
|---|---|---|---|---|
| 3000 | 584.03 | 600 | 600.53 | 16.5 |
| | | 590 | 591.53 | 7.5 |
| 5000 | 587.85 | 600 | 601.15 | 13.3 |
| | | 590 | 593.05 | 5.2 |
| 8000 | 592.42 | 600 | 602.52 | 10.1 |
| | | 590 | 596.12 | 3.7 |

### 9.4.6.2 过水面积变化

当溪洛渡坝前蓄水至 600m、590m 时,白鹤滩水文站水位—流量关系较受溪洛渡蓄水影响前明显上偏,水位抬高引起过水面积增加,受溪洛渡蓄水影响前后过水面积变化见表 9.4-2。溪洛渡坝前水位为 600m,当上游来水流量为 3000m³/s 时,过水面积增加 2894m²,增长率为 254.8%;当上游来水流量为 5000m³/s 时,过水面积增加 2474m²,增长率为 146.5%;当上游来水流量为 8000m³/s 时,过水面积增加 2034m²,增长率为 83.9%。溪洛渡坝前水位为 590m,当上游来水流量为 3000m³/s 时,过水面积增加 1136m²,增长率为 100.0%;当上游来水流量为 5000m³/s 时,过水面积增加 848m²,增长率为 50.2%;当上游来水流量为 8000m³/s 时,过水面积增加 691m²,增长率为 28.5%。

表 9.4-2　　　　　受溪洛渡蓄水影响前后白鹤滩站过水面积变化

| 蓄水前过水面积/m² | 过水面积/m² | 增加过水面积/m² | 过水面积增长率/% |
| --- | --- | --- | --- |
| 1136 | 4030 | 2890 | 254.8 |
| | 2272 | 1136 | 100.0 |
| 1689 | 4163 | 2474 | 146.5 |
| | 2537 | 848 | 50.2 |
| 2425 | 4459 | 2034 | 83.9 |
| | 3116 | 691 | 28.5 |

### 9.4.6.3 流速变化

当溪洛渡坝前蓄水至 600m、590m 时,白鹤滩水文站水位—流量关系较受溪洛渡蓄水影响前明显上偏,水位抬升引起过水面积增加,从而引起流速减小,受溪洛渡蓄水影响前后流速变化见表 9.4-3。溪洛渡坝前水位为 600m,当上游来水流量为 3000m³/s 时,流速减小 1.90m/s;当上游来水流量为 5000m³/s 时,流速减小 1.76m/s;当上游来水流量为 8000m³/s 时,流速减小 1.50m/s。溪洛渡坝前水位为 590m,当上游来水流量为 3000m³/s 时,流速减小 1.32m/s;当上游来水流量为 5000m³/s 时,流速减小 0.99m/s;当上游来水流量为 8000m³/s 时,流速减小 0.73m/s。

表 9.4-3　　　　　　　　受溪洛渡蓄水影响前后白鹤滩站断面平均流速变化

| 蓄水前断面平均流速/(m/s) | 蓄水后断面平均流速/(m/s) | 流速变化/(m/s) |
|---|---|---|
| 2.64 | 0.74 | −1.90 |
| | 1.32 | −1.32 |
| 2.96 | 1.20 | −1.76 |
| | 1.97 | −0.99 |
| 3.30 | 1.79 | −1.50 |
| | 2.57 | −0.73 |

## 9.4.7　小结

1)下围堰站、右尾水站、白鹤滩站受溪洛渡坝前水位抬高影响起始影响水位分别为 589m、588m、578m。

2)同一水文(位)站,在溪洛渡坝前同一水位级下,总体上,上游来水越小,蓄水后水位抬升得越高。如白鹤滩水文站,溪洛渡坝前水位为 590m:当上游来水流量为 1000m³/s 时,白鹤滩水文站较受溪洛渡蓄水影响前抬升 11.8m;当上游来水流量为 5000m³/s 时,白鹤滩水文站较受溪洛渡蓄水影响前抬升 5.2m。

3)在同一上游来水情况下,溪洛渡坝前水位越高,各水文(位)站抬升越高。如白鹤滩水文站,当上游来水 5000m³/s 时;溪洛渡坝前水位为 590m 时,白鹤滩水文站较受溪洛渡蓄水影响前抬升 5.2m;溪洛渡坝前水位为 600m 时,白鹤滩水文站较受溪洛渡蓄水影响前抬升 13.3m。

4)上游来水相同情况下,随溪洛渡坝前水位抬升,下游河段相对上游河段水位抬升得更高。上游来水为 5000m³/s,当坝前水位由 595m 抬升至 600m 时,白鹤滩水文站抬升 4.5m,下围堰水位站抬高 3.6m。

# 第10章 展 望

## 10.1 基本目标

国家"十四五"规划纲要明确要求,构建智慧水利体系,以流域为单元提升水情测报和智能调度能力。国家"十四五"新型基础设施建设规划明确提出,要推动大江大河大湖数字孪生、智慧化模拟和智能业务应用建设。水利部高度重视智慧水利建设,将推进智慧水利建设作为推动新阶段水利高质量发展的最显著标志和六条实施路径之一,提出要加快构建具有"四预"功能的智慧水利体系。水利部李国英部长率先提出了建设数字孪生流域,即以物理流域为单元、时空数据为底座、数学模型为核心、水利知识为驱动,对物理流域全要素和水利治理管理全过程的数字化映射、智能化模拟,实现与物理流域同步仿真运行、虚实交互、迭代优化。水利部相继发布《关于大力推进智慧水利建设的指导意见》《"十四五"期间推进智慧水利建设实施方案》《智慧水利建设顶层设计》《"十四五"智慧水利建设规划》等系列文件,明确以建设数字孪生流域、构建"2+N"水利智能业务应用体系和强化水利网络安全体系为主要任务方向。为贯彻落实党中央、国务院重大决策部署,必须大力推进数字孪生流域建设。

水文是防洪抗旱、水资源保护、水污染防治、水环境治理、水生态修复的重要支撑,是保障水资源可持续利用和经济社会发展不可或缺的重要力量。李国英部长多次强调推进水利现代化要从水文现代化开始。水文现代化是新阶段水利高质量发展的基础性先行性工作。在推进数字孪生流域建设中,水文站网现代化、水文监测自动化、水文预报预警实时化、水文信息分析评价智能化、水文发展保障长效化等,是未来一定时期水文发展的基本目标。

1)加快建设完善与国家水网相匹配的现代化国家水文监测站网,特别是尽快补充完善中西部地区、中小河流等区域,以及行政区界、水量调度和生态流量控制断面等的水文站点,这是满足新阶段高质量发展的需求。

2)全面提升水文自动监测能力,加快水文测站和监测中心提档升级,大力推进水文新技术新仪器设备研发应用,完善实现全要素、全过程、全量程水文监测,初步建立全面覆盖的"空天地"一体化水文监测体系。

3)推进预报、预警、预演、预案和分析评价全流程自动化、智能化,推进水文预报预警自动化、预报调度一体化,开展洪水过程和工程调度运行状况的精准预演;加强流域产汇流等水文规律研究、预测预报模型研究,优化模型参数;推进河湖水文映射试点,研究水文数字化映射的思路和技术方法,开展实时洪水、历史洪水和频率洪水演进三维模拟,构建河湖水文映射,为国家水安全保障和水利高质量发展提供有力支撑。

4)推进水文发展保障长效化,是为水文现代化发展提供基础保障。需要进一步健全水文政策法规体系,建立健全水文设施运行长效保障机制,全面提升水文科技创新能力,完善符合现代化要求的水文技术标准体系,加强人才队伍建设,优化人才队伍结构。

## 10.2 技术现状

经过几十年的发展,随着水文建设投入的增加,水文测报先进仪器设备逐步得到推广和应用,水文测验新技术、新理论、仪器研制、设备更新改造等方面取得一些突破性的进展,我国的水文监测能力有较大幅度的提升。目前在水位、水文、降水量、蒸发量观测采用长期自记计,已基本实现数据的自动采集、自动存储和自动远距离传输,但仍需定期进行人工校核。流量受河流特性影响,仅部分实现在线监测,更多还是使用水文缆道或水文测船测验智能控制系统进行流量测验,实现流量的自动测验或半自动测验。泥沙观测的自动在线监测技术尚不完善,仍采用最原始现场采样实验室测定的方式,需投入大量的人力物力,不满足自动化的要求。水质因参数众多,仅部分可在线监测,绝大多数需采水样在实验室测定。

由于水文要素自身复杂性和现代化设备测验能力的局限性,传统的水文站房和众多大型测验设备尚不可取代,测验人员以巡测或驻测方式监测、收集水文要素资料,仍然面临以下突出问题:

1)水文测站建设周期长、成本高。水文测站建设从查勘、选址、征地、基础设施建设到最终建成投产,需要花费大量的时间和人力、物力、财力投入。

2)测验设备部署安装困难、维修保养不方便。采用缆道流速仪法进行流量测验的水文站缆道设施建设和维修要求高、难度大,每年需专业人员多次打油保养,定期检查钢丝绳、滑轮磨损情况。

3)测验及时性不够、测验成本较高。以在水面较宽的通航河道采用走航式ADCP测流的水文站和采用缆道流速仪法测流的水文站为例,单次测验时长较长,为能够准确监测到洪峰变化过程,需要连续多次测验,涉及大量人力财力,成本较高。

4)测站位置偏远,安全隐患大。部分水文站修建在地势险峻、人烟稀少、远离城镇的地方,交通生活都不甚便利。处于深山峡谷的测站,暴雨期常遇坍塌、滑坡和泥石流等地质灾害导致交通中断,测流途中安全隐患较为突出。

当前,水文监测改革正处于现代化建设的关键节点,水文监测的现代化进程也面临着两大技术难题:流量在线监测、泥沙在线监测。近年来,以人工智能为标志的信息技术快速发展,众多融合声光电技术的在线测流仪器装备陆续问世,但缺少系统全面的技术依据及相关技术指标,仅在特定测验环境、良好水流流态下应用较好。复杂的河床情况和水流条件造成在线测流设备在应用过程中问题层出,测站引进后需要花大量时间精力进行比测率定,也需要专业技术人员进行定期维修保养工作,特别是水下固定的接触式在线测流设备维护保养困难。部分新技术新仪器还未成熟,配置技术参数还不够明晰,还需在比测中跟进算法模型。卫星遥感图像法以及低空遥感无人机测流技术,对于洪水、堰塞湖、泥石流等条件下的应急监测具有重要意义,虽有相关研究,但仅在试验河段及站点测流结果较好,测流精度无法满足实际测流需要,还需一段时间的研究发展,短期内无法为在线监测服务。

## 10.3　发展动态

当前,国内对各类监测设备初步具备了一定的研究基础,研发生产能力基本具备,但大多核心技术及装备依赖国外,尚未进行集中攻关,少量技术已有试验性产品推出,大多未形成成熟的技术和产品,开展试点和野外试验极少,均未开展规模应用。国外水信息监测技术及装备已较为成熟,如 ADCP、OBS、LISST、光谱仪等监测设备已经大量应用,卫星遥感和近地空间技术具有一定的领先优势。

(1)雷达水位技术

雷达水位计在测验过程中不需要与待测水面接触,通过发射和接收从水面反射的雷达波的时间差来计算雷达水位计与水面之间的距离,进而得到实时水位信息。测量仪器不受温度梯度、水中污染物以及沉淀物的影响,具有无机械磨损、测量精度高、使用寿命长、后期维护简单方便等优点。国内外众多雷达自记水位计实际应用案例表明,雷达水位计比浮子式水位计、压力式水位计稳定性、可靠性和耐用性更好,但也存在测量盲区、成本较高和对安装环境有一定要求等局限性。

(2)视频水位技术

利用计算机对图像进行分析和处理的数字图像处理技术作为自动化、信息化、智能化的重要手段,已广泛应用于工农业测量及生产过程中。视频水位技术不是简单采用视频监控查看水位,而是一种结合视频图像识别、计算机视觉、人工智能及通信技术等多种现代科技手段的水位监测技术。该技术主要通过高清摄像机识别水尺液位图像或者水位标杆数字刻度进行后台智慧运算以获取水位信息。但光照、遮挡、反射干扰、摄像头安装位置等外界因素对这些需要进行边缘检测等图像分割技术的方法产生了不利的影响,使其在适用条件上存在一定的局限性。未来,该技术有望进一步提高识别精度和稳定性,降低建设和运营成本,具有广泛应用前景。

(3)GNSS-R 水位技术

全球导航卫星系统反射测量(Global Navigation Satellite System-Reflectometry, GNSS-R)水位技术是一种利用全球导航卫星系统(如 GPS、北斗等)的反射信号进行水位监测的新型遥感技术。GNSS-R 技术基于雷达原理,通过接收导航卫星信号在水面或其他反射面上的反射信号,利用信号的时延、相位变化等信息来反演水位高度。具体来说,当导航卫星信号照射到水面时,部分信号会被水面反射回接收器,接收器通过测量反射信号的参数(如信噪比、载波相位等),结合卫星的位置和姿态信息,可以推算出水面的高度。与传统的水位监测方法相比,GNSS-R 水位监测技术具有低成本、低功耗、全天候、长期连续、稳定性、无需标定、高时间分辨率以及覆盖范围广的优势。自 1993 年 Martin-Neir 首次提出无源反射计和干涉测量系统概念,并指出利用 GPS 反射信号进行测高的可行性以来,随着全球导航卫星系统的不断发展和完善,GNSS-R 水位技术也得到了快速发展。国内外学者在 GNSS-R 水位监测的理论研究、方法创新、应用实践等方面取得了显著成果,GNSS-R 技术已被证明可用于海洋、湖泊、河流和水库的水位反演。但在实际应用中仍面临一些挑战,如反射信号的多路径效应、环境噪声的干扰等。因此,需要进一步加强技术研究和方法创新,提高 GNSS-R 水位技术的监测精度和可靠性。

(4)雷达测流技术

超高频雷达在线测流新方法在全世界范围内得到推广应用。美国 CODAR 公司利用超高频雷达系统探测河流技术已经取得相当瞩目的成果,该公司的 River Sonde 已经成为超高频雷达监测河流流量领域的主流产品。国内该项技术发展起步较晚,武汉大学最早利用超高频雷达探测海洋,2007 年在浙江朱家尖进行第一次系统试验。近几年,随着国内雷达测速技术的进步和成本的降低,部分水文监测站点陆续经过非接触式雷达波测流比测应用工作,已正式投产使用。

(5)视频测流技术

视频测流技术是一种利用视频分析技术来获取水流速度数据的新兴方法。该技术基于传统浮标法原理,通过拍摄水面图像,对水面图像进行高精度处理和分析,提取画面中的刚性漂浮物、波纹、气泡等水面纹理特征,并进行跟踪匹配,从而计算出特征点的物理距离以及帧间时间,进而得出水体表面的实时流速值。根据断面数据,还可进一步推算出断面流量。按图像处理方式的不同可分为大尺度粒子图像法、时空分辨率法、坐标图像处理法等。在实际应用中,还存在受到光线和风力等环境因素影响,算法难以识别复杂的水流情况,以及阴影遮挡、对高清摄像头的性能和质量依赖性高、数据处理量大等问题。因此,实现大范围应用首先需要对这些存在的问题采取相应的措施加以解决。

（6）卫星遥感测流技术

卫星遥感测流技术具有实时、高效、数据量大、观测范围广等特点,是在监测站网空白地区获取有效水文资料的一种具有广泛应用前景和重要意义的水文监测技术。受分辨率及水体阻碍作用等影响,尚未出现卫星遥感直接施测流速和流量的成熟方法,主要通过相关方式推算,并采用传统方式加以率定和验证。在理论和技术方面应用遥感数据监测河流流量已开展了大量的研究,并取得了一系列的成果。这些成果可归纳为两类:一类是利用遥感观测河流中的流量指示物,建立指示物与流量的关系,通过观测这些指示物的变化来估算流量。此类方法在实际应用中难以找到理想的流量指示物,导致测验精度难以满足水文要求。另一类是利用遥感观测河流水面宽度、水位、河道坡度、波纹等表征河流水力几何形态的对象,并利用水力学方程估算流量。相比第一类方法,水力几何形态参数广泛存在于河流中且更容易获取,故第二类方法具有更大的推广应用价值。

（7）雷达地形测量技术

激光雷达(LiDAR)测量技术作为一种主动式测量系统,广泛应用于高速公路的建设、林业、水利、海岸测绘和城市三维建模等领域。美国、日本等国家对该技术研究应用较早,20世纪70年代,"阿波罗"月球登陆计划中便应用了激光测高技术,如今该技术应用较为成熟。我国LiDAR技术起步较晚,中国科学院遥感应用研究所和海军海洋测绘研究所等先后研制了激光探测系统样机,但仍没有成熟的双频激光LiDAR探测仪和一体化处理系统。

探地雷达是近几十年发展起来的探测地下目标的有效手段,具有探测速度快、探测过程连续、分辨率高、操作方便灵活、探测费用低等优点,在工程勘察领域应用日益广泛。在水文水资源领域应用中,使用探地雷达,以非触式测验手段,透过空气和水体测量水下断面,为地形测量提供了新方式。

（8）在线测沙技术

近几十年来,悬移质泥沙测验方式以人工监测为主,监测方法和测验手段相对传统落后。采样器类型大多采用横式采样器、瓶式采样器、调压积时式采样器等;所测泥沙需现场取样,并将水样送到实验室分析,不能进行实时动态监测。传统的泥沙监测测量周期长、洪水期取样时机难以把握、操作过程烦琐、劳动强度大、监测成果时效低。随着社会的发展和科技的进步,同位素测沙仪、光电测沙仪、超声波测沙仪、振动式测沙仪等自动测沙设备先后在水文测验中得到运用,在部分站点取得了一定的效果,但在技术成熟度、使用安全、建设成本与应用领域方面存在一定的差异,且精度未能实现实质性突破，仍存在应用瓶颈。国内目前应用较多的是光学法，国内外较为成熟的光学测沙仪器主要有长江水利委员会水文局研发的量子点光谱测沙仪、天宇利水信息技术成都有限公司的 TES 系列在线测沙仪、黄河水利委员会河南水文水资源局研发的 HHSW·NUG-1 型光电测沙仪、美国 Sequoia 公司 LISST 系列激光粒度分析仪及美国 D&A 公司 OBS 系列浊度计等。

（9）高光谱水质监测技术

近年来，光谱技术具有快速、实时、准确、无损的特点，为有效估计水质现状及其动态变化提供了一种新的研究方法。高光谱水质监测技术主要是通过卫星、无人机、固定式等手段，采用高光谱成像仪发射特定波长的光线，穿透水体的光线与水中的化学成分和污染物相互作用，产生不同的光谱特征。通过推断获得水体的辐射亮度 DN 值数据，并根据同步进行的水体采样分析实验数据，建立不同波段光谱反射率与水质指标之间的模型，用于高光谱水质指标反演。国内外许多学者通过遥感反演水体中的水质参数实现对内陆河流湖泊以及海岸带等复杂水域的动态监测。

## 10.4　发展方向

### 10.4.1　促进在线监测设备的创新与研发

鼓励和支持在线测流技术的创新与研发工作，推动新技术、新方法的不断涌现和应用推广，为水文监测提供更加精准、高效的技术支撑。开发卫星、多普勒雷达的测雨功能，研究空间与地面站网雨量耦合方法，提高雨量监测的范围和精度。开发能结合接触式和非接触式水位、流速等多要素仪器的通用观测平台，研发水位自记井防淤技术，研制抗干扰高精度的非接触式水位计，开展无人立尺在极速涨落河段应急水位观测技术的研究。针对大流量监测，大力开展雷达枪、电子浮标等大流量测流设备引进开发，重点开展基于雷达、光学图像、UHF 等非接触式流速仪的研制，开发相配套的软件系统。针对小流量监测，研究超声波时差、H-ADCP 等极低流速测量有效方法，研发微型 ADCP、声学点流速仪、超灵敏度机械流速仪，水工建筑物流量测验和系数率定技术。针对泥沙监测，着力研发泥沙现场自动监测仪器，开展 OBS、TES-91、LISST 的比测试验，研发基于量子点光谱的泥沙含量、级配及物质组成测量一体化设备，验证同位素、光电、振动等物理测沙仪等仪器在不同河段的适用性，为实现悬移质泥沙的快速和实时在线监测创造条件。开展流量、泥沙异步测量精度提升方法研究，以流量监测自动化实现悬移质泥沙测量的自动化。同时，还需要开展特小含沙量监测方法研究及仪器研发工作，实现对小含沙量测量技术的突破；开展推移质泥沙自动测量原理和装置研究，力争突破推移质在线测量的难题。

### 10.4.2　提高在线监测设备的精度和稳定性

现阶段在线监测设备在面对河流、水库等水体复杂多变的水流条件,大风、暴雨、雷电等恶劣天气条件,以及河底推移质、水草、漂浮物等自然环境时,其运行状态、测量精度和稳定性难以达到仪器厂家所描述的效果。因此,仪器厂家还需加强在线测流设备的研发和生产质量控制,进一步研究和优化在线测流技术的测量原理和方法,加强在线测流设备的环境适应性研究,提高设备的抗干扰能力、稳定性和测量精度,建立完善的设备校准和维护制度,确保设备长期稳定运行。

针对不同的监测方法,如 H-ADCP 法、V-ADCP 法、二线能坡法、雷达法等,进行深入研究和优化流量计算模型,以提高在线监测精度。随着声学多普勒测流技术及三维水动力模型的逐渐成熟,可以将固定式 ADCP 与水力学模型结合,建立三维流速模型来推求断面上每一处水流影响因子和程度,提高设备精度。在系统分析测站特性,充分认识测验河段水位、流速、泥沙等分布和变化规律的基础上,针对高、中、低水的特性,从各监测设备的测量原理(雷达波、超声波、影像等)、安装方式(点、多点、线、多线等)、流量合成计算模型(线性回归、流速二维反演积分合成、深度学习等)等多方面合理选择对应量程的监测方式,最终通过量程接力的方式实现全量程自动监测。

### 10.4.3　提高流量在线监测设备的有效运用

为了推进和指导水文测报先进技术装备配置和运用,加快提升水文现代化水平,水利部办公厅 2019 年 9 月发布的《关于印发水文现代化建设技术装备有关要求的通知》明确要求流量测验技术和设备配置以在线或自动监测为主,水位—流量关系呈单一线、流量在线监测或其他符合条件的水文站,可在全年或部分时段实行流量间测或巡测。但总体来说,目前流量在线监测设备的运用情况基本上是装得多、用得少,比测工作量大。因此,为进一步提高流量在线监测设备的运用效率,首先,加强仪器设备选型前的比测分析,对现有的流量测量成果进行合理性分析评价,也可采用走航式ADCP 等流量测验设备开展现场测验工作,分析点流速和垂线平均流速的关系或代表垂线平均流速与断面平均流速的关系。其次,加强仪器设备的选型比对工作,通过实测资料的比测分析,选择流量测验方法的精简方式,同时结合测验断面的实际安装条件,选择合适的仪器设备。最后,加强安装后的检测检定:①安装后的验收检定。目前市场上还没有流量在线监测设备的验收检定的标准,应选取合适的两种及以上仪器设备对安装后的点流速或线流速进行检测检定,以确定安装后的仪器设备正常可用。②定期进行校准和维护。设备在长期使用过程中可能出现性能下降、精度漂移等问题,应保持对流量在线监测仪器设备的常规性检测检定,保证其常年连续正常运行,且使用的时间越久,检测检定的时间间隔越需要缩短。

## 10.4.4 加快新时期水文人才队伍的建设

随着新阶段水利、水文高质量发展,水文监测站数量越来越多,自动化监测设备运行维护任务越来越重,但在水文信息自动采集、传输、存储、服务的管理模式下,大数据、云计算、地理信息等整合到水文业务系统链条中,报汛自动化、整编即时化、预报实时化、评价分析智能化水平不断提高,对水文技术技能人才提出了更高要求。因此,新时期水文人才应具备一些关键能力和素质:首先,应具备扎实的专业知识与技能,能熟练掌握现代水文监测技术,并能运用这些技术进行数据收集、处理和分析,了解并掌握水文模型与预测技术,能够利用数学模型对水文过程进行模拟和预测。其次,还要具备跨学科的知识和能力,能对在线监测设备进行简单的保养维修,综合运用多学科知识解决复杂的水文问题,特别是运用一定的计算机编程和数据处理能力进行数据分析、模型构建和可视化展示。最后,面对新时期水文领域的新挑战,水文人才还需具备创新思维和创新能力,能够提出新的理论、方法和技术,推动水文科学的发展,并保持对新知识和新技术的敏感性和学习热情。加快培养一支能适应现代水文监测技术发展、掌握各类先进水文仪器设备应用的多层次、高素质的水文人才队伍,为支撑水文高质量发展奠定良好的人才基础。

## 10.4.5 构建"空天地"一体的多种手段互补耦合监测体系

金沙江流域已形成了一定规模的地面水文站点,但站点不可能无限加密,其源头及沿途仍存在大量人类无法到达的区域。对这一部分开展水文监测,补齐该区域基础地理信息,是构建"空天地"一体的监测网络最为有效的途径。研究在近地空间的极轨卫星、静止卫星、空间站,对流层或平流层的探空气球、多普勒雷达、探空飞机、无人机,以及河流上布设大量各类地面站点,通过天基、空基、地面三大类平台的多传感器联合观测,解决监测站点稀疏甚至西部无人区很难获取区域完整信息的缺陷,开发能及时获取水文科学中的降雨、土壤水分、径流、蒸散发、水质、水域面积、岸线变化、水生态监测等线、面信息"空天地"一体的监测网络。构建"空天地"一体的多种手段互补耦合监测体系,是提升水文监测能力、实现水文全要素、全量程自动监测的重要举措。这一体系通过综合运用卫星遥感、无人机、地面监测站等手段,实现对水文要素的全方位、多层次的监测,以提高监测数据的准确性和实时性,为防汛抗旱、水资源管理和保护等提供可靠的水文支撑。

# 主要参考文献

［1］ 水利部长江水利委员会.长江流域地图集［M］.北京:中国地图出版社,1999.

［2］《中国河湖大典》编纂委员会.中国河湖大典·长江卷［M］.北京:中国水利水电出版社,2010.

［3］ 国家质量技术监督局.国家三角测量规范:GB/T 17942—2000［S］.北京:中国质检出版社,2014.

［4］ 国家标准化管理委员会.国家一、二等水准测量规范:GB/T 12897—2006［S］.北京:中国标准出版社,2006.

［5］ 国家测绘局测绘标准化研究所.国家三、四等水准测量规范:GB/T 12898—2009［S］.北京:中国标准出版社,2005.

［6］ 中华人民共和国建设部.工程测量规范:GB 50026—2007［S］.北京:人民出版社,2008.

［7］ 中华人民共和国建设部.水位观测标准:GB 50138—2010［S］.北京:人民出版社,2010.

［8］ 任东风,马超.全站仪三角高程测量方法与精度分析［J］.测绘与空间地理信息,2017(1):13-17.

［9］ 舒晓明.GPS高程测量代替三、四等水准测量探讨［J］.中国水运(下半月),2010(4):123-126.

［10］ 粟剑.GNSS拟合高程代替三等水准测量的可行性分析［J］.全球定位系统,2015,40(6):92-94.

［11］ 刘琦.国冻差变化分析处理［J］.水文,2010(4):6-8,22.

［12］ 赵东,凌旋,肖忠.水文测站基本水准点校测及引测问题分析［J］.水文,2018,38(3):80-82.

［13］ 魏猛,伏琳.关于水文测站水准点高程处理的若干探讨［J］.水资源研究,2023,12(1):77-81.

[14] 朱晓原,张留柱,姚永熙.水文测验实用手册[M].北京:中国水利水电出版社,2013.

[15] 长江水利委员会水文局.长江水利委员会水文局质量管理体系作业文件水文测验补充技术规定[M].武汉:长江出版社,2018.

[16] 中坪子、金塘、坝前、下围堰、右尾水水位站临时设施建设专题报告[R].重庆:长江水利委员会水文局长江上游水文水资源勘测局,2022.

[17] 拉鲊、热水塘、皎平渡水位站临时设施建设专题报告[M].重庆:长江水利委员会水文局长江上游水文水资源勘测局,2021.

[18] 王伟.天然河道垂线流速分布类型及其影响因素初探[D].重庆:重庆交通大学,2017.

[19] 杨永寿.环境适应性声学多普勒测流方法研究[D].南京:东南大学,2021.

[20] 杨聃,邵广俊,胡伟飞,等.基于图像的河流表面测速研究综述[J].浙江大学学报(工学版),2021,55(9):1752-1763.

[21] 谢悦波.水信息技术[M].北京:中国水利水电出版社,2009.

[22] 梅军亚.水文流量泥沙监测新技术研究与应用[M].武汉:长江出版社,2023.

[23] 曹辉,张继顺,董先勇,等.白鹤滩水电站受溪洛渡水电站回水顶托影响的分析[J].水力发电,2017(12):65-67.

[24] 饶西平.ADCP测流与传统测流的对比及应用[J].科技资讯,2012(06):96.

[25] 樊毅.走航式ADCP选型的研究[J].建筑交通,2020(4):56-57.

[26] 陈守荣,香天元,蒋建平,ADCP外接设备对流量测验精度影响的研讨[J].人民长江,2010,41(1):29-34.

[27] 赵东,彭畅,受干支流回水影响的断面水位与流量关系研究[J].水资源与水工程学报,2015,26(3):175-177.

[28] 陈永宽.悬移质含沙量沿垂线分布[J].泥沙研究,1984(1):31-40.

[29] 杜耀东.现代测流测沙技术研究与应用[D].武汉:武汉大学,2012.

[30] 胡友莘.长江枝城水文站TES-91泥沙在线监测系统比测试验分析[J].水利水电快报,2020,41(7):18-21.

[31] 卜策.实测悬移质泥沙年输沙量改正办法[J].水文,1982(6):1-8.

[32] 阮川平,韦广龙.采用浊度监测实现悬移质泥沙监测自动化的探讨[J].广西水利水电,2011(4):49-51.

[33] 汪富泉,丁晶等.论悬移质含沙量沿垂线的分布[J].水利学报,1998(11):

44-49.

［34］杨志斌，梁树栋.TES-91 泥沙监测仪在马口站的应用研究[J].陕西水利，2020(10)：4-6.

［35］展小云，曹晓萍，郭明航，等.径流泥沙监测方法研究现状与展望[J].中国水土保持，2017(6)：13-17.

［36］展小云，郭明航，赵军，等.径流泥沙实时自动监测仪的研制[J].农业工程学报，2017，33(15)：112-118.

［37］张留柱.水文勘测工[M].郑州：黄河水利出版社，2021.

［38］张瑞瑾.河流泥沙动力学[M].北京：中国水利水电出版社，1998.

［39］张小峰，陈志轩.关于悬移质含沙量沿垂线分布的几个问题[J].水利学报，1990(10)：41-48.

［40］赵伯良，张海敏.悬移质泥沙测验方法的试验研究[J].人民黄河，1986(1)：49-53.

［41］赵东，郑强民.金沙江水沙特征及其变化分析[J].水利水电快报，2006，27(14)：16-19.

［42］赵军，夏群超.TES-71 缆道泥沙监测系统在略阳水文站的应用[J].陕西水利，2021(11)：68-71.

［43］赵志贡.水文测验学[M].郑州：黄河水利出版社，2005.

［44］朱晓原，张留柱，姚永熙.水文测验实用手册[M].北京：中国水利水电出版社，2013.

［45］朱晓原.水文测验实用手册[M].武汉：长江出版社.2015.

［46］刘宁，杨启贵，陈祖煜.堰塞湖风险处置[M].武汉：长江出版社，2016.

［47］杨世林.溪洛渡水电站截流水文监测总结[R].昆明：长江水利委员会水文局西南诸河水文水资源局，2007.

［48］刘宁.唐家山堰塞湖应急处置与减灾管理工程[J].中国工程科学，2008，10(12)：67-72.

［49］张信宝，刘彧.金沙江奔子栏—巧家河段的主要堰塞湖[J].山地学报，2020，38(6)：944.

［50］陈松生，林伟.唐家山堰塞湖水文应急监测[J].人民长江，2008，39(22)：32-35.

［51］杨启贵，李勤军.唐家山堰塞湖应急处置技术特点与体会[J].人民长江，2008，39(22)：1-3.

［52］李键庸，官学文.舟曲堰塞河段水文应急监测[J].人民长江，2011，42(S1)：

18-22.

[53] 甘肃舟曲抗击泥石流灾害抢险水利部、甘肃省水利厅前方工作组水文监测组水文成果[R].北京、甘南藏族自治州:水利部、甘肃省水利厅前方工作组水文监测组,2010.

[54] 张孝军.堰塞湖水文应急监测方案的设计[J].水利水文自动化,2010(1):1-5.

[55] 熊莹,周波,邓山.堰塞湖水文应急监测方案研究与实践:以金沙江白格堰塞湖为例[J].人民长江,2021,52(S1):73-76,84.

[56] 马耀昌,芦意平,杨秀川,等.水位快速变动下白格堰塞湖水位监测方法[J].人民长江,2019,50(11):75-79.

[57] 赵东,凌旋,王进,等.一种新的浮标施测方法在白格堰塞湖流量监测中的应用[C]//水科学与智慧水务-第十九届中国水论坛论文集.北京:中国水利水电出版社,2022.

[58] 平妍容.2020年乌东德库区水沙特性分析[R].重庆:长江上游水文水资源勘测局,2021.

[59] 平妍容.2020年白鹤滩库区水沙特性分析[R].重庆:长江上游水文水资源勘测局,2021.

[60] 平妍容.乌东德水文站水位受白鹤滩蓄水影响分析[R].重庆:长江上游水文水资源勘测局,2023.

[61] 钟杨明.2022年白鹤滩坝区水位受溪洛渡蓄水影响分析[R].重庆:长江上游水文水资源勘测局,2023.

[62] 李国英.加快建设数字孪生流域 提升国家水安全保障能力[J].中国水利,2022(20):1.

[63] 程海云.推进新时代长江水文高质量发展体系建设构想[J].人民长江,2023,54(1):88-97.

[64] 曹磊,赵东,李俊.长江上游山区河流水沙监测技术与实践[M].南京:河海大学出版社,2022.

[65] 卞长浩,王国滨,李红.HZ-RLS-26L-100雷达水位计在河里吴家水文站水位监测中的应用[J].陕西水利,2024(2):36-38.

[66] 李士杰.水文监测方式改革后人才队伍建设规划探讨[J].河北企业,2024(4):144-146.

[67] 马富明.水文流量监测新技术设备运用现状与改进方法——以福建省为例[J].水文,2020,40(2):66-71.

[68] 张朋杰,庞治国,路京选,等.GNSS-R 水位监测研究进展与其在我国水利行业应用展望[J].全球定位系统,2024,49(1):34-44.

[69] 邓山,梅军亚,赵昕.卫星遥感流量测验现状及发展方向研究[C]//中国水利学会.2022 中国水利学术大会论文集(第五分册).郑州:黄河水利出版社,2022.

[70] 杨俊,周露尘.量子点光谱泥沙监测系统在水文泥沙监测中的应用[J].四川水利,2024,45(1):87-91.

[71] 房灵常,顾雪冬.浅析高光谱水质监测技术[C]//福建省水利学会,河海大学.2022 年(第十届)中国水利信息化技术论坛论文集.莆田:[s.n.],2022.